计算与应用数学丛书 99

凸优化的分裂收缩算法

何炳生 著

科学出版社

北 京

内 容 简 介

本书以简明统一的方式介绍了用于求解线性约束凸优化问题的分裂收缩算法.我们以变分不等式(VI)和邻近点算法(PPA)为基本工具, 构建了求解线性约束凸优化问题的分裂收缩算法统一框架. 在该框架中, 所有迭代算法的基本步骤包括预测和校正, 分裂是指通过求解(往往有闭式解的)的凸优化子问题来实现迭代的预测; 收缩指通过校正生成的新迭代点在某种矩阵范数意义下更加接近解集. 统一框架既涵盖了经典意义下的 PPA 算法、用于求解线性约束凸优化问题的增广拉格朗日乘子法(ALM)和处理两个可分离块凸优化问题的乘子交替方向法(ADMM)等耳熟能详的算法, 还为多块可分离凸优化问题的求解提供了多种方法. 通过掌握这一并不复杂的统一框架, 读者可以根据可分离凸优化问题的具体特点, 自行设计预测-校正方法求解.

本书的核心内容可作为数学高年级学生的选修课教材, 也可作为理工科相关专业研究生的教学参考书. 本书的内容对从事优化计算的科技工作者也将有所裨益.

图书在版编目(CIP)数据

凸优化的分裂收缩算法 / 何炳生著. -- 北京 : 科学出版社, 2025. 4.
ISBN 978-7-03-080804-2
I. O174.13
中国国家版本馆 CIP 数据核字第 2024P0Z457 号

责任编辑: 胡庆家　孙翠勤 / 责任校对: 彭珍珍
责任印制: 张　伟 / 封面设计: 有道设计

科学出版社 出版
北京东黄城根北街 16 号
邮政编码: 100717
http://www.sciencep.com

北京建宏印刷有限公司印刷

科学出版社发行　各地新华书店经销
*
2025 年 4 月第 一 版　开本: 720×1000　1/16
2025 年 4 月第一次印刷　印张: 29
字数: 580 000
定价: 198.00 元
(如有印装质量问题, 我社负责调换)

《计算与应用数学丛书》序

20 世纪 70 年代末, 在中国计算数学奠基人冯康先生的引领下,《计算方法丛书》应运而生, 开启了我国计算数学领域系统化出版学术著作的篇章. 2004 年, 为顺应教育部学科调整, 丛书更名为《信息与计算科学丛书》. 在冯康先生与第二任主编石钟慈院士的领导下, 两届编委会以严谨务实的学术精神, 推动丛书发展, 累计出版著作近百部.

承前事之辙迹, 启后事之新程. 2024 年, 新一届编委会顺应学科交叉融合趋势, 正式将丛书更名为《计算与应用数学丛书》. 编委会在传承历史使命的同时, 锐意进取, 既邀请了陈志明、鄂维南、江松、金石、汤涛、徐宗本、袁亚湘、张平文等院士、资深专家掌舵丛书学术方向, 亦吸纳一批优秀青年才俊加入. 这种"资深引领、青年接续"的编委会结构, 既确保了学术深度的积淀, 又注入了创新的鲜活力量, 为丛书的可持续发展提供了坚实保障.

本丛书主要面向高年级本科生、研究生、青年学者及数学与其他领域工作者, 聚焦计算数学及相关领域的基础理论和前沿应用. 我们期待, 这套汇集学界智慧、凝结时代精神的丛书, 能够继续肩负传播学术思想、培育创新人才的使命, 在当前计算数学与应用数学的蓬勃发展历程中书写崭新篇章.

谨向为丛书发展倾注心血的历任主编、编委、作者及出版工作者致以诚挚的谢意! 也要感谢即将阅读这套丛书的读者们, 因为有你们, 这套丛书才拥有了意义和价值. 承蒙信任, 荣任丛书主编之职, 深感承载的学术使命, 作为接力者, 我将和新一届编委们继续以敬畏之心对待学术出版, 以匠人之志雕琢著作经典, 不负同行信任, 不负读者期待. 再次感谢大家, 愿数学的智慧之光永远照耀我们前行的路. 20 世纪 70 年代末, 由著名数学家冯康先生任主编、科学出版社出版的一套《计算方法丛书》, 至今已逾 30 册. 这套丛书以介绍计算数学的前沿方向和科研成果为主旨, 学术水平高、社会影响大, 对计算数学的发展、学术交流及人才培养起到了重要的作用.

包刚

2025 年 2 月

前　　言

最优化理论与方法是最接地气的应用数学. 应用数学领域提出了大量优化问题, 其中不少都可以归结为 (或者松弛成) 一些典型的凸优化问题. 我们围绕下面一些具有代表性的凸优化问题, 研究凸优化的一阶算法.

(1) 简单约束的可微凸优化问题 $\min\{f(x)\,|\,x \in \mathcal{X}\}$;

(2) 鞍点问题 $\min\limits_{x}\max\limits_{y}\{\theta_1(x) - y^{\mathrm{T}}Ax - \theta_2(y)\,|\,x \in \mathcal{X}, y \in \mathcal{Y}\}$;

(3) 单块的线性约束凸优化问题 $\min\{\theta(x)\,|\,Ax = b(\geqslant b),\, x \in \mathcal{X}\}$;

(4) 两个可分离块的线性约束凸优化问题

$$\min\{\theta_1(x) + \theta_2(y)\,|\,Ax + By = b,\, x \in \mathcal{X},\, y \in \mathcal{Y}\};$$

(5) 三个可分离块的线性约束凸优化问题

$$\min\{\theta_1(x) + \theta_2(y) + \theta_3(z)\,|\,Ax + By + Cz = b,\, x \in \mathcal{X},\, y \in \mathcal{Y}, z \in \mathcal{Z}\};$$

(6) 多个可分离块的线性约束凸优化问题

$$\min\left\{\sum_{i=1}^{p}\theta_i(x_i)\,\middle|\,\sum_{i=1}^{p}A_ix_i = b(\geqslant b),\, x_i \in \mathcal{X}_i\right\}.$$

简单约束的可微凸优化问题的一阶最优性条件可以表示成一个单调变分不等式 (variational inequality). 变分不等式其实就是盲人爬山判别是否已经到达顶点的数学表达式. 约束凸优化问题的 Lagrange 函数的鞍点等同于相应的变分不等式的解点. 读者将会看到, 用变分不等式的观点处理凸优化问题, 就像微积分中用导数求可微函数的极值点, 常常会带来很大的方便.

邻近点算法 (PPA 算法) 和增广 Lagrange 乘子法 (ALM) 是最优化中的一些经典算法. ALM 本身就是乘子的 PPA 算法, 这些算法生成的序列都具有向解集越靠越近的收缩性质, 因此我们称其为收缩算法. 变分不等式和邻近点算法这些概念, 是我们研究凸优化分裂收缩算法的两大法宝.

应用领域中遇到的不少凸优化问题, 具有可分离的结构, 直接应用 PPA 算法或者 ALM, 有时会无从下手. 乘子交替方向法 (ADMM), 是利用可分离结构的松弛的 ALM, 在科学工程计算中发挥着越来越重要的作用. 本书介绍的方法都利用这些可分离性质, 因此我们也把它们说成是 ADMM 类分裂收缩算法.

　　书的结构是这样编排的：基础知识部分简要介绍凸集和凸函数、凸优化和变分不等式的关系以及变分不等式的邻近点算法等基本概念. 然后把算法介绍分为六个部分.

　　第一部分包括第 2 ~ 4 章. 第 2 章讲述求解问题 (1) 的投影梯度法, 包括到解集越来越近的收缩算法和 (目标函数值逐点变小的) 下降算法; 第 3 章讲述求解鞍点问题 (2) 和单块线性约束凸优化问题 (3) 变分不等式意义下的 PPA 算法, 这类 PPA 算法中的子问题目标函数中的二次项都是平凡的, 因而求解相对容易; 第 4 章讲述求解结构性优化问题 (4) 的乘子交替方向法 (ADMM) 和线性化 ADMM, 在变分不等式框架下统一证明了收敛性和收敛速率.

　　第二部分包括第 5 ~ 7 章, 都与算法统一框架有关. 第 5 章介绍求解 (由约束凸优化导出的) 变分不等式的预测-校正统一框架. 第 3 ~ 4 章讨论过的算法都可以纳入这个框架, 在框架的指导下, 还可以据此在同一预测下并不费劲地构造一簇算法. 第 6 章和第 7 章分别阐述凸优化分裂收缩算法统一框架与经典单调变分不等式和线性单调变分不等式投影收缩算法之间的关系, 同时介绍变分不等式投影收缩算法中的孪生方向和姊妹方法.

　　第三部分包括第 8 ~ 10 章, 介绍用算法统一框架诠释和设计求解方法. 第 8 章讲述如何在统一框架指导下设计求解鞍点问题 (2) 的预测-校正方法; 第 9 章讲述求解问题 (3) 的 ALM 类算法, 包括 PPA 算法指导下均 (分) 困 (难) 的 ALM 类算法; 第 10 章讲述在统一框架指导下设计的求解两个可分离块问题 (4) 的 ADMM 类方法, 提供了花费相同、效率更高一些的 ADMM 类算法.

　　第四部分包括第 11 ~ 12 两章. 由于把求解两个可分离块问题的 ADMM 直接推广用来求解三个可分离块问题 (5) 是不能保证收敛的, 第 11 章介绍一些修正的 ADMM 类方法, 用统一框架来论证和设计求解三个可分离块问题的 ADMM 类方法. 第 12 章对线性化 ALM, 线性化 ADMM, 以及部分平行加正则化的方法求解三个可分离块问题, 提出了相应的不定正则化方法, 缩减这个看似无法缩小的正则化因子, 相应地提高算法效率.

　　第五部分包括第 13 ~ 14 两章, 讲述根据统一框架设计求解多块可分离问题变分不等式的一些分裂收缩算法. 这些方法的预测分别采用 Jacobi 或者 Gauss 方式, 校正则用广义秩二校正或者 Gauss 回代.

　　第六部分包括第 15 ~ 17 章, 讲述根据统一框架设计求解多块可分离问题的一些分裂收缩算法, 把等式和不等式约束问题统一处理. 这些预测-校正方法中, 校正充分运用了分块矩阵技术. 第 15 和 16 章分别介绍了广义秩一和秩二校正的方法, 第 17 章介绍广义 PPA 算法, 方法所产生的迭代序列都有 PPA 算法所具有的优美性质.

　　设计工程师们看得懂、用得上的优化方法, 是我们的奋斗目标. 本书无论是陈述方法还是收敛性证明, 都尽量避免工程师们不熟悉的概念和语言, 只用最普通的大学数学和一般的优化原理. 这些在凸优化求解领域自成体系的研究工作, 追求的是简单与统一的原则. 简单, 他人才会拿来使用; 统一, 自己才有美的享受. 我们坚信, 有用的方法, 一定是简单而且触类旁通的!

科学技术的发展对最优化理论与方法不断提出新的挑战, 新成果和新方法也不断涌现. 好在最优化理论与方法的先驱 R. Fletcher 在他的著作 *Practical Methods of Optimization* 中说过: "Indeed, there is no general agreement on the best approach and much research is still to be done." (事实上, 对什么方法最好没有普遍的共识, 许多研究仍有待继续.) 这句话, 鼓起了我们撰写这本以自己的科研成果为主的著作的勇气!

由于本人水平的限制, 书中难免有不妥当之处, 希望读者不吝指正.

何炳生

2023 年 5 月

目　　录

第 1 章 预 备 知 识

凸优化是目标函数为凸函数, 可行点集为凸集的优化问题. 在预备知识这一章, 我们分别介绍凸集和凸函数的最基本的知识、凸优化和变分不等式的关系、邻近点算法的基本概念和性质以及邻近点算法及其加速方法的收敛速率.

1.1 凸集和凸函数

关于凸集和凸函数的知识, 大量的优秀著作中都有论述, 本书只要求读者有最基本的了解, 也只做最简单的介绍. 建议有进一步需要的读者参阅 Boyd 和 Vandenberghe 的专著 [8] 中第 $2 \sim 3$ 章的内容.

1.1.1 凸集

定义 1.1(凸集 (convex set)) 集合 C 中任意两点 x_1 和 x_2 的连线都在这个集合 C 内, 则称集合 C 是凸的. 换句话说, 如果集合 C 是凸的, 那么,

$$\forall \, x_1, x_2 \in C \quad \text{和} \quad \alpha \in [0,1], \quad \text{都有} \quad \alpha x_1 + (1-\alpha)x_2 \in C.$$

根据定义, $\Re^n$ 本身和它的任何子空间都是凸集. 设 A 是确定的 $m \times n$ 矩阵, 那么

(1) 对给定的 $b \in \Re^m$, 集合 $\{x | Ax = b, x \in \Re^n\}$ 和 $\{x | Ax \geqslant b, x \in \Re^n\}$ 都是凸集;

(2) n-维空间中的非负卦限

$$\Re^n_+ = \{x \in \Re^n \,|\, x \geqslant 0\}$$

和 "箱子"

$$\mathcal{B}_{[l,u]} = \{x \in \Re^n \,|\, l \leqslant x \leqslant u\}$$

都是凸集;

(3) 若干个凸集的交是凸集.

对 $1 \leqslant p < +\infty$, n-维向量 x 的 p-模定义为

$$\|x\|_p = \left(\sum_{j=1}^{n} |x_j|^p \right)^{1/p}.$$

任给一个 $n \times n$ 的对称正定矩阵 H, n-维向量 x 的 H-模定义为

$$\|x\|_H = \left(x^{\mathrm{T}} H x\right)^{1/2}.$$

(1) 以原点为中心, 半径为 r 的 p-模意义下的球

$$B_p(r) = \{x \in \Re^n \mid \|x\|_p \leqslant r\}$$

是闭凸集.

(2) 同样, 以原点为中心, 半径为 r 的 H-模意义下的球

$$B_H(r) = \{x \in \Re^n \mid \|x\|_H \leqslant r\}$$

是闭凸集.

科学计算中, 常常遇到一类问题的变量是矩阵. $n \times n$ 对称矩阵的集合

$$S^n = \{X \in \Re^{n \times n} \mid X^{\mathrm{T}} = X\}$$

和对称半正定矩阵的集合

$$S_+^n = \{X \in \Re^{n \times n} \mid X^{\mathrm{T}} = X, X \succeq 0\}$$

都是闭凸集. 我们说 S_+^n 是凸集, 因为对任意给定的 $A, B \in S_+^n$, $\alpha \in [0,1]$ 和 n-维向量 x, 都有

$$x^{\mathrm{T}}(\alpha A + (1-\alpha)B)^{\mathrm{T}} x = \alpha x^{\mathrm{T}} A x + (1-\alpha) x^{\mathrm{T}} B x \geqslant 0.$$

S^n 中正定矩阵的集合

$$S_{++}^n = \{X \in \Re^{n \times n} \mid X^{\mathrm{T}} = X, X \succ 0\}$$

是开凸集. S_+^n 和 S_{++}^n 是以对称矩阵为变量的凸优化问题中常常遇到的重要凸集.

1.1.2   凸函数

定义 1.2   称一个函数 $f : \Re^n \to \Re$ 为凸函数 (convex function) 如果它的定义域 $(\mathrm{dom} f)$ 是凸集并且对所有的 $x, y \in \mathrm{dom} f$ 和满足 $0 \leqslant \alpha \leqslant 1$ 的 α, 都有

$$f(\alpha x + (1-\alpha)y) \leqslant \alpha f(x) + (1-\alpha)f(y). \tag{1.1.1}$$

(1) 不等式 (1.1.1) 的几何意义是, 连接 $(x, f(x))$ 和 $(y, f(y))$ 的线段, 总是位于 f 的像的上面 (图 1.1).

图 1.1 凸函数和它的某两点之间的弦

(2) 如果对于不同的 x, y 和 $0 < \alpha < 1$, 严格不等式 (1.1.1) 成立, 则说 f 是严格凸函数.

(3) 如果 $-f$ 是凸函数, 则说 f 是凹 (concave) 函数. 如果 $-f$ 是严格凸函数, 则说 f 是严格凹函数.

(4) 对于形如 $f(x) = Ax + b$ 这样的仿射 (affine) 函数, (1.1.1) 总是等式成立. 因此, 仿射函数既是凸的, 又是凹的. 反之, 既凸又凹的函数是仿射函数.

(5) 凸函数在它的定义域的相对内点是连续的, 只能在定义域的相对边界点不连续.

引理 1.1 设函数 f 是定义域 $\mathrm{dom} f$ 上的凸函数, 则对于任意的 $x_1, x_2, \cdots,$ $x_k \in \mathrm{dom} f$ 和

$$\alpha_1, \alpha_2, \cdots, \alpha_k > 0, \quad \text{并且} \quad \alpha_1 + \alpha_2 + \cdots + \alpha_k = 1,$$

都有

$$f\left(\sum_{i=1}^{k} \alpha_i x_i\right) \leqslant \sum_{i=1}^{k} \alpha_i f(x_i).$$

上面的不等式称为 Jensen 不等式, 根据凸函数的定义, 用数学归纳法容易证明. Jensen 不等式也可以写成下面等价的形式.

引理 1.2 设函数 f 是定义域 $\mathrm{dom} f$ 上的凸函数, 则对于任意的 $x_1, x_2, \cdots,$ $x_k \in \mathrm{dom} f$ 和

$$\beta_1, \beta_2, \cdots, \beta_k > 0,$$

都有

$$f\left(\frac{\sum_{i=1}^{k} \beta_i x_i}{\sum_{i=1}^{k} \beta_i}\right) \leqslant \frac{\sum_{i=1}^{k} \beta_i f(x_i)}{\sum_{i=1}^{k} \beta_i}.$$

1. 一次可微凸函数的性质

引理 1.3 设 f 在一个包含 $\mathrm{dom} f$ 的开集中可微 (f 的梯度 ∇f 在这个开集的每一点存在). 那么, f 凸的充分必要条件是 $\mathrm{dom} f$ 为凸集并且

$$f(y) \geqslant f(x) + \nabla f(x)^{\mathrm{T}}(y - x), \quad \forall x, y \in \mathrm{dom} f. \tag{1.1.2}$$

如图 1.2 所示.

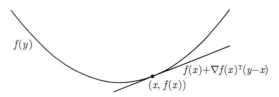

$$f(y)$$

$$f(x)+\nabla f(x)^{\mathrm{T}}(y-x)$$

$$(x, f(x))$$

图 1.2　凸函数及其在某一点的切线

证明　设 $x, y \in \mathrm{dom} f$. 我们记

$$x_\alpha = (1-\alpha)x + \alpha y = x + \alpha(y-x), \quad 0 < \alpha \leqslant 1.$$

如果 f 是凸的, 那么根据定义就有

$$f(x_\alpha) \leqslant (1-\alpha)f(x) + \alpha f(y),$$

因此

$$f(x_\alpha) - f(x) \leqslant \alpha(f(y) - f(x)).$$

对所有的 $\alpha \in (0,1]$, 都有

$$f(y) - f(x) \geqslant \frac{f(x_\alpha) - f(x)}{\alpha} = \frac{f(x + \alpha(y-x)) - f(x)}{\alpha}.$$

令 $\alpha \to 0_+$, 我们得到

$$f(y) - f(x) \geqslant \nabla f(x)^{\mathrm{T}}(y-x).$$

反过来, 因为

$$f(y) \geqslant f(x_\alpha) + (\nabla f(x_\alpha))^{\mathrm{T}}(y - x_\alpha)$$

和

$$f(x) \geqslant f(x_\alpha) + (\nabla f(x_\alpha))^{\mathrm{T}}(x - x_\alpha),$$

我们就有

$$(1-\alpha)f(x) + \alpha f(y)$$
$$\geqslant f(x_\alpha) + (\nabla f(x_\alpha))^{\mathrm{T}}[(1-\alpha)(x - x_\alpha) + \alpha(y - x_\alpha)]$$
$$= f(x_\alpha) + (\nabla f(x_\alpha))^{\mathrm{T}}[(1-\alpha)x + \alpha y - x_\alpha]$$
$$= f(x_\alpha).$$

根据定义, f 是凸函数.　　　　　　　　　　　　　　　　　　　□

引理 1.3 给出了可微凸函数一条最基本的性质. 据此, 我们有

引理 1.4 设 f 在一个包含 $\mathrm{dom}f$ 的开集中可微 (f 的梯度 ∇f 在这个开集的每一点存在). 那么, f 的导算子是单调的. 换句话说, 我们有

$$(x-y)^{\mathrm{T}}(\nabla f(x) - \nabla f(y)) \geqslant 0, \quad \forall\, x, y \in \mathrm{dom}f. \tag{1.1.3}$$

证明 根据引理 1.3, 对可微凸函数, 我们有

$$f(y) \geqslant f(x) + \nabla f(x)^{\mathrm{T}}(y-x),$$

将 x 和 y 对换, 有

$$f(x) \geqslant f(y) + \nabla f(y)^{\mathrm{T}}(x-y).$$

以上两式相加就得到引理的结论 (1.1.3). □

2. 二次可微凸函数的性质

设 f 在一个包含 $\mathrm{dom}f$ 的开集中二次可微 (f 的 Hessian 矩阵 $\nabla^2 f$ 在这个开集的每一点都存在). 那么, f 是凸函数的充分必要条件是

$$\nabla^2 f(x) \succeq 0, \quad \forall\, x \in \mathrm{dom}f. \tag{1.1.4}$$

(1) 如果 f 是一元函数, 上述性质就是 $f''(x) \geqslant 0$, 这表示 f 的导数是不减的.

(2) $\nabla^2 f(x) \succeq 0$ 从几何上也可以解释函数的像在 x 有非负 (向上) 的曲率.

利用 Taylor 展式, 我们可以对 (1.1.4) 给出一个简单的证明. 令 $y = x + tp$, 则

$$\nabla f(y) - \nabla f(x) = \nabla^2 f(x + \tau tp) tp, \quad \tau \in (0, 1).$$

两边左乘 $(y-x)^{\mathrm{T}} = tp^{\mathrm{T}}$, 同时由 ∇f 的单调性 (见 (1.1.3)),

$$0 \leqslant (y-x)^{\mathrm{T}}(\nabla f(y) - \nabla f(x)) = tp^{\mathrm{T}} \nabla^2 f(x + \tau tp) tp.$$

令 $t \to 0$, 我们得到 $p^{\mathrm{T}} \nabla^2 f(x) p \geqslant 0$. 所以 $\nabla^2 f(x)$ 是半正定的.

(1) 同理, 二次可微函数 f 是凹函数的充分必要条件是

$$\nabla^2 f(x) \preceq 0, \quad \forall\, x \in \mathrm{dom}f.$$

(2) 如果对所有的 $x \in \mathrm{dom}f$, 二次可微凸函数 f 的 Hessian 矩阵 $\nabla^2 f(x) \succ 0$, 那么 f 是严格凸的. 但是反过来就不一定正确, 例如, $f(x) = x^4$ 是严格凸的, 但是 $f''(x)$ 在 $x = 0$ 处等于 0.

(3) 考虑定义域为 $\Re^n$ 的二次函数

$$f(x) = \frac{1}{2} x^{\mathrm{T}} P x + q^{\mathrm{T}} x + r,$$

其中 $P \in S^n$, $q \in \Re^n$, $r \in \Re$. 因为对所有 x 都有 $\nabla^2 f(x) = P$, f 是凸函数的充分必要条件是 $P \succeq 0$ (是凹函数的充分必要条件是 $P \preceq 0$). 严格凸的充分必要条件是 $P \succ 0$ (严格凹的充分必要条件是 $P \prec 0$).

3. $\Re$ 上凸函数的几个例子

所有的线性函数和仿射函数是凸函数, 二次函数的凹凸性由其 Hessian 矩阵的正定性质决定. 下面我们给出一些 $\Re$ 上变量是 x 的函数的凹凸性.

(1) 对数函数 $\log x$ 是 $\Re_{++}$ 上的凹函数.

(2) $\Re_{++}$ 上的函数 $x \log x$ 是凸的 (将该函数在 $x = 0$ 处的函数值定义为 0 后, 定义域可以从 $\Re_{++}$ 扩张成 $\Re_+$).

这些函数的凹凸性可以通过考察不等式 (1.1.1) 是否成立来确定, 或者通过验证它的二阶导数的正负性确定. 例如, 对函数 $f(x) = x \log x$, 我们有

$$f'(x) = \log x + 1, \quad f''(x) = \frac{1}{x},$$

所以对所有的 $x > 0$, $f''(x) > 0$. 这说明函数 $x \log x$ 是 (严格) 凸的.

4. 对数-行列式 (log-determinant) 函数

跟 $f(x) = \log(x)$ 是 $\Re_{++}$ 上的凹函数一样, $f(X) = \log \det X$ 在它的定义域 $\mathrm{dom} f = S_{++}^n$ 上是凹的. 事实上, 我们可以通过如下方式验证 $f(X) = \log \det X$ 是凹函数. 考虑任意的 $X = Z + tV$, 其中 $Z, V \in S^n$. 我们定义 $g(t) = f(Z + tV)$, 并通过对 t 所在区间的限制使得 $Z + tV \succ 0$. 不失一般性, 可以设 $t = 0$ 在这个区间内, 就是说, $Z \succ 0$. 这样就有

$$g(t) = \log \det(Z + tV)$$
$$= \log \det \left(Z^{1/2}(I + tZ^{-1/2}V Z^{-1/2})Z^{1/2} \right)$$
$$= \sum_{i=1}^{n} \log(1 + t\lambda_i) + \log \det Z.$$

其中 $\lambda_1, \cdots, \lambda_n$ 是 $Z^{-1/2}V Z^{-1/2}$ 的特征值. 我们有

$$g'(t) = \sum_{i=1}^{n} \frac{\lambda_i}{1 + t\lambda_i}, \quad g''(t) = -\sum_{i=1}^{n} \frac{\lambda_i^2}{(1 + t\lambda_i)^2}.$$

因为 $g''(t) \leqslant 0$, 所以推得 f 是凹函数.

对给定的矩阵 X, 设 X_{kj} 是 x_{kj} 的代数余子式,

$$\sum_{j=1}^{n} x_{ij} X_{kj} = \begin{cases} \det(X), & \text{若 } i = k, \\ 0, & \text{若 } i \neq k. \end{cases}$$

所以有 $XX^* = \det(X)I$, 其中

$$X^* = \begin{pmatrix} X_{11} & X_{21} & \cdots & X_{n1} \\ X_{12} & X_{22} & \cdots & X_{n2} \\ \vdots & \vdots & & \vdots \\ X_{1n} & X_{2n} & \cdots & X_{nn} \end{pmatrix}.$$

如果 X 可逆, 则有 $X^{-1} = \dfrac{X^*}{\det(X)}$. 据此, 我们考虑当 $\det(X) > 0$ 时矩阵形式的 $\nabla(\log \det(X))$. 根据链式法则, 对每个 x_{ij} 求偏导数, 有

$$\frac{\partial(\log \det(X))}{\partial(x_{ij})} = \frac{\partial(\log \det(X))}{\partial(\det(X))} \cdot \frac{\partial(\det(X))}{\partial(x_{ij})} = \frac{1}{\det(X)} X_{ij}.$$

再把这些组装成矩阵的形式, 就有

$$\nabla(\log \det(X)) = \frac{1}{\det(X)} X^* = X^{-1}.$$

1.2 凸优化和变分不等式

凸优化问题的一阶最优性条件是一个单调变分不等式 (variational inequality). 盲人爬山判别是否到达顶点的数学表达形式是变分不等式的特例. 对约束优化问题, 引进乘子就有了拉格朗日 (Lagrange) 函数, 线性约束凸优化问题的 Lagrange 函数的鞍点等价于相应的变分不等式的解点.

1.2.1 变分不等式和盲人爬山原理

我们先比较直观地来看凸优化的最优性条件. 设 $\Omega \subset \Re^n$ 是一个闭凸集, $f: \Re^n \to \Re$ 是一个可微凸函数. 考察凸优化问题

$$\min\{f(x) \mid x \in \Omega\}. \tag{1.2.1}$$

什么样的 x 才是最优点? 用最通俗的话讲: 最优点必须属于 Ω, 并且从这点出发的任何可行方向都不是下降方向.

我们用 $\nabla f(x)$ 表示 $f(x)$ 的梯度, 对于属于 Ω 的 x, 记

$$Sf(x) = \{s \in \Re^n \mid s = x' - x, \; x' \in \Omega\},$$

$Sf(x)$ 就是优化问题 (1.2.1) 在点 x 处的可行方向集; 记

$$Sd(x) = \{s \in \Re^n \mid s^{\mathrm{T}}\nabla f(x) < 0\},$$

那么 $Sd(x)$ 就是函数 $f(x)$ 在 x 处的下降方向集. 设 x^* 是 (1.2.1) 的最优解, 利用上面那些记号, 最优性条件就相当于

$$x^* \in \Omega \quad \text{并且} \quad Sf(x^*) \cap Sd(x^*) = \varnothing. \tag{1.2.2}$$

条件 (1.2.2) 的等价数学形式就是

$$x^* \in \Omega, \quad (x - x^*)^{\mathrm{T}}\nabla f(x^*) \geqslant 0, \quad \forall x \in \Omega. \tag{1.2.3}$$

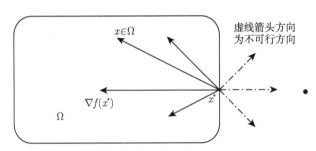

图 1.3   可微凸优化与变分不等式的关系

顺便提及一下, 在求最大化的时候, 将下降方向的集合 $Sd(x)$ 改成上升方向 (ascent direction) 的集合

$$Sa(x) = \{s \in \Re^n \mid s^{\mathrm{T}}\nabla f(x) > 0\}, \quad \text{点 } x \text{ 处的上升方向集.}$$

相应与 (1.2.2) 的关系式就变成

$$x^* \in \Omega, \quad Sf(x^*) \cap Sa(x^*) = \varnothing.$$

这表示所有可行方向都不是上升方向, 就是通常所说的盲人爬山原理.

将 $\nabla f(x)$ 换成从 $\Re^n$ 到 $\Re^n$ 的一个算子 $F(x)$, (1.2.3) 就成了经典的变分不等式

$$x^* \in \Omega, \quad (x - x^*)^{\mathrm{T}}F(x^*) \geqslant 0, \quad \forall x \in \Omega. \tag{1.2.4}$$

变分不等式 (1.2.4) 中的算子 $F(x)$, 不一定是某个函数的梯度. 换句话说, 当 $F(x)$ 可微时, $F(x)$ 的 Jacobian 矩阵不一定对称 (当 $f(x)$ 二次可微时, $\nabla^2 f(x)$ 一定是对称的). 如果 (1.2.4) 中的算子 F 满足

$$(x - y)^{\mathrm{T}}(F(x) - F(y)) \geqslant 0,$$

就说它是一个单调变分不等式. 当 (1.2.4) 中的 Ω 为正卦限的时候, 变分不等式 (1.2.4) 就是一个非线性互补问题. 我们把这个结论表述成下面的引理.

引理 1.5 设 $F(x) : \Re^n \to \Re^n$. x^* 是变分不等式

$$x^* \geqslant 0, \quad (x - x^*)^{\mathrm{T}} F(x^*) \geqslant 0, \quad \forall x \geqslant 0 \tag{1.2.5a}$$

的解的充分必要条件是

$$x^* \geqslant 0, \quad F(x^*) \geqslant 0, \quad (x^*)^{\mathrm{T}} F(x^*) = 0. \tag{1.2.5b}$$

证明 如果 x^* 是变分不等式 (1.2.5a) 的一个解, 那么 $x^* \geqslant 0$. 分别将 $x = 2x^* \geqslant 0$ 和 $x = 0$ 代入 (1.2.5a), 得到 $\pm (x^*)^{\mathrm{T}} F(x^*) \geqslant 0$. 因此 $(x^*)^{\mathrm{T}} F(x^*) = 0$. 要证明 x^* 是互补问题 (1.2.5b) 的解, 只剩下 $F(x^*) \geqslant 0$ 需要证明. 对此采用反证法: 如果 $F(x^*)$ 的某个分量 $F_j(x^*) < 0$, 我们取 x, 使得

$$x_i = \begin{cases} x_i^*, & \text{若 } i \neq j, \\ x_j^* + 1, & \text{若 } i = j. \end{cases}$$

这样的 $x \geqslant 0$. 但 $(x - x^*)^{\mathrm{T}} F(x^*) = F_j(x^*) < 0$, 这与 x^* 是变分不等式 (1.2.5a) 的解矛盾.

反过来, 如果 x^* 是互补问题 (1.2.5b) 的解, 那么有 $x^* \geqslant 0$ 和 $F(x^*) \geqslant 0$. 对于任意的 $x \geqslant 0$ 有 $x^{\mathrm{T}} F(x^*) \geqslant 0$. 因为 $(x^*)^{\mathrm{T}} F(x^*) = 0$, 得

$$x^* \geqslant 0, \quad (x - x^*)^{\mathrm{T}} F(x^*) = x^{\mathrm{T}} F(x^*) \geqslant 0, \quad \forall x \geqslant 0.$$

所以 x^* 是变分不等式 (1.2.5a) 的一个解. $\qquad\square$

定理 1.1 设 $\mathcal{X} \subset \Re^n$ 是闭凸集, $\theta(x)$ 和 $f(x)$ 都是凸函数, 其中 $f(x)$ 在包含 $\mathcal{X}$ 的一个开集上可微. 记 x^* 是凸优化问题 $\min\{\theta(x) + f(x) \,|\, x \in \mathcal{X}\}$ 的解. 那么

$$x^* \in \operatorname{argmin}\{\theta(x) + f(x) \,|\, x \in \mathcal{X}\} \tag{1.2.6}$$

的充分必要条件是

$$x^* \in \mathcal{X}, \quad \theta(x) - \theta(x^*) + (x - x^*)^{\mathrm{T}} \nabla f(x^*) \geqslant 0, \quad \forall x \in \mathcal{X}. \tag{1.2.7}$$

证明　首先, 如果 (1.2.6) 真, 那么对任意的 $x \in \mathcal{X}$, 都有

$$\frac{\theta(x_\alpha) - \theta(x^*)}{\alpha} + \frac{f(x_\alpha) - f(x^*)}{\alpha} \geqslant 0, \tag{1.2.8}$$

其中

$$x_\alpha = (1 - \alpha)x^* + \alpha x, \quad \forall \alpha \in (0, 1].$$

因为 $\theta(x)$ 是 x 的凸函数, 根据 x_α 的定义和凸函数的性质有

$$\theta(x_\alpha) \leqslant (1 - \alpha)\theta(x^*) + \alpha\theta(x),$$

并且因此

$$\theta(x) - \theta(x^*) \geqslant \frac{\theta(x_\alpha) - \theta(x^*)}{\alpha}, \quad \forall \alpha \in (0, 1].$$

将此代入 (1.2.8) 的左边, 我们就有

$$\theta(x) - \theta(x^*) + \frac{f(x_\alpha) - f(x^*)}{\alpha} \geqslant 0, \quad \forall \alpha \in (0, 1].$$

注意到上式中 $f(x_\alpha) = f(x^* + \alpha(x - x^*))$, 由于 $f(x)$ 可微, 令 $\alpha \to 0_+$, 得到

$$\theta(x) - \theta(x^*) + \nabla f(x^*)^{\mathrm{T}}(x - x^*) \geqslant 0, \quad \forall x \in \mathcal{X}.$$

这样就从 (1.2.6) 得到了 (1.2.7). 反过来, 因为 f 是凸函数, 有

$$f(x_\alpha) \leqslant (1 - \alpha)f(x^*) + \alpha f(x),$$

这可以写成

$$f(x_\alpha) - f(x^*) \leqslant \alpha(f(x) - f(x^*)).$$

因此, 对所有的 $\alpha \in (0, 1]$, 我们有

$$f(x) - f(x^*) \geqslant \frac{f(x_\alpha) - f(x^*)}{\alpha} = \frac{f(x^* + \alpha(x - x^*)) - f(x^*)}{\alpha},$$

取 $\alpha \to 0_+$, 有

$$f(x) - f(x^*) \geqslant \nabla f(x^*)^{\mathrm{T}}(x - x^*).$$

将此代入 (1.2.7) 的左边, 得

$$x^* \in \mathcal{X}, \quad \theta(x) - \theta(x^*) + f(x) - f(x^*) \geqslant 0, \quad \forall x \in \mathcal{X},$$

因此 (1.2.6) 真.　　　　　　　　　　　　　　　　　　　　　　　　　　　　　□

这个定理建立了凸优化问题 (1.2.6) 和变分不等式 (1.2.7) 之间的一一对应关系, 它是这本著作要用的几个基本原理之一. 我们称 (1.2.7) 为单调混合变分不等式. 当然, 如果 $\theta(x)$ 也可微, 相应的条件就可以写成

$$x^* \in \mathcal{X}, \quad (x - x^*)^{\mathrm{T}} \left(\nabla \theta(x^*) + \nabla f(x^*) \right) \geqslant 0, \quad \forall x \in \mathcal{X}.$$

利用这个定理, 我们同样能得到凸函数一阶性质的几何解释 (1.2.3).

我们举几个简单的优化问题为例.

例 1 对一个给定的 n-维向量 a, 要在非负卦限 $\Re_+^n$ 找一个向量 x, 使 x 与 a 的欧氏距离最短, 这是一个最简单的凸优化问题. 它的数学形式是

$$\min \left\{ \frac{1}{2} \|x - a\|^2 \,\bigg|\, x \geqslant 0 \right\}. \tag{1.2.9}$$

问题 (1.2.9) 的解也说成是 a 到非负卦限上的投影, 记作 $P_{\Re_+^n}[a]$. 记其为 x^*, 则有

$$x_j^* = \max\{a_j, 0\}, \quad j = 1, \cdots, n.$$

根据定理 1.1, 问题 (1.2.9) 的解 x^* 满足条件

$$x^* \geqslant 0, \quad (x - x^*)^{\mathrm{T}} (x^* - a) \geqslant 0, \quad \forall x \geqslant 0.$$

由引理 1.5, 同时有

$$x^* \geqslant 0, \quad x^* - a \geqslant 0, \quad (x^*)^{\mathrm{T}} (x^* - a) = 0.$$

例 2 给定矩阵 $A \in S^n$, 要找一个 $X \in S_+^n$, 使得 $\|X - A\|_F$ 最小. 问题表述为

$$\min \left\{ \frac{1}{2} \|X - A\|_F^2 \,\bigg|\, X \succeq 0 \right\}, \tag{1.2.10}$$

这里的 $\| \cdot \|_F$ 表示矩阵的 Frobenius 模, $\|A\|_F^2$ 是矩阵 A 所有元素的平方和. 设 $A = [\alpha_1, \alpha_2, \cdots, \alpha_n]$, 其中 α_j 是 n-维向量, 那么有

$$\|A\|_F = \left(\sum_{j=1}^n \|\alpha_j\|^2 \right)^{1/2}.$$

求解 (1.2.10) 也称为求实对称矩阵 A 在 S_+^n 上的投影. 对实对称矩阵 A, 存在正交矩阵 Q 和对角矩阵 Λ, 使得

$$Q^{\mathrm{T}} A Q = \Lambda, \quad 其中 \quad \Lambda = \operatorname{diag}(\lambda_1, \lambda_2, \cdots, \lambda_n). \tag{1.2.11}$$

此外, 由于正交变换不改变向量长度, 我们有

$$\|Q^{\mathrm{T}}AQ\|_F^2 = \|A\|_F^2.$$

如果 X^* 是所求问题的解, 那么我们有

$$\|X^* - A\|_F^2 = \|Q^{\mathrm{T}}(X^* - A)Q\|_F^2 = \|Q^{\mathrm{T}}X^*Q - \Lambda\|_F^2.$$

因为 Λ 为对角阵, 为了达到最小值, 求得的解 X^* 应该使得 $Q^{\mathrm{T}}X^*Q$ 既是对角阵, 又是半正定的. 换句话说,

$$Q^{\mathrm{T}}X^*Q = \Lambda^+,$$

其中

$$\Lambda^+ = \mathrm{diag}(\lambda_1^+, \lambda_2^+, \cdots, \lambda_n^+), \quad \lambda_j^+ = \max\{0, \lambda_j\}, \quad j = 1, \cdots, n.$$

所以问题 (1.2.10) 就转化为与 (1.2.9) 类似的问题, 有了 (1.2.11), 问题 (1.2.10) 的解就是

$$X^* = Q\Lambda^+ Q^{\mathrm{T}},$$

根据定理 1.1, 问题 (1.2.10) 的解 X^* 满足

$$X^* \succeq 0, \quad \mathrm{Trace}[(X - X^*)(X^* - A)] \geqslant 0, \quad \forall X \succeq 0.$$

由引理 1.5, 同时有

$$X^* \succeq 0, \quad (X^* - A) \succeq 0, \quad \mathrm{Trace}[(X^*)(X^* - A)] = 0.$$

例 3 同样的道理, 对给定的 $A \in S^n$, 要找一个特征值指定在 $[\lambda_{\min}, \lambda_{\max}]$ 内的 $X \in S^n$, 使得 $\|X - A\|_F$ 最小. 问题表述为

$$\min\left\{\frac{1}{2}\|X - A\|_F^2 \,\middle|\, \lambda_{\min} \leqslant \lambda(X) \leqslant \lambda_{\max}\right\}. \tag{1.2.12}$$

也只要对 A 做 (1.2.11) 那样的分解, 然后 (1.2.12) 的解由

$$X^* = Q\tilde{\Lambda}Q^{\mathrm{T}}$$

给出, 这里 $\tilde{\Lambda}$ 同样是对角矩阵,

$$\tilde{\Lambda} = \mathrm{diag}(\tilde{\lambda}_1, \cdots, \tilde{\lambda}_n),$$

其中

$$\tilde{\lambda}_j = \begin{cases} \lambda_{\max}, & \text{若 } \lambda_j > \lambda_{\max}, \\ \lambda_j, & \text{若 } \lambda_j \in [\lambda_{\min}, \lambda_{\max}], \quad j = 1, \cdots, n. \\ \lambda_{\min}, & \text{若 } \lambda_j < \lambda_{\min}. \end{cases}$$

1.2.2 线性约束可微凸优化问题的最优性条件

关于约束可微优化问题的最优性条件建议读者阅读 R. Fletcher 的著作[24] 的第 9 章, 本书主要讨论包含其中的线性约束凸优化问题.

1. 线性等式约束的凸优化问题最优性条件

引理 1.6 设 $f(x): \Re^n \to \Re$ 为连续可微函数, $A \in \Re^{m \times n}$, $Ax = b$ 有可行解. 线性等式约束可微优化问题

$$\min_x \{f(x) \mid Ax = b\} \tag{1.2.13}$$

的一阶最优性条件是存在 $\lambda \in \Re^m$, 使得

$$\begin{cases} \nabla f(x) - A^{\mathrm{T}}\lambda = 0, & (1.2.14\mathrm{a}) \\ Ax = b. & (1.2.14\mathrm{b}) \end{cases}$$

证明 用 $C(A^{\mathrm{T}})$ 和 $N(A)$ 分别表矩阵 A^{T} 的列空间和矩阵 A 的零空间. 线性代数的基本知识告诉我们,

$$C(A^{\mathrm{T}}) \perp N(A), \quad C(A^{\mathrm{T}}) \oplus N(A) = \Re^n.$$

如果条件 (1.2.14) 成立, 则 $Ax = b$, 对所有的可行方向 $d \in N(A)$, 因为 $\nabla f(x) \in C(A^{\mathrm{T}})$, 都有 $\nabla f(x)^{\mathrm{T}}d = 0$, 所有的可行方向都不是下降方向, x 就是局部最优解.

反过来, 如果 x 是问题 (1.2.13) 的局部最优解, 那么 x 是可行解, 有 $Ax = b$. 假如条件 (1.2.14a) 不满足, 那么 $\nabla f(x) \notin C(A^{\mathrm{T}})$. 存在非零 n-维向量 $d \in N(A)$, 使得

$$\nabla f(x) = A^{\mathrm{T}}y + d \quad 和 \quad A(x - \alpha d) = Ax = b.$$

这样, $\nabla f(x)^{\mathrm{T}}d = \|d\|^2$, 由于

$$f(x - \alpha d) = f(x) - \alpha \nabla f(x)^{\mathrm{T}}d + o(\alpha),$$

存在一个区间 $(0, T]$, 对所有的 $\alpha \in (0, T]$, $f(x - \alpha d) < f(x)$, 这与 x 是最优解矛盾. $\qquad\square$

2. 线性不等式约束的凸优化问题最优性条件

讨论线性不等式约束可微凸优化问题

$$\min_x \{f(x) \mid Ax \geqslant b\} \tag{1.2.15}$$

的一阶最优性条件, 其中

$$A = \begin{pmatrix} a_1^{\mathrm{T}} \\ a_2^{\mathrm{T}} \\ \vdots \\ a_m^{\mathrm{T}} \end{pmatrix}, \qquad b = \begin{pmatrix} b_1 \\ b_2 \\ \vdots \\ b_m \end{pmatrix}.$$

为此, 我们先介绍 Farkas 引理.

引理 1.7(Farkas 引理)　对任意给定的 n-维向量 $a_1, a_2, \cdots, a_p$ 和 g, 集合

$$S = \{s \in \Re^n \mid s^{\mathrm{T}}g < 0, s^{\mathrm{T}}a_i \geqslant 0, i = 1, \cdots, p\} \tag{1.2.16}$$

是空集的充分必要条件是存在乘子 $\lambda_i \geqslant 0$, 使得

$$g = \sum_{i=1}^{p} \lambda_i a_i. \tag{1.2.17}$$

证明　见 R. Fletcher 的著作[24] (第 205 页, 引理 9.2.4 的证明).　　　　□

对优化问题 (1.2.15), (1.2.16) 中的 S 可以用来表示下降方向和可行方向的交集. S 为空集就是最优解的充分必要条件.

引理 1.8　设 $f(x) : \Re^n \to \Re$ 是连续可微函数, $A \in \Re^{m \times n}$, $Ax \geqslant b$ 有可行解. 线性不等式约束可微优化问题 (1.2.15) 的一阶最优性条件是存在 $\lambda \in \Re^m$, 使得

$$\begin{cases} \nabla f(x) = A^{\mathrm{T}}\lambda, & (1.2.18a) \\ \lambda \geqslant 0, \quad Ax - b \geqslant 0, \quad \lambda^{\mathrm{T}}(Ax - b) = 0. & (1.2.18b) \end{cases}$$

证明　设 x^* 是 (1.2.15) 的最优解, 假设约束条件 $Ax \geqslant b$ 中有

$$a_i^{\mathrm{T}}x^* = b_i, \quad i = 1, \cdots, p; \quad a_i^{\mathrm{T}}x^* > b_i, \quad i = p+1, \cdots, m. \tag{1.2.19}$$

换句话说, 前 p 个不等式是起作用的 (active inequality). 这时候,

$$S = \{s \in \Re^n \mid s^{\mathrm{T}}\nabla f(x^*) < 0, s^{\mathrm{T}}a_i \geqslant 0, i = 1, \cdots, p\}$$

为空集. 根据 Farkas 引理, 有 $\lambda_i^* \geqslant 0$,

$$\nabla f(x^*) = \sum_{i=1}^{p} \lambda_i^* a_i. \tag{1.2.20}$$

把条件 (1.2.19) 和 (1.2.20) 写在一起就是

$$
\begin{cases}
\nabla f(x^*) = \sum_{i=1}^{m} \lambda_i^* a_i, \\
\lambda_i^* \geqslant 0, \quad a_i^{\mathrm{T}} x^* = b_i, \quad \lambda_i^*(a_i^{\mathrm{T}} x^* - b_i) = 0, \quad i = 1, \cdots, p, \\
\lambda_i^* = 0, \quad a_i^{\mathrm{T}} x^* > b_i, \quad \lambda_i^*(a_i^{\mathrm{T}} x^* - b_i) = 0, \quad i = p+1, \cdots, m.
\end{cases}
$$

这就是 (1.2.18). □

1.2.3 线性约束凸优化问题和等价的单调变分不等式

设 $\theta : \Re^n \to \Re$ 是 (并非一定光滑的) 凸函数, $\mathcal{A} \in \Re^{m \times n}$, $b \in \Re^m$, $\mathcal{U} \subset \Re^n$ 是简单非空闭凸集. 我们考虑线性约束的凸优化问题

$$
\min\{\theta(u) \mid \mathcal{A}u = b \, (\geqslant b), \, u \in \mathcal{U}\}, \tag{1.2.21}
$$

并总假设它有解. 问题 (1.2.21) 的 Lagrange 函数是定义在 $\mathcal{U} \times \Lambda$ 上的

$$
L(u, \lambda) = \theta(u) - \lambda^{\mathrm{T}}(\mathcal{A}u - b), \tag{1.2.22}
$$

其中

$$
\Lambda = \begin{cases}
\Re^m, & \text{若 } \mathcal{A}u = b, \\
\Re_+^m, & \text{若 } \mathcal{A}u \geqslant b,
\end{cases}
$$

这里的 $\Re_+^m$ 表示 $\Re^m$ 中的非负卦限. 假如一对 (u^*, λ^*) 满足

$$
(u^*, \lambda^*) \in \mathcal{U} \times \Lambda, \quad L(u^*, \lambda) \leqslant L(u^*, \lambda^*) \leqslant L(u, \lambda^*), \quad \forall (u, \lambda) \in \mathcal{U} \times \Lambda, \tag{1.2.23}
$$

就称它为 Lagrange 函数(1.2.22) 的鞍点.

凸优化问题 (1.2.21) 的解和它的 Lagrange 函数的鞍点有如下的关系: 设 u^* 是凸优化问题 (1.2.21) 的最优解, 并且正规性 (regularity) 假设 (存在 $\mathcal{U}$ 的内点, 使得 $\mathcal{A}u = b$ (或 $\geqslant b$)) 成立, 则存在 λ^*, 使得 (u^*, λ^*) 是 Lagrange 函数的鞍点. 反过来, 如果 (u^*, λ^*) 是 Lagrange 函数的鞍点, 则其中的 u^* 就是凸优化问题 (1.2.21) 的解点, λ^* 是相应的最优 Lagrange 乘子.

在以后的讨论中, 我们总假设凸优化问题 (1.2.21) 的 Lagrange 函数的鞍点存在, 聚焦于把 Lagrange 函数 (1.2.22) 的鞍点求出来.

把定义鞍点的不等式 (1.2.23) 的前后两部分分开写成 (把后一个写在前面)

$$
\begin{cases}
u^* \in \mathcal{U}, \quad L(u, \lambda^*) - L(u^*, \lambda^*) \geqslant 0, \quad \forall u \in \mathcal{U}, \\
\lambda^* \in \Lambda, \quad L(u^*, \lambda^*) - L(u^*, \lambda) \geqslant 0, \quad \forall \lambda \in \Lambda.
\end{cases}
$$

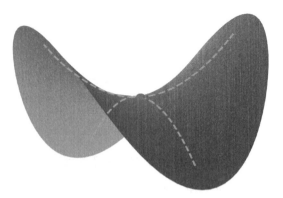

图 1.4 Lagrange 函数的鞍点

利用 Lagrange 函数 (1.2.22) 的表达式, 从上式得到下面的变分不等式组

$$\begin{cases} u^* \in \mathcal{U}, \quad \theta(u) - \theta(u^*) + (u - u^*)^{\mathrm{T}}(-\mathcal{A}^{\mathrm{T}}\lambda^*) \geqslant 0, \quad \forall\, u \in \mathcal{U}, \\ \lambda^* \in \Lambda, \quad (\lambda - \lambda^*)^{\mathrm{T}}(\mathcal{A}u^* - b) \geqslant 0, \qquad\qquad \forall\, \lambda \in \Lambda. \end{cases} \tag{1.2.24}$$

将上式两部分加在一起写成紧凑的形式就是 (混合) 变分不等式

$$w^* \in \Omega, \quad \theta(u) - \theta(u^*) + (w - w^*)^{\mathrm{T}} F(w^*) \geqslant 0, \quad \forall\, w \in \Omega, \tag{1.2.25a}$$

其中

$$w = \begin{pmatrix} u \\ \lambda \end{pmatrix}, \quad F(w) = \begin{pmatrix} -\mathcal{A}^{\mathrm{T}}\lambda \\ \mathcal{A}u - b \end{pmatrix}, \quad \Omega = \mathcal{U} \times \Lambda. \tag{1.2.25b}$$

对 (1.2.25) 中任意的 $w \in \Omega$ 分别取 $w = (u, \lambda^*)$ 和 $w = (u^*, \lambda)$, 就反过来得到 (1.2.24) 中的两个式子. 这样, 我们把鞍点的集合和 (混合) 变分不等式的解集建立了等价关系. 在没有特别需要的时候, 我们就称 (1.2.25) 为变分不等式. 通篇, 我们都用 Ω^* 表示变分不等式 (1.2.25) 的解集 (因此也是 Lagrange 函数 (1.2.22) 的鞍点的集合). 注意到 Ω^* 本身也是闭凸集, 此外, (1.2.25b) 中仿射算子

$$F(w) = \begin{pmatrix} -\mathcal{A}^{\mathrm{T}}\lambda \\ \mathcal{A}u - b \end{pmatrix} = \begin{pmatrix} 0 & -\mathcal{A}^{\mathrm{T}} \\ \mathcal{A} & 0 \end{pmatrix} \begin{pmatrix} u \\ \lambda \end{pmatrix} - \begin{pmatrix} 0 \\ b \end{pmatrix} \tag{1.2.26}$$

中的矩阵为反对称矩阵, 因此有 $(w - \tilde{w})^{\mathrm{T}}(F(w) - F(\tilde{w})) \equiv 0$. 由此可得恒等式

$$(\tilde{w} - w^*)^{\mathrm{T}} F(\tilde{w}) \equiv (\tilde{w} - w^*)^{\mathrm{T}} F(w^*). \tag{1.2.27}$$

因此, 在求解变分不等式 (1.2.25) 时, 当 $\tilde{w} \in \Omega$, 就有

$$\theta(\tilde{u}) - \theta(u^*) + (\tilde{w} - w^*)^{\mathrm{T}} F(\tilde{w})$$

$$= \theta(\tilde{u}) - \theta(u^*) + (\tilde{w} - w^*)^{\mathrm{T}} F(w^*) \geqslant 0, \quad \forall w^* \in \Omega^*. \tag{1.2.28}$$

这在算法收敛性证明中常常要用到. 由于 $\theta(u)$ 是凸函数, 我们称 (1.2.25) 为单调 (混合) 变分不等式. 本书论及的变分不等式, 基本上都是这种类型.

1. 可分离结构型凸优化问题等价的单调变分不等式

科学计算中的许多问题可以归结为一个包含两个可分离块的线性约束的凸优化问题

$$\min\{\theta_1(x) + \theta_2(y) \mid Ax + By = b, x \in \mathcal{X}, y \in \mathcal{Y}\}. \tag{1.2.29}$$

这相当于在 (1.2.21) 中, 置 $n = n_1 + n_2$, $\mathcal{X} \subset \Re^{n_1}$, $\mathcal{Y} \subset \Re^{n_2}$, $\mathcal{U} = \mathcal{X} \times \mathcal{Y}$. $\theta(u) = \theta_1(x) + \theta_2(y)$, $\theta_1(x)$: $\Re^{n_1} \to \Re$, $\theta_2(y)$: $\Re^{n_2} \to \Re$. 矩阵 $\mathcal{A} = (A, B)$, 其中 $A \in \Re^{m \times n_1}$, $B \in \Re^{m \times n_2}$. 求解问题 (1.2.29) 同样可以归结为求解一个单调的 (混合) 变分不等式

$$w^* \in \Omega, \quad \theta(u) - \theta(u^*) + (w - w^*)^{\mathrm{T}} F(w^*) \geqslant 0, \quad \forall w \in \Omega, \tag{1.2.30a}$$

其中

$$w = \begin{pmatrix} x \\ y \\ \lambda \end{pmatrix}, \quad u = \begin{pmatrix} x \\ y \end{pmatrix}, \quad \theta(u) = \theta_1(x) + \theta_2(y), \tag{1.2.30b}$$

$$F(w) = \begin{pmatrix} -A^{\mathrm{T}}\lambda \\ -B^{\mathrm{T}}\lambda \\ Ax + By - b \end{pmatrix}, \quad \Omega = \mathcal{X} \times \mathcal{Y} \times \Re^m. \tag{1.2.30c}$$

2. 三个可分离目标函数线性约束的凸优化问题的单调变分不等式

对三个可分离块的线性约束的凸优化问题

$$\min\{\theta_1(x) + \theta_2(y) + \theta_3(z) \mid Ax + By + Cz = b, x \in \mathcal{X}, y \in \mathcal{Y}, z \in \mathcal{Z}\}, \tag{1.2.31}$$

通过同样的分析, 求解问题 (1.2.31) 可以归结为求解单调的 (混合) 变分不等式

$$w^* \in \Omega, \quad \theta(u) - \theta(u^*) + (w - w^*)^{\mathrm{T}} F(w^*) \geqslant 0, \quad \forall w \in \Omega, \tag{1.2.32a}$$

其中

$$w = \begin{pmatrix} x \\ y \\ z \\ \lambda \end{pmatrix}, \quad u = \begin{pmatrix} x \\ y \\ z \end{pmatrix}, \quad \theta(u) = \theta_1(x) + \theta_2(y) + \theta_3(z), \tag{1.2.32b}$$

$$F(w) = \begin{pmatrix} -A^{\mathrm{T}}\lambda \\ -B^{\mathrm{T}}\lambda \\ -C^{\mathrm{T}}\lambda \\ Ax + By + Cz - b \end{pmatrix}, \quad \Omega = \mathcal{X} \times \mathcal{Y} \times \mathcal{Z} \times \Re^m. \tag{1.2.32c}$$

在变分不等式 (1.2.30) 和 (1.2.32) 中, u 对应的是凸优化问题中的原始变量, $w = (u, \lambda)$ 是原始变量加对偶变量.

虽然 (1.2.29) 和 (1.2.31) 相对应的单调混合变分不等式形式完全相同, 但 (1.2.29) 是含两个可分离目标函数的结构型等式约束凸优化问题, 可以用相当有效的乘子交替方向法 (alternating directions method of multipliers, ADMM)[27, 29] 求解, 而直接将乘子交替方向法推广到求解三个算子的可分离结构型约束凸优化问题 (1.2.31), 论文 [17] 证明其是不一定收敛的. 对多于两个算子的问题, 需要用一些基于变分不等式的预测-校正方法去处理[44, 66, 67].

1.3 凸优化和单调变分不等式的邻近点算法

邻近点算法 (proximal point algorithm)[93, 99], 简称 PPA 算法, 是求解凸优化问题

$$\min\{\theta(x) + f(x) \mid x \in \mathcal{X}\} \tag{1.3.1}$$

的一类基本算法. 我们把 $\mathcal{X}^*$ 记作 (1.3.1) 的解集. 把下面的简单结论写成一个引理, 是因为后面常常要用到.

引理 1.9 设 $a, b \in \Re^n$, $H \in \Re^{n \times n}$ 是对称正定矩阵. 如果

$$b^{\mathrm{T}} H(a - b) \geqslant 0,$$

则有

$$\|b\|_H^2 \leqslant \|a\|_H^2 - \|a - b\|_H^2.$$

证明 对任何给定的正定矩阵 H, 有

$$\|b\|_H^2 = \|a\|_H^2 - 2b^{\mathrm{T}} H(a - b) - \|a - b\|_H^2.$$

由已知条件交叉项 $b^{\mathrm{T}} H(a - b) \geqslant 0$, 引理的结论可以从上面的恒等式直接得到. □

引理 1.9 的结论当 H 为半正定矩阵时仍然成立. 只是此时 $\|a\|_H$ 不再是模, $\|a\|_H^2$ 表示二次型 $a^{\mathrm{T}} H a$.

定义 1.3 (求解凸优化问题 (1.3.1) 的 PPA 算法) 算法的第 k 步迭代从给定的 x^k 开始, 新的迭代点 x^{k+1} 由

$$x^{k+1} = \operatorname{argmin}\left\{\theta(x) + f(x) + \frac{1}{2}r\|x - x^k\|^2 \,\Big|\, x \in \mathcal{X}\right\}, \quad r > 0 \tag{1.3.2}$$

生成, 这样的算法称为求解凸优化问题 (1.3.1) 的邻近点算法.

优化问题 (1.3.1) 的 PPA 算法的第 k 步迭代的子问题, 在原问题的目标函数上加了正则项 $\frac{1}{2}r\|x-x^k\|^2$, 使得子问题比原问题容易求解, 算法产生的新迭代点离原来的迭代点不至太远, 犹如探险过程中步步为营, 稳扎稳打. 然而, r 太大, 相当于行进过程中太保守, 会增加总的迭代步数.

定理 1.2 PPA 算法 (1.3.2) 产生的迭代序列 $\{x^k\}$ 满足

$$\|x^{k+1}-x^*\|^2 \leqslant \|x^k-x^*\|^2 - \|x^k-x^{k+1}\|^2, \quad \forall x^* \in \mathcal{X}^*. \tag{1.3.3}$$

证明 因为 x^{k+1} 是 (1.3.2) 的最优解, 根据定理 1.1 有

$$x^{k+1} \in \mathcal{X}, \ \ \theta(x)-\theta(x^{k+1})+(x-x^{k+1})^{\mathrm{T}}\{\nabla f(x^{k+1})+r(x^{k+1}-x^k)\} \geqslant 0, \ \forall x \in \mathcal{X}.$$

令上式中任意的 $x = x^*$, 得到

$$(x^{k+1}-x^*)^{\mathrm{T}}r(x^k-x^{k+1}) \geqslant \theta(x^{k+1})-\theta(x^*)+(x^{k+1}-x^*)^{\mathrm{T}}\nabla f(x^{k+1}). \tag{1.3.4}$$

由于 f 是凸的, 根据引理 1.4, $(x^{k+1}-x^*)^{\mathrm{T}}\nabla f(x^{k+1}) \geqslant (x^{k+1}-x^*)^{\mathrm{T}}\nabla f(x^*)$. 因此有

$$\theta(x^{k+1})-\theta(x^*)+(x^{k+1}-x^*)^{\mathrm{T}}\nabla f(x^{k+1})$$
$$\geqslant \theta(x^{k+1})-\theta(x^*)+(x^{k+1}-x^*)^{\mathrm{T}}\nabla f(x^*) \geqslant 0, \quad \forall x^* \in \mathcal{X}^*.$$

上式中最后一个不等式的根据是 $x^{k+1} \in \mathcal{X}$ 和 (1.2.7). 将上面的结果代入 (1.3.4) 的右端, 得到

$$(x^{k+1}-x^*)^{\mathrm{T}}(x^k-x^{k+1}) \geqslant 0.$$

在上式中令 $a = x^k - x^*$, $b = x^{k+1} - x^*$, 利用引理 1.9, 就得到 (1.3.3). □

我们通常把 (1.3.3) 说成是收缩不等式, 它是证明凸优化 PPA 算法收敛的关键. 介绍凸优化问题 (1.3.1) 的 PPA 算法, 是为定义求解变分不等式 (1.2.25) 的 H-模下的邻近点算法做准备的.

定义 1.4(变分不等式 H-模下的 PPA 算法的第 k 步迭代) 设 $H \succ 0$ 为给定的正定矩阵, 算法的第 k 步迭代从已知的 w^k 出发, 通过

$$w^{k+1} \in \Omega, \quad \theta(u)-\theta(u^{k+1})+(w-w^{k+1})^{\mathrm{T}}F(w^{k+1})$$
$$\geqslant (w-w^{k+1})^{\mathrm{T}}H(w^k-w^{k+1}), \ \forall w \in \Omega \tag{1.3.5}$$

求得新迭代点 w^{k+1}, 这样的算法称为求解变分不等式 (1.2.25) 的 H-模下的邻近点算法.

显然, 如果在 (1.3.5) 中有 $w^k = w^{k+1}$, 那么 w^{k+1} 就是变分不等式 (1.2.25) 的解. 有时, 我们也把 (1.3.5) 写成等价的形式: $w^{k+1} \in \Omega$,

$$\theta(u) - \theta(u^{k+1}) + (w - w^{k+1})^{\mathrm{T}}\{F(w^{k+1}) + H(w^{k+1} - w^k)\} \geqslant 0, \ \forall w \in \Omega. \quad (1.3.6)$$

其中 $H(w^{k+1} - w^k)$ 是二次函数 $\frac{1}{2}\|w - w^k\|_H^2$ 在 w^{k+1} 处的梯度, 这也是把 (1.3.5) 称为求解变分不等式 (1.2.25) 的 H-模下的邻近点算法的原因.

PPA 算法迭代怎样实现呢? 我们先以求解与凸优化问题 (1.2.29) 相对应的变分不等式 (1.2.30) 为例来解释如何实现 PPA 算法的一次迭代. 注意到那里的变量 $w = (x, y, \lambda)$. 设对应于 (1.3.6) 中的矩阵

$$H = \begin{pmatrix} \beta A^{\mathrm{T}}A + \delta I_m & 0 & A^{\mathrm{T}} \\ 0 & \beta B^{\mathrm{T}}B + \delta I_m & B^{\mathrm{T}} \\ A & B & \dfrac{2}{\beta}I_m \end{pmatrix}, \quad (1.3.7)$$

其中 $\beta > 0$ 和 $\delta > 0$ 都是任意给定的大于零的常数. 由于

$$H = \begin{pmatrix} \beta A^{\mathrm{T}}A + \delta I_m & 0 & A^{\mathrm{T}} \\ 0 & 0 & 0 \\ A & 0 & \dfrac{1}{\beta}I_m \end{pmatrix} + \begin{pmatrix} 0 & 0 & 0 \\ 0 & \beta B^{\mathrm{T}}B + \delta I_m & B^{\mathrm{T}} \\ 0 & B & \dfrac{1}{\beta}I_m \end{pmatrix}$$

对任意的 $w = (x, y, \lambda) \neq 0$,

$$w^{\mathrm{T}}Hw = \left\|\sqrt{\beta}Ax + \frac{1}{\sqrt{\beta}}\lambda\right\|^2 + \left\|\sqrt{\beta}By + \frac{1}{\sqrt{\beta}}\lambda\right\|^2 + \delta(\|x\|^2 + \|y\|^2) > 0.$$

矩阵 H 是正定的. 利用 (1.2.30) 中 $F(w)$ 的表达式, 把 (1.3.6) 的具体形式写出来就是 $w^{k+1} = (x^{k+1}, y^{k+1}, \lambda^{k+1}) \in \Omega$, 并对任意的 $(x, y, \lambda) \in \mathcal{X} \times \mathcal{Y} \times \Re^m$, 有

$$\begin{cases} \theta_1(x) - \theta_1(x^{k+1}) + (x - x^{k+1})^{\mathrm{T}}\{\underline{-A^{\mathrm{T}}\lambda^{k+1}} + \beta A^{\mathrm{T}}A(x^{k+1} - x^k) \\ \qquad\qquad\qquad + \delta(x^{k+1} - x^k) + A^{\mathrm{T}}(\lambda^{k+1} - \lambda^k)\} \geqslant 0, \qquad (1.3.8\mathrm{a}) \\[2mm] \theta_2(y) - \theta_2(y^{k+1}) + (y - y^{k+1})^{\mathrm{T}}\{\underline{-B^{\mathrm{T}}\lambda^{k+1}} + \beta B^{\mathrm{T}}B(y^{k+1} - y^k) \\ \qquad\qquad\qquad + \delta(y^{k+1} - y^k) + B^{\mathrm{T}}(\lambda^{k+1} - \lambda^k)\} \geqslant 0, \qquad (1.3.8\mathrm{b}) \\[2mm] (\lambda - \lambda^{k+1})^{\mathrm{T}}\{\underaccent{\tilde}{(Ax^{k+1} + By^{k+1} - b)} \\ \qquad\qquad + A(x^{k+1} - x^k) + B(y^{k+1} - y^k) + \left(\dfrac{2}{\beta}\right)(\lambda^{k+1} - \lambda^k)\} \geqslant 0. \quad (1.3.8\mathrm{c}) \end{cases}$$

上式中, 有下波纹线的凑在一起, 就是 (1.3.6) 中的 $F(w^{k+1})$. 把 (1.3.8) 中相同的项归并后就是 $w^{k+1} = (x^{k+1}, y^{k+1}, \lambda^{k+1}) \in \Omega$, 使得

$$
\begin{cases}
\theta_1(x) - \theta_1(x^{k+1}) + (x - x^{k+1})^{\mathrm{T}}\{-A^{\mathrm{T}}\lambda^k \\
\qquad + (\beta A^{\mathrm{T}}A + \delta I_m)(x^{k+1} - x^k)\} \geqslant 0, \ \forall\, x \in \mathcal{X}, & (1.3.9\text{a}) \\
\theta_2(y) - \theta_2(y^{k+1}) + (y - y^{k+1})^{\mathrm{T}}\{-B^{\mathrm{T}}\lambda^k \\
\qquad + (\beta B^{\mathrm{T}}B + \delta I_m)(y^{k+1} - y^k)\} \geqslant 0, \ \forall\, y \in \mathcal{Y}, & (1.3.9\text{b}) \\
(\lambda - \lambda^{k+1})^{\mathrm{T}}\{[A(2x^{k+1} - x^k) + B(2y^{k+1} - y^k) - b] \\
\qquad + \left(\dfrac{2}{\beta}\right)(\lambda^{k+1} - \lambda^k)\} \geqslant 0, \ \forall\, \lambda \in \Re^m. & (1.3.9\text{c})
\end{cases}
$$

由于跟任何一个向量的内积都非负的向量必须是零向量, (1.3.9c) 相当于

$$
\{A(2x^{k+1} - x^k) + B(2y^{k+1} - y^k) - b\} + \frac{2}{\beta}(\lambda^{k+1} - \lambda^k) = 0.
$$

根据定理 1.1, 要得到满足 (1.3.9) 的 $x^{k+1}, y^{k+1}, \lambda^{k+1}$, 通过

$$
\begin{cases}
x^{k+1} = \arg\min\limits_{x \in \mathcal{X}}\left\{\theta_1(x) - x^{\mathrm{T}}A^{\mathrm{T}}\lambda^k + \dfrac{\beta}{2}\|A(x - x^k)\|^2 + \dfrac{\delta}{2}\|x - x^k\|^2\right\}, & (1.3.10\text{a}) \\
y^{k+1} = \arg\min\limits_{y \in \mathcal{Y}}\left\{\theta_2(y) - y^{\mathrm{T}}B^{\mathrm{T}}\lambda^k + \dfrac{\beta}{2}\|B(y - y^k)\|^2 + \dfrac{\delta}{2}\|y - y^k\|^2\right\}, & (1.3.10\text{b}) \\
\lambda^{k+1} = \lambda^k - \dfrac{1}{2}\beta\{A(2x^{k+1} - x^k) + B(2y^{k+1} - y^k) - b\} & (1.3.10\text{c})
\end{cases}
$$

就能实现. 对给定的 (x^k, y^k, λ^k), 子问题 (1.3.10a) 和 (1.3.10b) 分别是只含自变量 x 和 y 的凸优化问题, 可以平行求解. 假设这样的子问题是容易求解的, 得到了 x^{k+1} 和 y^{k+1}, 再根据 (1.3.10c) 更新 λ^{k+1}, 就完成了一次 PPA 算法迭代.

对同样的问题, 将 (1.3.7) 中的 H 矩阵改成

$$
H = \begin{pmatrix} \beta A^{\mathrm{T}}A + \delta I_m & 0 & -A^{\mathrm{T}} \\ 0 & \beta B^{\mathrm{T}}B + \delta I_m & -B^{\mathrm{T}} \\ -A & -B & \dfrac{2}{\beta}I_m \end{pmatrix}, \qquad (1.3.11)
$$

上面的 H 矩阵同样是正定的. 通过类似的分析可以得知, 相应的 PPA 算法迭代可以通过

$$
\begin{cases}
\lambda^{k+1} = \lambda^k - \dfrac{1}{2}\beta(Ax^k + By^k - b), & (1.3.12a) \\[2mm]
x^{k+1} = \arg\min\limits_{x\in\mathcal{X}}\Big\{\theta_1(x) - x^{\mathrm{T}}A^{\mathrm{T}}[2\lambda^{k+1} - \lambda^k] \\[1mm]
\qquad\qquad + \dfrac{\beta}{2}\|A(x - x^k)\|^2 + \dfrac{\delta}{2}\|x - x^k\|^2\Big\}, & (1.3.12b) \\[2mm]
y^{k+1} = \arg\min\limits_{y\in\mathcal{Y}}\Big\{\theta_2(y) - y^{\mathrm{T}}B^{\mathrm{T}}[2\lambda^{k+1} - \lambda^k] \\[1mm]
\qquad\qquad + \dfrac{\beta}{2}\|B(y - y^k)\|^2 + \dfrac{\delta}{2}\|y - y^k\|^2\Big\} & (1.3.12c)
\end{cases}
$$

去实现. 后面的章节会告诉我们更多的实现 PPA 算法迭代的方法. 下面, 我们讨论 PPA 算法的主要性质.

定理 1.3 求解变分不等式 (1.2.25), 对给定的正定矩阵 $H \succ 0$ 和向量 w^k, 如果 w^{k+1} 是由 (1.3.5) 提供的, 那么有

$$
\|w^{k+1} - w^*\|_H^2 \leqslant \|w^k - w^*\|_H^2 - \|w^k - w^{k+1}\|_H^2, \quad \forall w^* \in \Omega^*. \tag{1.3.13}
$$

证明 将 (1.3.5) 中任意的 $w \in \Omega$ 设为变分不等式 (1.2.25) 的任意的某个解点 w^*, 就有

$$
(w^{k+1} - w^*)^{\mathrm{T}}H(w^k - w^{k+1}) \geqslant \theta(u^{k+1}) - \theta(u^*) + (w^{k+1} - w^*)^{\mathrm{T}}F(w^{k+1}). \tag{1.3.14}
$$

利用 $(w^{k+1} - w^*)^{\mathrm{T}}F(w^{k+1}) = (w^{k+1} - w^*)^{\mathrm{T}}F(w^*)$ (见 (1.2.27)), 可以把 (1.3.14) 的右端改写为与它等同的

$$
\theta(u^{k+1}) - \theta(u^*) + (w^{k+1} - w^*)^{\mathrm{T}}F(w^*).
$$

由于 $w^{k+1} \in \Omega$ 和 w^* 是 (1.2.25) 的解, 上式非负. 因此从 (1.3.14) 得到

$$
(w^{k+1} - w^*)^{\mathrm{T}}H(w^k - w^{k+1}) \geqslant 0.
$$

在引理 1.9 中令 $a = w^k - w^*$ 和 $b = w^{k+1} - w^*$, 就能从上式得到该定理的结论. □

定理 1.3 说明在 H-模意义下迭代点离解集中的每一点都越来越近. 具有性质 (1.3.13) 的序列 $\{w^k\}$ 称为在 H-模下 Fejér 单调, 关系式 (1.3.13) 是证明迭代序列 $\{w^k\}$ 收敛的关键不等式. 根据我们的知识, 对变分不等式 (1.2.25), 文献 [79] 中首次明确提出了 H-模下的 PPA 算法.

定理 1.2 和定理 1.3 分别提供了求解凸优化问题 (1.3.1) 和变分不等式 (1.2.25) 的 PPA 算法的关键不等式. 下面我们证明变分不等式 PPA 算法的收敛性[65].

定理 1.4 设 $\{w^k\}$ 是求解变分不等式 (1.2.25) 的 H-模下的 PPA 算法 (1.3.5) 产生的迭代序列. 那么 $\{w^k\}$ 收敛于变分不等式的某个解点.

证明 由定理 1.3, 我们有

$$\|w^{k+1} - w^*\|_H^2 \leqslant \|w^k - w^*\|_H^2, \quad \forall w^* \in \Omega^* \tag{1.3.15}$$

和

$$\sum_{k=0}^{\infty} \|w^k - w^{k+1}\|_H^2 \leqslant \|w^0 - w^*\|_H, \quad \forall w^* \in \Omega^*. \tag{1.3.16}$$

因此迭代序列 $\{w^k\}$ 包含在某个有界闭集里, 并有

$$\lim_{k \to \infty} \|w^k - w^{k+1}\|_H^2 = 0. \tag{1.3.17}$$

设 $\{w^{k_j}\}$ 是 $\{w^k\}$ 的收敛于 w^{∞} 的子列, 由 (1.3.5), 有

$$w^{k_j} \in \Omega, \quad \theta(u) - \theta(u^{k_j}) + (w - w^{k_j})^{\mathrm{T}} F(w^{k_j})$$
$$\geqslant (w - w^{k_j})^{\mathrm{T}} H(w^{k_j - 1} - w^{k_j}), \quad \forall w \in \Omega.$$

对上式求极限并利用 (1.3.17), 得到

$$w^{\infty} \in \Omega, \quad \theta(u) - \theta(u^{\infty}) + (w - w^{\infty})^{\mathrm{T}} F(w^{\infty}) \geqslant 0, \quad \forall w \in \Omega.$$

因此, w^{∞} 是变分不等式 (1.2.25) 的解. 由于 $w^{\infty} \in \Omega^*$, 根据 (1.3.15), 有

$$\|w^{k+1} - w^{\infty}\|_H^2 \leqslant \|w^k - w^{\infty}\|_H^2.$$

因此迭代序列只能收敛于这个 w^{∞}. $\qquad\square$

定理 1.4 证明中用到的基本方法, 在以后的章节中还会经常用到.

定理 1.5 设 $\{w^k\}$ 是求解变分不等式 (1.2.25) 的 H-模下的 PPA 算法 (1.3.5) 产生的迭代序列. 那么我们有

$$\|w^k - w^{k+1}\|_H^2 \leqslant \|w^{k-1} - w^k\|_H^2. \tag{1.3.18}$$

因此, 对所有的正整数 t, 都有

$$\|w^t - w^{t+1}\|_H^2 \leqslant \frac{1}{t+1} \|w^0 - w^*\|_H^2, \quad \forall w^* \in \Omega^*. \tag{1.3.19}$$

证明 首先, 将 (1.3.5) 中的 w 设为 w^k, 我们有

$$\theta(u^k) - \theta(u^{k+1}) + (w^k - w^{k+1})^{\mathrm{T}} F(w^{k+1}) \geqslant (w^k - w^{k+1})^{\mathrm{T}} H(w^k - w^{k+1}). \tag{1.3.20}$$

将 (1.3.5) 中的 k 改为 $k-1$, 就有

$$\theta(u) - \theta(u^k) + (w - w^k)^{\mathrm{T}} F(w^k) \geqslant (w - w^k)^{\mathrm{T}} H(w^{k-1} - w^k), \quad \forall w \in \Omega.$$

再将上面不等式中的 w 设为 w^{k+1} (相应的部分向量 u 就成了 u^{k+1}), 我们得到

$$\theta(u^{k+1}) - \theta(u^k) + (w^{k+1} - w^k)^{\mathrm{T}} F(w^k) \geqslant (w^{k+1} - w^k)^{\mathrm{T}} H(w^{k-1} - w^k). \quad (1.3.21)$$

将 (1.3.20) 和 (1.3.21) 加在一起并利用 $(w^k - w^{k+1})^{\mathrm{T}}(F(w^k) - F(w^{k+1})) = 0$, 就得到

$$(w^k - w^{k+1})^{\mathrm{T}} H\{(w^{k-1} - w^k) - (w^k - w^{k+1})\} \geqslant 0.$$

设 $a = (w^{k-1} - w^k), b = (w^k - w^{k+1})$ 并利用引理 1.9, 从上式得到

$$\|w^k - w^{k+1}\|_H^2 \leqslant \|w^{k-1} - w^k\|_H^2 - \|(w^{k-1} - w^k) - (w^k - w^{k+1})\|_H^2.$$

结论 (1.3.18) 成立. 根据 (1.3.16),

$$\sum_{k=0}^{t} \|w^k - w^{k+1}\|_H^2 \leqslant \sum_{k=0}^{\infty} \|w^k - w^{k+1}\|_H^2 \leqslant \|w^0 - w^*\|_H, \quad \forall w^* \in \Omega^*.$$

结合 (1.3.18) 便有

$$\|w^t - w^{t+1}\|_H^2 \leqslant \frac{1}{t+1} \|w^0 - w^*\|_H^2, \quad \forall w^* \in \Omega^*. \qquad \square$$

1.4 凸优化的邻近点算法及其加速方法的收敛速率

这一节我们分别讨论凸优化问题 (1.3.1) PPA 算法的收敛速率和加速的 PPA 算法的收敛速率. 这一节的内容偏理论, 对算法实现比较关心的初读者可以暂时略去.

1.4.1 求解凸优化问题 PPA 算法的收敛速率

为了便于套用文献 [2] 中 FISTA 的分析策略, 我们把方法 (1.3.2) 改写成

$$x^{k+1} = \arg\min\left\{\theta(x) + f(x) + \frac{1}{2\beta_k}\|x - x^k\|^2 \,\middle|\, x \in \mathcal{X}\right\}. \qquad (1.4.1)$$

引理 1.10 对给定的 x^k 和 $\beta_k > 0$, 设 x^{k+1} 由 (1.4.1) 生成, 则有

$$\beta_k\{[\theta(x) + f(x)] - [\theta(x^{k+1}) + f(x^{k+1})]\}$$

$$\geqslant \|x^k - x^{k+1}\|^2 - (x^k - x^{k+1})^{\mathrm{T}}(x^k - x), \quad \forall x \in \mathcal{X}. \qquad (1.4.2)$$

证明 首先, 利用凸优化最优性定理 1.1, 我们有

$$\theta(x) - \theta(x^{k+1}) + (x - x^{k+1})^{\mathrm{T}} \left\{ \nabla f(x^{k+1}) + \frac{1}{\beta_k}(x^{k+1} - x^k) \right\} \geqslant 0, \quad \forall x \in \mathcal{X}. \tag{1.4.3}$$

由于 f 是可微凸函数, 有

$$f(x) - f(x^{k+1}) \geqslant (x - x^{k+1})^{\mathrm{T}} \nabla f(x^{k+1}),$$

代入 (1.4.3) 就得到

$$[\theta(x) + f(x)] - [\theta(x^{k+1}) + f(x^{k+1})] \geqslant \frac{1}{\beta_k}(x - x^{k+1})^{\mathrm{T}}(x^k - x^{k+1}), \quad \forall x \in \mathcal{X}. \tag{1.4.4}$$

注意到

$$(x - x^{k+1})^{\mathrm{T}}(x^k - x^{k+1}) = \{(x - x^k) + (x^k - x^{k+1})\}^{\mathrm{T}}(x^k - x^{k+1})$$
$$= \|x^k - x^{k+1}\|^2 - (x^k - x^{k+1})^{\mathrm{T}}(x^k - x).$$

将上式代入 (1.4.4) 的右端, 即得引理的结论. □

定理 1.6 设序列 $\{x^k\}$ 是由 PPA 算法 (1.4.1) 求解凸优化问题 (1.3.1) 产生的序列, 则有

$$\theta(x^{k+1}) + f(x^{k+1}) \leqslant \theta(x^k) + f(x^k) - \frac{1}{\beta_k}\|x^k - x^{k+1}\|^2 \tag{1.4.5}$$

和

$$2\beta_k\{[\theta(x^*) + f(x^*)] - [\theta(x^{k+1}) + f(x^{k+1})]\}$$
$$\geqslant \|x^{k+1} - x^*\|^2 - \|x^k - x^*\|^2 + \|x^k - x^{k+1}\|^2, \quad \forall x^* \in \mathcal{X}^*. \tag{1.4.6}$$

证明 将 (1.4.2) 中的 x 设为 x^k, 我们就得到定理的第一个结论. 将 (1.4.2) 中的 x 设为任意的某个确定的属于 $\mathcal{X}^*$ 的 x^*, 有

$$2\beta_k\{[\theta(x^*) + f(x^*)] - [\theta(x^{k+1}) + f(x^{k+1})]\}$$
$$\geqslant 2\|x^k - x^{k+1}\|^2 - 2(x^k - x^*)^{\mathrm{T}}(x^k - x^{k+1}). \tag{1.4.7}$$

由于

$$\|a - b\|^2 - 2(a - c)^{\mathrm{T}}(a - b)$$

$$= \{\|a - b\|^2 - 2(a - c)^{\mathrm{T}}(a - b) + \|a - c\|^2\} - \|a - c\|^2$$

$$= \|b - c\|^2 - \|a - c\|^2,$$

我们有恒等式

$$2\|a - b\|^2 - 2(a - c)^{\mathrm{T}}(a - b) = \|a - b\|^2 + \|b - c\|^2 - \|a - c\|^2.$$

在上面的恒等式中令

$$a = x^k, \quad b = x^{k+1} \quad \text{和} \quad c = x^*,$$

得到

$$2\|x^k - x^{k+1}\|^2 - 2(x^k - x^*)^{\mathrm{T}}(x^k - x^{k+1})$$

$$= \|x^k - x^{k+1}\|^2 + \|x^{k+1} - x^*\|^2 - \|x^k - x^*\|^2.$$

把上式代入 (1.4.7) 的右端, 就得到我们要证明的结论 (1.4.6).   □

由于结论 (1.4.6) 可以写成等价的

$$\|x^{k+1} - x^*\|^2 \leqslant \|x^k - x^*\|^2 - \|x^k - x^{k+1}\|^2$$

$$- 2\beta_k\{[\theta(x^{k+1}) + f(x^{k+1})] - [\theta(x^*) + f(x^*)]\}, \quad \forall x^* \in \mathcal{X}^*,$$

这隐含了前面已经证明的凸优化 PPA 算法的收缩性质 (1.3.3). 下面, 我们在序列 $\{\beta_k\}$ 满足

$$\beta_k \geqslant \beta_0 > 0, \quad \forall k \geqslant 1$$

的假设下证明算法 (1.4.1) 的 $O(1/k)$ 收敛速率.

定理 1.7 设 $\{x^k\}$ 是由 PPA 算法 (1.4.1) 求解凸优化问题 (1.3.1) 产生的序列. 对所有的 $k > 1$, 都有

$$[\theta(x^k) + f(x^k)] - [\theta(x^*) + f(x^*)] \leqslant \frac{\|x^0 - x^*\|^2}{2k\beta_0}, \quad \forall x^* \in \mathcal{X}^*. \tag{1.4.8}$$

证明 首先, 由 (1.4.6), 对每个大于零的整数 l, 都有

$$2\beta_l \left\{ [\theta(x^*) + f(x^*)] - [\theta(x^{l+1}) + f(x^{l+1})] \right\}$$

$$\geqslant \|x^{l+1} - x^*\|^2 - \|x^l - x^*\|^2, \quad \forall x^* \in \mathcal{X}^*. \tag{1.4.9}$$

利用

$$(\theta(x^*) + f(x^*)) - (\theta(x^l) + f(x^l)) \leqslant 0 \quad \text{和} \quad \beta_l \geqslant \beta_0 \geqslant 0,$$

有

$$\beta_0 \left\{ [\theta(x^*) + f(x^*)] - [\theta(x^{l+1}) + f(x^{l+1})] \right\}$$
$$\geqslant \beta_l \left\{ [\theta(x^*) + f(x^*)] - [\theta(x^{l+1}) + f(x^{l+1})] \right\}, \quad \forall x^* \in \mathcal{X}^*. \qquad (1.4.10)$$

将不等式 (1.4.9) 对 $l = 0, \cdots, k-1$ 连加并利用 (1.4.10), 就有

$$2\beta_0 \left\{ k[\theta(x^*) + f(x^*)] - \sum_{l=0}^{k-1} [\theta(x^{l+1}) + f(x^{l+1})] \right\} \geqslant \|x^k - x^*\|^2 - \|x^0 - x^*\|^2.$$
$$(1.4.11)$$

另一方面, 从 (1.4.5) 可得

$$2\beta_0 \left([\theta(x^l) + f(x^l)] - [\theta(x^{l+1}) + f(x^{l+1})] \right) \geqslant 0.$$

将上式乘上 l 并将所得之式对 $l = 0, \cdots, k-1$ 相加, 得到

$$2\beta_0 \sum_{l=0}^{k-1} \left\{ l[\theta(x^l) + f(x^l)] - (l+1)[\theta(x^{l+1}) + f(x^{l+1})] + [\theta(x^{l+1}) + f(x^{l+1})] \right\} \geqslant 0,$$

也就是

$$2\beta_0 \left\{ -k[\theta(x^k) + f(x^k)] + \sum_{l=0}^{k-1} \left[\theta(x^{l+1}) + f(x^{l+1}) \right] \right\} \geqslant 0. \qquad (1.4.12)$$

将 (1.4.11) 和 (1.4.12) 相加, 得

$$2k\beta_0 \left\{ [\theta(x^*) + f(x^*)] - [\theta(x^k) + f(x^k)] \right\} \geqslant \|x^k - x^*\|^2 - \|x^0 - x^*\|^2.$$

从上式直接得到 (1.4.8). □

定理 1.7 证明了经典的 PPA 算法 (1.4.1) 的 $O(1/k)$ 收敛速率.

1.4.2 预测-校正的具有加速性质的 PPA 算法

这里介绍加速的 PPA 算法, 是为下一章的加速投影梯度法做准备的.

基于 Nesterov[95] 的思想, 采用文献 [2] 中 FISTA 的做法, 可以构造一个预测-校正的加速 PPA 算法, 它的收敛速率可以达到 $O(1/k^2)$.

预测-校正的加速 PPA 算法.

选取 $\tilde{x}^0 \in \Re^n$. 置 $x^1 = \tilde{x}^0$ 和 $t_1 = 1$. 对 $k \geqslant 1$, 做第 k-步迭代.

预测. 对给定的 x^k 和 $\beta_k > 0$, 由

$$\tilde{x}^k = \arg\min \left\{ \theta(x) + f(x) + \frac{1}{2\beta_k} \|x - x^k\|^2 \,\Big|\, x \in \mathcal{X} \right\} \tag{1.4.13}$$

产生预测点 $\tilde{x}^k$.

校正. 利用

$$x^{k+1} = \tilde{x}^k + \left(\frac{t_k - 1}{t_{k+1}} \right) (\tilde{x}^k - \tilde{x}^{k-1}) \tag{1.4.14a}$$

生成新的迭代点 x^{k+1}, 其中

$$t_{k+1} = \frac{1 + \sqrt{1 + 4t_k^2}}{2}. \tag{1.4.14b}$$

这个算法产生 $\{\tilde{x}^k\}$ 和 $\{x^k\}$ 两个序列. 预测 (1.4.13) 相当于把 PPA 算法(1.4.1) 中新的迭代点 x^{k+1} 设成预测点 $\tilde{x}^k$. 我们把这个方法称为预测-校正方法, 是因为 k-次迭代用 (1.4.13) 产生预测点 $\tilde{x}^k$, 通过 (1.4.14) 校正给出新的迭代点 x^{k+1}. 因为第 k 步校正需要用到 $\tilde{x}^k$ 和 $\tilde{x}^{k-1}$, 这个方法可以称为两步法. 以下假设

序列 $\{\beta_k\}$ 是单调不增的有界正序列. $\beta_0 \geqslant \beta_1 \geqslant \cdots \geqslant \beta_k \geqslant \cdots$.

我们证明预测-校正的加速邻近点算法的迭代复杂性为 $O(1/k^2)$. 以下全部采用 Beck-Teboulle[2] 关于 FISTA 的证明策略.

引理 1.11 设 $\tilde{x}^k$ 是预测-校正的加速 PPA 算法中由 (1.4.13) 产生的, 则有

$$2\beta_k \{[\theta(x) + f(x)] - [\theta(\tilde{x}^k) + f(\tilde{x}^k)]\}$$

$$\geqslant \|x^k - \tilde{x}^k\|^2 + 2(\tilde{x}^k - x^k)^{\mathrm{T}}(x^k - x), \quad \forall x \in \mathcal{X}. \tag{1.4.15}$$

证明 由于 (1.4.13) 中的 $\tilde{x}^k$ 相当于 (1.4.1) 中的迭代点 x^{k+1}. 将 (1.4.2) 中的 x^{k+1} 设为 $\tilde{x}^k$, 就得到

$$2\beta_k \{[\theta(x) + f(x)] - [\theta(\tilde{x}^k) + f(\tilde{x}^k)]\}$$

$$\geqslant 2\|x^k - \tilde{x}^k\|^2 + 2(\tilde{x}^k - x^k)^{\mathrm{T}}(x^k - x), \quad \forall x \in \mathcal{X}.$$

上式右端去掉一个 $\|x^k - \tilde{x}^k\|^2$ 就得到该引理的结论. □

为了推导出预测-校正的加速 PPA 算法 (1.4.13)~(1.4.14) 的迭代复杂性, 我们需要证明相关序列的有关性质.

引理 1.12 设序列 $\{x^k\}$ 和 $\{\tilde{x}^k\}$ 由预测-校正的加速 PPA 算法 (1.4.13)~(1.4.14) 产生, 则有

$$2\beta_k t_k^2 v_k - 2\beta_{k+1} t_{k+1}^2 v_{k+1} \geqslant \|u^{k+1}\|^2 - \|u^k\|^2, \quad \forall k \geqslant 1, \qquad (1.4.16)$$

其中

$$v_k := [\theta(\tilde{x}^k) + f(\tilde{x}^k)] - [\theta(x^*) + f(x^*)], \quad u^k := t_k \tilde{x}^k - (t_k - 1)\tilde{x}^{k-1} - x^*. \ (1.4.17)$$

证明 将引理 1.11 的结论 (1.4.15) 中的 k 置为 $k+1$, 然后将其中任意的 x 分别令为 $x = \tilde{x}^k$ 和 $x = x^*$, 得到

$$2\beta_{k+1}\left\{[\theta(\tilde{x}^k) + f(\tilde{x}^k)] - [\theta(\tilde{x}^{k+1}) + f(\tilde{x}^{k+1})]\right\}$$

$$\geqslant \|x^{k+1} - \tilde{x}^{k+1}\|^2 + 2(\tilde{x}^{k+1} - x^{k+1})^{\mathrm{T}}(x^{k+1} - \tilde{x}^k)$$

和

$$2\beta_{k+1}\left\{[\theta(x^*) + f(x^*)] - [\theta(\tilde{x}^{k+1}) + f(\tilde{x}^{k+1})]\right\}$$

$$\geqslant \|x^{k+1} - \tilde{x}^{k+1}\|^2 + 2(\tilde{x}^{k+1} - x^{k+1})^{\mathrm{T}}(x^{k+1} - x^*).$$

利用 v_k 的定义, 上面的关系式就是

$$2\beta_{k+1}(v_k - v_{k+1}) \geqslant \|x^{k+1} - \tilde{x}^{k+1}\|^2 + 2(\tilde{x}^{k+1} - x^{k+1})^{\mathrm{T}}(x^{k+1} - \tilde{x}^k) \qquad (1.4.18)$$

和

$$-2\beta_{k+1}v_{k+1} \geqslant \|x^{k+1} - \tilde{x}^{k+1}\|^2 + 2(\tilde{x}^{k+1} - x^{k+1})^{\mathrm{T}}(x^{k+1} - x^*) \qquad (1.4.19)$$

为建立 v_k 和 v_{k+1} 之间的关系, 我们对 (1.4.18) 式乘上 $(t_{k+1} - 1)$ 再与 (1.4.19) 相加, 得到

$$2\beta_{k+1}\left((t_{k+1} - 1)v_k - t_{k+1}v_{k+1}\right)$$

$$\geqslant t_{k+1}\|\tilde{x}^{k+1} - x^{k+1}\|^2$$

$$\quad + 2(\tilde{x}^{k+1} - x^{k+1})^{\mathrm{T}}\left(t_{k+1}x^{k+1} - (t_{k+1} - 1)\tilde{x}^k - x^*\right). \qquad (1.4.20)$$

再对上面的不等式乘上 t_{k+1} 并将 $t_{k+1}(t_{k+1} - 1)$ 设为 t_k^2, 得到

$$2\beta_{k+1}\left(t_k^2 v_k - t_{k+1}^2 v_{k+1}\right)$$

$$\geqslant \|t_{k+1}(\tilde{x}^{k+1} - x^{k+1})\|^2$$

$$+ 2t_{k+1}(\tilde{x}^{k+1} - x^{k+1})^{\mathrm{T}} \left(t_{k+1}x^{k+1} - (t_{k+1} - 1)\tilde{x}^k - x^* \right). \tag{1.4.21}$$

注意到关系式

$$t_k^2 = t_{k+1}^2 - t_{k+1}$$

相当于 (1.4.14b) 式中的 $t_{k+1} = \left(1 + \sqrt{1 + 4t_k^2} \right)/2$. 对不等式 (1.4.21) 的右端利用恒等式

$$\|a - b\|^2 + 2(a - b)^{\mathrm{T}}(b - c) = \|a - c\|^2 - \|b - c\|^2,$$

并在其中设

$$a := t_{k+1}\tilde{x}^{k+1}, \quad b := t_{k+1}x^{k+1}, \quad c := (t_{k+1} - 1)\tilde{x}^k + x^*,$$

再利用 $\beta_k \geqslant \beta_{k+1}$ (由假设 $\{\beta_k\}$ 单调不增), 我们得到

$$2\beta_k t_k^2 v_k - 2\beta_{k+1} t_{k+1}^2 v_{k+1}$$
$$\geqslant \|t_{k+1}\tilde{x}^{k+1} - (t_{k+1} - 1)\tilde{x}^k - x^*\|^2$$
$$- \|t_{k+1}x^{k+1} - (t_{k+1} - 1)\tilde{x}^k - x^*\|^2. \tag{1.4.22}$$

由于 (1.4.22) 右端的第一个平方项

$$\|t_{k+1}\tilde{x}^{k+1} - (t_{k+1} - 1)\tilde{x}^k - x^*\|^2 = \|u^{k+1}\|^2,$$

为了将 (1.4.22) 写成 (1.4.16) 的形式, 必须把 (1.4.22) 右端的第二项

$$t_{k+1}x^{k+1} - (t_{k+1} - 1)\tilde{x}^k - x^*$$

设为 u^k. 根据 (1.4.17) 中对 u^k 的定义, 就是

$$t_{k+1}x^{k+1} - (t_{k+1} - 1)\tilde{x}^k - x^* = t_k\tilde{x}^k - (t_k - 1)\tilde{x}^{k-1} - x^*.$$

从上式得到

$$x^{k+1} = \tilde{x}^k + \left(\frac{t_k - 1}{t_{k+1}} \right) (\tilde{x}^k - \tilde{x}^{k-1}).$$

这恰好是预测-校正 PPA 算法中的校正公式 (1.4.14a). $\qquad\square$

引理 1.12 是证明预测-校正加速 PPA 的算法 $O(1/k^2)$ 收敛速率的关键. 我们还需要在文献 [2] 中已经证明了的下面两个引理.

引理 1.13 如果两个正实数序列 $\{a_k\}$ 和 $\{b_k\}$ 满足

$$a_k - a_{k+1} \geqslant b_{k+1} - b_k, \quad \forall\, k \geqslant 1,$$

那么

$$a_k \leqslant a_1 + b_1, \quad \forall k \geqslant 1.$$

证明 引理的条件等价于

$$a_{k+1} + b_{k+1} \leqslant a_k + b_k, \quad \forall\, k \geqslant 1.$$

所以引理的结论成立. □

引理 1.14 以 $t_1 = 1$, 递推式

$$t_{k+1} = \frac{1 + \sqrt{1 + 4t_k^2}}{2}$$

生成的序列 $\{t_k\}$ 满足

$$t_k \geqslant \frac{k+1}{2}, \quad \forall k \geqslant 1. \tag{1.4.23}$$

证明 用数学归纳法. □

有了上面的准备, 我们就能得到预测-校正的加速 PPA 算法 (1.4.13)~(1.4.14) 的 $O(1/k^2)$ 迭代复杂性.

定理 1.8 设序列 $\{x^k\}$ 和 $\{\tilde{x}^k\}$ 由预测-校正的加速 PPA 算法 (1.4.13)~(1.4.14) 产生, 则对每个 $k > 1$, 都有

$$\big(\theta(\tilde{x}^k) + f(\tilde{x}^k)\big) - \big(\theta(x^*) + f(x^*)\big) \leqslant \frac{2\|x^1 - x^*\|^2}{\beta_k k^2}, \quad \forall\, x^* \in \mathcal{X}^*. \tag{1.4.24}$$

证明 将引理 1.13 的结论用到引理 1.12 的 (1.4.16) 中, 令

$$a_k := 2\beta_k t_k^2 v_k, \quad b_k := \|u^k\|^2,$$

就有

$$2\beta_k t_k^2 v_k \leqslant a_1 + b_1 = 2\beta_1 t_1^2 v_1 + \|u^1\|^2.$$

根据 (1.4.17) 中关于 v_k 和 u^k 的定义以及 $t_1 = 1$, 从上式得到

$$2\beta_k t_k^2 \big[\big(\theta(\tilde{x}^k) + f(\tilde{x}^k)\big) - \big(\theta(x^*) + f(x^*)\big)\big]$$
$$\leqslant 2\beta_1 \big[\big(\theta(\tilde{x}^1) + f(\tilde{x}^1)\big) - \big(\theta(x^*) + f(x^*)\big)\big] + \|\tilde{x}^1 - x^*\|^2. \tag{1.4.25}$$

在 (1.4.15) 式中令 $k = 1$ 和 $x = x^*$, 有

$$2\beta_1\left((\theta(\tilde{x}^1) + f(\tilde{x}^1)) - (\theta(x^*) + f(x^*))\right)$$

$$\leqslant 2(x^1 - x^*)^{\mathrm{T}}(x^1 - \tilde{x}^1) - \|x^1 - \tilde{x}^1\|^2$$

$$= \|x^1 - x^*\|^2 - \|\tilde{x}^1 - x^*\|^2.$$

将上式代入 (1.4.25) 的右端

$$2\beta_k t_k^2\left[(\theta(\tilde{x}^k) + f(\tilde{x}^k)) - (\theta(x^*) + f(x^*))\right] \leqslant \|x^1 - x^*\|^2. \tag{1.4.26}$$

因此

$$\left(\theta(\tilde{x}^k) + f(\tilde{x}^k)\right) - (\theta(x^*) + f(x^*)) \leqslant \frac{1}{2\beta_k t_k^2}\|x^1 - x^*\|^2. \tag{1.4.27}$$

再将 $t_k \geqslant \frac{k+1}{2}$ (见 (1.4.23)) 代入上式右端, 就证明了该定理的结论. □

　　读者应该注意到, 这一节讲的加速 PPA 算法, 是对求解凸优化问题 (1.3.1) 的 PPA 算法 (1.3.2) 的加速. 对于由线性约束凸优化问题 (1.2.21) 转换成的 (变量中含有 Lagrange 乘子的) 变分不等式 (1.2.25), 在一般凸的条件下, 把相应的 PPA 算法 (1.3.5) 加速成具有 $O(1/t^2)$ 的收敛速率, 仍然是一个有待解决的问题.

　　第 2 章的内容相对独立, 读者可以在阅读了 2.1 节以后直接进入第 3 章. 需要了解投影梯度法的读者, 可以回头再看第 2 章的内容.

第 2 章　投影收缩算法和投影梯度法

我们考虑简单约束集合的可微凸优化问题

$$\min \{f(x) \mid x \in \mathcal{X}\}, \tag{2.0.1}$$

其中 $f : \Re^n \to \Re$ 是可微凸函数, $\mathcal{X}$ 是 $\Re^n$ 中的简单闭凸集. 说 $\mathcal{X}$ 是简单闭凸集, 是指到 $\mathcal{X}$ 上的欧氏模下的投影是容易实现的. 最简单的例子就是 $\mathcal{X}$ 是 $\Re^n$ 本身或者 $\Re^n$ 中的非负卦限. 记问题 (2.0.1) 的解集为 $\mathcal{X}^*$. 从预备知识中我们已经知道, x^* 为最优解的条件是从这一点出发的 "任何可行方向不再是下降方向". 这相当于 x^* 是变分不等式

$$\mathrm{VI}(\mathcal{X}, \nabla f) \quad x^* \in \mathcal{X}, \quad (x - x^*)^{\mathrm{T}} \nabla f(x^*) \geqslant 0, \quad \forall x \in \mathcal{X} \tag{2.0.2}$$

的解. 无约束问题所对应的是 $\mathcal{X} = \Re^n$, 上式相当于求 $x^* \in \Re^n$, 使得 $\nabla f(x^*) = 0$.

这一章介绍的求解凸优化问题 (2.0.1) 的方法, 迭代过程中要求函数 $f(x)$ 的梯度 $\nabla f(x)$ 容易得到, 此外, 到闭凸集 $\mathcal{X}$ 上欧氏模下的投影是迭代过程中的基本操作, 要求容易实现. 我们把迭代点离解集越来越近的算法和迭代点的目标函数值越来越小的算法分别称为收缩算法和下降算法. 由于都用到梯度和投影, 这一章的方法分别称为投影梯度收缩算法和投影梯度下降算法.

这一章分五节分别介绍以下内容: 投影的定义和基本性质、凸二次优化投影收缩算法带来的启示、自适应投影梯度收缩算法、自适应投影梯度下降算法以及加速的投影梯度下降算法.

2.1　投影的定义和基本性质

对任意给定的 $z \in \Re^n$, 闭凸集 $\mathcal{X}$ 中欧氏模下离 z 最近的点称为 z 在 $\mathcal{X}$ 上欧氏模下的投影, 简称投影, 记为 $P_{\mathcal{X}}(z)$. 换句话说,

$$P_{\mathcal{X}}(z) = \arg \min \{\|x - z\| \mid x \in \mathcal{X}\}. \tag{2.1.1}$$

下面的引理, 陈述了投影的基本性质.

引理 2.1　对任意的 $z \in \Re^n$, $P_{\mathcal{X}}(z)$ 表示 z 到闭凸集 $\mathcal{X}$ 上的投影, 则有

$$(x - P_{\mathcal{X}}(z))^{\mathrm{T}} (z - P_{\mathcal{X}}(z)) \leqslant 0, \quad \forall z \in \Re^n, \forall x \in \mathcal{X}. \tag{2.1.2}$$

投影性质 (2.1.2) 的几何解释如图 2.1 所示.

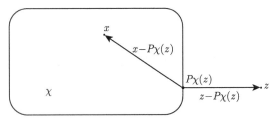

图 2.1　投影性质 (2.1.2) 的几何解释

证明　首先, 根据 $P_{\mathcal{X}}(z)$ 的定义, 有

$$\|z - P_{\mathcal{X}}(z)\| \leqslant \|z - y\|, \quad \forall y \in \mathcal{X}. \tag{2.1.3}$$

注意到对任意的 $z \in \Re^n$, 都有 $P_{\mathcal{X}}(z) \in \mathcal{X}$, 由于 $\mathcal{X} \subset \Re^n$ 是闭凸集, 则对任意的 $x \in \mathcal{X}$ 和 $\theta \in (0,1)$, 都有

$$y := \theta x + (1 - \theta) P_{\mathcal{X}}(z) = P_{\mathcal{X}}(z) + \theta(x - P_{\mathcal{X}}(z)) \in \mathcal{X}.$$

对这个 y, 利用 (2.1.3), 就有

$$\|z - P_{\mathcal{X}}(z)\|^2 \leqslant \|z - P_{\mathcal{X}}(z) - \theta(x - P_{\mathcal{X}}(z))\|^2.$$

将上式展开, 对任意的 $x \in \mathcal{X}$ 和 $\theta \in (0,1)$, 都有

$$[z - P_{\mathcal{X}}(x)]^{\mathrm{T}}[x - P_{\mathcal{X}}(z)] \leqslant \frac{\theta}{2}\|x - P_{\mathcal{X}}(z)\|^2.$$

令 $\theta \to 0_+$, 不等式 (2.1.2) 得证. 　　　　　　　　　　　　　　　　　□

引理 2.1 的结论也可以从预备知识一章中的定理 1.1 直接得到. 由于 $P_{\mathcal{X}}(z)$ 是凸优化问题 $\min\left\{\dfrac{1}{2}\|x - z\|^2 \,\middle|\, x \in \mathcal{X}\right\}$ 的解. 根据定理 1.1 就有

$$P_{\mathcal{X}}(z) \in \mathcal{X}, \quad (x - P_{\mathcal{X}}(z))^{\mathrm{T}}(P_{\mathcal{X}}(z) - z) \geqslant 0, \quad \forall x \in \mathcal{X}.$$

上式就是不等式 (2.1.2).

在投影收缩算法的分析中, 不等式 (2.1.2) 是一个非常有用的基本工具, 我们称之为投影算子的工具不等式. 由 (2.1.2) 容易证明下面的引理.

引理 2.2　设 $\mathcal{X} \subset \Re^n$ 是闭凸集, $P_{\mathcal{X}}(z)$ 表示 z 到闭凸集 $\mathcal{X}$ 上的投影, 则有

$$\|P_{\mathcal{X}}(y) - P_{\mathcal{X}}(z)\| \leqslant \|y - z\|, \quad \forall y, z \in \Re^n. \tag{2.1.4}$$

$$\|P_{\mathcal{X}}(z) - x\| \leqslant \|z - x\|, \quad \forall z \in \Re^n, x \in \mathcal{X}. \tag{2.1.5}$$

$$\|P_{\mathcal{X}}(z) - x\|^2 \leqslant \|z - x\|^2 - \|z - P_{\mathcal{X}}(z)\|^2, \quad \forall z \in \Re^n, x \in \mathcal{X}. \tag{2.1.6}$$

引理 2.2 的不等式几何意义非常清楚 (图 2.2), 建议读者利用不等式 (2.1.2) 自行证明.

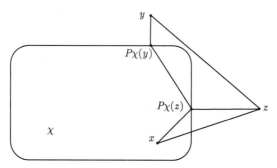

图 2.2 引理 2.2 中三个不等式的几何解释

对给定的 $\beta > 0$ 和 $x \in \Re^n$, 我们定义

$$e(x, \beta) := x - P_{\mathcal{X}}[x - \beta \nabla f(x)]. \tag{2.1.7}$$

定理 2.1 设 $\beta > 0$. x^* 是 VI$(\mathcal{X}, \nabla f)$ (2.0.2) 的解当且仅当 $e(x^*, \beta) = 0$.

证明 先证必要性. 若 x^* 是 VI$(\mathcal{X}, \nabla f)$ (2.0.2) 的解, 则 $x^* \in \mathcal{X}$. 由于 $\mathcal{X} \subset \Re^n$ 是闭凸集, 利用引理 2.1, 我们得到

$$P_{\mathcal{X}}(z) \in \mathcal{X}, \quad (z - P_{\mathcal{X}}(z))^{\mathrm{T}} (x^* - P_{\mathcal{X}}(z)) \leqslant 0, \quad \forall z \in \Re^n.$$

将上式中任意的 z 取成 $x^* - \beta \nabla f(x^*)$, 利用 (2.1.7) 中的记号就是

$$(e(x^*, \beta) - \beta \nabla f(x^*))^{\mathrm{T}} e(x^*, \beta) \leqslant 0,$$

从上式得到

$$\|e(x^*, \beta)\|^2 \leqslant \beta e(x^*, \beta)^{\mathrm{T}} \nabla f(x^*). \tag{2.1.8}$$

另一方面, 由于 $P_{\mathcal{X}}[x^* - \beta \nabla f(x^*)] \in \mathcal{X}$, 而且 x^* 是变分不等式的解, 根据 (2.0.2) 可以得到

$$\{P_{\mathcal{X}}[x^* - \beta \nabla f(x^*)] - x^*\}^{\mathrm{T}} \nabla f(x^*) \geqslant 0.$$

利用 (2.1.7) 中的记号就是

$$e(x^*, \beta)^{\mathrm{T}} \nabla f(x^*) \leqslant 0. \tag{2.1.9}$$

由不等式 (2.1.8) 和 (2.1.9) 可得 $e(x^*, \beta) = 0$.

再证充分性. 取 $z = x^* - \beta \nabla f(x^*)$, 利用引理 2.1 有

$$\{x^* - \beta \nabla f(x^*) - P_{\mathcal{X}}[x^* - \beta \nabla f(x^*)]\}^{\mathrm{T}}\{x - P_{\mathcal{X}}[x^* - \beta \nabla f(x^*)]\} \leqslant 0, \quad \forall x \in \mathcal{X}.$$

再用 $e(x^*, \beta)$ 的表达式, 从上式得到

$$\{e(x^*, \beta) - \beta\nabla f(x^*)\}^{\mathrm{T}}\{x - P_{\mathcal{X}}[x^* - \beta\nabla f(x^*)]\} \leqslant 0, \quad \forall x \in \mathcal{X}. \tag{2.1.10}$$

将条件 $e(x^*, \beta) = 0$ 和 $P_{\mathcal{X}}[x^* - \beta\nabla f(x^*)] = x^* \in \mathcal{X}$ 代入不等式 (2.1.10), 可以得到

$$x^* \in \mathcal{X}, \quad (x - x^*)^{\mathrm{T}}\nabla f(x^*) \geqslant 0, \quad \forall x \in \mathcal{X}.$$

这就是说 x^* 是 $\mathrm{VI}(\mathcal{X}, \nabla F)$ 的解. □

根据定理 2.1, 求解变分不等式 (2.0.2) 相当于求 $e(x, \beta)$ 的一个零点 (图 2.3).

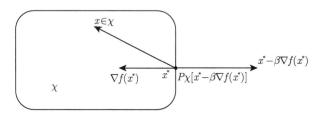

图 2.3　x^* 是 (2.0.2) 的解等价于 $x^* = P_{\mathcal{X}}[x^* - \beta\nabla f(x^*)]$ 的几何解释

对确定的 $\beta > 0$, $\|e(x, \beta)\|$ 可以看作一种误差的度量函数. 为了方便, 我们往往把 $e(x, 1)$ 记成 $e(x)$. 对给定的 x^k 和 $\beta > 0$, 这一章中我们记

$$\tilde{x}^k = P_{\mathcal{X}}[x^k - \beta\nabla f(x^k)]. \tag{2.1.11}$$

由于 $\tilde{x}^k \in \mathcal{X}$, 根据变分不等式 (2.0.2) 有

$$(\mathrm{FI1}) \qquad (\tilde{x}^k - x^*)^{\mathrm{T}}\beta\nabla f(x^*) \geqslant 0. \tag{2.1.12}$$

注意到 $\tilde{x}^k$ 是 $x^k - \beta\nabla f(x^k)$ 在 $\mathcal{X}$ 上的投影, $x^* \in \mathcal{X}$. 在投影基本性质不等式 (2.1.2) 中置 $z = x^k - \beta\nabla f(x^k)$ 和 $x = x^*$, 就有 $P_{\mathcal{X}}(z) = \tilde{x}^k$ 和

$$(\mathrm{FI2}) \qquad (\tilde{x}^k - x^*)^{\mathrm{T}}\{[x^k - \beta\nabla f(x^k)] - \tilde{x}^k\} \geqslant 0. \tag{2.1.13}$$

我们分别称 (2.1.12) 和 (2.1.13) 为第一和第二基本不等式.

变分不等式 (2.0.2) 的解点等价于 $e(x, \beta)$ 的零点. 下面的定理说明: 对任意确定的 $x \in \Re^n$, $\|e(x, \beta)\|$ 是 β 的不减函数, 而 $\{\|e(x, \beta)\|/\beta\}$ 是 β 的不增函数.

定理 2.2　对任意确定的 $x \in \Re^n$ 和 $\tilde{\beta} \geqslant \beta > 0$, 我们有

$$\|e(x, \tilde{\beta})\| \geqslant \|e(x, \beta)\| \tag{2.1.14}$$

和

$$\frac{\|e(x, \tilde{\beta})\|}{\tilde{\beta}} \leqslant \frac{\|e(x, \beta)\|}{\beta}. \tag{2.1.15}$$

证明 设 $t = \|e(x,\tilde{\beta})\| / \|e(x,\beta)\|$, 定理的结论就相当于要证明 $1 \leqslant t \leqslant \tilde{\beta}/\beta$. 注意到它的等价表达式是 t 为一元二次不等式

$$(t-1)(t - \tilde{\beta}/\beta) \leqslant 0 \tag{2.1.16}$$

的解. 首先, 由工具不等式 (2.1.2), 我们有

$$(v - P_{\mathcal{X}}(v))^{\mathrm{T}}(P_{\mathcal{X}}(v) - u) \geqslant 0, \quad \forall u \in \mathcal{X}.$$

在上式中令

$$u := P_{\mathcal{X}}[x - \tilde{\beta}\nabla f(x)] \quad \text{和} \quad v := x - \beta \nabla f(x),$$

并利用 $e(x,\beta)$ 的定义,

$$v - P_{\mathcal{X}}(v) = e(x,\beta) - \beta \nabla f(x)$$

和

$$P_{\mathcal{X}}(v) - u = P_{\mathcal{X}}[x - \beta \nabla f(x)] - P_{\mathcal{X}}[x - \tilde{\beta} \nabla f(x)]$$
$$= e(x,\tilde{\beta}) - e(x,\beta),$$

得到

$$\{e(x,\beta) - \beta \nabla f(x)\}^{\mathrm{T}}\{e(x,\tilde{\beta}) - e(x,\beta)\} \geqslant 0. \tag{2.1.17}$$

用相应的方法 (将上式中的 β 和 $\tilde{\beta}$ 互换位置), 可得

$$\{e(x,\tilde{\beta}) - \tilde{\beta} \nabla f(x)\}^{\mathrm{T}}\{e(x,\beta) - e(x,\tilde{\beta})\} \geqslant 0. \tag{2.1.18}$$

将不等式 (2.1.17) 和 (2.1.18) 分别乘上 $\tilde{\beta}$ 和 β, 然后再将它们相加, 得到

$$\{\tilde{\beta}e(x,\beta) - \beta e(x,\tilde{\beta})\}^{\mathrm{T}}\{e(x,\tilde{\beta}) - e(x,\beta)\} \geqslant 0.$$

因此

$$\beta\|e(x,\tilde{\beta})\|^2 - (\beta + \tilde{\beta})e(x,\beta)^{\mathrm{T}}e(x,\tilde{\beta}) + \tilde{\beta}\|e(x,\beta)\|^2 \leqslant 0.$$

对上式采用 Cauchy-Schwarz 不等式, 就有

$$\beta\|e(x,\tilde{\beta})\|^2 - (\beta + \tilde{\beta})\|e(x,\beta)\| \cdot \|e(x,\tilde{\beta})\| + \tilde{\beta}\|e(x,\beta)\|^2 \leqslant 0. \tag{2.1.19}$$

将 (2.1.19) 除以 $\beta\|e(x,\beta)\|^2$, 并利用 t 的定义便得

$$t^2 - \left(1 + \frac{\tilde{\beta}}{\beta}\right)t + \frac{\tilde{\beta}}{\beta} \leqslant 0.$$

因此不等式 (2.1.16) 成立.　　　　　　　　　　　　　　　　　　　　　　□

定理 2.2 给出了 (2.1.15) 的只用到一元二次不等式的初等知识和工具不等式 (2.1.2) 的简单证明. 这是南京大学两位硕士生在 2002 年在读期间完成的, 初见于文献 [118]. 定理 2.1 表示, 用户可以根据自己的要求选定容许的 $\epsilon > 0$, 把 $\|e(x, \beta)\| < \epsilon$ 作为迭代停机准则; 定理 2.2 则告诉我们, 若用 $\|e(x, \beta)\|$ 的大小作为迭代停机准则, 需要根据实际问题, 取的非负参数 β, 不宜过大也不宜过小.

2.2　凸二次优化投影收缩算法带来的启示

当凸优化问题 (2.0.1) 中的 $f(x) = \frac{1}{2} x^{\mathrm{T}} H x + c^{\mathrm{T}} x$, 其中 $H \in \Re^{n \times n}$ 是正定矩阵, $c \in \Re^n$ 时, 称优化问题

$$\min \left\{ \frac{1}{2} x^{\mathrm{T}} H x + c^{\mathrm{T}} x \,\middle|\, x \in \mathcal{X} \right\} \tag{2.2.1}$$

为带简单约束的凸二次优化问题. 这类问题在第 9 章介绍的均困的增广 Lagrange 乘子法中也常以子问题的形式出现. 问题 (2.2.1) 的等价线性变分不等式是

$$x^* \in \mathcal{X}, \quad (x - x^*)^{\mathrm{T}} (H x^* + c) \geqslant 0, \quad \forall x \in \mathcal{X}. \tag{2.2.2}$$

当 $\mathcal{X} = \Re^n$ 时, 问题就简化为一个系数矩阵正定 (或者半正定) 的线性方程组, 数值代数中有许多成熟的方法可以用来求解.

2.2.1　求解凸二次优化问题的投影收缩算法

为求解 (2.2.1), 论文 [41] 中给出了如下的预测-校正方法. 对给定的 $\beta > 0$ 和 $x^k \in \Re^n$, 由投影

$$\tilde{x}^k = P_{\mathcal{X}}[x^k - \beta(H x^k + c)] \tag{2.2.3}$$

给出预测点. 当 $\mathcal{X}$ 是 $\Re^n$ 中的简单闭凸集的时候, 这个投影是容易实现的. 由于 $\tilde{x}^k \in \mathcal{X}$, 根据 (2.2.2), 有

$$(\tilde{x}^k - x^*)^{\mathrm{T}} \beta(H x^* + c) \geqslant 0, \quad \forall x^* \in \mathcal{X}^*. \tag{2.2.4}$$

在投影基本性质不等式 (2.1.2) 中, 令 $z = [x^k - \beta(H x^k + c)]$, 则有 $P_{\mathcal{X}}(z) = \tilde{x}^k$. 另外令任意的 $x \in \mathcal{X}$ 为 x^*, 我们得到

$$(\tilde{x}^k - x^*)^{\mathrm{T}} \{[x^k - \beta(H x^k + c)] - \tilde{x}^k\} \geqslant 0, \quad \forall x^* \in \mathcal{X}^*. \tag{2.2.5}$$

我们称不等式 (2.2.4) 和 (2.2.5) 是二次凸优化投影的第一和第二基本不等式. 将它们相加, 就有

$$(\tilde{x}^k - x^*)^{\mathrm{T}}\{(x^k - \tilde{x}^k) - \beta H(x^k - x^*)\} \geqslant 0, \quad \forall x^* \in \mathcal{X}^*.$$

将上式改写成

$$\{(x^k - x^*) - (x^k - \tilde{x}^k)\}^{\mathrm{T}}\{(x^k - \tilde{x}^k) - \beta H(x^k - x^*)\} \geqslant 0, \ \forall x^* \in \mathcal{X}^*.$$

由于 H 半正定, 对所有的 $x^k \in \Re^n$, 都有

$$(x^k - x^*)^{\mathrm{T}}(I + \beta H)(x^k - \tilde{x}^k) \geqslant \|x^k - \tilde{x}^k\|^2, \quad \forall x^* \in \mathcal{X}^*. \tag{2.2.6}$$

不等式 (2.2.6) 表示 $(x^k - \tilde{x}^k)$ 是未知距离函数 $\frac{1}{2}\|x - x^*\|^2_{(I+\beta H)}$ 在 x^k 处的上升方向. 我们希望算法产生的新的迭代点使得 $\{\|x^k - x^*\|^2_{(I+\beta H)}\}$ 严格单调下降. 暂以 (校正公式)

$$x^{k+1}_\alpha = x^k - \alpha(x^k - \tilde{x}^k) \tag{2.2.7}$$

产生依赖步长 α 的新迭代点. 考察与 α 相关的距离平方缩减量

$$\vartheta(\alpha) = \|x^k - x^*\|^2_{(I+\beta H)} - \|x^{k+1}_\alpha - x^*\|^2_{(I+\beta H)}. \tag{2.2.8}$$

利用 (2.2.7) 和 (2.2.6) 就有

$$\vartheta(\alpha) = \|x^k - x^*\|^2_{(I+\beta H)} - \|x^k - x^* - \alpha(x^k - \tilde{x}^k)\|^2_{(I+\beta H)}$$
$$\geqslant 2\alpha\|x^k - \tilde{x}^k\|^2 - \alpha^2\|x^k - \tilde{x}^k\|^2_{(I+\beta H)}. \tag{2.2.9}$$

我们得到 $\vartheta(\alpha)$ 的一个下界二次函数 $q(\alpha)$, 其中

$$q(\alpha) = 2\alpha\|x^k - \tilde{x}^k\|^2 - \alpha^2\|x^k - \tilde{x}^k\|^2_{(I+\beta H)}. \tag{2.2.10}$$

我们用迭代式

$$x^{k+1} = x^k - \gamma\alpha^*_k(x^k - \tilde{x}^k), \quad \gamma \in (0, 2) \tag{2.2.11a}$$

产生新的迭代点 x^{k+1}, 其中

$$\alpha^*_k = \frac{\|x^k - \tilde{x}^k\|^2}{(x^k - \tilde{x}^k)^{\mathrm{T}}(I + \beta H)(x^k - \tilde{x}^k)} \tag{2.2.11b}$$

是使 $q(\alpha)$ 达到极大的 α. (2.2.11a) 中的松弛因子 $\gamma \in (0, 2)$, 一般取在区间 $[1.2, 1.8]$ 中, 理由可见图 2.4.

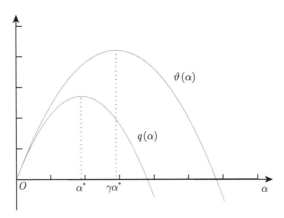

图 2.4   取 $\gamma \in [1.2, 1.8]$ 的示意图

由于

$$q(\gamma\alpha^*) = 2\gamma\alpha_k^*\|x^k - \tilde{x}^k\|^2 - \gamma^2(\alpha_k^*)^2\|x^k - \tilde{x}^k\|_{(I+\beta H)}^2$$

$$= 2\gamma\alpha_k^*\|x^k - \tilde{x}^k\|^2 - \gamma^2\alpha_k^*\left(\frac{\|x^k - \tilde{x}^k\|^2}{\|x^k - \tilde{x}^k\|_{(I+\beta H)}^2}\right)\|x^k - \tilde{x}^k\|_{(I+\beta H)}^2$$

$$= \gamma(2-\gamma)\alpha_k^*\|x^k - \tilde{x}^k\|^2,$$

这样的迭代序列 $\{x^k\}$ 满足

$$\|x^{k+1} - x^*\|_{(I+\beta H)}^2 \leqslant \|x^k - x^*\|_{(I+\beta H)}^2 - \gamma(2-\gamma)\alpha_k^*\|x^k - \tilde{x}^k\|^2. \qquad (2.2.12)$$

换句话说, 迭代序列 $\{x^k\}$ 在 $(I+\beta H)$-模下向解集收缩. 我们把 (2.2.3) 和 (2.2.11) 组合在一起的算法叫做求解凸二次规划的投影收缩算法, 其中 (2.2.3) 和 (2.2.11) 分别是算法中的预测和校正. 从第 9 章开始介绍的求解不等式约束凸优化问题的 "均衡" 方法中, 需要求解的对偶子问题中就有形如 (2.2.1) 的带非负约束的凸二次规划, 求解那些子问题, 可以选用这里介绍的方法.

2.2.2   凸二次优化投影收缩算法的数值表现

在实际计算中的预测 (2.2.3) 中, 我们使用自调比法则选取 β, 使得

$$(x^k - \tilde{x}^k)^{\mathrm{T}}(\beta H)(x^k - \tilde{x}^k) \leqslant \nu\|x^k - \tilde{x}^k\|^2, \quad \nu < 1. \qquad (2.2.13)$$

以此代入 (2.2.11b) 中, 便有

$$\alpha_k^* \geqslant \frac{1}{1+\nu} > \frac{1}{2}.$$

这使得我们有可能在校正 (2.2.11) 中动态地取

$$\gamma_k = \frac{1}{\alpha_k^*}, \quad \text{因此} \quad 1 < \gamma_k \leqslant 1 + \nu < 2. \tag{2.2.14}$$

迭代式 (2.2.11) 就成为

$$x^{k+1} = \tilde{x}^k = P_{\mathcal{X}}[x^k - \beta(Hx^k + c)]. \tag{2.2.15}$$

换句话说, 直接把预测点当作新的迭代点. 由于 $\gamma_k \alpha_k^* = 1$ 和 $\tilde{x}^k = x^{k+1}$, 收缩不等式 (2.2.12) 就变成

$$\|x^{k+1} - x^*\|_{(I+\beta H)}^2 \leqslant \|x^k - x^*\|_{(I+\beta H)}^2 - (2 - \gamma_k)\|x^k - x^{k+1}\|^2.$$

又由于 $\gamma_k \leqslant 1 + \nu$ (见(2.2.14)), 最后得到

$$\|x^{k+1} - x^*\|_{(I+\beta H)}^2 \leqslant \|x^k - x^*\|_{(I+\beta H)}^2 - (1 - \nu)\|x^k - x^{k+1}\|^2. \tag{2.2.16}$$

我们感兴趣的是, 用这个算法求解无约束二次凸优化时, 表现会怎么样?

当 (2.2.1) 中的 $\mathcal{X} = \Re^n$ 时, (2.2.1) 就成了无约束凸二次优化问题

$$\min_x f(x) = \frac{1}{2}x^{\mathrm{T}}Hx + c^{\mathrm{T}}x. \tag{2.2.17}$$

在这个问题中, 对给定的 x^k, $\nabla f(x_k) = Hx^k + c$. 求解 (2.2.17) 的最速下降法是

$$x^{k+1} = \arg\min_\alpha\{f(x^k - \alpha(Hx^k + c))\}.$$

最优步长 α 是使函数 $f(x^k - \alpha(Hx^k + c))$ 的导数为零的点. 根据链式法则, 需要

$$[H(x^k - \alpha(Hx^k + c)) + c]^{\mathrm{T}}(Hx^k + c) = 0.$$

所以, 求解 (2.2.17) 的最速下降法的迭代公式是

$$x^{k+1} = x^k - \alpha_k^{SD}(Hx^k + c), \quad \text{其中} \quad \alpha_k^{SD} = \frac{\|Hx^k + c\|^2}{(Hx^k + c)^{\mathrm{T}}H(Hx^k + c)}.$$

当 $\mathcal{X} = \Re^n$ 时, 根据 (2.2.15), 投影收缩算法就成了

$$x^{k+1} = x^k - \beta(Hx^k + c),$$

其中要求步长 β 满足的条件 (2.2.13) 就变成

$$\beta \leqslant \nu\frac{\|x^k - \tilde{x}^k\|^2}{(x^k - \tilde{x}^k)H(x^k - \tilde{x}^k)} = \nu\frac{\|Hx^k + c\|^2}{(Hx^k + c)^{\mathrm{T}}H(Hx^k + c)} = \nu\alpha_k^{SD}.$$

因此, 处理无约束凸二次优化问题 (2.2.17) 的符合条件 (2.2.13) 的投影收缩算法 (2.2.15) 相当于将最速下降法故意缩短了步长. 换句话说, 据此设计的求解无约束凸二次优化的算法, 恰是缩小了步长的最速下降法. 我们曾担心用这些方法求解无约束凸二次规划效果会比最速下降法还差, 而计算实践表明, 对无约束凸二次规划问题, 最速下降法故意缩短步长, 收敛速度有令人难以置信的数量级提高[51].

我们对两类例子进行了数值计算, 第一类例子用一定的伪随机方法生成条件数从 10^4 到 10^6 的正定矩阵. 对于按一定法则给定的伪随机向量 x^*, 用 $c = -Hx^*$ 生成一个解为 x^* 的无约束凸二次优化问题 (2.2.17). 迭代中采用的初始向量为另一个伪随机向量. 由于最优解是设定的, 停机时我们可以计算出 $\|x^k - x^*\|/\|x^0 - x^*\|$ 的比例. 第二类例子的 Hessian 阵是 Hilbert 矩阵. 用 n 表示问题规模, Cond(H) 表示矩阵 H 的条件数 (对正定矩阵就是最大特征值和最小特征值之比). 我们用 MATLAB 6.0 进行计算, 问题的规模 (维数) 分别从 200 到 500.

1. 预设矩阵条件数的算例

设 $v \in \Re^n$, 预设条件数的算例采用文献 [32] 中的方法生成 Hessian 矩阵 H, 其中

$$H = V\Sigma V^{\mathrm{T}}, \quad V = I_n - 2\frac{vv^{\mathrm{T}}}{\|v\|_2^2} \quad \text{和} \quad \Sigma = \mathrm{diag}(\sigma_1, \sigma_2, \cdots, \sigma_n), \qquad (2.2.18a)$$

V 和 Σ 分别为 Householder 矩阵和对角矩阵. 我们取

$$\sigma_i = \cos\frac{i\pi}{n+1} + 1 + \tau, \quad i = 1, \cdots, n. \qquad (2.2.18b)$$

利用

$$\mathrm{Cond}(\Sigma) = \frac{\cos\dfrac{\pi}{n+1} + 1 + \tau}{\cos\dfrac{n\pi}{n+1} + 1 + \tau},$$

通过调节 τ, 得到我们所希望的 Cond (Σ). 由上式得到

$$\tau = \frac{\left(\cos\dfrac{\pi}{n+1} + 1\right) - \mathrm{Cond}(\Sigma)\left(\cos\dfrac{n\pi}{n+1} + 1\right)}{\mathrm{Cond}(\Sigma) - 1}.$$

再将这个 τ 代入 (2.2.18), 就得到了条件数为 Cond(Σ) 的对角矩阵 Σ, 由于 V 是正交矩阵, Cond(H) = Cond(Σ). 为了能够重复试验, 我们用以下的伪随机方法生成向量 v, 设定最优解 x^* (xopt) 和初始向量 x^0 (x0).

```
v=zeros(n,1);    xopt=zeros(n,1);                    x0=zeros(n,1);
t=0; for j=1:n  t=mod(t*31416+13846,46261);  v(j)=t*(2/46261)-1;    end;
t=0; for j=1:n  t=mod(t*42108+13846,46273);  xopt(j)=t*(5/46273)+5; end;
     for j=1:n  t=mod(t*42108+13846,46273);  x0(j)=t*(5/46273)-10;  end;
```

这里设定的最优解分量在 $(5,10)$ 内, 初始向量的分量在 $(-10,-5)$ 内. 我们采用的停机准则是 $\|Hx^k + c\|/\|Hx^0 + c\| \leqslant 10^{-6}$.

为了观察步长对收敛速度的影响, 我们在不同的迭代步中将最速下降法的步长乘上一个固定的因子 r, 即

$$\alpha_k = r\alpha_k^{SD}, \tag{2.2.19}$$

其中 r 表示缩扩因子. 换句话说, 取 $r=1$ 的方法就是最速下降法. 我们将缩减因子为 0.9 的算法与最速下降法的迭代次数用黑体字列出. 表 2.2.1 ∼ 表 2.2.3 列出这类问题在不同条件数、不同问题规模和固定的不同缩扩 (缩减或扩张) 因子下的迭代次数.

表 2.2.1　第一类算例使用不同缩扩因子 r 时的迭代次数
(矩阵条件数 $\text{Cond}(H) = 10^4$, 初始向量 $x_j^0 \in (-10,-5)$)

r	0.1	0.3	0.5	0.7	0.8	**0.9**	0.95	0.99	**1.00**	1.05	1.20
$n=200$	2596	1312	755	651	499	**444**	654	1251	**13573**	14073	14503
$n=300$	2720	1192	793	520	497	**517**	617	1245	**12355**	12852	13258
$n=500$	2821	1239	752	519	699	**424**	592	1154	**11847**	12304	12663

迭代结束时平均相对误差 $\|x^k - x^*\|/\|x^0 - x^*\| = 4.7 \times 10^{-3}$

表 2.2.2　第一类算例使用不同缩扩因子 r 时的迭代次数
(矩阵条件数 $\text{Cond}(H) = 10^5$, 初始向量 $x_j^0 \in (-10,-5)$)

r	0.1	0.3	0.5	0.7	0.8	**0.9**	0.95	0.99	**1.00**	1.05	1.20
$n=200$	2515	1301	610	485	484	**481**	622	1485	**21691**	25558	29855
$n=300$	3031	1342	1207	622	667	**667**	630	1157	**17145**	18485	20105
$n=500$	3107	1253	875	736	508	**905**	711	1378	**21137**	22492	23784

迭代结束时平均相对误差 $\|x^k - x^*\|/\|x^0 - x^*\| = 4.3 \times 10^{-2}$

表 2.2.3　第一类算例使用不同缩扩因子 r 时的迭代次数
(矩阵条件数 $\text{Cond}(H) = 10^6$, 初始向量 $x_j^0 \in (-10,-5)$)

r	0.1	0.3	0.5	0.7	0.8	**0.9**	0.95	0.99	**1.00**	1.05	1.20
$n=200$	2090	882	723	590	416	**399**	564	1031	**8651**	8940	9181
$n=300$	2970	1430	842	814	821	**493**	696	1451	**15055**	15691	16218
$n=500$	3265	1270	949	904	1035	**496**	722	1672	**21253**	22610	23880

迭代结束时平均相对误差 $\|x^k - x^*\|/\|x^0 - x^*\| = 6.5 \times 10^{-2}$

　　试验结果表明, 对于在 $[0.1, 0.99]$ 中取的缩减因子, 计算效率都能得到明显的提高. 如果因子在 $[0.3, 0.99]$ 内, 迭代次数比最速下降法有数量级上的减少. 取 $[0.3, 0.99]$ 内的不同因子, 它们之间迭代次数有变化, 但幅度不大. 只有当缩减因子在 $(0.99, 1]$ 内, 迭代次数才激烈增加. 当因子扩张时, 迭代次数会继续增加, 但变化不再激烈.

2. 确定矩阵形式的算例

这类试验问题中的 Hessian 矩阵是 Hilbert 矩阵, 即

$$H = \{h_{ij}\}, \quad h_{ij} = \frac{1}{i + j - 1}, \quad i = 1, \cdots, n; \quad j = 1, \cdots, n.$$

问题的规模 (维数) 分别从 100 到 500.

　　Hilbert 矩阵是正定矩阵, 但条件很坏. 这类问题常常作为数值代数中测试方法的算例. 我们在构造问题的时候将最优解 x^* 设定为每个分量都是 1 的向量, 然后令 $c = -Hx^*$, 再用梯度类算法去求解.

　　试验中, 我们分别取 $x^0 = 0, x^0 = c$ 和 $x^0 = -c$ 为迭代的初始向量. 采用的停机准则是 $\|Hx^k + c\| / \|Hx^0 + c\| \leqslant 10^{-7}$. 表 2.2.4 ~ 表 2.2.6 分别列出了在不同问题规模、不同缩扩 (缩减或扩张) 因子和不同初始向量下的迭代次数. 其中 n 表示问题规模, r 表示缩扩因子. $r = 1$ 时, 就是最速下降法. 由于 Hilbert 矩阵条件很坏, 我们在设计问题时已经给了确定的最优解, 我们同时观察了迭代结束时的相对误差 $\|x^k - x^*\| / \|x^0 - x^*\|$.

表 2.2.4　　初始向量 $x^0 = 0$, 使用不同缩扩因子 r 时的迭代次数

n	0.1	0.3	0.5	0.7	0.8	**0.9**	0.95	0.99	**1.00**	1.20
100	2863	1346	853	627	582	**437**	565	1201	**13169**	22695
200	3283	1398	923	804	541	**669**	898	1178	**14655**	21083
300	3497	1323	856	739	720	**568**	619	1545	**17467**	24027
500	3642	1351	1023	773	667	**578**	836	2024	**17757**	22750

初始向量 $x^0 = 0$, 迭代结束时平均相对误差 $\|x^k - x^*\| / \|x^0 - x^*\| = 3.0 \times 10^{-3}$

表 2.2.5　　初始向量 $x^0 = c$, 使用不同缩扩因子 r 时的迭代次数

n	0.1	0.3	0.5	0.7	0.8	**0.9**	0.95	0.99	**1.0**	1.2
100	2129	1034	544	424	302	**438**	568	919	**5527**	9667
200	1880	808	568	482	372	**339**	446	713	**6625**	11023
300	1852	1002	741	531	610	**452**	450	917	**6631**	10235
500	2059	939	568	573	379	**547**	558	874	**7739**	11269

初始向量 $x^0 = c$, 迭代结束时平均相对误差 $\|x^k - x^*\| / \|x^0 - x^*\| = 1.8 \times 10^{-3}$

表 2.2.6   初始向量 $x^0 = -c$, 使用不同缩扩因子 r 时的迭代次数

n	0.1	0.3	0.5	0.7	0.8	**0.9**	0.95	0.99	**1.0**	1.2
100	2545	1221	666	591	498	**482**	638	1581	**14442**	20380
200	2826	990	874	470	526	**455**	578	841	**15222**	18892
300	2891	1299	918	738	549	**571**	608	2552	**18762**	21208
500	3158	1769	909	678	506	**512**	678	1240	**17512**	19790

初始向量 $x^0 = -c$, 迭代结束时平均相对误差 $\|x^k - x^*\|/\|x^0 - x^*\| = 3.8 \times 10^{-3}$

我们将求解两类问题时缩减因子的算法与最速下降法的迭代次数做比较. 故意缩小步长以后, 计算效果都有显著提高. 戴彧虹和袁亚湘也从计算中得到相同的看法, 在文献 [20] 中就提出了将最速下降法的步长乘上一个固定的缩减因子的算法, 其中还提到陈志明在计算一个鞍点问题时使用缩减因子 0.8 的方法取得了很好的效果.

我们关心的是怎样把这些凸二次规划中的计算实践发现用到非线性凸优化的梯度算法中去. 我们把 $\nabla f(x)$ 记成 $g(x)$. 约束凸优化问题 (2.0.1) 等价于变分不等式

$$x^* \in \mathcal{X}, \quad (x - x^*)^{\mathrm{T}} g(x^*) \geqslant 0, \quad \forall x \in \mathcal{X}. \tag{2.2.20}$$

对凸函数的梯度算子 $g(x)$, 我们有

$$(x - y)^{\mathrm{T}} (g(x) - g(y)) \geqslant 0.$$

我们假设 g 是 Lipschitz 连续的. 也就是说, 存在常数 $L > 0$ 使得

$$\|g(x) - g(y)\| \leqslant L \|x - y\|, \quad \forall x, y \in \Re^n,$$

但并不要求知道常数 L 的大小. 本章的后续部分我们在上述假设下分别介绍投影梯度收缩算法和投影梯度下降算法.

2.3   自适应投影梯度收缩算法

这一章讨论的投影梯度方法, 投影是其基本操作. 它们在运算过程中都不需要用到函数值 $f(x)$, 只要对给定的 x, 能提供 $\nabla f(x)$, 即 $g(x)$. 收缩算法保证迭代点向解集靠近[6]. 投影梯度收缩算法的基本操作是 (2.1.11). 收缩是指迭代序列 $\{x^k\}$ 单调逼近解集. 换句话说, 算法产生的序列 $\{x^k\}$ 满足

$$\|x^{k+1} - x^*\|^2 < \|x^k - x^*\|^2, \quad \forall x^* \in \mathcal{X}^*.$$

投影收缩算法第 k 步的预测.

对给定的 $x^k \in \Re^n$, 通过

$$\tilde{x}^k = P_{\mathcal{X}}[x^k - \beta_k g(x^k)] \tag{2.3.1a}$$

给出预测点, 其中 β_k 满足条件

$$(x^k - \tilde{x}^k)^{\mathrm{T}} \beta_k (g(x^k) - g(\tilde{x}^k)) \leqslant \nu \|x^k - \tilde{x}^k\|^2, \quad \nu < 1. \tag{2.3.1b}$$

由假设 g 是 Lipschitz 连续的. 对一个确定的 $\nu \in (0,1)$, 总可以采用 Armijo 法则对梯度算子进行调比, 使得 $\beta_k g$ 的 Lipschitz 常数不大于 ν, 从而条件 (2.3.1b) 得到满足.

根据 (2.1.13), 由 (2.3.1a) 产生的 $\tilde{x}^k$ 满足

$$(\tilde{x}^k - x^*)^{\mathrm{T}} \left\{ [x^k - \beta_k g(x^k)] - \tilde{x}^k \right\} \geqslant 0, \ \forall x^* \in \mathcal{X}^*.$$

由上面的不等式可以推得

$$\begin{aligned}
(\tilde{x}^k - x^*)^{\mathrm{T}}(x^k - \tilde{x}^k) &\geqslant (\tilde{x}^k - x^*)^{\mathrm{T}} \beta_k g(x^k) \\
&= (x^k - x^*)^{\mathrm{T}} \beta_k g(x^k) - (x^k - \tilde{x}^k)^{\mathrm{T}} \beta_k g(x^k).
\end{aligned} \tag{2.3.2}$$

两次应用凸函数的性质就有

$$\begin{aligned}
(x^k - x^*)^{\mathrm{T}} g(x^k) &\geqslant f(x^k) - f(x^*) \\
&\geqslant (x^k - \tilde{x}^k)^{\mathrm{T}} g(\tilde{x}^k) + (f(\tilde{x}) - f(x^*)) \\
&\geqslant (x^k - \tilde{x}^k)^{\mathrm{T}} g(\tilde{x}^k).
\end{aligned} \tag{2.3.3}$$

在推导 (2.3.3) 的过程中, 第一和第二个不等号分别用了

$$f(x^*) \geqslant f(x^k) + (x^* - x^k)^{\mathrm{T}} g(x^k)$$

和

$$f(x^k) \geqslant (x^k - \tilde{x}^k)^{\mathrm{T}} g(\tilde{x}^k) + f(\tilde{x}),$$

根据都是 $f(y) - f(x) \geqslant \nabla f(x)^{\mathrm{T}}(y - x)$. 以 (2.3.3) 代入 (2.3.2) 的右端, 则对所有的 $x \in \Re^n$, 都有

$$(\tilde{x}^k - x^*)^{\mathrm{T}}(x^k - \tilde{x}^k) \geqslant -\beta_k (x^k - \tilde{x}^k)^{\mathrm{T}}(g(x^k) - g(\tilde{x}^k)).$$

由上式得到

$$(x^k - x^*)^{\mathrm{T}}(x^k - \tilde{x}^k) \geqslant \|x^k - \tilde{x}^k\|^2 - \beta_k(x^k - \tilde{x}^k)^{\mathrm{T}}(g(x^k) - g(\tilde{x}^k)). \qquad (2.3.4)$$

我们定义

$$\varphi(x^k, \tilde{x}^k) = \|x^k - \tilde{x}^k\|^2 - \beta_k(x^k - \tilde{x}^k)^{\mathrm{T}}(g(x^k) - g(\tilde{x}^k)), \qquad (2.3.5)$$

便有

$$(x^k - x^*)^{\mathrm{T}}(x^k - \tilde{x}^k) \geqslant \varphi(x^k, \tilde{x}^k), \quad \forall x^* \in \mathcal{X}^*. \qquad (2.3.6)$$

并且根据 (2.3.1b),

$$\varphi(x^k, \tilde{x}^k) \geqslant (1 - \nu)\|x^k - \tilde{x}^k\|^2. \qquad (2.3.7)$$

这时 $-(x^k - \tilde{x}^k)$ 就是距离函数 $\frac{1}{2}\|x - x^*\|^2$ 在 x^k 处的下降方向.

投影收缩算法第 k 步的校正.

对给定的 x^k 和通过 (2.3.1) 提供的预测点 $\tilde{x}^k$, 新的迭代点 x^{k+1} 由

$$x^{k+1} = x^k - \alpha_k(x^k - \tilde{x}^k) \qquad (2.3.8a)$$

产生, 其中

$$\alpha_k = \gamma \alpha_k^*, \quad \alpha_k^* = \frac{\varphi(x^k, \tilde{x}^k)}{\|x^k - \tilde{x}^k\|^2}, \quad \gamma \in (0, 2), \qquad (2.3.8b)$$

$\varphi(x^k, \tilde{x}^k)$ 由 (2.3.5) 给出.

根据 (2.3.7), $\alpha_k^* > (1 - \nu)$. 下面分析 (2.3.8) 中的步长 α_k 是怎么确定的. 考虑依赖步长的新迭代点

$$x^{k+1}(\alpha) = x^k - \alpha(x^k - \tilde{x}^k), \qquad (2.3.9)$$

并定义这一步迭代中跟步长 α 有关的效益函数

$$\vartheta_k(\alpha) = \|x^k - x^*\|^2 - \|x^{k+1}(\alpha) - x^*\|^2.$$

根据 (2.3.9) 就有

$$\begin{aligned}
\vartheta_k(\alpha) &= \|x^k - x^*\|^2 - \|x^{k+1}(\alpha) - x^*\|^2 \\
&= \|x^k - x^*\|^2 - \|x^k - x^* - \alpha(x^k - \tilde{x}^k)\|^2 \\
&= 2\alpha(x^k - x^*)^{\mathrm{T}}(x^k - \tilde{x}^k) - \alpha^2\|x^k - \tilde{x}^k\|^2. \qquad (2.3.10)
\end{aligned}$$

对任意给定的确定解点 x^*, (2.3.10) 表明 $\vartheta_k(\alpha)$ 是 α 的二次函数. 只是 x^* 是未知的, 我们无法求它的极大值. 不过, 利用 (2.3.6) 就有

$$\vartheta_k(\alpha) \geqslant 2\alpha\varphi(x^k, \tilde{x}^k) - \alpha^2\|x^k - \tilde{x}^k\|^2. \tag{2.3.11}$$

将上式右端定义为 $q_k(\alpha)$, 我们得到 $\vartheta_k(\alpha)$ 的一个下界二次函数

$$q_k(\alpha) = 2\alpha\varphi(x^k, \tilde{x}^k) - \alpha^2\|x^k - \tilde{x}^k\|^2. \tag{2.3.12}$$

使二次函数 $q_k(\alpha)$ 达到极大的 α_k^* 就是 (2.3.8b) 给出的. 如果由最优步长决定新的迭代点

$$x^{k+1} = x^k - \alpha_k^*(x^k - \tilde{x}^k),$$

那么

$$q_k(\alpha_k^*) = \alpha_k^*\varphi(x^k, \tilde{x}^k),$$

也就是说

$$\|x^{k+1} - x^*\|^2 \leqslant \|x^k - x^*\|^2 - \alpha_k^*\varphi(x^k, \tilde{x}^k).$$

然而, 我们的本意是想在每次迭代中极大化二次函数 $\vartheta_k(\alpha)$ (见 (2.3.10)), 由于它含有未知的 x^*, 我们不得已才极大化它的下界函数 $q_k(\alpha)$. 因此, 就像在 2.2.1 节中分析的那样, 在实际计算中, 取一个松弛因子 $\gamma \in [1.2, 1.8]$, 采用 (2.3.8) 生成新的迭代点 x^{k+1}.

由 (2.3.12) 和 (2.3.8b), 得到

$$q_k(\gamma\alpha_k^*) = 2\gamma\alpha_k^*\varphi(x^k, \tilde{x}^k) - \gamma^2(\alpha_k^*)^2\|x^k - \tilde{x}^k\|^2$$
$$= \gamma(2 - \gamma)\alpha_k^*\varphi(x^k, \tilde{x}^k).$$

因此, 由预测 (2.3.1) 和校正 (2.3.8) 组成的方法产生的序列 $\{x^k\}$ 满足

$$\|x^{k+1} - x^*\|^2 \leqslant \|x^k - x^*\|^2 - \gamma(2 - \gamma)\alpha_k^*\varphi(x^k, \tilde{x}^k), \quad \forall x^* \in \mathcal{X}^*. \tag{2.3.13}$$

不等式 (2.3.13) 说明序列 $\{x^k\}$ 是有界的, 它们是算法收敛的关键式子. 迭代公式 (2.3.8a) 产生的 x^{k+1} 不一定在 $\mathcal{X}$ 里, 如果需要保证迭代序列 $\{x^k\}$ 在 $\mathcal{X}$ 里面, 只要将由 (2.3.8a) 产生的 x^{k+1} 再做一次到 $\mathcal{X}$ 的投影, 不等式 (2.3.13) 照样成立. 根据 (2.3.7)和(2.3.8b), 有

$$\varphi(x^k, \tilde{x}^k) \geqslant (1 - \nu)\|x^k - \tilde{x}^k\|^2 \quad \text{和} \quad \alpha_k^* \geqslant (1 - \nu).$$

利用上面的关系式, 可以从不等式 (2.3.13) 得到

$$\|x^{k+1} - x^*\|^2 \leqslant \|x^k - x^*\|^2 - \gamma(2 - \gamma)(1 - \nu)^2\|x^k - \tilde{x}^k\|^2, \ \forall x^* \in \mathcal{X}^*. \tag{2.3.14}$$

在实际计算中, 代替 (2.3.1) 的预测和 (2.3.8) 的校正, 我们建议采用下面的自适应投影梯度收缩法.

自适应投影梯度收缩算法.

给定 $\beta_0 = 1$, $\mu = 0.5$, $\nu = 0.9$, $x^0 \in \mathcal{X}$. 提供 $g(x^0)$.

For $k = 0, 1, \cdots$, 假如停机准则尚未满足, **do**

1) $\tilde{x}^k = P_{\mathcal{X}}[x^k - \beta_k g(x^k)]$,

$\qquad r_k = \beta_k \|g(x^k) - g(\tilde{x}^k)\| / \|x^k - \tilde{x}^k\|$.

$\qquad$ **while** $\quad r_k > \nu$

$\qquad\qquad \boxed{\beta_k := \beta_k * 0.8/r_k,}$

$\qquad\qquad \tilde{x}^k = P_{\mathcal{X}}[x^k - \beta_k g(x^k)]$,

$\qquad\qquad r_k = \beta_k \|(g(x^k) - g(\tilde{x}^k)\| / \|x^k - \tilde{x}^k\|$.

$\qquad$ **end(while)**

$\qquad \alpha_k = \{\|x^k - \tilde{x}^k\|^2 - \beta_k (x^k - \tilde{x}^k)^{\mathrm{T}}(g(x^k) - g(\tilde{x}^k))\} / \|x^k - \tilde{x}^k\|^2$,

$\qquad x^{k+1} = x^k - \gamma \alpha_k (x^k - \tilde{x}^k)$.

2) **If** $\quad r_k \leqslant \mu \quad$ 则 $\quad \beta_k := \beta_k * 1.5$, $\quad$ **end(if)**

3) 令 $\beta_{k+1} = \beta_k \quad$ 和 $\quad k := k + 1$, $\quad$ 开始新的一次迭代.

注记 2.1 对上面的自适应投影梯度收缩算法, 需要做下面一些说明:

- 如果对一开始的预测点 $\tilde{x}^k$ 就有 $r_k \leqslant \nu$, $x^k - \tilde{x}^k$ 就是下降方向.

- 如果 $r_k > \nu$, 我们通过 $\beta_k := \beta_k * 0.8/r_k$ 调整 β_k. 根据我们有限的数值实验, 经过这样一次调整的 β_k 和由此得到的 $\tilde{x}^k$, 条件 $r_k \leqslant \nu$ 就会满足.

- 太小的 β_k 会导致收敛很慢. 如果 $r_k \leqslant \mu$, 就把下一次迭代试用的 β 用 $\beta_k := \beta_k * 1.5$ 放大. 这个细节对计算相当重要, 却常常被人忽视.

在梯度算子 $g(x)$ Lipschitz 连续的假设下, 我们可以证明存在 $\beta_{\min} > 0$, 对所有的 k, 都有 $\beta_k \geqslant \beta_{\min}$. 由于 $x^k - \tilde{x}^k = e(x, \beta)$ (见(2.1.7)和(2.3.1a)), 由定理 2.2 得到

$$\|x^{k+1} - x^*\|^2 \leqslant \|x^k - x^*\|^2 - \gamma(2 - \gamma)(1 - \nu)^2 \|e(x^k, \beta_{\min})\|^2, \ \forall x^* \in \mathcal{X}^*. \quad (2.3.15)$$

根据定理 2.1, 采用预备知识中定理 1.4 证明的同样方式就能得到投影收缩算法的收敛性定理.

定理 2.3 设凸优化问题 (2.0.1) 的解集 $\mathcal{X}^*$ 非空, 并且其梯度 $\nabla f(x)$ 是 Lipschitz 连续的, 则以 (2.3.1) 预测和 (2.3.8) 校正的投影收缩算法产生的序列 $\{x^k\}$ 收敛到问题 (2.0.1) 的某个解点 $x^* \in \mathcal{X}^*$.

有关投影梯度收缩法的更进一步的材料可以参考文献 [56, 57].

2.4 自适应投影梯度下降算法

投影梯度下降算法的基本操作还是 (2.1.11). 下降算法是指与迭代序列 $\{x^k\}$ 相对应的函数序列 $\{f(x^k)\}$ 严格单调下降. 经过每次迭代, 都有

$$f(x^{k+1}) < f(x^k).$$

需要说明的是, 我们这里所说的投影梯度下降法中并不出现 $f(x)$ 的数值, 却隐含了函数值 $f(x^k)$ 严格单调下降. 对任何解点 $x^* \in \mathcal{X}^*$, 假设 $f(x^*) > -\infty$.

投影梯度下降法的第 k 步.

对给定的 x^k, 通过投影得到

$$x^{k+1} = P_\mathcal{X}[x^k - \beta_k g(x^k)], \tag{2.4.1a}$$

其中选择的步长 β_k 需要满足

$$(x^k - x^{k+1})^{\mathrm{T}}(g(x^k) - g(x^{k+1})) \leqslant \frac{\nu}{\beta_k}\|x^k - x^{k+1}\|^2, \quad \nu \in (0,1). \tag{2.4.1b}$$

这里说的单步投影梯度法只生成一个序列 $\{x^k\}$, 它有别于 Nesterov[95] 的方法除了生成 $\{x^k\}$ 以外, 同时生成一个辅助序列的加速方法. 关于只用梯度的加速方法, 我们在这一章的 2.5 节中介绍. 在梯度类算法中, 敏感的是步长 β 的选取.

设 L 是 $g(x)$ 的 Lipschitz 常数, 当 $\beta_k \leqslant \nu/L$ 时, 条件 (2.4.1b) 就一定满足, 因为

$$(x^k - x^{k+1})^{\mathrm{T}}\beta_k(g(x^k) - g(x^{k+1})) \leqslant \|x^k - x^{k+1}\| \cdot \beta_k L\|x^k - x^{k+1}\|$$

$$\leqslant \nu\|x^k - x^{k+1}\|^2.$$

我们首先利用投影和凸函数的基本性质, 证明一个重要的引理.

引理 2.3 对给定的 x^k, 设 x^{k+1} 是由 (2.4.1a) 生成的. 如果步长 β_k 满足 (2.4.1b), 则有

$$(x - x^{k+1})^{\mathrm{T}}g(x^k) \geqslant \frac{1}{\beta_k}(x - x^{k+1})^{\mathrm{T}}(x^k - x^{k+1}), \quad \forall x \in \mathcal{X} \tag{2.4.2}$$

和

$$\beta_k(f(x) - f(x^{k+1})) \geqslant (x - x^{k+1})^{\mathrm{T}}(x^k - x^{k+1}) - \nu\|x^k - x^{k+1}\|^2, \quad \forall x \in \mathcal{X}. \tag{2.4.3}$$

证明 注意到 x^{k+1} 是 $[x^k - \beta_k g(x^k)]$ 在 $\mathcal{X}$ 上的投影 (见 (2.4.1a)),根据投影的基本性质 (2.1.2),我们有

$$(x - x^{k+1})^{\mathrm{T}}\{[x^k - \beta_k g(x^k)] - x^{k+1}\} \leqslant 0, \quad \forall x \in \mathcal{X}.$$

由此得到

$$(x - x^{k+1})^{\mathrm{T}} \beta_k g(x^k) \geqslant (x - x^{k+1})^{\mathrm{T}}(x^k - x^{k+1}), \quad \forall x \in \mathcal{X},$$

该引理的第一个结论, 不等式 (2.4.2) 得到证明. 利用 f 的凸性,我们有

$$f(x) \geqslant f(x^k) + (x - x^k)^{\mathrm{T}} g(x^k) \tag{2.4.4}$$

和

$$
\begin{aligned}
f(x^k) &\geqslant f(x^{k+1}) + (x^k - x^{k+1})^{\mathrm{T}} g(x^{k+1}) \\
&= f(x^{k+1}) + (x^k - x^{k+1})^{\mathrm{T}} g(x^k) - (x^k - x^{k+1})^{\mathrm{T}} \left(g(x^k) - g(x^{k+1})\right) \\
&\geqslant f(x^{k+1}) - \frac{\nu}{\beta_k}\|x^k - x^{k+1}\|^2 + (x^k - x^{k+1})^{\mathrm{T}} g(x^k).
\end{aligned}
\tag{2.4.5}
$$

上面最后一个 "$\geqslant$" 的依据是 (2.4.1b). 不等式 (2.4.4) 以及 (2.4.5) 中的第一个不等号的依据都是 (1.1.2). 由 (2.4.4) 和 (2.4.5) 进一步得到

$$
\begin{aligned}
f(x) &\geqslant f(x^k) + (x - x^k)^{\mathrm{T}} g(x^k) \\
&\geqslant f(x^{k+1}) - \frac{\nu}{\beta_k}\|x^k - x^{k+1}\|^2 + (x^k - x^{k+1})^{\mathrm{T}} g(x^k) + (x - x^k)^{\mathrm{T}} g(x^k) \\
&= f(x^{k+1}) + (x - x^{k+1})^{\mathrm{T}} g(x^k) - \frac{\nu}{\beta_k}\|x^k - x^{k+1}\|^2.
\end{aligned}
\tag{2.4.6}
$$

将 (2.4.2) 代入 (2.4.6) 就得到

$$f(x) - f(x^{k+1}) \geqslant \frac{1}{\beta_k}(x - x^{k+1})^{\mathrm{T}}(x^k - x^{k+1}) - \frac{\nu}{\beta_k}\|x^k - x^{k+1}\|^2.$$

引理的第二个结论得证. $\qquad\square$

下面的定理说明投影梯度法 (2.4.1) 是下降算法,虽然计算过程中不出现 $f(x)$ 的值,但目标函数序列 $\{f(x^k)\}$ 是严格单调下降的.

定理 2.4 设 $\{x^k\}$ 是由投影梯度法 (2.4.1) 给出的序列,则有

$$f(x^{k+1}) \leqslant f(x^k) - \frac{1-\nu}{\beta_k}\|x^k - x^{k+1}\|^2 \tag{2.4.7}$$

和

$$\|x^{k+1} - x^*\|^2 \leqslant \|x^k - x^*\|^2 - (1-2\nu)\|x^k - x^{k+1}\|^2 - 2\beta_k(f(x^{k+1}) - f(x^*)). \quad (2.4.8)$$

证明　在引理 2.3 的 (2.4.3) 中令 $x = x^k$, 便证得定理得第一个结论. 以 $x = x^*$ 代入 (2.4.3) 中就有

$$\beta_k(f(x^*) - f(x^{k+1})) \geqslant (x^* - x^{k+1})^{\mathrm{T}}(x^k - x^{k+1}) - \nu\|x^k - x^{k+1}\|^2,$$

并因此有

$$(x^k - x^*)^{\mathrm{T}}(x^k - x^{k+1}) \geqslant (1-\nu)\|x^k - x^{k+1}\|^2 + \beta_k(f(x^{k+1}) - f(x^*)).$$

根据上式, 我们得到

$$\begin{aligned}
\|x^{k+1} - x^*\|^2 &= \|(x^k - x^*) - (x^k - x^{k+1})\|^2 \\
&= \|x^k - x^*\|^2 - 2(x^k - x^*)^{\mathrm{T}}(x^k - x^{k+1}) + \|x^k - x^{k+1}\|^2 \\
&\leqslant \|x^k - x^*\|^2 - (1-2\nu)\|x^k - x^{k+1}\|^2 - 2\beta_k(f(x^{k+1}) - f(x^*)).
\end{aligned}$$

定理的第二个结论得证.　　　　　　　　　　　　　　　　　　　　　　　　□

进一步, 如果 $\nu \leqslant \dfrac{1}{2}$, 从定理 2.4 则更有

$$\|x^{k+1} - x^*\|^2 \leqslant \|x^k - x^*\|^2 - 2\beta_k(f(x^{k+1}) - f(x^*))$$

和

$$\|x^{k+1} - x^*\|^2 \leqslant \|x^k - x^*\|^2 - (1-2\nu)\|x^k - x^{k+1}\|^2.$$

序列 $\{\|x^k - x^*\|\}$ 单调下降, 这时算法也是收缩的.

下面我们用 Beck-Teboulle[2] 的方式证明单步投影梯度法 (2.4.1) 的收敛性. 为此, 假设 (2.4.1) 中的 $\beta_k \equiv \beta > 0$ 为常数.

定理 2.5　设序列 $\{x^k\}$ 由投影梯度法 (2.4.1) 给出, 则有

$$\begin{aligned}
2k\beta(f(x^*) &- f(x^k)) \\
&\geqslant \sum_{l=0}^{k-1}((1-2\nu) + 2l(1-\nu))\|x^l - x^{l+1}\|^2 - \|x^0 - x^*\|^2. \quad (2.4.9)
\end{aligned}$$

证明　首先, 从 (2.4.8) 得到, 对任意的 $x^* \in \mathcal{X}^*$ 和所有的 $l \geqslant 0$, 我们有

$$2\beta(f(x^*) - f(x^{l+1})) \geqslant \|x^{l+1} - x^*\|^2 - \|x^l - x^*\|^2 + (1-2\nu)\|x^l - x^{l+1}\|^2.$$

将上面的不等式对 $l = 0, \cdots, k-1$ 累加, 我们得到

$$2\beta \left(kf(x^*) - \sum_{l=0}^{k-1} f(x^{l+1}) \right) \geqslant -\|x^0 - x^*\|^2 + \sum_{l=0}^{k-1} (1-2\nu)\|x^l - x^{l+1}\|^2. \quad (2.4.10)$$

由 (2.4.7), 我们有

$$2\beta l \left(f(x^l) - f(x^{l+1}) \right) \geqslant 2l(1-\nu)\|x^l - x^{l+1}\|^2.$$

上式可以改写成

$$2\beta \left(lf(x^l) - (l+1)f(x^{l+1}) + f(x^{l+1}) \right) \geqslant 2l(1-\nu)\|x^l - x^{l+1}\|^2.$$

将上面的不等式对 $l = 0, \cdots, k-1$ 累加, 就会有

$$2\beta \sum_{l=0}^{k-1} \left(lf(x^l) - (l+1)f(x^{l+1}) + f(x^{l+1}) \right) \geqslant \sum_{l=0}^{k-1} 2l(1-\nu)\|x^l - x^{l+1}\|^2,$$

此式的简化形式是

$$2\beta \left(-kf(x^k) + \sum_{l=0}^{k-1} f(x^{l+1}) \right) \geqslant \sum_{l=0}^{k-1} 2l(1-\nu)\|x^l - x^{l+1}\|^2. \quad (2.4.11)$$

将 (2.4.10) 和 (2.4.11) 相加, 就直接得到定理的结论 (2.4.9). $\qquad\square$

定理 2.6 设序列 $\{x^k\}$ 由投影梯度法 (2.4.1) 给出. 如果 $\nu \leqslant \dfrac{1}{2}$, 则有

$$f(x^k) - f(x^*) \leqslant \frac{\|x^0 - x^*\|^2}{2k\beta}, \quad (2.4.12)$$

因此方法的迭代复杂性为 $O(1/k)$.

证明 对所有的 $l \geqslant 0$, 当 $\nu \leqslant \dfrac{1}{2}$ 时, 都有 $(1-2\nu) + 2l(1-\nu) \geqslant 0$. 从不等式 (2.4.9) 得到

$$2k\beta(f(x^*) - f(x^k)) \geqslant -\|x^0 - x^*\|^2.$$

上式隐含了 (2.4.12), 定理结论成立. $\qquad\square$

对任意给定的 $\nu \in (0.5, 1)$, 不等式 (2.4.9) 右端中的

$$(1-2\nu) + 2l(1-\nu)$$

会随着 l 的增大而非负. 我们定义

$$p(\nu) = \arg\min\{l \mid l \geqslant 0, \text{为整数}, (1-2\nu) + 2l(1-\nu) \geqslant 0\}. \qquad (2.4.13)$$

对任意给定的 $\nu \in (0.5, 1)$, $p(\nu)$ 是一个有限的整数. 例如, 经过计算, 我们有

$\nu =$	$(1/2, 3/4]$	$(3/4, 5/6]$	$(5/6, 7/8]$	$(7/8, 9/10]$
$p(\nu) =$	1	2	3	4

由于

$$\sum_{l=0}^{p(\nu)-1} \left((1-2\nu) + 2l(1-\nu)\right) \|x^l - x^{l+1}\|^2 < 0$$

和

$$\sum_{l=p(\nu)}^{k-1} \left((1-2\nu) + 2l(1-\nu)\right) \|x^l - x^{l+1}\|^2 \geqslant 0,$$

从定理 2.5 (见 (2.4.9)) 得到

$$2k\beta(f(x^*) - f(x^k)) \geqslant \sum_{l=0}^{p(\nu)-1} \left((1-2\nu) + 2l(1-\nu)\right) \|x^l - x^{l+1}\|^2 - \|x^0 - x^*\|^2.$$

$$(2.4.14)$$

定理 2.7　设序列 $\{x^k\}$ 由投影梯度法 (2.4.1) 给出. 对任意的 $\nu \in (0,1)$, 我们有

$$f(x^k) - f(x^*) \leqslant \frac{\|x^0 - x^*\|^2 + D}{2k\beta}, \qquad (2.4.15)$$

其中

$$D = - \sum_{l=0}^{p(\nu)-1} \left((1-2\nu) + 2l(1-\nu)\right) \|x^l - x^{l+1}\|^2,$$

$p(\nu)$ 是由 (2.4.13) 定义的有限正整数.

定理 2.7 说明投影梯度下降法 (2.4.1) 对任何的 $\nu \in (0,1)$, 迭代收敛速率是 $O(1/k)$, 这同时也证明了 $\lim_{k\to\infty}(f(x^k) - f(x^*)) = 0$. 我们再以 $\nu = 0.9$ 作例子.

$$(1-2\nu) + 2l(1-\nu) = 0.2l - 0.8 \begin{cases} < 0, & \text{若 } l = 1, 2, 3, \\ \geqslant 0, & \text{若 } l \geqslant 4. \end{cases}$$

所以, 当 $\nu = 0.9$ 的时候, 定理 2.5 的结论 (2.4.9) 就简化成

$$2k\beta(f(x^*) - f(x^k)) \geqslant \sum_{l=0}^{3} ((1-2\nu) + 2l(1-\nu)) \|x^l - x^{l+1}\|^2 - \|x^0 - x^*\|^2.$$

这就是说,

$$2k\beta(f(x^k) - f(x^*))$$

$$\leqslant \|x^0 - x^*\|^2 + \sum_{l=0}^{3} ((2\nu - 1) + 2l(\nu - 1)) \|x^l - x^{l+1}\|^2. \tag{2.4.16}$$

因为 $\nu \leqslant 0.9$, 我们有

$$2k\beta(f(x^k) - f(x^*)) \leqslant \|x^0 - x^*\|^2 + \frac{4}{5}\|x^0 - x^1\|^2 + \frac{3}{5}\|x^1 - x^2\|^2$$
$$+ \frac{2}{5}\|x^2 - x^3\|^2 + \frac{1}{5}\|x^3 - x^4\|^2.$$

或者可以简略地写成

$$f(x^k) - f(x^*) \leqslant \frac{1}{2k\beta} \left(\|x^0 - x^*\|^2 + \frac{4}{5}\sum_{l=0}^{3} \|x^l - x^{l+1}\|^2 \right). \tag{2.4.17}$$

在实际计算中, 代替 (2.4.1), 我们建议采用下面的自适应投影梯度下降法.

自适应投影梯度下降法.
给定 $\beta_0 = 1$, $\mu = 0.5$, $\nu = 0.9$, $x^0 \in \mathcal{X}$. 提供 $g(x^0)$.
For $k = 0, 1, \cdots$, 假如停机准则尚未满足, **do**
1) $\tilde{x}^k = P_{\mathcal{X}}[x^k - \beta_k g(x^k)]$,
$\qquad r_k = \beta_k \|g(x^k) - g(\tilde{x}^k)\| / \|x^k - \tilde{x}^k\|$.
$\qquad$ **while** $\quad r_k > \nu$
$\qquad\qquad \boxed{\beta_k := \beta_k * 0.8/r_k,}$
$\qquad\qquad \tilde{x}^k = P_{\mathcal{X}}[x^k - \beta_k g(x^k)]$,
$\qquad\qquad r_k = \beta_k \|g(x^k) - g(\tilde{x}^k)\| / \|x^k - \tilde{x}^k\|$.
$\qquad$ **end(while)**
$\qquad x^{k+1} = \tilde{x}^k$,
$\qquad g(x^{k+1}) = g(\tilde{x}^k)$.
2) **If** $\quad r_k \leqslant \mu \quad$ **then** $\quad \beta_k := \beta_k * 1.5, \quad$ **end(if)**
3) 令 $\beta_{k+1} = \beta_k \quad$ 和 $\quad k := k + 1, \quad$ 开始新的一次迭代.

注记 2.2　对上面的自适应投影梯度下降法, 如同注记 2.1 指出的那样: 如果对一开始的预测点 $\tilde{x}^k$ 就有 $r_k \leqslant \nu$, 可以直接取 $x^{k+1} = \tilde{x}^k$ 和 $g(x^{k+1}) = g(\tilde{x}^k)$; 如果 $r_k > \nu$, 我们通过 "$\beta_k := \beta_k * 0.8/r_k$" 调整 β_k. 根据我们有限的数值实验, 经过这样一次调整的 β_k 和由此得到的 $\tilde{x}^k$, 条件 $r_k \leqslant \nu$ 就会满足; 太小的 β_k 会导致收敛很慢. 如果 $r_k \leqslant \mu$, 就把下一次迭代试用的 β 用 $\beta_k := \beta_k \times 1.5$ 放大. 这个细节对计算相当重要, 不容忽视.

2.5　具有加速性质的投影梯度下降算法

基于 Nesterov[95] 的思想, 采用文献 [2] 中 FISTA 证明类似的做法, 可以构造一个只用梯度的快速算法. 这类算法在生成序列 $\{x^k\}$ 的同时, 还生成一个辅助的序列 $\{\tilde{x}^k\}$. 通常, 我们把 $\{\tilde{x}^k\}$ 称为预测序列.

预测-校正的加速投影梯度下降算法.
预设 $\tilde{x}^0 \in \Re^n$, $x^1 = \tilde{x}^0$, $t_1 = 1$. 每步迭代由预测-校正两部分组成.
对 $k = 1, 2, \cdots$, 做:
预测. 利用

$$\tilde{x}^k = P_{\mathcal{X}}[x^k - \beta_k g(x^k)] \tag{2.5.1a}$$

产生 $\tilde{x}^k$, 其中步长 β_k 满足

$$(x^k - \tilde{x}^k)^{\mathrm{T}}(g(x^k) - g(\tilde{x}^k)) \leqslant \frac{1}{2\beta_k}\|x^k - \tilde{x}^k\|^2. \tag{2.5.1b}$$

校正. 利用

$$x^{k+1} = \tilde{x}^k + \left(\frac{t_k - 1}{t_{k+1}}\right)\left(\tilde{x}^k - \tilde{x}^{k-1}\right) \tag{2.5.2a}$$

生成 x^{k+1}, 其中

$$t_{k+1} = \frac{1 + \sqrt{1 + 4t_k^2}}{2}. \tag{2.5.2b}$$

这里的预测 (2.5.1) 相当于在投影梯度下降法 (2.4.1) 中设 $\nu = 0.5$ 并把它的输出点 x^{k+1} 设成预测点 $\tilde{x}^k$. 我们把这个方法称为预测-校正方法, 第 k 步迭代用 (2.5.1) 产生预测点 $\tilde{x}^k$, 用校正 (2.5.2a) 给出新的迭代点 x^{k+1} 时还需要前一步的预测点 $\tilde{x}^{k-1}$, 犹如常微分方程数值解中的多步法. 我们在

$$序列 \{\beta_k\} 是单调不增的$$

的假设下证明预测-校正的投影梯度法的迭代复杂性为 $O(1/k^2)$, 其中 k 为迭代步

数. 这一节, 我们全部采用 Beck-Teboulle[2] 的证明策略. 证明的步骤跟第 1 章 1.4.2 节中的证明几乎完全一样.

引理 2.4 设 $\tilde{x}^k$ 由 (2.5.1a) 产生并且条件 (2.5.1b) 满足, 则有

$$2\beta_k(f(x) - f(\tilde{x}^k)) \geqslant \|x^k - \tilde{x}^k\|^2 + 2(\tilde{x}^k - x^k)^{\mathrm{T}}(x^k - x), \quad \forall\, x \in \mathcal{X}. \tag{2.5.3}$$

证明 将 (2.4.1a) 中的 x^{k+1} 设为 $\tilde{x}^k$, 同时把 (2.4.1b) 中的 ν 设成 $\frac{1}{2}$, 就得到 (2.5.1a) 和 (2.5.1b). 这时, (2.4.3) 就可以写成

$$\beta_k(f(x) - f(\tilde{x}^k)) \geqslant (x - \tilde{x}^k)^{\mathrm{T}}(x^k - \tilde{x}^k) - \frac{1}{2}\|x^k - \tilde{x}^k\|^2, \quad \forall\, x \in \mathcal{X}. \tag{2.5.4}$$

将上式的右端化成

$$(x - \tilde{x}^k)^{\mathrm{T}}(x^k - \tilde{x}^k) - \frac{1}{2}\|x^k - \tilde{x}^k\|^2$$

$$= \{(x - x^k) + (x^k - \tilde{x}^k)\}^{\mathrm{T}}(x^k - \tilde{x}^k) - \frac{1}{2}\|x^k - \tilde{x}^k\|^2$$

$$= (x - x^k)^{\mathrm{T}}(x^k - \tilde{x}^k) + \frac{1}{2}\|x^k - \tilde{x}^k\|^2.$$

将上式代入 (2.5.4) 的右端就证明了引理的结论. □

为了推导出预测-校正投影梯度法 (2.5.1)~(2.5.2) 的迭代复杂性, 我们需要证明相关序列的有关性质.

引理 2.5 设序列 $\{x^k\}$ 和 $\{\tilde{x}^k\}$ 是由预测-校正投影梯度法 (2.5.1)~(2.5.2) 产生的, 则有

$$2\beta_k t_k^2 v_k - 2\beta_{k+1} t_{k+1}^2 v_{k+1} \geqslant \|u^{k+1}\|^2 - \|u^k\|^2, \quad \forall\, k \geqslant 1, \tag{2.5.5}$$

其中

$$v_k := f(\tilde{x}^k) - f(x^*), \quad u^k := t_k \tilde{x}^k - (t_k - 1)\tilde{x}^{k-1} - x^*. \tag{2.5.6}$$

证明 将引理 2.4 的结论中的 k 置为 $k+1$, 然后分别令任意的 $x = \tilde{x}^k$ 和 $x = x^*$, 得到

$$2\beta_{k+1}\left(f(\tilde{x}^k) - f(\tilde{x}^{k+1})\right) \geqslant \|x^{k+1} - \tilde{x}^{k+1}\|^2 + 2(\tilde{x}^{k+1} - x^{k+1})^{\mathrm{T}}(x^{k+1} - \tilde{x}^k)$$

和

$$2\beta_{k+1}\left(f(x^*) - f(\tilde{x}^{k+1})\right) \geqslant \|x^{k+1} - \tilde{x}^{k+1}\|^2 + 2(\tilde{x}^{k+1} - x^{k+1})^{\mathrm{T}}(x^{k+1} - x^*).$$

利用 v_k 的定义, 这些就是

$$2\beta_{k+1}(v_k - v_{k+1}) \geqslant \|x^{k+1} - \tilde{x}^{k+1}\|^2 + 2(\tilde{x}^{k+1} - x^{k+1})^{\mathrm{T}}(x^{k+1} - \tilde{x}^k) \qquad (2.5.7)$$

和

$$-2\beta_{k+1}v_{k+1} \geqslant \|x^{k+1} - \tilde{x}^{k+1}\|^2 + 2(\tilde{x}^{k+1} - x^{k+1})^{\mathrm{T}}(x^{k+1} - x^*). \qquad (2.5.8)$$

为建立 v_k 和 v_{k+1} 之间的关系, 我们对 (2.5.7) 式乘上 $(t_{k+1} - 1)$ 再与 (2.5.8) 相加, 得到

$$2\beta_{k+1}\left((t_{k+1} - 1)v_k - t_{k+1}v_{k+1}\right)$$
$$\geqslant t_{k+1}\|\tilde{x}^{k+1} - x^{k+1}\|^2$$
$$+ 2(\tilde{x}^{k+1} - x^{k+1})^{\mathrm{T}}\left(t_{k+1}x^{k+1} - (t_{k+1} - 1)\tilde{x}^k - x^*\right). \qquad (2.5.9)$$

再对上面的不等式乘上 t_{k+1} 并将 $t_{k+1}(t_{k+1} - 1)$ 设为 t_k^2, 得到

$$2\beta_{k+1}\left(t_k^2 v_k - t_{k+1}^2 v_{k+1}\right)$$
$$\geqslant \|t_{k+1}(\tilde{x}^{k+1} - x^{k+1})\|^2$$
$$+ 2t_{k+1}(\tilde{x}^{k+1} - x^{k+1})^{\mathrm{T}}\left(t_{k+1}x^{k+1} - (t_{k+1} - 1)\tilde{x}^k - x^*\right). \qquad (2.5.10)$$

关系式

$$t_k^2 = t_{k+1}^2 - t_{k+1}$$

相当于 (2.5.2b) 式中的 $t_{k+1} = (1 + \sqrt{1 + 4t_k^2})/2$. 对不等式 (2.5.10) 的右端利用恒等式

$$\|a - b\|^2 + 2(a - b)^{\mathrm{T}}(b - c) = \|a - c\|^2 - \|b - c\|^2,$$

并在其中设

$$a := t_{k+1}\tilde{x}^{k+1}, \quad b := t_{k+1}x^{k+1}, \quad c := (t_{k+1} - 1)\tilde{x}^k + x^*,$$

再利用 $\beta_k \geqslant \beta_{k+1}$ (由假设 $\{\beta_k\}$ 单调不增), 我们得到

$$2\beta_k t_k^2 v_k - 2\beta_{k+1} t_{k+1}^2 v_{k+1}$$
$$\geqslant \|t_{k+1}\tilde{x}^{k+1} - (t_{k+1} - 1)\tilde{x}^k - x^*\|^2$$
$$- \|t_{k+1}x^{k+1} - (t_{k+1} - 1)\tilde{x}^k - x^*\|^2. \qquad (2.5.11)$$

由于 (2.5.11) 右端的第一个平方项

$$\|t_{k+1}\tilde{x}^{k+1} - (t_{k+1} - 1)\tilde{x}^k - x^*\|^2 = \|u^{k+1}\|^2,$$

为了将 (2.5.11) 写成 (2.5.5) 的形式, 必须把 (2.5.11) 右端的第二项

$$t_{k+1}x^{k+1} - (t_{k+1} - 1)\tilde{x}^k - x^*$$

设为 u^k. 根据 (2.5.6) 中对 u^k 的定义, 就是

$$t_{k+1}x^{k+1} - (t_{k+1} - 1)\tilde{x}^k - x^* = t_k\tilde{x}^k - (t_k - 1)\tilde{x}^{k-1} - x^*.$$

从上式得到

$$x^{k+1} = \tilde{x}^k + \left(\frac{t_k - 1}{t_{k+1}}\right)(\tilde{x}^k - \tilde{x}^{k-1}).$$

这恰好是预测-校正投影梯度法中的校正公式 (2.5.2a). □

引理 2.5 是证明加速方法 $O(1/k^2)$ 收敛速率的关键. 我们还需要在文献 [2] 中已经证明了的下面两个引理.

引理 2.6 *如果两个正实数序列 $\{a_k\}$ 和 $\{b_k\}$ 满足*

$$a_k - a_{k+1} \geqslant b_{k+1} - b_k, \quad \forall\, k \geqslant 1,$$

那么

$$a_k \leqslant a_1 + b_1, \quad \forall k \geqslant 1.$$

引理 2.7 *以 $t_1 = 1$, 递推式*

$$t_{k+1} = \frac{1 + \sqrt{1 + 4t_k^2}}{2}$$

生成的序列 $\{t_k\}$ 满足

$$t_k \geqslant \frac{k+1}{2}, \quad \forall k \geqslant 1. \tag{2.5.12}$$

这两个引理的证明十分容易, 可参见第 1 章中的引理 1.13 和引理 1.14. 有了上面的准备, 我们就能得到预测-校正投影梯度法 (2.5.1)~(2.5.2) 的 $O(1/k^2)$ 迭代复杂性.

定理 2.8 *设序列 $\{x^k\}$ 和 $\{\tilde{x}^k\}$ 是由预测-校正投影梯度法 (2.5.1)~(2.5.2) 产生的, 则对每个 $k > 1$, 都有*

$$f(\tilde{x}^k) - f(x^*) \leqslant \frac{2\|x^1 - x^*\|^2}{\beta_k k^2}, \quad \forall x^* \in \mathcal{X}^*. \tag{2.5.13}$$

证明　将引理 2.6 的结论用到引理 2.5 的 (2.5.5) 中, 令

$$a_k := 2\beta_k t_k^2 v_k, \quad b_k := \|u^k\|^2,$$

就有

$$2\beta_k t_k^2 v_k \leqslant a_1 + b_1 = 2\beta_1 t_1^2 v_1 + \|u^1\|^2.$$

根据 (2.5.6) 中关于 v_k 和 u^k 的定义以及 $t_1 = 1$, 从上式得到

$$2\beta_k t_k^2 (f(\tilde{x}^k) - f(x^*)) \leqslant 2\beta_1(f(\tilde{x}^1) - f(x^*)) + \|\tilde{x}^1 - x^*\|^2. \tag{2.5.14}$$

在 (2.5.3) 式中令 $k = 1$ 和 $x = x^*$, 有

$$2\beta_1(f(\tilde{x}^1) - f(x^*)) \leqslant 2(x^1 - x^*)^{\mathrm{T}}(x^1 - \tilde{x}^1) - \|x^1 - \tilde{x}^1\|^2$$

$$= \|x^1 - x^*\|^2 - \|\tilde{x}^1 - x^*\|^2.$$

将上式代入 (2.5.14) 的右端

$$2\beta_k t_k^2 (f(\tilde{x}^k) - f(x^*)) \leqslant \|x^1 - x^*\|^2. \tag{2.5.15}$$

因此

$$f(\tilde{x}^k) - f(x^*) \leqslant \frac{1}{2\beta_k t_k^2} \|x^1 - x^*\|^2. \tag{2.5.16}$$

再将 $t_k \geqslant \dfrac{k+1}{2}$ (见 (2.5.12)) 代入上式右端, 就证明了该定理的结论. □

　　注记 2.3　这一节的预测-校正加速投影梯度法 (2.5.1)~(2.5.2), 实际上是第 1 章 1.4.2 节中预测-校正加速 PPA 算法求解问题 (2.0.1) 的 "不精确" 算法. 注意到这两个方法的校正是完全一样的. 对于这一章讨论的问题

$$\min \{f(x) \mid x \in \mathcal{X}\},$$

预测-校正的加速 PPA 算法的预测 (1.4.13) 是

$$\tilde{x}^k = \arg\min \left\{ f(x) + \frac{1}{2\beta_k} \|x - x^k\|^2 \,\middle|\, x \in \mathcal{X} \right\}. \tag{2.5.17}$$

利用定理 1.1, 这里的 $\tilde{x}^k \in \mathcal{X}$ 满足

$$\tilde{x}^k \in \mathcal{X}, \quad (x - \tilde{x}^k)^{\mathrm{T}} \left\{ \nabla f(\tilde{x}^k) + \frac{1}{\beta_k}(\tilde{x}^k - x^k) \right\} \geqslant 0, \quad \forall x \in \mathcal{X}.$$

当然也可以写成

$$\tilde{x}^k \in \mathcal{X}, \quad (x - \tilde{x}^k)^{\mathrm{T}}\{\tilde{x}^k - [x^k - \beta_k \nabla f(\tilde{x}^k)]\} \geqslant 0, \quad \forall x \in \mathcal{X}.$$

这可以写成等价的隐式投影方程

$$\tilde{x}^k = P_{\mathcal{X}}[x^k - \beta_k \nabla f(\tilde{x}^k)].$$

上式两边都有未知的 $\tilde{x}^k$, 把右端的 $\tilde{x}^k$ 改成 x^k, 上式就成了容易实现的

$$\tilde{x}^k = P_{\mathcal{X}}[x^k - \beta_k \nabla f(x^k)].$$

这就是 (2.5.1a). 因此 (2.5.1) 可以看作加速的不精确 PPA 算法, (2.5.1b) 则是其中不精确预测需要满足的条件.

注记 2.4 加速的预测-校正投影梯度法, 理论证明要求序列 $\{\beta_k\}$ 是单调不增的 (见从(2.5.10)到(2.5.11)的推导). 这个准则能让预测 (2.5.1) 顺利实现. 但是, 过小的步长 β 出现以后不做回调, 往往会影响实际计算效果.

第 3 章 鞍点问题的原始-对偶算法

这一章考虑求解如下的 min-max 问题:

$$\min_{x} \max_{y} \{\Phi(x,y) = \theta_1(x) - y^{\mathrm{T}}Ax - \theta_2(y) \mid x \in \mathcal{X}, y \in \mathcal{Y}\}. \tag{3.0.1}$$

其中 $\theta_1(x): \Re^n \to \Re$, $\theta_2(y): \Re^m \to \Re$ 是凸函数, $\mathcal{X} \subset \Re^n$, $\mathcal{Y} \subset \Re^m$ 是给定的闭凸集, $A \in \Re^{m \times n}$ 为给定矩阵. min-max 问题的解称为鞍点, 因此也称鞍点问题. 图像处理中基于全变分去噪的 ROF 模型[100], 就是一个这样的鞍点问题. 求解鞍点问题的方法得到了广泛的重视[14,112,117]. 这一章, 根据鞍点问题对应的变分不等式, 首先指出原始-对偶混合梯度法是不能保证收敛的; 然后给出求解鞍点问题变分不等式的 PPA 算法, 举一些应用的例子; 最后介绍一类 PPA 算法, 其子问题的目标函数中含有非平凡的二次项, 使得参数选择能够完全自由.

3.1 鞍点问题对应的变分不等式

设 (x^*, y^*) 是鞍点问题 (3.0.1) 的解, 则有

$$(x^*, y^*) \in \mathcal{X} \times \mathcal{Y}, \quad \Phi(x^*, y) \leqslant \Phi(x^*, y^*) \leqslant \Phi(x, y^*), \quad \forall (x,y) \in \mathcal{X} \times \mathcal{Y}.$$

也就是说

$$\begin{cases} x^* \in \mathcal{X}, & \Phi(x, y^*) - \Phi(x^*, y^*) \geqslant 0, \quad \forall x \in \mathcal{X}, \\ y^* \in \mathcal{Y}, & \Phi(x^*, y^*) - \Phi(x^*, y) \geqslant 0, \quad \forall y \in \mathcal{Y}. \end{cases}$$

利用 $\Phi(x,y)$ 的表达式, 上式就是

$$\begin{cases} x^* \in \mathcal{X}, & \theta_1(x) - \theta_1(x^*) + (x - x^*)^{\mathrm{T}}(-A^{\mathrm{T}}y^*) \geqslant 0, \quad \forall x \in \mathcal{X}, \\ y^* \in \mathcal{Y}, & \theta_2(y) - \theta_2(y^*) + (y - y^*)^{\mathrm{T}}(Ax^*) \geqslant 0, \quad \forall y \in \mathcal{Y}. \end{cases}$$

这可以表述成紧凑的变分不等式形式

$$u^* \in \Omega, \quad \theta(u) - \theta(u^*) + (u - u^*)^{\mathrm{T}}F(u^*) \geqslant 0, \quad \forall u \in \Omega, \tag{3.1.1a}$$

其中

$$u = \begin{pmatrix} x \\ y \end{pmatrix}, \quad \theta(u) = \theta_1(x) + \theta_2(y), \quad F(u) = \begin{pmatrix} -A^{\mathrm{T}}y \\ Ax \end{pmatrix}, \quad \Omega = \mathcal{X} \times \mathcal{Y}. \tag{3.1.1b}$$

由于

$$F(u) = \begin{pmatrix} 0 & -A^{\mathrm{T}} \\ A & 0 \end{pmatrix} \begin{pmatrix} x \\ y \end{pmatrix}, \quad \text{我们有} \quad (u-v)^{\mathrm{T}}(F(u)-F(v)) \equiv 0.$$

这是和 (1.2.25) 同属一类的变分不等式.

对线性约束的凸优化问题

$$\min\{f(x) \mid Ax = b(\geqslant b), \ x \in \mathcal{X}\}, \tag{3.1.2}$$

把对应的乘子记为 y, Lagrange 函数就是定义在 $\mathcal{X} \times \mathcal{Y}$ 上的

$$L(x,y) = f(x) - y^{\mathrm{T}}(Ax - b), \tag{3.1.3}$$

其中

$$\mathcal{Y} = \begin{cases} \Re^m, & \text{若 } Ax = b, \\ \Re^m_+, & \text{若 } Ax \geqslant b. \end{cases}$$

这里的 $\Re^m_+$ 表示 $\Re^m$ 中的非负卦限. 如果一对 (x^*, y^*) 满足

$$(x^*, y^*) \in \mathcal{X} \times \mathcal{Y}, \quad L(x^*, y) \leqslant L(x^*, y^*) \leqslant L(x, y^*), \quad \forall (x, y) \in \mathcal{X} \times \mathcal{Y}, \tag{3.1.4}$$

那么 Lagrange 函数 (3.1.3) 鞍点中 $u^* = (x^*, y^*)$ 中的 x^* 就是凸优化问题 (3.1.2) 的解. 求 Lagrange 函数 (3.1.3) 的鞍点是问题 (3.0.1) 的一个特例, 其中

$$\theta_1(x) = f(x), \quad \theta_2(y) = -b^{\mathrm{T}} y.$$

3.2 不能保证收敛的原始-对偶混合梯度法

求解鞍点问题 (3.0.1) 的原始-对偶混合梯度法, 俗称 PDHG (primal-dual hybrid gradient) 方法, 是一个比较自然的想法, 也成功地求解了一些问题[117]. 然而, 在一般情况下, 它并不能保证一定收敛.

求解鞍点问题 (3.0.1) 的原始-对偶混合梯度法.
设 $r, s > 0$ 是给定的常数.
对给定的 (x^k, y^k), PDHG 算法的第 k 步先由

$$x^{k+1} = \operatorname{argmin}\left\{ \Phi(x, y^k) + \frac{r}{2}\|x - x^k\|^2 \,\middle|\, x \in \mathcal{X} \right\} \tag{3.2.1a}$$

给出 x^{k+1}, 然后再由

$$y^{k+1} = \operatorname{argmax}\left\{ \Phi(x^{k+1}, y) - \frac{s}{2}\|y - y^k\|^2 \,\middle|\, y \in \mathcal{Y} \right\} \tag{3.2.1b}$$

产生 y^{k+1}, 完成一次迭代.

利用 $\Phi(x, y)$ 的表达式, 并注意到优化问题的解并不因为变动目标函数中的常数项而改变, PDHG 算法中的子问题 (3.2.1) 算法可以简化成

$$\begin{cases} x^{k+1} = \operatorname{argmin}\left\{ \theta_1(x) - x^{\mathrm{T}} A^{\mathrm{T}} y^k + \dfrac{r}{2}\|x - x^k\|^2 \,\middle|\, x \in \mathcal{X} \right\}, & (3.2.2\mathrm{a}) \\[2mm] y^{k+1} = \operatorname{argmin}\left\{ \theta_2(y) + y^{\mathrm{T}} A x^{k+1} + \dfrac{s}{2}\|y - y^k\|^2 \,\middle|\, y \in \mathcal{Y} \right\}. & (3.2.2\mathrm{b}) \end{cases}$$

根据定理 1.1, 子问题 (3.2.2a) 的最优性条件是

$$\begin{aligned} x^{k+1} \in \mathcal{X}, \quad & \theta_1(x) - \theta_1(x^{k+1}) \\ & + (x - x^{k+1})^{\mathrm{T}}\{-A^{\mathrm{T}} y^k + r(x^{k+1} - x^k)\} \geqslant 0, \quad \forall x \in \mathcal{X}. \end{aligned}$$
$$(3.2.3\mathrm{a})$$

类似地, 子问题 (3.2.2b) 的最优性条件是

$$\begin{aligned} y^{k+1} \in \mathcal{Y}, \quad & \theta_2(y) - \theta_2(y^{k+1}) \\ & + (y - y^{k+1})^{\mathrm{T}}\{A x^{k+1} + s(y^{k+1} - y^k)\} \geqslant 0, \quad \forall y \in \mathcal{Y}. \end{aligned} \quad (3.2.3\mathrm{b})$$

把 (3.2.3a) 和 (3.2.3b) 合并在一起, 我们有

$$\begin{aligned} u^{k+1} \in \Omega, \quad \theta(u) - \theta(u^{k+1}) + & \begin{pmatrix} x - x^{k+1} \\ y - y^{k+1} \end{pmatrix}^{\mathrm{T}} \left\{ \begin{pmatrix} -A^{\mathrm{T}} y^{k+1} \\ A x^{k+1} \end{pmatrix} \right. \\ & \left. + \begin{pmatrix} r(x^{k+1} - x^k) + A^{\mathrm{T}}(y^{k+1} - y^k) \\ s(y^{k+1} - y^k) \end{pmatrix} \right\} \geqslant 0, \quad \forall u \in \Omega. \end{aligned}$$

利用 (3.1.1), 其紧凑的形式是

$$\begin{aligned} u^{k+1} \in \Omega, \quad & \theta(u) - \theta(u^{k+1}) \\ & + (u - u^{k+1})^{\mathrm{T}}\{F(u^{k+1}) + Q(u^{k+1} - u^k)\} \geqslant 0, \; \forall u \in \Omega, \quad (3.2.4\mathrm{a}) \end{aligned}$$

其中

$$Q = \begin{pmatrix} r I_n & A^{\mathrm{T}} \\ 0 & s I_m \end{pmatrix} \qquad (3.2.4\mathrm{b})$$

是非对称的. 它跟第 1 章中的 PPA 算法形式 (1.3.5) 并不匹配, 算法并不能保证收敛[72].

下面我们用线性规划做例子说明 PDHG 算法 (3.2.1) 是不能保证收敛的. 对原始-对偶线性规划

$$
(\mathrm{P}) \quad
\begin{array}{ll}
\min & c^{\mathrm{T}}x \\
\text{s. t.} & Ax = b, \\
& x \geqslant 0,
\end{array}
\qquad
(\mathrm{D}) \quad
\begin{array}{ll}
\max & b^{\mathrm{T}}y \\
\text{s. t.} & A^{\mathrm{T}}y \leqslant c,
\end{array}
\tag{3.2.5}
$$

我们取如下的一对例子:

$$
(\mathrm{P}) \quad
\begin{array}{ll}
\min & x_1 + 2x_2 \\
\text{s. t.} & x_1 + x_2 = 1, \\
& x_1,\, x_2 \geqslant 0,
\end{array}
\qquad
(\mathrm{D}) \quad
\begin{array}{ll}
\max & y \\
\text{s. t.} & \begin{pmatrix} 1 \\ 1 \end{pmatrix} y \leqslant \begin{pmatrix} 1 \\ 2 \end{pmatrix}.
\end{array}
\tag{3.2.6}
$$

这相当于 (3.2.5) 中 $A = (1,1)$, $b = 1$, $c = \begin{pmatrix} 1 \\ 2 \end{pmatrix}$, $x = \begin{pmatrix} x_1 \\ x_2 \end{pmatrix}$. 线性规划原问题的

Lagrange 函数

$$
L(x,y) = c^{\mathrm{T}}x - y^{\mathrm{T}}(Ax - b) \tag{3.2.7}
$$

定义在 $\Re_+^2 \times \Re$ 上. 问题的唯一最优解 (也就是 Lagrange 函数的鞍点) 是 $x^* = \begin{pmatrix} 1 \\ 0 \end{pmatrix}$ 和 $y^* = 1$.

用 PDHG 算法 (3.2.1) 求线性规划 (3.2.5) 对应的 Lagrange 函数 (3.2.7) 的鞍点, 根据 (3.2.2) 的迭代公式是

$$
\begin{cases}
x^{k+1} = \operatorname{argmin}\left\{ c^{\mathrm{T}}x - (y^k)^{\mathrm{T}}Ax + \dfrac{r}{2}\|x - x^k\|^2 \,\middle|\, x \geqslant 0 \right\}, \\[2mm]
y^{k+1} = \operatorname{argmin}\left\{ -b^{\mathrm{T}}y + y^{\mathrm{T}}Ax^{k+1} + \dfrac{s}{2}\|y - y^k\|^2 \,\middle|\, y \in \Re \right\}.
\end{cases}
$$

这相当于

$$
\begin{cases}
x^{k+1} = \operatorname{argmin}\left\{ \dfrac{1}{2}\|x - x^k\|^2 - \dfrac{1}{r}x^{\mathrm{T}}(A^{\mathrm{T}}y^k - c) \,\middle|\, x \geqslant 0 \right\}, \\[2mm]
y^{k+1} = \operatorname{argmin}\left\{ \dfrac{1}{2}\|y - y^k\|^2 + \dfrac{1}{s}y^{\mathrm{T}}(Ax^{k+1} - b) \,\middle|\, y \in \Re \right\}.
\end{cases}
$$

可以通过

$$
\begin{cases}
x^{k+1} = \max\left\{ \left(x^k + \dfrac{1}{r}(A^{\mathrm{T}}y^k - c) \right), 0 \right\}, \\[2mm]
y^{k+1} = y^k - \dfrac{1}{s}(Ax^{k+1} - b)
\end{cases}
$$

来实现. 对 (3.2.6) 的那一对线性规划, 我们取不同的 $r = s > 0$, 用 $(x_1^0, x_2^0; y^0) = (0, 0; 0)$ 作为初始点, 按上述格式迭代, 点列都不收敛.

最初我们取 $r = s = 1$, 发现如图 3.1 所示, 这时迭代点在一些点上循环, 并保持 $\|u^k - u^*\|_\infty = 1$. 是不是通过增大 r, s, 方法就会收敛呢? 试验结果表明也不收敛.

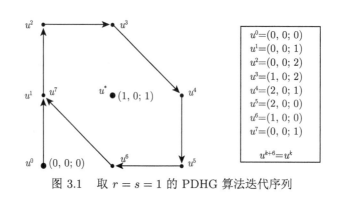

图 3.1　取 $r = s = 1$ 的 PDHG 算法迭代序列

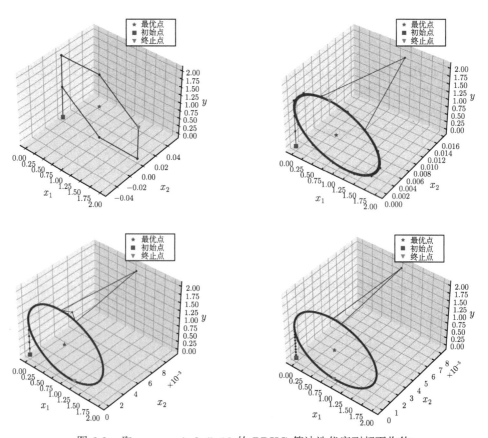

图 3.2　取 $r = s = 1, 2, 5, 10$ 的 PDHG 算法迭代序列都不收敛

在文献 [72] 中, 我们证明了对满足严格互补条件的线性规划问题, 原始-对偶混合梯度法 (3.2.1) 是并不收敛的. 有时采用这个方法也会得到满意的计算结果, 那是因为 $\theta_1(x)$ 或者 $\theta_2(y)$ 满足某些强凸条件[77], 即便如此, 估算一个函数的强凸因子是相当困难的. 为此, 我们提出下一节的邻近点算法[79], 它只要求函数一般凸就行.

3.3 求解鞍点问题的邻近点算法

如果我们把变分不等式 (3.2.4) 的形式改造成

$$u^{k+1} \in \Omega, \quad \theta(u) - \theta(u^{k+1})$$
$$+ (u - u^{k+1})^{\mathrm{T}}\{F(u^{k+1}) + H(u^{k+1} - u^k)\} \geqslant 0, \quad \forall u \in \Omega, \tag{3.3.1a}$$

其中

$$H = \begin{pmatrix} rI_n & A^{\mathrm{T}} \\ A & sI_m \end{pmatrix}. \tag{3.3.1b}$$

当 $rs > \|A^{\mathrm{T}}A\|$ 时, 矩阵 H 正定, 就得到第 1 章中的 PPA 算法形式 (1.3.6), 迭代法就是收敛的. 为此, 要把 (3.2.4b) 中的非对称的矩阵 Q 改造成 (3.3.1b) 中的对称矩阵 H:

$$Q = \begin{pmatrix} rI_n & A^{\mathrm{T}} \\ 0 & sI_m \end{pmatrix} \quad \Rightarrow \quad H = \begin{pmatrix} rI_n & A^{\mathrm{T}} \\ A & sI_m \end{pmatrix}.$$

为了实现这个目的, 我们只要将 (3.2.3b) 中的

$$y^{k+1} \in \mathcal{Y}, \quad \theta_2(y) - \theta_2(y^{k+1}) + (y - y^{k+1})^{\mathrm{T}}\{Ax^{k+1} + s(y^{k+1} - y^k)\} \geqslant 0, \quad \forall y \in \mathcal{Y}$$

改造成

$$y^{k+1} \in \mathcal{Y}, \quad \theta_2(y) - \theta_2(y^{k+1}) + (y - y^{k+1})^{\mathrm{T}} \begin{bmatrix} Ax^{k+1} + A(x^{k+1} - x^k) \\ + s(y^{k+1} - y^k) \end{bmatrix} \geqslant 0, \quad \forall y \in \mathcal{Y}.$$

也就是说,

$$y^{k+1} \in \mathcal{Y}, \quad \theta_2(y) - \theta_2(y^{k+1}) + (y - y^{k+1})^{\mathrm{T}} \begin{bmatrix} A(2x^{k+1} - x^k) \\ + s(y^{k+1} - y^k) \end{bmatrix} \geqslant 0, \quad \forall y \in \mathcal{Y}.$$

根据定理 1.1, 上面的形式说明

$$y^{k+1} = \operatorname{argmin}\left\{\theta_2(y) + y^{\mathrm{T}}A(2x^{k+1} - x^k) + \frac{s}{2}\|y - y^k\|^2 \,\middle|\, y \in \mathcal{Y}\right\}.$$

这相当于把 (3.2.2b) 目标函数中关于 y 的线性函数

$$y^{\mathrm{T}}Ax^{k+1} \qquad 改成了 \qquad y^{\mathrm{T}}A(2x^{k+1} - x^k).$$

换句话说, 要实现 PPA 算法迭代格式 (3.3.1), 就要用下面的迭代格式.

求解鞍点问题 (3.0.1) 的 Primal-Dual PPA 算法.

设 $r, s > 0$ 是给定的满足 $rs > \|A^{\mathrm{T}}A\|$ 的常数. 对给定的 (x^k, y^k), Primal-Dual PPA 算法的第 k 步先由

$$x^{k+1} = \operatorname{argmin}\left\{ \Phi(x, y^k) + \frac{r}{2}\|x - x^k\|^2 \,\Big|\, x \in \mathcal{X} \right\} \qquad (3.3.2a)$$

给出 x^{k+1}, 然后再由

$$y^{k+1} = \operatorname{argmax}\left\{ \Phi\big((2x^{k+1} - x^k), y\big) - \frac{s}{2}\|y - y^k\|^2 \,\Big|\, y \in \mathcal{Y} \right\} \qquad (3.3.2b)$$

产生 y^{k+1}. 得到新的迭代点 (x^{k+1}, y^{k+1}), 完成一次迭代.

根据 PPA 算法格式 (3.3.1) 和定理 1.3, 我们有如下的定理.

定理 3.1 当 $rs > \|A^{\mathrm{T}}A\|$, 用 PPA 算法 (3.3.2) 求解鞍点问题 (3.0.1) 产生的序列 $\{u^k = (x^k, y^k)\}$ 满足

$$\|u^{k+1} - u^*\|_H^2 \leqslant \|u^k - u^*\|_H^2 - \|u^k - u^{k+1}\|_H^2, \quad \forall u^* \in \Omega^*, \qquad (3.3.3)$$

其中 H 是由 (3.3.1b) 给出的正定矩阵.

对线性约束的凸优化问题 (3.1.2), 用 PPA 算法 (3.3.2) 求解的具体格式是

$$\begin{cases} x^{k+1} = \operatorname{argmin}\left\{ \theta(x) + \dfrac{r}{2}\left\| x - \left[x^k + \dfrac{1}{r}A^{\mathrm{T}}y^k \right] \right\|^2 \,\Big|\, x \in \mathcal{X} \right\}, & (3.3.4a) \\[2mm] y^{k+1} = P_{\mathcal{Y}}\left\{ y^k - \dfrac{1}{s}\left[A(2x^{k+1} - x^k) - b \right] \right\}. & (3.3.4b) \end{cases}$$

具体到求线性规划 (3.2.6) 对应的 Lagrange 函数 (3.2.7) 的鞍点, 相应的 PPA 算法迭代公式就简化成

$$\begin{cases} x^{k+1} = \max\left\{ \left(x^k + \dfrac{1}{r}(A^{\mathrm{T}}y^k - c) \right), 0 \right\}, \\[2mm] y^{k+1} = y^k - \dfrac{1}{s}\left[A(2x^{k+1} - x^k) - b \right]. \end{cases}$$

PPA 算法的迭代点列如图 3.3 所示, 虽然用 $r = s = 1$ 并不满足 $rs > \|A^{\mathrm{T}}A\|$, 但是矩阵 H 是对称的, 取 $(x_1^0, x_2^0; y^0) = (0, 0; 0)$ 作为初始点, 迭代三次就到达最优解点.

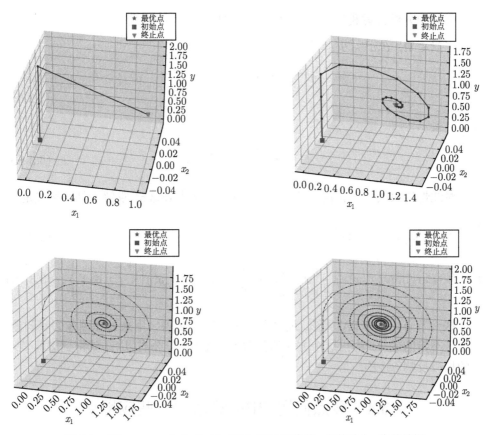

图 3.3 取 $r = s = 1, 2, 5, 10$, PPA 算法都收敛. 参数越大, 收敛越慢

PPA 算法 (3.3.2) 用的是 Primal-Dual 顺序, 我们同样可以采用 Dual-Primal 顺序的 PPA 算法.

求解鞍点问题 (3.0.1) 的 Dual-Primal PPA 算法.

设 $r, s > 0$ 是给定的满足 $rs > \|A^{\mathrm{T}}A\|$ 的常数. 对给定的 (x^k, y^k), Dual-Primal PPA 算法的第 k 步先由

$$y^{k+1} = \operatorname{argmax}\left\{ \Phi\left(x^k, y\right) - \frac{s}{2}\left\|y - y^k\right\|^2 \,\middle|\, y \in \mathcal{Y} \right\} \tag{3.3.5a}$$

给出 y^{k+1}, 然后再由

$$x^{k+1} = \operatorname{argmin}\left\{ \Phi(x, (2y^{k+1} - y^k)) + \frac{r}{2}\left\|x - x^k\right\|^2 \,\middle|\, x \in \mathcal{X} \right\} \tag{3.3.5b}$$

产生 x^{k+1}. 得到新的迭代点 (x^{k+1}, y^{k+1}), 完成一次迭代.

类似的分析告诉我们：由 (3.3.5) 产生的 $u^{k+1} \in \Omega$ 满足

$$u^{k+1} \in \Omega, \ \theta(u) - \theta(u^{k+1})$$

$$+ (u - u^{k+1})^{\mathrm{T}}\{F(u^{k+1}) + H(u^{k+1} - u^k)\} \geqslant 0, \ \forall u \in \Omega, \tag{3.3.6a}$$

其中

$$H = \begin{pmatrix} rI_n & -A^{\mathrm{T}} \\ -A & sI_m \end{pmatrix}. \tag{3.3.6b}$$

对线性约束的凸优化问题 (3.1.2)，用 PPA 算法 (3.3.5) 求解的具体格式是

$$\begin{cases} y^{k+1} = P_{\mathcal{Y}}\left[y^k - \dfrac{1}{s}(Ax^k - b)\right], & \tag{3.3.7a} \\[2mm] x^{k+1} = \operatorname{argmin}\left\{\theta(x) + \dfrac{r}{2}\left\| x - \left[x^k + \dfrac{1}{r}A^{\mathrm{T}}(2y^{k+1} - y^k)\right]\right\|^2 \ \bigg| \ x \in \mathcal{X}\right\}. & \tag{3.3.7b} \end{cases}$$

这一节介绍的 PPA 算法，最早发表在文献 [79] 中，用来处理图像去噪问题，取得了不错的效果. 提出这个方法的预印本在 2010 年公布以后，就得到国际学术界的积极反响[3,14,15].

3.4　鞍点问题 PPA 算法的一些应用

这一节，我们以求解线性约束的凸优化问题 (3.1.2) 为例，讲述如何应用这一章的变分不等式框架下的 PPA 算法.

1. 压缩传感问题

压缩传感 (compressed sensing) 问题是利用信号的稀疏性质，只对其进行相对较少的测量，然后能以较小的误差或者精确地恢复原始信号. CS 问题是求满足亚定方程 $Ax = b$ 的非零元个数最小的解

$$\min\{\|x\|_0 \mid Ax = b\},$$

其中 $\|x\|_0$ 表示向量 x 的非零元的个数，它不是常规意义下的模，CS 问题是一个组合优化问题. 由于

$$\|x\|_1 \leqslant \|x\|_0, \quad \forall x \in \Omega = \{x \in \Re^n \mid |x_j| \leqslant 1, \ j = 1, \cdots, n\},$$

Candés 和 Tao[13] 证明了在一定条件下，

$$\text{问题 } \min\{\|x\|_0 \mid Ax = b\} \quad \text{与} \quad \text{问题 } \min\{\|x\|_1 \mid Ax = b\}$$

的解在概率意义下是相同的. 极小化问题

$$\min_x \{\mu\|x\|_1 \mid Ax = b\} \qquad \text{(BP)} \tag{3.4.1}$$

是形如 (3.1.2) 的等式约束的凸优化问题.

Dual-Primal PPA 算法求解问题 (3.4.1).

对给定的 (x^k, y^k), 用 (3.3.5) 产生 (x^{k+1}, y^{k+1}):

$$\begin{cases} y^{k+1} = y^k - \dfrac{1}{s}(Ax^k - b), & \tag{3.4.2a} \\[3mm] x^{k+1} = \text{argmin}\left\{\mu\|x\|_1 + \dfrac{r}{2}\left\|x - \left[x^k + \dfrac{1}{r}A^{\mathrm{T}}(2y^{k+1} - y^k)\right]\right\|^2\right\}. & \tag{3.4.2b} \end{cases}$$

子问题 (3.4.2b) 求解的具体做法: 我们只要考虑如何求解

$$\min_{x \in \Re^n}\left\{\tau\|x\|_1 + \dfrac{1}{2}\|x - a\|^2\right\}. \tag{3.4.3}$$

设 $x^* \in \Re^n$ 是 (3.4.3) 的解,

(1) 如果 $x_j^* > 0$, 对 $\tau x + \dfrac{1}{2}\|x - a\|^2$ 求导, 有

$$\tau + x_j^* - a_j = 0, \quad \text{即} \quad x_j^* = a_j - \tau. \quad (\text{这隐含了} \quad a_j > \tau)$$

(2) 如果 $x_j^* < 0$, 对 $-\tau x + \dfrac{1}{2}\|x - a\|^2$ 求导, 有

$$-\tau + x_j^* - a_j = 0, \quad \text{即} \quad x_j^* = a_j + \tau. \quad (\text{这隐含了} \quad a_j < -\tau)$$

(3) 为什么 $x_j^* = 0$? 是因为 $-\tau \leqslant a_j \leqslant \tau$.

综上所述, 问题 (3.4.3) 的解由

$$x_j^* = \begin{cases} a_j - \tau, & \text{若} \, a_j > \tau, \\ a_j + \tau, & \text{若} \, a_j < -\tau, \\ 0, & \text{若} -\tau \leqslant a_j \leqslant \tau \end{cases}$$

给出. 这也可以写成收缩的形式

$$x^* = a - P_{B_\infty^\tau}[a], \qquad \text{其中} \, B_\infty^\tau = \{\xi \in \Re^n \mid -\tau e \leqslant \xi \leqslant \tau e\}.$$

实际 CS 问题的计算, 要加进一些称为连续化的技术[37].

2. 相关性矩阵校正中的应用

在统计学中, 一个对角元均为 1 的对称半正定矩阵称为相关性矩阵 (correlation matrix). 对给定的对称矩阵 C, 求 F 模下与 C 距离最近的相关性矩阵[12], 其数学表达式是

$$\min\left\{\frac{1}{2}\|X-C\|_F^2 \;\middle|\; \mathrm{diag}(X)=e,\ X\in S_+^n\right\}, \tag{3.4.4}$$

其中 e 表示每个分量都为 1 的 n-维向量, S_+^n 表示 $n\times n$ 正半定锥的集合. 问题 (3.4.4) 是形如 (3.1.2) 的等式约束凸优化问题, 其中 $\|A^{\mathrm{T}}A\|=1$. 我们用 $y\in\Re^n$ 作为等式约束 $\mathrm{diag}(X)=e$ 的 Lagrange 乘子.

Dual-Primal PPA 算法求解问题 (3.4.4).

对给定的 (X^k,y^k), 用 (3.3.5) 产生 (X^{k+1},y^{k+1}):

$$\begin{cases} y^{k+1}=y^k-\dfrac{1}{s}(\mathrm{diag}(X^k)-e), & (3.4.5a)\\[2ex] x^{k+1}=\arg\min\left\{\begin{array}{l}\dfrac{1}{2}\|X-C\|_F^2+\\[1ex] \dfrac{r}{2}\left\|X-\left[X^k+\dfrac{1}{r}\mathrm{diag}(2y^{k+1}-y^k)\right]\right\|_F^2\end{array}\;\middle|\; X\in S_+^n\right\}. & (3.4.5b) \end{cases}$$

子问题 (3.4.5b) 求解的具体做法: 通过配方, 把子问题 (3.4.5b) 化为等价问题

$$\min\left\{\frac{1}{2}\left\|X-\frac{1}{1+r}[rX^k+\mathrm{diag}(2y^{k+1}-y^k)+C]\right\|_F^2 \;\middle|\; X\in S_+^n\right\}.$$

记

$$A=\frac{1}{1+r}[rX^k+\mathrm{diag}(2y^{k+1}-y^k)+C],$$

我们只要考虑如何求解

$$X^{k+1}=\arg\min\left\{\frac{1}{2}\|X-A\|_F^2 \;\middle|\; X\in S_+^n\right\}. \tag{3.4.6}$$

实际上, 将对称矩阵 A 做标准特征值 (特征向量) 分解

$$A=V\Lambda V^{\mathrm{T}}, \quad \Lambda=\mathrm{diag}(\lambda_1,\lambda_2,\cdots,\lambda_n), \tag{3.4.7}$$

其中 V 是正交矩阵. 注意到第 1 章中已经讲到正交变换下矩阵的 F 模是不变的, 我们有

$$\|X-A\|_F=\|X-V\Lambda V^{\mathrm{T}}\|_F=\|V^{\mathrm{T}}XV-\Lambda\|_F.$$

要使 $X^{k+1} \succeq 0$ 并且上式右端最小, 应该有

$$V^{\mathrm{T}} X^{k+1} V = \Lambda^{k+1},$$

其中

$$\Lambda^{k+1} = \mathrm{diag}(\lambda_1^{k+1}, \lambda_2^{k+1}, \cdots, \lambda_n^{k+1}), \quad \lambda_j^{k+1} = \max\{0, \lambda_j\}.$$

最后通过

$$X^{k+1} = V \Lambda^{k+1} V^{\mathrm{T}}$$

得到 X^{k+1}. 因此, 每次迭代的主要工作是做 (3.4.7) 中的特征值 (特征向量) 分解.

数值试验 为生成问题 (3.4.4) 的试验例子, 只要给定适当的对称矩阵

$$C = \mathrm{rand}(n,n), \quad C = (C' + C) - \mathrm{ones}(n,n) + \mathrm{eye}(n).$$

这样的矩阵 C 的对角元在 $(0,2)$ 内, 非对角元在 $(-1,1)$ 内.

创建问题 (3.4.4) 中矩阵 C 的 MATLAB 程序

```
clear;   close all;   n = 1000;       tol=1e-5;       r=2.0;        s=1.01/r;
rand('state',0);       C=rand(n,n);       C=(C'+C)-ones(n,n) + eye(n);
```

做 (3.4.7) 中的特征值 (特征向量) 分解, 在下述程序中的第 (10) 行用 MAT-LAB 中的语句 [V,D]=eig(A) 实现, 这是一个计算量大概 $9n^3$ 的运算. 由于在这个问题中, A 是投影矩阵, $\|A^{\mathrm{T}} A\| = 1$, 我们只需要选 $rs > 1$ 就能确保 $H \succ 0$. 注意到, 为了平衡原始和对偶残量, 这里我们取 $r = 2$, $s = 1.01/r$.

求解问题 (3.4.4) 的邻近点算法的 MATLAB 程序

```
%%%      Classical PPA for calibrating correlation matrix        %(1)
function PPAC(n,C,r,s,tol)                                        %(2)
X=eye(n);   y=zeros(n,1);    tic;          %% The initial iterate %(3)
stopc=1;                     k=0;                                 %(4)
while (stopc>tol && k<=100)              %% Beginning of an Iteration %(5)
 if mod(k,20)==0 fprintf(' k=%4d   epsm=%9.3e \n',k,stopc); end;  %(6)
   X0=X;      y0=y;      k=k+1;                                   %(7)
   yt=y0 - (diag(X0)-ones(n,1))/s;             EY=y0-yt;          %(8)
   A=(X0*r + C + diag(yt*2-y0))/(1+r);                           %(9)
   [V,D]=eig(A);   D=max(0,D);   XT=(V*D)*V';   EX=X0-XT;        %(10)
   ex=max(max(abs(EX)));   ey=max(abs(EY));   stopc=max(ex,ey);  %(11)
   X=XT;               y=yt;                                     %(12)
end;                                    % End of an Iteration %(13)
toc;                     TB = max(abs(diag(X-eye(n))));          %(14)
fprintf(' k=%4d  epsm=%9.3e  max|X_jj - 1|=%8.5f \n',k,stopc,TB);     %%
```

　　将线性约束的凸优化问题转换成单调变分不等式, 再用本书介绍的 PPA 算法求解, 每次迭代中要求解的子问题, 数值代数中都有确定的成熟的方法求解. 关于鞍点问题的求解, 我们在给出了凸优化分裂收缩算法统一框架以后, 还会在第 7 章进一步讨论.

3.5　子问题目标函数含非平凡二次项的 PPA 算法

　　对由鞍点问题 (3.0.1) 转换成的变分不等式 (3.1.1), PPA 算法的第 k 次迭代, 是从给定的 u^k 出发, 求得 $u^{k+1} \in \Omega$, 满足

$$\theta(u) - \theta(u^{k+1}) + (u - u^{k+1})^{\mathrm{T}} \{ F(u^{k+1}) + H(u^{k+1} - u^k) \} \geqslant 0, \quad \forall u \in \Omega, \quad (3.5.1)$$

其中 H 是 2×2 的分块正定矩阵. 在 3.3 节构造的求解鞍点问题的 PPA 算法中, 两个子问题中目标函数的二次函数都是平凡的, 因此要求参数 r, s 满足 $rs > \|A^{\mathrm{T}} A\|$. 从 3.3 节中举的线性规划的例子看到, 略大的 r, s 会严重影响收敛速度, 这一切都是由平凡的二次项引起的. 如果允许子问题中目标函数有非平凡的二次项 $\|A(x - x^k)\|^2$ 或者 $\|A^{\mathrm{T}}(y - y^k)\|^2$, 就能够完全自由地选择参数.

　　1. 子问题目标函数含非平凡二次项 $\|A(x - x^k)\|^2$ 的方法

　　我们通过设定矩阵而构造算法. 设矩阵

$$H = \begin{pmatrix} rA^{\mathrm{T}}A + \delta I_n & A^{\mathrm{T}} \\ A & \dfrac{1}{r} I_m \end{pmatrix}, \quad r, \delta > 0. \quad (3.5.2)$$

对任意的 $r, \delta > 0$, 矩阵 H 都是正定的. 利用变分不等式 (3.1.1) 和上面矩阵 H 的形式, PPA 算法 k-步迭代是求 $u^{k+1} = (x^{k+1}, y^{k+1}) \in \Omega$, 使得

$$\begin{cases} \theta_1(x) - \theta_1(x^{k+1}) + (x - x^{k+1})^{\mathrm{T}} \left\{ \begin{array}{l} \underwave{-A^{\mathrm{T}} y^{k+1}} + A^{\mathrm{T}}(y^{k+1} - y^k) \\ + (rA^{\mathrm{T}}A + \delta I_n)(x^{k+1} - x^k) \end{array} \right\} \geqslant 0, \\[2mm] \qquad \forall x \in \mathcal{X}, \\[4mm] \theta_2(y) - \theta_2(y^{k+1}) + (y - y^{k+1})^{\mathrm{T}} \left\{ \begin{array}{l} \underwave{Ax^{k+1}} \\ + A(x^{k+1} - x^k) + \dfrac{1}{r}(y^{k+1} - y^k) \end{array} \right\} \geqslant 0, \\[2mm] \qquad \forall y \in \mathcal{Y}, \end{cases}$$

其中带下波纹线的部分组合在一起就是 $F(u^{k+1})$, $\{\cdot\}$ 中不带下波纹线的部分放在一起就是 $H(u^{k+1} - u^k)$. 同类归并后就是 $u^{k+1} = (x^{k+1}, y^{k+1}) \in \Omega$, 使得

$$
\begin{cases}
\theta_1(x) - \theta_1(x^{k+1}) + (x - x^{k+1})^{\mathrm{T}} \left\{ \begin{array}{c} (rA^{\mathrm{T}}A + \delta I_n)(x^{k+1} - x^k) \\ -A^{\mathrm{T}} y^k \end{array} \right\} \geqslant 0, \ \forall x \in \mathcal{X}, \\[4mm]
\theta_2(y) - \theta_2(y^{k+1}) + (y - y^{k+1})^{\mathrm{T}} \left\{ A(2x^{k+1} - x^k) + \dfrac{1}{r}(y^{k+1} - y^k) \right\} \geqslant 0, \ \forall y \in \mathcal{Y}.
\end{cases}
$$

根据定理 1.1, 这可以通过下面的方法实现.

求解鞍点问题 (3.0.1) 的 PPA 算法 (x-y 顺序).

设 $r, \delta > 0$ 是任意给定的正数. 第 k 步迭代从给定的 $u^k = (x^k, y^k)$ 开始,

$$
\begin{cases}
x^{k+1} = \arg\min \left\{ \begin{array}{c} \theta_1(x) + \dfrac{1}{2}r\|A(x - x^k)\|^2 + \dfrac{\delta}{2}\|x - x^k\|^2 \\ -x^{\mathrm{T}} A^{\mathrm{T}} y^k \end{array} \middle| x \in \mathcal{X} \right\}, & (3.5.3\mathrm{a}) \\[4mm]
y^{k+1} = \arg\min \left\{ \theta_2(y) + \dfrac{1}{2r}\|y - y^k\|^2 + y^{\mathrm{T}} A(2x^{k+1} - x^k) \middle| y \in \mathcal{Y} \right\}. & (3.5.3\mathrm{b})
\end{cases}
$$

如果把 (3.5.2) 中的矩阵 H 改成

$$
H = \begin{pmatrix} rA^{\mathrm{T}}A + \delta I_n & -A^{\mathrm{T}} \\ -A & \dfrac{1}{r} I_m \end{pmatrix}, \quad r, \delta > 0. \tag{3.5.4}
$$

利用变分不等式 (3.1.1) 和上面矩阵 H 的形式, k-步迭代是求 $u^{k+1} = (x^{k+1}, y^{k+1}) \in \Omega$, 使得

$$
\begin{cases}
\theta_1(x) - \theta_1(x^{k+1}) + (x - x^{k+1})^{\mathrm{T}} \left\{ \begin{array}{c} \underdwiggle{-A^{\mathrm{T}} y^{k+1}} - A^{\mathrm{T}}(y^{k+1} - y^k) \\ +(rA^{\mathrm{T}}A + \delta I_n)(x^{k+1} - x^k) \end{array} \right\} \geqslant 0, \\[2mm]
\qquad \forall x \in \mathcal{X}, \\[4mm]
\theta_2(y) - \theta_2(y^{k+1}) + (y - y^{k+1})^{\mathrm{T}} \left\{ \begin{array}{c} \underdwiggle{Ax^{k+1}} \\ -A(x^{k+1} - x^k) + \dfrac{1}{r}(y^{k+1} - y^k) \end{array} \right\} \geqslant 0, \\[2mm]
\qquad \forall y \in \mathcal{Y},
\end{cases}
$$

其中带下波纹线的部分组合在一起就是 $F(u^{k+1})$. 归并后的形式是

$$
(x^{k+1}, y^{k+1}) \in \Omega,
$$

$$
\begin{cases}
\theta_1(x) - \theta_1(x^{k+1}) + (x - x^{k+1})^{\mathrm{T}} \left\{ \begin{array}{c} (rA^{\mathrm{T}}A + \delta I_n)(x^{k+1} - x^k) \\ -A^{\mathrm{T}}(2y^{k+1} - y^k) \end{array} \right\} \geqslant 0, \ \forall x \in \mathcal{X}, \\[2em]
\theta_2(y) - \theta_2(y^{k+1}) + (y - y^{k+1})^{\mathrm{T}} \left\{ Ax^k + \dfrac{1}{r}(y^{k+1} - y^k) \right\} \geqslant 0, \ \forall y \in \mathcal{Y}.
\end{cases}
$$

根据定理 1.1, 这可以通过下面的算法按先 y 后 x 的顺序实现.

求解鞍点问题 (3.0.1) 的 PPA 算法 (y-x 顺序).

设 $r, \delta > 0$ 是任意给定的正数. 第 k 步迭代从给定的 $u^k = (x^k, y^k)$ 开始,

$$
\begin{cases}
y^{k+1} = \arg\min \left\{ \theta_2(y) + \dfrac{1}{2r}\|y - y^k\|^2 + y^{\mathrm{T}} Ax^k \ \middle| \ y \in \mathcal{Y} \right\}, & (3.5.5a) \\[2em]
x^{k+1} = \arg\min \left\{ \begin{array}{c} \theta_1(x) + \dfrac{r}{2}\|A(x - x^k)\|^2 + \dfrac{\delta}{2}\|x - x^k\|^2 \\ -x^{\mathrm{T}} A^{\mathrm{T}}(2y^{k+1} - y^k) \end{array} \ \middle| \ x \in \mathcal{X} \right\}. & (3.5.5b)
\end{cases}
$$

子问题 (3.5.3a) 和 (3.5.5b) 的目标函数中都有额外的二次项 $\|A(x - x^k)\|^2$.

2. 子问题目标函数含非平凡二次项 $\|A^{\mathrm{T}}(y - y^k)\|^2$ 的方法

将矩阵 H 设成

$$
H = \begin{pmatrix} rI_n & A^{\mathrm{T}} \\ A & \dfrac{1}{r}AA^{\mathrm{T}} + \delta I_m \end{pmatrix}, \quad r, \delta > 0. \tag{3.5.6}
$$

对任意的 $r, \delta > 0$, 矩阵 H 都是正定的. 利用变分不等式 (3.1.1) 和上面矩阵 H 的形式, PPA 算法 k-步迭代是求 $u^{k+1} = (x^{k+1}, y^{k+1}) \in \Omega$, 使得

$$
\begin{cases}
\theta_1(x) - \theta_1(x^{k+1}) + (x - x^{k+1})^{\mathrm{T}} \left\{ \begin{array}{c} \underwave{-A^{\mathrm{T}} y^{k+1}} + r(x^{k+1} - x^k) \\ +A^{\mathrm{T}}(y^{k+1} - y^k) \end{array} \right\} \geqslant 0, \\
\qquad \forall x \in \mathcal{X}, \\[2em]
\theta_2(y) - \theta_2(y^{k+1}) + (y - y^{k+1})^{\mathrm{T}} \left\{ \begin{array}{c} \underwave{Ax^{k+1}} + A(x^{k+1} - x^k) \\ +\left(\dfrac{1}{r}AA^{\mathrm{T}} + \delta I_m\right)(y^{k+1} - y^k) \end{array} \right\} \geqslant 0, \\
\qquad \forall y \in \mathcal{Y},
\end{cases}
$$

其中带下波纹线的部分组合在一起就是 $F(u^{k+1})$. 归并后的形式是

$$
(x^{k+1}, y^{k+1}) \in \Omega,
$$

$$\begin{cases} \theta_1(x) - \theta_1(x^{k+1}) + (x - x^{k+1})^{\mathrm{T}}\{r(x^{k+1} - x^k) - A^{\mathrm{T}}y^k\} \geqslant 0, \\ \qquad \forall x \in \mathcal{X}, \\ \theta_2(y) - \theta_2(y^{k+1}) + (y - y^{k+1})^{\mathrm{T}} \left\{ \begin{array}{l} A(2x^{k+1} - x^k) \\ + \left(\dfrac{1}{r}AA^{\mathrm{T}} + \delta I_m\right)(y^{k+1} - y^k) \end{array} \right\} \geqslant 0, \\ \qquad \forall y \in \mathcal{Y}. \end{cases}$$

根据定理 1.1, 这可以通过下面的算法实现.

求解鞍点问题 (3.0.1) 的 PPA 算法 (x-y 顺序).

设 $r, \delta > 0$ 是任意给定的正数. 第 k 步迭代从给定的 $u^k = (x^k, y^k)$ 开始,

$$\begin{cases} x^{k+1} = \arg\min\left\{\theta_1(x) + \dfrac{1}{2}r\|x - x^k\|^2 - x^{\mathrm{T}}A^{\mathrm{T}}y^k \,\middle|\, x \in \mathcal{X}\right\}, & (3.5.7\text{a}) \\ y^{k+1} = \arg\min\left\{ \begin{array}{l} \theta_2(y) + \dfrac{1}{2r}\|A^{\mathrm{T}}(y - y^k)\|^2 + \dfrac{\delta}{2}\|y - y^k\|^2 \\ + y^{\mathrm{T}}A(2x^{k+1} - x^k) \end{array} \,\middle|\, y \in \mathcal{Y}\right\}. & (3.5.7\text{b}) \end{cases}$$

如果把 (3.5.6) 中的矩阵 H 改成

$$H = \begin{pmatrix} rI_n & -A^{\mathrm{T}} \\ -A & \dfrac{1}{r}AA^{\mathrm{T}} + \delta I_m \end{pmatrix}, \quad r, \delta > 0. \tag{3.5.8}$$

利用变分不等式 (3.1.1) 和上面矩阵 H 的形式, k-步迭代是求 $u^{k+1} = (x^{k+1}, y^{k+1}) \in \Omega$, 使得

$$\begin{cases} \theta_1(x) - \theta_1(x^{k+1}) + (x - x^{k+1})^{\mathrm{T}} \left\{ \begin{array}{l} \underwave{-A^{\mathrm{T}}y^{k+1}} + r(x^{k+1} - x^k) \\ -A^{\mathrm{T}}(y^{k+1} - y^k) \end{array} \right\} \geqslant 0, \ \forall x \in \mathcal{X}, \\ \theta_2(y) - \theta_2(y^{k+1}) + (y - y^{k+1})^{\mathrm{T}} \left\{ \begin{array}{l} \underwave{Ax^{k+1}} - A(x^{k+1} - x^k) \\ + \left(\dfrac{1}{r}AA^{\mathrm{T}} + \delta I_m\right)(y^{k+1} - y^k) \end{array} \right\} \geqslant 0, \ \forall y \in \mathcal{Y}, \end{cases}$$

其中带下波纹线的部分组合在一起就是 $F(u^{k+1})$. 归并后的形式是

$$(x^{k+1}, y^{k+1}) \in \Omega,$$

$$\begin{cases} \theta_1(x) - \theta_1(x^{k+1}) + (x - x^{k+1})^{\mathrm{T}}\{r(x^{k+1} - x^k) - A^{\mathrm{T}}(2y^{k+1} - y^k)\} \geqslant 0, \ \forall x \in \mathcal{X}, \\ \theta_2(y) - \theta_2(y^{k+1}) + (y - y^{k+1})^{\mathrm{T}}\left\{Ax^k + \left(\dfrac{1}{r}AA^{\mathrm{T}} + \delta I_m\right)(y^{k+1} - y^k)\right\} \geqslant 0, \ \forall y \in \mathcal{Y}. \end{cases}$$

根据定理 1.1, 这可以通过下面的算法按先 y 后 x 的顺序实现.

求解鞍点问题 (3.0.1) 的 PPA 算法 (y-x 顺序).

设 $r, \delta > 0$ 是任意给定的正数. 第 k 步迭代从给定的 $u^k = (x^k, y^k)$ 开始,

$$
\begin{cases}
y^{k+1} = \operatorname{argmin} \left\{ \begin{array}{l} \theta_2(y) + \dfrac{1}{2r}\|A^{\mathrm{T}}(y - y^k)\|^2 + \dfrac{\delta}{2}\|y - y^k\|^2 \\ + y^{\mathrm{T}} A x^k \end{array} \middle| y \in \mathcal{Y} \right\}, & (3.5.9a) \\[4mm]
x^{k+1} = \operatorname{arg\,min} \left\{ \theta_1(x) + \dfrac{1}{2}r\|x - x^k\|^2 - x^{\mathrm{T}} A^{\mathrm{T}}(2y^{k+1} - y^k) \middle| x \in \mathcal{X} \right\}. & (3.5.9b)
\end{cases}
$$

子问题 (3.5.7b) 和 (3.5.9a) 的目标函数中都有额外的二次项 $\|A^{\mathrm{T}}(y - y^k)\|^2$.

第 4 章　乘子交替方向法

这一章讨论如何求解两个可分离块的凸优化问题

$$\min\{\theta_1(x) + \theta_2(y) \mid Ax + By = b,\ x \in \mathcal{X},\ y \in \mathcal{Y}\}. \tag{4.0.1}$$

它相当于在等式约束凸优化问题

$$\min\{\theta(u) \mid \mathcal{A}u = b,\ u \in \mathcal{U}\} \tag{4.0.2}$$

中令

$$u = \begin{pmatrix} x \\ y \end{pmatrix}, \quad \theta(u) = \theta_1(x) + \theta_2(y), \quad \mathcal{A} = (A, B) \quad \text{和} \quad \mathcal{U} = \mathcal{X} \times \mathcal{Y}.$$

第 1 章已经对这些问题做了具体描述 (见(1.2.21)和(1.2.29)).

这一章, 我们首先阐明乘子交替方向法 (ADMM, 或简称交替方向法) 实际上就是松弛的增广 Lagrange 乘子法 (augmented lagrangian method), 然后分别给出交替方向法和线性化交替方向法收敛性的关键不等式, 最后给出这些方法的总体收敛性和收敛速率的证明.

4.1　从增广 Lagrange 乘子法到 ADMM

第 1 章中已经说明, 问题 (4.0.2) 的 Lagrange 函数的鞍点等价于变分不等式

$$w^* \in \Omega, \quad \theta(u) - \theta(u^*) + (w - w^*)^{\mathrm{T}} F(w^*) \geqslant 0, \quad \forall\, w \in \Omega \tag{4.1.1a}$$

的解点, 其中

$$w = \begin{pmatrix} u \\ \lambda \end{pmatrix}, \quad F(w) = \begin{pmatrix} -\mathcal{A}^{\mathrm{T}}\lambda \\ \mathcal{A}u - b \end{pmatrix}, \quad \Omega = \mathcal{U} \times \Re^m. \tag{4.1.1b}$$

我们先从等式约束凸优化问题 (4.0.2) 的经典的增广 Lagrange 乘子法 (ALM)[87,98] 谈起. 问题 (4.0.2) 的增广 Lagrange 函数是在 Lagrange 函数后面加一项 $\frac{\beta}{2}\|\mathcal{A}u - b\|^2$, 其中 $\beta > 0$ 是给定的常数, 也就是说

$$\mathcal{L}_\beta(u, \lambda) = \theta(u) - \lambda^{\mathrm{T}}(\mathcal{A}u - b) + \frac{\beta}{2}\|\mathcal{A}u - b\|^2. \tag{4.1.2}$$

求解等式约束凸优化问题 (4.0.2) 的增广 Lagrange 乘子法 (ALM).
对给定的 $\beta > 0$, k 次迭代从给定的 λ^k 开始, 通过

$$\begin{cases} u^{k+1} \in \arg\min \left\{ \mathcal{L}_\beta(u, \lambda^k) \mid u \in \mathcal{U} \right\}, & (4.1.3\text{a}) \\ \lambda^{k+1} = \lambda^k - \beta(\mathcal{A}u^{k+1} - b) & (4.1.3\text{b}) \end{cases}$$

得到新的 λ^{k+1}.

在 (4.1.3) 中, u^{k+1} 是根据 λ^k 计算得来的结果. 因此, 我们称 u 为算法的中间变量 (intermediate variable), λ 为核心变量 (essential variable). 根据优化问题最优性条件的定理 1.1, 增广 Lagrange 乘子法 (4.1.3) 提供的 $w^{k+1} = (u^{k+1}, \lambda^{k+1}) \in \Omega$ 满足

$$\begin{cases} \theta(u) - \theta(u^{k+1}) + (u - u^{k+1})^\mathrm{T}\{-\mathcal{A}^\mathrm{T}\lambda^k + \beta\mathcal{A}^\mathrm{T}(\mathcal{A}u^{k+1} - b)\} \geqslant 0, & \forall u \in \mathcal{U}, \\ (\lambda - \lambda^{k+1})^\mathrm{T}\{(\mathcal{A}u^{k+1} - b) + \frac{1}{\beta}(\lambda^{k+1} - \lambda^k)\} \geqslant 0, & \forall \lambda \in \Re^m. \end{cases}$$

利用其中的关系式 $\lambda^{k+1} = \lambda^k - \beta(\mathcal{A}u^{k+1} - b)$, 上式可以改写成 $w^{k+1} \in \Omega$,

$$\theta(u) - \theta(u^{k+1}) + \begin{pmatrix} u - u^{k+1} \\ \lambda - \lambda^{k+1} \end{pmatrix}^\mathrm{T} \begin{pmatrix} -\mathcal{A}^\mathrm{T}\lambda^{k+1} \\ (\mathcal{A}u^{k+1} - b) + \frac{1}{\beta}(\lambda^{k+1} - \lambda^k) \end{pmatrix} \geqslant 0, \quad \forall w \in \Omega.$$

用 (4.1.1) 的记号, 可以把上式写成更紧凑的式子:

$$w^{k+1} \in \Omega, \quad \theta(u) - \theta(u^{k+1}) + (w - w^{k+1})^\mathrm{T}F(w^{k+1})$$

$$\geqslant (\lambda - \lambda^{k+1})^\mathrm{T}\frac{1}{\beta}(\lambda^k - \lambda^{k+1}), \quad \forall w \in \Omega. \quad (4.1.4)$$

在 (4.1.4) 中, 如果 $\lambda^k = \lambda^{k+1}$, 那么 w^{k+1} 就是变分不等式 (4.1.1) 的解. 将 (4.1.4) 中的 $w \in \Omega$ 设成任意一个固定的解点 $w^* \in \Omega^*$, 我们得到

$$(\lambda^{k+1} - \lambda^*)^\mathrm{T}\frac{1}{\beta}(\lambda^k - \lambda^{k+1}) \geqslant \theta(u^{k+1}) - \theta(u^*) + (w^{k+1} - w^*)^\mathrm{T}F(w^{k+1}).$$

利用 (1.2.27), $(w^{k+1} - w^*)^\mathrm{T}F(w^{k+1}) = (w^{k+1} - w^*)^\mathrm{T}F(w^*)$, 因此有

$$(\lambda^{k+1} - \lambda^*)^\mathrm{T}\frac{1}{\beta}(\lambda^k - \lambda^{k+1}) \geqslant \theta(u^{k+1}) - \theta(u^*) + (w^{k+1} - w^*)^\mathrm{T}F(w^*).$$

由 $w^{k+1} \in \Omega$ 和 w^* 的最优性, 根据 (4.1.1), $\theta(u^{k+1}) - \theta(u^*) + (w^{k+1} - w^*)^\mathrm{T}F(w^*) \geqslant 0$, 上式右端非负, 所以有

$$(\lambda^{k+1} - \lambda^*)^{\mathrm{T}}(\lambda^k - \lambda^{k+1}) \geqslant 0.$$

在引理 1.9 中令 $a = \lambda^k - \lambda^*$, $b = \lambda^{k+1} - \lambda^*$, 从上式得到

$$\|\lambda^{k+1} - \lambda^*\|^2 \leqslant \|\lambda^k - x^*\|^2 - \|\lambda^k - \lambda^{k+1}\|^2. \quad (4.1.5)$$

根据第 1 章 1.3 节的知识, 不等式 (4.1.5) 表明, 线性等式约束凸优化问题的增广 Lagrange 乘子法 (4.1.3) 就是对偶变量 λ 的 PPA 算法.

我们要求解的问题是 (4.0.1). 假如用经典的增广 Lagrange 乘子法 (4.1.3) 求解, 方法可以描述为

求解等式约束凸优化问题 (4.0.1) 的增广 Lagrange 乘子法 (ALM).

对给定的 $\beta > 0$, k 次迭代从给定的 λ^k 开始, 通过

$$\begin{cases} (x^{k+1}, y^{k+1}) \in \arg\min \left\{ \begin{array}{l} \theta_1(x) + \theta_2(y) - (\lambda^k)^{\mathrm{T}}(Ax + By - b) \\ + \dfrac{\beta}{2}\|Ax + By - b\|^2 \end{array} \left| \begin{array}{l} x \in \mathcal{X} \\ y \in \mathcal{Y} \end{array} \right. \right\}, & (4.1.6a) \\ \lambda^{k+1} = \lambda^k - \beta(Ax^{k+1} + By^{k+1} - b) & (4.1.6b) \end{cases}$$

得到新的 λ^{k+1}.

直接用增广 Lagrange 乘子法求解问题 (4.0.1), 缺点是没有利用问题的可分离结构. 为了克服 ALM 在求解问题 (4.0.1) 中的缺点, 人们考虑采用乘子交替方向法, 主要思想是将原始子问题 (4.1.6a) 分裂成两部分. 核心变量成了 $v = (y, \lambda)$. 我们设初始迭代点为 $v^0 = (y^0, \lambda^0)$.

求解问题 (4.0.1) 的 ADMM 算法 (松弛的增广 Lagrange 乘子法)

选定 $\beta > 0$. 第 k 步迭代从给定的 (y^k, λ^k) 开始.

1) 首先, 对于给定的 (y^k, λ^k), 求 x^{k+1} 使得

$$x^{k+1} \in \arg\min \left\{ \begin{array}{l} \theta_1(x) - (\lambda^k)^{\mathrm{T}}(Ax + By^k - b) \\ + \dfrac{\beta}{2}\|Ax + By^k - b\|^2 \end{array} \left| x \in \mathcal{X} \right. \right\}. \quad (4.1.7a)$$

2) 利用 λ^k 和已经求得的 x^{k+1}, 求 y^{k+1} 使得

$$y^{k+1} \in \arg\min \left\{ \begin{array}{l} \theta_2(y) - (\lambda^k)^{\mathrm{T}}(Ax^{k+1} + By - b) \\ + \dfrac{\beta}{2}\|Ax^{k+1} + By - b\|^2 \end{array} \left| y \in \mathcal{Y} \right. \right\}. \quad (4.1.7b)$$

3) 最后, 更新 Lagrange 乘子

$$\lambda^{k+1} = \lambda^k - \beta(Ax^{k+1} + By^{k+1} - b). \quad (4.1.7c)$$

采用 ADMM 求解 (4.0.1) 的好处是子问题 (4.1.7a) 和 (4.1.7b) 分别只含有自变量 x 和 y, 使子问题得到简化. 譬如说下面的问题

$$\min\left\{\frac{1}{2}\|X-C\|_F^2 \,\Big|\, X \in S_+^n \cap S_B\right\}, \tag{4.1.8}$$

其中集合 S_+^n 和 S_B 分别为

$$S_+^n = \{H \in \Re^{n\times n} \,|\, H^{\mathrm{T}} = H, \, H \succeq 0\}$$

和

$$S_B = \{H \in \Re^{n\times n} \,|\, H^{\mathrm{T}} = H, \, H_L \leqslant H \leqslant H_U\}.$$

H_L 和 H_U 都是给定的对称矩阵. 直接用 ALM 求解 (4.1.8) 会让我们无从下手. 假如把问题转换成等价的

$$\begin{aligned}\min\quad & \frac{1}{2}\|X-C\|^2 + \frac{1}{2}\|Y-C\|^2\\ \text{s.t}\quad & X - Y = 0,\\ & X \in S_+^n, \, Y \in S_B,\end{aligned} \tag{4.1.9}$$

就成了形式为 (4.0.1) 的可分离凸优化问题, 只是 (4.1.9) 的等式约束的 Lagrange 乘子也是一个 $n \times n$ 对称矩阵, 我们记它为 Λ. 用 ADMM (4.1.7) 求解 (4.1.9), 只要按下面的步骤来实施就可以.

(1) 对给定的 Y^k 和 Λ^k,

$$X^{k+1} = \arg\min\left\{\frac{1}{2}\|X-C\|_F^2 - \mathrm{Tr}(\Lambda^k X) + \frac{\beta}{2}\|X-Y^k\|_F^2 \,\Big|\, X \in S_+^n\right\}.$$

这样的 X^{k+1} 可以由

$$X^{k+1} = P_{S_+^n}\left\{\frac{1}{1+\beta}(\beta Y^k + \Lambda^k + C)\right\}$$

直接得到. 如何在半正定矩阵的集合上投影, 在预备知识一章已经做了介绍.

(2) 有了 X^{k+1}, 用 ADMM 求 Y^{k+1} 就是

$$Y^{k+1} = \arg\min\left\{\frac{1}{2}\|Y-C\|_F^2 + \mathrm{Tr}(\Lambda^k Y) + \frac{\beta}{2}\|X^{k+1}-Y\|_F^2 \,\Big|\, Y \in S_B\right\}.$$

这个 Y^{k+1} 通过

$$Y^{k+1} = P_{S_B}\left\{\frac{1}{1+\beta}(\beta X^{k+1} - \Lambda^k + C)\right\}$$

得到, 矩阵 A 在 $S_B = \{H \mid H_L \leqslant H \leqslant H_U\}$ 上投影,

$$P_{S_B}(A) = \min(\max(H_L, A), H_U).$$

(3) 最后,

$$\Lambda^{k+1} = \Lambda^k - \beta(X^{k+1} - Y^{k+1}).$$

就完成了一次迭代.

我们于 1997 年研究交通规划中的一些变分不等式[75] 的求解时, 从 Glowinski 的著作[27] (见 170 页, ALG2) 中知道 ADMM, 以后也追溯到他更早一些的工作[29]. 包括图像处理在内的数据科学中的一些科学计算问题受到越来越多的重视, 加深了我们对 ADMM 类算法在优化领域中应用价值的认识. Boyd 等 2010 年发表的关于乘子交替方向法的综述文章[7], 就已经注意到我们在 ADMM 领域于 2000 年所做的工作[76]. 这些信息促进了我们对 ADMM 类分裂收缩算法的进一步研究.

使用凸优化问题 (4.0.1) 的增广 Lagrange 函数

$$\mathcal{L}_\beta^{[2]}(x, y, \lambda) = \theta_1(x) + \theta_2(y) - \lambda^{\mathrm{T}}(Ax + By - b) + \frac{\beta}{2}\|Ax + By - b\|^2, \quad (4.1.10)$$

乘子交替方向法可以简单地表示成

求解问题 (4.0.1) 的 ADMM 方法.
选定 $\beta > 0$. 第 k 次迭代从给定的 (y^k, λ^k) 开始, 通过

$$\begin{cases} x^{k+1} = \arg\min\left\{\mathcal{L}_\beta^{[2]}(x, y^k, \lambda^k) \mid x \in \mathcal{X}\right\}, & (4.1.11\mathrm{a}) \\ y^{k+1} = \arg\min\left\{\mathcal{L}_\beta^{[2]}(x^{k+1}, y, \lambda^k) \mid y \in \mathcal{Y}\right\}, & (4.1.11\mathrm{b}) \\ \lambda^{k+1} = \lambda^k - \beta(Ax^{k+1} + By^{k+1} - b) & (4.1.11\mathrm{c}) \end{cases}$$

求得 $w^{k+1} = (x^{k+1}, y^{k+1}, \lambda^{k+1})$.

注记 4.1 求解问题 (4.0.2) 的另一个方法是二次罚函数法, 简称罚函数法. 设 $\{r_k\}$ 是一个严格单调递增的正数序列. 罚函数法的第 k 次迭代通过

$$u^{k+1} = \arg\min\left\{\theta(u) + \frac{r_k}{2}\|\mathcal{A}u - b\|^2 \,\middle|\, u \in \mathcal{U}\right\} \quad (4.1.12)$$

得到 u^{k+1}. 罚函数法在求解子问题 (4.1.12) 时往往以上一步迭代的解 u^k 当作初始点. 求解问题 (4.0.2), 增广 Lagrange 乘子法和罚函数法每步迭代要求解的子问

题难度相当, 而后者数值表现远没有前者好. 对此, Nocedal 和 Wright 在他们的专著 *Numerical Optimization*[97] 的第 17 章中说得很清楚.

用罚函数法 (4.1.12) 求解 (4.0.1) 也可以松弛成交替极小化方法 (alternating minimization algorithm, AMA):

$$
\begin{cases}
x^{k+1} = \mathrm{argmin}\left\{\theta_1(x) + \dfrac{\beta}{2}\|Ax + By^k - b\|^2 \Big| x \in \mathcal{X}\right\}, \\[2mm]
y^{k+1} = \mathrm{argmin}\left\{\theta_2(y) + \dfrac{\beta}{2}\|Ax^{k+1} + By - b\|^2 \Big| y \in \mathcal{Y}\right\}.
\end{cases}
$$

AMA 算法也曾用于图像处理问题上[105]. 由于增广拉格朗日乘子法优于罚函数方法[97]. 而乘子交替方向法 (ADMM) 和交替极小化方法 (AMA) 分别由增广拉格朗日乘子法和罚函数方法松弛而来的, 因此 ADMM 优于 AMA 已成共识, 大量的计算实践也证实了这一点.

4.2　ADMM 的收敛性分析

由于变动目标函数中的常数项对问题的解没有影响, ADMM (4.1.11) 的第 k 次迭代可以表述成从给定的 (y^k, λ^k) 开始, 通过

$$
\begin{cases}
x^{k+1} \in \mathrm{argmin}\left\{\theta_1(x) - x^{\mathrm{T}}A^{\mathrm{T}}\lambda^k + \dfrac{\beta}{2}\|Ax + By^k - b\|^2 \Big| x \in \mathcal{X}\right\}, & (4.2.1\mathrm{a}) \\[2mm]
y^{k+1} \in \mathrm{argmin}\left\{\theta_2(y) - y^{\mathrm{T}}B^{\mathrm{T}}\lambda^k + \dfrac{\beta}{2}\|Ax^{k+1} + By - b\|^2 \Big| y \in \mathcal{Y}\right\}, & (4.2.1\mathrm{b}) \\[2mm]
\lambda^{k+1} = \lambda^k - \beta(Ax^{k+1} + By^{k+1} - b) & (4.2.1\mathrm{c})
\end{cases}
$$

求得 $w^{k+1} = (x^{k+1}, y^{k+1}, \lambda^{k+1})$, 完成一次迭代. 子问题 (4.2.1a) 和 (4.2.1b) 分别等价于

$$
x^{k+1} = \mathrm{argmin}\left\{\theta_1(x) + \frac{\beta}{2}\|(Ax + By^k - b) - \frac{1}{\beta}\lambda^k\|^2 \Big| x \in \mathcal{X}\right\}
$$

和

$$
y^{k+1} = \mathrm{argmin}\left\{\theta_2(y) + \frac{\beta}{2}\|(Ax^{k+1} + By - b) - \frac{1}{\beta}\lambda^k\|^2 \Big| y \in \mathcal{Y}\right\}.
$$

因此, 用 ADMM 求解结构型优化问题 (4.0.1), 需要求解的子问题的具体形式是

$$
\min\left\{\theta_1(x) + \frac{\beta}{2}\|Ax - p^k\|^2 \Big| x \in \mathcal{X}\right\} \tag{4.2.2a}
$$

和

$$\min\left\{\theta_2(y) + \frac{\beta}{2}\|By - q^k\|^2 \Big| y \in \mathcal{Y}\right\}. \tag{4.2.2b}$$

这一章在子问题 (4.2.2) 能精确求解的基础上, 讨论交替方向法 (4.1.11) 的收敛性.

第 1 章中的分析已经告诉我们, 问题 (4.0.1) 的一阶最优性条件可以表示成一个单调的变分不等式

$$w^* \in \Omega, \quad \theta(u) - \theta(u^*) + (w - w^*)^{\mathrm{T}}F(w^*) \geqslant 0, \quad \forall\, w \in \Omega, \tag{4.2.3a}$$

其中

$$u = \begin{pmatrix} x \\ y \end{pmatrix}, \quad w = \begin{pmatrix} x \\ y \\ \lambda \end{pmatrix}, \quad F(w) = \begin{pmatrix} -A^{\mathrm{T}}\lambda \\ -B^{\mathrm{T}}\lambda \\ Ax + By - b \end{pmatrix}, \tag{4.2.3b}$$

$$\theta(u) = \theta_1(x) + \theta_2(y), \quad \Omega = \mathcal{X} \times \mathcal{Y} \times \Re^m. \tag{4.2.3c}$$

我们注意到这样定义的 F 满足关系式 (1.2.27). 还是用 Ω^* 表示变分不等式 (4.2.3) 的解集.

引理 4.1 求解结构型变分不等式 (4.2.3). 设 $\{w^k = (x^k, y^k, \lambda^k)\} \subset \Omega$ 是由 ADMM 算法 (4.2.1) 生成的迭代序列, 则有

$$w^{k+1} \in \Omega, \quad \theta(u) - \theta(u^{k+1}) + (w - w^{k+1})^{\mathrm{T}}F(w^{k+1})$$

$$\geqslant \beta \begin{pmatrix} x - x^{k+1} \\ y - y^{k+1} \end{pmatrix}^{\mathrm{T}} \begin{pmatrix} A^{\mathrm{T}} \\ B^{\mathrm{T}} \end{pmatrix} B(y^{k+1} - y^k)$$

$$+ (v - v^{k+1})^{\mathrm{T}}H(v^k - v^{k+1}), \quad \forall\, w \in \Omega, \tag{4.2.4}$$

其中

$$v = \begin{pmatrix} y \\ \lambda \end{pmatrix}, \quad H = \begin{pmatrix} \beta B^{\mathrm{T}}B & 0 \\ 0 & \frac{1}{\beta}I_m \end{pmatrix}. \tag{4.2.5}$$

证明 利用定理 1.1, 子问题 (4.2.1a) 和 (4.2.1b) 的解分别满足

$$x^{k+1} \in \mathcal{X}, \ \theta_1(x) - \theta_1(x^{k+1}) + (x - x^{k+1})^{\mathrm{T}}$$

$$\cdot \left\{-A^{\mathrm{T}}\lambda^k + \beta A^{\mathrm{T}}\left(Ax^{k+1} + By^k - b\right)\right\} \geqslant 0, \ \forall\, x \in \mathcal{X} \tag{4.2.6a}$$

和

$$y^{k+1} \in \mathcal{Y}, \ \theta_2(y) - \theta_2(y^{k+1}) + (y - y^{k+1})^{\mathrm{T}}$$

$$\cdot \left\{ -B^{\mathrm{T}}\lambda^k + \beta B^{\mathrm{T}}\big(Ax^{k+1} + By^{k+1} - b\big) \right\} \geqslant 0, \quad \forall y \in \mathcal{Y}. \tag{4.2.6b}$$

将 λ^{k+1} (参见 (4.2.1c)) 代入 (4.2.6) (消去其中的 λ^k), 我们得到

$$x^{k+1} \in \mathcal{X}, \quad \theta_1(x) - \theta_1(x^{k+1})$$
$$+ (x - x^{k+1})^{\mathrm{T}} \left\{ -A^{\mathrm{T}}\lambda^{k+1} + \beta A^{\mathrm{T}}B(y^k - y^{k+1}) \right\} \geqslant 0, \ \forall x \in \mathcal{X} \tag{4.2.7a}$$

和

$$y^{k+1} \in \mathcal{Y}, \quad \theta_2(y) - \theta_2(y^{k+1}) + (y - y^{k+1})^{\mathrm{T}} \left\{ -B^{\mathrm{T}}\lambda^{k+1} \right\} \geqslant 0, \ \forall y \in \mathcal{Y}. \tag{4.2.7b}$$

将 (4.2.7) 写成我们需要的格式

$$\begin{pmatrix} x^{k+1} \in \mathcal{X} \\ y^{k+1} \in \mathcal{Y} \end{pmatrix}, \quad \theta(u) - \theta(u^{k+1}) + \begin{pmatrix} x - x^{k+1} \\ y - y^{k+1} \end{pmatrix}^{\mathrm{T}}$$
$$\cdot \left\{ \begin{pmatrix} -A^{\mathrm{T}}\lambda^{k+1} \\ -B^{\mathrm{T}}\lambda^{k+1} \end{pmatrix} + \beta \begin{pmatrix} A^{\mathrm{T}} \\ 0 \end{pmatrix} B(y^k - y^{k+1}) \right\} \geqslant 0, \quad \forall \begin{pmatrix} x \in \mathcal{X} \\ y \in \mathcal{Y} \end{pmatrix}. \tag{4.2.8}$$

进而改写成

$$\begin{pmatrix} x^{k+1} \in \mathcal{X} \\ y^{k+1} \in \mathcal{Y} \end{pmatrix}, \quad \theta(u) - \theta(u^{k+1})$$
$$+ \begin{pmatrix} x - x^{k+1} \\ y - y^{k+1} \end{pmatrix}^{\mathrm{T}} \left\{ \begin{pmatrix} -A^{\mathrm{T}}\lambda^{k+1} \\ -B^{\mathrm{T}}\lambda^{k+1} \end{pmatrix} + \beta \begin{pmatrix} A^{\mathrm{T}} \\ B^{\mathrm{T}} \end{pmatrix} B(y^k - y^{k+1}) \right.$$
$$\left. + \begin{pmatrix} 0 & 0 \\ 0 & \beta B^{\mathrm{T}}B \end{pmatrix} \begin{pmatrix} x^{k+1} - x^k \\ y^{k+1} - y^k \end{pmatrix} \right\} \geqslant 0, \quad \forall \begin{pmatrix} x \in \mathcal{X} \\ y \in \mathcal{Y} \end{pmatrix}. \tag{4.2.9}$$

再把等式 (4.2.1c) 写成等价的

$$\lambda^{k+1} \in \Re^m, \quad (\lambda - \lambda^{k+1}) \left\{ (Ax^{k+1} + By^{k+1} - b) + \frac{1}{\beta}(\lambda^{k+1} - \lambda^k) \right\} \geqslant 0, \ \forall \lambda \in \Re^m. \tag{4.2.10}$$

将 (4.2.9) 和 (4.2.10) 加到一起, 我们有

$$w^{k+1} \in \Omega, \quad \theta(u) - \theta(u^{k+1}) + \begin{pmatrix} x - x^{k+1} \\ y - y^{k+1} \\ \lambda - \lambda^{k+1} \end{pmatrix}^{\mathrm{T}} \left\{ \begin{pmatrix} -A^{\mathrm{T}}\lambda^{k+1} \\ -B^{\mathrm{T}}\lambda^{k+1} \\ Ax^{k+1} + By^{k+1} - b \end{pmatrix} \right.$$

$$+\beta \begin{pmatrix} A^{\mathrm{T}} \\ B^{\mathrm{T}} \\ 0 \end{pmatrix} B(y^k - y^{k+1}) + \begin{pmatrix} 0 & 0 \\ \beta B^{\mathrm{T}} B & 0 \\ 0 & \frac{1}{\beta} I_m \end{pmatrix} \begin{pmatrix} y^{k+1} - y^k \\ \lambda^{k+1} - \lambda^k \end{pmatrix} \Biggr\} \geqslant 0,$$

$$\forall\, w \in \Omega. \tag{4.2.11}$$

利用变分不等式 (4.2.3) 和 (4.2.5) 中的记号, 由上式直接得到 (4.2.4). $\qquad\square$

为方便讨论, 我们定义记号

$$\mathcal{V}^* = \{(y^*, \lambda^*) \,|\, (x^*, y^*, \lambda^*) \in \Omega^*\}.$$

下面的引理可以由引理 4.1 的结论直接推出.

引理 4.2 求解结构型变分不等式 (4.2.3). 设 $\{w^k = (x^k, y^k, \lambda^k)\} \subset \Omega$ 是由 ADMM 算法 (4.2.1) 生成的迭代序列, 则有

$$(v^{k+1} - v^*)^{\mathrm{T}} H(v^k - v^{k+1})$$

$$\geqslant \beta \begin{pmatrix} x^{k+1} - x^* \\ y^{k+1} - y^* \end{pmatrix}^{\mathrm{T}} \begin{pmatrix} A^{\mathrm{T}} \\ B^{\mathrm{T}} \end{pmatrix} B(y^k - y^{k+1}), \quad \forall\, w^* \in \Omega^*, \tag{4.2.12}$$

其中 v 和 H 由 (4.2.5) 给出.

证明 在变分不等式 (4.2.4) 中令 $w = w^*$, 并利用 H 的表达式, 我们得到

$$(v^{k+1} - v^*)^{\mathrm{T}} H(v^k - v^{k+1})$$

$$\geqslant \theta(u^{k+1}) - \theta(u^*) + (w^{k+1} - w^*)^{\mathrm{T}} F(w^{k+1})$$

$$+ \beta \begin{pmatrix} x^{k+1} - x^* \\ y^{k+1} - y^* \end{pmatrix}^{\mathrm{T}} \begin{pmatrix} A^{\mathrm{T}} \\ B^{\mathrm{T}} \end{pmatrix} B(y^k - y^{k+1}), \quad \forall\, w^* \in \Omega^*. \tag{4.2.13}$$

由于 $(w^{k+1} - w^*)^{\mathrm{T}} F(w^{k+1}) = (w^{k+1} - w^*)^{\mathrm{T}} F(w^*)$, 并且 w^* 是最优解, 则

$$\theta(u^{k+1}) - \theta(u^*) + (w^{k+1} - w^*)^{\mathrm{T}} F(w^{k+1}) \geqslant 0.$$

利用上述不等式, 结论 (4.2.12) 可从 (4.2.13) 直接得到. $\qquad\square$

引理 4.3 求解结构型变分不等式 (4.2.3). 设 $\{w^k = (x^k, y^k, \lambda^k)\} \subset \Omega$ 是由 ADMM 算法 (4.2.1) 生成的迭代序列, 则有

$$\beta \begin{pmatrix} x^{k+1} - x^* \\ y^{k+1} - y^* \end{pmatrix}^{\mathrm{T}} \begin{pmatrix} A^{\mathrm{T}} \\ B^{\mathrm{T}} \end{pmatrix} B(y^k - y^{k+1}) \geqslant 0, \quad \forall\, w^* \in \Omega^*. \tag{4.2.14}$$

证明   利用 $Ax^* + By^* = b$, 我们有

$$\beta \begin{pmatrix} x^{k+1} - x^* \\ y^{k+1} - y^* \end{pmatrix}^{\mathrm{T}} \begin{pmatrix} A^{\mathrm{T}} \\ B^{\mathrm{T}} \end{pmatrix} B(y^k - y^{k+1})$$

$$= \beta\{(Ax^{k+1} + By^{k+1}) - (Ax^* + By^*)\}^{\mathrm{T}} B(y^k - y^{k+1})$$

$$= \beta(Ax^{k+1} + By^{k+1} - b)^{\mathrm{T}} B(y^k - y^{k+1})$$

$$= (\lambda^k - \lambda^{k+1})^{\mathrm{T}} B(y^k - y^{k+1}). \tag{4.2.15}$$

上面最后一个等式是用了 (4.2.1c). 因为 (4.2.7b) 对第 k 次及前一次迭代均成立, 因此有

$$\theta_2(y) - \theta_2(y^{k+1}) + (y - y^{k+1})^{\mathrm{T}} \left\{ -B^{\mathrm{T}} \lambda^{k+1} \right\} \geqslant 0, \quad \forall\, y \in \mathcal{Y} \tag{4.2.16}$$

和

$$\theta_2(y) - \theta_2(y^k) + (y - y^k)^{\mathrm{T}} \left\{ -B^{\mathrm{T}} \lambda^k \right\} \geqslant 0, \quad \forall\, y \in \mathcal{Y}, \tag{4.2.17}$$

我们在 (4.2.16) 中令 $y = y^k$ 并且在 (4.2.17) 中令 $y = y^{k+1}$, 然后将得到的两个不等式相加使得

$$(\lambda^k - \lambda^{k+1})^{\mathrm{T}} B(y^k - y^{k+1}) \geqslant 0. \tag{4.2.18}$$

将 (4.2.18) 代入到 (4.2.15) 中, 我们得到结论 (4.2.14).   □

将不等式 (4.2.14) 的结论代入不等式 (4.2.12), 我们有

$$(v^{k+1} - v^*)^{\mathrm{T}} H(v^k - v^{k+1}) \geqslant 0, \quad \forall\, v^* \in \mathcal{V}^*. \tag{4.2.19}$$

根据上述不等式和第 1 章中的引理 1.9, 我们直接得到下面的定理.

定理 4.1   求解结构型变分不等式 (4.2.3). 设 $\{w^k = (x^k, y^k, \lambda^k)\} \subset \Omega$ 是由 ADMM 算法 (4.2.1) 生成的迭代序列, 那么有

$$\|v^{k+1} - v^*\|_H^2 \leqslant \|v^k - v^*\|_H^2 - \|v^k - v^{k+1}\|_H^2, \quad \forall\, v^* \in \mathcal{V}^*, \tag{4.2.20}$$

其中 v 和 H 由 (4.2.5) 给出.

定理 4.1 提供了 ADMM 算法收敛性证明的关键不等式. 我们把 ADMM 说成是分裂收缩算法, 一是因为 (4.1.11) 把子问题分拆开来求解, 属于分裂算法; 二是因为定理 4.1 的结果, 表明新的迭代点比旧的迭代点更靠近 (收缩于) 解集. 注意到定理 4.1 的结论和第 1 章中变分不等式 PPA 算法的收缩性定理 1.3 的结论完全一样, 因此我们说变分不等式和邻近点算法是我们研究凸优化分裂收缩算法的两大法宝.

如何选取参数 β ADMM 算法的效率严重依赖于(4.2.1)中参数 β 的值. 我们接下来讨论在实际计算当中如何选择适当的参数 β.

注意到如果 (4.2.8) 中 $\|\beta A^{\mathrm{T}} B(y^k - y^{k+1})\| = 0$, 就有

$$\theta(u) - \theta(u^{k+1}) + \begin{pmatrix} x - x^{k+1} \\ y - y^{k+1} \end{pmatrix}^{\mathrm{T}} \begin{pmatrix} -A^{\mathrm{T}}\lambda^{k+1} \\ -B^{\mathrm{T}}\lambda^{k+1} \end{pmatrix} \geqslant 0, \quad \forall (x, y) \in \mathcal{X} \times \mathcal{Y}. \quad (4.2.21)$$

在这种情况下, 如果 $\|Ax^{k+1} + By^{k+1} - b\| = 0$ 也成立, 则我们得到

$$\begin{cases} \theta_1(x) - \theta_1(x^{k+1}) + (x - x^{k+1})^{\mathrm{T}}(-A^{\mathrm{T}}\lambda^{k+1}) \geqslant 0, & \forall x \in \mathcal{X}, \\ \theta_2(y) - \theta_2(y^{k+1}) + (y - y^{k+1})^{\mathrm{T}}(-B^{\mathrm{T}}\lambda^{k+1}) \geqslant 0, & \forall y \in \mathcal{Y}, \\ (\lambda - \lambda^{k+1})^{\mathrm{T}}(Ax^{k+1} + By^{k+1} - b) \geqslant 0, & \forall \lambda \in \Re^m. \end{cases}$$

因此 $(x^{k+1}, y^{k+1}, \lambda^{k+1})$ 是变分不等式 (4.2.3)的一个最优解. 换句话说, 如果

$$\beta A^{\mathrm{T}} B(y^k - y^{k+1}) \neq 0 \quad \text{和/或} \quad Ax^{k+1} + By^{k+1} - b \neq 0,$$

则 $(x^{k+1}, y^{k+1}, \lambda^{k+1})$ 不是变分不等式 (4.2.3) 的解. 我们称

$$\|\beta A^{\mathrm{T}} B(y^k - y^{k+1})\| \quad \text{和} \quad \|Ax^{k+1} + By^{k+1} - b\|$$

分别为原始残差和对偶残差. 通过上述分析可知, 我们应该在迭代过程中通过调整 β 动态地平衡这两部分残差. 如果

$$\mu\|\beta A^{\mathrm{T}} B(y^k - y^{k+1})\| < \|Ax^{k+1} + By^{k+1} - b\|, \quad \text{其中 } \mu > 1,$$

这意味着对偶残差过大, 我们应该增大增广 Lagrange 函数 (4.1.10) 中参数 β 的值. 倒过来, 我们应该减小 β 的值.

下面我们介绍一种简单而有效的调整参数 β 的格式 (参见文献 [76]):

$$\beta_{k+1} = \begin{cases} \beta_k * \tau, & \text{如果 } \mu\|\beta A^{\mathrm{T}} B(y^k - y^{k+1})\| < \|Ax^{k+1} + By^{k+1} - b\|; \\ \beta_k/\tau, & \text{如果 } \|\beta A^{\mathrm{T}} B(y^k - y^{k+1})\| > \mu\|Ax^{k+1} + By^{k+1} - b\|; \\ \beta_k, & \text{其他}, \end{cases}$$

其中参数 $\mu > 1, \tau > 1$. 一种典型的参数选择为 $\mu = 10$ 和 $\tau = 2$. 这种参数更新方式的背后的想法是通过因子 τ 来控制原始残差和对偶残差的范数, 使得两者达到动态均衡并收敛到 0. 这种自调比方式已经被 S. Boyd 他们在综述论文 [7] 中介绍并在他们的凸优化求解器[38] 中采用.

4.3　线性化的 ADMM

常用的 ADMM 方法 (4.2.1) 中, 每步迭代的主要工作相当于对给定的 p^k 和 q^k, 分别求解 (4.2.2) 这样的子问题. 在一些实际应用中, 由于矩阵 A 或 B 的结构, 其中会有一个子问题难解. 譬如说, 对凸优化问题

$$\min\{\theta(y) \mid By \leqslant b, y \in \mathcal{Y}\},$$

要用 ADMM 求解, 就必须引进松弛变量 x, 转换成等价的问题

$$\min\{\theta(y) \mid x + By = b, x \geqslant 0, y \in \mathcal{Y}\}.$$

因此, 在 (4.1.11) 中只有一个问题求解比较困难时, 不失一般性, 我们总设其中比较难解的问题是 (4.1.11b), 要进行线性化处理. 由于变动目标函数中的常数项对问题的解没有影响, 我们考察 ADMM 中的子问题 (4.1.11b),

$$
\begin{aligned}
y^{k+1} &\in \arg\min\left\{ \mathcal{L}_\beta^{[2]}(x^{k+1}, y, \lambda^k) \mid y \in \mathcal{Y} \right\} \\
&= \arg\min\left\{ \theta_2(y) - y^{\mathrm{T}} B^{\mathrm{T}} \lambda^k + \frac{\beta}{2}\|Ax^{k+1} + By - b\|^2 \ \middle|\ y \in \mathcal{Y} \right\} \\
&= \arg\min\left\{
\begin{aligned}
&\theta_2(y) - y^{\mathrm{T}} B^{\mathrm{T}}[\lambda^k - \beta(Ax^{k+1} + By^k - b)] \\
&\quad + \frac{\beta}{2}\|B(y - y^k)\|^2
\end{aligned}
\ \middle|\ y \in \mathcal{Y} \right\}.
\end{aligned}
$$

因此, 困难在于目标函数中既有 $\theta_2(y)$, 又有非平凡二次项 $\frac{\beta}{2}\|B(y - y^k)\|^2$. 所谓线性化的 ADMM, 就是

$$\text{用简单的二次函数} \quad \frac{s}{2}\|y - y^k\|^2 \quad \text{去代替} \quad \frac{\beta}{2}\|B(y - y^k)\|^2,$$

把目标函数中的非平凡二次项换成平凡的二次项. 也就是说, 将 (4.1.11b) 中的

$$\mathcal{L}_\beta^{[2]}(x^{k+1}, y, \lambda^k) \quad \text{换成} \quad \mathcal{L}_\beta^{[2]}(x^{k+1}, y, \lambda^k) + \frac{s}{2}\|y - y^k\|^2 - \frac{\beta}{2}\|B(y - y^k)\|^2.$$

按照人们已习惯的称呼, 我们还是把它叫做线性化方法. 对照 ADMM 公式 (4.1.11), 我们有以下的线性化 ADMM.

> **求解问题 (4.0.1) 的线性化 ADMM.**
> 选定 $\beta > 0$. 第 k 次迭代从给定的 (y^k, λ^k) 开始,
>
> $$\begin{cases} x^{k+1} = \arg\min\left\{ \mathcal{L}_\beta(x, y^k, \lambda^k) \mid x \in \mathcal{X} \right\}, & (4.3.1a) \\[2mm] y^{k+1} = \arg\min\left\{ \mathcal{L}_\beta(x^{k+1}, y, \lambda^k) + \dfrac{1}{2}\|y - y^k\|_{D_B}^2 \,\big|\, y \in \mathcal{Y} \right\}, & (4.3.1b) \\[2mm] \lambda^{k+1} = \lambda^k - \beta(Ax^{k+1} + By^{k+1} - b), & (4.3.1c) \end{cases}$$
>
> 其中
>
> $$D_B = sI_{n_2} - \beta B^{\mathrm{T}} B. \qquad (4.3.2)$$

经过这种 "线性化" 以后, 子问题 (4.3.1b) 中的 y^{k+1} 就是

$$\begin{aligned} y^{k+1} &= \arg\min\left\{ \mathcal{L}_\beta^{[2]}(x^{k+1}, y, \lambda^k) + \frac{1}{2}\|y - y^k\|_{D_B}^2 \,\Big|\, y \in \mathcal{Y} \right\} \\[2mm] &= \arg\min\left\{ \begin{array}{c} \theta_2(y) - y^{\mathrm{T}} B^{\mathrm{T}} \lambda^k + \beta y^{\mathrm{T}} B^{\mathrm{T}}(Ax^{k+1} + By^k - b) \\ + \dfrac{s}{2}\|y - y^k\|^2 \end{array} \,\bigg|\, y \in \mathcal{Y} \right\} \\[2mm] &= \arg\min\left\{ \theta_2(y) + \frac{s}{2}\|y - d^k\|^2 \,\Big|\, y \in \mathcal{Y} \right\}, \end{aligned} \qquad (4.3.3)$$

其中

$$d^k = y^k - \frac{1}{s} B^{\mathrm{T}}\big[\beta(Ax^{k+1} + By^k - b) - \lambda^k\big].$$

为了理论上保证收敛, 对于固定 (不能随意变动) 的 $\beta > 0$, 人们要求 (4.3.2) 中的参数 s 满足 (参见文献 [110, 112])

$$s \geqslant \beta\|B^{\mathrm{T}} B\|. \qquad (4.3.4)$$

矩阵 D_B (见 (4.3.2)) 中的参数 s 越大, 意味着产生的新的 y^{k+1} 离原来的 y^k 越近, 过大的 s 会影响收敛速度, 这一点容易理解.

我们先根据迭代 (4.3.1) 中子问题的最优性条件, 给出下面的基本引理.

引理 4.4 用线性化乘子交替方向法 (4.3.1) 求解结构型变分不等式 (4.2.3). 设 w^{k+1} 是由给定的 $v^k = (y^k, \lambda^k)$ 所产生的新的迭代点, 那么有 $w^{k+1} \in \Omega$,

$$\theta(u) - \theta(u^{k+1}) + (w - w^{k+1})^{\mathrm{T}} F(w^{k+1}) + \beta(x - x^{k+1})^{\mathrm{T}} A^{\mathrm{T}}(By^k - By^{k+1})$$

$$\geqslant (y - y^{k+1})^{\mathrm{T}} D_B(y^k - y^{k+1}) + \frac{1}{\beta}(\lambda - \lambda^{k+1})^{\mathrm{T}}(\lambda^k - \lambda^{k+1}), \quad \forall w \in \Omega, \qquad (4.3.5)$$

其中矩阵 D_B 由 (4.3.2) 给出.

证明　对线性化 ADMM 算法的 x-子问题 (4.3.1a), 根据定理 1.1, 有

$$x^{k+1} \in \mathcal{X}, \quad \theta_1(x) - \theta_1(x^{k+1})$$
$$+ (x - x^{k+1})^{\mathrm{T}} \{-A^{\mathrm{T}}\lambda^k + \beta A^{\mathrm{T}}(Ax^{k+1} + By^k - b)\} \geqslant 0, \ \forall\, x \in \mathcal{X}.$$

利用 (4.3.1) 中的乘子校正公式 $\lambda^{k+1} = \lambda^k - \beta(Ax^{k+1} + By^{k+1} - b)$, 上式可以写成

$$x^{k+1} \in \mathcal{X}, \quad \theta_1(x) - \theta_1(x^{k+1})$$
$$+ (x - x^{k+1})^{\mathrm{T}} \{\underline{-A^{\mathrm{T}}\lambda^{k+1}} + \beta A^{\mathrm{T}}B(y^k - y^{k+1})\} \geqslant 0, \ \forall\, x \in \mathcal{X}.$$
$$(4.3.6a)$$

对线性化 ADMM 算法的 y-子问题 (4.3.1b), 根据定理 1.1 有

$$y^{k+1} \in \mathcal{Y}, \quad \theta_2(y) - \theta_2(y^{k+1}) + (y - y^{k+1})^{\mathrm{T}} \{-B^{\mathrm{T}}\lambda^k + \beta B^{\mathrm{T}}(Ax^{k+1} + By^{k+1} - b)\}$$
$$+ (y - y^{k+1})^{\mathrm{T}} D_B(y^{k+1} - y^k) \geqslant 0, \ \forall\, y \in \mathcal{Y}.$$

利用乘子校正公式 $\lambda^{k+1} = \lambda^k - \beta(Ax^{k+1} + By^{k+1} - b)$, 上式可以写成

$$y^{k+1} \in \mathcal{Y}, \quad \theta_2(y) - \theta_2(y^{k+1}) + (y - y^{k+1})^{\mathrm{T}} \{\underline{-B^{\mathrm{T}}\lambda^{k+1}} + D_B(y^{k+1} - y^k)\} \geqslant 0, \ \forall\, y \in \mathcal{Y}.$$
$$(4.3.6b)$$

注意到乘子校正公式 $\lambda^{k+1} = \lambda^k - \beta(Ax^{k+1} + By^{k+1} - b)$ 本身可以写成

$$\lambda^{k+1} \in \Re^m, \quad (\lambda - \lambda^{k+1})^{\mathrm{T}} \{\underline{(Ax^{k+1} + By^{k+1} - b)} + \frac{1}{\beta}(\lambda^{k+1} - \lambda^k)\} \geqslant 0, \ \forall\, \lambda \in \Re^m.$$
$$(4.3.6c)$$

将 (4.3.6a), (4.3.6b) 和 (4.3.6c) 加在一起, 注意到其中下波纹线的部分组合在一起就是 $F(w^{k+1})$. 利用 (4.2.3) 中的记号, 我们得到 $w^{k+1} \in \Omega$,

$$\theta(u) - \theta(u^{k+1}) + (w - w^{k+1})^{\mathrm{T}} F(w^{k+1}) + \beta(x - x^{k+1})^{\mathrm{T}} A^{\mathrm{T}} B(y^k - y^{k+1})$$
$$\geqslant (y - y^{k+1})^{\mathrm{T}} D_B(y^k - y^{k+1}) + \frac{1}{\beta}(\lambda - \lambda^{k+1})^{\mathrm{T}}(\lambda^k - \lambda^{k+1}), \ \forall\, w \in \Omega.$$

这就证明了该引理的结论 (4.3.5).　　　　　　　　　　　　　　　　　　　　　　□

这个基本引理, 是我们证明方法收敛性质的重要基础. 下面我们证明算法产生的迭代序列 $\{w^k\}$ 具有收缩性质. 对某个确定的正定矩阵 G 和任意的 $v^* \in \mathcal{V}^*$, 序列 $\{\|v^k - v^*\|_G + \|y^{k-1} - y^k\|_{D_B}^2\}$ 是单调下降的. 为此, 我们先证明几个引理.

引理 4.5 用线性化乘子交替方向法 (4.3.1) 求解结构型变分不等式 (4.2.3). 设 w^{k+1} 是由给定的 $v^k = (y^k, \lambda^k)$ 所产生的新的迭代点, 那么有

$$w^{k+1} \in \Omega, \quad \theta(u) - \theta(u^{k+1}) + (w - w^{k+1})^{\mathrm{T}} F(w^{k+1})$$

$$+ \beta \begin{pmatrix} x - x^{k+1} \\ y - y^{k+1} \end{pmatrix}^{\mathrm{T}} \begin{pmatrix} A^{\mathrm{T}} \\ B^{\mathrm{T}} \end{pmatrix} B(y^k - y^{k+1})$$

$$\geqslant (v - v^{k+1})^{\mathrm{T}} G(v^k - v^{k+1}), \quad \forall w \in \Omega, \tag{4.3.7}$$

其中

$$G = \begin{pmatrix} D_{\scriptscriptstyle B} + \beta B^{\mathrm{T}} B & 0 \\ 0 & \dfrac{1}{\beta} I \end{pmatrix}. \tag{4.3.8}$$

证明 对引理 4.4 中 (4.3.5) 的两端加上 $(y - y^{k+1})^{\mathrm{T}} \beta B^{\mathrm{T}} B(y^k - y^{k+1})$, 并利用矩阵 G 的结构就马上得到 (4.3.7). □

引理 4.6 用线性化乘子交替方向法 (4.3.1) 求解结构型变分不等式 (4.2.3). 设 w^{k+1} 是由给定的 $v^k = (y^k, \lambda^k)$ 所产生的新的迭代点, 那么有

$$(v^{k+1} - v^*)^{\mathrm{T}} G(v^k - v^{k+1}) \geqslant (\lambda^k - \lambda^{k+1})^{\mathrm{T}} B(y^k - y^{k+1}), \quad \forall w^* \in \Omega^*. \tag{4.3.9}$$

证明 将 (4.3.7) 的 $w \in \Omega$ 设为任意的 $w^* \in \Omega^*$, 我们有

$$(v^{k+1} - v^*)^{\mathrm{T}} G(v^k - v^{k+1})$$

$$\geqslant \beta \begin{pmatrix} x^{k+1} - x^* \\ y^{k+1} - y^* \end{pmatrix}^{\mathrm{T}} \begin{pmatrix} A^{\mathrm{T}} \\ B^{\mathrm{T}} \end{pmatrix} B(y^k - y^{k+1})$$

$$+ \left\{ \theta(u^{k+1}) - \theta(u^*) + (w^{k+1} - w^*)^{\mathrm{T}} F(w^{k+1}) \right\}. \tag{4.3.10}$$

利用 $Ax^* + By^* = b$ 和 $\lambda^k - \lambda^{k+1} = \beta(Ax^{k+1} + By^{k+1} - b)$ (见(4.3.1c)) 处理 (4.3.10) 右端的第一部分, 就有

$$\beta \begin{pmatrix} x^{k+1} - x^* \\ y^{k+1} - y^* \end{pmatrix}^{\mathrm{T}} \begin{pmatrix} A^{\mathrm{T}} \\ B^{\mathrm{T}} \end{pmatrix} B(y^k - y^{k+1})$$

$$= \beta[(Ax^{k+1} - Ax^*) + (By^{k+1} - By^*)]^{\mathrm{T}} B(y^k - y^{k+1})$$

$$= (\lambda^k - \lambda^{k+1})^{\mathrm{T}} B(y^k - y^{k+1}).$$

根据 (1.2.27) 和最优性条件, (4.3.10) 右端的第二部分

$$\theta(u^{k+1}) - \theta(u^*) + (w^{k+1} - w^*)^{\mathrm{T}} F(w^{k+1}) = \theta(u^{k+1}) - \theta(u^*) + (w^{k+1} - w^*)^{\mathrm{T}} F(w^*) \geqslant 0.$$

综合这两条, 结论成立. □

引理 4.7　用线性化乘子交替方向法 (4.3.1) 求解结构型变分不等式 (4.2.3). 设 w^{k+1} 是由给定的 $v^k = (y^k, \lambda^k)$ 所产生的新的迭代点, 那么有

$$(\lambda^k - \lambda^{k+1})^{\mathrm{T}} B(y^k - y^{k+1}) \geqslant \frac{1}{2}\|y^k - y^{k+1}\|_{D_B}^2 - \frac{1}{2}\|y^{k-1} - y^k\|_{D_B}^2. \quad (4.3.11)$$

证明　首先, (4.3.6b) 表示 $y^{k+1} \in \mathcal{Y}$ 并且

$$\theta_2(y) - \theta_2(y^{k+1}) + (y - y^{k+1})^{\mathrm{T}}\{-B^{\mathrm{T}}\lambda^{k+1} + D_B(y^{k+1} - y^k)\} \geqslant 0, \ \forall y \in \mathcal{Y}. \quad (4.3.12)$$

以 $k - 1$ 置换上式中的 k, 就有 $y^k \in \mathcal{Y}$ 并且

$$\theta_2(y) - \theta_2(y^k) + (y - y^k)^{\mathrm{T}}\{-B^{\mathrm{T}}\lambda^k + D_B(y^k - y^{k-1})\} \geqslant 0, \ \forall y \in \mathcal{Y}. \quad (4.3.13)$$

将 (4.3.12) 和 (4.3.13) 中的任意的 $y \in \mathcal{Y}$ 分别设成 y^k 和 y^{k+1}, 然后将两式相加, 有

$$(y^k - y^{k+1})^{\mathrm{T}}\left\{B^{\mathrm{T}}(\lambda^k - \lambda^{k+1}) + D_B[(y^{k+1} - y^k) - (y^k - y^{k-1})]\right\} \geqslant 0.$$

由上式得到

$$(y^k - y^{k+1})^{\mathrm{T}} B^{\mathrm{T}}(\lambda^k - \lambda^{k+1}) \geqslant (y^k - y^{k+1})^{\mathrm{T}} D_B[(y^k - y^{k+1}) - (y^{k-1} - y^k)].$$

由于 D_B 矩阵正定, 对上式右端使用

$$\|a\|_{D_B}^2 - a^{\mathrm{T}}(D_B)b \geqslant \frac{1}{2}\|a\|_{D_B}^2 - \frac{1}{2}\|b\|_{D_B}^2$$

这样的不等式, 就得到 (4.3.11). □

根据引理 4.6 和引理 4.7 我们可以直接证明下面的定理.

定理 4.2　用线性化乘子交替方向法 (4.3.1) 求解结构型变分不等式 (4.2.3). 设 w^{k+1} 是由给定的 $v^k = (y^k, \lambda^k)$ 所产生的新的迭代点, 那么有

$$\left(\|v^{k+1} - v^*\|_G^2 + \|y^k - y^{k+1}\|_{D_B}^2\right)$$
$$\leqslant \left(\|v^k - v^*\|_G^2 + \|y^{k-1} - y^k\|_{D_B}^2\right) - \|v^k - v^{k+1}\|_G^2, \ \forall w^* \in \Omega^*, \quad (4.3.14)$$

其中 G 由 (4.3.8) 给出.

证明　由引理 4.6 和引理 4.7, 有

$$(v^{k+1} - v^*)^{\mathrm{T}} G(v^k - v^{k+1}) \geqslant \frac{1}{2}\|y^k - y^{k+1}\|_{D_B}^2 - \frac{1}{2}\|y^{k-1} - y^k\|_{D_B}^2, \ \forall w^* \in \Omega^*.$$

利用上式, 对任意的 $w^* \in \Omega^*$, 都有

$$\|v^k - v^*\|_G^2 = \|(v^{k+1} - v^*) + (v^k - v^{k+1})\|_G^2$$

$$\geqslant \|v^{k+1} - v^*\|_G^2 + \|v^k - v^{k+1}\|_G^2 + 2(v^{k+1} - v^*)^{\mathrm{T}} G(v^k - v^{k+1})$$

$$\geqslant \|v^{k+1} - v^*\|_G^2 + \|v^k - v^{k+1}\|_G^2 + \|y^k - y^{k+1}\|_{D_B}^2 - \|y^{k-1} - y^k\|_{D_B}^2.$$

这就证明了定理 4.2 的结论. □

当 (4.3.1) 中的矩阵 $D_B = 0$ 时, 线性化的 ADMM 就成了经典的 ADMM (4.1.11). (4.3.8) 中的矩阵 G 就简化成 (4.2.5) 中的矩阵 H, 定理 4.1 的结论就是定理 4.2 的特例.

4.4 ADMM 及线性化 ADMM 的收敛性证明

在线性化 ADMM 的收敛性质定理 4.2 中取 $D_B = 0$, 这时其中的矩阵 G 就等同于 (4.2.5) 中的矩阵 H, 得到了 ADMM 收敛性质的定理 4.1. 因此, 我们只要对线性化 ADMM 证明算法的收敛性. 其证明思路和 PPA 算法收敛性定理 1.4 相同.

4.4.1 ADMM 及线性化 ADMM 的全局收敛性

定理 4.3 设 $\{w^k\}$ 是用线性化乘子交替方向法 (4.3.1) 求解结构型变分不等式 (4.2.3) 产生的序列. 那么相应的序列 $\{v^k\}$ 收敛于属于 $\mathcal{V}^*$ 中的一点 v^∞.

证明 首先, 根据定理 4.2 的结论 (4.3.14), 有

$$\|v^k - v^{k+1}\|_G^2 \leqslant \left(\|v^k - v^*\|_G^2 + \|y^{k-1} - y^k\|_{D_B}^2 \right)$$
$$- \left(\|v^{k+1} - v^*\|_G^2 + \|y^k - y^{k+1}\|_{D_B}^2 \right). \tag{4.4.1}$$

将上式对 $k = 1, 2, \cdots$ 累加, 得到

$$\sum_{k=1}^{\infty} \|v^k - v^{k+1}\|_G^2 \leqslant \|v^1 - v^*\|_G^2 + \|y^0 - y^1\|_{D_B}^2. \tag{4.4.2}$$

由于矩阵 G 是正定的, 由上面的不等式得到

$$\lim_{k \to \infty} \|v^k - v^{k+1}\|_G^2 = 0. \tag{4.4.3}$$

对任意确定的 $v^* \in \mathcal{V}^*$, 不等式 (4.3.14) 告诉我们, 对任意的 $k \geqslant 1$, 都有

$$\|v^{k+1} - v^*\|_G^2 \leqslant \|v^k - v^*\|_G^2 + \|y^{k-1} - y^k\|_{D_B}^2$$

$$\leqslant \|v^1 - v^*\|_G^2 + \|y^0 - y^1\|_{D_B}^2. \tag{4.4.4}$$

因此序列 $\{v^k\}$ 是有界的. 设 $\{v^{k_j}\}$ 是 $\{v^k\}$ 的收敛于 v^∞ 的子序列, x^∞ 是与 $(y^\infty, \lambda^\infty)$ 相应的中间变量, 那么, 由 (4.3.5) 和 (4.4.3) 得到

$$w^\infty \in \Omega, \quad \theta(u) - \theta(u^\infty) + (w - w^\infty)^{\mathrm{T}} F(w^\infty) \geqslant 0, \quad \forall w \in \Omega,$$

这说明 w^∞ 是 (4.2.3) 的解并且其核心部分 $v^\infty \in \mathcal{V}^*$. 因为 $v^\infty \in \mathcal{V}^*$, 从 (4.4.4) 中有

$$\|v^{k+1} - v^\infty\|_G^2 \leqslant \|v^k - v^\infty\|_G^2 + \|y^{k-1} - y^k\|_{D_B}^2. \tag{4.4.5}$$

结合 (4.4.3), 上式说明 $\{v^k\}$ 不可能有多于一个聚点. 所以序列 $\{v^k\}$ 收敛于 v^∞. $\qquad\square$

显然, 当 (4.3.1) 中的矩阵 $D_B = 0$ 时, 定理 4.3 的证明中出现的矩阵 G 都改成 (4.2.5) 中的矩阵 H, 收敛性结论对经典的 ADMM 照样成立.

4.4.2 ADMM 点列意义下的收敛速率

根据定理 4.3 中的 (4.4.2), 如果能证明 $\|v^k - v^{k+1}\|_G^2$ 单调不增, 那么对每个正整数 t, 都会有

$$\|v^t - v^{t+1}\|_G^2 \leqslant \frac{1}{t} \sum_{k=1}^{t} \|v^k - v^{k+1}\|_G^2 \leqslant \frac{1}{t} \sum_{k=1}^{\infty} \|v^k - v^{k+1}\|_G^2$$

$$\leqslant \frac{1}{t} \left\{ \|v^1 - v^*\|_G^2 + \|y^0 - y^1\|_{D_B}^2 \right\}.$$

序列 $\{\|v^k - v^{k+1}\|_G^2\}$ 就有 $O(1/k)$ 收敛性. 下面我们证明算法的这个重要性质, 主要根据还是引理 4.4.

定理 4.4 设 $\{w^k\}$ 是用线性化交替方向法 (4.3.1) 求解结构型变分不等式 (4.2.3) 所产生的序列, 那么有

$$\|v^k - v^{k+1}\|_G^2 \leqslant \|v^{k-1} - v^k\|_G^2, \ \forall\, k \geqslant 1, \tag{4.4.6}$$

其中 G 由 (4.3.8) 给出.

证明 利用 $(w - w^{k+1})^{\mathrm{T}} F(w^{k+1}) = (w - w^{k+1})^{\mathrm{T}} F(w)$ (见 (1.2.27)), 将引理 4.4 的结论 (4.3.5) 改写成等价的

$$\theta(u) - \theta(u^{k+1}) + (w - w^{k+1})^{\mathrm{T}} F(w)$$

$$\geqslant (y - y^{k+1})^{\mathrm{T}} D_B (y^k - y^{k+1}) + \frac{1}{\beta} (\lambda - \lambda^{k+1})^{\mathrm{T}} (\lambda^k - \lambda^{k+1})$$

$$+ \beta(Ax^{k+1} - Ax)^{\mathrm{T}}(By^k - By^{k+1}), \quad \forall w \in \Omega. \tag{4.4.7}$$

把上式右端的最后一个交叉项 $\beta(Ax^{k+1} - Ax)^{\mathrm{T}}(By^k - By^{k+1})$ 改写成

$$\beta(Ax^{k+1} - Ax)^{\mathrm{T}}(By^k - By^{k+1})$$

$$= \beta(By - By^{k+1})^{\mathrm{T}}(By^k - By^{k+1})$$

$$+ \beta\{(Ax^{k+1} - Ax) + (By^{k+1} - By)\}^{\mathrm{T}}(By^k - By^{k+1}).$$

将此代入 (4.4.7) 的右端, 并利用引理 4.5 中矩阵 G (见 (4.3.8)) 的记号, 就有

$$\theta(u) - \theta(u^{k+1}) + (w - w^{k+1})^{\mathrm{T}}F(w)$$

$$\geqslant (v - v^{k+1})^{\mathrm{T}}G(v^k - v^{k+1})$$

$$+ \beta\{(Ax^{k+1} - Ax) + (By^{k+1} - By)\}^{\mathrm{T}}B(y^k - y^{k+1}), \quad \forall w \in \Omega. \tag{4.4.8}$$

在上式中取 $w = w^k$, 并利用

$$\beta(Ax^{k+1} + By^{k+1} - b) = (\lambda^k - \lambda^{k+1}) \quad \text{和} \quad \beta(Ax^k + By^k - b) = (\lambda^{k-1} - \lambda^k), \tag{4.4.9}$$

就有

$$\theta(u^k) - \theta(u^{k+1}) + (w^k - w^{k+1})^{\mathrm{T}}F(w^k)$$

$$\geqslant (v^k - v^{k+1})^{\mathrm{T}}G(v^k - v^{k+1})$$

$$+ \{(\lambda^k - \lambda^{k+1}) - (\lambda^{k-1} - \lambda^k)\}^{\mathrm{T}}B(y^k - y^{k+1}). \tag{4.4.10}$$

将 (4.4.8) 中的 k 置换成 $k - 1$, 有

$$\theta(u) - \theta(u^k) + (w - w^k)^{\mathrm{T}}F(w)$$

$$\geqslant (v - v^k)^{\mathrm{T}}G(v^{k-1} - v^k)$$

$$+ \beta\{(Ax^k - Ax) + (By^k - By)\}^{\mathrm{T}}B(y^{k-1} - y^k), \quad \forall w \in \Omega. \tag{4.4.11}$$

在上式中取 $w = w^{k+1}$, 再次利用 (4.4.9) 就有

$$\theta(u^{k+1}) - \theta(u^k) + (w^{k+1} - w^k)^{\mathrm{T}}F(w^{k+1})$$

$$\geqslant (v^{k+1} - v^k)^{\mathrm{T}}G(v^{k-1} - v^k)$$

$$+ \{(\lambda^{k-1} - \lambda^k) - (\lambda^k - \lambda^{k+1})\}^{\mathrm{T}}B(y^{k-1} - y^k). \tag{4.4.12}$$

将 (4.4.10) 和 (4.4.12) 相加, 并利用 (1.2.27) 得到

$$(v^k - v^{k+1})^{\mathrm{T}} G\{(v^{k-1} - v^k) - (v^k - v^{k+1})\}$$

$$\geqslant \{(\lambda^{k-1} - \lambda^k) - (\lambda^k - \lambda^{k+1})\}^{\mathrm{T}} B\{(y^{k-1} - y^k) - (y^k - y^{k+1})\}. \qquad (4.4.13)$$

在恒等式

$$\|a\|_G^2 - \|b\|_G^2 = \|a - b\|_G^2 + 2b^{\mathrm{T}} G(a - b)$$

中置 $a = (v^{k-1} - v^k)$ 和 $b = (v^k - v^{k+1})$, 有

$$\|v^{k-1} - v^k\|_G^2 - \|v^k - v^{k+1}\|_G^2$$

$$= \|(v^{k-1} - v^k) - (v^k - v^{k+1})\|_G^2$$

$$+ 2(v^k - v^{k+1})^{\mathrm{T}} G\{(v^{k-1} - v^k) - (v^k - v^{k+1})\}. \qquad (4.4.14)$$

将 (4.4.13) 代入 (4.4.14) 的交叉项, 我们得到

$$\|v^{k-1} - v^k\|_G^2 - \|v^k - v^{k+1}\|_G^2$$

$$\geqslant \|(v^{k-1} - v^k) - (v^k - v^{k+1})\|_G^2$$

$$+ 2\{(\lambda^{k-1} - \lambda^k) - (\lambda^k - \lambda^{k+1})\}^{\mathrm{T}} B\{(y^{k-1} - y^k) - (y^k - y^{k+1})\}. \tag{4.4.15}$$

注意到, 根据 G 的结构 (见 (4.3.8)), (4.4.15) 式的右端等于

$$\left[(y^{k-1} - y^k) - (y^k - y^{k+1}) \right]^{\mathrm{T}} D_B \left[(y^{k-1} - y^k) - (y^k - y^{k+1}) \right]$$

$$+ \left[\begin{array}{c} (y^{k-1} - y^k) - (y^k - y^{k+1}) \\ (\lambda^{k-1} - \lambda^k) - (\lambda^k - \lambda^{k+1}) \end{array} \right]^{\mathrm{T}} \left[\begin{array}{cc} \beta B^{\mathrm{T}} B & B^{\mathrm{T}} \\ B & \dfrac{1}{\beta} I \end{array} \right]$$

$$\cdot \left[\begin{array}{c} (y^{k-1} - y^k) - (y^k - y^{k+1}) \\ (\lambda^{k-1} - \lambda^k) - (\lambda^k - \lambda^{k+1}) \end{array} \right]$$

而非负, 因此定理的结论成立.　　　　　　　　　　　　　　　　　　　　　□

当 (4.3.1) 中的矩阵 $D_B = 0$ 时, 定理 4.4 的结论就变成

$$\|v^k - v^{k+1}\|_H^2 \leqslant \|v^{k-1} - v^k\|_H^2, \quad \forall\, k \geqslant 1, \qquad (4.4.16)$$

其中 H 由 (4.2.5) 给出. 因此, 由经典 ADMM 产生的迭代序列 $\{v^k\}$, 其残差序列 $\{\|v^k - v^{k+1}\|_H^2\}$ 也是单调不增的.

根据 (4.4.2) 和 (4.4.6), 我们有

$$\|v^t - v^{t+1}\|_G^2 \leqslant \frac{1}{t}\left(\|v^1 - v^*\|_G^2 + \|y^0 - y^1\|_{D_B}^2\right), \quad \forall\, w^* \in \Omega^*. \qquad (4.4.17)$$

就像可微无约束凸优化问题 $\min_x f(x)$ 中, 在最优点附近有 $f(x) - f(x^*) = O(\|x - x^*\|^2)$ 一样, 根据 (4.4.17), 我们仍说方法具有点列意义下的 $O(1/t)$ 收敛速率.

4.4.3 ADMM 遍历意义下的收敛速率

用线性化交替方向法 (4.3.1) 求解结构型变分不等式 (4.2.3), 方法在遍历意义 (ergodic) 下 $O(1/t)$ 收敛速率是要证明: 经过 t 次迭代, 会有

$$w_t \in \Omega, \quad \sup_{w \in \mathcal{D}_{(w_t)}}\left\{\theta(u_t) - \theta(u) + (w_t - w)^{\mathrm{T}}F(w)\right\} \leqslant \frac{1}{t}C, \qquad (4.4.18a)$$

其中 C 为常数,

$$w_t = \frac{1}{t+1}\left(\sum_{k=0}^{t} w^{k+1}\right), \quad \mathcal{D}_{(w_t)} = \{w \in \Omega \,|\, \|w - w_t\| \leqslant 1\}. \qquad (4.4.18b)$$

我们先利用引理 4.4 和两个初等恒等式证明下面的引理.

引理 4.8 设 $\{w^k\}$ 是用线性化交替方向法 (4.3.1) 求解结构型变分不等式 (4.2.3) 所产生的序列, 那么有

$$w^{k+1} \in \Omega, \quad \theta(u) - \theta(u^{k+1}) + (w - w^{k+1})^{\mathrm{T}}F(w)$$
$$\geqslant \frac{1}{2}\left(\|y - y^{k+1}\|_{D_B}^2 + \frac{1}{\beta}\|\lambda - \lambda^{k+1}\|^2 + \beta\|Ax + By^{k+1} - b\|^2\right)$$
$$- \frac{1}{2}\left(\|y - y^k\|_{D_B}^2 + \frac{1}{\beta}\|\lambda - \lambda^k\|^2 + \beta\|Ax + By^k - b\|^2\right)$$
$$+ \frac{1}{2}\left(\|y^k - y^{k+1}\|_{D_B}^2 + \beta\|Ax^{k+1} + By^k - b\|^2\right), \quad \forall\, w \in \Omega. \quad (4.4.19)$$

证明 利用 $(w - w^{k+1})^{\mathrm{T}}F(w^{k+1}) = (w - w^{k+1})^{\mathrm{T}}F(w)$ 将引理 4.4 的结论 (4.3.5) 改写成

$$w^{k+1} \in \Omega, \quad \theta(u) - \theta(u^{k+1}) + (w - w^{k+1})^{\mathrm{T}}F(w)$$
$$\geqslant (y - y^{k+1})^{\mathrm{T}}D_B(y^k - y^{k+1}) + \frac{1}{\beta}(\lambda - \lambda^{k+1})^{\mathrm{T}}(\lambda^k - \lambda^{k+1})$$
$$+ \beta(Ax - Ax^{k+1})^{\mathrm{T}}(By^{k+1} - By^k), \quad \forall\, w \in \Omega. \qquad (4.4.20)$$

以下我们只要证明 (4.4.20) 的右端等于 (4.4.19) 的右端. 分别处理 (4.4.20) 右端的三个交叉项. 对第一和第二两个交叉项, 在恒等式

$$b^{\mathrm{T}}(b-a) = \frac{1}{2}\left(\|b\|^2 - \|a\|^2 + \|b-a\|^2\right)$$

中分别设 $a = y - y^k$, $b = y - y^{k+1}$ 以及 $a = \lambda - \lambda^k$ 和 $b = \lambda - \lambda^{k+1}$, 我们就有

$$(y - y^{k+1})^{\mathrm{T}} D_B (y^k - y^{k+1})$$
$$= \frac{1}{2}\left\{ \|y - y^{k+1}\|_{D_B}^2 - \|y - y^k\|_{D_B}^2 + \|y^k - y^{k+1}\|_{D_B}^2 \right\} \tag{4.4.21}$$

和

$$\frac{1}{\beta}(\lambda - \lambda^{k+1})^{\mathrm{T}}(\lambda^k - \lambda^{k+1})$$
$$= \frac{1}{2\beta}\left\{ \|\lambda - \lambda^{k+1}\|^2 - \|\lambda - \lambda^k\|^2 + \|\lambda^k - \lambda^{k+1}\|^2 \right\}. \tag{4.4.22}$$

对 (4.4.20) 右端的第三个交叉项, $\beta(Ax - Ax^{k+1})^{\mathrm{T}}(By^{k+1} - By^k)$, 注意到

$$\beta(Ax - Ax^{k+1})^{\mathrm{T}}(By^{k+1} - By^k) = \beta\{(Ax - b) - (Ax^{k+1} - b)\}^{\mathrm{T}}(By^{k+1} - By^k).$$

在恒等式

$$(a - b)^{\mathrm{T}}(c - d) = \frac{1}{2}\left\{ (\|a+c\|^2 - \|a+d\|^2) + (\|b+d\|^2 - \|b+c\|^2) \right\}$$

中置

$$a = Ax - b, \quad b = Ax^{k+1} - b, \quad c = By^{k+1} \quad 和 \quad d = By^k,$$

就得到

$$\beta(Ax - Ax^{k+1})^{\mathrm{T}}(By^{k+1} - By^k)$$
$$= \beta\{(Ax - b) - (Ax^{k+1} - b)\}^{\mathrm{T}}(By^{k+1} - By^k)$$
$$= \frac{\beta}{2}\left\{ \|Ax + By^{k+1} - b\|^2 - \|Ax + By^k - b\|^2 \right\}$$
$$+ \frac{\beta}{2}\left\{ \|Ax^{k+1} + By^k - b\|^2 - \|Ax^{k+1} + By^{k+1} - b\|^2 \right\}. \tag{4.4.23}$$

将 (4.4.21), (4.4.22) 和 (4.4.23) 的右端相加, 就得到等式 (4.4.20) 的右端, 也就是

等式 (4.4.20) 的右端

$$= \frac{1}{2} \left(\|y - y^{k+1}\|_{D_B}^2 + \frac{1}{\beta}\|\lambda - \lambda^{k+1}\|^2 + \beta\|Ax + By^{k+1} - b\|^2 \right)$$

$$- \frac{1}{2} \left(\|y - y^k\|_{D_B}^2 + \frac{1}{\beta}\|\lambda - \lambda^k\|^2 + \beta\|Ax + By^k - b\|^2 \right)$$

$$+ \frac{1}{2} \left(\|y^k - y^{k+1}\|_{D_B}^2 + \frac{1}{\beta}\|\lambda^k - \lambda^{k+1}\|^2 \right),$$

$$+ \frac{\beta}{2} \left(\|Ax^{k+1} + By^k - b\|^2 - \|Ax^{k+1} + By^{k+1} - b\|^2 \right). \tag{4.4.24}$$

利用 $\lambda^k - \lambda^{k+1} = \beta(Ax^{k+1} + By^{k+1} - b)$ (见 (4.3.1c)), 将上式右端中的

$$\frac{1}{2\beta}\|\lambda^k - \lambda^{k+1}\|^2 \quad \text{和} \quad -\frac{\beta}{2}\|Ax^{k+1} + By^{k+1} - b\|^2$$

对消掉, 得到的就是 (4.4.19) 的右端. □

定理 4.5 设 $\{w^k\}$ 是用线性化交替方向法 (4.3.1) 求解结构型变分不等式 (4.2.3) 所产生的序列. 对任意的正整数 $t > 0$, 我们有

$$\theta(u_t) - \theta(u) + (w_t - w)^{\mathrm{T}} F(w)$$

$$\leqslant \frac{1}{2(t+1)} \left(\|y - y^0\|_{D_B}^2 + \frac{1}{\beta}\|\lambda - \lambda^0\|^2 + \beta\|Ax + By^0 - b\|^2 \right), \quad \forall w \in \Omega, \tag{4.4.25}$$

其中 w_t 由 (4.4.18b) 给出.

证明 首先, 由 (4.4.19), 对任意的 $k > 0$,

$$\theta(u) - \theta(u^{k+1}) + (w - w^{k+1})^{\mathrm{T}} F(w)$$

$$\geqslant \frac{1}{2} \left(\|y - y^{k+1}\|_{D_B}^2 + \frac{1}{\beta}\|\lambda - \lambda^{k+1}\|^2 + \beta\|Ax + By^{k+1} - b\|^2 \right)$$

$$- \frac{1}{2} \left(\|y - y^k\|_{D_B}^2 + \frac{1}{\beta}\|\lambda - \lambda^k\|^2 + \beta\|Ax + By^k - b\|^2 \right), \quad \forall w \in \Omega.$$

上式可以改写成

$$\theta(u^{k+1}) - \theta(u) + (w^{k+1} - w)^{\mathrm{T}} F(w)$$

$$+ \frac{1}{2} \left(\|y - y^{k+1}\|_{D_B}^2 + \frac{1}{\beta}\|\lambda - \lambda^{k+1}\|^2 + \beta\|Ax + By^{k+1} - b\|^2 \right)$$

$$\leqslant \frac{1}{2} \left(\|y - y^k\|_{D_B}^2 + \frac{1}{\beta}\|\lambda - \lambda^k\|^2 + \beta\|Ax + By^k - b\|^2 \right). \tag{4.4.26}$$

上面的不等式对 $k = 0, 1, 2, \cdots, t$ 连加, 我们得到

$$\sum_{k=0}^{t} \theta(u^{k+1}) - (t+1)\theta(u) + \left(\sum_{k=0}^{t} w^{k+1} - (t+1)w \right)^{\mathrm{T}} F(w)$$

$$\leqslant \frac{1}{2} \left(\|y - y^0\|_{D_B}^2 + \frac{1}{\beta}\|\lambda - \lambda^0\|^2 + \beta\|Ax + By^0 - b\|^2 \right), \quad \forall \, w \in \Omega.$$

因此就有

$$\frac{1}{t+1} \left(\sum_{k=0}^{t} \theta(u^{k+1}) \right) - \theta(u) + (\tilde{w}_t - w)^{\mathrm{T}} F(w)$$

$$\leqslant \frac{1}{2(t+1)} \left(\|y - y^0\|_{D_B}^2 + \frac{1}{\beta}\|\lambda - \lambda^0\|^2 + \beta\|Ax + By^0 - b\|^2 \right). \qquad (4.4.27)$$

由于 $\theta(u)$ 是凸函数并且 $u_t = \dfrac{1}{t+1} \left(\sum_{k=0}^{t} u^{k+1} \right)$, 我们有

$$\theta(u_t) \leqslant \frac{1}{t+1} \left(\sum_{k=0}^{t} \theta(u^{k+1}) \right).$$

代入 (4.4.27) 的左端, 就完成了定理的证明. □

由 (4.4.25) 定义的 $\mathcal{D}_{(w_t)}$ 是有界闭集,

$$\sup_{w \in \mathcal{D}_{(w_t)}} \left\{ \|y - y^0\|_{D_B}^2 + \frac{1}{\beta}\|\lambda - \lambda^0\|^2 + \beta\|Ax + By^0 - b\|^2 \right\}$$

是有界的, 由 (4.4.25) 就得到 (4.4.18a), 证明了遍历意义下 $O(1/t)$ 的收敛速率.

我们完整地证明了线性化乘子交替方向法 (4.3.1) 收敛性质的定理 4.3 ∼ 定理 4.5. 对普通的交替方向法 (4.1.11), 相当于在 (4.3.1) 中取 $D_B = 0$, 有关结论自然成立. 与经典的 ADMM (4.1.7) 相关的, 通过引进辅助变量证明的 $O(1/t)$ 迭代复杂性[78,80], 我们在后面的章节中还会介绍.

4.5   Glowinski 交替方向法中更新乘子的步长法则

与 (4.1.11) 略有不同, R. Glowinski 的专著[27] 中的 ADMM 在更新 Lagrange 乘子时多了个参数 $\gamma \in \left(0, \dfrac{\sqrt{5}+1}{2} \right)$.

求解问题 (4.0.1) **的 Glowinski ADMM 方法.**
选定 $\beta > 0$. 第 k 次迭代从给定的 (y^k, λ^k) 开始, 通过

$$
\begin{cases}
x^{k+1} \in \arg\min \left\{ \mathcal{L}_\beta^{[2]}(x, y^k, \lambda^k) \mid x \in \mathcal{X} \right\}, & (4.5.1a) \\[2mm]
y^{k+1} \in \arg\min \left\{ \mathcal{L}_\beta^{[2]}(x^{k+1}, y, \lambda^k) \mid y \in \mathcal{Y} \right\}, & (4.5.1b) \\[2mm]
\lambda^{k+1} = \lambda^k - \gamma\beta(Ax^{k+1} + By^{k+1} - b) & (4.5.1c)
\end{cases}
$$

求得 $w^{k+1} = (x^{k+1}, y^{k+1}, \lambda^{k+1})$, 其中 $\gamma \in \left(0, \dfrac{\sqrt{5}+1}{2} \right)$.

我们于 1998 年发表的关于 ADMM 的第一篇论文[75], 证明的就是算法 (4.5.1) 中当罚参数 β 单调上升或者单调下降下有界时的收敛性质.

这个参数 $\gamma \in \left(0, \dfrac{\sqrt{5}+1}{2} \right)$ 也可以用在线性化的 ADMM (4.3.1) 中, 这时迭代公式可以表述成

求解问题 (4.0.1) **的线性化 ADMM 方法.**
选定 $\beta > 0$. 第 k 次迭代从给定的 (y^k, λ^k) 开始,

$$
\begin{cases}
x^{k+1} \in \arg\min \left\{ \mathcal{L}_\beta(x, y^k, \lambda^k) \mid x \in \mathcal{X} \right\}, & (4.5.2a) \\[2mm]
y^{k+1} = \arg\min \left\{ \mathcal{L}_\beta(x^{k+1}, y, \lambda^k) + \dfrac{1}{2}\|y - y^k\|_{D_B}^2 \;\Big|\; y \in \mathcal{Y} \right\}, & (4.5.2b) \\[2mm]
\lambda^{k+1} = \lambda^k - \gamma\beta(Ax^{k+1} + By^{k+1} - b), & (4.5.2c)
\end{cases}
$$

其中 $\gamma \in \left(0, \dfrac{\sqrt{5}+1}{2} \right)$, $D_B = sI - \beta B^{\mathrm{T}}B \succ 0$.

徐明华在 2007 年发表的论文 [107] 中证明了方法 (4.5.2) 的收敛性. 我们在文献 [61] 中详细讨论了对称型 ADMM

$$
\begin{cases}
x^{k+1} \in \arg\min\{\mathcal{L}_\beta(x, y^k, \lambda^k) \mid x \in \mathcal{X}\}, & (4.5.3a) \\[2mm]
\lambda^{k+\frac{1}{2}} = \lambda^k - r\beta(Ax^{k+1} + By^k - b), & (4.5.3b) \\[2mm]
y^{k+1} \in \arg\min\{\mathcal{L}_\beta(x^{k+1}, y, \lambda^{k+\frac{1}{2}}) \mid y \in \mathcal{Y}\}, & (4.5.3c) \\[2mm]
\lambda^{k+1} = \lambda^{k+\frac{1}{2}} - s\beta(Ax^{k+1} + By^{k+1} - b) & (4.5.3d)
\end{cases}
$$

中如何选择参数 r, s 保证算法收敛. 由于篇幅的关系, 这里不做具体介绍.

　　在以后的章节中, 我们分别称 $\gamma = 1$ 的方法 (4.1.11) 和 (4.3.1) 为经典的 ADMM 和经典的线性化 ADMM. 交替方向法实际上求解的是变分不等式 (4.2.3), ADMM 的迭代格式 (4.1.11) 说明它是一个分裂算法, 保证 ADMM 收敛的是定理 4.1 中的收缩不等式 (4.2.20). 基于上述原因, 我们说 ADMM 是一个求解变分不等式 (4.2.3) 的分裂收缩算法. 交替方向法在机器学习中的广泛应用, 建议读者参阅林宙辰等的专著[90].

第 5 章　凸优化分裂收缩算法的预测-校正统一框架

在预备知识一章已经把线性约束的凸优化问题和 (混合) 单调变分不等式

$$w^* \in \Omega, \quad \theta(u) - \theta(u^*) + (w - w^*)^{\mathrm{T}} F(w^*) \geqslant 0, \quad \forall\, w \in \Omega \qquad (5.0.1)$$

建立了对应关系. 因为这个原因, 我们把求解上述变分不等式的算法仍然称为求解相应的凸优化问题的算法. 交替方向法求解的变分不等式 (4.2.3), 是 (5.0.1) 的一种特殊形式. ADMM 是一种求解变分不等式 (4.2.3) 的分裂收缩算法. 这一章, 对一般的 (混合) 单调变分不等式 (5.0.1), 我们要建立相应的分裂收缩算法的预测-校正统一框架. 读者将会看到, 利用这个算法框架, 除了容易验证一些已知算法的收敛性, 还可以帮助我们构造求解凸优化的分裂收缩算法.

这一章我们首先介绍分裂收缩算法的统一框架, 接着讲一些统一框架算法的例子, 然后分别讲解统一框架算法的收敛性和算法的迭代复杂性, 最后给出根据统一框架构造算法的一般准则. 读者学习了这一章, 对同一个凸优化问题, 都可以根据自己的需要并不费劲地构造一簇算法.

5.1　分裂收缩算法的预测-校正统一框架

在统一框架中, 我们把算法的每步迭代理解成 (有时是故意分拆成) 预测和校正两部分. 我们只需描述第 k 次迭代的预测和校正. 迭代方法中把 v 称为核心变量, 是指 k 次迭代可以从给定的 v^k 开始. v 可以是 w 本身, 也可以是 w 的部分分量. 我们把 w 中除了 v 以外的分量 (如果有) 称为中间变量. 例如, 在前一章讨论的交替方向法中, $w = (x, y, \lambda)$, $u = (x, y)$, 有了 (y^k, λ^k), 就可以进行第 k 次迭代 (可见 (4.1.7)). 因此, 用交替方向法 (4.1.11) 求解变分不等式 (4.2.3), $v = (y, \lambda)$ 是核心变量, x 是中间变量.

5.1.1　统一框架中的预测

预测.

统一框架算法的第 k 次迭代从给定的核心变量 v^k 开始, 通过求解一些子问题, 产生预测点 $\tilde{w}^k$, 使得

$$\tilde{w}^k \in \Omega, \ \ \theta(u) - \theta(\tilde{u}^k) + (w - \tilde{w}^k)^{\mathrm{T}} F(\tilde{w}^k) \geqslant (v - \tilde{v}^k)^{\mathrm{T}} Q(v^k - \tilde{v}^k), \ \ \forall\, w \in \Omega,$$
$$(5.1.1)$$

成立. 其中矩阵 $Q^{\mathrm{T}} + Q$ 是本质上 (in principal) 正定的.

这里需要解释一下预测公式中什么叫本质上正定. 第 1 章中讨论与线性约束的凸优化等价的变分不等式中, 矩阵 $\mathcal{A}$ 常常需要被分块成 $\mathcal{A} = (A, B)$ 或者 $\mathcal{A} = (A, B, C)$. 当这些分块矩阵列满秩, 矩阵 $Q^{\mathrm{T}} + Q$ 就正定, 这时我们就说 $Q^{\mathrm{T}} + Q$ 是本质上正定的. 当那些列满秩条件不满足时, 本质上正定的仍然能保持半正定. 第 4 章的定理 4.1 中, 证明了交替方向法产生的迭代序列 $\{v^k\}$ 满足 (见 (4.2.20))

$$\|v^{k+1} - v^*\|_H^2 \leqslant \|v^k - v^*\|_H^2 - \|v^k - v^{k+1}\|_H^2, \quad \forall\, v^* \in \mathcal{V}^*,$$

其中

$$v = \begin{pmatrix} y \\ \lambda \end{pmatrix}, \quad H = \begin{pmatrix} \beta B^{\mathrm{T}} B & 0 \\ 0 & \dfrac{1}{\beta} I_m \end{pmatrix}.$$

这里的 H 也是本质上正定的, 因为只有 B 列满秩 H 才是正定的, 否则就是半正定的. 在往后的叙述中, 为了方便, 我们就把本质上正定说成正定. 通常, 我们把 (5.1.1) 中的矩阵 Q 称作预测矩阵.

定义 5.1　设 Q 是求解变分不等式 (5.0.1) 的迭代方法中的预测矩阵. 若矩阵 $Q^{\mathrm{T}} + Q$ 是本质上正定的, 则称预测 (5.1.1) 为合格的预测.

这本专著后面提到的几乎所有的方法, 都基于一个合格的预测.

5.1.2　统一框架中的校正

对给定的合格预测, 校正分固定步长的校正和计算步长的校正.

固定步长的校正公式.

根据预测得到的 $\tilde{v}^k$, 核心变量 v 的新的迭代点 v^{k+1} 由

$$v^{k+1} = v^k - \alpha M(v^k - \tilde{v}^k) \tag{5.1.2}$$

给出. 其中 M 是非奇异矩阵, $\alpha > 0$ 是确定的常数.

求解变分不等式 (5.0.1), 有了一个合格的预测 (5.1.1), 若采用固定步长的校正 (5.1.2), 我们要求满足下面的收敛性条件.

采用固定步长校正的收敛性条件.

对预测公式 (5.1.1) 中的矩阵 Q 和校正公式 (5.1.2) 中的矩阵 M, 有正定矩阵

$$H \succ 0 \quad \text{使得} \quad HM = Q. \tag{5.1.3a}$$

此外, 校正公式 (5.1.2) 中所取步长 $\alpha > 0$ 能够保证

$$G = Q^{\mathrm{T}} + Q - \alpha M^{\mathrm{T}} H M \succ 0. \tag{5.1.3b}$$

我们分别称 H 和 G 为范数矩阵和效益矩阵, 原因在证明了定理 5.2 后再做说明. 对确定的 Q, H 和 M, 由

$$\alpha_{\max} := \text{argmax}\{\alpha | Q^{\text{T}} + Q - \alpha M^{\text{T}} H M \succeq 0\} \tag{5.1.4}$$

定义的 $\alpha_{\max}$ 是一个确定的大于零的常数. 取 (5.1.2) 中的 $\alpha \in (0, \alpha_{\max})$, 才能保证 (5.1.3b) 中的矩阵 $G \succ 0$. 这时也有

$$G \succeq (\alpha_{\max} - \alpha) M^{\text{T}} H M. \tag{5.1.5}$$

这个性质我们在证明点列意义下的收敛速率中需要用到.

定义 5.2 当预测 (5.1.1) 中的矩阵 Q 本身就是一个对称正定矩阵时, 我们直接记它为 H. 在 (5.1.2) 中取 $M = I$, $\alpha \in (0, 2)$,

$$v^{k+1} = v^k - \alpha(v^k - \tilde{v}^k), \quad \alpha \in (0, 2). \tag{5.1.6}$$

这样的校正我们称为平凡的松弛校正. 当矩阵 Q 非对称时, 校正公式 (5.1.2) 中的矩阵 $M \neq I$, 这样的校正称为非平凡的必要校正.

实行平凡的松弛校正中, 要求预测中的矩阵 Q 本身就是一个正定矩阵. 这时 $H = Q$ 和 $G = (2 - \alpha)H$ 都是正定矩阵. 如果在 (5.1.6) 式中取 $\alpha = 1$, 就是 H-模下的邻近点算法 (PPA 算法). 然而, 计算实践发现, 采用 $\alpha \in [1.2, 1.8]$ 的超松弛校正, 算法的效率一般都有 30% 左右的提高. 通常, 我们把预测中的矩阵 Q 设计成对称正定矩阵的方法称为按需定制的邻近点算法 (customized PPA 算法)[34].

计算步长的校正公式.

根据预测得到的 $\tilde{v}^k$, 核心变量 v 的新迭代点 v^{k+1} 由

$$v^{k+1} = v^k - \alpha_k M(v^k - \tilde{v}^k), \quad \alpha_k = \gamma \alpha_k^*, \quad \gamma \in (0, 2) \tag{5.1.7}$$

给出, 其中 M 是非奇异矩阵, 每一个 α_k^* 都通过计算得到.

求解变分不等式 (5.0.1), 有了一个合格的预测 (5.1.1), 若采用固定步长的校正 (5.1.7), 我们要求满足下面的收敛性条件.

采用计算步长校正的收敛性条件.

对预测公式 (5.1.1) 中的矩阵 Q 和校正公式 (5.1.7) 中的矩阵 M, 有正定矩阵

$$H \succ 0 \quad \text{使得} \quad HM = Q. \tag{5.1.8a}$$

此外, 校正公式 (5.1.7) 中,

$$\alpha_k^* = \frac{(v^k - \tilde{v}^k)^{\text{T}} Q(v^k - \tilde{v}^k)}{(v^k - \tilde{v}^k)^{\text{T}} M^{\text{T}} Q(v^k - \tilde{v}^k)}. \tag{5.1.8b}$$

根据 (5.1.4), $Q^{\mathrm{T}} + Q \succeq \alpha_{\max} M^{\mathrm{T}} H M$. 对 (5.1.8b) 定义的 α_k^*, 我们有

$$\alpha_k^* = \frac{1}{2} \cdot \frac{(v^k - \tilde{v}^k)^{\mathrm{T}} (Q^{\mathrm{T}} + Q)(v^k - \tilde{v}^k)}{(v^k - \tilde{v}^k)^{\mathrm{T}} M^{\mathrm{T}} H M (v^k - \tilde{v}^k)} \geqslant \frac{1}{2} \alpha_{\max}. \tag{5.1.9}$$

5.2　按照统一框架修正的一些算法

本书后面的篇章, 大部分是用统一框架指导改造或者设计算法. 这里, 我们先用一些简单的例子说明: 不仅一些已有的算法可以纳入这个框架, 还可以用统一框架来修正和改造一些 (本来不能保证收敛的) 算法. 把方法的收敛性证明放到这一章的 5.3 节和 5.4 节中去讨论.

5.2.1　平凡松弛校正的算法

使用平凡的松弛校正, 要求预测 (5.1.1) 中的矩阵 Q 本身是一个对称正定矩阵. 我们先以几个例子说明.

1. 增广 Lagrange 乘子法的平凡松弛校正

我们以单块等式约束凸优化问题

$$\min\{\theta(x) \mid Ax = b, x \in \mathcal{X}\} \tag{5.2.1}$$

为例解释这样的预测. 问题 (5.2.1) 对应的 Lagrange 函数是定义在 $\mathcal{X} \times \Re^m$ 上的

$$L(x, \lambda) = \theta(x) - \lambda^{\mathrm{T}}(Ax - b).$$

相应的变分不等式是

$$w^* \in \Omega, \quad \theta(x) - \theta(x^*) + (w - w^*)^{\mathrm{T}} F(w^*) \geqslant 0, \quad \forall w \in \Omega, \tag{5.2.2a}$$

其中

$$w = \begin{pmatrix} x \\ \lambda \end{pmatrix}, \quad F(w) = \begin{pmatrix} -A^{\mathrm{T}} \lambda \\ Ax - b \end{pmatrix}, \quad \Omega = \mathcal{X} \times \Re^m. \tag{5.2.2b}$$

这相当于 (5.0.1) 中 $u = x$. 求解等式约束的问题, 一个被广泛接受的有效算法是增广 Lagrange 乘子法[87,98]. 对这个等式约束的问题, 增广 Lagrange 函数是

$$\mathcal{L}_\beta(x, \lambda) = \theta(x) - \lambda^{\mathrm{T}}(Ax - b) + \frac{1}{2} \beta \| Ax - b \|^2.$$

增广 Lagrange 乘子法的 k 步迭代 (参见第 4 章的 4.1 节) 从给定的 λ^k 开始, 通过

$$\begin{cases} x^{k+1} \in \arg\min \left\{ \mathcal{L}_\beta(x, \lambda^k) \mid x \in \mathcal{X} \right\}, & \tag{5.2.3a} \\ \lambda^{k+1} = \lambda^k - \beta(Ax^{k+1} - b) & \tag{5.2.3b} \end{cases}$$

求得 $w^{k+1} = (x^{k+1}, \lambda^{k+1})$. 这样的 $w^{k+1} \in \Omega$ 满足

$$\theta(x) - \theta(x^{k+1}) + (w - w^{k+1})^{\mathrm{T}} F(w^{k+1}) \geqslant (\lambda - \lambda^{k+1})^{\mathrm{T}} \frac{1}{\beta}(\lambda^k - \lambda^{k+1}), \quad \forall w \in \Omega,$$

(5.2.4)

并能得到 (参见第 4 章的 4.1 节中的不等式 (4.1.5))

$$\|\lambda^{k+1} - \lambda^*\|^2 \leqslant \|\lambda^k - \lambda^*\|^2 - \|\lambda^k - \lambda^{k+1}\|^2.$$

这是增广 Lagrange 乘子法收敛的关键不等式. 如果把 (5.2.3) 的输出作为预测点, 就是说

$$\begin{cases} \tilde{x}^k \in \arg\min \left\{ \mathcal{L}_\beta(x, \lambda^k) \mid x \in \mathcal{X} \right\}, \\ \tilde{\lambda}^k = \lambda^k - \beta(A\tilde{x}^k - b), \end{cases}$$

(5.2.5)

相应的 (5.2.4) 就会变成 $\tilde{w}^k \in \Omega$, 并且

$$\theta(x) - \theta(\tilde{x}^k) + (w - \tilde{w}^k)^{\mathrm{T}} F(\tilde{w}^k) \geqslant (\lambda - \tilde{\lambda}^k)^{\mathrm{T}} \frac{1}{\beta}(\lambda^k - \tilde{\lambda}^k), \quad \forall w \in \Omega. \quad (5.2.6)$$

上式相当于求解变分不等式 (5.2.2) 采用形如 (5.1.1) 的预测公式, 其中 $v = \lambda$ 和 $Q = \frac{1}{\beta} I_m$. 采用平凡松弛的校正就是

$$\lambda^{k+1} = \lambda^k - \alpha(\lambda^k - \tilde{\lambda}^k), \quad \alpha \in (0, 2).$$

2. PPA 算法的平凡松弛校正

再看第 3 章讨论的鞍点问题

$$\min_x \max_y \{ \Phi(x, y) = \theta_1(x) - y^{\mathrm{T}} Ax - \theta_2(y) \mid x \in \mathcal{X}, y \in \mathcal{Y} \}.$$

这可以表述成紧凑的变分不等式形式

$$u \in \Omega, \quad \theta(u) - \theta(u^*) + (u - u^*)^{\mathrm{T}} F(u^*) \geqslant 0, \quad \forall u \in \Omega, \quad (5.2.7\text{a})$$

其中

$$u = \begin{pmatrix} x \\ y \end{pmatrix}, \quad \theta(u) = \theta_1(x) + \theta_2(y), \quad F(u) = \begin{pmatrix} -A^{\mathrm{T}} y \\ Ax \end{pmatrix}, \quad \Omega = \mathcal{X} \times \mathcal{Y}. \quad (5.2.7\text{b})$$

如果把第 3 章中的 PPA 算法 (3.3.2) 的输出当作预测点, 则有

$$\begin{cases} \tilde{x}^k = \arg\min \left\{ \Phi(x, y^k) + \frac{r}{2} \|x - x^k\|^2 \,\middle|\, x \in \mathcal{X} \right\}, & (5.2.8\text{a}) \\ \tilde{y}^k = \arg\max \left\{ \Phi\left([2\tilde{x}^k - x^k], y\right) - \frac{s}{2} \|y - y^k\|^2 \,\middle|\, y \in \mathcal{Y} \right\}. & (5.2.8\text{b}) \end{cases}$$

预测点满足的变分不等式就是

$$\tilde{u}^k \in \Omega, \quad \theta(u) - \theta(\tilde{u}^k) + (u - \tilde{u}^k)^{\mathrm{T}}\{F(\tilde{u}^k) + Q(\tilde{u}^k - u^k)\} \geqslant 0, \quad \forall u \in \Omega, \quad (5.2.9a)$$

其中

$$Q = \begin{pmatrix} rI_n & A^{\mathrm{T}} \\ A & sI_m \end{pmatrix}. \tag{5.2.9b}$$

这时 Q 是对称矩阵, 当 $rs > \|A^{\mathrm{T}}A\|$ 时, 矩阵 Q 正定. 上式相当于求解变分不等式 (5.2.7) 采用了形如 (5.1.1) 的预测公式, 其中 $v = u$. 由于 Q 正定, 我们用平凡的松弛校正

$$u^{k+1} = u^k - \alpha(u^k - \tilde{u}^k), \quad \alpha \in (0, 2)$$

产生新的迭代点. 对第 3 章提到的应用问题, 采用取 $\alpha \in [1.2, 1.8]$ 的松弛校正, 计算效率都有不同程度的提高.

5.2.2   必要非平凡校正的算法

当合格预测 (5.1.1) 中的矩阵 Q 不是对称矩阵的时候, 采用必要的非平凡校正才能保证收敛. 这时, 在 (5.1.2) 和 (5.1.7) 中, 矩阵 M 都不是单位矩阵, 需要有一个正定矩阵 H (见 (5.1.3a) 和 (5.1.8a)), 使得 $HM = Q$. 在必要的非平凡校正中, 有采用固定步长 和计算步长 的两种方法产生新的核心变量.

1. 固定步长的非平凡校正

如果把第 3 章中 PDHG (3.2.2) 的输出当作预测点, 则有

$$\begin{cases} \tilde{x}^k = \operatorname{argmin}\left\{\theta_1(x) - x^{\mathrm{T}}A^{\mathrm{T}}y^k + \dfrac{r}{2}\|x - x^k\|^2 \mid x \in \mathcal{X}\right\}, & (5.2.10a) \\[2mm] \tilde{y}^k = \operatorname{argmin}\left\{\theta_2(y) + y^{\mathrm{T}}A\tilde{x}^k + \dfrac{s}{2}\|y - y^k\|^2 \mid y \in \mathcal{Y}\right\}. & (5.2.10b) \end{cases}$$

根据第 3 章 3.2 节中的分析, 预测点满足的变分不等式就是

$$\tilde{u}^k \in \Omega, \quad \theta(u) - \theta(\tilde{u}^k) + (u - \tilde{u}^k)^{\mathrm{T}}\{F(\tilde{u}^k) + Q(\tilde{u}^k - u^k)\} \geqslant 0, \quad \forall u \in \Omega, \quad (5.2.11a)$$

其中

$$Q = \begin{pmatrix} rI_n & A^{\mathrm{T}} \\ 0 & sI_m \end{pmatrix}. \tag{5.2.11b}$$

对由 (5.2.11) 得到的 $\tilde{u}^k$, 我们采用单位步长的校正

$$u^{k+1} = u^k - M(u^k - \tilde{u}^k) \tag{5.2.12}$$

得到新的迭代点 (也称校正点). 试探性地寻找符合收敛条件 (5.1.3) 的矩阵 M. 我们首先设想, 把 M 取成单位下三角矩阵或者单位上三角矩阵有没有可能让收敛条件 (5.1.3) 得到满足?

(1) 若取 M 为单位下三角块状矩阵

$$M = \begin{pmatrix} I_n & 0 \\ -\dfrac{1}{s}A & I_m \end{pmatrix}. \tag{5.2.13}$$

注意到这个矩阵的逆矩阵是

$$M^{-1} = \begin{pmatrix} I_n & 0 \\ \dfrac{1}{s}A & I_m \end{pmatrix}.$$

对 (5.2.11b) 中的矩阵 Q 和 (5.2.13) 中的矩阵 M, 通过简单计算就有

$$H = QM^{-1} = \begin{pmatrix} rI_n & A^{\mathrm{T}} \\ 0 & sI_m \end{pmatrix} \begin{pmatrix} I_n & 0 \\ \dfrac{1}{s}A & I_m \end{pmatrix} = \begin{pmatrix} rI_n + \dfrac{1}{s}A^{\mathrm{T}}A & A^{\mathrm{T}} \\ A & sI_m \end{pmatrix}.$$

对任何 $r, s > 0$, H 是正定矩阵. 此外

$$G = Q^{\mathrm{T}} + Q - M^{\mathrm{T}}HM = Q^{\mathrm{T}} + Q - Q^{\mathrm{T}}M$$

$$= \begin{pmatrix} 2rI_n & A^{\mathrm{T}} \\ A & 2sI_m \end{pmatrix} - \begin{pmatrix} rI_n & 0 \\ 0 & sI_m \end{pmatrix} = \begin{pmatrix} rI_n & A^{\mathrm{T}} \\ A & sI_m \end{pmatrix}.$$

当且仅当 $rs > \|A^{\mathrm{T}}A\|$ 时矩阵 G 正定, 满足收敛性条件 (5.1.3).

(2) 若取 M 为单位上三角块状矩阵

$$M = \begin{pmatrix} I_n & \dfrac{1}{r}A^{\mathrm{T}} \\ 0 & I_m \end{pmatrix}. \tag{5.2.14}$$

它的逆矩阵是

$$M^{-1} = \begin{pmatrix} I_n & -\dfrac{1}{r}A^{\mathrm{T}} \\ 0 & I_m \end{pmatrix}.$$

对 (5.2.11b) 中的矩阵 Q 和 (5.2.14) 中的矩阵 M, 通过简单计算就有

$$H = QM^{-1} = \begin{pmatrix} rI_n & A^{\mathrm{T}} \\ 0 & sI_m \end{pmatrix} \begin{pmatrix} I_n & -\dfrac{1}{r}A^{\mathrm{T}} \\ 0 & I_m \end{pmatrix} = \begin{pmatrix} rI_n & 0 \\ 0 & sI_m \end{pmatrix}.$$

对任何 $r, s > 0$, H 是正定矩阵. 此外,

$$G = Q^{\mathrm{T}} + Q - M^{\mathrm{T}} H M = Q^{\mathrm{T}} + Q - Q^{\mathrm{T}} M = \begin{pmatrix} rI_n & 0 \\ 0 & sI_m - \dfrac{1}{r} A A^{\mathrm{T}} \end{pmatrix}.$$

同样, 当且仅当 $rs > \|A^{\mathrm{T}} A\|$ 时矩阵 G 正定. 满足收敛性条件 (5.1.3).

  需要指出的是, 统一框架只要求我们验证收敛性条件 (5.1.3) 是否满足, 并不要求算出矩阵 H 和 G.

  2. 计算步长的非平凡校正

  计算步长的校正都在预测公式 (5.1.1) 中的矩阵 Q 不对称时采用, 因此也都是非平凡的必要校正. 将 (5.1.1) 中任意的 w 设为某个任意确定的 $w^* \in \Omega^*$, 我们得到

$$(\tilde{v}^k - v^*)^{\mathrm{T}} Q(v^k - \tilde{v}^k) \geqslant \theta(\tilde{u}^k) - \theta(u^*) + (\tilde{w}^k - w^*)^{\mathrm{T}} F(\tilde{w}^k). \qquad (5.2.15)$$

由于 $(\tilde{w}^k - w^*)^{\mathrm{T}} F(\tilde{w}^k) = (\tilde{w}^k - w^*)^{\mathrm{T}} F(w^*)$, $w^* \in \Omega^*$ 以及 $\tilde{w}^k \in \Omega$, 上式右端非负. 进而从 (5.2.15) 得到

$$(v^k - v^*)^{\mathrm{T}} Q(v^k - \tilde{v}^k) \geqslant (v^k - \tilde{v}^k)^{\mathrm{T}} Q(v^k - \tilde{v}^k), \quad \forall v^* \in \mathcal{V}^*. \qquad (5.2.16)$$

注意到上式右端等于 $\dfrac{1}{2} \|v^k - \tilde{v}^k\|_{(Q^{\mathrm{T}} + Q)}^2$. 因此, 对任意给定的正定矩阵 H, (5.2.16) 式表示

$$\left\langle \nabla \left(\frac{1}{2} \|v - v^*\|_H^2 \right) \Big|_{v = v^k}, H^{-1} Q(v^k - \tilde{v}^k) \right\rangle \geqslant \frac{1}{2} \|v^k - \tilde{v}^k\|_{(Q^{\mathrm{T}} + Q)}^2.$$

换句话说, 对任何确定却未知的 v^*, 如果记 $M = H^{-1} Q$, $M(v^k - \tilde{v}^k)$ 就是距离函数 $\dfrac{1}{2} \|v - v^*\|_H^2$ 在 v^k 处的上升方向. 据此存在一个正数 $\Delta > 0$, 使得对任意的 $v^* \in \mathcal{V}^*$, 都有

$$\|(v^k - \alpha M(v^k - \tilde{v}^k)) - v^*\|_H^2 \leqslant \|v^k - v^*\|_H^2, \quad \forall \alpha \in [0, \Delta].$$

我们给出下面的计算步长的校正公式.

  在计算步长的方法中, 跟用固定步长的校正方法一样, 主要工作还是对预测提供的矩阵 Q, 找出一对矩阵 H 和 M, 其中 H 本质上正定, 并有 $HM = Q$. 有了这些, 计算 α_k^* 的工作量是很有限的. 比起固定步长的校正方法, 这里只要多计算一次

$$\langle (v^k - \tilde{v}^k), Q(v^k - \tilde{v}^k) \rangle \quad \text{以及} \quad \langle M(v^k - \tilde{v}^k), Q(v^k - \tilde{v}^k) \rangle. \qquad (5.2.17)$$

另一方面, 由 (5.1.8b) 和 $M^{\mathrm{T}}Q = M^{\mathrm{T}}HM$, 我们有

$$\alpha_k^*(v^k - \tilde{v}^k)^{\mathrm{T}}(M^{\mathrm{T}}HM)(v^k - \tilde{v}^k) = \frac{1}{2}(v^k - \tilde{v}^k)^{\mathrm{T}}(Q^{\mathrm{T}} + Q)(v^k - \tilde{v}^k),$$

经整理得

$$(v^k - \tilde{v}^k)^{\mathrm{T}}(Q^{\mathrm{T}} + Q - 2\alpha_k^* M^{\mathrm{T}}HM)(v^k - \tilde{v}^k) = 0.$$

因此, 由 (5.1.4) 对 $\alpha_{\max}$ 的定义, $\alpha_k^* \geqslant \frac{1}{2}\alpha_{\max}$ (见(5.1.9)). 由于 Q, H 和 M 已经给定, 计算步长的校正公式中, 对所有的 k, 步长 α_k^* 是下有界的.

当预测 (5.1.1) 中的矩阵 Q 并不对称正定的时候, 必须做必要的非平凡校正. 我们建议采用计算步长的方法的方式确定新的迭代点, 效率一般都有相当程度的提高. 从数值计算的花费看, 计算步长的额外工作量是计算 (5.2.17), 这与求得预测点的工作量比起来, 往往是微不足道的.

5.3 统一框架中的算法收敛性质

统一框架采用相同的预测 (5.1.1), 分别采用固定步长和计算步长的校正产生新的核心变量 v^{k+1}, 我们对采用不同校正的方法讨论其收敛性质. 证明的关键技术, 在文献 [48, 49, 80, 119] 中已经多次提到. 我们给出完整简要的证明.

5.3.1 采用固定步长校正的算法收敛性

首先对统一框架中采用 (5.1.1) 预测和 (5.1.2) 校正, 在条件 (5.1.3) 成立的情况下证明有关收敛性质.

定理 5.1 用统一框架的算法求解变分不等式 (5.0.1), 分别以 (5.1.1) 预测和 (5.1.2) 校正生成迭代序列 $\{\tilde{w}^k\}$ 和 $\{v^k\}$. 如果条件 (5.1.3) 成立, 那么有

$$\tilde{w}^k \in \Omega, \quad \alpha\left\{\theta(u) - \theta(\tilde{u}^k) + (w - \tilde{w}^k)^{\mathrm{T}}F(\tilde{w}^k)\right\}$$

$$\geqslant \frac{1}{2}\left(\|v - v^{k+1}\|_H^2 - \|v - v^k\|_H^2\right) + \frac{\alpha}{2}\|v^k - \tilde{v}^k\|_G^2, \quad \forall w \in \Omega. \quad (5.3.1)$$

证明 首先, 对预测点满足的变分不等式 (5.1.1) 两边乘上大于零的 α, 并利用关系式 $Q = HM$, 有

$$\alpha\{\theta(u) - \theta(\tilde{u}^k) + (w - \tilde{w}^k)^{\mathrm{T}}F(\tilde{w}^k)\} \geqslant (v - \tilde{v}^k)^{\mathrm{T}}\alpha HM(v^k - \tilde{v}^k), \quad \forall w \in \Omega. \quad (5.3.2)$$

利用校正公式 (5.1.2), 我们有

$$\alpha M(v^k - \tilde{v}^k) = v^k - v^{k+1}.$$

以此代入 (5.3.2) 的右端就得到

$$\alpha\{\theta(u) - \theta(\tilde{u}^k) + (w - \tilde{w}^k)^{\mathrm{T}} F(\tilde{w}^k)\} \geqslant (v - \tilde{v}^k)^{\mathrm{T}} H(v^k - v^{k+1}), \quad \forall w \in \Omega. \quad (5.3.3)$$

对上式右端的 $(v - \tilde{v}^k)^{\mathrm{T}} H(v^k - v^{k+1})$, 利用恒等式

$$(a - b)^{\mathrm{T}} H(c - d) = \frac{1}{2}\{\|a - d\|_H^2 - \|a - c\|_H^2\} + \frac{1}{2}\{\|b - c\|_H^2 - \|b - d\|_H^2\}, \quad (5.3.4)$$

并令其中的 $a = v$, $b = \tilde{v}^k$, $c = v^k$ 和 $d = v^{k+1}$, 就有

$$(v - \tilde{v}^k)^{\mathrm{T}} H(v^k - v^{k+1})$$

$$= \frac{1}{2}\left(\|v - v^{k+1}\|_H^2 - \|v - v^k\|_H^2\right) + \frac{1}{2}\left(\|\tilde{v}^k - v^k\|_H^2 - \|\tilde{v}^k - v^{k+1}\|_H^2\right). \quad (5.3.5)$$

对 (5.3.5) 右端后一个圆括号中的部分利用校正公式 (5.1.2), 就得到

$$\|v^k - \tilde{v}^k\|_H^2 - \|v^{k+1} - \tilde{v}^k\|_H^2$$

$$\overset{(5.1.2)}{=} \|v^k - \tilde{v}^k\|_H^2 - \|(v^k - \tilde{v}^k) - \alpha M(v^k - \tilde{v}^k)\|_H^2$$

$$= 2\alpha(v^k - \tilde{v}^k)^{\mathrm{T}} HM(v^k - \tilde{v}^k) - \alpha^2\|M(v^k - \tilde{v}^k)\|_H^2$$

$$\overset{(5.1.3a)}{=} \alpha(v^k - \tilde{v}^k)^{\mathrm{T}}(Q^{\mathrm{T}} + Q - \alpha M^{\mathrm{T}} HM)(v^k - \tilde{v}^k)$$

$$\overset{(5.1.3b)}{=} \alpha\|v^k - \tilde{v}^k\|_G^2. \quad (5.3.6)$$

将 (5.3.5) 和 (5.3.6) 代入 (5.3.3), 就得到定理的结论. □

定理 5.1 的证明中用到的恒等式 (5.3.4) 虽然很初等, 却非常关键. 这个恒等式也被 A. Beck 在他的专著[1] 中借用 (见该书 428~429 页) 并予以特别标注. 由于 v^* 表示 w^* 的核心变量部分, 我们记 $\mathcal{V}^* = \{v^*|w^* \in \Omega^*\}$. 利用定理 5.1, 可以马上得到序列 $\{\|v^k - v^*\|_H^2\}$ 的收缩性质.

定理 5.2 用统一框架的算法求解变分不等式 (5.0.1), 分别以 (5.1.1) 预测和 (5.1.2) 校正生成迭代序列 $\{\tilde{w}^k\}$, $\{v^k\}$. 如果条件 (5.1.3) 成立, 那么有

$$\|v^{k+1} - v^*\|_H^2 \leqslant \|v^k - v^*\|_H^2 - \alpha\|v^k - \tilde{v}^k\|_G^2, \quad \forall v^* \in \mathcal{V}^*. \quad (5.3.7)$$

证明 将 (5.3.1) 中任意的 $w \in \Omega$ 用任意固定的解点 w^* 代入, 我们得到

$$\|v^k - v^*\|_H^2 - \|v^{k+1} - v^*\|_H^2$$

$$\geqslant \alpha\|v^k - \tilde{v}^k\|_G^2 + 2\alpha\{\theta(\tilde{u}^k) - \theta(u^*) + (\tilde{w}^k - w^*)^{\mathrm{T}} F(\tilde{w}^k)\}. \quad (5.3.8)$$

利用 $(\tilde{w}^k - w^*)^{\mathrm{T}} F(\tilde{w}^k) = (\tilde{w}^k - w^*)^{\mathrm{T}} F(w^*)$ (见(1.2.27)) 和 w^* 是最优点的性质, 就有

$$\theta(\tilde{u}^k) - \theta(u^*) + (\tilde{w}^k - w^*)^{\mathrm{T}} F(\tilde{w}^k) = \theta(\tilde{u}^k) - \theta(u^*) + (\tilde{w}^k - w^*)^{\mathrm{T}} F(w^*) \geqslant 0.$$

因此从 (5.3.8) 得到

$$\|v^k - v^*\|_H^2 - \|v^{k+1} - v^*\|_H^2 \geqslant \alpha \|v^k - \tilde{v}^k\|_G^2.$$

这就是我们要的 (5.3.7). $\qquad\square$

我们把 (5.3.7) 叫做收缩不等式, 把 (5.1.3) 中的 H 和 G 分别称为范数矩阵和效益矩阵. 当 Q 本身是对称矩阵的时候, 我们记 $Q = H$, 采用平凡的松弛校正 (见定义 5.2) 时, $G = (2 - \alpha)H$, 收缩不等式就简化成

$$\|v^{k+1} - v^*\|_H^2 \leqslant \|v^k - v^*\|_H^2 - \alpha(2 - \alpha)\|v^k - \tilde{v}^k\|_H^2, \quad \forall v^* \in \mathcal{V}^*.$$

或者等价的

$$\|v^{k+1} - v^*\|_H^2 \leqslant \|v^k - v^*\|_H^2 - \frac{2 - \alpha}{\alpha}\|v^k - v^{k+1}\|_H^2, \quad \forall v^* \in \mathcal{V}^*. \qquad (5.3.9)$$

定理 5.2 的结论是统一框架算法收敛的关键. 收缩不等式 (5.3.7) 和 PPA 算法的收缩不等式 (1.3.13) 有类似的形式, 因此这个统一框架提供的算法也可以看作 PPA 算法的延伸与发展. 利用定理 5.1 还可以得到算法收敛速率方面的性质[78,80], 有兴趣的读者可以在文献 [119] 中查到相关的论述.

5.3.2 采用计算步长校正的算法收敛性

采用计算步长的校正方法, 根据 (5.1.7), v^{k+1} 依赖步长 α_k. 我们定义

$$v_\alpha^{k+1} = v^k - \alpha M(v^k - \tilde{v}^k),$$

然而考察

$$\vartheta_k(\alpha) = \|v^k - v^*\|_H^2 - \|v_\alpha^{k+1} - v^*\|_H^2, \qquad (5.3.10)$$

利用 (5.2.16) 和 $HM = Q$, 就有

$$\vartheta_k(\alpha) = \|v^k - v^*\|_H^2 - \|(v^k - v^*) - \alpha M(v^k - \tilde{v}^k)\|_H^2$$

$$= 2\alpha(v^k - v^*)^{\mathrm{T}} Q(v^k - \tilde{v}^k) - \alpha^2 \|M(v^k - \tilde{v}^k)\|_H^2$$

$$\overset{(5.2.16)}{\geqslant} 2\alpha(v^k - \tilde{v}^k)^{\mathrm{T}} Q(v^k - \tilde{v}^k) - \alpha^2 \|M(v^k - \tilde{v}^k)\|_H^2$$

$$=: q_k(\alpha). \tag{5.3.11}$$

注意到 $q_k(\alpha)$ 是 α 的二次函数并在

$$\alpha_k^* = \frac{(v^k - \tilde{v}^k)^{\mathrm{T}} Q(v^k - \tilde{v}^k)}{\|M(v^k - \tilde{v}^k)\|_H^2} = \frac{(v^k - \tilde{v}^k)^{\mathrm{T}} Q(v^k - \tilde{v}^k)}{(v^k - \tilde{v}^k)^{\mathrm{T}} M^{\mathrm{T}} Q(v^k - \tilde{v}^k)}$$

取到最大值, 这里的 α_k^* 刚好就是 (5.1.8b) 中定义的. 取步长 $\alpha_k = \gamma \alpha_k^*$ 的时候, 利用

$$\alpha_k^* (v^k - \tilde{v}^k)^{\mathrm{T}} M^{\mathrm{T}} Q(v^k - \tilde{v}^k) = (v^k - \tilde{v}^k)^{\mathrm{T}} Q(v^k - \tilde{v}^k)$$

推得

$$\vartheta_k(\alpha_k) \geqslant q_k(\alpha_k) = q_k(\gamma \alpha_k^*) = \gamma(2 - \gamma) \alpha_k^* (v^k - \tilde{v}^k)^{\mathrm{T}} Q(v^k - \tilde{v}^k).$$

根据上面的分析, 就有下面的收缩性质的定理.

定理 5.3　用统一框架的算法求解变分不等式 (5.0.1), 分别以 (5.1.1) 预测和 (5.1.7) 校正生成迭代序列 $\{\tilde{w}^k\}$, $\{v^k\}$. 如果条件 (5.1.8) 成立, 那么有

$$\|v^{k+1} - v^*\|_H^2 \leqslant \|v^k - v^*\|_H^2 - \frac{\gamma(2 - \gamma)}{2} \alpha_k^* \|v^k - \tilde{v}^k\|_{(Q^{\mathrm{T}} + Q)}^2, \quad \forall v^* \in \mathcal{V}^*. \tag{5.3.12}$$

由于 $\tilde{w}^k$ 是变分不等式 (5.0.1) 解的充分必要条件是 $v^k = \tilde{v}^k$, 定理 5.2 (或者定理 5.3) 的结论就保证了统一框架的算法收敛. 注意到两种方法采用同样的预测 (有同样的 Q), 校正中也用同样的 M(因而有同样的 H), 不同的只是取固定步长和计算步长. 后面, 我们每提出或介绍一个方法, 只要验证固定步长算法的收敛条件 (5.1.3). 由 (5.1.8b) 得知, α_k^* 有界, 如果采用固定步长校正的算法是收敛的, 对应的计算步长校正的算法同样是收敛的.

在定理 5.1 中, 我们证明了关系式 (5.3.1). 保留式中任意的 $w \in \Omega$, 主要是为了这一章 5.4 节收敛速率证明的需要. 仅仅为了证明定理 5.2 中的 (5.3.7) (或者定理 5.3 中的 (5.3.12)), 我们可以直接从 (5.3.3) 开始, 以 $w = w^*$ 代入, 就得到

$$(v^k - v^{k+1})^{\mathrm{T}} H(\tilde{v}^k - v^*) \geqslant \alpha\{\theta(\tilde{u}^k) - \theta(u^*) + (\tilde{w}^k - w^*)^{\mathrm{T}} F(\tilde{w}^k)\}.$$

由 $(\tilde{w}^k - w^*)^{\mathrm{T}} F(\tilde{w}^k) = (\tilde{w}^k - w^*)^{\mathrm{T}} F(\tilde{w}^*)$, 上式右端非负, 我们就有

$$(v^k - v^{k+1})^{\mathrm{T}} H(\tilde{v}^k - v^*) \geqslant 0, \quad \forall v^* \in \mathcal{V}^*. \tag{5.3.13}$$

在恒等式

$$(a - b)^{\mathrm{T}} H(c - d) = \frac{1}{2}\{\|a - d\|_H^2 - \|b - d\|_H^2\} - \frac{1}{2}\{\|a - c\|_H^2 - \|b - c\|_H^2\}$$

中令 $a = v^k$, $b = v^{k+1}$, $c = \tilde{v}^k$ 和 $d = v^*$, 就有

$$(v^k - v^{k+1})^{\mathrm{T}} H(\tilde{v}^k - v^*)$$

$$= \frac{1}{2} \left(\|v^k - v^*\|_H^2 - \|v^{k+1} - v^*\|_H^2 \right) - \frac{1}{2} \left(\|v^k - \tilde{v}^k\|_H^2 - \|v^{k+1} - \tilde{v}^k\|_H^2 \right).$$

再根据 (5.3.13), 有

$$\|v^k - v^*\|_H^2 - \|v^{k+1} - v^*\|_H^2 \geqslant \|v^k - \tilde{v}^k\|_H^2 - \|v^{k+1} - \tilde{v}^k\|_H^2. \tag{5.3.14}$$

这里的 v^{k+1} 由 (5.1.2) 或者 (5.1.7) 给出.

当 v^{k+1} 由固定步长的 (5.1.2) 给出的时候, 根据 (5.3.6),

$$\|v^k - \tilde{v}^k\|_H^2 - \|v^{k+1} - \tilde{v}^k\|_H^2 = \alpha \|v^k - \tilde{v}^k\|_G^2.$$

将其代入 (5.3.14), 就得到定理 5.2 的结论. 当 v^{k+1} 由计算步长的 (5.1.7) 给出的时候, 我们把 (5.3.14) 的右端记为 $q_k(\alpha)$, 那么, 利用 $HM = Q$ 就有

$$q_k(\alpha) = \|v^k - \tilde{v}^k\|_H^2 - \|v^{k+1} - \tilde{v}^k\|_H^2$$

$$= \|v^k - \tilde{v}^k\|_H^2 - \|(v^k - \tilde{v}^k) - \alpha M(v^k - \tilde{v}^k)\|_H^2$$

$$= 2\alpha(v^k - \tilde{v}^k)HM(v^k - \tilde{v}^k) - \alpha^2 \|M(v^k - \tilde{v}^k)\|_H^2.$$

这个 $q_k(\alpha)$ 和 (5.3.11) 中的 $q_k(\alpha)$ 完全一样. 由此得到校正的计算步长法则.

5.4 统一框架下算法的迭代复杂性

我们分别讨论算法在遍历意义下的迭代复杂性和点列意义下的迭代复杂性.

5.4.1 遍历意义下的迭代复杂性

为了证明算法遍历意义下的迭代复杂性, 我们需要对变分不等式 (5.0.1) 的解集做新的刻画. 由于 (5.0.1) 中的仿射算子 F 恰有

$$(w - w^*)^{\mathrm{T}} F(w^*) = (w - w^*)^{\mathrm{T}} F(w),$$

变分不等式问题

$$w^* \in \Omega, \quad \theta(u) - \theta(u^*) + (w - w^*)^{\mathrm{T}} F(w^*) \geqslant 0, \quad \forall\, w \in \Omega$$

和

$$w^* \in \Omega, \quad \theta(u) - \theta(u^*) + (w - w^*)^{\mathrm{T}} F(w) \geqslant 0, \quad \forall\, w \in \Omega$$

是等价的. 我们用后者定义变分不等式 (5.0.1) 的近似解. 对给定的 $\epsilon > 0$, 如果 $\tilde{w}$ 满足

$$\tilde{w} \in \Omega, \quad \theta(u) - \theta(\tilde{u}) + (w - \tilde{w})^{\mathrm{T}} F(w) \geqslant -\epsilon, \quad \forall\, w \in \mathcal{D}_{(\tilde{w})}, \tag{5.4.1a}$$

其中

$$\mathcal{D}_{(\tilde{w})} = \{w \in \Omega \,|\, \|w - \tilde{w}\| \leqslant 1\}, \tag{5.4.1b}$$

就叫做变分不等式 (5.0.1) 的 ϵ-近似解. (5.4.1) 可以等价地表示成

$$\tilde{w} \in \Omega, \quad \sup_{w \in \mathcal{D}_{(\tilde{w})}} \big\{\theta(\tilde{u}) - \theta(u) + (\tilde{w} - w)^{\mathrm{T}} F(w)\big\} \leqslant \epsilon. \tag{5.4.2}$$

人们感兴趣的是: 对给定的 $\epsilon > 0$, 经过多少次迭代, 能够得到一个 $\tilde{w} \in \Omega$, 使得 (5.4.2) 成立.

定理 5.1 也是证明遍历意义迭代复杂性的基础. 利用 F 的单调性, 有

$$(w - \tilde{w}^k)^{\mathrm{T}} F(w) \geqslant (w - \tilde{w}^k)^{\mathrm{T}} F(\tilde{w}^k).$$

将此代入 (5.3.1), 在矩阵 G 半正定的时候就能得到

$$\alpha \big\{\theta(u) - \theta(\tilde{u}^k) + (w - \tilde{w}^k)^{\mathrm{T}} F(w)\big\} \geqslant \frac{1}{2}(\|v - v^{k+1}\|_H^2 - \|v - v^k\|_H^2), \quad \forall\, w \in \Omega,$$

所以有

$$\big\{\theta(\tilde{u}^k) - \theta(u) + (\tilde{w}^k - w)^{\mathrm{T}} F(w)\big\} + \frac{1}{2\alpha}\|v - v^{k+1}\|_H^2 \leqslant \frac{1}{2\alpha}\|v - v^k\|_H^2, \quad \forall\, w \in \Omega. \tag{5.4.3}$$

定理 5.4　用统一框架的算法求解变分不等式 (5.0.1), 分别以 (5.1.1) 预测和 (5.1.2) 校正生成的序列, 条件 (5.1.3) (此时 G 只要求半正定) 成立. 那么, 对任意的正整数 $t > 0$ 有

$$\theta(\tilde{u}_t) - \theta(u) + (\tilde{w}_t - w)^{\mathrm{T}} F(w) \leqslant \frac{1}{2\alpha(t+1)}\|v - v^0\|_H^2, \quad \forall\, w \in \Omega, \tag{5.4.4}$$

其中

$$\tilde{w}_t = \frac{1}{t+1} \sum_{k=0}^{t} \tilde{w}^k. \tag{5.4.5}$$

证明　由于 $\tilde{w}_t$ 是 $\tilde{w}^0, \tilde{w}^1, \cdots, \tilde{w}^t$ 的凸组合, 因此 $\tilde{w}_t \in \Omega$ 是显然的. 对不等式 (5.4.3) 按 $k = 0, 1, \cdots, t$ 累加, 得到

$$\sum_{k=0}^{t} \theta(\tilde{u}^k) - (t+1)\theta(u) + \left(\sum_{k=0}^{t} \tilde{w}^k - (t+1)w\right)^{\mathrm{T}} F(w) \leqslant \frac{1}{2\alpha}\|v - v^0\|_H^2, \quad \forall\, w \in \Omega.$$

利用 $\tilde{w}_t$ 的表达式, 这就可以写成

$$\frac{1}{t+1}\sum_{k=0}^{t}\theta(\tilde{u}^k)-\theta(u)+(\tilde{w}_t-w)^{\mathrm{T}}F(w)\leqslant\frac{1}{2\alpha(t+1)}\|v-v^0\|_H^2,\quad\forall w\in\Omega. \quad(5.4.6)$$

因为 $\theta(u)$ 是凸函数, 利用 Jensen 不等式 (见引理 1.1) 有

$$\tilde{u}_t=\frac{1}{t+1}\sum_{k=0}^{t}\tilde{u}^k,\quad\text{就有}\quad\theta(\tilde{u}_t)\leqslant\frac{1}{t+1}\sum_{k=0}^{t}\theta(\tilde{u}^k).$$

将它代入 (5.4.6), 定理的结论就马上得到. $\qquad\qquad\square$

将 (5.4.4) 中任意的 $w\in\Omega$ 设成任意的解点 w^*, 就有

$$\theta(\tilde{u}_t)-\theta(u^*)+(\tilde{w}_t-w^*)^{\mathrm{T}}F(w^*)\leqslant\frac{1}{2\alpha(t+1)}\|v^0-v^*\|_H^2,\ \forall w^*\in\Omega^*, \quad(5.4.7)$$

其中 $\tilde{w}_t$ 是由 (5.4.5) 给出的.

对于凸优化问题 (1.2.21), 假设它有解. 它的 Lagrange 函数

$$L(u,\lambda)=\theta(u)-\lambda^{\mathrm{T}}(\mathcal{A}u-b)$$

的鞍点 $(u^*,\lambda^*)\in\mathcal{U}\times\Lambda$ 满足

$$L(u^*,\lambda)\leqslant L(u^*,\lambda^*)\leqslant L(u,\lambda^*),\quad\forall(u,\lambda)\in\mathcal{U}\times\Lambda.$$

鞍点等价于变分不等式

$$w^*\in\Omega,\quad\theta(u)-\theta(u^*)+(w-w^*)^{\mathrm{T}}F(w^*)\geqslant0,\quad\forall w\in\Omega, \quad(5.4.8\mathrm{a})$$

其中

$$w=\begin{pmatrix}u\\\lambda\end{pmatrix},\quad F(w)=\begin{pmatrix}-\mathcal{A}^{\mathrm{T}}\lambda\\\mathcal{A}u-b\end{pmatrix},\quad\Omega=\mathcal{U}\times\Lambda. \quad(5.4.8\mathrm{b})$$

对任意的 $w=(u,\lambda)\in\Omega$ 和 $w^*=(u^*,\lambda^*)\in\Omega^*$, 下面的非负数

$$L(u,\lambda^*)-L(u^*,\lambda)$$

称为对偶差. 如果对偶差不大于给定的 $\epsilon>0$, 这个属于 Ω 的 w 就是一个近似解. 如同预备知识一章推导的那样, 我们有

$$L(u,\lambda^*)-L(u^*,\lambda)=[L(u,\lambda^*)-L(u^*,\lambda^*)]+[L(u^*,\lambda^*)-L(u^*,\lambda)]$$

$$= \theta(u) - \theta(u^*) + (w - w^*)^{\mathrm{T}} F(w^*) \geqslant 0.$$

对给定的 $\epsilon > 0$, 如果 $w \in \Omega$ 满足

$$\theta(u) - \theta(u^*) + (w - w^*)^{\mathrm{T}} F(w^*) \leqslant \epsilon, \quad \forall w^* \in \Omega^*,$$

那么 w 就是 ϵ-近似解. 因此, 结论 (5.4.4) 和 (5.4.7) 表示统一框架里的方法能够以 $O(1/t)$ 的速率给出一个近似解 $\tilde{w}_t$, 其中 t 是迭代次数. 注意到, 证明遍历意义下的 $O(1/t)$ 收敛速率, 我们只需要矩阵 $G \succeq 0$ (见 (5.1.3b) 和 (5.3.1)). 更多的相关知识, 可参阅文献 [58, 78].

5.4.2　点列意义下的迭代复杂性

我们只对固定步长的预测-校正方法给出点列意义下的收敛性. 首先证明以下事实: 方法产生的序列 $\{\|v^k - v^{k+1}\|_H\}$ 是单调不增的.

定理 5.5　用统一框架的算法求解变分不等式 (5.0.1), 分别以 (5.1.1) 预测和 (5.1.2) 校正生成迭代序列 $\{\tilde{w}^k\}$, $\{v^k\}$. 如果条件 (5.1.3) 成立, 那么有

$$\|v^{k+1} - v^{k+2}\|_H \leqslant \|v^k - v^{k+1}\|_H. \tag{5.4.9}$$

证明　首先, 我们证明

$$(v^k - v^{k+1})^{\mathrm{T}} H\{(v^k - v^{k+1}) - (v^{k+1} - v^{k+2})\}$$
$$\geqslant \frac{\alpha}{2} \|(v^k - \tilde{v}^k) - (v^{k+1} - \tilde{v}^{k+1})\|_{(Q^{\mathrm{T}}+Q)}^2. \tag{5.4.10}$$

将 (5.1.1) 中的 w 设为 $\tilde{w}^{k+1}$, 我们有

$$\theta(\tilde{u}^{k+1}) - \theta(\tilde{u}^k) + (\tilde{w}^{k+1} - \tilde{w}^k)^{\mathrm{T}} F(\tilde{w}^k) \geqslant (\tilde{v}^{k+1} - \tilde{v}^k)^{\mathrm{T}} Q(v^k - \tilde{v}^k). \tag{5.4.11}$$

注意到 (5.1.1) 中的 k 改为 $k+1$, 就有

$$\theta(u) - \theta(\tilde{u}^{k+1}) + (w - \tilde{w}^{k+1})^{\mathrm{T}} F(\tilde{w}^{k+1}) \geqslant (v - \tilde{v}^{k+1})^{\mathrm{T}} Q(v^{k+1} - \tilde{v}^{k+1}), \quad \forall w \in \Omega.$$

将上面不等式中的 w 设为 $\tilde{w}^k$, 我们得到

$$\theta(\tilde{u}^k) - \theta(\tilde{u}^{k+1}) + (\tilde{w}^k - \tilde{w}^{k+1})^{\mathrm{T}} F(\tilde{w}^{k+1}) \geqslant (\tilde{v}^k - \tilde{v}^{k+1})^{\mathrm{T}} Q(v^{k+1} - \tilde{v}^{k+1}). \tag{5.4.12}$$

将 (5.4.11) 和 (5.4.12) 加在一起并利用 (1.2.27), 就得到

$$(\tilde{v}^k - \tilde{v}^{k+1})^{\mathrm{T}} Q\{(v^k - \tilde{v}^k) - (v^{k+1} - \tilde{v}^{k+1})\} \geqslant 0.$$

对上式两边加上

$$\{(v^k - \tilde{v}^k) - (v^{k+1} - \tilde{v}^{k+1})\}^{\mathrm{T}} Q\{(v^k - \tilde{v}^k) - (v^{k+1} - \tilde{v}^{k+1})\},$$

并利用 $v^{\mathrm{T}} Q v = \dfrac{1}{2} v^{\mathrm{T}}(Q^{\mathrm{T}} + Q)v$, 我们得到

$$(v^k - v^{k+1})^{\mathrm{T}} Q\{(v^k - \tilde{v}^k) - (v^{k+1} - \tilde{v}^{k+1})\}$$

$$\geqslant \frac{1}{2} \|(v^k - \tilde{v}^k) - (v^{k+1} - \tilde{v}^{k+1})\|_{(Q^{\mathrm{T}}+Q)}^2.$$

对上式左端利用 $Q = HM$ 和 $M(v^k - \tilde{v}^k) = \dfrac{1}{\alpha}(v^k - v^{k+1})$, 就得到 (5.4.10).

现在我们计算

$$\|v^k - v^{k+1}\|_H^2 - \|v^{k+1} - v^{k+2}\|_H^2.$$

以 $a = (v^k - v^{k+1})$ 和 $b = (v^{k+1} - v^{k+2})$ 代入恒等式

$$\|a\|_H^2 - \|b\|_H^2 = 2a^{\mathrm{T}} H(a - b) - \|a - b\|_H^2,$$

就有

$$\|v^k - v^{k+1}\|_H^2 - \|v^{k+1} - v^{k+2}\|_H^2$$

$$= 2(v^k - v^{k+1})^{\mathrm{T}} H[(v^k - v^{k+1}) - (v^{k+1} - v^{k+2})]$$

$$- \|(v^k - v^{k+1}) - (v^{k+1} - v^{k+2})\|_H^2.$$

利用 (5.4.10) 替换上面恒等式右端的第一项, 得到

$$\|v^k - v^{k+1}\|_H^2 - \|v^{k+1} - v^{k+2}\|_H^2$$

$$\geqslant \alpha \|(v^k - \tilde{v}^k) - (v^{k+1} - \tilde{v}^{k+1})\|_{(Q^{\mathrm{T}}+Q)}^2 - \|(v^k - v^{k+1}) - (v^{k+1} - v^{k+2})\|_H^2$$

$$= \alpha \|(v^k - \tilde{v}^k) - (v^{k+1} - \tilde{v}^{k+1})\|_{(Q^{\mathrm{T}}+Q-\alpha M^{\mathrm{T}} H M)}^2. \tag{5.4.13}$$

上面最后一个等式是利用了 $(v^k - v^{k+1}) = \alpha M(v^k - \tilde{v}^k)$, 从而得到

$$\|(v^k - v^{k+1}) - (v^{k+1} - v^{k+2})\|_H^2 = \alpha^2 \|(v^k - \tilde{v}^k) - (v^{k+1} - \tilde{v}^{k+1})\|_{M^{\mathrm{T}} H M}^2.$$

由于 (见(5.1.3b))

$$(Q^{\mathrm{T}} + Q) - \alpha M^{\mathrm{T}} H M = G \succ 0,$$

从 (5.4.13) 直接得到 (5.4.9). □

有了 (5.4.9), 我们就可以证明算法点列意义下的收敛性质.

定理 5.6　用统一框架的算法求解变分不等式 (5.0.1), 分别以 (5.1.1) 预测和 (5.1.2) 校正生成迭代序列 $\{\tilde{w}^k\}$, $\{v^k\}$. 如果条件 (5.1.3) 成立, 那么对所有的正整数 $t > 0$, 都有

$$\|v^t - v^{t+1}\|_H^2 \leqslant \frac{1}{t+1} \left(\frac{\alpha}{\alpha_{\max} - \alpha} \right) \|v^0 - v^*\|_H^2, \tag{5.4.14}$$

其中 α 和 $\alpha_{\max}$ 分别由 (5.1.3b) 和 (5.1.4) 给出.

证明　首先, 根据 (5.1.5), 我们有

$$\|v^k - \tilde{v}^k\|_G^2 \geqslant (\alpha_{\max} - \alpha) \|v^k - \tilde{v}^k\|_{M^\mathrm{T} HM}^2 = (\alpha_{\max} - \alpha) \|M(v^k - \tilde{v}^k)\|_H^2$$

$$= \frac{1}{\alpha^2} (\alpha_{\max} - \alpha) \|v^k - v^{k+1}\|_H^2.$$

将此代入定理 5.2 中的 (5.3.7), 我们就得到

$$\|v^{k+1} - v^*\|_H^2 \leqslant \|v^k - v^*\|_H^2 - \frac{\alpha_{\max} - \alpha}{\alpha} \|v^k - v^{k+1}\|_H^2, \quad \forall v^* \in \mathcal{V}^*. \tag{5.4.15}$$

从上式得到

$$\frac{\alpha_{\max} - \alpha}{\alpha} \sum_{k=0}^{\infty} \|v^k - v^{k+1}\|_H^2 \leqslant \|v^0 - v^*\|_H^2, \quad \forall v^* \in \mathcal{V}^*.$$

也就是

$$\sum_{k=0}^{\infty} \|v^k - v^{k+1}\|_H^2 \leqslant \frac{\alpha}{\alpha_{\max} - \alpha} \|v^0 - v^*\|_H^2, \quad \forall v^* \in \mathcal{V}^*. \tag{5.4.16}$$

根据 (5.4.9), 序列 $\{\|v^k - v^{k+1}\|_H^2\}$ 是单调不增的, 所以有

$$(t+1)\|v^t - v^{t+1}\|_H^2 \leqslant \sum_{k=0}^{t} \|v^k - v^{k+1}\|_H^2. \tag{5.4.17}$$

该定理的结论 (5.4.14) 可以从 (5.4.16) 和 (5.4.17) 直接得到.　　　　□

统一框架的算法中, 我们也可以把 $\|v^k - v^{k+1}\|_H^2$ 看成一种误差度量. 定理 5.6 告诉我们, $\|v^k - v^{k+1}\|_H^2$ 有 $O(1/t)$ 的收敛速率. 关于变分不等式框架下分裂收缩算法收敛速率的结论都可参阅文献 [68,81].

5.5　合格预测确定后选取校正矩阵的通用法则

分裂收缩算法统一框架的预测公式 (5.1.1) 的数学形式是

$$\tilde{w}^k \in \Omega, \quad \theta(u) - \theta(\tilde{u}^k) + (w - \tilde{w}^k)^\mathrm{T} F(\tilde{w}^k) \geqslant (v - \tilde{v}^k)^\mathrm{T} Q(v^k - \tilde{v}^k), \quad \forall w \in \Omega. \tag{5.5.1}$$

一个合格预测中, Q 不一定对称, 但是 $Q^{\mathrm{T}} + Q$ 正定. 当 Q 不是对称矩阵的时候, 接下来无论采用固定步长还是计算步长的校正, 都要给出一个非奇异矩阵 M, 对这个 M, 需要有正定矩阵 H, 使得 $HM = Q$. 最简单的当然是取 $M = Q$, 这时 H 为单位矩阵, 但是这往往会使满足收敛条件 (5.1.3) 的校正步长 α 相当小, 因此影响方法的收敛速度. 如何选择校正矩阵 M, 5.2 节介绍了一些例子. 我们需要更一般的原则.

根据合格预测中满足 $Q^{\mathrm{T}} + Q \succ 0$ 的矩阵 Q, 不失一般性, 可以研究单位步长 ($\alpha = 1$) 的校正

$$v^{k+1} = v^k - M(v^k - \tilde{v}^k). \tag{5.5.2}$$

对其中校正矩阵 M 的取法, 我们给出一些一般原则. 首先, 当 $\alpha = 1$ 时, 收敛性条件 (5.1.3) 变成了下面的:

采用单位步长校正的收敛性条件.

对预测公式 (5.1.1) 中的矩阵 Q 和校正公式 (5.5.2) 中的非奇异矩阵 M, 有正定矩阵

$$H \succ 0 \quad 使得 \quad HM = Q. \tag{5.5.3a}$$

此外, 能够保证

$$G = Q^{\mathrm{T}} + Q - M^{\mathrm{T}} H M \succ 0. \tag{5.5.3b}$$

根据定理 5.2, 这样产生新的迭代点满足的相应的收缩不等式是

$$\|v^{k+1} - v^*\|_H^2 \leqslant \|v^k - v^*\|_H^2 - \|v^k - \tilde{v}^k\|_G^2, \quad \forall v^* \in \mathcal{V}^*, \tag{5.5.4}$$

其中 H 和 G 分别是范数矩阵和效益矩阵.

根据收敛性条件我们做如下分析: 因为需要 $HM = Q$, 就要有

$$H = QM^{-1}. \tag{5.5.5}$$

H 要正定, 它首先必须对称, H 必须是

$$H = QD^{-1}Q^{\mathrm{T}} \tag{5.5.6}$$

这种形式, 其中 D 是一个待定的对称正定矩阵. 比照一下 (5.5.5) 和 (5.5.6), 必须有

$$M = Q^{-\mathrm{T}}D. \tag{5.5.7}$$

对任意的正定矩阵 D, 由 (5.5.6) 和 (5.5.7), $HM = Q$ 成立. 至此, 我们还没有确定 D 的具体形式. 由于

$$M^{\mathrm{T}} H M = \left(DQ^{-1}\right)\left(QD^{-1}Q^{\mathrm{T}}\right)\left(Q^{-\mathrm{T}}D\right) = D, \tag{5.5.8}$$

根据条件 (5.5.3b), 必须有

$$0 \prec D \prec Q^{\mathrm{T}} + Q. \tag{5.5.9}$$

基于上面的分析, 收敛条件 (5.5.3) 可以通过先选矩阵 D 满足条件 (5.5.9), 然后由 (5.5.7) 给出校正矩阵 M, 配上 (5.5.6) 给出的正定矩阵 H, 收敛性条件 (5.5.3) 就得到满足.

定理 5.7　设预测矩阵 Q 满足条件 $Q^{\mathrm{T}} + Q \succ 0$ 并且正定矩阵 D 符合条件 (5.5.9). 如果校正矩阵 M 和范数矩阵 H 分别由 (5.5.7) 和 (5.5.6) 给出, 那么 (5.5.3) 中的条件全部满足. 收缩不等式 (5.5.4) 中效益矩阵

$$G = Q^{\mathrm{T}} + Q - D. \tag{5.5.10}$$

证明　证明的过程就是上面分析的过程. 在 $Q^{\mathrm{T}} + Q \succ 0$ 的前提下, 由 (5.5.9), 矩阵 H 和 G 都正定. 由 (5.5.6) 和 (5.5.7) 直接得到 (5.5.3a). 由 (5.5.8) 和 (5.5.9), 条件 (5.5.3b) 满足. 收缩不等式 (5.5.4) 成立.　　　　□

如何给出满足收敛性条件 (5.5.3) 的校正矩阵 M? 利用下面的等价关系:

$$
\begin{cases}
\text{合格预测的矩阵 } Q \text{ 满足 } Q^{\mathrm{T}} + Q \succ 0. \\
\text{收敛条件(5.5.3)要求选择矩阵 } M: \\
\text{存在 } H \succ 0, \text{ 使得 } HM = Q, \text{ 并且} \\
G = Q^{\mathrm{T}} + Q - M^{\mathrm{T}} H M \succ 0
\end{cases}
\iff
\begin{cases}
D \succ 0, \quad G \succ 0, \\
D + G = Q^{\mathrm{T}} + Q, \\
M^{\mathrm{T}} H M = D, \\
HM = Q
\end{cases}
$$

$$
\iff
\begin{cases}
D \succ 0, \quad G \succ 0, \\
D + G = Q^{\mathrm{T}} + Q, \\
Q^{\mathrm{T}} M = D, \\
HM = Q
\end{cases}
\iff
\begin{cases}
D \succ 0, \quad G \succ 0, \\
D + G = Q^{\mathrm{T}} + Q, \\
M = Q^{-\mathrm{T}} D, \\
H = Q D^{-1} Q^{\mathrm{T}}.
\end{cases} \tag{5.5.11}
$$

有了预测矩阵 Q, 就可以选定 D, 使其满足 $0 \prec D \prec Q^{\mathrm{T}} + Q$. 校正矩阵 $M = Q^{-\mathrm{T}} D$ 就能够得到, 矩阵 H 是不必计算的. 利用上面的等价关系, 我们从定理 5.2 和定理 5.5 得到如下的结论.

定理 5.8　设 (5.1.1) 中的预测矩阵 Q 满足 $Q^{\mathrm{T}} + Q \succ 0$. 若将 $Q^{\mathrm{T}} + Q$ 分拆成

$$D \succ 0, \quad G \succ 0, \quad D + G = Q^{\mathrm{T}} + Q,$$

再令

$$M = Q^{-\mathrm{T}} D \quad \text{和} \quad H = Q D^{-1} Q^{\mathrm{T}}.$$

则收敛性条件 (5.5.3) 满足. 由单位步长校正

$$v^{k+1} = v^k - M(v^k - \tilde{v}^k)$$

产生的新的迭代点满足

$$\|v^{k+1} - v^*\|_H^2 \leqslant \|v^k - v^*\|_H^2 - \|v^k - \tilde{v}^k\|_G^2 \tag{5.5.12a}$$

和

$$\|v^{k+1} - v^{k+2}\|_H^2 \leqslant \|v^k - v^{k+1}\|_H^2. \tag{5.5.12b}$$

证明　由单位步长统一框架的等价性条件 (5.5.11), 由结论 (5.3.7) 得到 (5.5.12a). 定理的另一个结论 (5.5.12b), 对统一框架中所有固定步长的方法都成立 (见 (5.4.9)).　□

对于根据 (5.5.9) 由 (5.5.7) 给出的校正矩阵 M, 我们也可以采用计算步长的校正公式 (见(5.1.7)) 进行校正, 得到定理 5.3 相应的结论.

定理 5.9　设矩阵 Q, D, M, H 如定理 5.8 中给出. 算法的校正公式为

$$v^{k+1} = v^k - \gamma \alpha_k^* M(v^k - \tilde{v}^k), \quad \gamma \in (0, 2), \tag{5.5.13a}$$

其中

$$\alpha_k^* = \frac{1}{2} \cdot \frac{(v^k - \tilde{v}^k)^{\mathrm{T}}(Q^{\mathrm{T}} + Q)(v^k - \tilde{v}^k)}{\|v^k - \tilde{v}^k\|_D^2}. \tag{5.5.13b}$$

这时生成的序列具有定理 5.3 中的结论

$$\|v^{k+1} - v^*\|_H^2 \leqslant \|v^k - v^*\|_H^2 - \frac{\gamma(2-\gamma)}{2}\alpha_k^*\|v^k - \tilde{v}^k\|_{(Q^{\mathrm{T}}+Q)}^2, \quad \forall v^* \in \mathcal{V}^*.$$

在 5.1 节的计算步长的公式里 (见 (5.1.8b)),

$$\alpha_k^* = \frac{(v^k - \tilde{v}^k)^{\mathrm{T}}Q(v^k - \tilde{v}^k)}{(v^k - \tilde{v}^k)^{\mathrm{T}}M^{\mathrm{T}}Q(v^k - \tilde{v}^k)}. \tag{5.5.14}$$

根据 $M^{\mathrm{T}}Q = D$, α_k^* 可以用 (5.5.13b) 表示. 由于 $Q^{\mathrm{T}} + Q \succ D$, 得到 $\alpha_k^* > \frac{1}{2}$. 因此 $\frac{1}{\alpha_k^*} \in (0, 2)$. 用 $\gamma_k = \frac{1}{\alpha_k^*}$ 代替计算步长公式中固定的 $\gamma \in (0, 2)$, 就得到单位步长的校正公式. 一般说来, 计算步长的校正公式跟当前点有关系, 因此更加合理. 注意到 (5.5.13b) 中的 α_k^* 可能会远远大于 $\frac{1}{2}$, 使用 (5.5.13) 校正, 其中的 α_k 可能远大于 1, 根据我们的经验, 由于 (5.5.13b) 中计算 α_k^* 的花费很小, 建议用计算步长的校正方法.

　　用 (5.5.7) 中的校正矩阵 M, 实行单位步长的校正 (5.5.2) 和计算步长的 (5.5.13) 的校正, 都可以分别通过求解线性方程组

$$Q^{\mathrm{T}}(v^{k+1} - v^k) = D(\tilde{v}^k - v^k) \tag{5.5.15}$$

和

$$Q^{\mathrm{T}}(v^{k+1} - v^k) = \gamma \alpha_k^* D(\tilde{v}^k - v^k) \tag{5.5.16}$$

来实现. 由于非对称预测矩阵 Q 通常具有块三角的结构, 求解上面的方程组往往是容易实现的. 这样的实例和技巧后面还会有进一步的介绍.

　　从后面的第 7 章开始介绍的方法, 大多数是根据 5.1 节和这一节的框架去验证算法的收敛性或者构造算法. 虽然这里 5.5 节的框架和 5.1 节中取固定单位步长的框架等价, 但是利用这一节的框架, 可以比较直观地构造一簇算法.

　　例如, 5.2.2 节中求解 min-max 问题, 由 (5.2.10) 生成的预测点满足 (5.2.11), 其中

$$Q = \begin{pmatrix} rI_n & A^{\mathrm{T}} \\ 0 & sI_m \end{pmatrix}.$$

基于这个预测矩阵 Q, 我们采用试探性的办法去构造单位三角校正矩阵 M, 发现无论用单位块下三角矩阵或是单位块上三角矩阵做校正矩阵, 都要求 $rs > \|A^{\mathrm{T}}A\|$. 若采用这一节介绍的方法, 因为

$$Q^{\mathrm{T}} + Q = \begin{pmatrix} 2rI_n & A^{\mathrm{T}} \\ A & 2sI_m \end{pmatrix},$$

只要 $rs > \dfrac{1}{4}\|A^{\mathrm{T}}A\|$ 就能保证 $Q^{\mathrm{T}} + Q$ 正定. 由于

$$Q^{-\mathrm{T}} = \begin{pmatrix} \dfrac{1}{r}I_n & 0 \\ -\dfrac{1}{rs}A & \dfrac{1}{s}I_m \end{pmatrix},$$

对任何满足

$$D \succ 0, \quad G \succ 0 \quad \text{并且} \quad D + G = Q^{\mathrm{T}} + Q$$

的矩阵 D, 就可以给出符合收敛条件的校正矩阵 $M = Q^{-\mathrm{T}}D$, 然后用 (5.5.2) 或者 (5.5.13) 进行校正. 因此, 利用统一框架构造预测-校正方法, 需要也只要给出一个合格的预测 (见定义 5.1).

凸优化分裂收缩算法的统一框架是以单调变分不等式为基础的. 统一框架算法的收敛性证明用到的知识非常简单. 利用统一框架中收敛性条件的等价性, 基于任何一个合格的预测, 可以相当容易地构造一簇算法. 要提高统一框架下分裂收缩算法的效率, 应该是在预测和校正两方面作努力. 对确定了的预测, 由收敛性的等价引理, 剩下需要考虑的是在 (5.5.9) 中选择什么样的 D, 这给一阶算法的进一步研究厘清了思路.

第 6 章　统一框架与经典单调变分不等式的投影收缩算法

凸优化分裂收缩算法的统一框架, 跟我们长期研究经典单调变分不等式的投影收缩算法[39-41,43,47,54,56,57,85] 有着密切的联系. 变分不等式是描述平衡问题的数学工具, 在管理科学和工程计算中都有广泛的应用[23].

这一章介绍经典单调变分不等式的投影收缩算法和凸优化分裂收缩算法的关系, 经典变分不等式框架下的投影收缩算法也为线性约束可微凸优化问题的求解提供了其他的途径.

投影收缩算法中的基本运算是执行向量到简单闭凸集上的投影. 这一章的内容安排上, 我们首先介绍经典的单调变分不等式及其等价的投影方程, 然后分别介绍投影收缩算法中的预测-校正及其与凸优化分裂收缩算法之间的关系, 接着介绍投影收缩算法中的一对孪生方向和姊妹方法, 最后介绍算法在遍历意义下的收敛速率.

6.1　单调变分不等式及与其等价的投影方程

设 $\Omega \subset \Re^n$ 是一个非空闭凸集, $\boldsymbol{F}$ 是 $\Re^n \to \Re^n$ 的一个映射. 我们考虑单调变分不等式

$$\mathrm{VI}(\Omega, \boldsymbol{F}) \qquad u^* \in \Omega, \quad (u - u^*)^{\mathrm{T}} \boldsymbol{F}(u^*) \geqslant 0, \quad \forall u \in \Omega \qquad (6.1.1)$$

的求解. 变分不等式 (6.1.1) 单调, 是指其中的算子 $\boldsymbol{F}$ 满足

$$(u - v)^{\mathrm{T}} (\boldsymbol{F}(u) - \boldsymbol{F}(v)) \geqslant 0, \quad \forall u, v \in \Re^n (\text{或 } \Omega). \qquad (6.1.2)$$

这里的单调算子 $\boldsymbol{F}$ 可以是非线性的, 它有别于 (1.2.26) 中的仿射算子 F. 仿射算子 F 中的系数矩阵是反对称矩阵, 具备性质 (1.2.27), 也是单调算子. 为了有所区别, 在这一章的讨论中, 我们把由线性约束凸优化问题转换得来的变分不等式 (5.0.1) 称为混合变分不等式, 形式为 (6.1.1) 的变分不等式称为经典变分不等式. 我们从讲述几个经典变分不等式的例子开始.

6.1.1 保护资源-保障供给中的互补问题

考察图 6.1 所示的经济平衡模型[74], 假设某种资源性商品由 m 个资源地生产和 n 个需求地消费. 它由经营者从资源地采购运到需求地销售, 经营者从中获取收益.

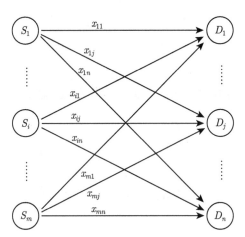

图 6.1 供销网络示意图

我们用下面一些记号:

S_i:　该种商品的第 i 个资源地;

D_j:　该种商品的第 j 个需求地;

x_{ij}:　从 S_i 到 D_j 的交易量;

s_i:　经营者们在资源地 S_i 的采购总量, $s_i = \sum_{j=1}^{n} x_{ij}$;

d_j:　经营者们在需求地 D_j 的销售总量, $d_j = \sum_{i=1}^{m} x_{ij}$;

h_i^s:　经营者在资源地 S_i 处的采购价, 一般是 S_i 处采购量的增函数;

h_j^d:　经营者在需求地 D_j 处的销售价, 一般是 D_j 处到货量的减函数;

t_{ij}:　从 S_i 到 D_j 的交易费用 (包括运输费用等交易成本);

y_i:　政府为避免资源过度开采而在资源地 S_i 向经营者征收的资源税;

z_j:　政府为保障供给而在需求地 D_j 给经营者发放的经营补贴.

1. 经营者追求利益最大化之互补问题

先从经营者的角度分析资源地 S_i 和需求地 D_j 之间的购-销关系. 经营者会根据贪婪原理找到他们的最优经营方案, 如果

$$(h_i^s + y_i + t_{ij}) \geqslant (h_j^d + z_j),$$

没有人愿意做亏本买卖, 所以 $x_{ij} = 0$; 反之, 根据贪婪原理, 经营者会尽可能增大经营量 x_{ij} (通常这会导致采购价的上涨和销售价的下降), 直到

$$(h_i^s + y_i + t_{ij}) = (h_j^d + z_j).$$

用数学语言描述就是

$$\begin{cases} x_{ij} \geqslant 0, & 若 \ (h_i^s + y_i + t_{ij}) - (h_j^d + z_j) = 0, \\ x_{ij} = 0, & 若 \ (h_i^s + y_i + t_{ij}) - (h_j^d + z_j) \geqslant 0. \end{cases} \tag{6.1.3}$$

对给定的资源税 $y_1, y_2, \cdots, y_m$ 和补贴标准 $z_1, z_2, \cdots, z_n$ 这些政策, 经营者会根据贪婪原理找到他们的最优经营方案 x_{ij}, 算作对策, 记作

$$X = \begin{pmatrix} x_{11} & x_{12} & \cdots & x_{1n} \\ x_{21} & x_{22} & \cdots & x_{2n} \\ \vdots & \vdots & & \vdots \\ x_{m1} & x_{m2} & \cdots & x_{mn} \end{pmatrix}.$$

用记号

$$\mathbb{F}(X) = \begin{pmatrix} F_{11} & F_{12} & \cdots & F_{1n} \\ F_{21} & F_{22} & \cdots & F_{2n} \\ \vdots & \vdots & & \vdots \\ F_{m1} & F_{m2} & \cdots & F_{mn} \end{pmatrix},$$

其中

$$\mathbb{F}_{ij}(X) = \{h_i^s(s_i) + y_i + t_{ij}\} - \{h_j^d(d_j) + z_j\},$$

那么, 根据 (6.1.3), 由经营者的最优经营方案形成的非负 $m \times n$ 矩阵 X 和 $\mathbb{F}(X)$ 中, 同一下标的元素中最多只能有一个大于零. 这就是说, 经营者的最优经营方案是互补问题

$$X \geqslant 0, \quad \mathbb{F}(X) \geqslant 0, \quad \mathrm{Trace}(X^\mathrm{T} \mathbb{F}(X)) = 0 \tag{6.1.4}$$

的解. 上式中的 $\mathrm{Trace}(\cdot)$ 表示矩阵的 "迹"——矩阵对角元的和. 由于 h_i^s 和 h_j^d 分别是采购量的增函数和到货量的减函数, 算子 $\mathbb{F}(X)$ 是单调的, 非线性互补问题 (6.1.4) 的解 X 就是经营者的决策.

2. 政府职能部门制定最优政策之互补问题

政府职能部门能观测到的是问题解中相应的

$$s_i(y, z) = \sum_{j=1}^{n} x_{ij}(y, z) \quad 和 \quad d_j(y, z) = \sum_{i=1}^{m} x_{ij}(y, z),$$

是由政策向量 (y, z) 决定的. 政府职能部门的职责是保护资源和保障供给. 他们需要做的是:

- 为坚持可持续发展及环境保护、防止资源被过度开采, 要求 $s_i \leqslant s_i^{\max}$;
- 保障基本供给, 从而保证社会稳定和民生, 要求 $d_j \geqslant d_j^{\min}$.

他们采用的方针是

- 在资源过度开采的产地征收资源税, $y_1, \cdots, y_m$;
- 在供应紧张的需求地向经营者提供经营补贴, $z_1, \cdots, z_n$.

经营者会根据政府职能部门的政策调整他们的经营对策. 职能部门的任务是给出最好的政策, 这个最优政策就是一个互补问题:

- 保护了资源, 同时又让经济尽可能繁荣, 税收政策要实现的是

$$y \geqslant 0, \quad s^{\max} - s(y, z) \geqslant 0, \quad y^{\mathrm{T}}(s^{\max} - s(y, z)) = 0;$$

- 保障了供给, 同时又尽可能节约财政支出, 补贴政策要实现的是

$$z \geqslant 0, \quad d(y, z) - d^{\min} \geqslant 0, \quad z^{\mathrm{T}}(d(y, z) - d^{\min}) = 0.$$

上述互补问题的紧凑形式是

$$u \geqslant 0, \quad \mathbb{F}(u) \geqslant 0, \quad u^{\mathrm{T}}\mathbb{F}(u) = 0, \tag{6.1.5a}$$

其中

$$u = \begin{pmatrix} y \\ z \end{pmatrix}, \quad \mathbb{F}(u) = \begin{pmatrix} s^{\max} - s(u) \\ d(u) - d^{\min} \end{pmatrix}, \tag{6.1.5b}$$

$s(u)$ 和 $d(u)$ 都是 u 的函数. 这是一个黑箱问题, $\mathbb{F}(u)$ 是 u 的函数, 有确定的关系, 但没有函数表达式. 给一个自变量 u, 能观察到相应的 $\mathbb{F}(u)$. 根据经济原理, 这里的算子 $\mathbb{F}(u)$ 是单调的, 职能部门合理决策相当于求解单调非线性互补问题 (6.1.5).

6.1.2 交通疏导中的互补问题

考虑图 6.2 所示的网络中, 疏导交通遇到的数学模型[64]. 设某跨江城市有三座长江大桥, 分别为大桥 1, 大桥 2 和大桥 3.

不失一般性, 我们可以将 N_1, N_2, N_3 看作由北向南的车辆在江北的出发地, 把 S_1, S_2, S_3 看作它们在江南的集散地. 假设驾驶员会选择最小费用路径. 例如, 从 N_2 到 S_2, 驾驶员可以选择三条路径

- 选择道路 2;
- 选择道路 5-3-10;

- 选择道路 7-1-8.

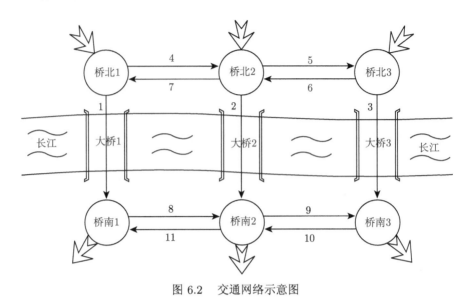

图 6.2　交通网络示意图

管理部门想制定一个适当的收费标准合理控制桥上流量, 对给定的大桥收费 $u = (u_1, u_2, u_3)$, 驾驶员会找到他们的最优出行方案. 记

- $0 \leqslant u \in \Re^3$: 过桥的收费向量;
- $f(u) \in \Re^3$: 桥上的流量, 它是收费 u 的函数;
- $0 < b \in \Re^3$: 管理部门希望控制的桥上的流量上界.

管理部门的控制方案就是一个非线性互补问题

$$u \geqslant 0, \quad \mathbb{F}(u) = b - f(u) \geqslant 0, \quad u^{\mathrm{T}} \mathbb{F}(u) = 0. \tag{6.1.6}$$

同样, 流量 $f(u)$ 是收费 u 的函数, 但没有表达式. 只能对给定的自变量, 观测相应的函数值, 而这种观测, 往往代价不菲. 根据经济原理, 这里的 $\mathbb{F}(u)$ 是单调的.

互补问题 (6.1.4), (6.1.5) 和 (6.1.6) 都相当于非负卦限上的变分不等式. 这些问题都来自一些管理科学上的数学模型. 我们最初从事变分不等式投影收缩算法的研究, 着眼点跟优选法求一元单峰函数极值点一样, 希望得到效率高一些的只用 $\mathbb{F}(u)$ 函数值和少用函数值的求解方法.

6.1.3　与变分不等式等价的投影方程

Ω 是闭凸集, 对给定的 u 和 $\beta > 0$, 我们记

$$\tilde{u} = P_\Omega[u - \beta \mathbb{F}(u)], \tag{6.1.7}$$

它是欧氏模下 $[u - \beta \mathbb{F}(u)]$ 到 Ω 上的投影. 同时记

$$e(u, \beta) := u - P_\Omega[u - \beta \mathbb{F}(u)]. \tag{6.1.8}$$

如同第 2 章中的定理 2.1, 我们有

定理 6.1 对任意给定的 $\beta > 0$. u^* 是 VI$(\Omega, \mathbb{F})$ (6.1.1) 的解当且仅当 $e(u^*, \beta) = 0$.

根据定理 6.1, u 是 VI(Ω, F) (6.1.1) 的解当且仅当

$$u = P_\Omega[u - \beta \mathbb{F}(u)]. \tag{6.1.9}$$

我们把上式称为投影方程. 如同第 2 章中的定理 2.2, 我们也有

定理 6.2 对所有的 $u \in \Re^n$ 和 $\tilde{\beta} \geqslant \beta > 0$, 有

$$\|e(u, \tilde{\beta})\| \geqslant \|e(u, \beta)\| \tag{6.1.10}$$

和

$$\frac{\|e(u, \tilde{\beta})\|}{\tilde{\beta}} \leqslant \frac{\|e(u, \beta)\|}{\beta}. \tag{6.1.11}$$

对 $\beta > 0$, $\|e(u, \beta)\|$ 是 β 的增 (不减) 函数, $\{\|e(u, \beta)\|/\beta\}$ 是 β 的减 (不增) 函数. 因为 $\|e(u, \beta)\| < \epsilon$ 往往被选作迭代方法的停机准则, 所以常数 β 不宜过大或过小.

6.2 PPA 算法和投影收缩算法的三个基本不等式

变分不等式的投影收缩算法是从它的 PPA 算法松弛修正得来的.

1. 求解经典单调变分不等式的 PPA 算法和投影收缩算法

用 PPA 算法求解变分不等式 (6.1.1), 第 k 步迭代从给定的 u^k 开始, 求得

$$u^{k+1} \in \Omega, \quad (u - u^{k+1})^{\mathrm{T}}\{\mathbb{F}(u^{k+1}) + \frac{1}{\beta}(u^{k+1} - u^k)\} \geqslant 0, \quad \forall\, u \in \Omega, \tag{6.2.1}$$

其中 $\beta > 0$ 是给定的常数. 令上式中任意的 $u \in \Omega$ 为 u^*, 则有

$$(u^{k+1} - u^*)^{\mathrm{T}}(u^k - u^{k+1}) \geqslant (u^{k+1} - u^*)\beta \mathbb{F}(u^{k+1}). \tag{6.2.2}$$

由于 $\mathbb{F}$ 是单调算子,

$$(u^{k+1} - u^*)\beta \mathbb{F}(u^{k+1}) \geqslant (u^{k+1} - u^*)\beta \mathbb{F}(u^*) \geqslant 0.$$

上式中第二个 "$\geqslant$" 是因为 u^* 是最优解并且 $u^{k+1} \in \Omega$. 将此代入 (6.2.2), 得到

$$(u^{k+1} - u^*)^{\mathrm{T}}(u^k - u^{k+1}) \geqslant 0. \tag{6.2.3}$$

不等式 (6.2.3) 的右端非负. 在引理 1.9 中令 $a = u^k - u^*$, $b = u^{k+1} - u^*$, 就得到

$$\|u^{k+1} - u^*\|^2 \leqslant \|u^k - u^*\|^2 - \|u^k - u^{k+1}\|^2, \quad \forall u^* \in \Omega^*.$$

根据变分不等式和投影方程之间的关系, 从 (6.2.1) 得到的 u^{k+1} 相当于

$$u^{k+1} = P_{\Omega}\left\{u^{k+1} - \beta[\mathbb{F}(u^{k+1}) + \frac{1}{\beta}(u^{k+1} - u^k)]\right\}. \tag{6.2.4}$$

注意到 (6.2.4) 的简化形式是

$$u^{k+1} = P_{\Omega}[u^k - \beta\mathbb{F}(u^{k+1})]. \tag{6.2.5}$$

由于上面的等式两边都含有未知的 u^{k+1}, 我们把 (6.2.5) 称为隐式投影方程. 显然, 直接实现 (6.2.1) 是有比较大的困难的. 这一章的 6.4 节, 我们将会给出与 (6.2.5) 密切相关的投影收缩算法, 它的 k 次迭代通过两次简单投影

$$\begin{cases} \tilde{u}^k = P_{\Omega}[u^k - \beta_k\mathbb{F}(u^k)], & \text{(6.2.6a)} \\ u^{k+1} = P_{\Omega}[u^k - \alpha_k\beta_k\mathbb{F}(\tilde{u}^k)] & \text{(6.2.6b)} \end{cases}$$

实现, 其中 (6.2.6a) 和 (6.2.6b) 分别称作预测和校正. 不考虑参数 α_k, β_k 的取法, 预测 (6.2.6a) 和校正 (6.2.6b) 只是把 (6.2.5) 右端的 $\mathbb{F}(u^{k+1})$ 分别改成了 $\mathbb{F}(u^k)$ 和 $\mathbb{F}(\tilde{u}^k)$. 如果在 (6.2.6b) 中取 $\alpha_k \equiv 1$, 并且将 (6.2.6) 中的 β_k 取成满足一定条件的常数 $\beta > 0$, 相应的方法就成了 Korpelevich 的外梯度方法. 关于这些方法之间的效率比较, 我们在文献 [54] 中有比较详细的讨论.

实行 (6.2.6) 这样的预测-校正投影收缩算法, 需要用到三个基本不等式. 根据第 2 章中的引理 2.1, 对于投影, 我们有

$$(v - P_{\Omega}(v))^{\mathrm{T}}(u - P_{\Omega}(v)) \leqslant 0, \quad \forall v \in \Re^n, \forall u \in \Omega. \tag{6.2.7}$$

2. 投影收缩算法中的三个基本不等式

设 u^* 是变分不等式 $\mathrm{VI}(\Omega, \mathbb{F})$ 的解. 由于 $\tilde{u} = P_{\Omega}[u - \beta\mathbb{F}(u)] \in \Omega$, 根据变分不等式的定义 (6.1.1), 有第一个基本不等式

$$\text{(FI1)} \qquad (\tilde{u} - u^*)^{\mathrm{T}}\beta\mathbb{F}(u^*) \geqslant 0, \quad \forall u^* \in \Omega^*. \tag{6.2.8}$$

由于 $u^* \in \Omega$, 由 (6.1.7) 给出的 $\tilde{u}$ 是 $[u - \beta I\!F(u)]$ 在 Ω 上的投影. 在投影的基本性质不等式 (6.2.7) 中, 分别设 $v = u - \beta I\!F(u)$ 和任意的属于 Ω 的 $u = u^*$, 则有

$$\text{(FI2)} \qquad (\tilde{u} - u^*)^{\mathrm{T}} \{[u - \beta I\!F(u)] - \tilde{u}\} \geqslant 0, \quad \forall\, u^* \in \Omega^*. \qquad (6.2.9)$$

此外, 根据单调算子的性质, 有

$$\text{(FI3)} \qquad (\tilde{u} - u^*)^{\mathrm{T}} \{\beta I\!F(\tilde{u}) - \beta I\!F(u^*)\} \geqslant 0, \quad \forall\, u^* \in \Omega^*. \qquad (6.2.10)$$

我们把 (6.2.8)~(6.2.10) 称为投影收缩算法中的三个基本不等式[43]. 将这里的 (6.2.8), (6.2.9) 和 (6.2.10) 加在一起, 就得到

$$(\tilde{u} - u^*)^{\mathrm{T}} d(u, \tilde{u}) \geqslant 0, \quad \forall\, u^* \in \Omega^*, \qquad (6.2.11)$$

其中

$$d(u, \tilde{u}) = (u - \tilde{u}) - \beta[I\!F(u) - I\!F(\tilde{u})]. \qquad (6.2.12)$$

如果只将 (6.2.8) 和 (6.2.10) 加在一起, 得到的是

$$(\tilde{u} - u^*)^{\mathrm{T}} \{\beta I\!F(\tilde{u})\} \geqslant 0, \quad \forall\, u^* \in \Omega^*. \qquad (6.2.13)$$

后面我们将会定义, 这里由不同组合得到的 $d(u, \tilde{u})$ 和 $\beta I\!F(\tilde{u})$, 称为一对孪生方向.

6.3 投影收缩算法和分裂收缩算法中的预测

和求解混合变分不等式的分裂收缩算法一样, 求解单调经典变分不等式 (6.1.1) 的投影收缩算法[43,47,54,85] 是一个采用投影为预测的预测-校正方法.

6.3.1 求解经典变分不等式的投影收缩算法中的预测

求解经典变分不等式 (6.1.1) 的投影收缩算法的第 k-步迭代从给定的 u^k 开始, 通过欧氏模下的投影 (6.1.7) 得到预测点 $\tilde{u}^k$, 具体公式是

$$\tilde{u}^k = P_\Omega[u^k - \beta_k I\!F(u^k)], \qquad (6.3.1)$$

其中 β_k 的选择要求满足

$$\beta_k \|I\!F(u^k) - I\!F(\tilde{u}^k)\| \leqslant \nu \|u^k - \tilde{u}^k\|, \quad \nu \in (0, 1). \qquad (6.3.2)$$

定义 6.1 (合格的投影预测) 求解非线性变分不等式 (6.1.1) 的预测-校正方法中, 对给定的常数 $\nu \in (0, 1)$, 若通过投影 (6.3.1) 得到的预测点 $\tilde{u}^k$ 满足条件 (6.3.2), 则称其为一个合格的投影预测.

在 $\mathbb{F}$ 为 Lipschitz 连续的条件下, (6.3.2) 是能够实现的. 由于 $\tilde{u}^k$ 可以表示成

$$\tilde{u}^k = \arg\min\left\{\frac{1}{2}\|u - [u^k - \beta_k \mathbb{F}(u^k)]\|^2 \,\middle|\, u \in \Omega\right\},$$

根据定理 1.1, 由 (6.3.1) 得到的 $\tilde{u}^k$ 满足

$$\tilde{u}^k \in \Omega, \quad (u^k - \tilde{u}^k)^{\mathrm{T}}\{\tilde{u}^k - [u^k - \beta_k \mathbb{F}(u^k)]\} \geqslant 0, \quad \forall u \in \Omega.$$

进而得到

$$\tilde{u}^k \in \Omega, \quad (u - \tilde{u}^k)^{\mathrm{T}}\beta_k \mathbb{F}(u^k) \geqslant (u - \tilde{u}^k)^{\mathrm{T}}(u^k - \tilde{u}^k), \quad \forall u \in \Omega.$$

两边都加上 $(u - \tilde{u}^k)^{\mathrm{T}}\{-\beta_k[\mathbb{F}(u^k) - \mathbb{F}(\tilde{u}^k)]\}$, 就有

$$\tilde{u}^k \in \Omega, \quad (u - \tilde{u}^k)^{\mathrm{T}}\beta_k \mathbb{F}(\tilde{u}^k) \geqslant (u - \tilde{u}^k)^{\mathrm{T}}d(u^k, \tilde{u}^k), \quad \forall u \in \Omega, \tag{6.3.3}$$

其中的 $d(u^k, \tilde{u}^k)$ 是由 (6.2.12) 定义的.

不等式 (6.3.3) 对应于第 5 章中求解混合变分不等式 (5.0.1) 的统一框架中的预测, 这里的 $d(u^k, \tilde{u}^k)$ 相当于 (5.1.1) 中的 $Q(v^k - \tilde{v}^k)$. 差别在于 (5.1.1) 中的 Q 是个矩阵, 而 $d(u^k, \tilde{u}^k)$ 并不是 $(u^k - \tilde{u}^k)$ 的线性函数.

将 (6.3.3) 中的 $u \in \Omega$ 选成任意确定的 $u^* \in \Omega^*$, 得到

$$(\tilde{u}^k - u^*)^{\mathrm{T}}d(u^k, \tilde{u}^k) \geqslant (\tilde{u}^k - u^*)^{\mathrm{T}}\beta_k \mathbb{F}(\tilde{u}^k). \tag{6.3.4}$$

由 $\mathbb{F}$ 的单调性和 u^* 的最优性, 上式右端

$$(\tilde{u}^k - u^*)^{\mathrm{T}}\mathbb{F}(\tilde{u}^k) \geqslant (\tilde{u}^k - u^*)^{\mathrm{T}}\mathbb{F}(u^*) \geqslant 0,$$

不等式 (6.3.4) 的左端非负, 随后改写成

$$\{(u^k - u^*) - (u^k - \tilde{u}^k)\}^{\mathrm{T}}d(u^k, \tilde{u}^k) \geqslant 0,$$

得到

$$(u^k - u^*)^{\mathrm{T}}d(u^k, \tilde{u}^k) \geqslant (u^k - \tilde{u}^k)^{\mathrm{T}}d(u^k, \tilde{u}^k). \tag{6.3.5}$$

根据 $d(u^k, \tilde{u}^k)$ 的表达式 (6.2.12) 和假设 (6.3.2), 利用 Cauchy-Schwarz 不等式, 有

$$(u^k - \tilde{u}^k)^{\mathrm{T}}d(u^k, \tilde{u}^k) \geqslant (1 - \nu)\|u^k - \tilde{u}^k\|^2. \tag{6.3.6}$$

由上面两个不等式得知

$$(u^k - u^*)^{\mathrm{T}}d(u^k, \tilde{u}^k) \geqslant (1 - \nu)\|u^k - \tilde{u}^k\|^2. \tag{6.3.7}$$

定义 6.2(上升方向) 求解变分不等式 (6.1.1) 的方法中, 假如存在一个常数 $\delta > 0$, 向量 $d(u^k, \tilde{u}^k)$ 满足关系式

$$(u^k - u^*)^{\mathrm{T}} d(u^k, \tilde{u}^k) \geqslant \delta \|u^k - \tilde{u}^k\|^2, \quad \forall u^* \in \Omega^*, \tag{6.3.8}$$

则称其为距离函数 $\|u - u^*\|^2$ 在 u^k 处的上升方向.

因此, 由 (6.2.12) 给出的 $d(u^k, \tilde{u}^k)$ 是未知距离函数 $\|u - u^*\|^2$ 在 u^k 处欧氏模下的一个上升方向. 虽然我们并不知道解点在哪里, 但是沿着方向 $-d(u^k, \tilde{u}^k)$, 选取适当步长, 可以找到欧氏模下比 u^k 更靠近解集的 u^{k+1}.

6.3.2 求解混合变分不等式的分裂收缩算法中的预测

由线性约束的凸优化问题得到的混合变分不等式

$$w^* \in \Omega, \quad \theta(u) - \theta(u^*) + (w - w^*)^{\mathrm{T}} F(w^*) \geqslant 0, \quad \forall w \in \Omega. \tag{6.3.9}$$

第 5 章中定义的预测为

$$\tilde{w}^k \in \Omega, \quad \theta(u) - \theta(\tilde{u}^k) + (w - \tilde{w}^k)^{\mathrm{T}} F(\tilde{w}^k) \geqslant (v - \tilde{v}^k)^{\mathrm{T}} Q(v^k - \tilde{v}^k), \quad \forall w \in \Omega, \tag{6.3.10}$$

其中矩阵 $Q^{\mathrm{T}} + Q$ 是本质上 (in principal) 正定的. 将 (6.3.10) 中任意的 $w \in \Omega$ 选成 $w^* \in \Omega^*$, 我们有

$$(\tilde{v}^k - v^*)^{\mathrm{T}} Q(v^k - \tilde{v}^k) \geqslant \theta(\tilde{u}^k) - \theta(u^*) + (\tilde{w}^k - w^*)^{\mathrm{T}} F(\tilde{w}^k). \tag{6.3.11}$$

由 (1.2.27) 和 w^* 的最优性, (6.3.11) 的左端非负. 随后由它得到

$$(v^k - v^*)^{\mathrm{T}} Q(v^k - \tilde{v}^k) \geqslant (v^k - \tilde{v}^k)^{\mathrm{T}} Q(v^k - \tilde{v}^k). \tag{6.3.12}$$

对正定矩阵 H, 上式可以表示成

$$\langle H(v^k - v^*), H^{-1}Q(v^k - \tilde{v}^k) \rangle \geqslant (v^k - \tilde{v}^k)^{\mathrm{T}} Q(v^k - \tilde{v}^k),$$

不等式 (6.3.12) 告诉我们, 在条件 $Q^{\mathrm{T}} + Q$ 正定的情况下, 向量 $H^{-1}Q(v^k - \tilde{v}^k) = M(v^k - \tilde{v}^k)$ 是 H-模下未知距离函数 $\|v - v^*\|_H^2$ 在 v^k 处的一个上升方向.

这两类方法的预测中, (6.3.3) 和 (6.3.4) 分别跟 (6.3.10) 和 (6.3.11) 相对应. 对应于经典变分不等式的投影收缩算法和混合变分不等式的分裂收缩算法, 不等式 (6.3.5) 和 (6.3.12) 分别提供了相应的上升方向. 它们的右端严格大于零分别由假设 (6.3.2) 和 $Q^{\mathrm{T}} + Q \succ 0$ 得到保证.

6.4 投影收缩算法和分裂收缩算法的校正

校正是利用距离函数的下降方向 (上升方向的反方向), 使得新的迭代点在某种确定的模的意义下离解集比原来的点更近一些.

6.4.1　两类方法中采用固定步长的校正

1. 变分不等式投影收缩算法固定步长的校正

在投影收缩算法中, 我们一般考虑欧氏模下的收缩. 用关系式 (6.3.5), 校正通过

$$u^{k+1} = u^k - \alpha d(u^k, \tilde{u}^k) \tag{6.4.1}$$

产生新的迭代点, 其中 $d(u^k, \tilde{u}^k)$ 是由 (6.2.12) 给出的. 下面我们讨论如何选取步长 α.

投影收缩算法中, 我们将条件 (6.3.2) 满足时, 由单位步长校正产生新迭代点

$$u^{k+1} = u^k - d(u^k, \tilde{u}^k) \tag{6.4.2}$$

的方法, 称为初等方法 (primary method). 利用 (6.3.5), 由简单计算可得

$$
\begin{aligned}
\|u^{k+1} - u^*\|^2 &= \|(u^k - u^*) - d(u^k, \tilde{u}^k)\|^2 \\
&= \|u^k - u^*\|^2 - 2(u^k - u^*)^{\mathrm{T}} d(u^k, \tilde{u}^k) + \|d(u^k, \tilde{u}^k)\|^2 \\
&\leqslant \|u^k - u^*\|^2 - \left[2(u^k - \tilde{u}^k)^{\mathrm{T}} d(u^k, \tilde{u}^k) - \|d(u^k, \tilde{u}^k)\|^2 \right]. \quad (6.4.3)
\end{aligned}
$$

利用 (6.2.12) 和 (6.3.2), 可以得到

$$
\begin{aligned}
& 2(u^k - \tilde{u}^k)^{\mathrm{T}} d(u^k, \tilde{u}^k) - \|d(u^k, \tilde{u}^k)\|^2 \\
&= d(u^k, \tilde{u}^k)^{\mathrm{T}} \{ 2(u^k - \tilde{u}^k) - d(u^k, \tilde{u}^k) \} \\
&= \left\{ (u^k - \tilde{u}^k) - \beta_k [\mathbb{F}(u^k) - \mathbb{F}(\tilde{u}^k)] \right\}^{\mathrm{T}} \left\{ (u^k - \tilde{u}^k) + \beta_k [\mathbb{F}(u^k) - \mathbb{F}(\tilde{u}^k)] \right\} \\
&= \|u^k - \tilde{u}^k\|^2 - \beta_k^2 \|\mathbb{F}(u^k) - \mathbb{F}(\tilde{u}^k)\|^2 \\
&\geqslant (1 - \nu^2) \|u^k - \tilde{u}^k\|^2. \tag{6.4.4}
\end{aligned}
$$

代入 (6.4.3), 说明由 (6.4.2) 产生的序列 $\{u^k\}$ 满足

$$\|u^{k+1} - u^*\|^2 \leqslant \|u^k - u^*\|^2 - (1 - \nu^2) \|u^k - \tilde{u}^k\|^2. \tag{6.4.5}$$

2. 凸优化分裂收缩算法固定步长的校正

在凸优化的分裂收缩算法中, 我们一般考虑 H-模下的收缩. 用关系式 (6.3.12), 校正通过

$$v^{k+1} = v^k - \alpha M(v^k - \tilde{v}^k) \tag{6.4.6}$$

产生新的迭代点, 其中 $M = H^{-1}Q$. 下面我们讨论如何选取步长 α. 由简单计算可得

$$\|v^{k+1} - v^*\|_H^2 = \|(v^k - v^*) - \alpha M(v^k - \tilde{v}^k)\|_H^2$$

$$= \|v^k - v^*\|_H^2 - 2\alpha(v^k - v^*)^{\mathrm{T}} HM(v^k - \tilde{v}^k) + \alpha^2 \|M(v^k - \tilde{v}^k)\|_H^2$$

$$\leqslant \|v^k - v^*\|_H^2 - \alpha\left((v^k - \tilde{v}^k)^{\mathrm{T}}[Q^{\mathrm{T}} + Q - \alpha M^{\mathrm{T}} HM](v^k - \tilde{v}^k)\right).$$

利用条件 (5.1.3b) 可以得到

$$\|v^{k+1} - v^*\|_H^2 \leqslant \|v^k - v^*\|_H^2 - \alpha \|v^k - \tilde{v}^k\|_G^2, \tag{6.4.7}$$

其中

$$G = Q^{\mathrm{T}} + Q - \alpha M^{\mathrm{T}} HM.$$

根据 (5.1.3b) 的要求, G 是正定矩阵.

6.4.2 两类算法中计算步长的校正

1. 变分不等式投影收缩算法计算步长的校正

我们将 (6.4.1) 中的 u^{k+1} 记为 $u^{k+1}(\alpha)$, 表示新的迭代点依赖于步长 α. 考察与 α 相关的距离平方缩短量,

$$\vartheta_k(\alpha) = \|u^k - u^*\|^2 - \|u^{k+1}(\alpha) - u^*\|^2. \tag{6.4.8}$$

根据定义

$$\vartheta_k(\alpha) = \|u^k - u^*\|^2 - \|u^k - u^* - \alpha d(u^k, \tilde{u}^k)\|^2$$

$$= 2\alpha(u^k - u^*)^{\mathrm{T}} d(u^k, \tilde{u}^k) - \alpha^2 \|d(u^k, \tilde{u}^k)\|^2.$$

对任意给定的确定解点 u^*, 上式表明 $\vartheta_k(\alpha)$ 是 α 的一个二次函数. 只是 u^* 是未知的, 我们无法直接求 $\vartheta_k(\alpha)$ 的极大值. 利用 (6.3.5), 对任意的 $\alpha > 0$, 有

$$\vartheta_k(\alpha) \geqslant q_k(\alpha), \tag{6.4.9}$$

其中

$$q_k(\alpha) = 2\alpha(u^k - \tilde{u}^k)^{\mathrm{T}} d(u^k, \tilde{u}^k) - \alpha^2 \|d(u^k, \tilde{u}^k)\|^2. \tag{6.4.10}$$

既然二次函数 $q_k(\alpha)$ 是 $\vartheta_k(\alpha)$ 的一个下界函数, 使 $q_k(\alpha)$ 达到极大的 α_k^* 是

$$\alpha_k^* = \mathrm{argmax}\{q_k(\alpha)\} = \frac{(u^k - \tilde{u}^k)^{\mathrm{T}} d(u^k, \tilde{u}^k)}{\|d(u^k, \tilde{u}^k)\|^2}. \tag{6.4.11}$$

注意到这里的 α_k^* 是由 (6.3.5) 确定的, 分子是 (6.3.5) 的右端, 分母是 (6.4.1) 中 $d(u^k, \tilde{u}^k)$ 的欧氏长度的平方.

在实际计算中, 我们一般取一个松弛因子 $\gamma \in [1.2, 1.8]$, 令

$$u^{k+1} = u^k - \gamma\alpha_k^* d(u^k, \tilde{u}^k), \tag{6.4.12}$$

根据 (6.4.8) 和 (6.4.9), 由 (6.4.12) 产生的 u^{k+1} 满足

$$\|u^{k+1} - u^*\|^2 \leqslant \|u^k - u^*\|^2 - q_k(\gamma\alpha_k^*), \tag{6.4.13}$$

其中

$$q_k(\gamma\alpha_k^*) = 2\gamma\alpha_k^*(u^k - \tilde{u}^k)^{\mathrm{T}} d(u^k, \tilde{u}^k) - \gamma^2(\alpha_k^*)^2 \|d(u^k, \tilde{u}^k)\|^2$$

$$= \gamma(2-\gamma)\alpha_k^*(u^k - \tilde{u}^k)^{\mathrm{T}} d(u^k, \tilde{u}^k). \tag{6.4.14}$$

此外, 从 (6.4.4), 我们已经有 $2(u^k - \tilde{u}^k)^{\mathrm{T}} d(u^k, \tilde{u}^k) - \|d(u^k, \tilde{u}^k)\|^2 > 0$, 因而根据 (6.4.11) 得到 $\alpha_k^* > \dfrac{1}{2}$. 结合 (6.3.6),

$$\|u^{k+1} - u^*\|^2 \leqslant \|u^k - u^*\|^2 - \frac{1}{2}\gamma(2-\gamma)(1-\nu)\|u^k - \tilde{u}^k\|^2. \tag{6.4.15}$$

　　不等式 (6.4.5) 和 (6.4.15) 说明, 用固定步长和计算步长的算法产生的序列 $\{u^k\}$ 都是收缩和有界的. 利用这些关键不等式, 容易证明收敛定理. 虽然投影收缩算法的这些结论都在假设 (6.3.2) 满足时才成立, 但是当 $\mathbb{F}$ 是 Lipschitz 连续的, 采用 Armijo 法则选取适当的 β_k 实施的预测 (6.3.1), 是能够使条件 (6.3.2) 满足的. 采用下面程序的方法我们称其为投影收缩算法-I.

求解单调变分不等式 (6.1.1) 的投影收缩算法-I.

给定 $\beta_0 = 1$, $\mu = 0.4$, $\nu = 0.9$, $u^0 \in \Omega$.

For $k = 0, 1, \cdots$, 假如停机准则尚未满足, **do**

1) $\tilde{u}^k = P_\Omega[u^k - \beta_k \mathbb{F}(u^k)]$,

   $$r_k := \frac{\beta_k \|\mathbb{F}(u^k) - \mathbb{F}(\tilde{u}^k)\|}{\|u^k - \tilde{u}^k\|},$$

   while $\quad r_k > \nu, \quad \beta_k := \frac{2}{3}\beta_k * \min\left\{1, \frac{1}{r_k}\right\},$

   $$\tilde{u}^k = P_\Omega[u^k - \beta_k \mathbb{F}(u^k)],$$

   $$r_k := \frac{\beta_k \|\mathbb{F}(u^k) - \mathbb{F}(\tilde{u}^k)\|}{\|u^k - \tilde{u}^k\|},$$

   end(while)

2) $d(u^k, \tilde{u}^k) = (u^k - \tilde{u}^k) - \beta_k[\mathbb{F}(u^k) - \mathbb{F}(\tilde{u}^k)]$,

   $$\alpha_k^* = \frac{(u^k - \tilde{u}^k)^{\mathrm{T}} d(u^k, \tilde{u}^k)}{\|d(u^k, \tilde{u}^k)\|^2},$$

   $$u^{k+1} = u^k - \gamma\alpha_k^* d(u^k, \tilde{u}^k),$$

3) **If** $\quad r_k \leqslant \mu \quad$ **then** $\quad \beta_k := \beta_k * 1.5, \quad$ **end(if)**

4) 令 $\beta_{k+1} = \beta_k \quad$ 和 $\quad k := k+1, \quad$ 开始新的一次迭代.

注记 6.1 在做投影预测 (6.3.1) 的时候, 要求满足条件 (6.3.2). 这里取的 $\nu = 0.9$, 是经验值. 在投影收缩算法-I 的 1) 中, 当 $r_k > \nu$ 时, 用

$$\beta_k := \frac{2}{3}\beta_k * \min\left\{1, \frac{1}{r_k}\right\}$$

对 β_k 做调正. 这里的两种不同情形是: 当 $r_k \in (\nu, 1]$ 时, 就取 $\beta_k := \frac{2}{3}\beta_k$; 当 $r_k > 1$ 时, 相当于把原来的 β_k 缩小 r_k 倍再乘上 $\frac{2}{3}$. 调正参数 β_k 以后, 重做一次投影预测, 条件 (6.3.2) 一般能够得到满足. 这里的 $\frac{2}{3}$ 也是经验值, 实际计算中, 也可以改成 $\frac{3}{4}$.

注记 6.2 在条件 (6.3.2) 满足的前提下, 我们同时希望

$$\frac{\beta_k\|\mathbb{F}(u^k) - \mathbb{F}(\tilde{u}^k)\|}{\|u^k - \tilde{u}^k\|}$$

不要太小. 根据我们计算的一些例子, 程序中的那句

$$\textbf{If} \quad r_k \leqslant \mu \quad \textbf{then} \quad \beta_k := \beta_k * 1.5, \quad \textbf{end(if)}$$

是不可缺少的. 就像信赖域方法[97] 中的信赖域半径, 在迭代计算过程发现过小也需要增大, 其中的 1.5 也是经验值.

2. 凸优化分裂收缩算法计算步长的校正

分裂收缩算法的计算步长的校正方法的根据是 (6.3.12). 利用 $HM = Q$ 并考虑距离函数 $\|v - v^*\|_H^2$ 的下降, 新的迭代点 v^{k+1} 由

$$v^{k+1} = v^k - \gamma\alpha_k^* M(v^k - \tilde{v}^k) \tag{6.4.16a}$$

产生, 其中

$$\alpha_k^* = \frac{(v^k - \tilde{v}^k)^{\mathrm{T}} Q(v^k - \tilde{v}^k)}{\|M(v^k - \tilde{v}^k)\|_H^2}. \tag{6.4.16b}$$

这个 α_k^* 与 (5.1.8b) 中给出的是一致的, 分子是 (6.3.12) 的右端, 分母 $\|M(v^k - \tilde{v}^k)\|_H^2$ 可以通过

$$\|M(v^k - \tilde{v}^k)\|_H^2 = (v^k - \tilde{v}^k)^{\mathrm{T}} M^{\mathrm{T}} HM(v^k - \tilde{v}^k) = (v^k - \tilde{v}^k)^{\mathrm{T}} M^{\mathrm{T}} Q(v^k - \tilde{v}^k)$$

得到. 定理 5.3 告诉我们, 单调收缩关系式满足

$$\|v^{k+1} - v^*\|_H^2 \leqslant \|v^k - v^*\|_H^2 - \frac{\gamma(2-\gamma)}{2}\alpha_k^*\|v^k - \tilde{v}^k\|_{(Q^{\mathrm{T}}+Q)}^2, \quad \forall v^* \in \mathcal{V}^*.$$

凸优化分裂收缩算法的统一框架源自经典单调变分不等式的投影收缩算法. 它们都是通过预测提供下降方向, 不同的是: 投影收缩算法通过投影得到预测点并提供欧氏模下的下降方向, 分裂收缩算法则是通过求解一些子问题得到 H-模下的下降方向.

6.5　投影收缩算法中的孪生方向和姊妹方法

我们在经典单调变分不等式求解方面发表的计算步长的投影收缩算法[43,54], 被工程力学界的一些学者用来解决了一些长期困扰他们的岩土工程问题[115,116]. 与 6.4.2 节中介绍的投影收缩算法-I 相对应的投影收缩算法-II, 它们分别取孪生方向之一作为寻查方向而取相同的步长, 得到一对姊妹方法. 根据我们的数值试验[54] 和工程界的计算实践[115,116], 算法-II 要比算法-I 效率高一些. 这一节, 我们专门讲一下基于同一预测的一对孪生方向和姊妹方法.

定义 6.3(孪生方向)　求解变分不等式 (6.1.1) 的方法中, 假如 $d(u^k, \tilde{u}^k)$ 是一个上升方向, 则称分处不等式 (6.3.3) 两边的

$$\beta_k \mathbb{F}(\tilde{u}^k) \quad \text{和} \quad d(u^k, \tilde{u}^k)$$

为一对孪生方向.

我们也可以从得到关系式 (6.2.11) 和 (6.2.13) 的过程中知道, 这一对孪生方向是由基本不等式的不同组合生成的.

定义 6.4(姊妹方法)　求解变分不等式 (6.1.1) 的方法中, 由同一个预测点 $\tilde{u}^k$ 提供了符合定义 6.3 的孪生方向 $d(u^k, \tilde{u}^k)$ 和 $\beta_k \mathbb{F}(\tilde{u}^k)$. 用相同的步长 α, 分别由

$$u^{k+1}(\alpha) = u^k - \alpha H^{-1} d(u^k, \tilde{u}^k) \tag{6.5.1}$$

和

$$u^{k+1}(\alpha) = \arg\min\{\|u - [u^k - \alpha\beta_k H^{-1}\mathbb{F}(\tilde{u}^k)]\|_H^2 \mid u \in \Omega\} \tag{6.5.2}$$

给出新的收缩迭代点的方法称为一对 H-模下收缩的姊妹方法.

在 H 为单位阵的时候, (6.5.2) 的右端是欧氏模下向量 $[u^k - \alpha\beta_k\mathbb{F}(\tilde{u}^k)]$ 到 Ω 上的投影. 我们先讨论欧氏模下依赖步长 α 的姊妹方法, 分别用带下标的

$$u_{\mathrm{I}}^{k+1}(\alpha) = u^k - \alpha d(u^k, \tilde{u}^k) \tag{6.5.3}$$

和

$$u_{\mathrm{II}}^{k+1}(\alpha) = P_\Omega[u^k - \alpha\beta_k\mathbb{F}(\tilde{u}^k)] \tag{6.5.4}$$

表示不同方法依赖步长 α 的新的迭代点. 对任意给定的 $u^* \in \Omega^*$, 我们将

$$\vartheta_k(\alpha) = \|u^k - u^*\|^2 - \|u_I^{k+1}(\alpha) - u^*\|^2 \tag{6.5.5}$$

和

$$\zeta_k(\alpha) = \|u^k - u^*\|^2 - \|u_{II}^{k+1}(\alpha) - u^*\|^2 \tag{6.5.6}$$

看成是本次迭代的进步量, 它们是步长 α 的函数. 根据 6.4.2 节的分析 (见(6.4.8)~(6.4.10)),

$$\vartheta_k(\alpha) \geqslant q_k(\alpha) = 2\alpha(u^k - \tilde{u}^k)^{\mathrm{T}} d(u^k, \tilde{u}^k) - \alpha^2 \|d(u^k, \tilde{u}^k)\|^2. \tag{6.5.7}$$

下面的定理说明, 对同样的 α, $\zeta_k(\alpha)$ 的下界不小于 $\vartheta_k(\alpha)$ 的下界.

定理 6.3 设 $u_{II}^{k+1}(\alpha)$ 由 (6.5.4) 生成. 对任意的 $\alpha > 0$, 对由 (6.5.6) 定义的 $\zeta_k(\alpha)$ 有

$$\zeta_k(\alpha) \geqslant \|u_I^{k+1}(\alpha) - u_{II}^{k+1}(\alpha)\|^2 + q_k(\alpha), \tag{6.5.8}$$

其中 $q_k(\alpha)$ 由 (6.4.10) 给出.

证明 首先, 因为 $u_{II}^{k+1}(\alpha) = P_\Omega[u^k - \alpha\beta_k \boldsymbol{F}(\tilde{u}^k)]$ 和 $u^* \in \Omega$, 根据投影的性质 (见 (2.1.6)), 我们有

$$\|u_{II}^{k+1}(\alpha) - u^*\|^2 \leqslant \|u^k - \alpha\beta_k \boldsymbol{F}(\tilde{u}^k) - u^*\|^2$$
$$- \|u^k - \alpha\beta_k \boldsymbol{F}(\tilde{u}^k) - u_{II}^{k+1}(\alpha)\|^2, \quad \forall u^* \in \Omega^*. \tag{6.5.9}$$

图 6.3 给出了不等式 (6.5.9) 的几何解释.

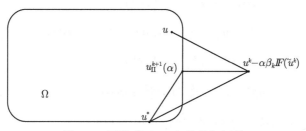

图 6.3 不等式 (6.5.9) 的几何解释

因此, 利用 $\zeta_k(\alpha)$ 的定义 (见 (6.5.6)), 我们有

$$\zeta_k(\alpha) \geqslant \|u^k - u^*\|^2 - \|(u^k - u^*) - \alpha\beta_k \boldsymbol{F}(\tilde{u}^k)\|^2$$
$$+ \|(u^k - u_{II}^{k+1}(\alpha)) - \alpha\beta_k \boldsymbol{F}(\tilde{u}^k)\|^2$$
$$= 2\alpha(u^k - u^*)^{\mathrm{T}} \beta_k \boldsymbol{F}(\tilde{u}^k) + 2\alpha(u_{II}^{k+1}(\alpha) - u^k)^{\mathrm{T}} \beta_k \boldsymbol{F}(\tilde{u}^k)$$

$$+ \|u^k - u_{\mathrm{II}}^{k+1}(\alpha)\|^2$$
$$= \|u^k - u_{\mathrm{II}}^{k+1}(\alpha)\|^2 + 2\alpha(u_{\mathrm{II}}^{k+1}(\alpha) - u^*)^{\mathrm{T}}\beta_k \boldsymbol{F}(\tilde{u}^k). \tag{6.5.10}$$

将 (6.5.10) 中右端的最后一项 $(u_{\mathrm{II}}^{k+1}(\alpha) - u^*)^{\mathrm{T}}\beta_k \boldsymbol{F}(\tilde{u}^k)$ 分解成

$$(u_{\mathrm{II}}^{k+1}(\alpha) - u^*)^{\mathrm{T}}\beta_k \boldsymbol{F}(\tilde{u}^k) = (u_{\mathrm{II}}^{k+1}(\alpha) - \tilde{u}^k)^{\mathrm{T}}\beta_k \boldsymbol{F}(\tilde{u}^k) + (\tilde{u}^k - u^*)^{\mathrm{T}}\beta_k \boldsymbol{F}(\tilde{u}^k),$$
$$\tag{6.5.11}$$

利用 $(\tilde{u}^k - u^*)^{\mathrm{T}}\beta_k \boldsymbol{F}(\tilde{u}^k) \geqslant (\tilde{u}^k - u^*)^{\mathrm{T}}\beta_k \boldsymbol{F}(u^*) \geqslant 0$, (6.5.11) 右端的最后一部分非负. 代入 (6.5.10) 的右端, 进一步得到

$$\zeta_k(\alpha) \geqslant \|u^k - u_{\mathrm{II}}^{k+1}(\alpha)\|^2 + 2\alpha(u_{\mathrm{II}}^{k+1}(\alpha) - \tilde{u}^k)^{\mathrm{T}}\beta_k \boldsymbol{F}(\tilde{u}^k). \tag{6.5.12}$$

因为 $u_{\mathrm{II}}^{k+1}(\alpha) \in \Omega$, 用它替代 (6.3.3) 中的任意 $u \in \Omega$, 得到

$$(u_{\mathrm{II}}^{k+1}(\alpha) - \tilde{u}^k)^{\mathrm{T}}\beta_k \boldsymbol{F}(\tilde{u}^k) \geqslant (u_{\mathrm{II}}^{k+1}(\alpha) - \tilde{u}^k)^{\mathrm{T}}d(u^k, \tilde{u}^k). \tag{6.5.13}$$

将它代入 (6.5.12) 的右端, 就有

$$\zeta_k(\alpha) \geqslant \|u^k - u_{\mathrm{II}}^{k+1}(\alpha)\|^2 + 2\alpha(u_{\mathrm{II}}^{k+1}(\alpha) - \tilde{u}^k)^{\mathrm{T}}d(u^k, \tilde{u}^k). \tag{6.5.14}$$

对上式右端, 利用 $u_{\mathrm{I}}^{k+1}(\alpha)$ 和 $q_k(\alpha)$ 的表达式 (见(6.5.3)和(6.4.10)), 进一步化成

$$\zeta_k(\alpha) \geqslant \|u^k - u_{\mathrm{II}}^{k+1}(\alpha)\|^2 + 2\alpha(u_{\mathrm{II}}^{k+1}(\alpha) - \tilde{u}^k)^{\mathrm{T}}d(u^k, \tilde{u}^k)$$
$$= \|u^k - u_{\mathrm{II}}^{k+1}(\alpha)\|^2 + 2\alpha(u_{\mathrm{II}}^{k+1}(\alpha) - u^k)^{\mathrm{T}}d(u^k, \tilde{u}^k)$$
$$\quad + 2\alpha(u^k - \tilde{u}^k)^{\mathrm{T}}d(u^k, \tilde{u}^k)$$
$$= \|(u^k - u_{\mathrm{II}}^{k+1}(\alpha)) - \alpha d(u^k, \tilde{u}^k)\|^2 - \alpha^2\|d(u^k, \tilde{u}^k)\|^2$$
$$\quad + 2\alpha(u^k - \tilde{u}^k)^{\mathrm{T}}d(u^k, \tilde{u}^k)$$
$$= \|u_{\mathrm{I}}^{k+1}(\alpha) - u_{\mathrm{II}}^{k+1}(\alpha)\|^2 + q_k(\alpha).$$

这样就完成了定理结论 (6.5.8) 的证明. $\qquad\qquad\qquad\qquad\qquad\qquad\Box$

定理 6.3 说明, $q_k(\alpha)$ 也是 $\zeta_k(\alpha)$ 的下界. 对同样的 α, $\zeta_k(\alpha)$ 优于 $\vartheta_k(\alpha)$, 除非 $u_{\mathrm{I}}^{k+1}(\alpha) = u_{\mathrm{II}}^{k+1}(\alpha)$. 在实际计算中, 这对姊妹方法分别采用校正公式

$$(投影收缩算法\text{-I}) \qquad u^{k+1} = u^k - \gamma\alpha_k^* d(u^k, \tilde{u}^k) \tag{6.5.15}$$

和

$$(投影收缩算法\text{-II}) \qquad u^{k+1} = P_\Omega[u^k - \gamma\alpha_k^*\beta_k \boldsymbol{F}(\tilde{u}^k)] \tag{6.5.16}$$

产生新的迭代点, 其中的 α_k^* 都由 (6.4.11) 给出. 由于 $\zeta_k(\gamma\alpha_k^*) \geqslant q_k(\gamma\alpha_k^*)$, 它们所
产生的迭代序列 $\{u^k\}$ 都满足

$$\|u^{k+1} - u^*\|^2 \leqslant \|u^k - u^*\|^2 - \gamma(2-\gamma)\alpha_k^*(u^k - \tilde{u}^k)^{\mathrm{T}}d(u^k, \tilde{u}^k). \qquad (6.5.17)$$

事实上, 由于 $\alpha_k^* > \dfrac{1}{2}$ (见 6.4 节中的(6.4.4)), 结合关系式 (6.3.6), 从 (6.5.17) 得到

$$\|u^{k+1} - u^*\|^2 \leqslant \|u^k - u^*\|^2 - \frac{1}{2}\gamma(2-\gamma)(1-\nu)\|u^k - \tilde{u}^k\|^2. \qquad (6.5.18)$$

这就是 6.4.2 节中的 (6.4.15). 根据上面这个不等式, 像第 1 章定理 1.4 的证明那
样, 利用简单的分析语言就可以证明投影收缩算法的收敛性.

采用校正公式 (6.5.15) 的好处是生成 u^{k+1} 不用再做投影. 实际问题中, 到 Ω
上的投影代价往往是不高的 (例如 Ω 常常是一个正卦限或者框形), 因此常采用校
正公式 (6.5.16). 这方面的理由我们在论文 [85] 中有更详细的说明.

求解单调变分不等式 (6.1.1) 的投影收缩算法-II.

给定 $\beta_0 = 1$, $\nu \in (0,1)$, $u^0 \in \Omega$.

For $k = 0, 1, \cdots$, 假如停机准则尚未满足, **do**

1) $\tilde{u}^k = P_\Omega[u^k - \beta_k \mathbb{F}(u^k)]$,

$$r_k := \frac{\beta_k\|\mathbb{F}(u^k) - \mathbb{F}(\tilde{u}^k)\|}{\|u^k - \tilde{u}^k\|},$$

    while $r_k > \nu$, $\beta_k := \dfrac{2}{3}\beta_k * \min\left\{1, \dfrac{1}{r_k}\right\}$,

$$\tilde{u}^k = P_\Omega[u^k - \beta_k \mathbb{F}(u^k)],$$

$$r_k := \frac{\beta_k\|\mathbb{F}(u^k) - \mathbb{F}(\tilde{u}^k)\|}{\|u^k - \tilde{u}^k\|},$$

    end(while)

2) $d(u^k, \tilde{u}^k) = (u^k - \tilde{u}^k) - \beta_k[\mathbb{F}(u^k) - \mathbb{F}(\tilde{u}^k)]$,

$$\alpha_k^* = \frac{(u^k - \tilde{u}^k)^{\mathrm{T}}d(u^k, \tilde{u}^k)}{\|d(u^k, \tilde{u}^k)\|^2},$$

$$u^{k+1} = P_\Omega[u^k - \gamma\alpha_k^*\beta_k \mathbb{F}(\tilde{u}^k)],$$

3) **If** $r_k \leqslant \mu$ then $\beta_k := \beta_k * 1.5$,   **end(if)**

4) 令 $\beta_{k+1} = \beta_k$ 和 $k := k+1$,   开始新的一次迭代.

从投影收缩算法-I 到投影收缩算法-II, 只是将

$$u^{k+1} = u^k - \gamma\alpha_k^*d(u^k, \tilde{u}^k) \quad \text{改成了} \quad u^{k+1} = P_\Omega[u^k - \gamma\alpha_k^*\beta_k \mathbb{F}(\tilde{u}^k)].$$

论文 [115, 116] 中解决岩土工程问题用的就是这一节的方法. 根据我们的数值经验[54] 和他们的计算实践, 算法-II 的效率比算法-I 的效率高一些.

在条件 (6.3.2) 满足的合格预测 (6.3.1) 的基础上, 校正也可以用

$$u^{k+1} = P_\Omega[u^k - \beta_k \mathbb{F}(\tilde{u}^k)]$$

实现. 这时候, 预测-校正写在一起就是

$$\begin{cases} \tilde{u}^k = P_\Omega[u^k - \beta_k \mathbb{F}(u^k)], \\ u^{k+1} = P_\Omega[u^k - \beta_k \mathbb{F}(\tilde{u}^k)]. \end{cases} \tag{6.5.19}$$

这就是人们所说的 Korpelevich 外梯度法[89]. 这相当于对隐式投影方程 (6.2.5) 采用预测-校正的方式处理. 我们把投影收缩算法-II 简化成下面的算法.

求解单调变分不等式 (6.1.1) **的 Korpelevich 外梯度法.**

给定 $\beta_0 = 1$, $\nu \in (0, 1)$, $u^0 \in \Omega$.

For $k = 0, 1, \cdots$, 假如停机准则尚未满足, **do**

1) $\tilde{u}^k = P_\Omega[u^k - \beta_k \mathbb{F}(u^k)]$,
$$r_k := \frac{\beta_k \| \mathbb{F}(u^k) - \mathbb{F}(\tilde{u}^k) \|}{\| u^k - \tilde{u}^k \|},$$

   while $r_k > \nu$, $\beta_k := \frac{2}{3}\beta_k * \min\left\{ 1, \frac{1}{r_k} \right\}$,
$$\tilde{u}^k = P_\Omega[u^k - \beta_k \mathbb{F}(u^k)],$$
$$r_k := \frac{\beta_k \| \mathbb{F}(u^k) - \mathbb{F}(\tilde{u}^k) \|}{\| u^k - \tilde{u}^k \|},$$

   end(while)

2) $u^{k+1} = P_\Omega[u^k - \beta_k \mathbb{F}(\tilde{u}^k)]$,

3) **If** $r_k \leqslant \mu$ **then** $\beta_k := \beta_k * 1.5$, **end(if)**

4) 令 $\beta_{k+1} = \beta_k$ 和 $k := k + 1$, 开始新的一次迭代.

文献 [54] 中的数值试验说明, 精细化处理的 Korpelevich 外梯度法 (6.5.19) 效率比不上投影收缩算法-I, 更比不上投影收缩算法-II. 更多的非线性变分不等式投影收缩算法的数值效果, 可参见文献 [56, 57].

凸优化的分裂收缩算法的预测, 同样提供了一对孪生方向. 如何借鉴投影收缩算法中的孪生方向和姊妹方法, 我们在文献 [49] 中开展了一些讨论.

6.6　单调变分不等式投影收缩算法遍历意义下的收敛速率

讨论变分不等式投影收缩算法遍历意义下的收敛复杂性, 是因为它与凸优化分裂收缩算法遍历意义下的收敛速率有着紧密的联系. 这一节的结果发表在文

献 [10], 只对方法感兴趣的读者可以将这一节略去. 变分不等式 (6.1.1) 的解集可以等价地表示成 (见文献 [23], 159 页的 (2.3.2))

$$\Omega^* = \bigcap_{u \in \Omega} \left\{ \tilde{u} \in \Omega : (u - \tilde{u})^{\mathrm{T}} \mathbb{F}(u) \geqslant 0 \right\}. \tag{6.6.1}$$

对给定的 $\epsilon > 0$, 我们致力于求一个 $\tilde{u}$, 使得

$$\tilde{u} \in \Omega, \quad \sup_{u \in \mathcal{D}} (\tilde{u} - u)^{\mathrm{T}} \mathbb{F}(u) \leqslant \epsilon, \tag{6.6.2}$$

其中 $\mathcal{D} \subset \Omega$ 是某个确定的有界闭集.

下面的两个引理分别对投影收缩算法-I 和投影收缩算法-II 给出收敛速率证明需要的同样的关键不等式.

引理 6.1 对给定的 $u^k \in \mathfrak{R}^n$, 假设条件 (6.3.2) 成立. 那么对由投影收缩算法 (6.5.15) 更新的 u^{k+1}, 我们有

$$(u - \tilde{u}^k)^{\mathrm{T}} \gamma \alpha_k^* \beta_k \mathbb{F}(\tilde{u}^k) + \frac{1}{2} \left(\|u - u^k\|^2 - \|u - u^{k+1}\|^2 \right)$$

$$\geqslant \frac{1}{2} \gamma (2 - \gamma) (\alpha_k^*)^2 \|d(u^k, \tilde{u}^k)\|^2, \quad \forall u \in \Omega. \tag{6.6.3}$$

证明 由 (6.3.3), 我们有

$$(u - \tilde{u}^k)^{\mathrm{T}} \gamma \alpha_k^* \beta_k \mathbb{F}(\tilde{u}^k) \geqslant (u - \tilde{u}^k)^{\mathrm{T}} \gamma \alpha_k^* d(u^k, \tilde{u}^k), \quad \forall u \in \Omega.$$

又因为 (见 (6.5.15))

$$\gamma \alpha_k^* d(u^k, \tilde{u}^k) = u^k - u^{k+1},$$

要得到结论 (6.6.3), 我们只需要证明

$$(u - \tilde{u}^k)^{\mathrm{T}} (u^k - u^{k+1}) + \frac{1}{2} \left(\|u - u^k\|^2 - \|u - u^{k+1}\|^2 \right)$$

$$= \frac{1}{2} \gamma (2 - \gamma) (\alpha_k^*)^2 \|d(u^k, \tilde{u}^k)\|^2, \quad \forall u \in \Omega. \tag{6.6.4}$$

对 (6.6.4) 式中的交叉项 $(u - \tilde{u}^k)^{\mathrm{T}} (u^k - u^{k+1})$, 利用恒等式

$$(a - b)^{\mathrm{T}} (c - d) = \frac{1}{2} \left(\|a - d\|^2 - \|a - c\|^2 \right) + \frac{1}{2} \left(\|c - b\|^2 - \|d - b\|^2 \right),$$

得到

$$(u - \tilde{u}^k)^{\mathrm{T}} (u^k - u^{k+1})$$

$$= \frac{1}{2} \left(\|u - u^{k+1}\|^2 - \|u - u^k\|^2 \right) + \frac{1}{2} \left(\|u^k - \tilde{u}^k\|^2 - \|u^{k+1} - \tilde{u}^k\|^2 \right),$$

也就是

$$(u - \tilde{u}^k)^{\mathrm{T}}(u^k - u^{k+1}) + \frac{1}{2} \left(\|u - u^k\|^2 - \|u - u^{k+1}\|^2 \right)$$

$$= \frac{1}{2} \left(\|u^k - \tilde{u}^k\|^2 - \|u^{k+1} - \tilde{u}^k\|^2 \right). \tag{6.6.5}$$

对上式右端的第二部分, 利用 $u^{k+1} = u^k - \gamma \alpha_k^* d(u^k, \tilde{u}^k)$ 和 (6.4.11) 得到

$$\|u^k - \tilde{u}^k\|^2 - \|u^{k+1} - \tilde{u}^k\|^2$$

$$= \|u^k - \tilde{u}^k\|^2 - \|(u^k - \tilde{u}^k) - \gamma \alpha_k^* d(u^k, \tilde{u}^k)\|^2$$

$$= 2\gamma \alpha_k^* (u^k - \tilde{u}^k)^{\mathrm{T}} d(u^k, \tilde{u}^k) - \gamma^2 (\alpha_k^*)^2 \|d(u^k, \tilde{u}^k)\|^2$$

$$= \gamma(2 - \gamma)(\alpha_k^*)^2 \|d(u^k, \tilde{u}^k)\|^2.$$

将其代入 (6.6.5) 的右端, 得到 (6.6.4).　　　　　　　　　　　　　　　　□

引理 6.2　对给定的 $u^k \in \Omega$, 假设条件 (6.3.2) 成立. 那么对由投影收缩算法 (6.5.16) 更新的 u^{k+1}, 我们有

$$(u - \tilde{u}^k)^{\mathrm{T}} \gamma \alpha_k^* \beta_k \mathbb{F}(\tilde{u}^k) + \frac{1}{2} \left(\|u - u^k\|^2 - \|u - u^{k+1}\|^2 \right)$$

$$\geqslant \frac{1}{2} \gamma(2 - \gamma)(\alpha_k^*)^2 \|d(u^k, \tilde{u}^k)\|^2, \quad \forall u \in \Omega. \tag{6.6.6}$$

证明　我们把 $(u - \tilde{u}^k)^{\mathrm{T}} \gamma \alpha_k^* \beta_k \mathbb{F}(\tilde{u}^k)$ 分拆成

$$(u - \tilde{u}^k)^{\mathrm{T}} \gamma \alpha_k^* \beta_k \mathbb{F}(\tilde{u}^k) = (u^{k+1} - \tilde{u}^k)^{\mathrm{T}} \gamma \alpha_k^* \beta_k \mathbb{F}(\tilde{u}^k) + (u - u^{k+1})^{\mathrm{T}} \gamma \alpha_k^* \beta_k \mathbb{F}(\tilde{u}^k)$$

$$\tag{6.6.7}$$

两项. 先处理第一项, 由于 $u^{k+1} \in \Omega$, 将 $u = u^{k+1}$ 代入 (6.3.3), 得到

$$(u^{k+1} - \tilde{u}^k)^{\mathrm{T}} \gamma \alpha_k^* \beta_k \mathbb{F}(\tilde{u}^k)$$

$$\geqslant \gamma \alpha_k^* (u^{k+1} - \tilde{u}^k)^{\mathrm{T}} d(u^k, \tilde{u}^k)$$

$$= \gamma \alpha_k^* (u^k - \tilde{u}^k)^{\mathrm{T}} d(u^k, \tilde{u}^k) - \gamma \alpha_k^* (u^k - u^{k+1})^{\mathrm{T}} d(u^k, \tilde{u}^k). \tag{6.6.8}$$

对 (6.6.8) 右端的第一个交叉项, 利用 (6.4.11) 得到

$$\gamma \alpha_k^* (u^k - \tilde{u}^k)^{\mathrm{T}} d(u^k, \tilde{u}^k) = \gamma (\alpha_k^*)^2 \|d(u^k, \tilde{u}^k)\|^2.$$

对 (6.6.8) 右端的第二个交叉项, 利用 Cauchy-Schwarz 不等式得到

$$-\gamma\alpha_k^*(u^k - u^{k+1})^{\mathrm{T}}d(u^k, \tilde{u}^k) \geqslant -\frac{1}{2}\|u^k - u^{k+1}\|^2 - \frac{1}{2}\gamma^2(\alpha_k^*)^2\|d(u^k, \tilde{u}^k)\|^2.$$

将这些代入 (6.6.8) 的右端就有

$$(u^{k+1} - \tilde{u}^k)^{\mathrm{T}}\gamma\alpha_k^*\beta_k \mathbb{F}(\tilde{u}^k) \geqslant \frac{1}{2}\gamma(2-\gamma)(\alpha_k^*)^2\|d(u^k, \tilde{u}^k)\|^2 - \frac{1}{2}\|u^k - u^{k+1}\|^2. \quad (6.6.9)$$

我们继续处理 (6.6.7) 右端的第二项 $(u - u^{k+1})^{\mathrm{T}}\gamma\alpha_k^*\beta_k \mathbb{F}(\tilde{u}^k)$. 因为 u^{k+1} 是由 (6.5.16) 得到的, u^{k+1} 是 $(u^k - \gamma\alpha_k^*\beta_k \mathbb{F}(\tilde{u}^k))$ 到 Ω 上的投影, 根据第 2 章中引理 2.1,

$$\left\{\left(u^k - \gamma\alpha_k^*\beta_k \mathbb{F}(\tilde{u}^k)\right) - u^{k+1}\right\}^{\mathrm{T}}\left(u - u^{k+1}\right) \leqslant 0, \quad \forall u \in \Omega,$$

并随后得到

$$\left(u - u^{k+1}\right)^{\mathrm{T}}\gamma\alpha_k^*\beta_k \mathbb{F}(\tilde{u}^k) \geqslant \left(u - u^{k+1}\right)^{\mathrm{T}}\left(u^k - u^{k+1}\right), \quad \forall u \in \Omega.$$

对上式右端使用恒等式 $a^{\mathrm{T}}b = \frac{1}{2}\{\|a\|^2 - \|a-b\|^2 + \|b\|^2\}$, 所以有

$$\left(u - u^{k+1}\right)^{\mathrm{T}}\gamma\alpha_k^*\beta_k \mathbb{F}(\tilde{u}^k) \geqslant \frac{1}{2}\left(\|u - u^{k+1}\|^2 - \|u - u^k\|^2\right) + \frac{1}{2}\|u^k - u^{k+1}\|^2.$$

$$(6.6.10)$$

把 (6.6.9) 和 (6.6.10) 相加就得到 (6.6.6). □

对根据孪生方向建立的姊妹方法——投影收缩算法-I 和投影收缩算法-II, 我们在引理 6.1 和引理 6.2 中证明了它们有相同的关键不等式, 它们唯一的差别是 $\{u^k\} \subset \Re^n$ 或者 $\{u^k\} \subset \Omega$. 虽然我们在 6.4 节和 6.5 节中分别证明了结论 (6.4.15) 和 (6.5.18), 作为引理 6.1 和引理 6.2 的副产品, 同样可以得到这样的结论.

定理 6.4 用投影收缩算法求解变分不等式 (6.1.1), 在合格预测 (6.3.1) 的基础上, 采用 (6.5.15) 或者 (6.5.16) 校正, 产生的迭代序列 $\{u^k\}$ 都有收缩性质

$$\|u^{k+1} - u^*\|^2 \leqslant \|u^k - u^*\|^2 - \frac{1}{2}\gamma(2-\gamma)(1-\nu)\|u^k - \tilde{u}^k\|^2, \quad \forall u^* \in \Omega^*. \quad (6.6.11)$$

证明 无论在 (6.6.3) 或者 (6.6.6) 中令 $u = u^*$, 都有

$$\|u^k - u^*\|^2 - \|u^{k+1} - u^*\|^2$$

$$\geqslant 2\gamma\alpha_k^*\beta_k(\tilde{u}^k - u^*)^{\mathrm{T}}\mathbb{F}(\tilde{u}^k) + \gamma(2-\gamma)(\alpha_k^*)^2\|d(u^k, \tilde{u}^k)\|^2, \quad \forall u^* \in \Omega^*.$$

因为 $(\tilde{u}^k - u^*)^{\mathrm{T}} \mathbb{F}(\tilde{u}^k) \geqslant (\tilde{u}^k - u^*)^{\mathrm{T}} \mathbb{F}(u^*) \geqslant 0$, 从上面的不等式得到

$$\|u^k - u^*\|^2 \geqslant \|u^{k+1} - u^*\|^2 + \gamma(2 - \gamma)(\alpha_k^*)^2 \|d(u^k, \tilde{u}^k)\|^2, \quad \forall u^* \in \Omega^*.$$

根据 α_k^* 的定义 (见(6.4.11))

$$\|u^{k+1} - u^*\|^2 \leqslant \|u^k - u^*\|^2 - \gamma(2 - \gamma)\alpha_k^*(u^k - \tilde{u}^k)^{\mathrm{T}} d(u^k, \tilde{u}^k).$$

由于 $\alpha_k^* > \dfrac{1}{2}$ (见 6.4.2 节), 结合关系式 (6.3.6), 从上式得到 (6.6.11). $\qquad\square$

　　下面我们证明关于收敛速率的关键定理, 它的主要依据是引理 6.1 和引理 6.2.

　　定理 6.5　对任意的正整数 $t > 0$, 都有 $\tilde{u}_t \in \Omega$, 使得

$$(\tilde{u}_t - u)^{\mathrm{T}} \mathbb{F}(u) \leqslant \frac{1}{2\gamma \Upsilon_t} \|u - u^0\|^2, \quad \forall u \in \Omega, \tag{6.6.12}$$

其中

$$\tilde{u}_t = \frac{1}{\Upsilon_t} \sum_{k=0}^{t} \alpha_k^* \beta_k \tilde{u}^k, \qquad \Upsilon_t = \sum_{k=0}^{t} \alpha_k^* \beta_k. \tag{6.6.13}$$

　　证明　对任意的 $\gamma \in (0, 2)$, 从引理 6.1 的 (6.6.3) (及引理 6.2 的 (6.6.6)), 得到

$$(u - \tilde{u}^k)^{\mathrm{T}} \alpha_k^* \beta_k \mathbb{F}(u) + \frac{1}{2\gamma} \|u - u^k\|^2 \geqslant \frac{1}{2\gamma} \|u - u^{k+1}\|^2, \quad \forall u \in \Omega. \tag{6.6.14}$$

因为 $\tilde{u}_t$ 是 $\tilde{u}^0, \tilde{u}^1, \cdots, \tilde{u}^t$ 的凸组合, $\tilde{u}_t \in \Omega$. 对不等式 (6.6.14) 从 $k = 0, \cdots, t$ 累加, 得到

$$\left(\left(\sum_{k=0}^{t} \alpha_k^* \beta_k \right) u - \sum_{k=0}^{t} \alpha_k^* \beta_k \tilde{u}^k \right)^{\mathrm{T}} \mathbb{F}(u) + \frac{1}{2\gamma} \|u - u^0\|^2 \geqslant 0, \quad \forall u \in \Omega.$$

利用 (6.6.13) 中 Υ_t 和 $\tilde{u}_t$ 的定义, 推导得

$$(\tilde{u}_t - u)^{\mathrm{T}} \mathbb{F}(u) \leqslant \frac{\|u - u^0\|^2}{2\gamma \Upsilon_t}, \quad \forall u \in \Omega. \qquad\square$$

　　由于 $\alpha_k^* \geqslant \dfrac{1}{2}$, $\inf_{k \geqslant 0}\{\beta_k\} \geqslant \beta_L$ 和 $\beta_L = O(1/L)$, 由 (6.6.13),

$$\Upsilon_t \geqslant \frac{t+1}{2} \beta_L,$$

投影收缩算法具有遍历意义下 $O(1/t)$ 的收敛速率. 对确定的有界闭集 $\mathcal{D} \subset \Omega$, 设 $D = \sup\{\|u - u^0\| \,|\, u \in \mathcal{D}\}$. 投影收缩算法最多需要

$$t = \left\lceil \frac{D^2}{\gamma \beta_L \epsilon} \right\rceil \quad \text{步,} \quad \text{就能达到} \quad (\tilde{u}_t - u)^{\mathrm{T}} F(u) \leqslant \epsilon, \quad \forall u \in \mathcal{D}.$$

注记 6.3 在经典单调变分不等式的投影收缩算法中, 采用方法 (6.5.16) 效率总比方法 (6.5.15) 高一些, 原因是构造方法 (6.5.15) 的寻查方向用到了三个基本不等式的全部, 而构造方法 (6.5.16) 的寻查方向只用到了三个基本不等式中的两个. 方向 "锐利" 一些, 收敛效果也好一些.

我们在经典单调变分不等式求解方面发表的一些投影收缩算法, 被工程界用来成功地解决了一些问题. 例如, 利用文献 [43, 54] 中求解非线性变分不等式的投影收缩算法, 工程力学界的一些学者解决了一些长期困扰他们的岩土工程问题[115,116].

6.7 投影收缩算法在求解可分离凸优化上的应用

作为投影收缩算法在求解可分离凸优化上的应用, 我们考虑比第 4 章的可分离凸优化问题 (4.0.1) 更一般一些的 (包括不等式约束的) 线性约束凸优化问题

$$\min \{\theta_1(x) + \theta_2(y) \,|\, Ax + By = b \,(\geqslant b),\, x \in \mathcal{X},\, y \in \mathcal{Y}\}. \tag{6.7.1}$$

假设问题有解并且 $\theta_1(x)$ 和 $\theta_2(y)$ 分别在包含凸闭集 $\mathcal{X}$ 和 $\mathcal{Y}$ 的一个开集上可微. 问题 (6.7.1) 的 Lagrange 函数是定义在 $\mathcal{X} \times \mathcal{Y} \times \Lambda$ 上的

$$L(x, y, \lambda) = \theta_1(x) + \theta_2(y) - \lambda^{\mathrm{T}}(Ax + By - b),$$

其中

$$\Lambda = \begin{cases} \Re^m, & \text{若 } Ax + By = b, \\ \Re^m_+, & \text{若 } Ax + By \geqslant b. \end{cases}$$

Lagrange 函数的鞍点 $(x^*, y^*, \lambda^*) \in \mathcal{X} \times \mathcal{Y} \times \Lambda$ 满足不等式

$$L(x^*, y^*, \lambda) \leqslant L(x^*, y^*, \lambda^*) \leqslant L(x, y, \lambda^*), \quad \forall (x, y, \lambda) \in \mathcal{X} \times \mathcal{Y} \times \Lambda.$$

这意味着

$$\begin{cases} x^* \in \mathcal{X}, & L(x, y^*, \lambda^*) \geqslant L(x^*, y^*, \lambda^*), \quad \forall x \in \mathcal{X}, \\ y^* \in \mathcal{Y}, & L(x^*, y, \lambda^*) \geqslant L(x^*, y^*, \lambda^*), \quad \forall y \in \mathcal{Y}, \\ \lambda^* \in \Lambda, & L(x^*, y^*, \lambda^*) \geqslant L(x^*, y^*, \lambda), \quad \forall \lambda \in \Lambda. \end{cases}$$

也就是说

$$\begin{cases} x^* \in \arg\min \left\{ \theta_1(x) + \theta_2(y^*) - (\lambda^*)^{\mathrm{T}} (Ax + By^* - b) \,|\, x \in \mathcal{X} \right\}, \\ y^* \in \arg\min \left\{ \theta_1(x^*) + \theta_2(y) - (\lambda^*)^{\mathrm{T}} (Ax^* + By - b) \,|\, y \in \mathcal{Y} \right\}, \\ \lambda^* \in \arg\max \left\{ \theta_1(x^*) + \theta_2(y^*) - \lambda^{\mathrm{T}} (Ax^* + By^* - b) \,|\, \lambda \in \Lambda \right\}. \end{cases}$$

当 $\theta_1(x)$, $\theta_2(y)$ 可微时, 根据定理 1.1, 我们有

$$\begin{cases} x^* \in \mathcal{X}, \quad (x - x^*)^{\mathrm{T}} (\nabla\theta_1(x^*) - A^{\mathrm{T}}\lambda^*) \geqslant 0, \quad \forall\, x \in \mathcal{X}, \\ y^* \in \mathcal{Y}, \quad (y - y^*)^{\mathrm{T}} (\nabla\theta_2(y^*) - B^{\mathrm{T}}\lambda^*) \geqslant 0, \quad \forall\, y \in \mathcal{Y}, \\ \lambda^* \in \Lambda, \quad (\lambda - \lambda^*)^{\mathrm{T}} (Ax^* + By^* - b) \geqslant 0, \quad \forall\, \lambda \in \Lambda. \end{cases}$$

用记号

$$\nabla\theta_1(x) = f(x), \quad \nabla\theta_2(y) = g(y),$$

相应的紧凑形式的单调变分不等式就是

$$w^* \in \Omega, \quad (w - w^*)^{\mathrm{T}} \mathbb{F}(w^*) \geqslant 0, \quad \forall\, w \in \Omega, \tag{6.7.2a}$$

其中

$$w = \begin{pmatrix} x \\ y \\ \lambda \end{pmatrix}, \quad \mathbb{F}(w) = \begin{pmatrix} f(x) - A^{\mathrm{T}}\lambda \\ g(y) - B^{\mathrm{T}}\lambda \\ Ax + By - b \end{pmatrix}, \quad \Omega = \mathcal{X} \times \mathcal{Y} \times \Lambda. \tag{6.7.2b}$$

假如交替方向法中子问题求解比较困难, 而 $\theta_1(x)$ 和 $\theta_2(y)$ 的梯度随手可得并且 Lipschitz 连续, 可以考虑用投影收缩算法求解与可微的线性约束凸优化问题相对应的变分不等式 (6.7.2). 对给定的 $w^k = (x^k, y^k, \lambda^k)$, 通过

$$\begin{cases} \tilde{x}^k = P_{\mathcal{X}} \left\{ x^k - \dfrac{1}{r} [f(x^k) - A^{\mathrm{T}}\lambda^k] \right\}, & (6.7.3\mathrm{a}) \\[3mm] \tilde{y}^k = P_{\mathcal{Y}} \left\{ y^k - \dfrac{1}{s} [g(y^k) - B^{\mathrm{T}}\lambda^k] \right\}, & (6.7.3\mathrm{b}) \\[3mm] \tilde{\lambda}^k = P_{\Lambda} \left\{ \lambda^k - \beta(Ax^k + By^k - b) \right\} & (6.7.3\mathrm{c}) \end{cases}$$

得到预测点 $\tilde{w}^k = (\tilde{x}^k, \tilde{y}^k, \tilde{\lambda}^k)$. 其中 $r, s > 0$ 是适当选取的正常数, 使得

$$\|f(x^k) - f(\tilde{x}^k)\| \leqslant \nu r \|x^k - \tilde{x}^k\| \quad \text{和} \quad \|g(y^k) - g(\tilde{y}^k)\| \leqslant \nu s \|y^k - \tilde{y}^k\|. \tag{6.7.4}$$

当 $f(x)$ 和 $g(y)$ Lipschitz 连续时, 就像第 2 章中讲过的那样, 这是可以办到的.

下面对预测 (6.7.3) 进行分析. 通过投影 (6.7.3a) 得到的 $\tilde{x}^k$ 是极小化问题

$$\min\left\{\left\|x - \left[x^k - \frac{1}{r}[f(x^k) - A^T\lambda^k]\right]\right\|^2 \mid x \in \mathcal{X}\right\}$$

的解, 根据最优性条件的定理 1.1, 有

$$\tilde{x}^k \in \mathcal{X}, \quad (x - \tilde{x}^k)^T\left\{\tilde{x}^k - \left[x^k - \frac{1}{r}[f(x^k) - A^T\lambda^k]\right]\right\} \geqslant 0, \quad \forall x \in \mathcal{X}.$$

这可以写成

$$\tilde{x}^k \in \mathcal{X}, \quad (x - \tilde{x}^k)^T\left\{f(x^k) - A^T\lambda^k + r(\tilde{x}^k - x^k)\right\} \geqslant 0, \quad \forall x \in \mathcal{X}.$$

利用 (6.7.2), 有

$$\tilde{x}^k \in \mathcal{X}, \quad (x - \tilde{x}^k)^T\left\{\begin{array}{l} f(\tilde{x}^k) - A^T\tilde{\lambda}^k + A^T(\tilde{\lambda}^k - \lambda^k) \\ + [r(\tilde{x}^k - x^k) - (f(\tilde{x}^k) - f(x^k))] \end{array}\right\} \geqslant 0, \quad \forall x \in \mathcal{X}. \tag{6.7.5a}$$

通过投影 (6.7.3b) 得到的 $\tilde{y}^k$, 有

$$\tilde{y}^k \in \mathcal{Y}, \quad (y - \tilde{y}^k)^T\left\{\begin{array}{l} g(\tilde{y}^k) - B^T\tilde{\lambda}^k + B^T(\tilde{\lambda}^k - \lambda^k) \\ + [s(\tilde{y}^k - y^k) - (g(\tilde{y}^k) - g(y^k))] \end{array}\right\} \geqslant 0, \quad \forall y \in \mathcal{Y}. \tag{6.7.5b}$$

根据 (6.7.3c) 得到的 $\tilde{\lambda}^k$, 有

$$\tilde{\lambda}^k \in \Re^m, \quad (\lambda - \tilde{\lambda}^k)^T\left\{\begin{array}{l} (A\tilde{x}^k + B\tilde{y}^k - b) + \frac{1}{\beta}(\tilde{\lambda}^k - \lambda^k) \\ -A(\tilde{x}^k - x^k) - B(\tilde{y}^k - y^k) \end{array}\right\} \geqslant 0, \quad \forall \lambda \in \Re^m. \tag{6.7.5c}$$

这样写, 是为了让上面三个式子中有下波纹线的部分合在一起, 就成了 (6.7.2) 中的 $I\!F(\tilde{w}^k)$.

引理 6.3 从给定的 $w^k = (x^k, y^k, \lambda^k)$, 由 (6.7.3) 产生的预测点 $\tilde{w}^k = (\tilde{x}^k, \tilde{y}^k, \tilde{\lambda}^k)$ 满足

$$\tilde{w}^k \in \Omega, \quad (w - \tilde{w}^k)^T I\!F(\tilde{w}^k) \geqslant (w - \tilde{w}^k)^T d(w^k, \tilde{w}^k), \quad \forall w \in \Omega, \tag{6.7.6a}$$

其中

$$d(w^k, \tilde{w}^k) = \left(\begin{array}{c} [r(x^k - \tilde{x}^k) - (f(x^k) - f(\tilde{x}^k))] + A^T(\lambda^k - \tilde{\lambda}^k) \\ [s(y^k - \tilde{y}^k) - (g(y^k) - g(\tilde{y}^k))] + B^T(\lambda^k - \tilde{\lambda}^k) \\ -A(x^k - \tilde{x}^k) - B(y^k - \tilde{y}^k) + \frac{1}{\beta}(\lambda^k - \tilde{\lambda}^k) \end{array}\right). \tag{6.7.6b}$$

证明 将 (6.7.5) 的三部分写在一起并利用 $I\!F(w)$ 的定义经整理便得引理之结论. □

下面我们证明由 (6.7.6b) 给出的 $d(w^k, \tilde{w}^k)$ 是上升方向. 将 (6.7.6) 任意的 w 设为属于 Ω^* 的 w^*, 则有

$$(\tilde{w}^k - w^*)^{\mathrm{T}} d(w^k, \tilde{w}^k) \geqslant (\tilde{w}^k - w^*)^{\mathrm{T}} I\!F(\tilde{w}^k). \tag{6.7.7}$$

利用 $I\!F$ 的单调性和 w^* 的最优性, $(\tilde{w}^k - w^*)^{\mathrm{T}} I\!F(\tilde{w}^k) \geqslant (\tilde{w}^k - w^*)^{\mathrm{T}} I\!F(w^*) \geqslant 0$, 因此

$$(w^k - w^*)^{\mathrm{T}} d(w^k, \tilde{w}^k) \geqslant (w^k - \tilde{w}^k)^{\mathrm{T}} d(w^k, \tilde{w}^k). \tag{6.7.8}$$

利用 $d(w^k, \tilde{w}^k)$ 的表达式 (6.7.6b) 和预测条件 (6.7.4) 得到

$$(w^k - \tilde{w}^k)^{\mathrm{T}} d(w^k, \tilde{w}^k)$$

$$= r\|x^k - \tilde{x}^k\|^2 - (x^k - \tilde{x}^k)^{\mathrm{T}} (f(x^k) - f(\tilde{x}^k))$$

$$+ s\|y^k - \tilde{y}^k\|^2 - (y^k - \tilde{y}^k)^{\mathrm{T}} (g(y^k) - g(\tilde{y}^k)) + \frac{1}{\beta}\|\lambda^k - \tilde{\lambda}^k\|^2$$

$$\geqslant (1 - \nu) \left(r\|x^k - \tilde{x}^k\|^2 + s\|y^k - \tilde{y}^k\|^2 \right) + \frac{1}{\beta}\|\lambda^k - \tilde{\lambda}^k\|^2. \tag{6.7.9}$$

由于 $\nu \in (0, 1)$, 上式右端大于 0. 这里的 (6.7.8) 和 (6.7.9) 相当于 6.3.1 节中的 (6.3.5) 和 (6.3.6). 因此, $d(w^k, \tilde{w}^k)$ 是距离函数 $\|w - w^*\|^2$ 的上升方向.

由于 $d(w^k, \tilde{w}^k)$ 是距离函数 $\|w - w^*\|^2$ 的上升方向, 根据 (6.7.6) 和定义 6.3, 分处不等式 (6.7.6a) 两边的

$$I\!F(\tilde{w}^k) \quad \text{和} \quad d(w^k, \tilde{w}^k)$$

为一对孪生方向. 我们可以用 6.5 节中提到的 H-模下的姊妹方法 (见定义 6.4) 进行校正. 对给定的正定矩阵 H, 校正公式-I 通过

(校正公式-I) $\quad w^{k+1} = w^k - \gamma \alpha_k^* H^{-1} d(w^k, \tilde{w}^k), \quad \gamma \in (0, 2) \tag{6.7.10a}$

产生新的迭代点. 其中

$$\alpha_k^* = \frac{(w^k - \tilde{w}^k)^{\mathrm{T}} d(w^k, \tilde{w}^k)}{\|H^{-1} d(w^k, \tilde{w}^k)\|_H^2}. \tag{6.7.10b}$$

定理 6.6 求解变分不等式 (6.7.2), 由 (6.7.3) 预测和 (6.7.10) 校正产生的序列 $\{\tilde{w}^k\}$ 和 $\{w^k\}$ 满足

$$\|w^{k+1} - w^*\|_H^2 \leqslant \|w^k - w^*\|_H^2 - \gamma(2 - \gamma)\alpha_k^* (w^k - \tilde{w}^k)^{\mathrm{T}} d(w^k, \tilde{w}^k), \tag{6.7.11}$$

其中 $d(w^k, \tilde{w}^k)$ 由 (6.7.6b) 给出.

证明 先将 (6.7.10a) 中的 $\gamma\alpha_k^*$ 置为任意的 $\alpha > 0$, 并将输出记为 $w_{\mathrm{I}}^{k+1}(\alpha)$, 并记

$$\vartheta_k^H(\alpha) = \|w^k - w^*\|_H^2 - \|w_{\mathrm{I}}^{k+1}(\alpha) - w^*\|_H^2. \tag{6.7.12}$$

这样

$$\vartheta_k^H(\alpha) \overset{(6.7.10a)}{=} \|w^k - w^*\|_H^2 - \|(w^k - w^*) - \alpha H^{-1}d(w^k, \tilde{w}^k)\|_H^2$$

$$= 2\alpha(w^k - w^*)^{\mathrm{T}}d(w^k, \tilde{w}^k) - \alpha^2\|H^{-1}d(w^k, \tilde{w}^k)\|_H^2$$

$$\overset{(6.7.8)}{\geqslant} 2\alpha(w^k - \tilde{w}^k)^{\mathrm{T}}d(w^k, \tilde{w}^k) - \alpha^2\|H^{-1}d(w^k, \tilde{w}^k)\|_H^2$$

$$=: q_k^H(\alpha). \tag{6.7.13}$$

对二次函数 $q_k^H(\alpha)$ 求极值得到 (6.7.10b) 中的 α_k^*. 当 (6.7.13) 中的 $\alpha = \gamma\alpha_k^*$ 时,

$$\vartheta_k^H(\gamma\alpha_k^*) \geqslant q_k^H(\gamma\alpha_k^*)$$

$$= 2\gamma\alpha_k^*(w^k - \tilde{w}^k)^{\mathrm{T}}d(w^k, \tilde{w}^k) - \gamma^2(\alpha_k^*)^2\|H^{-1}d(w^k, \tilde{w}^k)\|_H^2$$

$$= \gamma(2 - \gamma)\alpha_k^*(w^k - \tilde{w}^k)^{\mathrm{T}}d(w^k, \tilde{w}^k).$$

证明的最后一个等式使用了 (6.7.10b) 中的 $\alpha_k^*\|H^{-1}d(w^k, \tilde{w}^k)\|_H^2 = (w^k - \tilde{w}^k)^{\mathrm{T}} \cdot d(w^k, \tilde{w}^k)$. 定理结论得证. □

采用 (6.7.10) 校正, 理论上可以取维数相配的任何正定的矩阵. 对 (6.7.6) 给出的 $d(w^k, \tilde{w}^k)$, 建议取

$$H = \begin{pmatrix} rI & 0 & 0 \\ 0 & sI & 0 \\ 0 & 0 & \dfrac{1}{\beta}I \end{pmatrix}, \tag{6.7.14}$$

这时, H 是正定的数量对角矩阵,

$$H^{-1}d(w^k, \tilde{w}^k) = \begin{pmatrix} (x^k - \tilde{x}^k) - \dfrac{1}{r}\left[\left(f(x^k) - f(\tilde{x}^k)\right) - A^{\mathrm{T}}(\lambda^k - \tilde{\lambda}^k)\right] \\ (y^k - \tilde{y}^k) - \dfrac{1}{s}\left[\left(g(y^k) - g(\tilde{y}^k)\right) - B^{\mathrm{T}}(\lambda^k - \tilde{\lambda}^k)\right] \\ (\lambda^k - \tilde{\lambda}^k) - \beta A(x^k - \tilde{x}^k) - \beta B(y^k - \tilde{y}^k) \end{pmatrix}.$$

对应于校正公式 (6.7.10), 我们也可以采用姊妹方法中的另一种方法校正, 由

(校正公式-II) $\quad w^{k+1} = \arg\min\left\{\|w - [w^k - \gamma\alpha_k^*H^{-1}\mathbb{F}(\tilde{w}^k)]\|_H^2 \,|\, w \in \Omega\right\}$

$$\tag{6.7.15}$$

产生新的迭代点 w^{k+1}, 其中 $\gamma \in (0, 2)$, α_k^* 由 (6.7.10b) 提供, 可以得到跟校正方法 (6.7.10) 同样的收缩性质.

定理 6.7　求解变分不等式 (6.7.2), 由 (6.7.3) 预测和 (6.7.15) 校正产生的序列 $\{\tilde{w}^k\}$ 和 $\{w^k\}$ 满足

$$\|w^{k+1} - w^*\|_H^2 \leqslant \|w^k - w^*\|_H^2 - \gamma(2-\gamma)\alpha_k^*(w^k - \tilde{w}^k)^\mathrm{T} d(w^k, \tilde{w}^k), \quad (6.7.16)$$

其中 $d(w^k, \tilde{w}^k)$ 由 (6.7.6b) 给出.

证明　先将 (6.7.15) 中的 $\gamma\alpha_k^*$ 置为任意的 $\alpha > 0$ 并将输出记为 $w_\mathrm{II}^{k+1}(\alpha)$. 我们考察

$$\zeta_k^H(\alpha) = \|w^k - w^*\|_H^2 - \|w_\mathrm{II}^{k+1}(\alpha) - w^*\|_H^2. \quad (6.7.17)$$

首先, 因为 $w_\mathrm{II}^{k+1}(\alpha) = \arg\min\{\|w - [w^k - \alpha H^{-1}\boldsymbol{F}(\tilde{w}^k)]\|_H^2 | w \in \Omega\}$, 根据最优性条件的定理 1.1, 有

$$(w - w_\mathrm{II}^{k+1}(\alpha))^\mathrm{T} H\{w_\mathrm{II}^{k+1}(\alpha) - w^k + \alpha H^{-1}\boldsymbol{F}(\tilde{w}^k)\} \geqslant 0, \quad \forall w \in \Omega.$$

将上面任意的 w 替换成 w^*, 就有不等式

$$(w_\mathrm{II}^{k+1}(\alpha) - w^*)^\mathrm{T} H\{[w^k - \alpha H^{-1}\boldsymbol{F}(\tilde{w}^k)] - w_\mathrm{II}^{k+1}(\alpha)\} \geqslant 0. \quad (6.7.18)$$

在恒等式

$$(a-b)^\mathrm{T} H(c-a) = \frac{1}{2}\left(\|c-b\|_H^2 - \|c-a\|_H^2\right) - \frac{1}{2}\|a-b\|_H^2$$

中置

$$a = w_\mathrm{II}^{k+1}(\alpha), \qquad b = w^* \quad \text{和} \quad c = w^k - \alpha H^{-1}\boldsymbol{F}(\tilde{w}^k)$$

并利用 (6.7.18), 则有

$$\|w^k - \alpha H^{-1}\boldsymbol{F}(\tilde{w}^k) - w^*\|_H^2$$
$$- \|w^k - \alpha H^{-1}\boldsymbol{F}(\tilde{w}^k) - w_\mathrm{II}^{k+1}(\alpha)\|_H^2 - \|w_\mathrm{II}^{k+1}(\alpha) - w^*\|_H^2 \geqslant 0.$$

因此,

$$\|w_\mathrm{II}^{k+1}(\alpha) - w^*\|_H^2 \leqslant \|(w^k - w^*) - \alpha H^{-1}\boldsymbol{F}(\tilde{w}^k)\|_H^2$$
$$- \|(w^k - w_\mathrm{II}^{k+1}(\alpha)) - \alpha H^{-1}\boldsymbol{F}(\tilde{w}^k)\|_H^2.$$

将此代入 (6.7.17), 我们有

$$\zeta_k^H(\alpha) \geqslant \|w^k - w^*\|_H^2 - \|(w^k - w^*) - \alpha H^{-1}\boldsymbol{F}(\tilde{w}^k)\|_H^2$$
$$+ \|(w^k - w_\mathrm{II}^{k+1}(\alpha)) - \alpha H^{-1}\boldsymbol{F}(\tilde{w}^k)\|_H^2$$

$$
\begin{aligned}
&= 2\alpha(w^k - w^*)^{\mathrm{T}} I\!\!F(\tilde{w}^k) + 2\alpha(w_{\mathrm{II}}^{k+1}(\alpha) - w^k)^{\mathrm{T}} I\!\!F(\tilde{w}^k) \\
&\quad + \|w^k - w_{\mathrm{II}}^{k+1}(\alpha)\|_H^2 \\
&= \|w^k - w_{\mathrm{II}}^{k+1}(\alpha)\|_H^2 + 2\alpha(w_{\mathrm{II}}^{k+1}(\alpha) - w^*)^{\mathrm{T}} I\!\!F(\tilde{w}^k). \quad (6.7.19)
\end{aligned}
$$

将 (6.7.19) 中右端的最后一项 $(w_{\mathrm{II}}^{k+1}(\alpha) - w^*)^{\mathrm{T}} I\!\!F(\tilde{w}^k)$ 分解成

$$
(w_{\mathrm{II}}^{k+1}(\alpha) - w^*)^{\mathrm{T}} I\!\!F(\tilde{w}^k) = (w_{\mathrm{II}}^{k+1}(\alpha) - \tilde{w}^k)^{\mathrm{T}} I\!\!F(\tilde{w}^k) + (\tilde{w}^k - w^*)^{\mathrm{T}} I\!\!F(\tilde{w}^k),
$$

利用 $(\tilde{w}^k - w^*)^{\mathrm{T}} I\!\!F(\tilde{w}^k) \geqslant (\tilde{w}^k - w^*)^{\mathrm{T}} I\!\!F(w^*) \geqslant 0$, 上式右端的最后一部分非负. 代入 (6.7.19) 的右端, 进一步得到

$$
\zeta_k^H(\alpha) \geqslant \|w^k - w_{\mathrm{II}}^{k+1}(\alpha)\|_H^2 + 2\alpha(w_{\mathrm{II}}^{k+1}(\alpha) - \tilde{w}^k)^{\mathrm{T}} I\!\!F(\tilde{w}^k). \quad (6.7.20)
$$

因为 $w_{\mathrm{II}}^{k+1}(\alpha) \in \Omega$, 用它替代 (6.7.6a) 中的任意 $w \in \Omega$, 得到

$$
(w_{\mathrm{II}}^{k+1}(\alpha) - \tilde{w}^k)^{\mathrm{T}} I\!\!F(\tilde{w}^k) \geqslant (w_{\mathrm{II}}^{k+1}(\alpha) - \tilde{w}^k)^{\mathrm{T}} d(w^k, \tilde{w}^k). \quad (6.7.21)
$$

将它们代入 (6.7.20) 的右端, 就有

$$
\zeta_k^H(\alpha) \geqslant \|w^k - w_{\mathrm{II}}^{k+1}(\alpha)\|_H^2 + 2\alpha(w_{\mathrm{II}}^{k+1}(\alpha) - \tilde{w}^k)^{\mathrm{T}} d(w^k, \tilde{w}^k).
$$

对上式右端处理, 进一步化成

$$
\begin{aligned}
\zeta_k^H(\alpha) &\geqslant \|w^k - w_{\mathrm{II}}^{k+1}(\alpha)\|_H^2 + 2\alpha(w_{\mathrm{II}}^{k+1}(\alpha) - \tilde{w}^k)^{\mathrm{T}} d(w^k, \tilde{w}^k) \\
&= \|w^k - w_{\mathrm{II}}^{k+1}(\alpha)\|_H^2 + 2\alpha(w_{\mathrm{II}}^{k+1}(\alpha) - w^k)^{\mathrm{T}} d(w^k, \tilde{w}^k) \\
&\quad + 2\alpha(w^k - \tilde{w}^k)^{\mathrm{T}} d(w^k, \tilde{w}^k) \\
&= \|(w^k - w_{\mathrm{II}}^{k+1}(\alpha)) - \alpha H^{-1} d(w^k, \tilde{w}^k)\|_H^2 - \alpha^2 \|H^{-1} d(w^k, \tilde{w}^k)\|_H^2 \\
&\quad + 2\alpha(w^k - \tilde{w}^k)^{\mathrm{T}} d(w^k, \tilde{w}^k) \\
&= \|w_{\mathrm{I}}^{k+1}(\alpha) - w_{\mathrm{II}}^{k+1}(\alpha)\|_H^2 - \alpha^2 \|H^{-1} d(w^k, \tilde{w}^k)\|_H^2 \\
&\quad + 2\alpha(w^k - \tilde{w}^k)^{\mathrm{T}} d(w^k, \tilde{w}^k) \\
&\geqslant 2\alpha(w^k - \tilde{w}^k)^{\mathrm{T}} d(w^k, \tilde{w}^k) - \alpha^2 \|H^{-1} d(w^k, \tilde{w}^k)\|_H^2). \quad (6.7.22)
\end{aligned}
$$

在上式中取 $\alpha = \gamma \alpha_k^*$ 并利用 (6.7.10b) 中的

$$
\alpha_k^* \|H^{-1} d(w^k, \tilde{w}^k)\|_H^2 = (w^k - \tilde{w}^k)^{\mathrm{T}} d(w^k, \tilde{w}^k),
$$

从 (6.7.22) 得到

$$
\zeta_k^H(\gamma \alpha_k^*) \geqslant \gamma(2 - \gamma) \alpha_k^* (w^k - \tilde{w}^k)^{\mathrm{T}} d(w^k, \tilde{w}^k).
$$

这样就完成了定理结论 (6.7.16) 的证明.　　　　　　　　　　　　　　　　　□

我们关心校正公式-II (6.7.15) 如何实现. 由于 (6.7.14) 中的 H 是与 $\Omega = \mathcal{X} \times \mathcal{Y} \times \Lambda$ 相对应的分块数量矩阵. 利用可分离结构, 我们有

$$\min\{\|w - [w^k - \alpha_k H^{-1}\mathbb{F}(\tilde{w}^k)]\|_H^2 \,|\, w \in \Omega\}$$

$$= \min\left\{ \left\| \begin{array}{c} x - \left[x^k - \alpha_k \dfrac{1}{r}(f(\tilde{x}^k) - A^T\tilde{\lambda}^k)\right] \\[2mm] y - \left[y^k - \alpha_k \dfrac{1}{s}(g(\tilde{y}^k) - B^T\tilde{\lambda}^k)\right] \\[2mm] \lambda - [\lambda^k - \alpha_k \beta(A\tilde{x}^k + B\tilde{y}^k - b)] \end{array} \right\|_H^2 \ \middle|\ \begin{array}{c} x \in \mathcal{X} \\ y \in \mathcal{Y} \\ \lambda \in \Lambda \end{array} \right\}$$

$$= \min\left\{ \begin{array}{l} r\left\| x - \left[x^k - \alpha_k \dfrac{1}{r}(f(\tilde{x}^k) - A^T\tilde{\lambda}^k)\right]\right\|^2 \ \middle|\ x \in \mathcal{X} \\[2mm] + s\left\| y - \left[y^k - \alpha_k \dfrac{1}{s}(g(\tilde{y}^k) - B^T\tilde{\lambda}^k)\right]\right\|^2 \ \middle|\ y \in \mathcal{Y} \\[2mm] + \dfrac{1}{\beta}\left\| \lambda - [\lambda^k - \alpha_k \beta(A\tilde{x}^k + B\tilde{y}^k - b)]\right\|^2 \ \middle|\ \lambda \in \Lambda \end{array} \right\}.$$

因此,

$$\begin{pmatrix} x^{k+1} \\ y^{k+1} \\ \lambda^{k+1} \end{pmatrix} = \begin{pmatrix} \operatorname{argmin}\left\{ \left\| x - \left[x^k - \alpha_k \dfrac{1}{r}(f(\tilde{x}^k) - A^T\tilde{\lambda}^k)\right]\right\|^2 \ \middle|\ x \in \mathcal{X} \right\} \\[3mm] \operatorname{argmin}\left\{ \left\| y - \left[y^k - \alpha_k \dfrac{1}{s}(g(\tilde{y}^k) - B^T\tilde{\lambda}^k)\right]\right\|^2 \ \middle|\ y \in \mathcal{Y} \right\} \\[3mm] \operatorname{argmin}\{\| \lambda - [\lambda^k - \alpha_k \beta(A\tilde{x}^k + B\tilde{y}^k - b)]\|^2 \,|\, \lambda \in \Lambda\} \end{pmatrix}.$$

换句话说,

$$\begin{aligned} w^{k+1} &= \arg\min\{\|w - [w^k - \alpha_k H^{-1}\mathbb{F}(\tilde{w}^k)]\|_H^2 \,|\, w \in \Omega\} \\ &= \arg\min\{\|w - [w^k - \alpha_k H^{-1}\mathbb{F}(\tilde{w}^k)]\|^2 \,|\, w \in \Omega\} \\ &= P_\Omega[w^k - \alpha_k H^{-1}\mathbb{F}(\tilde{w}^k)]. \end{aligned} \tag{6.7.23}$$

这里, 我们需要再一次强调, 上式只有当 H 是形如 (6.7.14) 的正定分块数量矩阵时才成立. 因此, 求解变分不等式 (6.7.2), 由 (6.7.3) 预测, 通过 (6.7.15) 校正是由

$$\left\{ \begin{array}{ll} x^{k+1} = P_\mathcal{X}\left\{ x^k - \dfrac{\alpha_k}{r}[f(\tilde{x}^k) - A^T\tilde{\lambda}^k] \right\}, & (6.7.24\text{a}) \\[3mm] y^{k+1} = P_\mathcal{Y}\left\{ y^k - \dfrac{\alpha_k}{s}[g(\tilde{y}^k) - B^T\tilde{\lambda}^k] \right\}, & (6.7.24\text{b}) \\[3mm] \lambda^{k+1} = P_\Lambda\left\{ \lambda^k - \alpha_k \beta(A\tilde{x}^k + B\tilde{y}^k - b) \right\} & (6.7.24\text{c}) \end{array} \right.$$

实现的. 运算执行的主要是分别在 $\mathcal{X}$, $\mathcal{Y}$ 和 Λ 上的欧氏模下的投影.

设 $\tilde{w}^k$ 是由 (6.7.3) 提供的满足条件 (6.7.4) 的预测点, 定理 6.6 和定理 6.7 分别证明了用校正-I (6.7.10) 和校正-II (6.7.15) 产生的迭代点有相同的收缩性质. 根据不等式 (6.7.9), 我们有

$$(w^k - \tilde{w}^k)^{\mathrm{T}} d(w^k, \tilde{w}^k) \geqslant (1 - \nu)\left(r\|x^k - \tilde{x}^k\|^2 + s\|y^k - \tilde{y}^k\|^2\right) + \frac{1}{\beta}\|\lambda^k - \tilde{\lambda}^k\|^2.$$

采用不同校正的方法收敛性可以分别从定理 6.6 和定理 6.7 得到.

这一节讨论的是求解变分不等式 (6.7.2) 的投影收缩算法, 此算法对一般的单调变分不等式也是适用的. 我们把有关结论总结为下面的定理.

定理 6.8 如果在求解单调变分不等式 (6.1.1) 的预测-校正方法中得到的预测点满足

$$\tilde{w}^k \in \Omega, \quad (w - \tilde{w}^k)^{\mathrm{T}} \mathbf{F}(\tilde{w}^k) \geqslant (w - \tilde{w}^k)^{\mathrm{T}} d(w^k, \tilde{w}^k), \quad \forall w \in \Omega,$$

随之而来的有

$$(w^k - w^*)^{\mathrm{T}} d(w^k, \tilde{w}^k) \geqslant (w^k - \tilde{w}^k)^{\mathrm{T}} d(w^k, \tilde{w}^k).$$

如果条件

$$(w^k - \tilde{w}^k)^{\mathrm{T}} d(w^k, \tilde{w}^k) \geqslant \delta\|w^k - \tilde{w}^k\|^2, \quad \delta > 0$$

满足, 那么

$$\mathbf{F}(\tilde{w}^k) \quad \text{和} \quad d(w^k, \tilde{w}^k)$$

是一对孪生方向. 对任何维数相配的正定矩阵 H, 由此姊妹方法通过

$$w^{k+1} = w^k - \gamma \alpha_k^* H^{-1} d(w^k, \tilde{w}^k),$$

或者

$$w^{k+1} = \arg\min\left\{\|w - [w^k - \gamma\alpha_k^* H^{-1}\mathbf{F}(\tilde{w}^k)]\|_H^2 \,\big|\, w \in \Omega\right\} \tag{6.7.25}$$

得到新的迭代点 w^{k+1}, 其中 $\gamma \in (0, 2)$,

$$\alpha_k^* = \frac{(w^k - \tilde{w}^k)^{\mathrm{T}} d(w^k, \tilde{w}^k)}{\|H^{-1}d(w^k, \tilde{w}^k)\|_H^2}.$$

那么, 迭代点有收缩关系式

$$\|w^{k+1} - w^*\|_H^2 \leqslant \|w^k - w^*\|_H^2 - \gamma(2 - \gamma)\alpha_k^*(w^k - \tilde{w}^k)^{\mathrm{T}} d(w^k, \tilde{w}^k), \quad \forall w \in \Omega.$$

为了让校正 (6.7.25) 容易实现, 矩阵 H 应该像 (6.7.14) 中那样, 取成与 Ω 相对应的分块对角数量矩阵. 使得 (6.7.25) 就像 (6.7.23) 那样通过欧氏模下的投影实现.

第 7 章　统一框架与单调线性变分不等式的投影收缩算法

这一章从另一个角度介绍单调变分不等式的投影收缩算法和统一框架中凸优化分裂收缩算法的关系. 如果 (6.1.1) 中的 $\mathbb{F}(u) = Mu + q$, M 是一个方阵, q 是一个相应的向量, 经典的变分不等式问题 (6.1.1) 就简化成了如下的线性变分不等式:

$$u^* \in \Omega, \quad (u - u^*)^{\mathrm{T}}(Mu^* + q) \geqslant 0, \quad \forall u \in \Omega. \tag{7.0.1}$$

此时的单调性要求就是矩阵 $M^{\mathrm{T}} + M$ 为半正定矩阵. 线性单调变分不等式的投影收缩算法, 利用线性这个条件, 相应的方法就更简单一些[39-41].

跟上一章的内容安排上类似, 我们首先介绍线性单调变分不等式的一些应用, 然后分别介绍投影收缩算法与凸优化分裂收缩算法之间的关系, 接着介绍投影收缩算法中的一对孪生方向和姊妹方法, 最后介绍算法在遍历意义下的收敛速率.

7.1　单调线性变分不等式及相应的优化问题

我们先举一些可以化为单调线性变分不等式的优化问题的例子.

1. 二次凸优化问题

设 $H \in \Re^{n \times n}$ 是对称半正定矩阵, $c \in \Re^n$, $\mathcal{X} \subset \Re^n$ 是一个简单凸集. 定理 1.1 告诉我们, x^* 是凸二次优化问题

$$\min \left\{ \frac{1}{2} x^{\mathrm{T}} H x + c^{\mathrm{T}} x \,\bigg|\, x \in \mathcal{X} \right\} \tag{7.1.1}$$

的最优解的充分必要条件是

$$x^* \in \mathcal{X}, \quad (x - x^*)^{\mathrm{T}}(Hx^* + c) \geqslant 0, \quad \forall x \in \mathcal{X}. \tag{7.1.2}$$

线性约束的凸二次优化问题

$$\min_x \left\{ \frac{1}{2} x^{\mathrm{T}} H x + c^{\mathrm{T}} x \,\bigg|\, Ax = b(\geqslant b), x \in \mathcal{X} \right\} \tag{7.1.3}$$

的 Lagrange 函数是定义在 $\Omega = \mathcal{X} \times \Lambda$ 上的

$$L(x,y) = \frac{1}{2}x^{\mathrm{T}}Hx + c^{\mathrm{T}}x - y^{\mathrm{T}}(Ax - b), \qquad (7.1.4)$$

其中

$$\Lambda = \begin{cases} \Re^m, & \text{若 } Ax = b, \\ \Re^m_+, & \text{若 } Ax \geqslant b. \end{cases}$$

Lagrange 函数 (7.1.4) 鞍点对应的线性变分不等式的数学形式就是 (7.0.1), 其中

$$u = \begin{pmatrix} x \\ y \end{pmatrix}, \quad M = \begin{pmatrix} H & -A^{\mathrm{T}} \\ A & 0 \end{pmatrix}, \quad q = \begin{pmatrix} c \\ -b \end{pmatrix}.$$

当对称矩阵 H 半正定时, 矩阵 $M^{\mathrm{T}} + M$ 是对称半正定的.

2. 广义线性规划问题

线性规划的标准形式是 $\min\{c^{\mathrm{T}}x \mid Ax = b, x \geqslant 0\}$, 其中 $A \in \Re^{m \times n}$, $b \in \Re^m$, $c \in \Re^n$. 在经济问题中, 向量 b 一般表示需求量, c 表示价格. 我们允许需求和价格都在一定范围之内波动, 考虑更一般的优化问题

$$\min\{\max_{\eta \in \mathcal{C}} \eta^{\mathrm{T}}x \mid Ax \in \mathcal{B}, \, x \in \mathcal{X}\}, \qquad (7.1.5)$$

其中 $\mathcal{C}, \mathcal{X} \subset \Re^n$, $\mathcal{B} \subset \Re^m$ 是简单闭凸集. 我们称这样的问题为广义线性规划. 引进辅助变量 y, 问题就变成

$$\min\{\max_{\eta \in \mathcal{C}} \eta^{\mathrm{T}}x \mid Ax - y = 0, \, x \in \mathcal{X}, \, y \in \mathcal{B}\}.$$

将 λ 设为等式约束的 Lagrange 乘子, 得到广义线性规划 (7.1.5) 定义在 $(\mathcal{X} \times \mathcal{B}) \times (\Re^m \times \mathcal{C})$ 上的 Lagrange 函数

$$L(x, y, \lambda, \eta) = \eta^{\mathrm{T}}x - \lambda^{\mathrm{T}}(Ax - y).$$

设 $(x^*, y^*, \lambda^*, \eta^*)$ 是上述 Lagrange 函数的鞍点, 则有

$$L_{\lambda \in \Re^m, \eta \in \mathcal{C}}(x^*, y^*, \lambda, \eta) \leqslant L(x^*, y^*, \lambda^*, \eta^*) \leqslant L_{x \in \mathcal{X}, \, y \in \mathcal{B}}(x, y, \lambda^*, \eta^*).$$

相应的条件写开来就是

$$\begin{cases} x^* \in \mathcal{X}, & (x - x^*)^{\mathrm{T}}(-A^{\mathrm{T}}\lambda^* + \eta^*) \geqslant 0, & \forall x \in \mathcal{X}, \\ y^* \in \mathcal{B}, & (y - y^*)^{\mathrm{T}}(\lambda^*) \geqslant 0, & \forall y \in \mathcal{B}, \\ \lambda^* \in \Re^m, & (\lambda - \lambda^*)^{\mathrm{T}}(Ax^* - y^*) \geqslant 0, & \forall \lambda \in \Re^m, \\ \eta^* \in \mathcal{C}, & (\eta - \eta^*)^{\mathrm{T}}(-x^*) \geqslant 0, & \forall \eta \in \mathcal{C}. \end{cases}$$

更紧凑的形式可以写成

$$w^* \in \Omega, \quad (w - w^*)^{\mathrm{T}} M w^* \geqslant 0, \quad \forall w \in \Omega, \tag{7.1.6a}$$

这样的线性变分不等式, 其中

$$w = \begin{pmatrix} x \\ y \\ \lambda \\ \eta \end{pmatrix}, \quad M = \begin{pmatrix} 0 & 0 & -A^{\mathrm{T}} & I \\ 0 & 0 & I & 0 \\ A & -I & 0 & 0 \\ -I & 0 & 0 & 0 \end{pmatrix}, \quad \Omega = \mathcal{X} \times \mathcal{B} \times \Re^m \times \mathcal{C}. \tag{7.1.6b}$$

3. 最短距离和问题之变分不等式

有些典型的非光滑凸优化问题可以化成结构相当简单的线性变分不等式, 我们以最短距离和问题为例加以说明.

假设 $b_{[1]}, \cdots, b_{[10]}$ 是确定的村镇. 现在要用一个如图 7.1 所示的结构网络把它们连接起来. $x_{[1]}, \cdots, x_{[8]}$ 是待选的连接点, 每个 $x_{[i]}$ 都是一个二维向量. 问题是如何确定 $x_{[1]}, \cdots, x_{[8]}$ 的坐标位置, 使得网络线路长度最短.

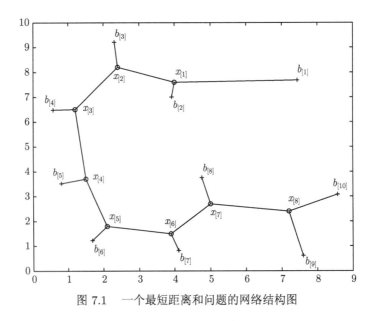

图 7.1   一个最短距离和问题的网络结构图

在 p-模意义下求上述网络的最短距离和问题的数学模型是

$$
\min_{x_{[j]} \in X_j}
\left\{
\begin{array}{l}
\|x_{[1]} - b_{[1]}\|_p + \|x_{[1]} - b_{[2]}\|_p + \|x_{[2]} - b_{[3]}\|_p + \|x_{[3]} - b_{[4]}\|_p \\
\quad + \|x_{[4]} - b_{[5]}\|_p + \|x_{[5]} - b_{[6]}\|_p + \|x_{[6]} - b_{[7]}\|_p \\
\quad + \|x_{[7]} - b_{[8]}\|_p + \|x_{[8]} - b_{[9]}\|_p + \|x_{[8]} - b_{[10]}\|_p \\
\quad + \|x_{[1]} - x_{[2]}\|_p + \|x_{[2]} - x_{[3]}\|_p + \|x_{[3]} - x_{[4]}\|_p + \|x_{[4]} - x_{[5]}\|_p \\
\quad + \|x_{[5]} - x_{[6]}\|_p + \|x_{[6]} - x_{[7]}\|_p + \|x_{[7]} - x_{[8]}\|_p
\end{array}
\right\}.
$$

$$(7.1.7)$$

前十条边分别与 $b_{[j]}$ 连接, 后七条边连接 $x_{[i]}$ 和 $x_{[i+1]}$. 作为数学问题, 我们对 $p = 1, 2, +\infty$ 感兴趣. 此类问题是一个非光滑凸优化问题. 即使是欧氏模问题, 由于最优解的某个 $x_{[i]}^*$ 可能与一个确定的 $b_{[j]}$ 重合 (最优解的某个车站需要建在一个村庄), 也是个非光滑凸优化问题.

欧氏模下的最短距离和问题 注意到对任意的 $d \in \Re^2$, 有

$$
\|d\|_2 = \frac{d^{\mathrm{T}} d}{\|d\|} = \left\langle \frac{d}{\|d\|}, d \right\rangle = \max_{\xi \in B_2} \xi^{\mathrm{T}} d,
\tag{7.1.8}
$$

其中

$$
B_2 = \{\xi \in \Re^2 \mid \|\xi\|_2 \leqslant 1\}.
$$

利用 (7.1.8), $p = 2$ 的最短距离和问题 (7.1.7) 可以化为 min-max 问题

$$
\min_{x_{[i]} \in \Re^2} \max_{y_{[j]} \in B_2}
$$

$$
\cdot
\left\{
\begin{array}{l}
y_{[1]}^{\mathrm{T}}(x_{[1]} - b_{[1]}) + y_{[2]}^{\mathrm{T}}(x_{[1]} - b_{[2]}) + y_{[3]}^{\mathrm{T}}(x_{[2]} - b_{[3]}) + y_{[4]}^{\mathrm{T}}(x_{[3]} - b_{[4]}) \\
\quad y_{[5]}^{\mathrm{T}}(x_{[4]} - b_{[5]}) + y_{[6]}^{\mathrm{T}}(x_{[5]} - b_{[6]}) + y_{[7]}^{\mathrm{T}}(x_{[6]} - b_{[7]}) \\
\quad + y_{[8]}^{\mathrm{T}}(x_{[7]} - b_{[8]}) + y_{[9]}^{\mathrm{T}}(x_{[8]} - b_{[9]}) + y_{[10]}^{\mathrm{T}}(x_{[8]} - b_{[10]}) \\
\quad + y_{[11]}^{\mathrm{T}}(x_{[1]} - x_{[2]}) + y_{[12]}^{\mathrm{T}}(x_{[2]} - x_{[3]}) + y_{[13]}^{\mathrm{T}}(x_{[3]} - x_{[4]}) + y_{[14]}^{\mathrm{T}}(x_{[4]} - x_{[5]}) \\
\quad + y_{[15]}^{\mathrm{T}}(x_{[5]} - x_{[6]}) + y_{[16]}^{\mathrm{T}}(x_{[6]} - x_{[7]}) + y_{[17]}^{\mathrm{T}}(x_{[7]} - x_{[8]})
\end{array}
\right\},
$$

其中每个 $x_{[i]}, y_{[j]}$ 都是二维向量. 每个 $x_{[i]}$ 对应一个点, 而每个 $y_{[j]}$ 则对应一条边. 它的紧凑形式为

$$
\min_{x \in \mathcal{X}} \max_{y \in \mathcal{B}_2} y^{\mathrm{T}}(Ax - b),
\tag{7.1.9}
$$

其中

$$
x = \begin{pmatrix} x_{[1]} \\ x_{[2]} \\ \vdots \\ x_{[8]} \end{pmatrix}, \quad
y = \begin{pmatrix} y_{[1]} \\ y_{[2]} \\ \vdots \\ y_{[17]} \end{pmatrix},
$$

分块矩阵 A 和向量 b 的结构分别是

$$
A_1 = \begin{pmatrix}
I_2 & 0 & 0 & 0 & 0 & 0 & 0 & 0 \\
I_2 & 0 & 0 & 0 & 0 & 0 & 0 & 0 \\
0 & I_2 & 0 & 0 & 0 & 0 & 0 & 0 \\
0 & 0 & I_2 & 0 & 0 & 0 & 0 & 0 \\
0 & 0 & 0 & I_2 & 0 & 0 & 0 & 0 \\
0 & 0 & 0 & 0 & I_2 & 0 & 0 & 0 \\
0 & 0 & 0 & 0 & 0 & I_2 & 0 & 0 \\
0 & 0 & 0 & 0 & 0 & 0 & I_2 & 0 \\
0 & 0 & 0 & 0 & 0 & 0 & 0 & I_2 \\
0 & 0 & 0 & 0 & 0 & 0 & 0 & I_2 \\
I_2 & -I_2 & 0 & 0 & 0 & 0 & 0 & 0 \\
0 & I_2 & -I_2 & 0 & 0 & 0 & 0 & 0 \\
0 & 0 & I_2 & -I_2 & 0 & 0 & 0 & 0 \\
0 & 0 & 0 & I_2 & -I_2 & 0 & 0 & 0 \\
0 & 0 & 0 & 0 & I_2 & -I_2 & 0 & 0 \\
0 & 0 & 0 & 0 & 0 & I_2 & -I_2 & 0 \\
0 & 0 & 0 & 0 & 0 & 0 & I_2 & -I_2
\end{pmatrix}, \quad
b_1 = \begin{pmatrix}
b_{[1]} \\
b_{[2]} \\
b_{[3]} \\
b_{[4]} \\
b_{[5]} \\
b_{[6]} \\
b_{[7]} \\
b_{[8]} \\
b_{[9]} \\
b_{[10]} \\
0 \\
0 \\
0 \\
0 \\
0 \\
0 \\
0
\end{pmatrix}.
$$

$$
\mathcal{X} = \Re^2 \times \cdots \times \Re^2, \qquad \mathcal{B} = B_2 \times \cdots \times B_2.
$$

设 $(x^*, y^*) \in \mathcal{X} \times \mathcal{B}_2$ 是 min-max 问题 (7.1.9) 的解, 那么对所有的 $x \in \mathcal{X}$ 和 $y \in \mathcal{B}$, 有

$$
y^{\mathrm{T}}(Ax^* - b) \leqslant (y^*)^{\mathrm{T}}(Ax^* - b) \leqslant (y^*)^{\mathrm{T}}(Ax - b).
$$

它的等价形式是下面的线性变分不等式:

$$
x^* \in \mathcal{X}, \ y^* \in \mathcal{B}_2, \quad
\begin{cases}
(x - x^*)^{\mathrm{T}}(A^{\mathrm{T}} y^*) \geqslant 0, & \forall x \in \mathcal{X}, \\
(y - y^*)^{\mathrm{T}}(-Ax^* + b) \geqslant 0, & \forall y \in \mathcal{B}_2.
\end{cases}
$$

可以写成线性变分不等式的标准形式

$$
u^* \in \Omega, \quad (u - u^*)^{\mathrm{T}}(Mu^* + q) \geqslant 0, \quad \forall u \in \Omega, \tag{7.1.10a}
$$

其中

$$
u = \begin{pmatrix} x \\ y \end{pmatrix}, \quad
M = \begin{pmatrix} 0 & A^{\mathrm{T}} \\ -A & 0 \end{pmatrix}, \quad
q = \begin{pmatrix} 0 \\ b \end{pmatrix} \tag{7.1.10b}
$$

和

$$\Omega = \mathcal{X} \times \mathcal{B}_2.$$

l_1-模下的最短距离和问题 由于对任意的 $d \in \Re^2$, 有

$$\|d\|_1 = \max_{\xi \in B_\infty} \xi^{\mathrm{T}} d,$$

其中

$$B_\infty = \{\xi \in \Re^2 \,|\, \|\xi\|_\infty \leqslant 1\}.$$

与欧氏模下的最短距离和问题一样, 问题 (7.1.7) 在 l_1-模意义下也可以表示成一个 min-max 问题

$$\min_{x \in \mathcal{X}} \max_{y \in \mathcal{B}_\infty} \quad y^{\mathrm{T}}(Ax - b).$$

与欧氏模下的距离和问题一样, 它等价于变分不等式

$$u^* \in \Omega, \quad (u - u^*)^{\mathrm{T}}(Mu^* + q) \geqslant 0, \quad \forall u \in \Omega.$$

矩阵 M 和向量 q 都不变, 所不同的只是这时集合

$$\Omega = \mathcal{X} \times \mathcal{B}_\infty, \qquad \mathcal{B}_\infty = B_\infty \times B_\infty \times \cdots \times B_\infty.$$

l_∞-模下的最短距离和问题 对任意的 $d \in \Re^2$, 有

$$\|d\|_\infty = \max_{\xi \in B_1} \xi^{\mathrm{T}} d,$$

其中

$$B_1 = \{\xi \in \Re^2 \,|\, \|\xi\|_1 \leqslant 1\}.$$

与欧氏模下的最短距离和问题一样, 问题 (7.1.7) 在 l_∞-模意义下也可以表示成一个 min-max 问题并化成等价的变分不等式

$$u^* \in \Omega, \quad (u - u^*)^{\mathrm{T}}(Mu^* + q) \geqslant 0, \quad \forall u \in \Omega.$$

矩阵 M 和向量 q 都不变, 所不同的只是这时集合

$$\Omega = \mathcal{X} \times \mathcal{B}_1, \qquad \mathcal{B}_1 = B_1 \times B_1 \times \cdots \times B_1.$$

只是将处理欧氏模问题时的 $\mathcal{B}_2$ 换成了 $\mathcal{B}_1$.

7.2　线性变分不等式的投影收缩算法和算法统一框架

将线性变分不等式的投影收缩算法和凸优化统一框架中的分裂收缩算法做比较. 它们要解决的问题分别是 (7.0.1) 和 (5.0.1).

1. 线性变分不等式的投影收缩算法

线性变分不等式 (7.0.1) 的投影收缩算法每步迭代同样由预测和校正组成.

预测　线性变分不等式投影收缩算法第 k 步迭代的预测从给定的当前点 u^k 出发, 利用投影

$$\tilde{u}^k = P_\Omega[u^k - \beta(Mu^k + q)], \quad \beta > 0 \tag{7.2.1}$$

生成一个预测点 $\tilde{u}^k$, 这里理论上对 $\beta > 0$ 没有任何要求. 我们记得, 非线性变分不等式投影收缩算法在做预测 (6.3.1) 时, 要求参数 β 满足条件 (6.3.2). 根据变分不等式解的性质, $u^k \in \Omega^*$ 的充分必要条件是 $u^k = \tilde{u}^k$.

因为 $\boldsymbol{F}(u) = Mu + q$, 第 6 章的基本不等式 (6.2.8) 和 (6.2.9) 就简化成

$$(\text{FI1}) \qquad (\tilde{u}^k - u^*)^{\mathrm{T}}\beta(Mu^* + q) \geqslant 0, \ \forall u^* \in \Omega^*. \tag{7.2.2}$$

和

$$(\text{FI2}) \qquad (\tilde{u}^k - u^*)^{\mathrm{T}}\left\{[u - \beta(Mu^k + q)] - \tilde{u}^k\right\} \geqslant 0, \ \forall u^* \in \Omega^*. \tag{7.2.3}$$

将基本不等式 (7.2.2) 和 (7.2.3) 相加, 得到

$$(\tilde{u}^k - u^*)^{\mathrm{T}}\{(u^k - \tilde{u}^k) - \beta M(u^k - u^*)\} \geqslant 0, \ \forall u^* \in \Omega^*.$$

将 $(\tilde{u}^k - u^*)$ 分拆成 $\{(u^k - u^*) - (u^k - \tilde{u}^k)\}$ (注意这里的 u^k 不必属于 Ω) 有

$$\{(u^k - u^*) - (u^k - \tilde{u}^k)\}^{\mathrm{T}}\{(u^k - \tilde{u}^k) - \beta M(u^k - u^*)\} \geqslant 0, \ \forall u^* \in \Omega^*.$$

由单调性, $(u^k - u^*)^{\mathrm{T}}M(u^k - u^*) \geqslant 0$, 从上式得到

$$(u^k - u^*)^{\mathrm{T}}(I + \beta M^{\mathrm{T}})(u^k - \tilde{u}^k) \geqslant \|u^k - \tilde{u}^k\|^2, \ \forall u^* \in \Omega^*. \tag{7.2.4}$$

因此, $(I + \beta M^{\mathrm{T}})(u^k - \tilde{u}^k)$ 是未知距离函数 $\dfrac{1}{2}\|u - u^*\|^2$ 在 u^k 处欧氏模的上升方向. 这个方向是由 (FI1+FI2) 提供的[43].

校正　线性变分不等式投影收缩算法第 k 步迭代的校正是利用距离函数的下降方向 (上升方向的反方向), 使得新的迭代点离解集更近一些. 利用 (FI1+FI2) 提供的方向产生新迭代点的公式为

$$u^{k+1}(\alpha) = u^k - \alpha(I + \beta M^{\mathrm{T}})(u^k - \tilde{u}^k). \tag{7.2.5}$$

为讨论步长 α 如何取, 我们将 (7.2.5) 产生的依赖于步长 α 的新迭代点记为 $u^{k+1}(\alpha)$. 考察与 α 相关的距离平方缩短量,

$$\vartheta_k(\alpha) = \|u^k - u^*\|^2 - \|u^{k+1}(\alpha) - u^*\|^2. \tag{7.2.6}$$

根据定义

$$\begin{aligned}
\vartheta_k(\alpha) &= \|u^k - u^*\|^2 - \|u^k - u^* - \alpha(I + \beta M^{\mathrm{T}})(u^k - \tilde{u}^k)\|^2 \\
&= 2\alpha(u^k - u^*)^{\mathrm{T}}(I + \beta M^{\mathrm{T}})(u^k - \tilde{u}^k) \\
&\quad - \alpha^2 \|(I + \beta M^{\mathrm{T}})(u^k - \tilde{u}^k)\|^2.
\end{aligned} \tag{7.2.7}$$

对任意给定的确定解点 u^*, (7.2.7) 表明 $\vartheta_k(\alpha)$ 是 α 的一个二次函数. 只是 u^* 是未知的, 我们无法直接求 $\vartheta_k(\alpha)$ 的极大值. 借助 (7.2.4), 我们有下面的定理.

定理 7.1 设 $u^{k+1}(\alpha)$ 由 (7.2.5) 生成. 对任意的 $\alpha > 0$, 由 (7.2.6) 定义的 $\vartheta_k(\alpha)$ 有

$$\vartheta_k(\alpha) \geqslant q_k^L(\alpha), \tag{7.2.8}$$

其中

$$q_k^L(\alpha) = 2\alpha\|u^k - \tilde{u}^k\|^2 - \alpha^2\|(I + \beta M^{\mathrm{T}})(u^k - \tilde{u}^k)\|^2. \tag{7.2.9}$$

证明 这个结论可以从 (7.2.7) 利用 (7.2.4) 直接得到. □

定理 7.1 表明二次函数 $q_k^L(\alpha)$ 是 $\vartheta_k(\alpha)$ 的一个下界函数. 使 $q_k^L(\alpha)$ 达到极大的 α_k^* 是

$$\alpha_k^* = \mathrm{argmax}\{q_k^L(\alpha)\} = \frac{\|u^k - \tilde{u}^k\|^2}{\|(I + \beta M^{\mathrm{T}})(u^k - \tilde{u}^k)\|^2}. \tag{7.2.10}$$

注意到

$$\alpha_k^* \geqslant \frac{1}{\|I + \beta M^{\mathrm{T}}\|^2}. \tag{7.2.11}$$

收缩算法的本意是想在每次迭代中极大化二次函数 $\vartheta_k(\alpha)$ (见 (7.2.7)), 由于它含有未知的 u^*, 我们不得已才极大化它的下界函数 $q_k^L(\alpha)$. 因此, 在实际计算中, 我们一般取一个松弛因子 $\gamma \in [1, 2)$, 令

$$u^{k+1} = u^k - \gamma\alpha_k^*(I + \beta M^{\mathrm{T}})(u^k - \tilde{u}^k), \tag{7.2.12}$$

取 $\gamma \in [1, 2)$ 的理由可参见第 2 章的示意图 2.4. 根据 (7.2.6) 和 (7.2.8), 由 (7.2.12) 产生的 u^{k+1} 满足

$$\|u^{k+1} - u^*\|^2 \leqslant \|u^k - u^*\|^2 - q_k^L(\gamma\alpha_k^*).$$

由 $q_k^L(\alpha)$ 和 α_k^* 的定义 (分别见 (7.2.9) 和 (7.2.10)), 得到

$$q_k^L(\gamma\alpha_k^*) = 2\gamma\alpha_k^* \|u^k - \tilde{u}^k\|^2 - \gamma^2(\alpha_k^*)^2\|(I + \beta M^{\mathrm{T}})(u^k - \tilde{u}^k)\|^2$$
$$= \gamma(2 - \gamma)\alpha_k^*\|u^k - \tilde{u}^k\|^2.$$

利用 (7.2.11), 由校正公式 (7.2.12) 产生的 u^{k+1} 满足

$$\|u^{k+1}-u^*\|^2 \leqslant \|u^k-u^*\|^2 - \gamma(2-\gamma)\frac{\|u^k - \tilde{u}^k\|^2}{\|(I+\beta M^{\mathrm{T}})(u^k - \tilde{u}^k)\|^2}\|u^k-\tilde{u}^k\|^2, \ \forall u^* \in \Omega^*.$$
$$(7.2.13)$$

虽然理论上预测 (7.2.1) 中取任意的 $\beta > 0$ 都可以, 实际计算中还是要避免 β 选得太大或太小. 例如, 可以将 β 选得让 (7.2.10) 中的 α_k^* 大致在 $\left[\dfrac{1}{4}, \dfrac{1}{2}\right]$ 之间.

如果取 $\beta = 1$ 和 $\gamma = 1$, 方法就写成

$$\begin{cases} e(u^k) = u^k - P_\Omega[u^k - (Mu^k + q)], \\ u^{k+1} = u^k - \rho(u^k)d(u^k), \\ \text{其中} \\ d(u^k) = (I + M^{\mathrm{T}})e(u^k), \\ \rho(u^k) = \|e(u^k)\|^2/\|d(u^k)\|^2. \end{cases} \quad (7.2.14)$$

这就是文献 [40] 发表的最原始的方法, 被应用到机器人的运动规划和实时控制中 [19,36,106,113,114]. 文章是 1994 年发表的, 题目是 "A new method for a class of linear variational inequalities", 引用人称其为 **94LVI** 算法.

2. 凸优化的分裂收缩算法中的上升方向

由线性约束的凸优化问题得到的混合变分不等式是 (5.0.1), 第 5 章中定义的预测为 (5.1.1). 其中矩阵 $Q^{\mathrm{T}} + Q$ 是本质上正定的. 将 (5.1.1) 中任意的 $w \in \Omega$ 选成 $w^* \in \Omega^*$, 我们有

$$(\tilde{v}^k - v^*)^{\mathrm{T}}Q(v^k - \tilde{v}^k) \geqslant \theta(\tilde{u}^k) - \theta(u^*) + (\tilde{w}^k - w^*)^{\mathrm{T}}F(\tilde{w}^k). \quad (7.2.15)$$

由 $(\tilde{w}^k - w^*)^{\mathrm{T}}F(\tilde{w}^k) = (\tilde{w}^k - w^*)^{\mathrm{T}}F(w^*)$ 和 w^* 的最优性, (7.2.15) 的左端非负. 随后由它得到 (见(5.2.16))

$$(v^k - v^*)^{\mathrm{T}}Q(v^k - \tilde{v}^k) \geqslant (v^k - \tilde{v}^k)^{\mathrm{T}}Q(v^k - \tilde{v}^k), \quad \forall v^* \in \mathcal{V}^*. \quad (7.2.16)$$

如果记 $D = \dfrac{1}{2}(Q^{\mathrm{T}} + Q)$, 上式可以写成

$$(v^k - v^*)^{\mathrm{T}}Q(v^k - \tilde{v}^k) \geqslant \|v^k - \tilde{v}^k\|_D^2. \quad (7.2.17)$$

上式和线性变分不等式投影收缩算法中的 (7.2.4) 是类似的. 对维数相应的正定矩阵 H, $H^{-1}Q(v^k - \tilde{v}^k)$ 是未知距离函数 $\frac{1}{2}\|v - v^*\|_H^2$ 在 v^k 处 H-模的上升方向. 第 5 章统一框架中要求对校正矩阵 M 存在一个正定矩阵 H, 使得 $HM = Q$ (即 $M = H^{-1}Q$), 就是为了保证 $M(v^k - \tilde{v}^k)$ 是未知距离函数 $\frac{1}{2}\|v - v^*\|_H^2$ 在 v^k 处 H-模的上升方向.

定理 7.2 在一个求解单调变分不等式的预测-校正方法中, 设 v 为核心变量, k 步迭代从给定的 v^k 出发, 得到预测点 $\tilde{v}^k$. 设

$$(v^k - v^*)^{\mathrm{T}}Q(v^k - \tilde{v}^k) \geqslant \|v^k - \tilde{v}^k\|_D^2, \quad \forall v^* \in \mathcal{V}^* \tag{7.2.18}$$

成立, 其中矩阵 Q 满足 $Q^{\mathrm{T}} + Q \succ 0$, 矩阵 D 正定. 如果新的迭代点 v^{k+1} 由校正公式

$$v^{k+1} = v^k - \gamma\alpha_k^* H^{-1}Q(v^k - \tilde{v}^k), \quad \gamma \in (0, 2) \tag{7.2.19a}$$

生成, 其中 H 是正定矩阵, 步长由

$$\alpha_k = \gamma\alpha_k^*, \quad \alpha_k^* = \frac{\|v^k - \tilde{v}^k\|_D^2}{\|H^{-1}Q(v^k - \tilde{v}^k)\|_H^2}, \quad \gamma \in (0, 2) \tag{7.2.19b}$$

给出. 那么我们有

$$\|v^{k+1} - v^*\|_H^2 \leqslant \|v^k - v^*\|_H^2 - \gamma(2 - \gamma)\alpha_k^*\|v^k - \tilde{v}^k\|_D^2, \quad \forall v^* \in \mathcal{V}^*. \tag{7.2.20}$$

证明 与第 5 章定理 5.3 的证明相似. 根据预测 (5.1.1) 得到了 (7.2.16), 结合校正 (7.2.19), 定理 5.3 证明了

$$\|v^{k+1} - v^*\|_H^2 \leqslant \|v^k - v^*\|_H^2 - \frac{\gamma(2 - \gamma)}{2}\alpha_k^*\|v^k - \tilde{v}^k\|_{(Q^{\mathrm{T}}+Q)}^2, \quad \forall v^* \in \mathcal{V}^*.$$

利用 $(Q^{\mathrm{T}} + Q) = 2D$, 就得到了定理的结论 (7.2.20). $\qquad\square$

定理 7.2 把凸优化的分裂收缩算法和线性变分不等式的投影收缩算法的一些性质统一了起来. 这一节开头介绍的求解线性变分不等式

$$u^* \in \Omega, \quad (u - u^*)^{\mathrm{T}}(Mu^* + q) \geqslant 0, \quad \forall u \in \Omega$$

的投影收缩算法中, 通过 (7.2.1) 进行预测,

$$\tilde{u}^k = P_\Omega[u^k - \beta(Mu^k + q)], \quad \beta > 0.$$

然后我们得到 (见(7.2.4))

$$(u^k - u^*)^{\mathrm{T}}(I + \beta M^{\mathrm{T}})(u^k - \tilde{u}^k) \geqslant \|u^k - \tilde{u}^k\|^2, \quad \forall u^* \in \Omega^*.$$

这相当于在定理 7.2 的条件 (7.2.18) 中

$$v = u, \quad Q = (I + \beta M^{\mathrm{T}}) \quad \text{和} \quad D = I.$$

下面我们利用定理 7.2 考察几种不同的校正.

(1) 当矩阵 M 对称半正定时, 采用校正

$$u^{k+1} = u^k - \gamma \alpha_k^*(u^k - \tilde{u}^k),$$

相当于 (7.2.19) 中取

$$H = I + \beta M = I + \beta M^{\mathrm{T}} \quad \text{和} \quad \alpha_k^* = \frac{\|u^k - \tilde{u}^k\|^2}{\|u^k - \tilde{u}^k\|_H^2}.$$

根据定理 7.2, 就有

$$\|u^{k+1} - u^*\|_H^2 \leqslant \|u^k - u^*\|_H^2 - \gamma(2 - \gamma)\frac{\|u^k - \tilde{u}^k\|^2}{\|u^k - \tilde{u}^k\|_H^2}\|u^k - \tilde{u}^k\|^2, \quad \forall u^* \in \Omega^*.$$

这是求解凸优化问题 (7.1.1) 的投影收缩算法, 见文献 [56, 57].

(2) 采用校正 (7.2.12), 即

$$u^{k+1} = u^k - \gamma \alpha_k^*(I + \beta M^{\mathrm{T}})(u^k - \tilde{u}^k),$$

相当于 (7.2.19) 中取

$$H = I \quad \text{和} \quad \alpha_k^* = \frac{\|u^k - \tilde{u}^k\|^2}{\|Q(u^k - \tilde{u}^k)\|^2}.$$

根据定理 7.2, 就有

$$\|u^{k+1} - u^*\|^2 \leqslant \|u^k - u^*\|^2 - \gamma(2 - \gamma)\frac{\|u^k - \tilde{u}^k\|^2}{\|Q(u^k - \tilde{u}^k)\|^2}\|u^k - \tilde{u}^k\|^2, \quad \forall u^* \in \Omega^*.$$

这就是线性变分不等式投影收缩算法的性质 (7.2.13).

(3) 如果校正公式采用

$$u^{k+1} = u^k - \gamma(I + \beta M)^{-1}(u^k - \tilde{u}^k),$$

相当于 (7.2.19) 中取

$$H = (I + \beta M^{\mathrm{T}})(I + \beta M), \quad H^{-1}Q = (I + \beta M)^{-1}$$

和

$$\alpha_k^* = \frac{\|v^k - \tilde{v}^k\|^2}{\|(I + \beta M)^{-1}(v^k - \tilde{v}^k)\|_H^2} = 1.$$

所以根据定理 7.2, 就有

$$\|u^{k+1} - u^*\|_H^2 \leqslant \|u^k - u^*\|_H^2 - \gamma(2 - \gamma)\|u^k - \tilde{u}^k\|^2, \quad \forall u^* \in \Omega^*.$$

上式中取 $\beta = 1$, $\gamma = 1$, 这就是文献 [41] 中方法 4 的收敛结论.

7.3 求解线性变分不等式的孪生方向和姊妹方法

跟算法 (7.2.14) 成对的另一个求解线性变分不等式 (7.0.1)的投影收缩算法也很简单. 它的 k 步迭代从给定的 u^k 开始, 迭代步骤是

$$\begin{cases} e(u^k) = u^k - P_\Omega[u^k - (Mu^k + q)], \\ g(u^k) = M^{\mathrm{T}}e(u^k) + (Mu^k + q), \\ \text{其中} \\ u^{k+1} = P_\Omega[u^k - \rho(u^k)g(u^k)], \\ \rho(u^k) = \|e(u^k)\|^2/\|(I + M^{\mathrm{T}})e(u^k)\|^2. \end{cases} \tag{7.3.1}$$

在发表这个方法的论文 [41] 里, 上述相关公式编号是从 (4) 到 (7), 引用人给这个算法冠名为 **E47**. 我们的数值试验[54] 和工程界在机器人的运动规划和实时控制中 [19,106] 中的计算实践都表明算法 (7.3.1) 要比算法 (7.2.14) 效率高一些. 因此, 我们专门讲一下基于同一预测的这一对姊妹方法.

姊妹方法都是预测-校正方法. 根据相同的预测, 得到一对孪生方向, 在不同的校正中又用相同的步长.

1. 基于 FI1 的上升方向

首先, 基本不等式 FI1 (7.2.2) 可以写成

$$\{(u^k - u^*) - (u^k - \tilde{u}^k)\}^{\mathrm{T}}\beta\{(Mu^k + q) - M(u^k - u^*)\} \geqslant 0,$$

利用单调性, $(u^k - u^*)^{\mathrm{T}}M(u^k - u^*) \geqslant 0$, 从上式得到

$$(u^k - u^*)^{\mathrm{T}}\beta[M^{\mathrm{T}}(u^k - \tilde{u}^k) + (Mu^k + q)] \geqslant (u^k - \tilde{u}^k)^{\mathrm{T}}\beta(Mu^k + q), \tag{7.3.2}$$

在 (6.2.7) 中令 $v = u^k - \beta(Mu^k + q)$, 根据投影性质 (2.1.2) 和 $\tilde{u}^k = P_\Omega(v)$, 我们有

$$\tilde{u}^k \in \Omega, \quad (u - \tilde{u}^k)^{\mathrm{T}}\{[u^k - \beta(Mu^k + q)] - \tilde{u}^k\} \leqslant 0, \quad \forall u \in \Omega. \tag{7.3.3}$$

进而得到

$$\tilde{u}^k \in \Omega, \quad (u - \tilde{u}^k)^{\mathrm{T}}\beta(Mu^k + q) \geqslant (u - \tilde{u}^k)^{\mathrm{T}}(u^k - \tilde{u}^k), \quad \forall u \in \Omega. \tag{7.3.4}$$

对属于 Ω 的 u^k, 根据 (7.3.4) 有

$$(u^k - \tilde{u}^k)^{\mathrm{T}}\beta(Mu^k + q) \geqslant \|u^k - \tilde{u}^k\|^2.$$

因此, 从上式和 (7.3.2) 得到, 对属于 Ω 的 u^k, $\beta\left[M^{\mathrm{T}}(u^k - \tilde{u}^k) + (Mu^k + q)\right]$ 是未知距离函数 $\frac{1}{2}\|u - u^*\|^2$ 在 u^k 处欧氏模下的上升方向, 是由基本不等式 FI1 推导而来的.

2. 孪生方向

考察前面谈到的两个方向的关系. 对由投影得来的不等式 (见 (7.3.4))

$$\tilde{u}^k \in \Omega, \; (u - \tilde{u}^k)^{\mathrm{T}}\beta(Mu^k + q) \geqslant (u - \tilde{u}^k)^{\mathrm{T}}(u^k - \tilde{u}^k), \; \forall u \in \Omega,$$

两边都加上 $(u - \tilde{u}^k)^{\mathrm{T}}\beta M^{\mathrm{T}}(u^k - \tilde{u}^k)$, 就有

$$\tilde{u}^k \in \Omega, \; (u - \tilde{u}^k)^{\mathrm{T}}\beta\{M^{\mathrm{T}}(u^k - \tilde{u}^k) + (Mu^k + q)\}$$

$$\geqslant (u - \tilde{u}^k)^{\mathrm{T}}(I + \beta M^{\mathrm{T}})(u^k - \tilde{u}^k), \quad \forall u \in \Omega, \tag{7.3.5}$$

我们称分处 (7.3.5) 两端的

$$\beta[M^{\mathrm{T}}(u^k - \tilde{u}^k) + (Mu^k + q)] \quad \text{和} \quad (I + \beta M^{\mathrm{T}})(u^k - \tilde{u}^k) \tag{7.3.6}$$

为一对孪生方向. 它们分别是由 (FI1) 和 (FI1+FI2) 产生的. 为了方便, 我们记

$$g(u^k, \tilde{u}^k) = M^{\mathrm{T}}(u^k - \tilde{u}^k) + (Mu^k + q). \tag{7.3.7}$$

线性单调变分不等式的投影收缩算法在一些工程问题的计算时有不俗表现[19,106], 起到其他算法无法替代的作用. 我们在第 6 章 (先) 介绍非线性单调变分不等式投影收缩算法, 是为了接着第 5 章讲清凸优化分裂收缩算法统一框架的由来.

7.2 节中的校正公式 (7.2.5) 采用 $(I + \beta M^{\mathrm{T}})(u^k - \tilde{u}^k)$ 为搜索方向, 这里我们用它的孪生方向 (见 (7.3.6))

$$\beta[M^{\mathrm{T}}(u^k - \tilde{u}^k) + (Mu^k + q)]$$

替代它. 注意到前面的分析中说到上述方向对 $u^k \in \Omega$ 是上升的, 我们用

$$u_{\mathrm{II}}^{k+1}(\alpha) = P_\Omega \left\{ u^k - \alpha\beta[M^{\mathrm{T}}(u^k - \tilde{u}^k) + (Mu^k + q)] \right\} \tag{7.3.8}$$

产生依赖于步长 α 的新的迭代点, 也保证属于 Ω. 我们把由 (7.3.8) 生成的新的迭代点用带下标的 $u_{\mathrm{II}}^{k+1}(\alpha)$ 表示, 为了区别, 把由 (7.2.5) 生成的校正点记成 $u_{\mathrm{I}}^{k+1}(\alpha)$. 对任意给定的 $u^* \in \Omega^*$, 我们将

$$\zeta_k(\alpha) = \|u^k - u^*\|^2 - \|u_{\mathrm{II}}^{k+1}(\alpha) - u^*\|^2 \tag{7.3.9}$$

看成是本次迭代的进步量, 它是步长 α 的函数. 我们不能直接极大化 $\zeta_k(\alpha)$, 因为它含有我们要求的 u^*. 下面的定理说明, 对同样的 α, $\zeta_k(\alpha)$ "优于" (7.2.8) 中的 $\vartheta_k(\alpha)$.

定理 7.3 设 $u^{k+1}(\alpha)$ 由 (7.3.8) 生成. 对任意的 $\alpha > 0$, 由 (7.3.9) 定义的 $\zeta_k(\alpha)$ 有

$$\zeta_k(\alpha) \geqslant q_k^L(\alpha) + \|u_{\mathrm{II}}^{k+1}(\alpha) - u_{\mathrm{I}}^{k+1}(\alpha)\|^2, \tag{7.3.10}$$

其中 $q_k^L(\alpha), u_{\mathrm{I}}^{k+1}(\alpha), u_{\mathrm{II}}^{k+1}(\alpha)$ 分别由 (7.2.9), (7.2.5) 和 (7.3.8) 给出.

证明 首先, 利用记号 $g(u^k, \tilde{u}^k)$ (见(7.3.7)), 迭代公式 (7.3.8) 可以写成 $u_{\mathrm{II}}^{k+1}(\alpha) = P_\Omega[u - \alpha\beta g(u^k, \tilde{u}^k)]$. 由于 $u^* \in \Omega$, 根据投影的性质和余弦定理,

$$\|u_{\mathrm{II}}^{k+1}(\alpha) - u^*\|^2 \leqslant \|u^k - \alpha\beta g(u^k, \tilde{u}^k) - u^*\|^2 - \|u_{\mathrm{II}}^{k+1}(\alpha) - (u^k - \alpha\beta g(u^k, \tilde{u}^k))\|^2. \tag{7.3.11}$$

因此, 利用 $\zeta_k(\alpha)$ 的定义 (见 (7.3.9)) 和 (7.3.11), 我们有

$$\begin{aligned}
\zeta_k(\alpha) &\geqslant \|u^k - u^*\|^2 - \|(u^k - u^*) - \alpha\beta g(u^k, \tilde{u}^k)\|^2 \\
&\quad + \|(u_{\mathrm{II}}^{k+1}(\alpha) - u^k) + \alpha\beta g(u^k, \tilde{u}^k)\|^2 \\
&= 2\alpha\beta(u^k - u^*)^{\mathrm{T}} g(u^k, \tilde{u}^k) + 2\alpha\beta(u_{\mathrm{II}}^{k+1}(\alpha) - u^k)^{\mathrm{T}} g(u^k, \tilde{u}^k) \\
&\quad + \|u_{\mathrm{II}}^{k+1}(\alpha) - u^k\|^2 \\
&= \|u_{\mathrm{II}}^{k+1}(\alpha) - u^k\|^2 + 2\alpha(u_{\mathrm{II}}^{k+1}(\alpha) - u^*)^{\mathrm{T}} \beta g(u^k, \tilde{u}^k).
\end{aligned} \tag{7.3.12}$$

将 (7.3.12) 中右端的最后一项 $(u_{\mathrm{II}}^{k+1}(\alpha) - u^*)^{\mathrm{T}} \beta g(u^k, \tilde{u}^k)$ 分拆成

$$\begin{aligned}
&(u_{\mathrm{II}}^{k+1}(\alpha) - u^*)^{\mathrm{T}} \beta g(u^k, \tilde{u}^k) \\
&= (u_{\mathrm{II}}^{k+1}(\alpha) - \tilde{u}^k)^{\mathrm{T}} \beta g(u^k, \tilde{u}^k) + (\tilde{u}^k - u^*)^{\mathrm{T}} \beta g(u^k, \tilde{u}^k).
\end{aligned} \tag{7.3.13}$$

先看 (7.3.13) 右端的第一部分, 利用记号 $g(u^k, \tilde{u}^k)$, $u_{\mathrm{II}}^{k+1}(\alpha) \in \Omega$ 和 (7.3.5), 有

$$(u_{\mathrm{II}}^{k+1}(\alpha) - \tilde{u}^k)^{\mathrm{T}} \beta g(u^k, \tilde{u}^k)$$

$$\geqslant (u_{\mathbb{II}}^{k+1}(\alpha) - \tilde{u}^k)^{\mathrm{T}}(I + \beta M^{\mathrm{T}})(u^k - \tilde{u}^k)$$

$$= (u_{\mathbb{II}}^{k+1}(\alpha) - u^k)^{\mathrm{T}}(I + \beta M^{\mathrm{T}})(u^k - \tilde{u}^k)$$

$$+ (u^k - \tilde{u}^k)^{\mathrm{T}}(I + \beta M^{\mathrm{T}})(u^k - \tilde{u}^k). \tag{7.3.14}$$

再看 (7.3.13) 右端的第二部分, $(\tilde{u}^k - u^*)^{\mathrm{T}}\beta g(u^k, \tilde{u}^k)$, 再将其分拆成

$$(\tilde{u}^k - u^*)^{\mathrm{T}}\beta g(u^k, \tilde{u}^k) = (\tilde{u}^k - u^k)^{\mathrm{T}}\beta g(u^k, \tilde{u}^k) + (u^k - u^*)^{\mathrm{T}}\beta g(u^k, \tilde{u}^k).$$

利用记号 $g(u^k, \tilde{u}^k)$ 和 (7.3.2) (即 $(u^k - u^*)^{\mathrm{T}}\beta g(u^k, \tilde{u}^k) \geqslant (u^k - \tilde{u}^k)^{\mathrm{T}}\beta(Mu^k + q)$), 我们得到

$$(\tilde{u}^k - u^*)^{\mathrm{T}}\beta g(u^k, \tilde{u}^k) = (u^k - u^*)^{\mathrm{T}}\beta g(u^k, \tilde{u}^k) - (u^k - \tilde{u}^k)^{\mathrm{T}}\beta g(u^k, \tilde{u}^k)$$

$$\geqslant (u^k - \tilde{u}^k)^{\mathrm{T}}\beta(Mu^k + q) - (u^k - \tilde{u}^k)^{\mathrm{T}}\beta\{M^{\mathrm{T}}(u^k - \tilde{u}^k) + (Mu^k + q)\}$$

$$= -\beta(u^k - \tilde{u}^k)^{\mathrm{T}}M^{\mathrm{T}}(u^k - \tilde{u}^k). \tag{7.3.15}$$

将 (7.3.13) 和 (7.3.15) 相加, 就有

$$(u_{\mathbb{II}}^{k+1}(\alpha) - u^*)^{\mathrm{T}}\beta g(u^k, \tilde{u}^k) \geqslant (u_{\mathbb{II}}^{k+1}(\alpha) - \tilde{u}^k)^{\mathrm{T}}(I + \beta M^{\mathrm{T}})(u^k - \tilde{u}^k) + \|u^k - \tilde{u}^k\|^2.$$

将上式代入 (7.3.12), 利用 $q_k^L(\alpha)$ 的记号, 得到

$$\zeta_k(\alpha) \geqslant \|u_{\mathbb{II}}^{k+1}(\alpha) - u^k\|^2 + 2\alpha(u_{\mathbb{II}}^{k+1}(\alpha) - u^k)^{\mathrm{T}}(\beta M^{\mathrm{T}} + I)(u^k - \tilde{u}^k)$$

$$+ 2\alpha\|u^k - \tilde{u}^k\|^2$$

$$= \|(u_{\mathbb{II}}^{k+1}(\alpha) - u^k) + \alpha(\beta M^{\mathrm{T}} + I)(u^k - \tilde{u}^k)\|^2$$

$$- \alpha^2\|(\beta M^{\mathrm{T}} + I)(u^k - \tilde{u}^k)\|^2 + 2\alpha\|u^k - \tilde{u}^k\|^2$$

$$= \|u_{\mathbb{II}}^{k+1}(\alpha) - [u^k - \alpha(\beta M^{\mathrm{T}} + I)(u^k - \tilde{u}^k)]\|^2 + q_k^L(\alpha).$$

再利用 (7.2.5), 就完成了定理结论 (7.3.10) 的证明. $\qquad\qquad\square$

　　跟第 6 章中定理 6.3 的证明比较, 尽管这里的 (7.3.13) 相当于定理 6.3 中的结论 6.5.11, 定理 7.3 的证明的后半部分要用到两次分拆, 比定理 6.3 的证明要复杂一些.

　　定理 7.1 和定理 7.3 说明, 在校正 (7.2.5) 和 7.3.8 中采用孪生方向, 可以采用相同的校正步长. 在实际计算中, 我们采用校正公式

$$u_{\mathbb{II}}^{k+1} = P_\Omega \left[u^k - \gamma\alpha_k^*\beta[M^{\mathrm{T}}(u^k - \tilde{u}^k) + (Mu^k + q)] \right] \tag{7.3.16}$$

产生新的迭代点 u^{k+1}, 其中的 α_k^* 同样由 (7.2.10) 给出, $\gamma \in (0,2)$. 采用校正公式 (7.2.12), 好处是生成 u^{k+1} 不用再做投影. 实际问题中, 到 Ω 上的投影代价往往不高 (例如 Ω 常常是一个正卦限或者框形), 因此常采用校正公式 (7.3.16). 这方面的理由我们在论文 [85] 中有更详细的说明.

如果在预测 (7.2.1) 和校正 (7.3.16) 中取 $\beta = 1$ 和 $\gamma = 1$, 方法成了 (7.3.1).

根据 (7.3.5) 提供的孪生方向, 在采用相同步长的姊妹方法 (7.2.12) 和 (7.3.16) 产生的新的迭代点满足

$$\|u_{\mathrm{I}}^{k+1}(\alpha) - u^*\|^2 \leqslant \|u^k - u^*\|^2 - q_k^L(\alpha)$$

和

$$\|u_{\mathrm{II}}^{k+1}(\alpha) - u^*\|^2 \leqslant \|u^k - u^*\|^2 - q_k^L(\alpha) - \|u_{\mathrm{I}}^{k+1}(\alpha) - u_{\mathrm{II}}^{k+1}(\alpha)\|^2,$$

其中 $q_k^L(\alpha)$ 由 (7.2.9) 给出.

投影收缩算法-I 和投影收缩算法-II 都被应用到机器人的运动规划和实时控制中[19,106]. 7.2 节说到了投影收缩算法-I 被称为 **94LVI** 的原因. 我们在论文 [41] 中报道线性变分不等式投影收缩算法-II 的公式编号是 (4) 到 (7), 引用人就给这个算法冠名为 **E47**. 线性变分不等式投影收缩算法的数值效果, 也可参见文献 [39,56,57]. 线性单调变分不等式的投影收缩算法中, 对同样的预测 (7.2.1), 采用校正方法 (7.3.8) 效率总比方法 (7.2.5) 高一些, 原因是构造方法 (7.2.5) 的寻查方向用到了第一和第二两个基本不等式相加. 而构造方法 (7.3.8) 的寻查方向只用到了第一基本不等式. 方向 "锐利" 一些, 收敛效果也好一些. 论文 [19,36,106,113,114] 中的计算实践也证实了这一点.

7.4 线性变分不等式投影收缩算法的收敛速率

这一节的结果发表于文献 [16], 仅对方法感兴趣的读者可以不读. 为了证明线性变分不等式的投影收缩算法的收敛速率, 我们要像第 6 章中的引理 6.1 和引理 6.2, 使用姊妹校正的方法证明两个结论相同的引理. 首先要证明一个辅助引理.

引理 7.1 设 u^k 和 $\tilde{u}^k$ 由 (7.2.1) 给定. 那么, 对任何 u, 不等式

$$(u - \tilde{u}^k)^{\mathrm{T}} \beta (Mu + q)$$

$$\geqslant (u - \tilde{u}^k)^{\mathrm{T}} \beta \{(Mu^k + q) + M^{\mathrm{T}}(u^k - \tilde{u}^k)\} - \|u^k - \tilde{u}^k\|_D^2 \qquad (7.4.1)$$

总成立, 其中 $D = \dfrac{1}{2}\beta(M^{\mathrm{T}} + M)$ 是半正定矩阵.

证明　计算 $(u - \tilde{u}^k)^\mathrm{T}\beta(Mu + q)$ 和 $(u - \tilde{u}^k)^\mathrm{T}\beta\{(Mu^k + q) + M^\mathrm{T}(u^k - \tilde{u}^k)\}$ 两项之差, 我们得到

$$
\begin{aligned}
&(u - \tilde{u}^k)^\mathrm{T}\beta(Mu + q) - (u - \tilde{u}^k)^\mathrm{T}\beta\{(Mu^k + q) + M^\mathrm{T}(u^k - \tilde{u}^k)\} \\
&= (u - \tilde{u}^k)^\mathrm{T}\beta\{M(u - u^k) - M^\mathrm{T}(u^k - \tilde{u}^k)\} \\
&= (u - \tilde{u}^k)^\mathrm{T}\beta\{M(u - \tilde{u}^k) - (M + M^\mathrm{T})(u^k - \tilde{u}^k)\} \\
&= \|u^k - \tilde{u}^k\|_D^2 - 2(u - \tilde{u}^k)^\mathrm{T}D(u^k - \tilde{u}^k).
\end{aligned}
\tag{7.4.2}
$$

上面最后一个等式用到了 $D = \dfrac{1}{2}\beta(M^\mathrm{T} + M)$. 再用 Cauchy-Schwarz 不等式处理 (7.4.2) 右端最后的交叉项

$$
-2(u - \tilde{u}^k)^\mathrm{T}D(u^k - \tilde{u}^k) \geqslant -\|u - \tilde{u}^k\|_D^2 - \|u^k - \tilde{u}^k\|_D^2.
$$

将上式代入 (7.4.2), 就得到

$$
(u - \tilde{u}^k)^\mathrm{T}\beta(Mu + q) - (u^k - \tilde{u}^k)^\mathrm{T}\beta\{(Mu^k + q) + M^\mathrm{T}(u^k - \tilde{u}^k)\} \geqslant -\|u^k - \tilde{u}^k\|_D^2.
$$

从而得到上面的 (7.4.1).　　　　　　　　　　　　　　　　　　　　$\square$

这里证明的引理 7.1 是为后面两个引理证明而准备的.

引理 7.2　对给定的 $u^k \in \Re^n$, 设 $\tilde{u}^k$ 是由 (7.2.1) 给出的预测点, 新的迭代点 u^{k+1} 由 (7.2.12) 给出. 那么我们有

$$
\begin{aligned}
&\gamma\alpha_k^*(u - \tilde{u}^k)^\mathrm{T}\beta(Mu + q) \\
&\geqslant \frac{1}{2}\left(\|u - u^{k+1}\|^2 - \|u - u^k\|^2\right) + \frac{1}{2}\gamma(2 - \gamma)\alpha_k^*\|u^k - \tilde{u}^k\|^2, \quad \forall u \in \Omega.
\end{aligned}
\tag{7.4.3}
$$

证明　对 (7.4.1) 右端的第一项使用不等式 (7.3.5), 得到

$$
(u - \tilde{u}^k)^\mathrm{T}\beta(Mu + q) \geqslant (u - \tilde{u}^k)^\mathrm{T}(I + \beta M^\mathrm{T})(u^k - \tilde{u}^k) - \|u^k - \tilde{u}^k\|_D^2.
$$

因此, 我们有

$$
\gamma\alpha_k^*(u - \tilde{u}^k)^\mathrm{T}\beta(Mu + q) \geqslant (u - \tilde{u}^k)^\mathrm{T}\gamma\alpha_k^*(I + \beta M^\mathrm{T})(u^k - \tilde{u}^k) - \gamma\alpha_k^*\|u^k - \tilde{u}^k\|_D^2,
$$

由于 $\gamma\alpha_k^*(I + \beta M^\mathrm{T})(u^k - \tilde{u}^k) = u^k - u^{k+1}$ (见 (7.2.12)), 我们得到

$$
\gamma\alpha_k^*(u - \tilde{u}^k)^\mathrm{T}\beta(Mu + q) \geqslant (u - \tilde{u}^k)^\mathrm{T}(u^k - u^{k+1}) - \gamma\alpha_k^*\|u^k - \tilde{u}^k\|_D^2.
\tag{7.4.4}
$$

对 (7.4.4) 右端的交叉项 $(u - \tilde{u}^k)^{\mathrm{T}}(u^k - u^{k+1})$ 使用恒等式

$$(a-b)^{\mathrm{T}}(c-d) = \frac{1}{2}\left(\|a-d\|^2 - \|a-c\|^2\right) + \frac{1}{2}\left(\|c-b\|^2 - \|d-b\|^2\right),$$

我们得到

$$(u - \tilde{u}^k)^{\mathrm{T}}(u^k - u^{k+1})$$

$$= \frac{1}{2}\left(\|u-u^{k+1}\|^2 - \|u-u^k\|^2\right) + \frac{1}{2}\left(\|u^k-\tilde{u}^k\|^2 - \|u^{k+1}-\tilde{u}^k\|^2\right). \tag{7.4.5}$$

再用校正公式 (7.2.12) 和 α^* 的计算公式 (7.2.10), 我们得到

$$\|u^k - \tilde{u}^k\|^2 - \|u^{k+1} - \tilde{u}^k\|^2$$

$$= \|u^k - \tilde{u}^k\|^2 - \|(u^k - \tilde{u}^k) - \gamma\alpha_k^*(I + \beta M^{\mathrm{T}})(u^k - \tilde{u}^k)\|^2$$

$$= 2\gamma\alpha_k^*(u^k - \tilde{u}^k)^{\mathrm{T}}(I + \beta M^{\mathrm{T}})(u^k - \tilde{u}^k) - \gamma^2\alpha_k^*\left(\alpha_k^*\|(I + \beta M^{\mathrm{T}})(u^k - \tilde{u}^k)\|^2\right)$$

$$= 2\gamma\alpha_k^*\|u^k - \tilde{u}^k\|^2 + 2\gamma\alpha_k^*\|u^k - \tilde{u}^k\|_D^2 - \gamma^2\alpha_k^*\|u^k - \tilde{u}^k\|^2$$

$$= \gamma(2-\gamma)\alpha_k^*\|u^k - \tilde{u}^k\|^2 + 2\gamma\alpha_k^*\|u^k - \tilde{u}^k\|_D^2.$$

将上式代入 (7.4.5) 的右端就有

$$(u - \tilde{u}^k)^{\mathrm{T}}(u^k - u^{k+1}) = \frac{1}{2}\left(\|u-u^{k+1}\|^2 - \|u-u^k\|^2\right)$$

$$+ \frac{1}{2}\gamma(2-\gamma)\alpha_k^*\|u^k - \tilde{u}^k\|^2 + \gamma\alpha_k^*\|u^k - \tilde{u}^k\|_D^2. \tag{7.4.6}$$

将 (7.4.4) 和 (7.4.6) 相加, 就得到 (7.4.3). $\qquad\qquad\qquad\square$

再使用校正 (7.3.16) 的方法证明相关引理.

引理 7.3 对给定的 $u^k \in \Omega$, 设 $\tilde{u}^k$ 是由 (7.2.1) 给出的预测点, 新的迭代点 u^{k+1} 由 (7.3.16) 给出. 那么我们有

$$\gamma\alpha_k^*(u - \tilde{u}^k)^{\mathrm{T}}\beta(Mu + q)$$

$$\geqslant \frac{1}{2}\left(\|u-u^{k+1}\|^2 - \|u-u^k\|^2\right) + \frac{1}{2}\gamma(2-\gamma)\alpha_k^*\|u^k - \tilde{u}^k\|^2, \ \forall u \in \Omega. \tag{7.4.7}$$

证明 设 u^k 和 $\tilde{u}^k$ 由 (7.2.1) 给定. 利用引理 7.1, 为证明 (7.4.7), 我们只要证明不等式

$$\gamma\alpha_k^*(u - \tilde{u}^k)^{\mathrm{T}}\beta\left[(Mu^k + q) + M^{\mathrm{T}}(u^k - \tilde{u}^k)\right] - \gamma\alpha_k^*\|u^k - \tilde{u}^k\|_D^2$$

$$\geqslant \frac{1}{2}\left(\|u - u^{k+1}\|^2 - \|u - u^k\|^2\right) + \frac{1}{2}\gamma(2-\gamma)\alpha_k^*\|u^k - \tilde{u}^k\|^2, \ \forall u \in \Omega \qquad (7.4.8)$$

成立. 我们把 (7.4.8) 左端的 $\gamma\alpha_k^*(u - \tilde{u}^k)^{\mathrm{T}}\beta\left[(Mu^k + q) + M^{\mathrm{T}}(u^k - \tilde{u}^k)\right]$ 分拆成

$$(u^{k+1} - \tilde{u}^k)^{\mathrm{T}}\gamma\alpha_k^*\beta[(Mu^k + q) + M^{\mathrm{T}}(u^k - \tilde{u}^k)] \qquad (7.4.9\text{a})$$

和

$$(u - u^{k+1})^{\mathrm{T}}\gamma\alpha_k^*\beta[(Mu^k + q) + M^{\mathrm{T}}(u^k - \tilde{u}^k)] \qquad (7.4.9\text{b})$$

两项的和. 首先处理第一项 (7.4.9a). 将 (7.3.5) 中任意的 $u \in \Omega$ 设为 u^{k+1}, 得到

$$(u^{k+1} - \tilde{u}^k)^{\mathrm{T}}\gamma\alpha_k^*\beta[(Mu^k + q) + M^{\mathrm{T}}(u^k - \tilde{u}^k)]$$

$$\geqslant \gamma\alpha_k^*(u^{k+1} - \tilde{u}^k)^{\mathrm{T}}(I + \beta M^{\mathrm{T}})(u^k - \tilde{u}^k)$$

$$= \gamma\alpha_k^*(u^k - \tilde{u}^k)^{\mathrm{T}}(I + \beta M^{\mathrm{T}})(u^k - \tilde{u}^k)$$

$$\quad - \gamma\alpha_k^*(u^k - u^{k+1})^{\mathrm{T}}(I + \beta M^{\mathrm{T}})(u^k - \tilde{u}^k)$$

$$= \gamma\alpha_k^*\|u^k - \tilde{u}^k\|^2 + \gamma\alpha_k^*\|u^k - \tilde{u}^k\|_D^2$$

$$\quad - \gamma\alpha_k^*(u^k - u^{k+1})^{\mathrm{T}}(I + \beta M^{\mathrm{T}})(u^k - \tilde{u}^k). \qquad (7.4.10)$$

用 Cauchy-Schwarz 不等式处理 (7.4.10) 右端的交叉项并利用 (7.2.10), 得到

$$- \gamma\alpha_k^*(u^k - u^{k+1})^{\mathrm{T}}(I + \beta M^{\mathrm{T}})(u^k - \tilde{u}^k)$$

$$\geqslant -\frac{1}{2}\|u^k - u^{k+1}\|^2 - \frac{1}{2}\gamma^2(\alpha_k^*)^2\|(I + \beta M^{\mathrm{T}})(u^k - \tilde{u}^k)\|^2$$

$$= -\frac{1}{2}\|u^k - u^{k+1}\|^2 - \frac{1}{2}\gamma^2\alpha_k^*\|u^k - \tilde{u}^k\|^2.$$

代入 (7.4.10) 的右端, 我们得到

$$(u^{k+1} - \tilde{u}^k)^{\mathrm{T}}\gamma\alpha_k^*[(Mu^k + q) + M^{\mathrm{T}}(u^k - \tilde{u}^k)]$$

$$\geqslant \frac{1}{2}\gamma(2-\gamma)\alpha_k^*\|u^k - \tilde{u}^k\|^2 + \gamma\alpha_k^*\|u^k - \tilde{u}^k\|_D^2 - \frac{1}{2}\|u^k - u^{k+1}\|^2. \qquad (7.4.11)$$

现在我们处理 (7.4.9b). 由校正公式 (7.3.16), u^{k+1} 是 $(u^k - \gamma\alpha_k^*\beta[(Mu^k + q) + M^{\mathrm{T}}(u^k - \tilde{u}^k)])$ 在 Ω 上的投影. 根据投影基本性质的引理 2.1, 有

$$\left\{\left(u^k - \gamma\alpha_k^*\beta[(Mu^k + q) + M^{\mathrm{T}}(u^k - \tilde{u}^k)]\right) - u^{k+1}\right\}^{\mathrm{T}}\left(u - u^{k+1}\right) \leqslant 0, \ \forall u \in \Omega.$$

所以

$$\left(u - u^{k+1}\right)^{\mathrm{T}}\gamma\alpha_k^*\beta[(Mu^k + q) + M^{\mathrm{T}}(u^k - \tilde{u}^k)]$$

$$\geqslant \left(u - u^{k+1}\right)^{\mathrm{T}} \left(u^k - u^{k+1}\right), \quad \forall \, u \in \Omega. \tag{7.4.12}$$

对 (7.4.12) 式右端使用恒等式

$$b^{\mathrm{T}}(b - a) = \frac{1}{2} \left(\|b\|^2 - \|a\|^2\right) + \frac{1}{2}\|a - b\|^2,$$

并在其中设 $a = u - u^k$, $b = u - u^{k+1}$, 得到

$$\left(u - u^{k+1}\right)^{\mathrm{T}} \gamma \alpha_k^* \beta [(Mu^k + q) + M^{\mathrm{T}}(u^k - \tilde{u}^k)]$$
$$\geqslant \frac{1}{2} \left(\|u - u^{k+1}\|^2 - \|u - u^k\|^2\right) + \frac{1}{2}\|u^k - u^{k+1}\|^2. \tag{7.4.13}$$

将 (7.4.11) 和 (7.4.13) 相加

$$\left(u - \tilde{u}^k\right)^{\mathrm{T}} \gamma \alpha_k^* \beta [(Mu^k + q) + M^{\mathrm{T}}(u^k - \tilde{u}^k)]$$
$$\geqslant \frac{1}{2} \left(\|u - u^{k+1}\|^2 - \|u - u^k\|^2\right) + \frac{1}{2}\gamma(2 - \gamma)\alpha_k^*\|u^k - \tilde{u}^k\|^2$$
$$+ \gamma \alpha_k^* \|u^k - \tilde{u}^k\|_D^2. \tag{7.4.14}$$

这就相当于 (7.4.8). 因此我们证明了引理的结论 (7.4.7). $\qquad \square$

对线性变分不等式的一对姊妹投影收缩算法, 引理 7.2 的结论 (见(7.4.3)) 和引理 7.3 的结论 (见不等式(7.4.7)) 是一对几乎相同的关键不等式, 它们唯一的差别是 $\{u^k\} \subset \Re^n$ 还是 $\{u^k\} \subset \Omega$. 作为引理 7.2 和引理 7.3 的副产品, 可以得到如下的重要结论.

定理 7.4 由 (7.2.1) 预测, 无论采用 (7.2.12) 或者 (7.3.16) 校正, 产生的迭代序列 $\{u^k\}$ 都有收缩性质

$$\|u^{k+1} - u^*\|^2 \leqslant \|u^k - u^*\|^2 - \gamma(2 - \gamma)\alpha_k^*\|u^k - \tilde{u}^k\|^2, \quad \forall \, u^* \in \Omega^*. \tag{7.4.15}$$

证明 把引理 7.2 的 (7.4.3) (和引理 7.3 的 (7.4.7)) 中任意的 u 设为 u^*, 得到

$$\|u^k - u^*\|^2 - \|u^{k+1} - u^*\|^2$$
$$\geqslant 2\gamma\alpha_k^*(\tilde{u}^k - u^*)^{\mathrm{T}}(Mu^* + q) + \gamma(2 - \gamma)\alpha_k^*\|u^k - \tilde{u}^k\|^2, \quad \forall \, u^* \in \Omega^*.$$

因为 $(\tilde{u}^k - u^*)^{\mathrm{T}}(Mu^* + q) \geqslant 0$, 从上面的不等式得到

$$\|u^k - u^*\|^2 \geqslant \|u^{k+1} - u^*\|^2 + \gamma(2 - \gamma)\alpha_k^*\|u^k - \tilde{u}^k\|^2, \quad \forall \, u^* \in \Omega^*. \qquad \square$$

跟第 6 章定理 6.5 一样的遍历意义下的结果, 可以从引理 7.2 和引理 7.3 直接得到.

定理 7.5　对任意的正整数 $t > 0$, 都有 $\tilde{u}_t \in \Omega$, 使得

$$(\tilde{u}_t - u)^{\mathrm{T}}(Mu + q) \leqslant \frac{\|I + \beta M^{\mathrm{T}}\|^2}{2\gamma\beta(t+1)}\|u - u^0\|^2, \quad \forall u \in \Omega, \tag{7.4.16}$$

其中

$$\tilde{u}_t = \frac{1}{\Upsilon_t}\sum_{k=0}^{t}\alpha_k^*\tilde{u}^k, \quad \Upsilon_t = \sum_{k=0}^{t}\alpha_k^*. \tag{7.4.17}$$

证明　从 (7.4.3) 和 (7.4.7), 我们都能得到

$$\alpha_k^*(u - \tilde{u}^k)^{\mathrm{T}}(Mu + q) + \frac{1}{2\gamma\beta}\|u - u^k\|^2 \geqslant \frac{1}{2\gamma\beta}\|u - u^{k+1}\|^2, \quad \forall u \in \Omega.$$

把上述不等式从 $k = 0, \cdots, t$ 累加, 得到

$$\left(\left(\sum_{k=0}^{t}\alpha_k^*\right)u - \sum_{k=0}^{t}\alpha_k^*\tilde{u}^k\right)^{\mathrm{T}}(Mu + q) + \frac{1}{2\gamma\beta}\|u - u^0\|^2 \geqslant 0, \quad \forall u \in \Omega.$$

用 (7.4.17) 中 $\tilde{u}_t$ 和 Υ_t 的记号, 从上面的不等式得到

$$(\tilde{u}_t - u)^{\mathrm{T}}(Mu + q) \leqslant \frac{\|u - u^0\|^2}{2\gamma\beta\Upsilon_t}, \quad \forall u \in \Omega. \tag{7.4.18}$$

由于 $\tilde{u}_t$ 是 $\tilde{u}^0, \tilde{u}^1, \cdots, \tilde{u}^t$ 的凸组合, $\tilde{u}_t \in \Omega$. 因为对所有的 $k > 0$, $\alpha_k^* \geqslant 1/\|I + \beta M\|^2$ (见 (7.2.11)), 所以

$$\Upsilon_t \geqslant \frac{t+1}{\|I + \beta M\|^2}.$$

代入 (7.4.18), 可得定理.　　　　　　　　　　　　　　　　　　　　　□

7.5　孪生方向姊妹方法在最短距离和问题中的计算表现

第 6 章和第 7 章我们都提到孪生方向和姊妹方法, 都从理论上证明了方法-II 优于方法-I. 这里我们以 7.1 节中提到的最短距离和问题 (7.1.7) 作为单调线性变分不等式的例子, 报告姊妹方法求解线性变分不等式的效果. 试验例子取自文献 [109]. 图 7.1 已经给出这个网络的联结结构, 其中给定的 $b_{[1]}, \cdots, b_{[10]}$ 的平面坐标列在表 7.5.1.

表 7.5.1   试验问题给定的 $b_{[1]}, \cdots, b_{[10]}$ 的平面坐标

	x-坐标	y-坐标		x-坐标	y-坐标
$b_{[1]}$	7.436490	7.683284	$b_{[6]}$	1.685912	1.231672
$b_{[2]}$	3.926097	7.008798	$b_{[7]}$	4.110855	0.821114
$b_{[3]}$	2.309469	9.208211	$b_{[8]}$	4.757506	3.753666
$b_{[4]}$	0.577367	6.480938	$b_{[9]}$	7.598152	0.615836
$b_{[5]}$	0.808314	3.519062	$b_{[10]}$	8.568129	3.079179

与最短距离和问题相应的线性变分不等式在 7.1 节中已经有了描述 (见 (7.1.10)). 取 $\beta = 1$, 基于同一个预测

$$\tilde{u}^k = P_\Omega[u^k - (Mu^k + q)], \qquad (7.5.1)$$

对应于方法-I (7.2.5) 和方法-II (7.3.8), 分别用

$$(\text{投影收缩算法-I}) \qquad u^{k+1} = u^k - \gamma \alpha_k^*(I + M^{\mathrm{T}})(u^k - \tilde{u}^k) \qquad (7.5.2)$$

和

$$(\text{投影收缩算法-II}) \qquad u^{k+1} = P_\Omega\{u^k - \gamma \alpha_k^*[M^{\mathrm{T}}(u^k - \tilde{u}^k) + (Mu^k + q)]\} \quad (7.5.3)$$

进行校正, 其中 $\gamma = 1.8$. 根据 (7.2.10), 这里的 $\alpha_k^* = \|u^k - \tilde{u}^k\|^2 / \|(I + M^{\mathrm{T}})(u^k - \tilde{u}^k)\|^2$. 初始的 $x_{[i]}$ 和 $y_{[j]}$ 取二维零向量, 以 $\|u^k - \tilde{u}^k\|_\infty \leqslant 10^{-10}$ 作为停机准则, 方法 (7.5.2) 用 183 次迭代, 而方法 (7.5.3) 只用 106 次迭代. 方法-II 比方法-I 效率提高不少. 计算得到的 l_2-模下最短距离和的 $x_{[i]}^*$ 的坐标在表 7.5.2 中给出.

表 7.5.2   计算得到的最优选址 $x_{[1]}^*, \cdots, x_{[8]}^*$ 的平面坐标

	x-坐标	y-坐标		x-坐标	y-坐标
$x_{[1]}^*$	3.926097	7.008798	$x_{[5]}^*$	1.685912	1.231672
$x_{[2]}^*$	2.421235	7.732073	$x_{[6]}^*$	4.110855	0.821114
$x_{[3]}^*$	0.584308	6.477602	$x_{[7]}^*$	5.280318	2.098829
$x_{[4]}^*$	0.808314	3.519062	$x_{[8]}^*$	7.268505	1.659255

其中 $x_{[2]}^* = b_{[2]}$, $x_{[4]}^* = b_{[5]}$, $x_{[5]}^* = b_{[6]}$, $x_{[6]}^* = b_{[7]}$. $x_{[i]}^*$ 的位置如图 7.2 所示.

我们分别以 $x_{[i]}^0 = 0$ 和 $x_{[i]}^0$ 为随机初始点计算 l_2-模下的最短距离和问题, 迭代次数大致相等, 收敛趋势分别如图 7.3 和图 7.4 所示.

我们同时分别计算了 l_1-模和 l_∞-模下的最短距离和, $x_{[i]}^*$ 的最优位置如图 7.5 和图 7.6 所示, 图 7.7 和图 7.8 展示了以随机点开始的迭代收敛趋势.

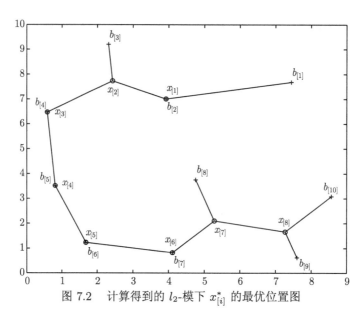

图 7.2　计算得到的 l_2-模下 $x^*_{[i]}$ 的最优位置图

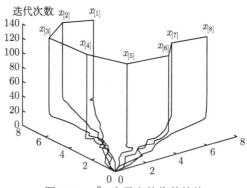

图 7.3　$x^0_{[i]}$ 为零点的收敛趋势

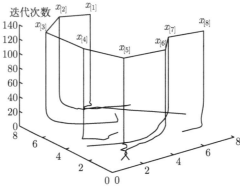

图 7.4　$x^0_{[i]}$ 为随机初始点的收敛趋势

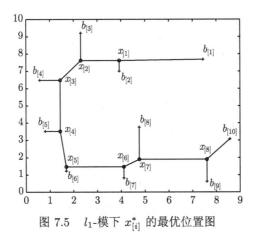

图 7.5 l_1-模下 $x_{[i]}^*$ 的最优位置图

图 7.6 l_∞-模下 $x_{[i]}^*$ 的最优位置图

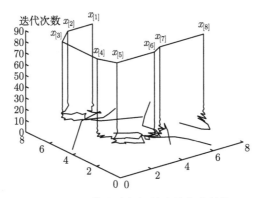

图 7.7 l_1-模取随机初始点的收敛趋势

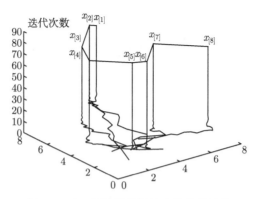

图 7.8　l_∞-模取随机初始点的收敛趋势

我们采用 $\|u^k - \tilde{u}^k\| \leqslant 10^{-10}$ 作为停机准则. 从收敛趋势图可以看出, 对这里的问题, 投影收缩算法经过 50 次左右迭代就达到收敛要求.

第 8 章　统一框架下求解鞍点问题的收缩算法

有了统一框架方面的知识, 我们可以进一步研究第 3 章讨论的鞍点问题的求解方法. 第 3 章已经把鞍点问题

$$\min_x \max_y \{\Phi(x,y) = \theta_1(x) - y^{\mathrm{T}}Ax - \theta_2(y) \,|\, x \in \mathcal{X}, y \in \mathcal{Y}\} \qquad (8.0.1)$$

转换成变分不等式

$$u^* \in \Omega, \quad \theta(u) - \theta(u^*) + (u - u^*)^{\mathrm{T}}F(u^*) \geqslant 0, \quad \forall u \in \Omega, \qquad (8.0.2a)$$

其中

$$u = \begin{pmatrix} x \\ y \end{pmatrix}, \quad \theta(u) = \theta_1(x) + \theta_2(y), \quad F(u) = \begin{pmatrix} -A^{\mathrm{T}}y \\ Ax \end{pmatrix}, \quad \Omega = \mathcal{X} \times \mathcal{Y}. \ (8.0.2b)$$

对于这样的变分不等式, 第 5 章中统一框架下的预测和校正分别是

$$\tilde{u}^k \in \Omega, \ \theta(u) - \theta(\tilde{u}^k) + (u - \tilde{u}^k)^{\mathrm{T}}F(\tilde{u}^k) \geqslant (u - \tilde{u}^k)^{\mathrm{T}}Q(u^k - \tilde{u}^k), \ \forall u \in \Omega \ (8.0.3a)$$

和

$$u^{k+1} = u^k - \alpha M(u^k - \tilde{u}^k). \qquad (8.0.3b)$$

在第 5 章的 5.2 节, 作为应用统一框架算法的例子, 我们分别将 PPA 算法和 PDHG 算法产生的输出当作预测点再进行相应的校正. 当 (8.0.3a) 中的矩阵 Q 是对称正定矩阵时, 我们将其记为 H, 采用平凡的松弛校正, 即在 (8.0.3b) 中取 M 为单位阵, $\alpha \in (0,2)$. 对最初的 PDHG 算法, (8.0.3a) 中的矩阵 (见(3.2.4))

$$Q = \begin{pmatrix} rI_n & A^{\mathrm{T}} \\ 0 & sI_m \end{pmatrix}$$

是非对称的. 我们对其分别选单位上三角和单位下三角的校正矩阵, 用单位步长做校正. 用统一框架继续研究鞍点问题的求解方法, 我们从对 Chambolle-Pock 方法[14] 进行修正改造开始.

8.1   修正 Chambolle-Pock 算法的预测-校正方法

Chambolle-Pock 方法被用来求解图像处理领域的鞍点问题 (8.0.1), 在业界有相当大的影响, 简称为 C-P 方法.

求解鞍点问题 (8.0.1) 的 C-P 方法.

设 $r, s > 0$ 是给定的常数. 对给定的 (x^k, y^k), C-P 方法的第 k 步先由

$$x^{k+1} = \operatorname{argmin}\left\{ \Phi(x, y^k) + \frac{1}{2}r\|x - x^k\|^2 \,\middle|\, x \in \mathcal{X} \right\} \tag{8.1.1a}$$

给出 x^{k+1}, 然后令

$$\bar{x}^{k+1} = x^{k+1} + \tau(x^{k+1} - x^k), \quad \tau \in [0, 1], \tag{8.1.1b}$$

再由

$$y^{k+1} = \operatorname{argmax}\left\{ \Phi(\bar{x}^{k+1}, y) - \frac{1}{2}s\|y - y^k\|^2 \,\middle|\, y \in \mathcal{Y} \right\} \tag{8.1.1c}$$

产生 y^{k+1}. 得到新的迭代点 (x^{k+1}, y^{k+1}), 完成一次迭代.

利用 $\Phi(x, y)$ 的表达式, C-P 方法的第 k 步迭代可以写成

$$\begin{cases} x^{k+1} = \operatorname{argmin}\left\{ \theta_1(x) - x^{\mathrm{T}}A^{\mathrm{T}}y^k + \frac{1}{2}r\|x - x^k\|^2 \,\middle|\, x \in \mathcal{X} \right\}, & (8.1.2a) \\[2mm] y^{k+1} = \operatorname{argmin}\left\{ \begin{array}{l} \theta_2(y) + y^{\mathrm{T}}A[x^{k+1} + \tau(x^{k+1} - x^k)] \\ + \frac{1}{2}s\|y - y^k\|^2 \end{array} \,\middle|\, y \in \mathcal{Y} \right\}. & (8.1.2b) \end{cases}$$

根据定理 1.1, 子问题 (8.1.2a) 的最优性条件可以写成

$$x^{k+1} \in \mathcal{X}, \quad \theta_1(x) - \theta_1(x^{k+1}) + (x - x^{k+1})^{\mathrm{T}}$$
$$\{-A^{\mathrm{T}}y^{k+1} + r(x^{k+1} - x^k) + A^{\mathrm{T}}(y^{k+1} - y^k)\} \geqslant 0, \quad \forall x \in \mathcal{X}. \tag{8.1.3a}$$

类似地, 子问题 (8.1.2b) 的最优性条件是

$$y^{k+1} \in \mathcal{Y}, \quad \theta_2(y) - \theta_2(y^{k+1}) + (y - y^{k+1})^{\mathrm{T}}$$
$$\{Ax^{k+1} + \tau A(x^{k+1} - x^k) + s(y^{k+1} - y^k)\} \geqslant 0, \quad \forall y \in \mathcal{Y}. \tag{8.1.3b}$$

将 (8.1.3a) 和 (8.1.3b) 写在一起, 利用变分不等式 (8.0.2), 其紧凑的形式是 $u^{k+1} \in \Omega$,

$$\theta(u) - \theta(u^{k+1}) + (u - u^{k+1})^{\mathrm{T}}\{F(u^{k+1}) + Q(u^{k+1} - u^k)\} \geqslant 0, \quad \forall u \in \Omega, \quad (8.1.4a)$$

其中

$$Q = \begin{pmatrix} rI_n & A^{\mathrm{T}} \\ \tau A & sI_m \end{pmatrix}. \tag{8.1.4b}$$

显然, $\tau = 0$ 就是第 3 章讨论的 PDHG 方法 (见(3.2.1)), 当 $\tau = 1$, $rs > \|A^{\mathrm{T}}A\|$, 就是 PPA 算法 (见(3.3.2)). 然而, 对 $\tau \in (0,1)$ 的 C-P 方法能否保证收敛, 结论至今仍不清楚.

修正一个不能确保收敛的方法, 通常做法是把原来的输出设成预测点, 然后再考虑校正. 若将 C-P 方法 (8.1.2) 的输出作为预测点, 相应的迭代公式就改成了

$$\begin{cases} \tilde{x}^k = \operatorname{argmin}\left\{\theta_1(x) - x^{\mathrm{T}}A^{\mathrm{T}}y^k + \dfrac{r}{2}\|x - x^k\|^2 \,\middle|\, x \in \mathcal{X}\right\}, & (8.1.5a) \\[2mm] \tilde{y}^k = \operatorname{argmin}\left\{\theta_2(y) + y^{\mathrm{T}}A[\tilde{x}^k + \tau(\tilde{x}^k - x^k)] + \dfrac{s}{2}\|y - y^k\|^2 \,\middle|\, y \in \mathcal{Y}\right\}. & (8.1.5b) \end{cases}$$

根据前面的分析, 对这样的预测我们有下面的引理.

引理 8.1 求解鞍点问题 (8.0.1), 采用 (8.1.5) 预测, 得到的预测点 $\tilde{u}^k = (\tilde{x}^k, \tilde{y}^k)$ 满足

$$\tilde{u}^k \in \Omega, \quad \theta(u) - \theta(\tilde{u}^k) + (u - \tilde{u}^k)^{\mathrm{T}}\{F(\tilde{u}^k) + Q(\tilde{u}^k - u^k)\} \geqslant 0, \quad \forall u \in \Omega, \quad (8.1.6a)$$

其中

$$Q = \begin{pmatrix} rI_n & A^{\mathrm{T}} \\ \tau A & sI_m \end{pmatrix}. \tag{8.1.6b}$$

基于预测 (8.1.6), 我们考虑用单位步长的校正公式

$$u^{k+1} = u^k - M(u^k - \tilde{u}^k) \tag{8.1.7}$$

产生新的迭代点, 其中 M 分别为单位下三角矩阵和单位上三角矩阵的校正. 在第 3 章的 3.3 节中我们已经看到, 在 $\tau = 1$ 的 PPA 算法中, r 和 s 的积越大收敛越慢. 因此, 我们将讨论 C-P 方法中对给定的参数 $\tau \in [0,1]$, r 和 s 的积需要多大才满足收敛性条件.

1. 基于 C-P 预测的单位下三角矩阵校正

若将 (8.1.7) 中的矩阵 M 取成单位下三角矩阵

$$M = \begin{pmatrix} I_n & 0 \\ K & I_m \end{pmatrix}, \quad \text{则} \quad M^{-1} = \begin{pmatrix} I_n & 0 \\ -K & I_m \end{pmatrix}.$$

在统一框架指导下求出这个 K 的具体形式. 由于 $HM = Q$, H 正定, $H = QM^{-1}$ 首先必须是对称的. 由

$$H = QM^{-1} = \begin{pmatrix} rI_n & A^{\mathrm{T}} \\ \tau A & sI_m \end{pmatrix} \begin{pmatrix} I_n & 0 \\ -K & I_m \end{pmatrix} = \begin{pmatrix} rI_n - A^{\mathrm{T}}K & A^{\mathrm{T}} \\ \tau A - sK & sI_m \end{pmatrix}$$

必须对称, 推得 $\tau A - sK = A$, 因此

$$K = -(1-\tau)\frac{1}{s}A.$$

将这个 K 代入上面的矩阵 M 和 H, 得到校正矩阵

$$M = \begin{pmatrix} I_n & 0 \\ -(1-\tau)\dfrac{1}{s}A & I_m \end{pmatrix} \tag{8.1.8}$$

和范数矩阵

$$H = \begin{pmatrix} rI_n + (1-\tau)\dfrac{1}{s}A^{\mathrm{T}}A & A^{\mathrm{T}} \\ A & sI_m \end{pmatrix}. \tag{8.1.9}$$

通过计算, 收益矩阵

$$G = Q^{\mathrm{T}} + Q - M^{\mathrm{T}}HM = Q^{\mathrm{T}} + Q - M^{\mathrm{T}}Q$$

$$= \begin{pmatrix} 2rI_n & (1+\tau)A^{\mathrm{T}} \\ (1+\tau)A & 2sI_m \end{pmatrix} - \begin{pmatrix} I_n & -(1-\tau)\dfrac{1}{s}A^{\mathrm{T}} \\ 0 & I_m \end{pmatrix} \begin{pmatrix} rI_n & A^{\mathrm{T}} \\ \tau A & sI_m \end{pmatrix}$$

$$= \begin{pmatrix} 2rI_n & (1+\tau)A^{\mathrm{T}} \\ (1+\tau)A & 2sI_m \end{pmatrix} - \begin{pmatrix} rI_n - \tau(1-\tau)\dfrac{1}{s}A^{\mathrm{T}}A & \tau A^{\mathrm{T}} \\ \tau A & sI_m \end{pmatrix}$$

$$= \begin{pmatrix} rI_n + \tau(1-\tau)\dfrac{1}{s}A^{\mathrm{T}}A & A^{\mathrm{T}} \\ A & sI_m \end{pmatrix}. \tag{8.1.10}$$

要求方法收敛, 只要相应的范数矩阵 H 和收益矩阵 G 都正定. 下面的定理给出由 (8.1.9) 定义的矩阵 H 和由 (8.1.10) 定义的矩阵 G 正定的条件.

定理 8.1 对任意给定的 $\tau \in [0,1]$, 以 C-P 方法的输出 (8.1.5) 为预测点, 采用校正公式 (8.1.7) 产生新的迭代点的校正矩阵 M 由 (8.1.8) 给出. 那么, 对由 (8.1.9) 定义的矩阵 H 和由 (8.1.10) 定义的矩阵 G,

$$r \cdot s > (1 - \tau + \tau^2)\|A^{\mathrm{T}}A\| \tag{8.1.11}$$

是矩阵 H 和 G 都正定的充分必要条件.

证明 我们用惯性定理 (law of inertia) 验证矩阵 H 和 G 正定需要的条件. 用非奇异矩阵

$$C = \begin{pmatrix} I_n & 0 \\ -\dfrac{1}{s}A & I_m \end{pmatrix}$$

对由 (8.1.9) 定义的矩阵 H 做合同变换

$$
\begin{aligned}
C^{\mathrm{T}}HC &= \begin{pmatrix} I_n & -\dfrac{1}{s}A^{\mathrm{T}} \\ 0 & I_m \end{pmatrix} \begin{pmatrix} rI_n + (1-\tau)\dfrac{1}{s}A^{\mathrm{T}}A & A^{\mathrm{T}} \\ A & sI_m \end{pmatrix} \begin{pmatrix} I_n & 0 \\ -\dfrac{1}{s}A & I_m \end{pmatrix} \\
&= \begin{pmatrix} rI_n - \dfrac{\tau}{s}A^{\mathrm{T}}A & 0 \\ 0 & sI_m \end{pmatrix}.
\end{aligned}
$$

根据惯性定理, 对 (8.1.9) 中的矩阵 H,

$$H \succ 0 \quad \text{当且仅当} \quad r \cdot s \cdot I_n \succ \tau A^{\mathrm{T}}A. \tag{8.1.12}$$

对由 (8.1.10) 定义的矩阵 G 做同样的合同变换

$$
\begin{aligned}
C^{\mathrm{T}}GC &= \begin{pmatrix} I_n & -\dfrac{1}{s}A^{\mathrm{T}} \\ 0 & I_m \end{pmatrix} \begin{pmatrix} rI_n + \tau(1-\tau)\dfrac{1}{s}A^{\mathrm{T}}A & A^{\mathrm{T}} \\ A & sI_m \end{pmatrix} \begin{pmatrix} I_n & 0 \\ -\dfrac{1}{s}A & I_m \end{pmatrix} \\
&= \begin{pmatrix} rI_n - \dfrac{1}{s}(1 - \tau + \tau^2)A^{\mathrm{T}}A & 0 \\ 0 & sI_m \end{pmatrix},
\end{aligned}
$$

根据惯性定理, 对 (8.1.10) 中的矩阵 G,

$$G \succ 0 \quad \text{当且仅当} \quad r \cdot s \cdot I_n \succ (1 - \tau + \tau^2)A^{\mathrm{T}}A. \tag{8.1.13}$$

由于对任何实数都有

$$1 - \tau + \tau^2 \geqslant \tau.$$

由 (8.1.12) 和 (8.1.13), 矩阵 H 和 G 都正定的充分必要条件是 (8.1.11).   □

因此, 根据统一框架, 将 C-P 方法改造成满足定理 8.1 条件的预测-校正方法, 收敛性是有保证的.

2. 基于 C-P 预测的单位上三角矩阵校正

若将 (8.1.7) 中的矩阵 M 取为单位上三角矩阵

$$M = \begin{pmatrix} I_n & K \\ 0 & I_m \end{pmatrix}, \qquad 则 \qquad M^{-1} = \begin{pmatrix} I_n & -K \\ 0 & I_m \end{pmatrix}.$$

在统一框架指导求出这个 K 的具体形式. 由于 $HM = Q$, H 正定, $H = QM^{-1}$ 首先必须是对称的. 由

$$H = QM^{-1} = \begin{pmatrix} rI_n & A^{\mathrm{T}} \\ \tau A & sI_m \end{pmatrix} \begin{pmatrix} I_n & -K \\ 0 & I_m \end{pmatrix} = \begin{pmatrix} rI_n & -rK + A^{\mathrm{T}} \\ \tau A & sI_m - \tau AK \end{pmatrix}$$

必须对称, 推得 $-rK + A^{\mathrm{T}} = \tau A^{\mathrm{T}}$, 因此

$$K = (1 - \tau)\frac{1}{r}A^{\mathrm{T}}.$$

将这个 K 代入上面的矩阵 M 和 H, 得到校正矩阵

$$M = \begin{pmatrix} I_n & (1-\tau)\frac{1}{r}A^{\mathrm{T}} \\ 0 & I_m \end{pmatrix} \tag{8.1.14}$$

和范数矩阵

$$H = \begin{pmatrix} rI_n & \tau A^{\mathrm{T}} \\ \tau A & sI_m + \tau(1-\tau)\frac{1}{r}AA^{\mathrm{T}} \end{pmatrix}. \tag{8.1.15}$$

通过计算, 收益矩阵

$$G = Q^{\mathrm{T}} + Q - M^{\mathrm{T}}HM = Q^{\mathrm{T}} + Q - M^{\mathrm{T}}Q$$

$$= \begin{pmatrix} 2rI_n & (1+\tau)A^{\mathrm{T}} \\ (1+\tau)A & 2sI_m \end{pmatrix} - \begin{pmatrix} I_n & 0 \\ (1-\tau)\frac{1}{r}A & I_m \end{pmatrix} \begin{pmatrix} rI_n & A^{\mathrm{T}} \\ \tau A & sI_m \end{pmatrix}$$

$$= \begin{pmatrix} 2rI_n & (1+\tau)A^{\mathrm{T}} \\ (1+\tau)A & 2sI_m \end{pmatrix} - \begin{pmatrix} rI_n & A^{\mathrm{T}} \\ A & sI_m + (1-\tau)\dfrac{1}{r}AA^{\mathrm{T}} \end{pmatrix}$$

$$= \begin{pmatrix} rI_n & \tau A^{\mathrm{T}} \\ \tau A & sI_m - (1-\tau)\dfrac{1}{r}AA^{\mathrm{T}} \end{pmatrix}. \tag{8.1.16}$$

同样, 要求方法收敛, 只要相应的范数矩阵 H 和收益矩阵 G 都正定. 下面的定理给出由 (8.1.15) 定义的矩阵 H 和由 (8.1.16) 定义的矩阵 G 正定的条件.

定理 8.2 对任意的 $\tau \in [0,1]$, 以 C-P 方法的输出 (8.1.5) 为预测点, 采用校正公式 (8.1.7) 产生新的迭代点的矩阵 M 由 (8.1.14) 给出. 那么, 对由 (8.1.15) 定义的矩阵 H 和由 (8.1.16) 定义的矩阵 G,

$$r \cdot s > \max\{\tau(2-\tau), (1-\tau+\tau^2)\}\|A^{\mathrm{T}}A\| \tag{8.1.17}$$

是矩阵 H 和 G 都正定的充分必要条件.

证明 同样用惯性定理验证矩阵 H 和 G 正定需要的条件. 用非奇异矩阵

$$C = \begin{pmatrix} I_n & -\dfrac{\tau}{r}A^{\mathrm{T}} \\ 0 & I_m \end{pmatrix}.$$

对由 (8.1.15) 定义的矩阵 H 做合同变换

$$C^{\mathrm{T}}HC = \begin{pmatrix} I_n & 0 \\ -\dfrac{\tau}{r}A & I_m \end{pmatrix} \begin{pmatrix} rI_n & \tau A^{\mathrm{T}} \\ \tau A & sI_m + \tau(1-\tau)\dfrac{1}{r}AA^{\mathrm{T}} \end{pmatrix} \begin{pmatrix} I_n & -\dfrac{\tau}{r}A^{\mathrm{T}} \\ 0 & I_m \end{pmatrix}$$

$$= \begin{pmatrix} rI_n & 0 \\ 0 & sI_m - \dfrac{\tau(2-\tau)}{r}AA^{\mathrm{T}} \end{pmatrix}.$$

根据惯性定理, 对 (8.1.15) 中的矩阵 H,

$$H \succ 0 \quad \text{当且仅当} \quad r \cdot s \cdot I_n \succ \tau(2-\tau)AA^{\mathrm{T}}. \tag{8.1.18}$$

对由 (8.1.16) 定义的矩阵 G 做同样的合同变换

$$C^{\mathrm{T}}GC = \begin{pmatrix} I_n & 0 \\ -\dfrac{\tau}{r}A & I_m \end{pmatrix} \begin{pmatrix} rI_n & \tau A^{\mathrm{T}} \\ \tau A & sI_m - (1-\tau)\dfrac{1}{r}AA^{\mathrm{T}} \end{pmatrix} \begin{pmatrix} I_n & -\dfrac{\tau}{r}A^{\mathrm{T}} \\ 0 & I_m \end{pmatrix}$$

$$= \begin{pmatrix} rI_n & 0 \\ 0 & sI_m - \dfrac{1-\tau+\tau^2}{r}AA^{\mathrm{T}} \end{pmatrix},$$

根据惯性定理, 对 (8.1.16) 中的矩阵 G,

$$G \succ 0 \quad \text{当且仅当} \quad r \cdot s \cdot I_n \succ (1-\tau+\tau^2)A^{\mathrm{T}}A. \tag{8.1.19}$$

由 (8.1.18) 和 (8.1.19), 对给定的 $\tau \in [0,1]$, 矩阵 H 和 G 都正定的充分必要条件是 (8.1.17).　　　　　　　　　　　　　　　　　　　　　　　　　　　□

因此, 根据统一框架, 将 C-P 方法改造成满足定理 8.2 条件的预测-校正方法, 收敛性是有保证的.

3. 基于 C-P 预测的预测-校正方法中的最优参数

第 3 章的数据试验告诉我们, 在满足收敛条件的情况下, rs 的乘积越小越好. 人们自然要问, 取什么样的 $\tau \in [0,1]$, 能使定理 8.1 和定理 8.2 中要求的 rs 的积尽可能小呢? 我们把用单位下三角矩阵校正时的那个 τ 记体 τ_L^*. 根据 (8.1.11), 有

$$\tau_L^* = \arg\min\{1-\tau+\tau^2 \,|\, \tau \in [0,1]\} = \frac{1}{2}.$$

用单位上三角矩阵校正时使 rs 的乘积最小的那个 τ 记作 τ_U^*. 根据 (8.1.17), 有

$$\tau_U^* = \arg\min\{\max\{\tau(2-\tau), (1-\tau+\tau^2)\} \,|\, \tau \in [0,1]\} = \frac{1}{2}.$$

都是当 $\tau = \dfrac{1}{2}$ 时取得极小值, 而且

$$1-\tau+\tau^2 = \frac{3}{4}, \quad \max\{\tau(2-\tau), (1-\tau+\tau^2)\} = \frac{3}{4}.$$

因此, 我们建议在将 C-P 方法的输出作为预测点的时候, 在 (8.1.5) 中取 $\tau = \dfrac{1}{2}$. 对给定的 $u^k = (x^k, y^k)$, 由

$$\begin{cases} \tilde{x}^k = \arg\min\left\{\theta_1(x) - x^{\mathrm{T}}A^{\mathrm{T}}y^k + \dfrac{1}{2}r\|x-x^k\|^2 \,\middle|\, x \in \mathcal{X}\right\}, & (8.1.20a) \\[2mm] \tilde{y}^k = \arg\min\left\{\theta_2(y) + y^{\mathrm{T}}A[\tilde{x}^k + \dfrac{1}{2}(\tilde{x}^k - x^k)] + \dfrac{1}{2}s\|y-y^k\|^2 \,\middle|\, y \in \mathcal{Y}\right\}. & (8.1.20b) \end{cases}$$

产生预测点 $\tilde{u}^k = (\tilde{x}^k, \tilde{y}^k)$, 然后采用公式

$$u^{k+1} = u^k - M(u^k - \tilde{u}^k) \tag{8.1.21a}$$

校正, 其中 M 可以取

$$M = \begin{pmatrix} I_n & 0 \\ -\dfrac{1}{2s}A & I_m \end{pmatrix} \quad \text{或者} \quad M = \begin{pmatrix} I_n & \dfrac{1}{2r}A^{\mathrm{T}} \\ 0 & I_m \end{pmatrix}. \tag{8.1.21b}$$

定理 8.3 求解鞍点问题 (8.0.1), 采用 (8.1.20) 预测和 (8.1.21) 校正. 当

$$r \cdot s > \frac{3}{4}\|A^{\mathrm{T}}A\| \tag{8.1.22}$$

时, 预测-校正方法收敛.

事实上, 能够构造例子, 对不满足条件 (8.1.22) 的采用 (8.1.20) 预测和 (8.1.21) 校正的方法, 不能保证收敛. 这一节的结果, 在论文 [59] 中能找到.

8.2 基于 C-P 方法的自适应预测-校正方法

前一节介绍的求解鞍点问题 (8.0.1) 的基于 C-P 的预测-校正方法, 对步长参数 r, s, 总要求 rs 的积满足

$$rs > \|A^{\mathrm{T}}A\| \quad \text{或者} \quad rs > \frac{3}{4}\|A^{\mathrm{T}}A\|.$$

第 3 章 3.3 节的例子说明, 偏大的 rs 乘积, 会迫使 u^{k+1} 离 u^k 很近, 影响收敛速度. 这一节介绍的方法, 固定了一个参数以后, 动态地选取另一个参数. 分别使得

$$rs_k\|y^k - \tilde{y}^k\|^2 > \|A^{\mathrm{T}}(y^k - \tilde{y}^k)\|^2 \quad \text{和} \quad r_ks\|x^k - \tilde{x}^k\|^2 > \|A(x^k - \tilde{x}^k)\|^2$$

成立, 但是相差不是太大. 为此, 我们分别通过

$$\lambda_{\text{average}}(A^{\mathrm{T}}A) = \frac{\text{Trace}(A^{\mathrm{T}}A)}{n} \quad \text{和} \quad \lambda_{\text{average}}(AA^{\mathrm{T}}) = \frac{\text{Trace}(AA^{\mathrm{T}})}{m}$$

定义矩阵 $A^{\mathrm{T}}A$ 和 AA^{T} 的平均特征值, 注意到上面定义中的分子部分是相等的.

1. 选定 $r > 0$ 后自适应地选择 $s_k > 0$ 的方法

假设预测过程中 y-子问题比较容易求解, 我们先选定固定的参数 $r > 0$. 建议取

$$r = O(\lambda_{\text{average}}(A^{\mathrm{T}}A)) \quad \left(\text{例如取 } r \text{ 为 } \lambda_{\text{average}}(A^{\mathrm{T}}A) \text{ 的 } \frac{1}{5} \text{ 到 5 倍之间}\right). \tag{8.2.1}$$

选这样的 $r > 0$, 会使得 $\|A(x - x^k)\|^2$ 与 $r\|x - x^k\|^2$ 相差不大. 对选定的 $r > 0$, 取

$$s_0 = \frac{3}{2r}\lambda_{\text{average}}(AA^{\mathrm{T}}). \tag{8.2.2}$$

这时 rs_0 远比 $\|AA^{\mathrm{T}}\|$ 小. 假设 $\{s_k\}$ 是单调不减的正数序列, 第 k 步迭代预测是

$$\begin{cases} \tilde{x}^k = \operatorname{argmin}\left\{\Phi(x, y^k) + \dfrac{1}{2}r\|x - x^k\|^2 \,\Big|\, x \in \mathcal{X}\right\}, & (8.2.3\text{a}) \\[3mm] \tilde{y}^k = \operatorname{argmax}\left\{\Phi(\tilde{x}^k, y) - \dfrac{1}{2}s_k\|y - y^k\|^2 \,\Big|\, y \in \mathcal{Y}\right\}. & (8.2.3\text{b}) \end{cases}$$

利用 $\Phi(x, y)$ 的表达式, 预测可以写成

$$\begin{cases} \tilde{x}^k = \operatorname{argmin}\left\{\theta_1(x) - x^{\mathrm{T}}A^{\mathrm{T}}y^k + \dfrac{1}{2}r\|x - x^k\|^2 \,\Big|\, x \in \mathcal{X}\right\}, & (8.2.4\text{a}) \\[3mm] \tilde{y}^k = \operatorname{argmin}\left\{\theta_2(y) + y^{\mathrm{T}}A\tilde{x}^k + \dfrac{1}{2}s_k\|y - y^k\|^2 \,\Big|\, y \in \mathcal{Y}\right\}. & (8.2.4\text{b}) \end{cases}$$

我们要求试探性地选用 s_k, 求解 (8.2.4b), 使其满足

$$\frac{1}{r}\|A^{\mathrm{T}}(y^k - \tilde{y}^k)\|^2 \leqslant \nu\left(r\|x^k - \tilde{x}^k\|^2 + s_k\|y^k - \tilde{y}^k\|^2\right), \quad \nu \in (0, 1). \tag{8.2.5}$$

当 (8.2.5) 尚不满足的时候, 可以将 s_k 适当调大 (譬如说 1.5 倍), 重做 (8.2.4b), 直至条件 (8.2.5) 满足 (这是要求 y-子问题比较容易求解的原因). 事实上, 当

$$\|A^{\mathrm{T}}(y^k - \tilde{y}^k)\|^2 \leqslant \nu r s_k\|y^k - \tilde{y}^k\|^2$$

时, 条件 (8.2.5) 就得到充分满足. 求解了 (8.2.4) 以后, 我们得到

$$\begin{cases} \tilde{x}^k \in \mathcal{X}, & \theta_1(x) - \theta_1(\tilde{x}^k) + (x - \tilde{x}^k)^{\mathrm{T}}\{-A^{\mathrm{T}}y^k + r(\tilde{x}^k - x^k)\} \geqslant 0, & \forall x \in \mathcal{X}, \\[2mm] \tilde{y}^k \in \mathcal{Y}, & \theta_2(y) - \theta_2(\tilde{y}^k) + (y - \tilde{y}^k)^{\mathrm{T}}\{A\tilde{x}^k + s_k(\tilde{y}^k - y^k)\} \geqslant 0, & \forall y \in \mathcal{Y}. \end{cases}$$

利用问题的变分不等式形式 (8.0.2), 写成紧凑的形式

$$\tilde{u}^k \in \Omega, \quad \theta(u) - \theta(\tilde{u}^k) + (u - \tilde{u}^k)^{\mathrm{T}}\left\{F(\tilde{u}^k) + Q_k(\tilde{u}^k - u^k)\right\} \geqslant 0, \quad \forall u \in \Omega, \tag{8.2.6a}$$

其中

$$Q_k = \begin{pmatrix} rI & A^{\mathrm{T}} \\ 0 & s_kI \end{pmatrix}. \tag{8.2.6b}$$

对确定的 $r > 0$ 和选定的满足 (8.2.5) 的 s_k, 这里的矩阵 $Q_k^{\mathrm{T}} + Q_k$ 一般是并非正定的. 取 (8.2.6a) 中任意的 $u \in \Omega$ 为 $u^* \in \Omega^*$, 则有

$$(\tilde{u}^k - u^*)^{\mathrm{T}} Q_k (u^k - \tilde{u}^k) \geqslant 0, \quad \forall u^* \in \Omega^*,$$

进而有

$$(u^k - u^*)^{\mathrm{T}} Q_k (u^k - \tilde{u}^k) \geqslant (u^k - \tilde{u}^k)^{\mathrm{T}} Q_k (u^k - \tilde{u}^k), \quad \forall u^* \in \Omega^*. \tag{8.2.7}$$

我们取

$$H_k = \begin{pmatrix} rI & 0 \\ 0 & s_k I \end{pmatrix}, \qquad M = \begin{pmatrix} I & \dfrac{1}{r} A^{\mathrm{T}} \\ 0 & I \end{pmatrix}. \tag{8.2.8}$$

这样就有 $H_k M = Q_k$. 我们考虑 H_k-模下的收缩算法, 利用公式

$$u^{k+1} = u^k - M(u^k - \tilde{u}^k) \tag{8.2.9}$$

进行校正. 利用上述校正公式和 $H_k M = Q_k$, 有

$$\|u^k - u^*\|_{H_k}^2 - \|u^{k+1} - u^*\|_{H_k}^2$$

$$= \|u^k - u^*\|_{H_k}^2 - \|(u^k - u^*) - M(u^k - \tilde{u}^k)\|_{H_k}^2$$

$$= 2(u^k - u^*)^{\mathrm{T}} Q_k (u^k - \tilde{u}^k) - \|M(u^k - \tilde{u}^k)\|_{H_k}^2.$$

对上式右端的 $(u^k - u^*)^{\mathrm{T}} Q_k (u^k - \tilde{u}^k)$ 使用 (8.2.7), 我们有

$$\|u^k - u^*\|_{H_k}^2 - \|u^{k+1} - u^*\|_{H_k}^2$$

$$\geqslant 2(u^k - \tilde{u}^k)^{\mathrm{T}} Q_k (u^k - \tilde{u}^k) - \|M(u^k - \tilde{u}^k)\|_{H_k}^2$$

$$= (u^k - \tilde{u}^k)^{\mathrm{T}} G_k (u^k - \tilde{u}^k), \tag{8.2.10}$$

其中

$$G_k = Q_k^{\mathrm{T}} + Q_k - M^{\mathrm{T}} H_k M.$$

我们并不要求 G_k 正定, 经过简单计算得到

$$G_k = Q_k^{\mathrm{T}} + Q_k - M^{\mathrm{T}} H_k M = Q_k^{\mathrm{T}} + Q_k - M^{\mathrm{T}} Q_k$$

$$= \begin{pmatrix} 2rI_n & A^{\mathrm{T}} \\ A & 2s_k I_m \end{pmatrix} - \begin{pmatrix} I_n & 0 \\ \dfrac{1}{r} A & I_m \end{pmatrix} \begin{pmatrix} rI_n & A^{\mathrm{T}} \\ 0 & s_k I_m \end{pmatrix}$$

$$= \begin{pmatrix} rI_n & 0 \\ 0 & s_k I_m - \dfrac{1}{r} A A^{\mathrm{T}} \end{pmatrix}.$$

因此

$$(u^k - \tilde{u}^k)^{\mathrm{T}} G_k (u^k - \tilde{u}^k) = r\|x^k - \tilde{x}^k\|^2 + s_k\|y^k - \tilde{y}^k\|^2 - \frac{1}{r}\|A^{\mathrm{T}}(y^k - \tilde{y}^k)\|^2. \quad (8.2.11)$$

在条件 (8.2.5) 满足的情况下, 从 (8.2.10) 和 (8.2.11) 得到

$$\|u^k - u^*\|_{H_k}^2 - \|u^{k+1} - u^*\|_{H_k}^2$$

$$\geqslant (1 - \nu)\left(r\|x^k - \tilde{x}^k\|^2 + s_k\|y^k - \tilde{y}^k\|^2\right)$$

$$= (1 - \nu)\|u^k - \tilde{u}^k\|_{H_k}^2. \quad (8.2.12)$$

我们有下面的定理.

定理 8.4　由 (8.2.4) 预测, (8.2.9) 校正的求解鞍点问题 (8.0.1) 的方法中, 如果产生预测点时条件 (8.2.5) 满足, 则算法产生的序列 $\{u^k = (x^k, y^k)\}$ 满足

$$\|u^{k+1} - u^*\|_{H_k}^2 \leqslant \|u^k - u^*\|_{H_k}^2 - (1 - \nu)\|u^k - \tilde{u}^k\|_{H_k}^2. \quad (8.2.13)$$

注意到 (8.2.5) 中的 s_k 经过有限次扩大以后不再变动, 因此定理 8.4 中的矩阵 H_k (见 (8.2.8)) 最终成了确定的正定矩阵, 由此可得到算法的全局收敛性.

实际计算中, 我们还是允许 s_k 过大时适当缩小. 以下是求解鞍点问题 (8.0.1) 选定参数 $r > 0$ 的自适应预测-校正方法.

求解鞍点问题选定 $r > 0$ 的自适应预测-校正方法.

给定 $\mu = 0.5$, $\nu = 0.9$. 分别根据 (8.2.1) 和 (8.2.2) 给定 r 和 s_0.

选定初始点 $u^0 = (x^0, y^0)$.

For $k = 0, 1, \cdots$, 假如停机条件尚未满足, 则做

1) 求解 (8.2.4a) 得到 $\tilde{x}^k$.

2) 求解 (8.2.4b), 得到 $\tilde{y}^k$.

$$t = \left(\frac{1}{r}\|A^{\mathrm{T}}(y^k - \tilde{y}^k)\|^2\right) \Big/ \left[r\|x^k - \tilde{x}^k\|^2 + s_k\|y^k - \tilde{y}^k\|^2\right].$$

　　while　$t > \nu$

　　　　$s_k := s_k * t * 1.2$,

　　　　求解 (8.2.4b), 得到 $\tilde{y}^k$.

$$t = \left(\frac{1}{r}\|A^{\mathrm{T}}(y^k - \tilde{y}^k)\|^2\right) \Big/ \left[r\|x^k - \tilde{x}^k\|^2 + s_k\|y^k - \tilde{y}^k\|^2\right].$$

　　end(while)

3) 用 (8.2.8) 给出的矩阵 M, 根据 (8.2.9) 校正得到 u^{k+1}.

4) **If**　$t \leqslant \mu$　则　$s_k := s_k * \dfrac{2}{3}$,　**end(if)**

5) 令 $s_{k+1} = s_k$　和　$k := k + 1$,　开始新的一次迭代.

2. 选定 $s > 0$ 后自适应地选择 $r_k > 0$ 的方法

假设预测过程中 x-子问题比较容易求解, 我们先选定固定的参数 $s > 0$. 取

$$s = O(\lambda_{\text{average}}(AA^{\mathrm{T}})) \quad \left(\text{可取 } r \text{ 为 } \lambda_{\text{average}}(AA^{\mathrm{T}}) \text{ 的 } \frac{1}{5} \text{ 到 5 倍之间}\right).$$
$$(8.2.14)$$

选这样的 $s > 0$, 会使得 $\|A^{\mathrm{T}}(y - y^k)\|^2$ 与 $s\|y - y^k\|^2$ 相差不大. 对选定的 $s > 0$, 取

$$r_0 = \frac{3}{2s}\lambda_{\text{average}}(A^{\mathrm{T}}A). \tag{8.2.15}$$

这时 $r_0 s$ 远比 $\|A^{\mathrm{T}}A\|$ 小. 假设 $\{r_k\}$ 是单调不减的正数序列, 第 k 步迭代预测是

$$\begin{cases} \tilde{y}^k = \operatorname{argmax}\left\{\Phi(x^k, y) - \frac{1}{2}s\|y - y^k\|^2 \,\middle|\, y \in \mathcal{Y}\right\}, & (8.2.16a) \\ \tilde{x}^k = \operatorname{argmin}\left\{\Phi(x, \tilde{y}^k) + \frac{1}{2}r_k\|x - x^k\|^2 \,\middle|\, x \in \mathcal{X}\right\}. & (8.2.16b) \end{cases}$$

利用 $\Phi(x, y)$ 的表达式, 预测可以写成

$$\begin{cases} \tilde{y}^k = \operatorname{argmin}\left\{\theta_2(y) + y^{\mathrm{T}}Ax^k + \frac{1}{2}s\|y - y^k\|^2 \,\middle|\, y \in \mathcal{Y}\right\}, & (8.2.17a) \\ \tilde{x}^k = \operatorname{argmin}\left\{\theta_1(x) - x^{\mathrm{T}}A^{\mathrm{T}}\tilde{y}^k + \frac{1}{2}r_k\|x - x^k\|^2 \,\middle|\, x \in \mathcal{X}\right\}. & (8.2.17b) \end{cases}$$

我们要求试探性地选用 r_k, 求解 (8.2.17b), 使其满足

$$\frac{1}{s}\|A(x^k - \tilde{x}^k)\|^2 \leqslant \nu\left(s\|y^k - \tilde{y}^k\|^2 + r_k\|x^k - \tilde{x}^k\|^2\right), \quad \nu \in (0, 1). \tag{8.2.18}$$

当 (8.2.18) 尚不满足的时候, 可以将 r_k 适当调大 (譬如说 1.5 倍), 重做(8.2.17b), 直至条件(8.2.18)满足 (这是要求 x-子问题比较容易求解的原因). 事实上, 当

$$\|A(x^k - \tilde{x}^k)\|^2 \leqslant \nu s r_k\|x^k - \tilde{x}^k\|^2$$

时, 条件 (8.2.18) 就得到充分满足. 求解了 (8.2.17) 以后, 我们得到

$$\begin{cases} \tilde{x}^k \in \mathcal{X}, & \theta_1(x) - \theta_1(\tilde{x}^k) + (x - \tilde{x}^k)^{\mathrm{T}}\{-A^{\mathrm{T}}\tilde{y}^k + r_k(\tilde{x}^k - x^k)\} \geqslant 0, \quad \forall x \in \mathcal{X}, \\ \tilde{y}^k \in \mathcal{Y}, & \theta_2(y) - \theta_2(\tilde{y}^k) + (y - \tilde{y}^k)^{\mathrm{T}}\{Ax^k + s(\tilde{y}^k - y^k)\} \geqslant 0, \quad \forall y \in \mathcal{Y}, \end{cases}$$

利用问题的变分不等式形式 (8.0.2), 写成紧凑的形式

$$\tilde{u}^k \in \Omega, \quad \theta(u) - \theta(\tilde{u}^k) + (u - \tilde{u}^k)^{\mathrm{T}}\{F(\tilde{u}^k) + Q_k(\tilde{u}^k - u^k)\} \geqslant 0, \quad \forall u \in \Omega,$$
$$(8.2.19a)$$

其中

$$Q_k = \begin{pmatrix} r_k I & 0 \\ -A & sI \end{pmatrix}. \tag{8.2.19b}$$

对确定的 $s > 0$ 和选定的满足 (8.2.18) 的 r_k, 这里的矩阵 $Q_k^{\mathrm{T}} + Q_k$ 一般是并非正定的. 取 (8.3.3a) 中任意的 $u \in \Omega$ 为 $u^* \in \Omega^*$, 则有

$$(\tilde{u}^k - u^*)^{\mathrm{T}} Q_k (u^k - \tilde{u}^k) \geqslant 0, \quad \forall u^* \in \Omega^*,$$

进而有

$$(u^k - u^*)^{\mathrm{T}} Q_k (u^k - \tilde{u}^k) \geqslant (u^k - \tilde{u}^k)^{\mathrm{T}} Q_k (u^k - \tilde{u}^k), \quad \forall u^* \in \Omega^*. \tag{8.2.20}$$

我们取

$$H_k = \begin{pmatrix} r_k I & 0 \\ 0 & sI \end{pmatrix}, \quad M = \begin{pmatrix} I & 0 \\ -\dfrac{1}{s}A & I \end{pmatrix}. \tag{8.2.21}$$

这样就有 $H_k M = Q_k$. 我们考虑 H_k-模下的收缩算法, 利用公式

$$u^{k+1} = u^k - M(u^k - \tilde{u}^k) \tag{8.2.22}$$

进行校正. 利用上述校正公式和 $H_k M = Q_k$, 有

$$\|u^k - u^*\|_{H_k}^2 - \|u^{k+1} - u^*\|_{H_k}^2$$
$$= \|u^k - u^*\|_{H_k}^2 - \|(u^k - u^*) - M(u^k - \tilde{u}^k)\|_{H_k}^2$$
$$= 2(u^k - u^*)^{\mathrm{T}} Q_k (u^k - \tilde{u}^k) - \|M(u^k - \tilde{u}^k)\|_{H_k}^2.$$

对上式右端的 $(u^k - u^*)^{\mathrm{T}} Q_k (u^k - \tilde{u}^k)$ 使用 (8.2.20), 我们有

$$\|u^k - u^*\|_{H_k}^2 - \|u^{k+1} - u^*\|_{H_k}^2$$
$$\geqslant 2(u^k - \tilde{u}^k)^{\mathrm{T}} Q_k (u^k - \tilde{u}^k) - \|M(u^k - \tilde{u}^k)\|_{H_k}^2$$
$$= (u^k - \tilde{u}^k)^{\mathrm{T}} G_k (u^k - \tilde{u}^k), \tag{8.2.23}$$

其中

$$G_k = Q_k^{\mathrm{T}} + Q_k - M^{\mathrm{T}} H_k M.$$

我们并不要求 G_k 正定, 经过简单计算就有

$$G_k = Q_k^{\mathrm{T}} + Q_k - M^{\mathrm{T}} H_k M = Q_k^{\mathrm{T}} + Q_k - M^{\mathrm{T}} Q_k$$

$$= \begin{pmatrix} 2r_k I_n & -A^{\mathrm{T}} \\ -A & 2sI_m \end{pmatrix} - \begin{pmatrix} I_n & -\dfrac{1}{s}A^{\mathrm{T}} \\ 0 & I_m \end{pmatrix} \begin{pmatrix} r_k I_n & 0 \\ -A & sI_m \end{pmatrix}$$

$$= \begin{pmatrix} r_k I_n - \dfrac{1}{s}A^{\mathrm{T}} A & 0 \\ 0 & sI_m \end{pmatrix}.$$

因此,

$$(u^k - \tilde{u}^k)^{\mathrm{T}} G_k (u^k - \tilde{u}^k) = r_k \|x^k - \tilde{x}^k\|^2 + s\|y^k - \tilde{y}^k\|^2 - \frac{1}{r}\|A(x^k - \tilde{x}^k)\|^2. \quad (8.2.24)$$

在条件 (8.2.18) 满足的情况下, 从 (8.2.23) 和 (8.2.24) 得到

$$\|u^k - u^*\|_{H_k}^2 - \|u^{k+1} - u^*\|_{H_k}^2$$
$$\geqslant (1-\nu)\left(r_k\|x^k - \tilde{x}^k\|^2 + s\|y^k - \tilde{y}^k\|^2\right)$$
$$= (1-\nu)\|u^k - \tilde{u}^k\|_{H_k}^2. \quad (8.2.25)$$

我们有下面的定理.

定理 8.5 由 (8.2.16) 预测, (8.2.22) 校正的求解鞍点问题 (8.0.1) 的方法中, 如果产生预测点时条件 (8.2.18) 满足, 则算法产生的序列 $\{u^k = (x^k, y^k)\}$ 满足

$$\|u^{k+1} - u^*\|_{H_k}^2 \leqslant \|u^k - u^*\|_{H_k}^2 - (1-\nu)\|u^k - \tilde{u}^k\|_{H_k}^2. \quad (8.2.26)$$

注意到 (8.2.18) 中的 r_k 经过有限次扩大以后不再变动, 因此定理 8.5 中的矩阵 H_k (见 (8.2.21)) 最终成了确定的正定矩阵, 由此可得到算法的全局收敛性.

实际计算中, 我们还是允许 r_k 过大时适当缩小. 以下是求解鞍点问题 (8.0.1) 选定参数 $s > 0$ 的自适应预测-校正方法.

求解鞍点问题选定 $s > 0$ 的自适应预测-校正方法.

给定 $\mu = 0.5, \nu = 0.9$. 分别根据 (8.2.14) 和 (8.2.15) 给定 s 和 r_0.

选定初始点 $u^0 = (x^0, y^0)$.

For $k = 0, 1, \cdots$, 假如停机条件尚未满足, 则做

1) 求解 (8.2.17a) 得到 $\tilde{y}^k$.

2) 求解 (8.2.17b) 得到 $\tilde{x}^k$.
$$t = \left(\frac{1}{s}\|A(x^k - \tilde{x}^k)\|^2\right) \Big/ \left[s\|y^k - \tilde{y}^k\|^2 + r_k\|x^k - \tilde{x}^k\|^2\right].$$
   while $t > \nu$
   $$r_k := r_k * t * 1.2,$$
   求解 (8.2.17b), 得到 $\tilde{x}^k$.
   $$t = \left(\frac{1}{s}\|A(x^k - \tilde{x}^k)\|^2\right) \Big/ \left[s\|y^k - \tilde{y}^k\|^2 + r_k\|x^k - \tilde{x}^k\|^2\right].$$
   end(while)

3) 用 (8.2.21) 给出的矩阵 M, 根据 (8.2.22) 校正得到 u^{k+1}.

4) **If** $t \leqslant \mu$ 则 $r_k := r_k * \frac{2}{3}$, **end(if)**

5) 令 $r_{k+1} = r_k$ 和 $k := k+1$, 开始新的一次迭代.

8.3　采用平行预测的预测-校正方法

前两节介绍的求解鞍点问题 (8.0.1) 的方法, 预测中都要求得第一个子问题的解才能求解第二个子问题. 这一节考虑预测中平行求解子问题的方法.

$$\begin{cases} \tilde{x}^k = \text{argmin}\left\{\Phi(x,y^k) + \dfrac{r}{2}\|x-x^k\|^2 \,\middle|\, x \in \mathcal{X}\right\}, & (8.3.1a) \\[3mm] \tilde{y}^k = \text{argmax}\left\{\Phi(x^k,y) - \dfrac{s}{2}\|y-y^k\|^2 \,\middle|\, y \in \mathcal{Y}\right\}. & (8.3.1b) \end{cases}$$

利用 $\Phi(x,y)$ 的表达式, 预测可以写成

$$\begin{cases} \tilde{x}^k = \text{argmin}\left\{\theta_1(x) - x^{\mathrm{T}}A^{\mathrm{T}}y^k + \dfrac{r}{2}\|x-x^k\|^2 \,\middle|\, x \in \mathcal{X}\right\}, & (8.3.2a) \\[3mm] \tilde{y}^k = \text{argmin}\left\{\theta_2(y) + y^{\mathrm{T}}Ax^k + \dfrac{s}{2}\|y-y^k\|^2 \,\middle|\, y \in \mathcal{Y}\right\}. & (8.3.2b) \end{cases}$$

求解 (8.3.2) 以后, 我们得到

$$\begin{cases} \tilde{x}^k \in \mathcal{X}, & \theta_1(x) - \theta_1(\tilde{x}^k) + (x-\tilde{x}^k)^{\mathrm{T}}\{-A^{\mathrm{T}}y^k + r(\tilde{x}^k - x^k)\} \geqslant 0, & \forall x \in \mathcal{X}, \\ \tilde{y}^k \in \mathcal{Y}, & \theta_2(y) - \theta_2(\tilde{y}^k) + (y-\tilde{y}^k)^{\mathrm{T}}\{Ax^k + s(\tilde{y}^k - y^k)\} \geqslant 0, & \forall y \in \mathcal{Y}. \end{cases}$$

根据上面的分析, 我们有下面的引理.

引理 8.2　求解鞍点问题 (8.0.1), 采用 (8.3.1) 预测, 得到的预测点 $\tilde{u}^k = (\tilde{x}^k, \tilde{y}^k)$ 满足

$$\tilde{u}^k \in \Omega, \quad \theta(u) - \theta(\tilde{u}^k) + (u-\tilde{u}^k)^{\mathrm{T}}\left\{F(\tilde{u}^k) + Q(\tilde{u}^k - u^k)\right\} \geqslant 0, \quad \forall u \in \Omega, \quad (8.3.3a)$$

其中

$$Q = \begin{pmatrix} rI & A^{\mathrm{T}} \\ -A & sI \end{pmatrix}. \quad (8.3.3b)$$

注意到, 对任意的 $r, s > 0$, 这里的 $Q^{\mathrm{T}} + Q$ 都是正定的.

1. 计算步长的校正方法

根据预测 (8.3.3) 中矩阵 Q 的具体形式给构造满足统一框架中条件的矩阵 H 和 M 提供了许多可能性. 例如, 取

$$H = \begin{pmatrix} rI_n & 0 \\ 0 & sI_m \end{pmatrix} \quad \text{和} \quad M = \begin{pmatrix} I_n & \dfrac{1}{r}A^{\mathrm{T}} \\ -\dfrac{1}{s}A & I_m \end{pmatrix}, \quad (8.3.4)$$

就有 $HM = Q$. 新的迭代点 u^{k+1} 就可以由

$$u^{k+1} = u^k - \alpha_k M(u^k - \tilde{u}^k) \tag{8.3.5}$$

给出, 其中

$$\alpha_k = \gamma \alpha_k^*, \quad \alpha_k^* = \frac{(u^k - \tilde{u}^k)^{\mathrm{T}} Q(u^k - \tilde{u}^k)}{(u^k - \tilde{u}^k)^{\mathrm{T}} M^{\mathrm{T}} Q(u^k - \tilde{u}^k)}, \quad \gamma \in (0, 2).$$

对 (8.3.3b) 中给出的矩阵 Q 和 (8.3.4) 给出的 H, 我们有

$$(u^k - \tilde{u}^k)^{\mathrm{T}} Q(u^k - \tilde{u}^k) = (u^k - \tilde{u}^k)^{\mathrm{T}} H(u^k - \tilde{u}^k) = \|u^k - \tilde{u}^k\|_H^2.$$

结合 $Q = HM$, 就有

$$\alpha_k^* = \frac{\|u^k - \tilde{u}^k\|_H^2}{\|M(u^k - \tilde{u}^k)\|_H^2}. \tag{8.3.6}$$

校正需要具备 $(u^k - \tilde{u}^k)$ 以及 $M(u^k - \tilde{u}^k)$, (8.3.4) 中的 H 又是分块数量矩阵, 用 (8.3.6) 计算 α_k^* 的额外工作量是微不足道的.

从理论上讲 (8.3.1) 中的 r, s 是可以随意选取的. 在实际计算中, 我们需要调整这些参数, 使得 α_k^* 的值与 1 不能有数量级的差别.

2. 固定步长的校正方法

对 (8.3.3b) 中的 Q, 我们记

$$D = \begin{pmatrix} rI_n & 0 \\ 0 & sI_m \end{pmatrix}, \tag{8.3.7}$$

则有

$$(u^k - \tilde{u}^k)^{\mathrm{T}} Q(u^k - \tilde{u}^k) = \|u^k - \tilde{u}^k\|_D^2. \tag{8.3.8}$$

我们采用

$$u^{k+1} = u^k - \alpha M(u^k - \tilde{u}^k), \quad \alpha \in (0, 2) \tag{8.3.9a}$$

进行校正, 其中

$$M = Q^{-\mathrm{T}} D. \tag{8.3.9b}$$

定理 8.6 求解鞍点问题 (8.0.1), 采用 (8.3.1) 预测, (8.3.9) 校正产生的序列 $\{u^k\}$ 满足

$$\|u^{k+1} - u^*\|_H^2 \leqslant \|u^k - u^*\|_H^2 - \frac{2 - \alpha}{\alpha} \|u^k - u^{k+1}\|_H^2, \tag{8.3.10}$$

其中

$$H = QD^{-1}Q^{\mathrm{T}}. \tag{8.3.11}$$

证明　将 (8.3.3a) 中任意的 u 设为 $u^* \in \Omega^*$, 我们得到

$$(\tilde{u}^k - u^*)^{\mathrm{T}} Q(u^k - \tilde{u}^k) \geqslant \theta(\tilde{u}^k) - \theta(u^*) + (\tilde{u}^k - u^*)^{\mathrm{T}} F(\tilde{u}^k).$$

由于 $(\tilde{u}^k - u^*)^{\mathrm{T}} F(\tilde{u}^k) = (\tilde{u}^k - u^*)^{\mathrm{T}} F(u^*)$, 上式右端非负, 所以有

$$(\tilde{u}^k - u^*)^{\mathrm{T}} Q(u^k - \tilde{u}^k) \geqslant 0. \tag{8.3.12}$$

由 (8.3.11) 和 (8.3.9b), 我们有

$$HM = Q. \tag{8.3.13}$$

以 $HM = Q$ 和校正公式 (8.3.9) 代入 (8.3.8), 我们有

$$(u^k - u^{k+1})^{\mathrm{T}} H(\tilde{u}^k - u^*) \geqslant 0. \tag{8.3.14}$$

将恒等式

$$(a - b)^{\mathrm{T}} H(c - d) = \frac{1}{2}\{\|a - d\|_H^2 - \|b - d\|_H^2\} - \frac{1}{2}\{\|a - c\|_H^2 - \|b - c\|_H^2\}$$

用于 (8.3.14) 的左端, 令 $a = u^k$, $b = u^{k+1}$, $c = \tilde{u}^k$ 和 $d = u^*$, 我们得到

$$(u^k - u^{k+1})^{\mathrm{T}} H(\tilde{u}^k - u^*)$$
$$= \frac{1}{2}\{\|u^k - u^*\|_H^2 - \|u^{k+1} - u^*\|_H^2\} - \frac{1}{2}\{\|u^k - \tilde{u}^k\|_H^2 - \|u^{k+1} - \tilde{u}^k\|_H^2\}.$$

根据 (8.3.14) 就有

$$\|u^k - u^*\|_H^2 - \|u^{k+1} - u^*\|_H^2 \geqslant \|u^k - \tilde{u}^k\|_H^2 - \|\tilde{u}^k - u^{k+1}\|_H^2. \tag{8.3.15}$$

再把上式的右端化简一下,

$$\|u^k - \tilde{u}^k\|_H^2 - \|u^{k+1} - \tilde{u}^k\|_H^2$$
$$= \|u^k - \tilde{u}^k\|_H^2 - \|(u^k - \tilde{u}^k) - (u^k - u^{k+1})\|_H^2$$
$$\overset{(8.3.9)}{=} \|u^k - \tilde{u}^k\|_H^2 - \|(u^k - \tilde{u}^k) - \alpha M(u^k - \tilde{u}^k)\|_H^2$$
$$\overset{(8.3.11)}{=} 2\alpha(u^k - \tilde{u}^k)^{\mathrm{T}} Q(u^k - \tilde{u}^k) - \alpha^2(u^k - \tilde{u}^k)^{\mathrm{T}} M^{\mathrm{T}} HM(u^k - \tilde{u}^k)$$
$$= \alpha(2 - \alpha)\|u^k - \tilde{u}^k\|_D^2. \tag{8.3.16}$$

上面最后一个等式是因为 (8.3.8) 和

$$M^{\mathrm{T}} HM = (DQ^{-1})(QD^{-1}Q^{\mathrm{T}})(Q^{-\mathrm{T}}D) = D.$$

由上式和 (8.3.9a),

$$\alpha(2-\alpha)\|u^k - \tilde{u}^k\|_D^2 = \frac{2-\alpha}{\alpha}\|\alpha M(u^k - \tilde{u}^k)\|_H^2 = \frac{2-\alpha}{\alpha}\|u^k - u^{k+1}\|_H^2.$$

将上式代入 (8.3.16), 然后再代入 (8.3.15) 就得到定理的结论.　　　　　　　□

如何实现 (8.3.9) 这样的校正呢? 根据 (8.3.9),

$$Q^{\mathrm{T}}(u^{k+1} - u^k) = \alpha D(\tilde{u}^k - u^k), \quad \alpha \in (0,2), \tag{8.3.17}$$

这相当于

$$\begin{cases} r(x^{k+1} - x^k) - A^{\mathrm{T}}(y^{k+1} - y^k) = \alpha r(\tilde{x}^k - x^k), \\ A(x^{k+1} - x^k) + s(y^{k+1} - y^k) = \alpha s(\tilde{y}^k - y^k). \end{cases}$$

从联立方程组首先可以求得

$$(y^{k+1} - y^k) = \alpha r(rsI + AA^{\mathrm{T}})^{-1}[s(\tilde{y}^k - y^k) - A(\tilde{x}^k - x^k)], \tag{8.3.18}$$

然后

$$(x^{k+1} - x^k) = \alpha(\tilde{x}^k - x^k) + \frac{1}{r}A^{\mathrm{T}}(y^{k+1} - y^k).$$

写在一起, 校正公式就是

$$\begin{cases} y^{k+1} = y^k - \alpha r(rsI + AA^{\mathrm{T}})^{-1}[s(y^k - \tilde{y}^k) - A(x^k - \tilde{x}^k)], \\ x^{k+1} = x^k - \alpha(x^k - \tilde{x}^k) + \frac{1}{r}A^{\mathrm{T}}(y^k - y^{k+1}). \end{cases}$$

在 (8.3.18) 的计算中, 需要对矩阵 $(rsI + AA^{\mathrm{T}})$ 做一次 Cholesky 分解.

8.4 子问题目标函数中含非平凡二次项的 PPA 算法

第 3 章中求解鞍点问题 (8.0.1) 的邻近点算法

$$\begin{cases} x^{k+1} = \operatorname{argmin}\left\{\Phi(x, y^k) + \frac{r}{2}\|x - x^k\|^2 \,\Big|\, x \in \mathcal{X}\right\}, \\ y^{k+1} = \operatorname{argmax}\left\{\Phi((2x^{k+1} - x^k), y) - \frac{s}{2}\|y - y^k\|^2 \,\Big|\, y \in \mathcal{Y}\right\}. \end{cases}$$

其变分不等式形式是

$$u^{k+1} \in \Omega, \quad (u - u^{k+1})^{\mathrm{T}}F(u^{k+1}) \geqslant (u - u^{k+1})^{\mathrm{T}}H(u^k - u^{k+1}), \quad \forall u \in \Omega,$$

其中

$$H = \begin{pmatrix} rI_n & A^{\mathrm{T}} \\ A & sI_m \end{pmatrix}.$$

为了保证 H 正定, 要求 $rs > \|A^{\mathrm{T}}A\|$. 这个强制性要求, 往往会影响收敛速度. 第 3 章的 3.5 节中, 我们已经提到了子问题目标函数包含非平凡二次项的 PPA 算法, 根据统一框架, 我们可以进一步提供相应的延拓算法.

1. 目标函数包含非平凡二次项 $\|\boldsymbol{A}(\boldsymbol{x} - \boldsymbol{x}^{\boldsymbol{k}})\|^2$ 的方法

我们要求预测点 $\tilde{u}^k$ 满足变分不等式

$$\tilde{u}^k \in \Omega, \quad (u - \tilde{u}^k)^{\mathrm{T}} F(\tilde{u}^k) \geqslant (u - \tilde{u}^k)^{\mathrm{T}} H(u^k - \tilde{u}^k), \quad \forall u \in \Omega, \tag{8.4.1a}$$

其中

$$H = \begin{pmatrix} rA^{\mathrm{T}}A & A^{\mathrm{T}} \\ A & \left(\dfrac{1+\delta}{r}\right)I_m \end{pmatrix}. \tag{8.4.1b}$$

利用变分不等式的形式 (8.0.2), 把 (8.4.1) 的具体形式写开来就是

$$\begin{cases} \tilde{x}^k \in \mathcal{X}, & \theta_1(x) - \theta_1(\tilde{x}^k) + (x - \tilde{x}^k)^{\mathrm{T}}\{rA^{\mathrm{T}}A(\tilde{x}^k - x^k) - A^{\mathrm{T}}y^k\} \geqslant 0, \\ & \hspace{7cm} \forall x \in \mathcal{X}, \\ \tilde{y}^k \in \mathcal{Y}, & \theta_2(y) - \theta_2(\tilde{y}^k) + (y - \tilde{y}^k)^{\mathrm{T}}\left\{A(2\tilde{x}^k - x^k) + \dfrac{1+\delta}{r}(\tilde{y}^k - y^k)\right\} \geqslant 0, \\ & \hspace{7cm} \forall y \in \mathcal{Y}. \end{cases}$$

根据定理 1.1, 上式可以通过

$$\begin{cases} \tilde{x}^k \in \operatorname{argmin}\left\{\theta_1(x) - x^{\mathrm{T}}A^{\mathrm{T}}y^k + \dfrac{r}{2}\|A(x - x^k)\|^2 \,\middle|\, x \in \mathcal{X}\right\}, & \tag{8.4.2a} \\ \tilde{y}^k = \operatorname{argmin}\left\{\theta_2(y) + y^{\mathrm{T}}A(2\tilde{x}^k - x^k) + \dfrac{1+\delta}{2r}\|y - y^k\|^2 \,\middle|\, y \in \mathcal{Y}\right\} & \tag{8.4.2b} \end{cases}$$

实现. 这时, 子问题 (8.4.2a) 的目标函数中含有二次项 $\dfrac{r}{2}\|A(x - x^k)\|^2$. 对任意的 $r > 0$ 和 $\delta > 0$, (8.4.1b) 中的矩阵

$$H = \begin{pmatrix} rA^{\mathrm{T}}A & A^{\mathrm{T}} \\ A & \dfrac{1+\delta}{r}I_m \end{pmatrix} = \begin{pmatrix} \sqrt{r}A^{\mathrm{T}} \\ \dfrac{1}{\sqrt{r}}I_m \end{pmatrix}\left(\sqrt{r}A, \dfrac{1}{\sqrt{r}}I_m\right) + \begin{pmatrix} 0 & 0 \\ 0 & \dfrac{\delta}{r}I_m \end{pmatrix}$$

本质上是正定的. 可以采用平凡延拓的校正

$$u^{k+1} = u^k - \alpha(u^k - \tilde{u}^k), \quad \alpha \in (0, 2)$$

产生新的迭代点 $u^{k+1} = (x^{k+1}, y^{k+1})$.

2. 目标函数包含非平凡二次项 $\|A^{\mathrm{T}}(y - y^k)\|^2$ 的方法

同样, 我们也可以要求预测点 $\tilde{u}^k$ 满足变分不等式

$$\tilde{u}^k \in \Omega, \quad (u - \tilde{u}^k)^{\mathrm{T}} F(\tilde{u}^k) \geqslant (u - \tilde{u}^k)^{\mathrm{T}} H(u^k - \tilde{u}^k), \quad \forall u \in \Omega, \tag{8.4.3a}$$

其中

$$H = \begin{pmatrix} \dfrac{1+\delta}{s} I_n & -A^{\mathrm{T}} \\ -A & sAA^{\mathrm{T}} \end{pmatrix}. \tag{8.4.3b}$$

利用变分不等式的形式 (8.0.2), 把 (8.4.3) 的具体形式写开来就是

$$\begin{cases} \tilde{x}^k \in \mathcal{X}, \quad \theta_1(x) - \theta_1(\tilde{x}^k) + (x - \tilde{x}^k)^{\mathrm{T}} \left\{ -A^{\mathrm{T}}(2\tilde{y}^k - y^k) + \dfrac{1+\delta}{s}(\tilde{x}^k - x^k) \right\} \geqslant 0, \\ \qquad\qquad\qquad\qquad\qquad\qquad\qquad\qquad\qquad\qquad\qquad\qquad\qquad\qquad \forall x \in \mathcal{X}, \\ \tilde{y}^k \in \mathcal{Y}, \qquad\qquad \theta_2(y) - \theta_2(\tilde{y}^k) + (y - \tilde{y}^k)^{\mathrm{T}} \{ Ax^k + sAA^{\mathrm{T}}(\tilde{y}^k - y^k) \} \geqslant 0, \\ \qquad\qquad\qquad\qquad\qquad\qquad\qquad\qquad\qquad\qquad\qquad\qquad\qquad\qquad \forall y \in \mathcal{Y}, \end{cases}$$

根据定理 1.1, 上式可以通过

$$\begin{cases} \tilde{y}^k \in \operatorname{argmin} \left\{ \theta_2(y) + y^{\mathrm{T}} Ax^k + \dfrac{s}{2} \|A^{\mathrm{T}}(y - y^k)\|^2 \,\middle|\, y \in \mathcal{Y} \right\}, & (8.4.4a) \\ \tilde{x}^k = \operatorname{argmin} \left\{ \theta_1(x) - x^{\mathrm{T}} A^{\mathrm{T}}(2\tilde{y}^k - y^k) + \dfrac{1+\delta}{2s} \|x - x^k\|^2 \,\middle|\, x \in \mathcal{X} \right\} & (8.4.4b) \end{cases}$$

实现, 这时, 子问题 (8.4.4a) 的目标函数中含有二次项 $\dfrac{s}{2}\|A^{\mathrm{T}}(y - y^k)\|^2$. 对任意的 $s > 0$ 和 $\delta > 0$, (8.4.3b) 中的矩阵

$$H = \begin{pmatrix} \dfrac{1+\delta}{s} I_n & -A^{\mathrm{T}} \\ -A & sAA^{\mathrm{T}} \end{pmatrix} = \begin{pmatrix} \sqrt{\dfrac{1}{s}} I_n \\ -\sqrt{s}A \end{pmatrix} \left(\sqrt{\dfrac{1}{s}} I_n, -\sqrt{s}A^{\mathrm{T}} \right) + \begin{pmatrix} \dfrac{\delta}{s} I_n & 0 \\ 0 & 0 \end{pmatrix}$$

本质上是正定的. 可以采用平凡延拓的校正

$$u^{k+1} = u^k - \alpha(u^k - \tilde{u}^k), \quad \alpha \in (0, 2)$$

产生新的迭代点 $u^{k+1} = (x^{k+1}, y^{k+1})$.

8.5   求解鞍点问题的投影收缩算法

前面说到的求解鞍点问题 (8.0.1) 的方法, 都要像 (8.3.2) 中那样, 求解

$$\min\left\{\theta_1(x) - x^{\mathrm{T}}p^k + \frac{1}{2}r\|x - x^k\|^2 \,\middle|\, x \in \mathcal{X}\right\}$$

和

$$\min\left\{\theta_2(y) + y^{\mathrm{T}}q^k + \frac{1}{2}s\|y - y^k\|^2 \,\middle|\, y \in \mathcal{Y}\right\}$$

这样的子问题. 这一节说的求解鞍点问题的投影收缩算法假设 $\theta_1(x)$, $\theta_2(y)$ 可微, 相应的变分不等式是

$$u^* \in \Omega, \quad (u - u^*)^{\mathrm{T}}\mathbb{F}(u^*) \geqslant 0, \quad \forall u \in \Omega, \tag{8.5.1a}$$

其中

$$u = \begin{pmatrix} x \\ y \end{pmatrix}, \qquad \mathbb{F}(u) = \begin{pmatrix} \nabla\theta_1(x) - A^{\mathrm{T}}y \\ \nabla\theta_2(y) + Ax \end{pmatrix}, \quad \Omega = \mathcal{X} \times \mathcal{Y}. \tag{8.5.1b}$$

由于 $\theta_1(x)$, $\theta_2(y)$ 是凸函数, $\mathbb{F}$ 是单调算子. 假如我们通过

$$\begin{cases} \tilde{x}^k = \operatorname{argmin}\left\{\left\|(x - x^k) - \frac{1}{r}\left[A^{\mathrm{T}}y^k - \nabla\theta_1(x^k)\right]\right\|^2 \,\middle|\, x \in \mathcal{X}\right\}, & (8.5.2a) \\[3mm] \tilde{y}^k = \operatorname{argmin}\left\{\left\|(y - y^k) - \frac{1}{s}\left[-Ax^k - \nabla\theta_2(y^k)\right]\right\|^2 \,\middle|\, y \in \mathcal{Y}\right\} & (8.5.2b) \end{cases}$$

进行预测, (8.5.2) 可以通过

$$\begin{cases} \tilde{x}^k = P_{\mathcal{X}}\left[x^k + \frac{1}{r}\left(A^{\mathrm{T}}y^k - \nabla\theta_1(x^k)\right)\right], & (8.5.3a) \\[3mm] \tilde{y}^k = P_{\mathcal{Y}}\left[y^k + \frac{1}{s}\left(-Ax^k - \nabla\theta_2(y^k)\right)\right] & (8.5.3b) \end{cases}$$

实现. 我们要求通过选择适当的 $r, s > 0$, 使得

$$\|\nabla\theta_1(x^k) - \nabla\theta_1(\tilde{x}^k)\| \leqslant \frac{r}{2}\|x^k - \tilde{x}^k\| \tag{8.5.4a}$$

和

$$\|\nabla\theta_2(y^k) - \nabla\theta_2(\tilde{y}^k)\| \leqslant \frac{s}{2}\|y^k - \tilde{y}^k\| \tag{8.5.4b}$$

成立, 这在 $\nabla\theta_1(x), \nabla\theta_2(y)$ Lipschitz 连续的假设下是容易实现的. 根据定理 1.1, 由 (8.5.2) 得到

$$\begin{cases} \tilde{x}^k \in \mathcal{X}, \quad (x - \tilde{x}^k)^{\mathrm{T}}\left\{(\tilde{x}^k - x^k) - \dfrac{1}{r}\left[A^{\mathrm{T}}y^k - \nabla\theta_1(x^k)\right]\right\} \geqslant 0, \quad \forall x \in \mathcal{X}, \\ \tilde{y}^k \in \mathcal{Y}, \quad (y - \tilde{y}^k)^{\mathrm{T}}\left\{(\tilde{y}^k - y^k) - \dfrac{1}{s}\left[-Ax^k - \nabla\theta_2(y^k)\right]\right\} \geqslant 0, \quad \forall y \in \mathcal{Y}. \end{cases}$$

上式可以写成

$$\begin{cases} \tilde{x}^k \in \mathcal{X}, \quad (x - \tilde{x}^k)^{\mathrm{T}}\left\{r(\tilde{x}^k - x^k) - \left[A^{\mathrm{T}}y^k - \nabla\theta_1(x^k)\right]\right\} \geqslant 0, \quad \forall x \in \mathcal{X}, \\ \tilde{y}^k \in \mathcal{Y}, \quad (y - \tilde{y}^k)^{\mathrm{T}}\left\{s(\tilde{y}^k - y^k) - \left[-Ax^k - \nabla\theta_2(y^k)\right]\right\} \geqslant 0, \quad \forall y \in \mathcal{Y}. \end{cases}$$

$$\tag{8.5.5a}$$
$$\tag{8.5.5b}$$

我们进一步把上式改写成: $(\tilde{x}^k, \tilde{y}^k) \in \mathcal{X} \times \mathcal{Y}$, 并且

$$\begin{cases} (x - \tilde{x}^k)^{\mathrm{T}}\left(\nabla\theta_1(\tilde{x}^k) - A^{\mathrm{T}}\tilde{y}^k\right) \\ \qquad \geqslant (x - \tilde{x}^k)^{\mathrm{T}}\begin{pmatrix} r(x^k - \tilde{x}^k) + A^{\mathrm{T}}(y^k - \tilde{y}^k) \\ -(\nabla\theta_1(x^k) - \nabla\theta_1(\tilde{x}^k)) \end{pmatrix}, \quad \forall x \in \mathcal{X}, \quad (8.5.6a) \\ (y - \tilde{y}^k)^{\mathrm{T}}\left(\nabla\theta_2(\tilde{y}^k) + A\tilde{x}^k\right) \\ \qquad \geqslant (y - \tilde{y}^k)^{\mathrm{T}}\begin{pmatrix} s(y^k - \tilde{y}^k) - A(x^k - \tilde{x}^k) \\ -(\nabla\theta_2(y^k) - \nabla\theta_2(\tilde{y}^k)) \end{pmatrix}, \quad \forall y \in \mathcal{Y}. \quad (8.5.6b) \end{cases}$$

引理 8.3 由 (8.5.3) 提供的求解变分不等式 (8.5.1) 的预测点满足

$$\tilde{u}^k \in \Omega, \quad (u - \tilde{u}^k)^{\mathrm{T}}\boldsymbol{F}(\tilde{u}^k) \geqslant (u - \tilde{u}^k)^{\mathrm{T}}d(u^k, \tilde{u}^k), \quad \forall u \in \Omega, \tag{8.5.7a}$$

其中

$$d(u^k, \tilde{u}^k) = Q(u^k - \tilde{u}^k) - (\nabla\theta(u^k) - \nabla\theta(\tilde{u}^k)) \tag{8.5.7b}$$

和

$$Q = \begin{pmatrix} rI_n & A^{\mathrm{T}} \\ -A & sI_m \end{pmatrix}, \qquad \nabla\theta(u) = \begin{pmatrix} \nabla\theta_1(x) \\ \nabla\theta_2(y) \end{pmatrix}. \tag{8.5.7c}$$

证明 利用变分不等式 (8.5.1) 的表达式, 引理结论只是 (8.5.6) 的紧凑形式.
$\qquad\square$

将 (8.5.7a) 中任意的 $u \in \Omega$ 取成变分不等式 (8.5.1) 的解点 u^*, 得到

$$(\tilde{u}^k - u^*)^{\mathrm{T}} d(u^k, \tilde{u}^k) \geqslant (\tilde{u}^k - u^*)^{\mathrm{T}} \mathbb{F}(\tilde{u}^k). \tag{8.5.8}$$

利用 $\mathbb{F}$ 的单调性和 $u^* \in \Omega^*$, 有 $(\tilde{u}^k - u^*)^{\mathrm{T}} \mathbb{F}(\tilde{u}^k) \geqslant (\tilde{u}^k - u^*)^{\mathrm{T}} \mathbb{F}(u^*) \geqslant 0$, 所以 (8.5.8) 的右端非负, 我们有

$$(\tilde{u}^k - u^*)^{\mathrm{T}} d(u^k, \tilde{u}^k) \geqslant 0,$$

接着就有

$$(u^k - u^*)^{\mathrm{T}} d(u^k, \tilde{u}^k) \geqslant (u^k - \tilde{u}^k)^{\mathrm{T}} d(u^k, \tilde{u}^k). \tag{8.5.9}$$

根据条件 (8.5.4) 和矩阵 Q 的具体形式 (见(8.5.7b)), 有

$$(u^k - \tilde{u}^k)^{\mathrm{T}} d(u^k, \tilde{u}^k) \geqslant \frac{r}{2} \|x^k - \tilde{x}^k\|^2 + \frac{s}{2} \|y^k - \tilde{y}^k\|^2.$$

因此, 从 (8.5.9) 就接着得到

$$(u^k - u^*)^{\mathrm{T}} d(u^k, \tilde{u}^k) \geqslant \frac{r}{2} \|x^k - \tilde{x}^k\|^2 + \frac{s}{2} \|y^k - \tilde{y}^k\|^2. \tag{8.5.10}$$

上式表明 $d(u^k, \tilde{u}^k)$ 是上升方向. 根据第 6 章 6.7 节中的讨论, 分处 (8.5.7a) 两端的

$$\mathbb{F}(\tilde{u}^k) \quad \text{和} \quad d(u^k, \tilde{u}^k)$$

是一对孪生方向. 如同第 6 章中那样, 可以用来建立一对 H-模下的姊妹方法.

不等式 (8.5.10) 说明 $H^{-1} d(u^k, \tilde{u}^k)$ 是距离函数 $\frac{1}{2} \|u - u^*\|_H^2$ 在 u^k 处的上升方向. 我们可以用校正公式

$$u^{k+1} = u^k - \gamma \alpha_k^* H^{-1} d(u^k, \tilde{u}^k), \quad \gamma \in (0, 2) \tag{8.5.11a}$$

产生新的迭代点, 其中

$$\alpha_k^* = \frac{(u^k - \tilde{u}^k)^{\mathrm{T}} d(u^k, \tilde{u}^k)}{\|H^{-1} d(u^k, \tilde{u}^k)\|_H^2}. \tag{8.5.11b}$$

这样产生的序列满足

$$\|u^{k+1} - u^*\|_H^2 \leqslant \|u^k - u^*\|_H^2 - \gamma(2 - \gamma)\alpha_k^*(u^k - \tilde{u}^k)^{\mathrm{T}} d(u^k, \tilde{u}^k). \tag{8.5.12}$$

此外, 根据 (8.5.7) 和 (8.5.10), 新的迭代点 u^{k+1} 也可以通过

$$u^{k+1} = \arg\min \left\{ \|u - [u^k - \gamma\alpha_k^* H^{-1}F(\tilde{w}^k)]\|_H^2 \,|\, w \in \Omega \right\} \tag{8.5.13}$$

给出, 其中 γ 和 α_k^* 由 (8.5.6b) 给出. 这就是第 6 章 6.5 节中所谓的孪生方向, 相同步长的姊妹方法. (8.5.13) 中的 u^{k+1} 也称为 $[u^k - \gamma\alpha_k^* H^{-1}F(\tilde{w}^k)]$ 在 H-模下到 Ω 上的投影, 当 H 为相应的分块数量矩阵时才比较容易实现. 更多的说明可以参考第 6 章的 6.7 节.

第 9 章 统一框架下求解单块凸优化问题的收缩算法

这一章介绍如何用第 5 章介绍的统一框架来构造求解线性约束凸优化问题

$$\min\{\theta(x) \mid Ax = b \ (\geqslant b),\ x \in \mathcal{X}\} \tag{9.0.1}$$

的收缩算法. 根据第 1 章的分析, 问题对应的 Lagrange 函数是定义在 $\mathcal{X} \times \Lambda$ 上的

$$L(x,\lambda) = \theta(x) - \lambda^{\mathrm{T}}(Ax - b). \tag{9.0.2}$$

相应的变分不等式是

$$w^* \in \Omega, \quad \theta(x) - \theta(x^*) + (w - w^*)^{\mathrm{T}} F(w^*) \geqslant 0, \quad \forall w \in \Omega, \tag{9.0.3a}$$

其中

$$w = \begin{pmatrix} x \\ \lambda \end{pmatrix}, \quad F(w) = \begin{pmatrix} -A^{\mathrm{T}}\lambda \\ Ax - b \end{pmatrix}, \quad \Omega = \mathcal{X} \times \Lambda. \tag{9.0.3b}$$

注意到, 对等式约束 $Ax = b$ 和不等式约束 $Ax \geqslant b$, Λ 分别为 $\Re^m$ 和 $\Re^m_+$.

9.1 从增广 Lagrange 乘子法到 PPA 算法

求解等式约束的问题(9.0.1), 一个被广泛接受的有效算法是增广 Lagrange 乘子法. 等式约束问题的增广 Lagrange 函数是

$$\mathcal{L}_\beta(x,\lambda) = \theta(x) - \lambda^{\mathrm{T}}(Ax - b) + \frac{1}{2}\beta\|Ax - b\|^2, \tag{9.1.1}$$

其中 $\beta > 0$ 是理论上可以任意选取, 实际上对算法效率影响较大的常数. 在第 5 章 5.2.1 节, 对给定的 $w^k = (x^k, \lambda^k)$, 我们用

$$\begin{cases} \tilde{x}^k \in \arg\min\left\{\mathcal{L}_\beta(x,\lambda^k) \mid x \in \mathcal{X}\right\}, & \tag{9.1.2a} \\ \tilde{\lambda}^k = \lambda^k - \beta(A\tilde{x}^k - b) & \tag{9.1.2b} \end{cases}$$

生成 $\tilde{w}^k$. 由(9.1.2)得到的 $\tilde{w}^k$ 满足

$$\tilde{w}^k \in \Omega, \quad \theta(x) - \theta(\tilde{x}^k) + (w - \tilde{w}^k)^{\mathrm{T}} F(\tilde{w}^k) \geqslant (\lambda - \tilde{\lambda}^k)^{\mathrm{T}} \frac{1}{\beta}(\lambda - \tilde{\lambda}^k), \quad \forall w \in \Omega.$$

采用平凡的延拓校正,

$$\lambda^{k+1} = \lambda^k - \alpha(\lambda^k - \tilde{\lambda}^k), \quad \alpha \in (0, 2)$$

得到

$$\|\lambda^{k+1} - \lambda^*\|^2 \leqslant \|\lambda^k - \lambda^*\|^2 - \alpha(2 - \alpha)\|\lambda^k - \tilde{\lambda}^k\|^2.$$

由于变动目标函数中的常数对问题的解没有影响, 由(9.1.2a)得到的解也可以表述成

$$\tilde{x}^k \in \arg\min \left\{ \theta(x) - x^{\mathrm{T}} A^{\mathrm{T}} \lambda^k + \frac{\beta}{2}\|Ax - b\|^2 \,\Big|\, x \in \mathcal{X} \right\}$$

$$= \arg\min \left\{ \theta(x) - x^{\mathrm{T}} A^{\mathrm{T}} \lambda^k + \frac{\beta}{2}\|A(x - x^k) + (Ax^k - b)\|^2 \,\Big|\, x \in \mathcal{X} \right\}$$

$$= \arg\min \left\{ \theta(x) - x^{\mathrm{T}} A^{\mathrm{T}}[\lambda^k - \beta(Ax^k - b)] + \frac{\beta}{2}\|A(x - x^k)\|^2 \,\Big|\, x \in \mathcal{X} \right\}.$$

这个 x-子问题的目标函数中包含非平凡二次项 $\|A(x - x^k)\|^2$.

假如我们把预测(9.1.2)的子问题(9.1.2a)的目标函数再加上一项额外的正则项 $\frac{\delta}{2}\|x - x^k\|^2$, 换句话说, 预测改成

$$\begin{cases} \tilde{x}^k = \arg\min \left\{ \mathcal{L}_\beta(x, \lambda^k) + \dfrac{\delta}{2}\|x - x^k\|^2 \,\Big|\, x \in \mathcal{X} \right\}, & (9.1.3a) \\[2mm] \tilde{\lambda}^k = \lambda^k - \beta(A\tilde{x}^k - b). & (9.1.3b) \end{cases}$$

由此, 子问题(9.1.3a)的具体形式是

$$\tilde{x}^k = \arg\min \left\{ \begin{array}{l} \theta(x) - x^{\mathrm{T}} A^{\mathrm{T}}[\lambda^k - \beta(Ax^k - b)] \\[1mm] + \dfrac{\beta}{2}\|A(x - x^k)\|^2 + \dfrac{\delta}{2}\|x - x^k\|^2 \end{array} \,\Bigg|\, x \in \mathcal{X} \right\}.$$

根据定理 1.1, 其等价的变分不等式是

$$\tilde{x}^k \in \mathcal{X}, \quad \theta(x) - \theta(\tilde{x}^k) + (x - \tilde{x}^k)^{\mathrm{T}} \{ -A^{\mathrm{T}}[\lambda^k - \beta(Ax^k - b)]$$
$$+ \beta A^{\mathrm{T}} A(\tilde{x}^k - x^k) + \delta(\tilde{x}^k - x^k) \} \geqslant 0, \quad \forall x \in \mathcal{X}.$$

利用(9.1.3b), 上式可以简化成

$$\tilde{x}^k \in \mathcal{X}, \quad \theta(x) - \theta(\tilde{x}^k) + (x - \tilde{x}^k)^{\mathrm{T}} \{\underline{-A^{\mathrm{T}} \tilde{\lambda}^k} + \delta(\tilde{x}^k - x^k)\} \geqslant 0, \quad \forall x \in \mathcal{X}.$$

对偶预测(9.1.3b)本身可以写成

$$\tilde{\lambda}^k \in \Re^m, \quad (\lambda - \tilde{\lambda}^k)^{\mathrm{T}} \left\{ \underline{(A\tilde{x}^k - b)} + \frac{1}{\beta}(\tilde{\lambda}^k - \lambda^k) \right\} \geqslant 0, \quad \forall \lambda \in \Lambda.$$

上面两个不等式组合在一起, 注意到有下波纹线的部分就是 $F(\tilde{w}^k)$, 因此有

$$\tilde{w}^k \in \Omega, \quad \theta(x) - \theta(\tilde{x}^k) + (w - \tilde{w}^k)^{\mathrm{T}} \left\{ F(\tilde{w}^k) + H(\tilde{w}^k - w^k) \right\} \geqslant 0, \quad \forall w \in \Omega, \tag{9.1.4a}$$

其中

$$H = \begin{pmatrix} \delta I_n & 0 \\ 0 & \frac{1}{\beta} I_m \end{pmatrix} \tag{9.1.4b}$$

是一个正定的分块数量矩阵. 可以用统一框架中平凡延拓的校正

$$w^{k+1} = w^k - \alpha(w^k - \tilde{w}^k)$$

得到新的迭代点. 迭代序列满足

$$\|w^{k+1} - w^*\|_H^2 \leqslant \|w^k - w^*\|_H^2 - \alpha(2 - \alpha)\|w^k - \tilde{w}^k\|_H^2, \quad \forall w^* \in \Omega^*.$$

这一章后面介绍的用统一框架的方法, 子问题目标函数中的二次项形式仍然是 $\|A(x - x^k)\|^2$, 求解难度和经典的 ALM 方法中的 x-子问题一样. 好处是, 它们可以同时用来求解(9.0.1)中的等式和不等式约束问题.

9.2　非平凡校正的 ALM 类算法

单块线性约束的凸优化问题对应的变分不等式(9.0.3)中,

$$\Omega = \mathcal{X} \times \Lambda.$$

我们将要介绍的方法中 x-子问题目标函数的二次项中有非平凡的 $\|A(x - x^k)\|^2$, 每步迭代的代价与经典的增广 Lagrange 乘子法相当. 算法中需要的参数 $\beta > 0$ 和 $\delta > 0$ 理论上都是任意的. 因为开始一次迭代要从给定的 $w^k = (x^k, \lambda^k)$ 开始, w 本身是核心变量.

1. Primal-Dual 顺序产生预测点

从给定的 $w^k = (x^k, \lambda^k)$ 出发, 考虑由与(9.1.3)略有不同的公式

$$
\begin{cases}
\tilde{x}^k \in \arg\min \left\{ \theta(x) - x^{\mathrm{T}} A^{\mathrm{T}} \lambda^k + \dfrac{1+\delta}{2} \beta \| A(x - x^k) \|^2 \, \middle| \, x \in \mathcal{X} \right\}, & \text{(9.2.1a)} \\
\tilde{\lambda}^k = P_\Lambda [\lambda^k - \beta(A\tilde{x}^k - b)] & \text{(9.2.1b)}
\end{cases}
$$

产生预测点.

引理 9.1　求解变分不等式(9.0.3), 用(9.2.1)求得的预测点 $\tilde{w}^k$ 满足

$$
\tilde{w}^k \in \Omega, \quad \theta(x) - \theta(\tilde{x}^k) + (w - \tilde{w}^k)^{\mathrm{T}} \left\{ F(\tilde{w}^k) + Q(\tilde{w}^k - w^k) \right\} \geqslant 0, \quad \forall w \in \Omega,
$$
$$\text{(9.2.2a)}$$

其中

$$
Q = \begin{pmatrix} (1+\delta)\beta A^{\mathrm{T}} A & A^{\mathrm{T}} \\ 0 & \dfrac{1}{\beta} I \end{pmatrix}, \quad \delta > 0. \tag{9.2.2b}
$$

证明　根据定理 1.1, 由(9.2.1)求得的 $(\tilde{x}^k, \tilde{\lambda}^k) \in \mathcal{X} \times \Lambda$ 满足

$$
\begin{cases}
\theta(x) - \theta(\tilde{x}^k) + (x - \tilde{x}^k)^{\mathrm{T}} \{ -A^{\mathrm{T}} \lambda^k + (1+\delta)\beta A^{\mathrm{T}} A(\tilde{x}^k - x^k) \} \geqslant 0, & \forall x \in \mathcal{X}, \\
(\lambda - \tilde{\lambda}^k)^{\mathrm{T}} \left\{ (A\tilde{x}^k - b) + \dfrac{1}{\beta}(\tilde{\lambda}^k - \lambda^k) \right\} \geqslant 0, & \forall \lambda \in \Lambda.
\end{cases}
$$

我们把上式改写成

$$
\begin{cases}
\theta(x) - \theta(\tilde{x}^k) + (x - \tilde{x}^k)^{\mathrm{T}} \{ \underline{-A^{\mathrm{T}} \tilde{\lambda}^k} \\
\qquad\qquad + (1+\delta)\beta A^{\mathrm{T}} A(\tilde{x}^k - x^k) + A^{\mathrm{T}}(\tilde{\lambda}^k - \lambda^k) \} \geqslant 0, & \forall x \in \mathcal{X}, \\
(\lambda - \tilde{\lambda}^k)^{\mathrm{T}} \left\{ \underline{(A\tilde{x}^k - b)} + \dfrac{1}{\beta}(\tilde{\lambda}^k - \lambda^k) \right\} \geqslant 0, & \forall \lambda \in \Lambda.
\end{cases}
$$

利用变分不等式(9.0.3)的表达式, 注意到有下波纹线的部分放在一起就是 $F(\tilde{w}^k)$, 就得到(9.2.2). □

对由(9.2.1)生成的预测点, 我们采用步长 $\alpha = 1$ 的非平凡校正

$$
w^{k+1} = w^k - M(w^k - \tilde{w}^k) \tag{9.2.3a}
$$

生成新的迭代点, 其中

$$
M = \begin{pmatrix} I_n & 0 \\ -\beta A & I_m \end{pmatrix}. \tag{9.2.3b}
$$

引理 9.2　求解变分不等式(9.0.3), 用(9.2.1)预测后用(9.2.3)校正, 对这对预测-校正矩阵 Q 和 M, 有正定矩阵

$$H = \begin{pmatrix} (2+\delta)\beta A^{\mathrm{T}}A & A^{\mathrm{T}} \\ A & \dfrac{1}{\beta}I_m \end{pmatrix} \tag{9.2.4}$$

使得收敛性条件 (5.1.3) 满足.

证明　由于

$$\begin{aligned} HM &= \begin{pmatrix} (2+\delta)\beta A^{\mathrm{T}}A & A^{\mathrm{T}} \\ A & \dfrac{1}{\beta}I_m \end{pmatrix} \begin{pmatrix} I_n & 0 \\ -\beta A & I_m \end{pmatrix} \\ &= \begin{pmatrix} (1+\delta)\beta A^{\mathrm{T}}A & A^{\mathrm{T}} \\ 0 & \dfrac{1}{\beta}I_m \end{pmatrix} = Q, \end{aligned}$$

条件 (5.1.3a) 满足. 此外,

$$\begin{aligned} G &= Q^{\mathrm{T}} + Q - M^{\mathrm{T}}HM = Q^{\mathrm{T}} + Q - Q^{\mathrm{T}}M \\ &= \begin{pmatrix} 2(1+\delta)\beta A^{\mathrm{T}}A & A^{\mathrm{T}} \\ A & \dfrac{2}{\beta}I_m \end{pmatrix} - \begin{pmatrix} (1+\delta)\beta A^{\mathrm{T}}A & 0 \\ A & \dfrac{1}{\beta}I_m \end{pmatrix} \begin{pmatrix} I_n & 0 \\ -\beta A & I_m \end{pmatrix} \\ &= \begin{pmatrix} (1+\delta)\beta A^{\mathrm{T}}A & A^{\mathrm{T}} \\ A & \dfrac{1}{\beta}I_m \end{pmatrix}. \end{aligned} \tag{9.2.5}$$

矩阵 H 和 G(当 A 列满秩时) 都是正定的.　　　　　　　　　　　　□

因此, 分别用(9.2.1)做预测和(9.2.3)做校正, 产生新的迭代点 w^{k+1} 满足

$$\|w^{k+1} - w^*\|_H^2 \leqslant \|w^k - w^*\|_H^2 - \|w^k - \tilde{w}^k\|_G^2, \quad \forall w^* \in \Omega^*,$$

其中 H 和 G 分别由(9.2.4)和(9.2.5)给出. 这样就得到一个求解 (与优化问题(9.0.1)对应的) 变分不等式(9.0.3)的收敛算法.

因为校正(9.2.3)中 $x^{k+1} = \tilde{x}^k$, 把预测(9.2.1)和校正(9.2.3)写在一起, 方法就可以表示成

$$\begin{cases} x^{k+1} \in \arg\min \left\{ \theta(x) - x^{\mathrm{T}}A^{\mathrm{T}}\lambda^k + \dfrac{1+\delta}{2}\beta\|A(x-x^k)\|^2 \,\Big|\, x \in \mathcal{X} \right\}, & (9.2.6a) \\[2mm] \lambda^{k+1} = P_\Lambda[\lambda^k - \beta(Ax^{k+1} - b)] + \beta A(x^k - x^{k+1}). & (9.2.6b) \end{cases}$$

2. Dual-Primal 顺序产生预测点

同样, 可以采用 Dual-Primal 顺序产生预测点的方法. 从给定的 $w^k = (x^k, \lambda^k)$ 出发, 考虑由与(9.2.1)顺序交换的公式

$$\begin{cases} \tilde{\lambda}^k = P_\Lambda[\lambda^k - \beta(Ax^k - b)], & \text{(9.2.7a)} \\ \tilde{x}^k \in \arg\min\left\{ \theta(x) - x^{\mathrm{T}}A^{\mathrm{T}}\tilde{\lambda}^k + \dfrac{1+\delta}{2}\beta\|A(x - x^k)\|^2 \,\Big|\, x \in \mathcal{X} \right\} & \text{(9.2.7b)} \end{cases}$$

产生预测点.

引理 9.3 求解变分不等式(9.0.3), 用(9.2.7)求得的预测点 $\tilde{w}^k$ 满足

$$\tilde{w}^k \in \Omega, \quad \theta(x) - \theta(\tilde{x}^k) + (w - \tilde{w}^k)^{\mathrm{T}}\left\{ F(\tilde{w}^k) + Q(\tilde{w}^k - w^k) \right\} \geqslant 0, \quad \forall w \in \Omega, \tag{9.2.8a}$$

其中

$$Q = \begin{pmatrix} (1+\delta)\beta A^{\mathrm{T}}A & 0 \\ -A & \dfrac{1}{\beta}I \end{pmatrix}, \quad \delta > 0. \tag{9.2.8b}$$

证明 根据定理 1.1, 由(9.2.7)求得的 $(\tilde{x}^k, \tilde{\lambda}^k) \in \mathcal{X} \times \Lambda$ 满足

$$\begin{cases} \tilde{x}^k \in \mathcal{X}, \quad \theta(x) - \theta(\tilde{x}^k) + (x - \tilde{x}^k)^{\mathrm{T}}\{-A^{\mathrm{T}}\tilde{\lambda}^k + (1+\delta)\beta A^{\mathrm{T}}A(\tilde{x}^k - x^k)\} \geqslant 0, \quad \forall x \in \mathcal{X}, \\ \tilde{\lambda}^k \in \Lambda, \qquad\qquad (\lambda - \tilde{\lambda}^k)^{\mathrm{T}}\left\{ (Ax^k - b) + \dfrac{1}{\beta}(\tilde{\lambda}^k - \lambda^k) \right\} \geqslant 0, \quad \forall \lambda \in \Lambda. \end{cases}$$

上式改写成 $(\tilde{x}^k\tilde{\lambda}^k) \in x \times \Lambda$ 使得

$$\begin{cases} \theta(x) - \theta(\tilde{x}^k) + (x - \tilde{x}^k)^{\mathrm{T}}\{\underline{-A^{\mathrm{T}}\tilde{\lambda}^k} + (1+\delta)\beta A^{\mathrm{T}}A(\tilde{x}^k - x^k)\} \geqslant 0, \quad \forall x \in \mathcal{X}, \\ (\lambda - \tilde{\lambda}^k)^{\mathrm{T}}\left\{ \underline{(A\tilde{x}^k - b)} - A(\tilde{x}^k - x^k) + \dfrac{1}{\beta}(\tilde{\lambda}^k - \lambda^k) \right\} \geqslant 0, \quad \forall \lambda \in \Lambda. \end{cases}$$

利用变分不等式(9.0.3)的表达式, 注意到有下波纹线的部分放在一起就是 $F(\tilde{w}^k)$, 就得到(9.2.8). □

对由(9.2.7)生成的预测点, 我们采用步长 $\alpha = 1$ 的非平凡校正

$$w^{k+1} = w^k - M(w^k - \tilde{w}^k) \tag{9.2.9a}$$

生成新的迭代点, 其中

$$M = \begin{pmatrix} I_n & 0 \\ -\beta A & I_m \end{pmatrix}. \tag{9.2.9b}$$

引理 9.4   求解变分不等式(9.0.3), 用(9.2.7)预测后用(9.2.9)校正, 对这对预测-校正矩阵 Q 和 M, 有正定矩阵

$$H = \begin{pmatrix} (1+\delta)\beta A^{\mathrm{T}}A & 0 \\ 0 & \frac{1}{\beta}I_m \end{pmatrix} \tag{9.2.10}$$

使得收敛性条件 (5.1.3) 满足.

证明   由于

$$HM = \begin{pmatrix} (1+\delta)\beta A^{\mathrm{T}}A & 0 \\ 0 & \frac{1}{\beta}I_m \end{pmatrix} \begin{pmatrix} I_n & 0 \\ -\beta A & I_m \end{pmatrix}$$

$$= \begin{pmatrix} (1+\delta)\beta A^{\mathrm{T}}A & 0 \\ -A & \frac{1}{\beta}I_m \end{pmatrix} = Q,$$

条件 (5.1.3a) 满足. 此外,

$$G = Q^{\mathrm{T}} + Q - M^{\mathrm{T}}HM = Q^{\mathrm{T}} + Q - Q^{\mathrm{T}}M$$

$$= \begin{pmatrix} 2(1+\delta)\beta A^{\mathrm{T}}A & -A^{\mathrm{T}} \\ -A & \frac{2}{\beta}I_m \end{pmatrix} - \begin{pmatrix} (1+\delta)\beta A^{\mathrm{T}}A & -A^{\mathrm{T}} \\ 0 & \frac{1}{\beta}I_m \end{pmatrix} \begin{pmatrix} I_n & 0 \\ -\beta A & I_m \end{pmatrix}$$

$$= \begin{pmatrix} \delta\beta A^{\mathrm{T}}A & 0 \\ 0 & \frac{1}{\beta}I_m \end{pmatrix}. \tag{9.2.11}$$

矩阵 H 和 G(当 A 列满秩时) 都是正定的. □

分别用(9.2.7)做预测和(9.2.9)做校正, 产生新的迭代点 w^{k+1} 满足

$$\|w^{k+1} - w^*\|_H^2 \leqslant \|w^k - w^*\|_H^2 - \|w^k - \tilde{w}^k\|_G^2, \quad \forall\, w^* \in \Omega^*,$$

其中 H 和 G 分别由(9.2.10)和(9.2.11)给出. 这样就得到一个求解 (与优化问题(9.0.1)对应的) 变分不等式(9.0.3)的收敛算法.

因为校正(9.2.9)中 $x^{k+1} = \tilde{x}^k$, 把预测(9.2.7)和校正(9.2.9)写在一起, 方法就可以表示成

$$\begin{cases} \tilde{\lambda}^k = P_{\Lambda}[\lambda^k - \beta(Ax^k - b)], & (9.2.12\mathrm{a}) \\[2mm] x^{k+1} \in \arg\min\left\{\theta(x) - x^{\mathrm{T}}A^{\mathrm{T}}\tilde{\lambda}^k + \dfrac{1+\delta}{2}\beta\|A(x - x^k)\|^2 \,\middle|\, x \in \mathcal{X}\right\}, & (9.2.12\mathrm{b}) \\[2mm] \lambda^{k+1} = \tilde{\lambda}^k + \beta A(x^k - x^{k+1}). & (9.2.12\mathrm{c}) \end{cases}$$

注记 9.1 如果将 x-子问题(9.2.1a)和(9.2.7b)的目标函数中的二次项

$$\frac{1+\delta}{2}\beta\|A(x-x^k)\|^2 \quad \text{改成} \quad \frac{1}{2}\beta\|A(x-x^k)\|^2 + \frac{1}{2}\delta\|x-x^k\|^2,$$

(9.2.8b)中 Q 矩阵的左上角 $(1+\delta)\beta A^{\mathrm{T}}A$ 部分改成 $\beta A^{\mathrm{T}}A + \delta I$. 保持 M 不变, 这样, 不管 A 是否列满秩, 由

$$H = QM^{-1} \quad \text{和} \quad G = Q^{\mathrm{T}} + Q - M^{\mathrm{T}}HM$$

得到的 H 和 G 都是严格正定的, 相应的方法是收敛的. 但是, 这些只是为了理论证明不可挑剔, 对实际计算没有影响.

9.3　平凡松弛校正的 PPA 算法

统一框架下平凡松弛的PPA算法, 是要根据(9.0.3)构造满足如下形式的预测

$$\tilde{w}^k \in \Omega, \quad \theta(x) - \theta(\tilde{x}^k) + (w - \tilde{w}^k)^{\mathrm{T}}F(\tilde{w}^k) \geqslant (w - \tilde{w}^k)^{\mathrm{T}}H(w^k - \tilde{w}^k), \quad \forall w \in \Omega,$$

其中 H 是对称正定矩阵, 然后就可以进行平凡松弛的校正.

1. Primal-Dual 顺序产生预测点

求解与约束凸优化问题(9.0.1)对应的变分不等式(9.0.3), 我们设计一个预测-校正方法, 迭代从给定的 $w^k = (x^k, \lambda^k)$ 开始, 求得的预测点 $\tilde{w}^k$ 满足

$$\tilde{w}^k \in \Omega, \quad \theta(x) - \theta(\tilde{x}^k) + (w - \tilde{w}^k)^{\mathrm{T}}\left\{F(\tilde{w}^k) + H(\tilde{w}^k - w^k)\right\} \geqslant 0, \quad \forall w \in \Omega,$$
$$\tag{9.3.1a}$$

其中

$$H = \begin{pmatrix} (1+\delta)\beta A^{\mathrm{T}}A & A^{\mathrm{T}} \\ A & \dfrac{1}{\beta}I \end{pmatrix}, \quad \delta > 0. \tag{9.3.1b}$$

当 A 列满秩时上面的矩阵 H 是正定的. 对应于统一框架中的预测, $v = w$. 再用松弛校正 (5.1.2) 直接产生新迭代点 w^{k+1} 的算法是能保证收敛的. 问题归结为求满足(9.3.1)的预测点 $\tilde{w}^k$. 将预测(9.3.1)按 F(见(9.0.3b)) 和 H 的结构分拆开来, 可以写成 $\tilde{w}^k = (\tilde{x}^k, \tilde{\lambda}^k) \in \Omega$ 满足

$$\begin{cases} \theta(x) - \theta(\tilde{x}^k) + (x - \tilde{x}^k)^{\mathrm{T}}\{\underline{-A^{\mathrm{T}}\tilde{\lambda}^k} \\ \qquad\qquad + (1+\delta)\beta A^{\mathrm{T}}A(\tilde{x}^k - x^k) + A^{\mathrm{T}}(\tilde{\lambda}^k - \lambda^k)\} \geqslant 0, \quad \forall x \in \mathcal{X}, \\ (\lambda - \tilde{\lambda}^k)^{\mathrm{T}}\{\underline{(A\tilde{x}^k - b)} + A(\tilde{x}^k - x^k) + \dfrac{1}{\beta}(\tilde{\lambda}^k - \lambda^k)\} \geqslant 0, \quad \forall \lambda \in \Lambda. \end{cases}$$

其中波纹线部分在一起就是 $F(\tilde{w}^k)$. 将上式归并简化后的形式是 $\tilde{w}^k = (\tilde{x}^k, \tilde{\lambda}^k) \in \Omega$, 使得

$$
\begin{cases}
\theta(x) - \theta(\tilde{x}^k) + (x - \tilde{x}^k)^{\mathrm{T}}\{-A^{\mathrm{T}}\lambda^k + (1+\delta)\beta A^{\mathrm{T}}A(\tilde{x}^k - x^k)\} \geqslant 0, \ \forall x \in \mathcal{X}, & (9.3.2a) \\[2mm]
(\lambda - \tilde{\lambda}^k)^{\mathrm{T}}\left\{(A(2\tilde{x}^k - x^k) - b) + \dfrac{1}{\beta}(\tilde{\lambda}^k - \lambda^k)\right\} \geqslant 0, \ \ \forall \lambda \in \Lambda. & (9.3.2b)
\end{cases}
$$

注意到(9.3.2a)中只有需要的 $\tilde{x}^k$, 而(9.3.2b)中有需要得到的 $\tilde{x}^k$ 和 $\tilde{\lambda}^k$. 所以我们只能先实现(9.3.2a)再实现(9.3.2b). 根据定理 1.1, (9.3.2a)中的 $\tilde{x}^k$ 可以通过求解子问题

$$
\min\left\{\theta(x) - x^{\mathrm{T}}A^{\mathrm{T}}\lambda^k + \frac{1+\delta}{2}\beta\|A(x - x^k)\|^2\,\Big|\,x \in \mathcal{X}\right\}
$$

得到. 而有了 $\tilde{x}^k$, (9.3.2b)中的 $\tilde{\lambda}^k$ 则是

$$
\min\left\{\frac{1}{2}\|\lambda - [\lambda^k - \beta(A(2\tilde{x}^k - x^k) - b)]\|^2\,\Big|\,\lambda \in \Lambda\right\}
$$

的解, 对 $\Lambda = \Re^m$ 和 $\Lambda = \Re_+^m$ 可以分别通过

$$
\tilde{\lambda}^k = \lambda^k - \beta\left(A(2\tilde{x}^k - x^k) - b\right)
$$

和

$$
\tilde{\lambda}^k = \left[\lambda^k - \beta\left(A(2\tilde{x}^k - x^k) - b\right)\right]_+
$$

直接给出. 所以, 满足(9.3.1)的预测点由

$$
\begin{cases}
\tilde{x}^k \in \arg\min\left\{\theta(x) - x^{\mathrm{T}}A^{\mathrm{T}}\lambda^k + \dfrac{1+\delta}{2}\beta\|A(x - x^k)\|^2\,\Big|\,x \in \mathcal{X}\right\}, & (9.3.3a) \\[3mm]
\tilde{\lambda}^k = P_\Lambda[\lambda^k - \beta(A(2\tilde{x}^k - x^k) - b)] & (9.3.3b)
\end{cases}
$$

提供, 按照先 $\tilde{x}^k$, 后 $\tilde{\lambda}^k$ 的 (Primal-Dual) 顺序实现. 由于 H 是对称正定矩阵, 用平凡延拓的校正得到新的迭代点 w^{k+1}.

2. Dual-Primal 顺序产生预测点

如果把预测满足的变分不等式(9.3.1)换成

$$
\tilde{w}^k \in \Omega, \ \ \theta(x) - \theta(\tilde{x}^k) + (w - \tilde{w}^k)^{\mathrm{T}}\left\{F(\tilde{w}^k) + H(\tilde{w}^k - w^k)\right\} \geqslant 0, \ \forall w \in \Omega,
$$

$$
(9.3.4a)
$$

其中

$$H = \begin{pmatrix} (1+\delta)\beta A^\mathrm{T} A & -A^\mathrm{T} \\ -A & \frac{1}{\beta} I \end{pmatrix}, \quad \delta > 0. \tag{9.3.4b}$$

当 A 列满秩时上面的矩阵 H 是正定的. 对应于统一框架中的预测, $v = w$. 再用松弛校正 (5.1.6) 直接产生新迭代点 w^{k+1} 的算法是能保证收敛的. 问题归结为求满足(9.3.4)的预测点 $\tilde{w}^k$. 将预测(9.3.4)按 F 和 H 的结构分拆开来, 可以写成 $\tilde{w}^k = (\tilde{x}^k, \tilde{\lambda}^k) \in \Omega$,

$$\begin{cases} \theta(x) - \theta(\tilde{x}^k) + (x - \tilde{x}^k)^\mathrm{T} \{ \underline{-A^\mathrm{T} \tilde{\lambda}^k} \\ \qquad\qquad + (1+\delta)\beta A^\mathrm{T} A(\tilde{x}^k - x^k) - A^\mathrm{T}(\tilde{\lambda}^k - \lambda^k) \} \geqslant 0, \quad \forall x \in \mathcal{X}, \\ (\lambda - \tilde{\lambda}^k)^\mathrm{T} \{ \underline{(A\tilde{x}^k - b)} - A(\tilde{x}^k - x^k) + \frac{1}{\beta}(\tilde{\lambda}^k - \lambda^k) \} \geqslant 0, \quad \forall \lambda \in \Lambda. \end{cases}$$

其中波纹线部分在一起就是 $F(\tilde{w}^k)$. 将上式归并简化后的形式是 $\tilde{w}^k = (\tilde{x}^k, \tilde{\lambda}^k) \in \Omega$, 并有

$$\begin{cases} \theta(x) - \theta(\tilde{x}^k) + (x - \tilde{x}^k)^\mathrm{T} \{ (1+\delta)\beta A^\mathrm{T} A(\tilde{x}^k - x^k) \\ \qquad\qquad\qquad\qquad + A^\mathrm{T}(2\tilde{\lambda}^k - \lambda^k) \} \geqslant 0, \quad \forall x \in \mathcal{X}, \tag{9.3.5a} \\ (\lambda - \tilde{\lambda}^k)^\mathrm{T} \left\{ (Ax^k - b) + \frac{1}{\beta}(\tilde{\lambda}^k - \lambda^k) \right\} \geqslant 0, \quad \forall \lambda \in \Lambda. \tag{9.3.5b} \end{cases}$$

注意到(9.3.5b)中只有需要预测的 $\tilde{\lambda}^k$, 而(9.3.5a)中有需要预测的 $\tilde{x}^k$ 和 $\tilde{\lambda}^k$. 所以我们只能先实现(9.3.5b)再实现(9.3.5a). 根据定理 1.1, (9.3.5b)中的 $\tilde{\lambda}^k$ 是

$$\min \left\{ \frac{1}{2} \| \lambda - [\lambda^k - \beta(Ax^k - b)] \|^2 \,\Big|\, \lambda \in \Lambda \right\}$$

的解. 而(9.3.5a)中的 $\tilde{x}^k$ 可以通过求解子问题

$$\min \left\{ \theta(x) - x^\mathrm{T} A^\mathrm{T} [2\tilde{\lambda}^k - \lambda^k] + \frac{1+\delta}{2} \beta \| A(x - x^k) \|^2 \,\Big|\, x \in \mathcal{X} \right\}$$

得到. 所以, 满足(9.3.4)的预测点由

$$\begin{cases} \tilde{\lambda}^k = P_\Lambda [\lambda^k - \beta(Ax^k - b)], \tag{9.3.6a} \\ \tilde{x}^k \in \arg\min \left\{ \theta(x) - x^\mathrm{T} A^\mathrm{T}(2\tilde{\lambda}^k - \lambda^k) + \frac{1+\delta}{2}\beta \| A(x - x^k) \|^2 \,\Big|\, x \in \mathcal{X} \right\} \tag{9.3.6b} \end{cases}$$

提供, 按照先 $\tilde{\lambda}^k$, 后 $\tilde{x}^k$ 的 (Dual-Primal) 顺序实现.

注记 9.2 如果将(9.3.1b)和(9.3.4b)中的 H 矩阵中的左上子块

$$(1+\delta)\beta A^\mathrm{T}A \qquad 改成 \qquad \beta A^\mathrm{T}A + \delta I_n,$$

不管 A 是否列满秩, 矩阵 H 都是正定的. 对于这样改了以后的 H, 只要将相应的 x-子问题目标函数中的

$$\frac{1+\delta}{2}\beta\|A(x-x^k)\|^2 \qquad 改成 \qquad \frac{1}{2}\beta\|A(x-x^k)\|^2 + \frac{1}{2}\delta\|x-x^k\|^2,$$

就能实现.

9.4 均困平衡的增广 Lagrange 乘子法

下面我们继续介绍如何用第 5 章中介绍的统一框架来构造求解凸优化问题(9.0.1)的方法, 聚焦于问题对应的变分不等式(9.0.3). 注意到, 对等式约束 $Ax = b$ 和不等式约束 $Ax \geqslant b$, Λ 分别为 $\Re^m$ 和 $\Re_+^m$. 对这一节的方法, 我们需要定义一个 $m \times m$ 矩阵

$$H_0 = \frac{1}{r}AA^\mathrm{T} + \delta I_m. \tag{9.4.1}$$

对任意的 $r > 0, \delta > 0$, 矩阵 H_0 是正定的.

先从增广 Lagrange 乘子法 (ALM)[87,93,98] 谈起, 许多有效算法(例如交替方向法(ADMM))都起源于 ALM. 用 ALM 求解等式约束的问题(9.0.1), 迭代公式是

$$\begin{cases} x^{k+1} \in \arg\min\left\{ L(x,\lambda^k) + \frac{1}{2}r\|Ax-b\|^2 \,\middle|\, x \in \mathcal{X} \right\}, & (9.4.2a) \\[2mm] \lambda^{k+1} = \arg\max\left\{ L(x^{k+1},\lambda) - \frac{1}{2r}\|\lambda-\lambda^k\|^2 \,\middle|\, \lambda \in \Re^m \right\}. & (9.4.2b) \end{cases}$$

把 ALM 中 x-子问题(9.4.2a)中目标函数里的常数项做调整, 等价于

$$x^{k+1} \in \arg\min\left\{ \theta(x) + x^\mathrm{T}A^\mathrm{T}[r(Ax^k-b)-\lambda^k] + \frac{1}{2}r\|A(x-x^k)\|^2 \,\middle|\, x \in \mathcal{X} \right\}.$$

换句话说, ALM 的 x-子问题(9.4.2a)的目标函数中既有非线性凸函数 $\theta(x)$, 又有非平凡二次项 $\frac{r}{2}\|A(x-x^k)\|^2$. 这两项叠加在一起, 有时会给求解带来一定的困难. ALM 中通过(9.4.2b)更新对偶变量 λ^{k+1}, 相当于

$$\lambda^{k+1} = \lambda^k - r(Ax^{k+1}-b),$$

这非常简单. 这一章前几节介绍的求解等式和不等式约束的凸优化问题(9.0.1)的算法, 它们的 x-子问题的目标函数中同样既包含非线性函数 $\theta(x)$, 还包含非平凡二次项 $\|A(x - x^k)\|^2$.

我们试图利用统一框架构造求解等式约束问题(9.0.1)的新算法, 通过

$$\begin{cases} x^{k+1} \in \arg\min \left\{ L(x, \lambda^k) + \frac{1}{2}r\|x - x^k\|^2 \,\middle|\, x \in \mathcal{X} \right\}, & (9.4.3a) \\[2mm] \lambda^{k+1} = \arg\max \left\{ L(x^{k+1}, \lambda) - \frac{1}{2}\|\lambda - \lambda^k\|_{H_0}^2 \,\middle|\, \lambda \in \Re^m \right\} & (9.4.3b) \end{cases}$$

得出预测点 $w^{k+1} = (x^{k+1}, \lambda^{k+1})$, 其中矩阵 H_0 由(9.4.1)给出. 比起(9.4.2), (9.4.3)中的 x-子问题中的二次项简化成了平凡的 $\frac{1}{2}r\|x - x^k\|^2$, 只是增加了求得 λ^{k+1} 的难度. 但(9.4.3b)中的 λ^{k+1} 是一个并不难解的线性方程组

$$H_0(\lambda - \lambda^k) + (A\tilde{x}^k - b) = 0$$

的解, 其中 H_0 是由(9.4.1)给出的正定矩阵. 虽然由(9.4.3)的最优性条件的变分不等式形式并不满足第 1 章中 PPA 算法的定义 1.4, 后面我们就会看到, 在统一框架的指导下, 用一个校正矩阵为单位上三角矩阵校正就能得到保证收敛的迭代序列.

Chambolle 和 Pock 文章 [14] 的 Algorithm1 中, 有个可供选择的参数 $\theta \in [0,1]$. 已经证明的是只有当 $\theta = 1$ 时方法才可以解释成收敛的 PPA 算法 [15,78]. 用这个收敛的方法求解等式约束问题(9.0.1), 其迭代公式是

$$\begin{cases} x^{k+1} = \arg\min \left\{ L(x, \lambda^k) + \frac{1}{2}r\|x - x^k\|^2 \,\middle|\, x \in \mathcal{X} \right\}, & (9.4.4a) \\[2mm] \lambda^{k+1} = \arg\max \left\{ L([2x^{k+1} - x^k], \lambda) - \frac{1}{2}s\|\lambda - \lambda^k\|^2 \right\}, & (9.4.4b) \end{cases}$$

这里的 $r, s > 0$ 迫使新的 x^{k+1} 和 λ^{k+1} 分别离原来的 (和 λ^{k+1} 离 λ^k) 不要太远. CP-PPA 方法中 x-子问题的二次项简单, 求解也相对容易. 然而, 为了保证收敛, 要求参数

$$rs > \|A^{\mathrm{T}}A\|. \qquad (9.4.5)$$

从(9.4.4)可以看出, 过大的 r(和 s), 会迫使 x^{k+1} 离 x^k(和 λ^{k+1} 离 λ^k) 很近, 这相当于迭代中步长受限, 影响整体收敛速度. CP-PPA 方法在图像处理中取得比较好的效果, 得益于其中用到的全变差矩阵有 $\|A^{\mathrm{T}}A\| \leqslant 8$. 对采用 CP-PPA 算法, 这是一个非常好的性质.

把(9.4.4b)中的二次项 $\frac{1}{2}s\|\lambda - \lambda^k\|^2$ 换成 $\frac{1}{2}\|\lambda - \lambda^k\|_{H_0}^2$, 其中矩阵 H_0 中的参数 $r > 0$ 就是子问题(9.4.4a)中的那一个. 这样, Balanced ALM 的迭代公式是

$$
\begin{cases}
x^{k+1} = \arg\min\left\{ L(x, \lambda^k) + \frac{1}{2}r\|x - x^k\|^2 \ \Big| \ x \in \mathcal{X} \right\}, & (9.4.6a) \\[2mm]
\lambda^{k+1} = \arg\max\left\{ L([2x^{k+1} - x^k], \lambda) - \frac{1}{2}\|\lambda - \lambda^k\|_{H_0}^2 \right\}. & (9.4.6b)
\end{cases}
$$

跟 ALM 方法 (9.4.2) 一样, Balanced ALM 中只有一个参数 r 需要根据具体问题选择. 不同的是 x-子问题变简单了, 而 λ-子问题求解增加难度, 这是所谓的 "均困"(平衡子问题求解难度). 迭代公式(9.4.6)的等价形式是

$$
\begin{cases}
x^{k+1} = \arg\min\left\{ \theta(x) + \frac{1}{2}r \left\| x - \left[x^k + \frac{1}{r}A^{\mathrm{T}}\lambda^k \right] \right\|^2 \ \Big| \ x \in \mathcal{X} \right\}, & (9.4.7a) \\[3mm]
\lambda^{k+1} = \arg\min\left\{ \frac{1}{2}\|\lambda - \lambda^k\|_{H_0}^2 + \lambda^{\mathrm{T}}\left(A[2x^{k+1} - x^k] - b \right) \right\}. & (9.4.7b)
\end{cases}
$$

这里的 x-子问题 (9.4.7a) 和 CP-PPA 的 x-子问题(9.4.4a)形式完全一样, (9.4.7b) 中的 λ^{k+1} 是线性方程组

$$
H_0(\lambda - \lambda^k) + \left(A[2x^{k+1} - x^k] - b \right) = 0 \tag{9.4.8}
$$

的解. 注意到上述线性方程组的系数矩阵是对称正定的, 在整个迭代过程中我们只要做一次正定矩阵

$$
H_0 = \left(\frac{1}{r}AA^{\mathrm{T}} + \delta I_m \right) \tag{9.4.9}
$$

的 Cholesky 分解. 矩阵计算 [31,102] 里有非常成熟的方法求解这类线性方程组.

对应于不等式约束问题

$$
\min\{\theta(x) \mid Ax \geqslant b, \ x \in \mathcal{X}\},
$$

Balanced ALM 只要将(9.4.7)中的 λ-子问题(9.4.7b)(无约束问题)改成带非负约束的凸二次规划

$$
\lambda^{k+1} = \arg\min\left\{ \frac{1}{2}(\lambda - \lambda^k)^{\mathrm{T}}H_0(\lambda - \lambda^k) + \lambda^{\mathrm{T}}\left(A[2x^{k+1} - x^k] - b \right) \ \Big| \ \lambda \geqslant 0 \right\}.
$$

这个带简单约束的凸二次规划本身需要用迭代法求解, 由于 $H_0 = \left(\frac{1}{r}AA^{\mathrm{T}} + \delta I_m \right)$ 是一个对称正定矩阵, 求解也是比较容易的. 我们在第 2 章的 2.2 节也讨论过求解这类问题的投影收缩算法.

9.5 非平凡校正的均困 ALM

这一节介绍需要用统一框架中非平凡校正的均困 ALM 类算法. 通常是把一个不确定是否收敛的方法的输出当作预测点, 然后再在统一框架的指引下选择简单的校正.

1. Primal-Dual 顺序产生预测点

从给定的 $w^k = (x^k, \lambda^k)$ 出发, 把(9.4.3)的输出当成预测点, 公式就是

$$
\begin{cases}
\tilde{x}^k = \arg\min\left\{\theta(x) - x^{\mathrm{T}}A^{\mathrm{T}}\lambda^k + \frac{1}{2}r\|x - x^k\|^2 \,\Big|\, x \in \mathcal{X}\right\}, & (9.5.1a) \\[2mm]
\tilde{\lambda}^k = \arg\min\left\{\frac{1}{2}(\lambda - \lambda^k)^{\mathrm{T}}H_0(\lambda - \lambda^k) + \lambda^{\mathrm{T}}(A\tilde{x}^k - b) \,\Big|\, \lambda \in \Lambda\right\}. & (9.5.1b)
\end{cases}
$$

根据最优性条件就有

$$
\begin{cases}
\tilde{x}^k \in \mathcal{X}, \quad \theta(x) - \theta(\tilde{x}^k) + (x - \tilde{x}^k)^{\mathrm{T}}\{-A^{\mathrm{T}}\lambda^k + r(\tilde{x}^k - x^k)\} \geqslant 0, & \forall x \in \mathcal{X}, \\[2mm]
\tilde{\lambda}^k \in \Lambda, \quad\quad\quad\quad (\lambda - \tilde{\lambda}^k)^{\mathrm{T}}\{H_0(\tilde{\lambda}^k - \lambda^k) + (A\tilde{x}^k - b)\} \geqslant 0, & \forall\lambda \in \Lambda.
\end{cases}
$$

我们把上式改写成 $(\tilde{x}^k, \tilde{\lambda}^k) \in \mathcal{X} \times \Lambda$, 使得

$$
\begin{cases}
\theta(x) - \theta(\tilde{x}^k) + (x - \tilde{x}^k)^{\mathrm{T}}\{\underline{-A^{\mathrm{T}}\tilde{\lambda}^k} + r(\tilde{x}^k - x^k) + A^{\mathrm{T}}(\tilde{\lambda}^k - \lambda^k)\} \geqslant 0, & \forall x \in \mathcal{X}, \\[2mm]
(\lambda - \tilde{\lambda}^k)^{\mathrm{T}}\{\underwave{(A\tilde{x}^k - b)} + H_0(\tilde{\lambda}^k - \lambda^k)\} \geqslant 0, & \forall\lambda \in \Lambda.
\end{cases}
$$

利用变分不等式(9.0.3)的表达式, 注意到上式中有下波纹线部分放在一起就是 $F(\tilde{w}^k)$, 我们求得的预测点 $\tilde{w}^k$ 满足

$$
\tilde{w}^k \in \Omega, \quad \theta(x) - \theta(\tilde{x}^k) + (w - \tilde{w}^k)^{\mathrm{T}}\left\{F(\tilde{w}^k) + Q(\tilde{w}^k - w^k)\right\} \geqslant 0, \quad \forall w \in \Omega,
$$

$$(9.5.2a)$$

其中

$$
Q = \begin{pmatrix} rI_n & A^{\mathrm{T}} \\ 0 & H_0 \end{pmatrix}. \tag{9.5.2b}
$$

对由(9.4.1)给出的 H_0, 上面的矩阵 Q 所确定的 $Q^{\mathrm{T}} + Q$ 是正定的.

有了(9.5.1)生成的预测点, 我们采用步长 $\alpha = 1$ 的非平凡校正

$$
w^{k+1} = w^k - M(w^k - \tilde{w}^k) \tag{9.5.3a}
$$

生成新的迭代点, 其中

$$M = \begin{pmatrix} I_n & \dfrac{1}{r}A^{\mathrm{T}} \\ 0 & I_m \end{pmatrix} \tag{9.5.3b}$$

是单位上三角矩阵. 下面我们用第 5 章统一框架中的收敛条件 (5.1.3) 去验证收敛性, 注意到

$$H = QM^{-1} = \begin{pmatrix} rI_n & A^{\mathrm{T}} \\ 0 & H_0 \end{pmatrix} \begin{pmatrix} I_n & -\dfrac{1}{r}A^{\mathrm{T}} \\ 0 & I_m \end{pmatrix} = \begin{pmatrix} rI_n & 0 \\ 0 & H_0 \end{pmatrix}$$

和

$$G = Q^{\mathrm{T}} + Q - M^{\mathrm{T}}HM = Q^{\mathrm{T}} + Q - Q^{\mathrm{T}}M$$

$$= \begin{pmatrix} 2rI_n & A^{\mathrm{T}} \\ A & 2H_0 \end{pmatrix} - \begin{pmatrix} rI_n & 0 \\ A & H_0 \end{pmatrix} \begin{pmatrix} I_n & \dfrac{1}{r}A^{\mathrm{T}} \\ 0 & I_m \end{pmatrix}$$

$$= \begin{pmatrix} rI_n & 0 \\ 0 & H_0 - \dfrac{1}{r}AA^{\mathrm{T}} \end{pmatrix} \stackrel{(9.4.1)}{=\!=\!=} \begin{pmatrix} rI_n & 0 \\ 0 & \delta I_m \end{pmatrix}.$$

矩阵 H 和 G 都正定. 分别用(9.5.1) 做预测和(9.5.3)做校正, 产生新的迭代点 w^{k+1} 满足

$$\|w^{k+1} - w^*\|_H^2 \leqslant \|w^k - w^*\|_H^2 - \|w^k - \tilde{w}^k\|_G^2, \quad \forall\, w^* \in \Omega^*.$$

我们就得到一个求解 (与优化问题(9.0.1)对应的) 变分不等式(9.0.3)的收敛算法.

由于预测-校正方法中 M 是单位上三角矩阵, 把由(9.5.1)预测, (9.5.3)校正的方法写在一起, 迭代公式就是

$$\begin{cases} \tilde{x}^k = \arg\min\left\{ \theta(x) - x^{\mathrm{T}}A^{\mathrm{T}}\lambda^k + \dfrac{r}{2}\|x - x^k\|^2 \,\middle|\, x \in \mathcal{X} \right\}, \\[2mm] \lambda^{k+1} = \arg\min\left\{ \dfrac{1}{2}(\lambda - \lambda^k)^{\mathrm{T}}H_0(\lambda - \lambda^k) + \lambda^{\mathrm{T}}(A\tilde{x}^k - b) \,\middle|\, \lambda \in \Lambda \right\}, \\[2mm] x^{k+1} = \tilde{x}^k - \dfrac{1}{r}A^{\mathrm{T}}(\lambda^k - \lambda^{k+1}). \end{cases}$$

2. Dual-Primal 顺序产生预测点

考虑和(9.5.1)不同的 Dual-Primal 顺序预测, k-次迭代就通过

$$\begin{cases} \tilde{\lambda}^k = \operatorname{argmin}\left\{\dfrac{1}{2}(\lambda - \lambda^k)^{\mathrm{T}} H_0(\lambda - \lambda^k) + \lambda^{\mathrm{T}}(Ax^k - b) \,\Big|\, \lambda \in \Lambda\right\}, & (9.5.4\mathrm{a}) \\[3mm] \tilde{x}^k = \arg\min\left\{\theta(x) - x^{\mathrm{T}} A^{\mathrm{T}} \tilde{\lambda}^k + \dfrac{1}{2}r\|x - x^k\|^2 \,\Big|\, x \in \mathcal{X}\right\} & (9.5.4\mathrm{b}) \end{cases}$$

得到预测点 $\tilde{w}^k$. 根据最优性条件就有

$$\begin{cases} \tilde{x}^k \in \mathcal{X}, & \theta(x) - \theta(\tilde{x}^k) + (x - \tilde{x}^k)^{\mathrm{T}}\{-A^{\mathrm{T}}\tilde{\lambda}^k + r(\tilde{x}^k - x^k)\} \geqslant 0, & \forall x \in \mathcal{X}, \\ \tilde{\lambda}^k \in \Lambda, & (\lambda - \tilde{\lambda}^k)^{\mathrm{T}}\{(Ax^k - b) + H_0(\tilde{\lambda}^k - \lambda^k)\} \geqslant 0, & \forall \lambda \in \Lambda. \end{cases}$$

我们把上式改写成

$$\begin{cases} \theta(x) - \theta(\tilde{x}^k) + (x - \tilde{x}^k)^{\mathrm{T}}\{\underline{-A^{\mathrm{T}}\tilde{\lambda}^k} + r(\tilde{x}^k - x^k)\} \geqslant 0, & \forall x \in \mathcal{X}, \\ (\lambda - \tilde{\lambda}^k)^{\mathrm{T}}\{\underline{(A\tilde{x}^k - b)} - A(\tilde{x}^k - x^k) + H_0(\tilde{\lambda}^k - \lambda^k)\} \geqslant 0, & \forall \lambda \in \Lambda. \end{cases}$$

利用变分不等式(9.0.3)的表达式, 注意到上式中有下波纹线部分放在一起就是 $F(\tilde{w}^k)$, 我们求得的预测点 $\tilde{w}^k$ 满足

$$\tilde{w}^k \in \Omega, \quad \theta(x) - \theta(\tilde{x}^k) + (w - \tilde{w}^k)^{\mathrm{T}}\left\{F(\tilde{w}^k) + Q(\tilde{w}^k - w^k)\right\} \geqslant 0, \quad \forall w \in \Omega,$$
$$(9.5.5\mathrm{a})$$

其中

$$Q = \begin{pmatrix} rI_n & 0 \\ -A & H_0 \end{pmatrix}, \tag{9.5.5b}$$

对由(9.4.1)给出的 H_0, 上面的矩阵 Q 所确定的 $Q^{\mathrm{T}} + Q$ 是正定的.

对由(9.5.4)生成的预测点, 我们采用步长 $\alpha = 1$ 的非平凡校正

$$w^{k+1} = w^k - M(w^k - \tilde{w}^k) \tag{9.5.6a}$$

生成新的迭代点, 其中

$$M = \begin{pmatrix} I_n & \dfrac{1}{r}A^{\mathrm{T}} \\ 0 & I_m \end{pmatrix}. \tag{9.5.6b}$$

剩下就是用第 5 章统一框架中的收敛条件 (5.1.3) 去验证收敛性, 注意到

$$H = QM^{-1} = \begin{pmatrix} rI_n & 0 \\ -A & H_0 \end{pmatrix}\begin{pmatrix} I_n & -\dfrac{1}{r}A^{\mathrm{T}} \\ 0 & I_m \end{pmatrix} = \begin{pmatrix} rI_n & -A^{\mathrm{T}} \\ -A & H_0 + \dfrac{1}{r}AA^{\mathrm{T}} \end{pmatrix}$$

和

$$G = Q^T + Q - M^T H M = Q^T + Q - Q^T M$$

$$= \begin{pmatrix} 2rI_n & -A^T \\ -A & 2H_0 \end{pmatrix} - \begin{pmatrix} rI_n & -A^T \\ 0 & H_0 \end{pmatrix} \begin{pmatrix} I_n & \dfrac{1}{r}A^T \\ 0 & I_m \end{pmatrix}$$

$$= \begin{pmatrix} rI_n & -A^T \\ -A & H_0 \end{pmatrix} \overset{(9.4.1)}{=} \begin{pmatrix} rI_n & -A^T \\ -A & \dfrac{1}{r}AA^T + \delta I_m \end{pmatrix}.$$

矩阵 H 和 G 都正定. 分别用(9.5.4)做预测和(9.5.6)做校正, 产生新的迭代点 w^{k+1} 满足

$$\|w^{k+1} - w^*\|_H^2 \leqslant \|w^k - w^*\|_H^2 - \|w^k - \tilde{w}^k\|_G^2, \quad \forall w^* \in \Omega^*.$$

我们就得到一个求解 (与优化问题(9.0.1)对应的) 变分不等式(9.0.3)的收敛算法.

由于预测-校正方法中 M 是单位上三角矩阵, 把由(9.5.4)预测, (9.5.6)校正的方法写在一起, 迭代公式就是

$$\begin{cases} \lambda^{k+1} = \arg\min \left\{ \dfrac{1}{2}(\lambda - \lambda^k)^T H_0(\lambda - \lambda^k) + \lambda^T(Ax^k - b) \,\middle|\, \lambda \in \Lambda \right\}, \\ \tilde{x}^k = \arg\min \left\{ \theta(x) - x^T A^T \lambda^{k+1} + \dfrac{1}{2}r\|x - x^k\|^2 \,\middle|\, x \in \mathcal{X} \right\}, \\ x^{k+1} = \tilde{x}^k - \dfrac{1}{r}A^T(\lambda^k - \lambda^{k+1}). \end{cases}$$

9.6　平凡松弛校正的均困 PPA 算法

跟前一节不同, 这一节根据统一框架中 PPA 算法的要求, 先设计个符合条件的正定矩阵, 再去构造相应的算法实施.

1. Primal-Dual 顺序产生预测点

求解 (与不等式约束凸优化问题 (9.0.1) 对应的) 变分不等式(9.0.3), 我们根据第 5 章的统一框架设计一个预测-校正方法[83], 迭代从给定的 $w^k = (x^k, \lambda^k)$ 开始, 求得的预测点 $\tilde{w}^k$ 满足

$$\tilde{w}^k \in \Omega, \ \ \theta(x) - \theta(\tilde{x}^k) + (w - \tilde{w}^k)^T \left\{ F(\tilde{w}^k) + H(\tilde{w}^k - w^k) \right\} \geqslant 0, \ \ \forall w \in \Omega, \tag{9.6.1a}$$

其中

$$H = \begin{pmatrix} rI_n & A^T \\ A & H_0 \end{pmatrix}. \tag{9.6.1b}$$

对于由(9.4.1)给出的矩阵 H_0, 这个预测公式中的矩阵 H 是正定的. 这样就能用平凡松弛的校正 (5.1.2) 直接产生新迭代点 w^{k+1}. 问题归结为求满足(9.6.1)的预测点 $\tilde{w}^k$. 将预测(9.6.1)按 F 和 H 的结构分拆开来, 可以写成 $\tilde{w}^k = (\tilde{x}^k, \tilde{\lambda}^k) \in \Omega$,

$$\begin{cases} \theta(x) - \theta(\tilde{x}^k) + (x - \tilde{x}^k)^{\mathrm{T}}\{\underline{-A^{\mathrm{T}}\tilde{\lambda}^k} + r(\tilde{x}^k - x^k) + A^{\mathrm{T}}(\tilde{\lambda}^k - \lambda^k)\} \geqslant 0, \quad \forall x \in \mathcal{X}, \\ (\lambda - \tilde{\lambda}^k)^{\mathrm{T}}\{\underline{(A\tilde{x}^k - b)} + A(\tilde{x}^k - x^k) + H_0(\tilde{\lambda}^k - \lambda^k)\} \geqslant 0, \quad \forall \lambda \in \Lambda, \end{cases}$$

其中带下波纹线的部分组合在一起就是 $F(\tilde{w}^k)$. 归并简化后的形式是 $\tilde{w}^k = (\tilde{x}^k, \tilde{\lambda}^k) \in \Omega$,

$$\begin{cases} \theta(x) - \theta(\tilde{x}^k) + (x - \tilde{x}^k)^{\mathrm{T}}\{-A^{\mathrm{T}}\lambda^k + r(\tilde{x}^k - x^k)\} \geqslant 0, \quad \forall x \in \mathcal{X}, & (9.6.2\mathrm{a}) \\ (\lambda - \tilde{\lambda}^k)^{\mathrm{T}}\{(A(2\tilde{x}^k - x^k) - b) + H_0(\tilde{\lambda}^k - \lambda^k)\} \geqslant 0, \quad \forall \lambda \in \Lambda. & (9.6.2\mathrm{b}) \end{cases}$$

注意到(9.6.2a)中只有需要预测的 $\tilde{x}^k$, 而(9.6.2b)中有了 $\tilde{x}^k$ 才能开展. 所以我们只能先实现(9.6.2a)再实现(9.6.2b). 根据定理 1.1, (9.6.2a)中的 $\tilde{x}^k$ 可以通过求解子问题

$$\min\left\{\theta(x) - x^{\mathrm{T}}A^{\mathrm{T}}\lambda^k + \frac{1}{2}r\|x - x^k\|^2 \,\middle|\, x \in \mathcal{X}\right\}$$

得到. 而有了 $\tilde{x}^k$, (9.6.2b)中的 $\tilde{\lambda}^k$ 则是

$$\min\left\{\frac{1}{2}(\lambda - \lambda^k)^{\mathrm{T}}\left(\frac{1}{r}AA^{\mathrm{T}} + \delta I_m\right)(\lambda - \lambda^k) + \lambda^{\mathrm{T}}[A(2\tilde{x}^k - x^k) - b] \,\middle|\, \lambda \in \Lambda\right\}$$

的解. 所以, 满足(9.6.1)的预测点由

$$\begin{cases} \tilde{x}^k = \arg\min\left\{\theta(x) - x^{\mathrm{T}}A^{\mathrm{T}}\lambda^k + \frac{1}{2}r\|x - x^k\|^2 \,\middle|\, x \in \mathcal{X}\right\}, & (9.6.3\mathrm{a}) \\ \tilde{\lambda}^k = \arg\min\left\{\begin{array}{l}\frac{1}{2}(\lambda - \lambda^k)^{\mathrm{T}}\left(\frac{1}{r}AA^{\mathrm{T}} + \delta I_m\right)(\lambda - \lambda^k) \\ + \lambda^{\mathrm{T}}[A(2\tilde{x}^k - x^k) - b]\end{array} \,\middle|\, \lambda \in \Lambda\right\} & (9.6.3\mathrm{b}) \end{cases}$$

提供, 按照先 $\tilde{x}^k$, 后 $\tilde{\lambda}^k$ 的 (primal-dual) 顺序实现. 再用

$$w^{k+1} = w^k - \alpha(w^k - \tilde{w}^k), \quad \alpha \in (0, 2)$$

这样平凡的松弛校正, 迭代序列 $\{w^k\}$ 满足

$$\|w^{k+1} - w^*\|_H^2 \leqslant \|w^k - w^*\|_H^2 - \alpha(2 - \alpha)\|w^k - \tilde{w}^k\|_H^2, \quad \forall w^* \in \Omega^*.$$

2. Dual-Primal 顺序产生预测点

如果像文献 [108] 中那样, 把预测满足的变分不等式(9.6.1)换成

$$\tilde{w}^k \in \Omega, \quad \theta(x) - \theta(\tilde{x}^k) + (w - \tilde{w}^k)^{\mathrm{T}}\left\{F(\tilde{w}^k) + H(\tilde{w}^k - w^k)\right\} \geqslant 0, \quad \forall w \in \Omega,$$

$$(9.6.4\mathrm{a})$$

其中

$$H = \begin{pmatrix} rI_n & -A^{\mathrm{T}} \\ -A & H_0 \end{pmatrix}, \quad \delta > 0. \tag{9.6.4b}$$

对由(9.4.1)给出的 H_0, 上面的矩阵 H 是正定的. 对应于统一框架中的预测, $v = w$. 再用松弛校正 (5.1.2) 直接产生新迭代点 w^{k+1} 的算法是能保证收敛的. 问题归结为求满足(9.6.4)的预测点 $\tilde{w}^k$. 将预测(9.6.4)按 F 和 H 的结构分拆开来, 可以写成 $\tilde{w}^k = (\tilde{x}^k, \tilde{\lambda}^k) \in \Omega$,

$$\begin{cases} \theta(x) - \theta(\tilde{x}^k) + (x - \tilde{x}^k)^{\mathrm{T}}\{\underline{-A^{\mathrm{T}}\tilde{\lambda}^k} + r(\tilde{x}^k - x^k) - A^{\mathrm{T}}(\tilde{\lambda}^k - \lambda^k)\} \geqslant 0, & \forall x \in \mathcal{X}, \\ (\lambda - \tilde{\lambda}^k)^{\mathrm{T}}\{\underwave{(A\tilde{x}^k - b)} - A(\tilde{x}^k - x^k) + H_0(\tilde{\lambda}^k - \lambda^k)\} \geqslant 0, & \forall \lambda \in \Lambda. \end{cases}$$

其中带下波纹线的部分组合在一起就是 $F(\tilde{w}^k)$. 归并简化后的形式是 $\tilde{w}^k = (\tilde{x}^k, \tilde{\lambda}^k) \in \Omega$,

$$\begin{cases} \theta(x) - \theta(\tilde{x}^k) + (x - \tilde{x}^k)^{\mathrm{T}}\{r(\tilde{x}^k - x^k) - A^{\mathrm{T}}(2\tilde{\lambda}^k - \lambda^k)\} \geqslant 0, & \forall x \in \mathcal{X}, \quad (9.6.5\mathrm{a}) \\ (\lambda - \tilde{\lambda}^k)^{\mathrm{T}}\{(Ax^k - b) + H_0(\tilde{\lambda}^k - \lambda^k)\} \geqslant 0, & \forall \lambda \in \Lambda. \quad (9.6.5\mathrm{b}) \end{cases}$$

注意到(9.6.5b)中预测 $\tilde{\lambda}^k$ 只需要给定的 w^k, 而(9.6.5a)中预测 $\tilde{x}^k$ 需要 $\tilde{\lambda}^k$ 在手. 所以我们只能先实现(9.6.5b)再实现(9.6.5a). 根据定理 1.1, (9.6.5b)中的 $\tilde{\lambda}^k$ 是

$$\min\left\{\frac{1}{2}(\lambda - \lambda^k)^{\mathrm{T}}H_0(\lambda - \lambda^k) + \lambda^{\mathrm{T}}(Ax^k - b)\,\Big|\,\lambda \in \Lambda\right\}$$

的解. 而(9.6.5a)中的 $\tilde{x}^k$ 可以通过求解子问题

$$\min\left\{\theta(x) - x^{\mathrm{T}}A^{\mathrm{T}}(2\tilde{\lambda}^k - \lambda^k) + \frac{r}{2}\|x - x^k\|^2\,\Big|\,x \in \mathcal{X}\right\}$$

得到. 所以, 满足(9.6.4)的预测点由

$$\begin{cases} \tilde{\lambda}^k = \operatorname{argmin}\left\{\dfrac{1}{2}(\lambda - \lambda^k)^{\mathrm{T}}H_0(\lambda - \lambda^k) + \lambda^{\mathrm{T}}(Ax^k - b)\,\Big|\,\lambda \in \Lambda\right\}, & (9.6.6\mathrm{a}) \\[2mm] \tilde{x}^k = \operatorname{arg\,min}\left\{\theta(x) - x^{\mathrm{T}}A^{\mathrm{T}}(2\tilde{\lambda}^k - \lambda^k) + \dfrac{r}{2}\|x - x^k\|^2\,\Big|\,x \in \mathcal{X}\right\} & (9.6.6\mathrm{b}) \end{cases}$$

提供, 按照先 $\tilde{\lambda}^k$, 后 $\tilde{x}^k$ 的 (Dual-Primal) 顺序实现. 同样, 再用

$$w^{k+1} = w^k - \alpha(w^k - \tilde{w}^k), \quad \alpha \in (0, 2)$$

这样平凡的松弛校正, 迭代序列 $\{w^k\}$ 满足

$$\|w^{k+1} - w^*\|_H^2 \leqslant \|w^k - w^*\|_H^2 - \alpha(2 - \alpha)\|w^k - \tilde{w}^k\|_H^2, \quad \forall w^* \in \Omega^*.$$

9.7 平行处理预测子问题的均困方法

均困平衡的 ALM 类算法, 把困难均分了, 或许就会希望平行求解子问题. 从给定的 $w^k = (x^k, \lambda^k)$ 出发, 如果由下面的公式

$$\begin{cases} \tilde{x}^k = \arg\min\left\{\theta(x) - x^{\mathrm{T}}A^{\mathrm{T}}\lambda^k + \frac{1}{2}r\|x - x^k\|^2 \,\Big|\, x \in \mathcal{X}\right\}, & (9.7.1\mathrm{a}) \\[2mm] \tilde{\lambda}^k = \arg\min\left\{\frac{1}{2}(\lambda - \lambda^k)^{\mathrm{T}}H_0(\lambda - \lambda^k) + \lambda^{\mathrm{T}}(Ax^k - b) \,\Big|\, \lambda \in \Lambda\right\} & (9.7.1\mathrm{b}) \end{cases}$$

产生预测点, 是可以平行处理的. 根据最优性条件就有

$$\begin{cases} \tilde{x}^k \in \mathcal{X}, & \theta(x) - \theta(\tilde{x}^k) + (x - \tilde{x}^k)^{\mathrm{T}}\{-A^{\mathrm{T}}\lambda^k + r(\tilde{x}^k - x^k)\} \geqslant 0, & \forall x \in \mathcal{X}, \\[1mm] \tilde{\lambda}^k \in \Lambda, & (\lambda - \tilde{\lambda}^k)^{\mathrm{T}}\{H_0(\tilde{\lambda}^k - \lambda^k) + (Ax^k - b)\} \geqslant 0, & \forall \lambda \in \Lambda. \end{cases}$$

求预测的对偶变量部分, 需要求解一个形如

$$\min\left\{\frac{1}{2}\lambda^{\mathrm{T}}H_0\lambda + \lambda^{\mathrm{T}}(Ax^k - b - H_0\lambda^k) \,\Big|\, \lambda \in \Lambda\right\}$$

的优化问题. 由于 $H_0 = \left(\frac{1}{r}AA^{\mathrm{T}} + \delta I_m\right)$ 正定. 求解这样的二次凸优化问题, 我们在第 2 章的 2.2 节已经做了介绍. 读者可以参阅那里从 (2.2.1) 到 (2.2.12) 的分析.

我们把上式改写成

$$\begin{cases} \theta(x) - \theta(\tilde{x}^k) + (x - \tilde{x}^k)^{\mathrm{T}}\{\underline{-A^{\mathrm{T}}\tilde{\lambda}^k} + r(\tilde{x}^k - x^k) + A^{\mathrm{T}}(\tilde{\lambda}^k - \lambda^k)\} \geqslant 0, & \forall x \in \mathcal{X}, \\[1mm] (\lambda - \tilde{\lambda}^k)^{\mathrm{T}}\{\underline{(A\tilde{x}^k - b)} - A(\tilde{x}^k - x^k) + H_0(\tilde{\lambda}^k - \lambda^k)\} \geqslant 0, & \forall \lambda \in \Lambda. \end{cases}$$

利用变分不等式(9.0.3)的表达式, 注意到上式中带下波纹线部分放在一起就是 $F(\tilde{w}^k)$, 我们求得的预测点 $\tilde{w}^k$ 满足

$$\tilde{w}^k \in \Omega, \quad \theta(x) - \theta(\tilde{x}^k) + (w - \tilde{w}^k)^{\mathrm{T}}\left\{F(\tilde{w}^k) + Q(\tilde{w}^k - w^k)\right\} \geqslant 0, \quad \forall w \in \Omega,$$

$$(9.7.2\mathrm{a})$$

其中

$$Q = \begin{pmatrix} rI_n & A^{\mathrm{T}} \\ -A & H_0 \end{pmatrix}, \quad \delta > 0. \tag{9.7.2b}$$

上面的矩阵 $Q^{\mathrm{T}} + Q$ 是正定的.

对由(9.7.1)生成的预测点, 我们采用步长 $\alpha = 1$ 的非平凡校正

$$w^{k+1} = w^k - M(w^k - \tilde{w}^k) \tag{9.7.3}$$

生成新的迭代点.

1. 基于合格预测选择校正矩阵

选择校正矩阵

$$M = \begin{pmatrix} I_n & \dfrac{1}{r}A^{\mathrm{T}} \\ -H_0^{-1}A & I_m \end{pmatrix} \tag{9.7.4}$$

去验证统一框架中的收敛性条件满足. 注意到正定矩阵

$$H = \begin{pmatrix} rI_n & 0 \\ 0 & H_0 \end{pmatrix} \tag{9.7.5}$$

会使

$$HM = \begin{pmatrix} rI_n & 0 \\ 0 & H_0 \end{pmatrix} \begin{pmatrix} I_n & \dfrac{1}{r}A^{\mathrm{T}} \\ -H_0^{-1}A & I_m \end{pmatrix} = \begin{pmatrix} rI_n & A^{\mathrm{T}} \\ -A & H_0 \end{pmatrix} = Q.$$

此外

$$G = Q^{\mathrm{T}} + Q - M^{\mathrm{T}}HM = Q^{\mathrm{T}} + Q - Q^{\mathrm{T}}M$$

$$= \begin{pmatrix} 2rI_n & 0 \\ 0 & 2H_0 \end{pmatrix} - \begin{pmatrix} rI_n & -A^{\mathrm{T}} \\ A & H_0 \end{pmatrix} \begin{pmatrix} I_n & \dfrac{1}{r}A^{\mathrm{T}} \\ -H_0^{-1}A & I_m \end{pmatrix}$$

$$= \begin{pmatrix} rI_n - A^{\mathrm{T}}H_0^{-1}A & 0 \\ 0 & H_0 - \dfrac{1}{r}AA^{\mathrm{T}} \end{pmatrix} = \begin{pmatrix} rI_n - A^{\mathrm{T}}\left(\dfrac{1}{r}AA^{\mathrm{T}} + \delta I_m\right)^{-1}A & 0 \\ 0 & \delta I_m \end{pmatrix}.$$

矩阵 H 和 G 都正定. 分别用(9.7.1)做预测和(9.7.3)做校正, 产生新的迭代点 w^{k+1} 满足

$$\|w^{k+1} - w^*\|_H^2 \leqslant \|w^k - w^*\|_H^2 - \|w^k - \tilde{w}^k\|_G^2, \quad \forall\, w^* \in \Omega^*.$$

我们就得到一个求解 (与优化问题(9.0.1)对应的) 变分不等式(9.0.3)的收敛算法.

校正(9.7.3)的具体实现就是

$$
\begin{cases}
x^{k+1} = \tilde{x}^k - \dfrac{1}{r} A^{\mathrm{T}} (\lambda^k - \tilde{\lambda}^k), & (9.7.6a) \\[2mm]
\lambda^{k+1} = \tilde{\lambda}^k + H_0^{-1} A (x^k - \tilde{x}^k). & (9.7.6b)
\end{cases}
$$

(9.7.6b)中的 λ^{k+1} 是线性方程组

$$
H_0 \lambda = H_0 \tilde{\lambda}^k + A(x^k - \tilde{x}^k)
$$

的解. 为了这个校正, 在整个迭代过程的校正中, 需要做一次 $H_0 = \left(\dfrac{1}{r} A A^{\mathrm{T}} + \delta I \right)$ 的 Cholesky 分解. 对等式约束的问题, 做预测(9.7.1b)本来就要做一次这样的 Cholesky 分解的.

2. 基于合格预测通过求解方程组校正

可以用第 5 章 5.5 节中定理 5.8 所指出的方法, 选取

$$
D = \frac{\alpha}{2} (Q^{\mathrm{T}} + Q), \quad \alpha \in (0,2), \tag{9.7.7a}
$$

然后用

$$
Q^{\mathrm{T}} (w^{k+1} - w^k) = D(\tilde{w}^k - w^k) \tag{9.7.7b}
$$

求得 w^{k+1}. 具体写开来就是

$$
\begin{pmatrix} r I_n & -A^{\mathrm{T}} \\ A & H_0 \end{pmatrix}
\begin{pmatrix} x^{k+1} - x^k \\ \lambda^{k+1} - \lambda^k \end{pmatrix}
= \alpha
\begin{pmatrix} r I_n & 0 \\ 0 & H_0 \end{pmatrix}
\begin{pmatrix} \tilde{x}^k - x^k \\ \tilde{\lambda}^k - \lambda^k \end{pmatrix}.
$$

两边左乘矩阵 $\begin{pmatrix} \dfrac{1}{r} I_n & 0 \\ -\dfrac{1}{r} A & I \end{pmatrix}$, 得到

$$
\begin{pmatrix} I_n & -\dfrac{1}{r} A^{\mathrm{T}} \\ 0 & H_0 + \dfrac{1}{r} A A^{\mathrm{T}} \end{pmatrix}
\begin{pmatrix} x^{k+1} - x^k \\ \lambda^{k+1} - \lambda^k \end{pmatrix}
= \alpha
\begin{pmatrix} I_n & 0 \\ -A & H_0 \end{pmatrix}
\begin{pmatrix} \tilde{x}^k - x^k \\ \tilde{\lambda}^k - \lambda^k \end{pmatrix}.
$$

根据上式, 最后由

$$
\begin{cases}
\lambda^{k+1} = \lambda^k + \alpha \left(H_0 + \dfrac{1}{r} A A^{\mathrm{T}} \right)^{-1} [-A(\tilde{x}^k - x^k) + H_0(\tilde{\lambda}^k - \lambda^k)], \\[3mm]
x^{k+1} = x^k + \dfrac{1}{r} A^{\mathrm{T}} (\lambda^{k+1} - \lambda^k) + \alpha(\tilde{x}^k - x^k)
\end{cases}
$$

给出新的迭代点.

第 10 章 统一框架下两可分离块凸优化问题的 ADMM 类方法

这一章利用第 5 章算法统一框架继续研究两可分离块线性约束的凸优化问题

$$\min\{\theta_1(x) + \theta_2(y) \mid Ax + By = b, x \in \mathcal{X}, y \in \mathcal{Y}\} \tag{10.0.1}$$

的求解方法. 从第 1 章我们就知道, 上述问题的变分不等式形式是

$$w^* \in \Omega, \quad \theta(u) - \theta(u^*) + (w - w^*)^{\mathrm{T}} F(w^*) \geqslant 0, \quad \forall w \in \Omega, \tag{10.0.2a}$$

其中

$$w = \begin{pmatrix} x \\ y \\ \lambda \end{pmatrix}, \quad u = \begin{pmatrix} x \\ y \end{pmatrix}, \quad \theta(u) = \theta_1(x) + \theta_2(y) \tag{10.0.2b}$$

和

$$F(w) = \begin{pmatrix} -A^{\mathrm{T}}\lambda \\ -B^{\mathrm{T}}\lambda \\ Ax + By - b \end{pmatrix}, \quad \Omega = \mathcal{X} \times \mathcal{Y} \times \Re^m. \tag{10.0.2c}$$

利用问题 (10.0.1) 的增广 Lagrange 函数

$$\mathcal{L}_\beta^{[2]}(x, y, \lambda) = \theta_1(x) + \theta_2(y) - \lambda^{\mathrm{T}}(Ax + By - b) + \frac{\beta}{2}\|Ax + By - b\|^2, \tag{10.0.3}$$

经典的乘子交替方向法 [26,27] 可以简单地表示成

$$\begin{cases} x^{k+1} \in \arg\min\left\{ \mathcal{L}_\beta^{[2]}(x, y^k, \lambda^k) \mid x \in \mathcal{X} \right\}, & (10.0.4a) \\[2mm] y^{k+1} \in \arg\min\left\{ \mathcal{L}_\beta^{[2]}(x^{k+1}, y, \lambda^k) \mid y \in \mathcal{Y} \right\}, & (10.0.4b) \\[2mm] \lambda^{k+1} = \lambda^k - \beta(Ax^{k+1} + By^{k+1} - b). & (10.0.4c) \end{cases}$$

因为第 k 次迭代从给定的 (y^k, λ^k) 就可以开始, 按照统一框架中的说法, $v = (y, \lambda)$ 是核心变量, 而 x 只是迭代过程中的中间变量. Boyd 等在他们的综述文章 [7] 中对

ADMM 算法做了详细的介绍. 在算法(10.0.4)的基础上, 我们在文献 [11,58,61] 中对提高 ADMM 类算法计算效率做过一些尝试.

这一章首先介绍如何用统一框架演译经典的 ADMM, 再在统一框架中对论文 [11,58] 中发表的算法给出简单的收敛性证明, 最后介绍如何利用统一框架设计不同的 ADMM 类算法. 在算法设计中, 我们总把(10.0.4)中容易求解的那个子问题安排成 x-子问题, 并假设(10.0.4a)的求解是没有什么困难的. 第 k 次迭代从给定的 $v^k = (y^k, \lambda^k)$ 开始, 完成一步迭代得到 $v^{k+1} = (y^{k+1}, \lambda^{k+1})$. 后面三节中提出的算法, x-子问题都跟经典 ADMM 中的(10.0.4a)一样. 因为目标函数中常数项的变动不影响优化问题的解, ADMM 中 y-子问题(10.0.4b)的等价形式也可以写成

$$y^{k+1} \in \operatorname*{argmin} \left\{ \begin{array}{c} \theta_2(y) - y^{\mathrm{T}} B^{\mathrm{T}} [\lambda^k - \beta(Ax^{k+1} + By^k - b)] \\ + \frac{1}{2}\beta\|B(y - y^k)\|^2 \end{array} \,\middle|\, y \in \mathcal{Y} \right\}. \quad (10.0.5)$$

目标函数中包含凸函数 $\theta_2(y)$, 线性项以及二次项 $\frac{1}{2}\beta\|B(y - y^k)\|^2$. 当 B 不是单位矩阵的时候, 我们称其为非平凡二次项, 否则, 称其为平凡的二次项.

10.1　经典 ADMM 在统一框架中的演译

我们先说明 ADMM 算法(10.0.4)属于统一框架 (5.1.1)~(5.1.2) 的一种具体形式. 为此, 我们首先通过

$$\tilde{w}^k = \begin{pmatrix} \tilde{x}^k \\ \tilde{y}^k \\ \tilde{\lambda}^k \end{pmatrix} = \begin{pmatrix} x^{k+1} \\ y^{k+1} \\ \lambda^k - \beta(Ax^{k+1} + By^k - b) \end{pmatrix} \quad (10.1.1)$$

定义预测向量 $\tilde{w}^k = (\tilde{x}^k, \tilde{y}^k, \tilde{\lambda}^k)$, 其中 x^{k+1} 和 y^{k+1} 分别由(10.0.4a)和(10.0.4b)生成. 据此, 我们可以把预测写成

$$(\text{预测}) \quad \begin{cases} \tilde{x}^k \in \operatorname{arg\,min} \left\{ \mathcal{L}_\beta^{[2]}(x, y^k, \lambda^k) \mid x \in \mathcal{X} \right\}, & (10.1.2a) \\ \tilde{y}^k \in \operatorname{arg\,min} \left\{ \mathcal{L}_\beta^{[2]}(\tilde{x}^k, y, \lambda^k) \mid y \in \mathcal{Y} \right\}, & (10.1.2b) \\ \tilde{\lambda}^k = \lambda^k - \beta(A\tilde{x}^k + By^k - b). & (10.1.2c) \end{cases}$$

我们按照统一框架中 (5.1.1) 的形式, 将预测(10.1.2)的结果表述成下面的引理.

引理 10.1　求解变分不等式(10.0.2), 对给定的 v^k, 由(10.1.2)生成的 $\tilde{w}^k$ 满足

$$\tilde{w}^k \in \Omega, \ \theta(u) - \theta(\tilde{u}^k) + (w - \tilde{w}^k)^{\mathrm{T}} F(\tilde{w}^k) \geqslant (v - \tilde{v}^k)^{\mathrm{T}} Q(v^k - \tilde{v}^k), \quad \forall w \in \Omega,$$
(10.1.3a)

其中

$$Q = \begin{pmatrix} \beta B^{\mathrm{T}} B & 0 \\ -B & \dfrac{1}{\beta} I \end{pmatrix}.$$
(10.1.3b)

证明　根据定理 1.1, (10.1.2a)的最优性条件是

$$\tilde{x}^k \in \mathcal{X}, \ \theta_1(x) - \theta_1(\tilde{x}^k) + (x - \tilde{x}^k)^{\mathrm{T}} \{-A^{\mathrm{T}}\lambda^k + \beta A^{\mathrm{T}}(A\tilde{x}^k + By^k - b)\} \geqslant 0, \ \forall x \in \mathcal{X}.$$

利用(10.1.2c)中的 $\tilde{\lambda}^k = \lambda^k - \beta(A\tilde{x}^k + By^k - b)$, 上式就是

$$\tilde{x}^k \in \mathcal{X}, \ \theta_1(x) - \theta_1(\tilde{x}^k) + (x - \tilde{x}^k)^{\mathrm{T}} \left\{ \underset{\sim}{-A^{\mathrm{T}}\tilde{\lambda}^k} \right\} \geqslant 0, \ \forall x \in \mathcal{X}.$$
(10.1.4a)

同理, y-子问题(10.1.2b)的最优性条件可以写成

$$\tilde{y}^k \in \mathcal{Y}, \ \theta_2(y) - \theta_2(\tilde{y}^k) + (y - \tilde{y}^k)^{\mathrm{T}} \left\{ \underset{\sim}{-B^{\mathrm{T}}\tilde{\lambda}^k} + \beta B^{\mathrm{T}} B(\tilde{y}^k - y^k) \right\} \geqslant 0, \quad \forall y \in \mathcal{Y}.$$
(10.1.4b)

把生成 $\tilde{\lambda}^k$ 的等式(10.1.2c)写成

$$(A\tilde{x}^k + B\tilde{y}^k - b) - B(\tilde{y}^k - y^k) + \left(\frac{1}{\beta}\right)(\tilde{\lambda}^k - \lambda^k) = 0.$$

这等同于

$$\tilde{\lambda}^k \in \Re^m, \quad (\lambda - \tilde{\lambda}^k)^{\mathrm{T}} \{ \underset{\sim}{(A\tilde{x}^k + B\tilde{y}^k - b)} - B(\tilde{y}^k - y^k) + \left(\frac{1}{\beta}\right)(\tilde{\lambda}^k - \lambda^k)\} \geqslant 0,$$
(10.1.4c)

将(10.1.4a), (10.1.4b)和(10.1.4c)写在一起, 利用变分不等式(10.0.2)的表达式, 注意到带下波纹线部分放在一起就是 $F(\tilde{w}^k)$, 预测点 $\tilde{w}^k$ 满足(10.1.3).　□

引理 10.2　ADMM 算法(10.0.4)中的 $v^{k+1} = (y^{k+1}, \lambda^{k+1})$ 和通过(10.1.1)定义的 $\tilde{v}^k = (\tilde{y}^k, \tilde{\lambda}^k)$ 的关系可以写成

$$v^{k+1} = v^k - M(v^k - \tilde{v}^k),$$
(10.1.5a)

其中

$$M = \begin{pmatrix} I & 0 \\ -\beta B & I \end{pmatrix}. \qquad (10.1.5b)$$

证明 首先, $y^{k+1} = \tilde{y}^k$. 由(10.0.4c)给出的 λ^{k+1}, 利用(10.1.1)中 $\tilde{w}^k$ 的定义, 可以表示成

$$\begin{aligned} \lambda^{k+1} &= \lambda^k - \beta(A\tilde{x}^k + B\tilde{y}^k - b) \\ &= \lambda^k - \left[-\beta B(y^k - \tilde{y}^k) + \beta(A\tilde{x}^k + By^k - b) \right] \\ &= \lambda^k - \left[-\beta B(y^k - \tilde{y}^k) + (\lambda^k - \tilde{\lambda}^k) \right]. \end{aligned}$$

这样, ADMM算法(10.0.4)中的 $v^{k+1} = (y^{k+1}, \lambda^{k+1})$ 和通过 (10.1.1) 定义的 $\tilde{v}^k = (\tilde{y}^k, \tilde{\lambda}^k)$ 的关系可以写成

$$\begin{pmatrix} y^{k+1} \\ \lambda^{k+1} \end{pmatrix} = \begin{pmatrix} y^k \\ \lambda^k \end{pmatrix} - \begin{pmatrix} I & 0 \\ -\beta B & I \end{pmatrix} \begin{pmatrix} y^k - \tilde{y}^k \\ \lambda^k - \tilde{\lambda}^k \end{pmatrix}.$$

这就是(10.1.5). □

上面的两个引理告诉我们, 求解变分不等式(10.0.2)的经典的交替方向法 (10.0.4), 可以拆解成按(10.1.2)预测和(10.1.5)校正的方法. 具体说来, (10.1.3)和 (10.1.5)分别相当于统一框架中的预测 (5.1.1) 和取 $\alpha = 1$ 的校正 (5.1.2).

下面我们只要用第 5 章的 (5.1.3) 去验证方法的收敛性条件. 首先, 设

$$H = \begin{pmatrix} \beta B^{\mathrm{T}} B & 0 \\ 0 & \frac{1}{\beta} I \end{pmatrix}.$$

对于(10.1.5b)中的矩阵 M 和(10.1.3b)中的矩阵 Q, 有

$$HM = \begin{pmatrix} \beta B^{\mathrm{T}} B & 0 \\ 0 & \frac{1}{\beta} I \end{pmatrix} \begin{pmatrix} I & 0 \\ -\beta B & I \end{pmatrix} = \begin{pmatrix} \beta B^{\mathrm{T}} B & 0 \\ -B & \frac{1}{\beta} I \end{pmatrix} = Q,$$

条件 (5.1.3a) 满足. 另外,

$$\begin{aligned} G &= Q^{\mathrm{T}} + Q - M^{\mathrm{T}} H M = Q^{\mathrm{T}} + Q - Q^{\mathrm{T}} M \\ &= \begin{pmatrix} 2\beta B^{\mathrm{T}} B & -B^{\mathrm{T}} \\ -B & \frac{2}{\beta} I \end{pmatrix} - \begin{pmatrix} \beta B^{\mathrm{T}} B & -B^{\mathrm{T}} \\ 0 & \frac{1}{\beta} I \end{pmatrix} \begin{pmatrix} I & 0 \\ -\beta B & I \end{pmatrix} \end{aligned}$$

$$= \begin{pmatrix} 2\beta B^{\mathrm{T}}B & -B^{\mathrm{T}} \\ -B & \frac{2}{\beta}I \end{pmatrix} - \begin{pmatrix} 2\beta B^{\mathrm{T}}B & -B^{\mathrm{T}} \\ -B & \frac{1}{\beta}I \end{pmatrix} = \begin{pmatrix} 0 & 0 \\ 0 & \frac{1}{\beta}I \end{pmatrix}. \quad (10.1.6)$$

因此, 矩阵 G 只是半正定的. 注意到第 5 章统一框架下遍历意义下的收敛速率定理 5.4 是在 G 半正定的条件下证明的. 据此, 经典 ADMM 遍历意义下 $O(1/t)$ 的收敛速率[78] 得到证明.

由于 $\alpha = 1$, 根据第 5 章的定理 5.2 和(10.1.6)中 G 的具体形式, 我们有

$$\|v^{k+1} - v^*\|_H^2 \leqslant \|v^k - v^*\|_H^2 - \frac{1}{\beta}\|\lambda^k - \tilde{\lambda}^k\|^2, \quad \forall v^* \in \mathcal{V}^*. \quad (10.1.7)$$

下面的引理帮助我们得到第 4 章中定理 4.1 的结论.

引理 10.3　求解变分不等式(10.0.2), 由(10.1.2)预测和(10.1.5)校正的序列满足

$$\frac{1}{\beta}\|\lambda^k - \tilde{\lambda}^k\|^2 \geqslant \|v^k - v^{k+1}\|_H^2. \quad (10.1.8)$$

证明　根据(10.1.4b), y-子问题(10.1.2b)的最优性条件为

$$\tilde{y}^k \in \mathcal{Y},\ \theta_2(y) - \theta_2(\tilde{y}^k) + (y - \tilde{y}^k)^{\mathrm{T}}\{-B^{\mathrm{T}}\tilde{\lambda}^k + \beta B^{\mathrm{T}}B(\tilde{y}^k - y^k)\} \geqslant 0,\ \forall y \in \mathcal{Y}.$$

因为

$$\lambda^{k+1} = \tilde{\lambda}^k - \beta B(\tilde{y}^k - y^k) \quad \text{和} \quad \tilde{y}^k = y^{k+1},$$

它可被改写为

$$y^{k+1} \in \mathcal{Y},\ \theta_2(y) - \theta_2(y^{k+1}) + (y - y^{k+1})^{\mathrm{T}}\{-B^{\mathrm{T}}\lambda^{k+1}\} \geqslant 0, \quad \forall y \in \mathcal{Y}. \quad (10.1.9)$$

上述不等式对前一次迭代也成立, 也就是说, 我们有

$$y^k \in \mathcal{Y},\ \theta_2(y) - \theta_2(y^k) + (y - y^k)^{\mathrm{T}}\{-B^{\mathrm{T}}\lambda^k\} \geqslant 0, \quad \forall y \in \mathcal{Y}. \quad (10.1.10)$$

在(10.1.9)中令 $y = y^k$ 并且在(10.1.10)中令 $y = y^{k+1}$, 然后将两式相加, 我们得到

$$(\lambda^k - \lambda^{k+1})^{\mathrm{T}}B(y^k - y^{k+1}) \geqslant 0. \quad (10.1.11)$$

利用 $\lambda^k - \tilde{\lambda}^k = (\lambda^k - \lambda^{k+1}) + \beta B(y^k - y^{k+1})$ 和不等式(10.1.11), 我们得到

$$\frac{1}{\beta}\|\lambda^k - \tilde{\lambda}^k\|^2 = \frac{1}{\beta}\|(\lambda^k - \lambda^{k+1}) + \beta B(y^k - y^{k+1})\|^2$$

$$\geqslant \frac{1}{\beta}\|\lambda^k - \lambda^{k+1}\|^2 + \beta\|B(y^k - y^{k+1})\|^2$$

$$= \|v^k - v^{k+1}\|_H^2.$$

这样, 我们完成了引理的证明. □

由此, 我们得到第 4 章定理 4.1 关于经典 ADMM 收敛性质的主要结论.

定理 10.1 求解变分不等式(10.0.2)的经典的交替方向法(10.0.4), 可以拆解成按(10.1.2)预测和(10.1.5)校正的方法, 并有

$$\|v^{k+1} - v^*\|_H^2 \leqslant \|v^k - v^*\|_H^2 - \|v^k - v^{k+1}\|_H^2, \quad \forall v^* \in \mathcal{V}^*, \tag{10.1.12}$$

其中

$$H = \begin{pmatrix} \beta B^{\mathrm{T}}B & 0 \\ 0 & \frac{1}{\beta}I_m \end{pmatrix}$$

是正定的.

证明 将(10.1.8) 代入到(10.1.7)的右端, 就得到定理之结论. □

经典的 ADMM 算法生成的序列 $\{\|v^k - v^{k+1}\|_H^2\}$ 具有单调非增的性质, 由此推得的点列意义下的收敛速率[80], 在统一框架下非常容易得到. ADMM 算法(10.0.4)属于统一框架中采用固定步长校正的方法, 第 5 章的定理 5.5 已经证明了这类方法产生的序列 $\{v^k\}$ 具有性质

$$\|v^k - v^{k+1}\|_H^2 \leqslant \|v^{k-1} - v^k\|_H^2. \tag{10.1.13}$$

另一方面, 由不等式(10.1.12)容易得到

$$\sum_{k=0}^{\infty} \|v^k - v^{k+1}\|_H^2 \leqslant \|v^0 - v^*\|_H^2. \tag{10.1.14}$$

这样, 根据(10.1.13)和(10.1.14), 我们就有

$$\|v^t - v^{t+1}\|_H^2 \leqslant \frac{1}{t+1} \sum_{k=0}^{t} \|v^k - v^{k+1}\|_H^2$$

$$\leqslant \frac{1}{t+1} \sum_{k=0}^{\infty} \|v^k - v^{k+1}\|_H^2 \leqslant \frac{1}{t+1} \|v^0 - v^*\|_H^2.$$

综上, 经典的 ADMM 算法(10.0.4)点列意义下 $O(1/t)$ 迭代复杂性式子格外漂亮.

我们也可以利用第 5 章 5.5 节中的做法. 由预测(10.1.2) 生成的预测点 $\tilde{w}^k$ 满足引理 10.1. 对应的预测矩阵是(10.1.3b)中的

$$Q = \begin{pmatrix} \beta B^{\mathrm{T}}B & 0 \\ -B & \frac{1}{\beta}I \end{pmatrix}.$$

这时

$$Q^{\mathrm{T}} + Q = \begin{pmatrix} 2\beta B^{\mathrm{T}} B & -B^{\mathrm{T}} \\ -B & \frac{2}{\beta} I \end{pmatrix}.$$

注意到 k 次迭代预测(10.1.2)需要预先提供的只是 (By^k, λ^k). 我们可以任选满足

$$D \succ 0, \quad G \succ 0 \quad \text{和} \quad D + G = Q^{\mathrm{T}} + Q$$

的 D 和 G, 通过

$$Q^{\mathrm{T}}(v^{k+1} - v^k) = D(\tilde{v}^k - v^k) \tag{10.1.15}$$

求得 $(By^{k+1}, \lambda^{k+1})$, 就为下一次迭代提供了准备. 譬如说, 当取

$$D = \alpha(Q^{\mathrm{T}} + Q), \quad G = (1-\alpha)(Q^{\mathrm{T}} + Q), \quad \alpha \in (0,1)$$

的时候, (10.1.15)的具体形式是

$$\begin{pmatrix} \beta B^{\mathrm{T}} B & -B^{\mathrm{T}} \\ 0 & \frac{1}{\beta} I \end{pmatrix} \begin{pmatrix} y^{k+1} - y^k \\ \lambda^{k+1} - \lambda^k \end{pmatrix} = \alpha \begin{pmatrix} 2\beta B^{\mathrm{T}} B & -B^{\mathrm{T}} \\ -B & \frac{2}{\beta} I \end{pmatrix} \begin{pmatrix} \tilde{y}^k - y^k \\ \tilde{\lambda}^k - \lambda^k \end{pmatrix}. \tag{10.1.16}$$

我们从

$$\begin{pmatrix} I_m & -\frac{1}{\beta} I_m \\ 0 & I_m \end{pmatrix} \begin{pmatrix} By^{k+1} - By^k \\ \lambda^{k+1} - \lambda^k \end{pmatrix} = \alpha \begin{pmatrix} 2I_m & -\frac{1}{\beta} I_m \\ -\beta I_m & 2I_m \end{pmatrix} \begin{pmatrix} B\tilde{y}^k - By^k \\ \tilde{\lambda}^k - \lambda^k \end{pmatrix} \tag{10.1.17}$$

求得的 $(By^{k+1}, \lambda^{k+1})$ 就满足(10.1.16). 有了 (By^k, λ^k) 和 $(B\tilde{y}^k, \tilde{\lambda}^k)$, 从(10.1.17)求得 $(By^{k+1}, \lambda^{k+1})$ 是非常容易的.

在一些图像计算的实践中, 人们发现将(10.0.4)的 x 和 y 子问题中的目标函数分别加上 $\frac{\delta}{2}\|x - x^k\|^2$ 和 $\frac{\delta}{2}\|y - y^k\|^2$ 以后, 算法更加稳定, 收敛速度也有所提高. 这样做, 核心变量就是 w. 用统一框架来解释, 预测和校正分别为

$$\begin{cases} \tilde{x}^k = \arg\min \left\{ \mathcal{L}_{\beta}^{[2]}(x, y^k, \lambda^k) + \frac{\delta}{2}\|x - x^k\|^2 \ \middle| \ x \in \mathcal{X} \right\}, & (10.1.18a) \\[2mm] \tilde{y}^k = \arg\min \left\{ \mathcal{L}_{\beta}^{[2]}(\tilde{x}^k, y, \lambda^k) + \frac{\delta}{2}\|y - y^k\|^2 \ \middle| \ y \in \mathcal{Y} \right\}, & (10.1.18b) \\[2mm] \tilde{\lambda}^k = \lambda^k - \beta(A\tilde{x}^k + By^k - b) & (10.1.18c) \end{cases}$$

和

$$w^{k+1} = w^k - M(w^k - \tilde{w}^k), \tag{10.1.19a}$$

其中

$$M = \begin{pmatrix} I & 0 & 0 \\ 0 & I & 0 \\ 0 & -\beta B & I \end{pmatrix}. \tag{10.1.19b}$$

利用跟得到引理 10.1 一样的分析, 可以得到预测矩阵

$$Q = \begin{pmatrix} \delta I_{n_1} & 0 & 0 \\ 0 & \beta B^{\mathrm{T}} B + \delta I_{n_2} & 0 \\ 0 & -B & \dfrac{1}{\beta} I \end{pmatrix}.$$

取

$$H = \begin{pmatrix} \delta I_{n_1} & 0 & 0 \\ 0 & \beta B^{\mathrm{T}} B + \delta I_{n_2} & 0 \\ 0 & 0 & \dfrac{1}{\beta} I \end{pmatrix}.$$

就有 $HM = Q$, 并且

$$G = Q^{\mathrm{T}} + Q - M^{\mathrm{T}} H M = \begin{pmatrix} \delta I_{n_1} & 0 & 0 \\ 0 & \delta I_{n_2} & 0 \\ 0 & 0 & \dfrac{1}{\beta} I_m \end{pmatrix} \succ 0.$$

收敛性条件满足, 方法的收敛性容易得到验证.

10.2 交换顺序的 ADMM

求解 (10.0.1) 的经典的乘子交替方向法是 (10.0.4). x 是中间变量, 核心变量部分包含 y 和 λ. 我们同样考虑了交换核心变量迭代更新顺序 (changing order) 的交替方向法[11]. 跟经典的 ADMM 不同在于, 求解了 x-子问题以后, 接着校正乘子 λ, 然后求解 y-子问题. 最后, 我们还做适当的延伸.

求解变分不等式(10.0.2)的交换 y,λ 迭代顺序的 ADMM 算法.
第 k 步迭代从给定的 (y^k,λ^k) 开始, 通过

$$\left(\begin{array}{c}\text{交换 } y\text{-}\lambda \text{ 迭代}\\ \text{次序的 ADMM}\end{array}\right)\begin{cases}x^{k+1}\in\arg\min\{\mathcal{L}_\beta^{[2]}(x,y^k,\lambda^k)\,|\,x\in\mathcal{X}\}, & (10.2.1\text{a})\\ \lambda^{k+1}=\lambda^k-\beta(Ax^{k+1}+By^k-b), & (10.2.1\text{b})\\ y^{k+1}\in\arg\min\{\mathcal{L}_\beta^{[2]}(x^{k+1},y,\lambda^{k+1})\,|\,y\in\mathcal{Y}\}. & (10.2.1\text{c})\end{cases}$$

得到 $w^{k+1}=(x^{k+1},y^{k+1},\lambda^{k+1})$, 然后用

$$v^{k+1}:=v^k-\alpha(v^k-v^{k+1}),\quad \alpha\in(0,2)\qquad(10.2.2)$$

产生新的迭代点. 实际计算中往往取 $\alpha=1.5$.

注意到, (10.2.1)中核心变量还是 $v=(y,\lambda)$. 先把(10.2.1)产生的 w^{k+1} 本身定义成预测点 $\tilde{w}^k$, 即

$$\tilde{w}^k=\begin{pmatrix}\tilde{x}^k\\\tilde{y}^k\\\tilde{\lambda}^k\end{pmatrix}=\begin{pmatrix}x^{k+1}\\y^{k+1}\\\lambda^k-\beta(Ax^{k+1}+By^k-b)\end{pmatrix},\qquad(10.2.3)$$

利用 $\mathcal{L}_\beta^{[2]}(x,y,\lambda)$ 的表达式, 交替方向法迭代公式(10.2.1)可以表示成

$$\begin{cases}\tilde{x}^k\in\arg\min\left\{\theta_1(x)-x^{\mathrm{T}}A^{\mathrm{T}}\lambda^k+\frac{\beta}{2}\|Ax+By^k-b\|^2\,\Big|\,x\in\mathcal{X}\right\}, & (10.2.4\text{a})\\ \tilde{\lambda}^k=\lambda^k-\beta(A\tilde{x}^k+By^k-b), & (10.2.4\text{b})\\ \tilde{y}^k\in\arg\min\left\{\theta_2(y)-y^{\mathrm{T}}B^{\mathrm{T}}\tilde{\lambda}^k+\frac{\beta}{2}\|A\tilde{x}^k+By-b\|^2\,\Big|\,y\in\mathcal{Y}\right\}. & (10.2.4\text{c})\end{cases}$$

我们用第 5 章介绍的统一框架来证明交换顺序的交替方向法(10.2.1)~(10.2.2)的收敛性. 先给出由(10.2.4)求得的 $\tilde{w}^k$ 满足的形如 (5.1.1) 的预测公式.

引理 10.4　求解变分不等式(10.0.2), 对给定的 v^k, 由(10.2.4)提供的 $\tilde{w}^k$ 满足

$$\tilde{w}^k\in\Omega,\ \ \theta(u)-\theta(\tilde{u}^k)+(w-\tilde{w}^k)^{\mathrm{T}}F(\tilde{w}^k)\geqslant(v-\tilde{v}^k)^{\mathrm{T}}H(v^k-\tilde{v}^k),\ \ \forall w\in\Omega,$$
$$(10.2.5\text{a})$$

其中

$$H=\begin{pmatrix}\beta B^{\mathrm{T}}B & -B^{\mathrm{T}}\\ -B & \frac{1}{\beta}I_m\end{pmatrix}.\qquad(10.2.5\text{b})$$

证明 像引理10.1中证明的那样, 根据定理 1.1, 并利用 $\tilde{\lambda}^k = \lambda^k - \beta(A\tilde{x}^k + By^k - b)$, (10.2.4a)的最优性条件可以写成

$$\theta_1(x) - \theta_1(\tilde{x}^k) + (x - \tilde{x}^k)^{\mathrm{T}}\{\underline{-A^{\mathrm{T}}\tilde{\lambda}^k}\} \geqslant 0, \quad \forall\, x \in \mathcal{X}. \tag{10.2.6a}$$

类似地, 根据定理 1.1, (10.2.4c)的最优性条件是

$$\tilde{y}^k \in \mathcal{Y}, \quad \theta_2(y) - \theta_2(\tilde{y}^k) + (y - \tilde{y}^k)^{\mathrm{T}}\left\{-B^{\mathrm{T}}\tilde{\lambda}^k + \beta B^{\mathrm{T}}(A\tilde{x}^k + B\tilde{y}^k - b)\right\} \geqslant 0, \quad \forall\, y \in \mathcal{Y}.$$

由于 $\tilde{\lambda}^k = \lambda^k - \beta(A\tilde{x}^k + By^k - b)$, 我们有

$$
\begin{aligned}
&-B^{\mathrm{T}}\tilde{\lambda}^k + \beta B^{\mathrm{T}}(A\tilde{x}^k + B\tilde{y}^k - b) \\
&= -B^{\mathrm{T}}\tilde{\lambda}^k + \beta B^{\mathrm{T}}B(\tilde{y}^k - y^k) + \beta B^{\mathrm{T}}(A\tilde{x}^k + By^k - b) \\
&= -B^{\mathrm{T}}\tilde{\lambda}^k + \beta B^{\mathrm{T}}B(\tilde{y}^k - y^k) - B^{\mathrm{T}}(\tilde{\lambda}^k - \lambda^k).
\end{aligned}
$$

因此, y-子问题(10.2.4c)的最优性条件是

$$
\begin{aligned}
\tilde{y}^k \in \mathcal{Y}, \quad \theta_2(y) - \theta_2(\tilde{y}^k) + (y - \tilde{y}^k)^{\mathrm{T}}\Big\{ &\underline{-B^{\mathrm{T}}\tilde{\lambda}^k} + \beta B^{\mathrm{T}}B(\tilde{y}^k - y^k) \\
&-B^{\mathrm{T}}(\tilde{\lambda}^k - \lambda^k)\Big\} \geqslant 0, \quad \forall\, y \in \mathcal{Y}.
\end{aligned}
\tag{10.2.6b}
$$

对于(10.2.4b)中给出的 $\tilde{\lambda}^k = \lambda^k - \beta(A\tilde{x}^k + By^k - b)$, 可以表示成

$$(A\tilde{x}^k + B\tilde{y}^k - b) - B(\tilde{y}^k - y^k) + \frac{1}{\beta}(\tilde{\lambda}^k - \lambda^k) = 0,$$

也就是

$$
\begin{aligned}
\tilde{\lambda}^k \in \Re^m, \quad (\lambda - \tilde{\lambda}^k)^{\mathrm{T}}\Big\{ &\underline{(A\tilde{x}^k + B\tilde{y}^k - b)} \\
&-B(\tilde{y}^k - y^k) + \frac{1}{\beta}(\tilde{\lambda}^k - \lambda^k)\Big\} \geqslant 0, \quad \forall\, \lambda \in \Re^m.
\end{aligned}
\tag{10.2.6c}
$$

将 (10.2.6a), (10.2.6b) 和 (10.2.6c) 组合在一起, 注意到带下波纹线的部分是(10.0.2)中的 $F(\tilde{w}^k)$, 我们就得到该引理的结论. $\qquad\square$

注意到(10.2.5b)中的矩阵 H 是半正定的, 取 $\alpha = 1$ 的平凡校正, 就是方法(10.2.1). 它的收敛效果与经典的 ADMM(10.0.4)别无二致. 但是, 如果做平凡的松弛延拓, 让

$$v^{k+1} = v^k - \alpha(v^k - \tilde{v}^k), \quad \alpha \in (0, 2), \tag{10.2.7}$$

就相当于方法(10.2.1)~(10.2.2). 我们取 $\alpha = 1.5$, 收敛速度一般都有 30% 的提高[120].

定理10.2　求解变分不等式(10.0.2)的交换 y 和 λ 交替方向法(10.2.1)~(10.2.2), 可以理解成按(10.2.4)预测和(10.2.7)校正的方法, 并有

$$\|v^{k+1} - v^*\|_H^2 \leqslant \|v^k - v^*\|_H^2 - \frac{2-\alpha}{\alpha}\|v^k - v^{k+1}\|_H^2, \quad \forall v^* \in \mathcal{V}^*, \qquad (10.2.8)$$

其中矩阵 H 由(10.2.5b)给出.

证明　见 5.3.1 节中的分析和结论 (5.3.9).　　　　　　　　　　　　　　　□

从理论上来讲, (10.2.5b)中的矩阵 H 即使在 B 列满秩的时候也是半正定的, 但这并不影响计算和收敛性态. 当然, 我们也可以通过在方法(10.2.1)的子问题(10.2.4c)的目标函数中增添一项 $\frac{\delta}{2}\|y - y^k\|^2$, 就能使相应的 H 矩阵变成

$$H = \begin{pmatrix} \beta B^{\mathrm{T}}B + \delta I_{n_2} & -B^{\mathrm{T}} \\ -B & \frac{1}{\beta}I_m \end{pmatrix}.$$

对任意的 $\beta, \delta > 0$, 上面的 H 矩阵是正定的. 对这个方法, 我们会在 10.4 节中继续讨论.

10.3　对称的 ADMM

人们习惯于用经典的乘子交替方向法(10.0.4)求解问题(10.0.1). 从问题(10.0.1)本身看, 原始变量 x 和 y 是平等的, 在算法设计上平等对待 x 和 y 子问题, 也是最自然不过的考虑. 因此我们采用对称的 (symmetric) 交替方向法[58].

求解变分不等式(10.0.2)对称的 ADMM.
第 k 步迭代从给定的 (y^k, λ^k) 开始, 通过

$$（对称的 ADMM）\begin{cases} x^{k+1} \in \mathrm{argmin}\{\mathcal{L}_\beta^{[2]}(x, y^k, \lambda^k) \mid x \in \mathcal{X}\}, & (10.3.1a) \\ \lambda^{k+\frac{1}{2}} = \lambda^k - \mu\beta(Ax^{k+1} + By^k - b), & (10.3.1b) \\ y^{k+1} \in \mathrm{argmin}\{\mathcal{L}_\beta^{[2]}(x^{k+1}, y, \lambda^{k+\frac{1}{2}}) \mid y \in \mathcal{Y}\}, & (10.3.1c) \\ \lambda^{k+1} = \lambda^{k+\frac{1}{2}} - \mu\beta(Ax^{k+1} + By^{k+1} - b) & (10.3.1d) \end{cases}$$

得到新的迭代点 $w^{k+1} = (x^{k+1}, y^{k+1}, \lambda^{k+1})$, 其中 $\mu \in (0,1)$(通常取 $\mu = 0.9$).

当 $\mu = 1$ 时, 方法(10.3.1)是可以举出不收敛的反例的. 我们用第 5 章介绍的统一框架证明对称型乘子交替方向法(10.3.1)的收敛性, 也是把方法(10.3.1)拆解成预测-校正两部分. 对由(10.3.1)产生的 x^{k+1} 和 y^{k+1}, 我们按如下方式定义预测点 $\tilde{w}^k$:

$$\tilde{w}^k = \begin{pmatrix} \tilde{x}^k \\ \tilde{y}^k \\ \tilde{\lambda}^k \end{pmatrix} = \begin{pmatrix} x^{k+1} \\ y^{k+1} \\ \lambda^k - \beta(Ax^{k+1} + By^k - b) \end{pmatrix}. \tag{10.3.2}$$

利用 $\mathcal{L}_\beta^{[2]}(x, y, \lambda)$ 的表达式, 对称型的乘子交替方向法迭代公式可以表示成等价的

$$\begin{cases} \tilde{x}^k \in \operatorname{argmin} \left\{ \theta_1(x) - x^{\mathrm{T}} A^{\mathrm{T}} \lambda^k + \dfrac{1}{2}\beta \|Ax + By^k - b\|^2 \,\middle|\, x \in \mathcal{X} \right\}, & (10.3.3a) \\[2mm] \lambda^{k+\frac{1}{2}} = \lambda^k - \mu\beta(Ax^{k+1} + By^k - b), & (10.3.3b) \\[2mm] \tilde{y}^k \in \operatorname{argmin} \left\{ \theta_2(y) - y^{\mathrm{T}} B^{\mathrm{T}} \lambda^{k+\frac{1}{2}} + \dfrac{1}{2}\beta \|A\tilde{x}^k + By - b\|^2 \,\middle|\, y \in \mathcal{Y} \right\}, & (10.3.3c) \\[2mm] \tilde{\lambda}^k = \lambda^k - \beta(A\tilde{x}^k + By^k - b). & (10.3.3d) \end{cases}$$

下面我们先找出(10.3.3)给出的 $\tilde{w}^k$ 在统一框架中形如 (5.1.1) 的预测公式.

引理 10.5 求解变分不等式(10.0.2). 对给定的 v^k, 设 $\tilde{w}^k$ 是由(10.3.3)提供的, 则有

$$\tilde{w}^k \in \Omega, \quad \theta(u) - \theta(\tilde{u}^k) + (w - \tilde{w}^k)^{\mathrm{T}} F(\tilde{w}^k) \geqslant (v - \tilde{v}^k)^{\mathrm{T}} Q(v^k - \tilde{v}^k), \quad \forall w \in \Omega, \tag{10.3.4a}$$

其中

$$Q = \begin{pmatrix} \beta B^{\mathrm{T}} B & -\mu B^{\mathrm{T}} \\ -B & \dfrac{1}{\beta} I_m \end{pmatrix}. \tag{10.3.4b}$$

证明 根据定理 1.1, (10.3.3a)的最优性条件是

$$\tilde{x}^k \in \mathcal{X}, \quad \theta_1(x) - \theta_1(\tilde{x}^k) + (x - \tilde{x}^k)^{\mathrm{T}} \{-A^{\mathrm{T}}\lambda^k + \beta A^{\mathrm{T}}(A\tilde{x}^k + By^k - b)\} \geqslant 0, \quad \forall x \in \mathcal{X}.$$

利用 $\tilde{\lambda}^k = \lambda^k - \beta(A\tilde{x}^k + By^k - b)$, 上式就是

$$\theta_1(x) - \theta_1(\tilde{x}^k) + (x - \tilde{x}^k)^{\mathrm{T}} \{\underline{-A^{\mathrm{T}}\tilde{\lambda}^k}\} \geqslant 0, \quad \forall x \in \mathcal{X}. \tag{10.3.5a}$$

类似地, 根据定理 1.1, (10.3.3c)的最优性条件是

$$\tilde{y}^k \in \mathcal{Y}, \quad \theta_2(y) - \theta_2(\tilde{y}^k) + (y - \tilde{y}^k)^{\mathrm{T}} \left\{ -B^{\mathrm{T}}\lambda^{k+\frac{1}{2}} + \beta B^{\mathrm{T}}(A\tilde{x}^k + B\tilde{y}^k - b) \right\} \geqslant 0, \quad \forall y \in \mathcal{Y}.$$

利用 $\tilde{\lambda}^k = \lambda^k - \beta(A\tilde{x}^k + By^k - b)$, 我们有

$$\lambda^{k+\frac{1}{2}} = \lambda^k - \mu(\lambda^k - \tilde{\lambda}^k) = \tilde{\lambda}^k + (\mu - 1)(\tilde{\lambda}^k - \lambda^k)$$

和

$$\beta(A\tilde{x}^k + By^k - b) = -(\tilde{\lambda}^k - \lambda^k).$$

因此,

$$
\begin{aligned}
&-B^{\mathrm{T}}\lambda^{k+\frac{1}{2}} + \beta B^{\mathrm{T}}(A\tilde{y}^k + B\tilde{y}^k - b) \\
={}&-B^{\mathrm{T}}[\tilde{\lambda}^k + (\mu - 1)(\tilde{\lambda}^k - \lambda^k)] + \beta B^{\mathrm{T}}B(\tilde{y}^k - y^k) + \beta B^{\mathrm{T}}(A\tilde{x}^k + By^k - b) \\
={}&-B^{\mathrm{T}}\tilde{\lambda}^k + (1 - \mu)B^{\mathrm{T}}(\tilde{\lambda}^k - \lambda^k) + \beta B^{\mathrm{T}}B(\tilde{y}^k - y^k) - B^{\mathrm{T}}(\tilde{\lambda}^k - \lambda^k) \\
={}&-B^{\mathrm{T}}\tilde{\lambda}^k + \beta B^{\mathrm{T}}B(\tilde{y}^k - y^k) - \mu B^{\mathrm{T}}(\tilde{\lambda}^k - \lambda^k).
\end{aligned}
$$

子问题(10.3.3c)的最优性条件是

$$
\begin{aligned}
\tilde{y}^k \in \mathcal{Y}, \quad \theta_2(y) - \theta_2(\tilde{y}^k) + (y - \tilde{y}^k)^{\mathrm{T}} &\left\{ \underline{-B^{\mathrm{T}}\tilde{\lambda}^k} + \beta B^{\mathrm{T}}B(\tilde{y}^k - y^k) \right. \\
&\left. -\mu B^{\mathrm{T}}(\tilde{\lambda}^k - \lambda^k) \right\} \geqslant 0, \quad \forall y \in \mathcal{Y}.
\end{aligned}
$$
$$(10.3.5b)$$

对于(10.3.3d)中定义的 $\tilde{\lambda}^k = \lambda^k - \beta(A\tilde{x}^k + By^k - b)$, 由于

$$(A\tilde{x}^k + B\tilde{y}^k - b) - B(\tilde{y}^k - y^k) + \left(\frac{1}{\beta}\right)(\tilde{\lambda}^k - \lambda^k) = 0$$

可以表示成

$$
\begin{aligned}
\tilde{\lambda}^k \in \Re^m, \quad (\lambda - \tilde{\lambda}^k)^{\mathrm{T}} &\left\{ \underline{(A\tilde{x}^k + B\tilde{y}^k - b)} \right. \\
&\left. -B(\tilde{y}^k - y^k) + \left(\frac{1}{\beta}\right)(\tilde{\lambda}^k - \lambda^k) \right\} \geqslant 0, \quad \forall \lambda \in \Re^m.
\end{aligned}
$$
$$(10.3.5c)$$

将(10.3.5a), (10.3.5b)和(10.3.5c)组合在一起, 注意到带下波纹线的部分就是 $F(\tilde{w}^k)$, 利用(10.0.2)中的记号, 我们就得到该引理的结论. □

导出了形如 (5.1.1) 的预测, 接着需要导出形如 (5.1.2) 的校正关系式.

引理 10.6 求解变分不等式(10.0.2). 对给定的 v^k, 设 w^{k+1} 由(10.3.1)提供. 那么对由(10.3.2)定义的 $\tilde{w}^k$, 我们有

$$v^{k+1} = v^k - M(v^k - \tilde{v}^k), \tag{10.3.6a}$$

其中

$$M = \begin{pmatrix} I & 0 \\ -\mu\beta B & 2\mu I_m \end{pmatrix}. \tag{10.3.6b}$$

证明 利用(10.3.2), 由(10.3.1d)给出的 λ^{k+1} 可以表示成

$$\begin{aligned}
\lambda^{k+1} &= \lambda^{k+\frac{1}{2}} - \mu\left[-\beta B(y^k - \tilde{y}^k) + \beta(A\tilde{x}^k + By^k - b)\right] \\
&= [\lambda^k - \mu(\lambda^k - \tilde{\lambda}^k)] - \mu\left[-\beta B(y^k - \tilde{y}^k) + \beta(Ax^{k+1} + By^k - b)\right] \\
&= \lambda^k - \left[-\mu\beta B(y^k - \tilde{y}^k) + 2\mu(\lambda^k - \tilde{\lambda}^k)\right]. \tag{10.3.7}
\end{aligned}$$

跟 $y^{k+1} = \tilde{y}^k$ 结合在一起, 就有

$$\begin{pmatrix} y^{k+1} \\ \lambda^{k+1} \end{pmatrix} = \begin{pmatrix} y^k \\ \lambda^k \end{pmatrix} - \begin{pmatrix} I & 0 \\ -\mu\beta B & 2\mu I_m \end{pmatrix} \begin{pmatrix} y^k - \tilde{y}^k \\ \lambda^k - \tilde{\lambda}^k \end{pmatrix}. \qquad \square$$

因此, 我们有下面的引理.

我们已经把对称的 ADMM(10.3.1)拆解成预测(10.3.3)和校正(10.3.6). 剩下的事情就是根据统一框架中的收敛性条件 (5.1.3) 验证算法的收敛性. 对(10.3.6b)中的矩阵 M, 算出

$$M^{-1} = \begin{pmatrix} I & 0 \\ \frac{1}{2}\beta B & \frac{1}{2\mu}I_m \end{pmatrix}.$$

由 $H = QM^{-1}$ 得到

$$H = \begin{pmatrix} \beta B^{\mathrm{T}}B & -\mu B^{\mathrm{T}} \\ -B & \frac{1}{\beta}I_m \end{pmatrix} \begin{pmatrix} I & 0 \\ \frac{1}{2}\beta B & \frac{1}{2\mu}I_m \end{pmatrix} = \begin{pmatrix} \left(1 - \frac{1}{2}\mu\right)\beta B^{\mathrm{T}}B & -\frac{1}{2}B^{\mathrm{T}} \\ -\frac{1}{2}B & \frac{1}{2\mu\beta}I_m \end{pmatrix}.$$

因此

$$H = \frac{1}{2}\begin{pmatrix} \sqrt{\beta}B^{\mathrm{T}} & 0 \\ 0 & \sqrt{\frac{1}{\beta}}I \end{pmatrix} \begin{pmatrix} (2-\mu)I & -I \\ -I & \frac{1}{\mu}I \end{pmatrix} \begin{pmatrix} \sqrt{\beta}B & 0 \\ 0 & \sqrt{\frac{1}{\beta}}I \end{pmatrix}$$

注意到

$$
\begin{pmatrix} (2-\mu) & -1 \\ -1 & \dfrac{1}{\mu} \end{pmatrix} = \begin{cases} \succ 0, & \mu \in (0,1), \\ \succeq 0, & \mu = 1. \end{cases}
$$

所以, 对所有的 $\mu \in (0,1)$, 当 B 列满秩时矩阵 H 是对称正定的并且 $HM = Q$.

再看矩阵 $G = Q^{\mathrm{T}} + Q - M^{\mathrm{T}}HM$. 因为 $M^{\mathrm{T}}HM = M^{\mathrm{T}}Q$, 由

$$
M^{\mathrm{T}}Q = \begin{pmatrix} I & -\mu\beta B^{\mathrm{T}} \\ 0 & 2\mu I_m \end{pmatrix} \begin{pmatrix} \beta B^{\mathrm{T}}B & -\mu B^{\mathrm{T}} \\ -B & \dfrac{1}{\beta}I_m \end{pmatrix} = \begin{pmatrix} (1+\mu)\beta B^{\mathrm{T}}B & -2\mu B^{\mathrm{T}} \\ -2\mu B & \dfrac{2\mu}{\beta}I_m \end{pmatrix}
$$

得到

$$
\begin{aligned}
G &= (Q^{\mathrm{T}} + Q) - M^{\mathrm{T}}HM \\
&= \begin{pmatrix} 2\beta B^{\mathrm{T}}B & -(1+\mu)B^{\mathrm{T}} \\ -(1+\mu)B & 2\dfrac{1}{\beta}I_m \end{pmatrix} - \begin{pmatrix} (1+\mu)\beta B^{\mathrm{T}}B & -2\mu B^{\mathrm{T}} \\ -2\mu B & \dfrac{2\mu}{\beta}I_m \end{pmatrix} \\
&= (1-\mu)\begin{pmatrix} \beta B^{\mathrm{T}}B & -B^{\mathrm{T}} \\ -B & \dfrac{2}{\beta}I_m \end{pmatrix}.
\end{aligned}
$$

同样, 对所有的 $\mu \in (0,1)$, 当 B 列满秩时矩阵 G 正定. 所以, 根据统一框架 (5.1.1)~(5.1.2) 的收敛性条件 (5.1.3), 对称的 ADMM 方法(10.3.1)是收敛的, 并具备第 5 章中提到的相关的收敛速率性质.

定理 10.3　求解变分不等式(10.0.2)的对称型的交替方向法(10.3.1), 可以拆解成按(10.3.3)预测和(10.3.6)校正的方法. 由此生成的序列满足

$$
\|v^{k+1} - v^*\|_H^2 \leqslant \|v^k - v^*\|_H^2 - \|v^k - \tilde{v}^k\|_G^2, \quad \forall v^* \in \mathcal{V}^*,
$$

其中 $\tilde{v}^k$ 由(10.3.2)定义,

$$
H = \begin{pmatrix} \left(1-\dfrac{1}{2}\mu\right)\beta B^{\mathrm{T}}B & -\dfrac{1}{2}B^{\mathrm{T}} \\ -\dfrac{1}{2}B & \dfrac{1}{2\mu\beta}I_m \end{pmatrix} \quad \text{和} \quad G = (1-\mu)\begin{pmatrix} \beta B^{\mathrm{T}}B & -B^{\mathrm{T}} \\ -B & \dfrac{2}{\beta}I_m \end{pmatrix}
$$

都是正定的.

10.4 利用统一框架设计的 PPA 算法

求解变分不等式(10.0.2)的 PPA 算法要求预测 (5.1.1) 中的矩阵 Q 本身就是一个对称正定矩阵. 这时, 我们把相应的矩阵 Q 记为 H. 这类方法中, 我们用平凡松弛的校正 (5.1.2) 给出 v^{k+1}. 实际运算中, 一般取 $\alpha \in [1.2, 1.8]$.

1. 预测中 y-子问题目标函数具有非平凡二次项的算法

如果我们为求解(10.0.2)构造的预测公式中的 $\tilde{w}^k$ 满足

$$\tilde{w}^k \in \Omega, \quad \theta(u) - \theta(\tilde{u}^k) + (w - \tilde{w}^k)^{\mathrm{T}} F(\tilde{w}^k) \geqslant (v - \tilde{v}^k)^{\mathrm{T}} H(v^k - \tilde{v}^k), \quad \forall w \in \Omega, \tag{10.4.1a}$$

其中

$$H = \begin{pmatrix} \beta B^{\mathrm{T}} B + \delta I_{n_2} & -B^{\mathrm{T}} \\ -B & \frac{1}{\beta} I_m \end{pmatrix}, \quad \delta > 0. \tag{10.4.1b}$$

那么对任意的 $\beta > 0, \delta > 0$, 矩阵 H 正定. 我们用平凡松弛的校正 (5.1.2) 得到新的迭代点 v^{k+1}. 根据统一框架, 算法就是收敛的. 因此, 问题归结为如何实现满足(10.4.1)的预测. 用(10.0.2)中 $F(w)$ 的表达式, 把(10.4.1)的具体形式写出来就是 $\tilde{w}^k = (\tilde{x}^k, \tilde{y}^k, \tilde{\lambda}^k) \in \Omega$, 使得

$$\begin{cases} \theta_1(x) - \theta_1(\tilde{x}^k) + (x - \tilde{x}^k)^{\mathrm{T}} \{\underline{-A^{\mathrm{T}} \tilde{\lambda}^k}\} \geqslant 0, \quad \forall x \in \mathcal{X}, & (10.4.2a) \\ \theta_2(y) - \theta_2(\tilde{y}^k) + (y - \tilde{y}^k)^{\mathrm{T}} \{\underline{-B^{\mathrm{T}} \tilde{\lambda}^k} + \beta B^{\mathrm{T}} B(\tilde{y}^k - y^k) + \delta(\tilde{y}^k - y^k) \\ \qquad\qquad\qquad\qquad\qquad - B^{\mathrm{T}}(\tilde{\lambda}^k - \lambda^k)\} \geqslant 0, \quad \forall y \in \mathcal{Y}, & (10.4.2b) \\ \underline{(A\tilde{x}^k + B\tilde{y}^k - b)} - B(\tilde{y}^k - y^k) + \frac{1}{\beta}(\tilde{\lambda}^k - \lambda^k) = 0. & (10.4.2c) \end{cases}$$

上式中, 有下波纹线的凑在一起, 就是(10.4.1a)中的 $F(\tilde{w}^k)$.

如果令

$$\tilde{x}^k \in \operatorname{argmin}\left\{ \theta_1(x) - x^{\mathrm{T}} A^{\mathrm{T}} \lambda^k + \frac{1}{2}\beta \|Ax + By^k - b\|^2 \,\middle|\, x \in \mathcal{X} \right\}, \tag{10.4.3}$$

根据引理 1.1, 问题(10.4.3)的最优性条件是 $\tilde{x}^k \in \mathcal{X}$,

$$\theta_1(x) - \theta_1(\tilde{x}^k) + (x - \tilde{x}^k)^{\mathrm{T}} \{-A^{\mathrm{T}} \lambda^k + \beta A^{\mathrm{T}}(A\tilde{x}^k + By^k - b)\} \geqslant 0, \quad \forall x \in \mathcal{X}. \tag{10.4.4}$$

再定义

$$\tilde{\lambda}^k = \lambda^k - \beta(A\tilde{x}^k + By^k - b). \tag{10.4.5}$$

将(10.4.5)代入(10.4.4), 就得到(10.4.2a). 而(10.4.5)本身就和(10.4.2c)等价. 这样, 有了 $\tilde{\lambda}^k$, 要得到满足(10.4.2b)的 $\tilde{y}^k$, 根据引理 1.1, 可以通过

$$\tilde{y}^k = \arg\min\left\{\theta_2(y) - y^{\mathrm{T}}B^{\mathrm{T}}[2\tilde{\lambda}^k - \lambda^k] + \frac{1}{2}\left(\beta\|B(y - y^k)\|^2 + \delta\|y - y^k\|^2\right) \,\Big|\, y \in \mathcal{Y}\right\}$$

得到. 综上所述, 按照 x, λ, y 的次序计算:

$$\begin{cases} \tilde{x}^k \in \arg\min\left\{\theta_1(x) - x^{\mathrm{T}}A^{\mathrm{T}}\lambda^k + \frac{1}{2}\beta\|Ax + By^k - b\|^2 \,\Big|\, x \in \mathcal{X}\right\}, & (10.4.6\mathrm{a}) \\[2mm] \tilde{\lambda}^k = \lambda^k - \beta(A\tilde{x}^k + By^k - b), & (10.4.6\mathrm{b}) \\[2mm] \tilde{y}^k = \arg\min\left\{\theta_2(y) - y^{\mathrm{T}}B^{\mathrm{T}}[2\tilde{\lambda}^k - \lambda^k] + \begin{pmatrix} \frac{1}{2}\beta\|B(y - y^k)\|^2 \\ +\frac{1}{2}\delta\|y - y^k\|^2 \end{pmatrix} \,\Big|\, y \in \mathcal{Y}\right\}, & (10.4.6\mathrm{c}) \end{cases}$$

就得到满足条件(10.4.2)的预测点. 由于可以采用平凡的松弛校正, 在其他条件相同的情况下, 算法效率比经典的 ADMM(10.0.4)有较明显的提高.

2. 预测中 y-子问题目标函数的二次项简化的算法

要实现预测 (10.4.1), y-子问题的目标函数中含有二次项 $\|B(y - y^k)\|^2$. 如果因此给求解带来不小困难, 就将预测公式 (10.4.1) 改成

$$\tilde{w}^k \in \Omega, \quad \theta(u) - \theta(\tilde{u}^k) + (w - \tilde{w}^k)^{\mathrm{T}}F(\tilde{w}^k) \geqslant (v - \tilde{v}^k)^{\mathrm{T}}H(v^k - \tilde{v}^k), \quad \forall w \in \Omega, \tag{10.4.7a}$$

其中

$$H = \begin{pmatrix} sI_{n_2} & -B^{\mathrm{T}} \\ -B & \frac{1}{\beta}I_m \end{pmatrix}. \tag{10.4.7b}$$

当 $s > \beta\|B^{\mathrm{T}}B\|$, 上面的矩阵 H 是正定的. 同样是用校正公式 (5.1.6) 给出新的迭代点 v^{k+1}. 根据统一框架, 算法就是收敛的. 因此, 问题归结为如何实现满足 (10.4.7) 的预测. 如同上一段的分析, 按照下面 x, λ, y 的次序计算:

$$\begin{cases} \tilde{x}^k \in \arg\min\left\{\theta_1(x) - x^{\mathrm{T}}A^{\mathrm{T}}\lambda^k + \frac{1}{2}\beta\|Ax + By^k - b\|^2 \,\Big|\, x \in \mathcal{X}\right\}, & (10.4.8\mathrm{a}) \\[2mm] \tilde{\lambda}^k = \lambda^k - \beta(A\tilde{x}^k + By^k - b), & (10.4.8\mathrm{b}) \\[2mm] \tilde{y}^k = \arg\min\left\{\theta_2(y) - y^{\mathrm{T}}B^{\mathrm{T}}[2\tilde{\lambda}^k - \lambda^k] + \frac{1}{2}s\|y - y^k\|^2 \,\Big|\, y \in \mathcal{Y}\right\}, & (10.4.8\mathrm{c}) \end{cases}$$

就可以得到满足 (10.4.7) 的预测点. 这样做, y-子问题 (10.4.8c) 比 (10.4.6c) 简单了一些.

需要指出的是, 如果 y-子问题(10.4.6c)求解并不困难的话, 我们不主张将二次项平凡简化. 因为(10.4.8c)中要求 $s > \beta\|B^{\mathrm{T}}B\|$, 往往会影响收敛速度.

另外我们注意到, (10.4.1b)和(10.4.7b)中的矩阵 H 分别是

$$\begin{pmatrix} \beta B^{\mathrm{T}}B + \delta I_{n_2} & -B^{\mathrm{T}} \\ -B & \dfrac{1}{\beta}I_m \end{pmatrix} \quad \text{和} \quad \begin{pmatrix} sI_{n_2} & -B^{\mathrm{T}} \\ -B & \dfrac{1}{\beta}I_m \end{pmatrix}.$$

两种选择, 由此而得到两种方法.

10.5 线性化 ADMM 和自适应线性化 ADMM

经典的 ADMM 方法是(10.0.4), 由于变动目标函数中的常数项对问题的解没有影响, 如同第 4 章中的分析, ADMM 中的 y-子问题(10.0.4b)等价于

$$y^{k+1} \in \arg\min \left\{ \begin{array}{l} \theta_2(y) - y^{\mathrm{T}}B^{\mathrm{T}}[\lambda^k - \beta(Ax^{k+1} + By^k - b)] \\ \quad + \dfrac{\beta}{2}\|B(y - y^k)\|^2 \end{array} \middle| y \in \mathcal{Y} \right\}.$$

10.5.1 线性化 ADMM 在统一框架下的演译

由于目标函数中既有 $\theta_2(y)$, 又有二次项 $\dfrac{\beta}{2}\|B(y-y^k)\|^2$. 所谓线性化的 ADMM, 就是用简单平凡的二次函数

$$\frac{1}{2}s\|y - y^k\|^2 \quad \text{去代替} \quad \frac{1}{2}\beta\|B(y - y^k)\|^2. \tag{10.5.1}$$

因此, 线性化的 ADMM 就是

$$\begin{cases} x^{k+1} \in \arg\min \left\{ \theta_1(x) - x^{\mathrm{T}}A^{\mathrm{T}}\lambda^k + \dfrac{1}{2}\beta\|Ax + By^k - b\|^2 \middle| x \in \mathcal{X} \right\}, & (10.5.2a) \\[2ex] y^{k+1} = \arg\min \left\{ \begin{array}{l} \theta_2(y) - y^{\mathrm{T}}B^{\mathrm{T}}[\lambda^k - \beta(Ax^{k+1} + By^k - b)] \\ \quad + \dfrac{1}{2}s\|y - y^k\|^2 \end{array} \middle| y \in \mathcal{Y} \right\} & (10.5.2b) \\[2ex] \lambda^{k+1} = \lambda^k - \beta(Ax^{k+1} + By^{k+1} - b), & (10.5.2c) \end{cases}$$

其中核心变量还是 $v = (y, \lambda)$. 为了理论上保证收敛, 对于固定 (不能随意变小) 的 β, 人们要求(10.5.2b)中的参数[110,112]

$$s > \beta\|B^{\mathrm{T}}B\|. \tag{10.5.3}$$

大家同时知道, 过大的 $s > 0$, 会影响收敛速度. 我们故意把(10.5.2)分拆成预测-校正公式, 分别为

(预测) $\begin{cases} \tilde{x}^k \in \operatorname{argmin}\left\{\theta_1(x) - x^{\mathrm{T}} A^{\mathrm{T}} \lambda^k + \dfrac{1}{2}\beta\|Ax + By^k - b\|^2 \,\middle|\, x \in \mathcal{X}\right\}, & (10.5.4\mathrm{a}) \\[2mm] \tilde{\lambda}^k = \lambda^k - \beta(A\tilde{x}^k + By^k - b), & (10.5.4\mathrm{b}) \\[2mm] \tilde{y}^k = \operatorname{arg\,min}\left\{\theta_2(y) - y^{\mathrm{T}} B^{\mathrm{T}} \tilde{\lambda}^k + \dfrac{1}{2}s\|y - y^k\|^2 \,\middle|\, y \in \mathcal{Y}\right\} & (10.5.4\mathrm{c}) \end{cases}$

和

$$(\text{校正}) \qquad \begin{pmatrix} y^{k+1} \\ \lambda^{k+1} \end{pmatrix} = \begin{pmatrix} y^k \\ \lambda^k \end{pmatrix} - \begin{pmatrix} I_{n_2} & 0 \\ -\beta B & I_m \end{pmatrix}\begin{pmatrix} y^k - \tilde{y}^k \\ \lambda^k - \tilde{\lambda}^k \end{pmatrix}. \qquad (10.5.5)$$

预测中 x-子问题(10.5.4a)的最优性条件是

$$\tilde{x}^k \in \mathcal{X}, \quad \theta_1(x) - \theta_1(\tilde{x}^k) + (x - \tilde{x}^k)^{\mathrm{T}}\{-A^{\mathrm{T}}\lambda^k + \beta A^{\mathrm{T}}(A\tilde{x}^k + By^k - b)\} \geqslant 0, \quad \forall x \in \mathcal{X}.$$

利用(10.5.4b), 上式可以写成

$$\tilde{x}^k \in \mathcal{X}, \quad \theta_1(x) - \theta_1(\tilde{x}^k) + (x - \tilde{x}^k)^{\mathrm{T}}\{\underline{-A^{\mathrm{T}}\tilde{\lambda}^k}\} \geqslant 0, \quad \forall x \in \mathcal{X}. \qquad (10.5.6\mathrm{a})$$

y-子问题(10.5.4c)的最优性条件是

$$\tilde{y}^k \in \mathcal{Y}, \quad \theta_2(y) - \theta_2(\tilde{y}^k) + (y - \tilde{y}^k)^{\mathrm{T}}\{\underline{-B^{\mathrm{T}}\tilde{\lambda}^k} + s(\tilde{y}^k - y^k)\} \geqslant 0, \quad \forall y \in \mathcal{Y}. \quad (10.5.6\mathrm{b})$$

等式(10.5.4b)本身可以写成

$$\tilde{\lambda}^k \in \Re^m, \quad (\lambda - \tilde{\lambda}^k)^{\mathrm{T}}\left\{\underline{(A\tilde{x}^k + B\tilde{y}^k - b)} - B(\tilde{y}^k - y^k) + \dfrac{1}{\beta}(\tilde{\lambda}^k - \lambda^k)\right\} \geqslant 0, \quad \forall \lambda \in \Re^m.$$
$$(10.5.6\mathrm{c})$$

可以将上述预测-校正写成以下的引理.

引理 10.7 求解变分不等式(10.0.2)的预测-校正方法中, 对给定的 $v^k = (y^k, \lambda^k)$, 若由(10.5.4)生成预测点 $\tilde{w}^k = (\tilde{x}^k, \tilde{y}^k, \tilde{\lambda}^k)$, 那么预测点满足

$$\tilde{w}^k \in \Omega, \quad \theta(u) - \theta(\tilde{u}^k) + (w - \tilde{w}^k)^{\mathrm{T}} F(\tilde{w}^k) \geqslant (v - \tilde{v}^k)^{\mathrm{T}} Q(v^k - \tilde{v}^k), \quad \forall w \in \Omega,$$
$$(10.5.7\mathrm{a})$$

其中

$$Q = \begin{pmatrix} sI_{n_2} & 0 \\ -B & \dfrac{1}{\beta}I_m \end{pmatrix}. \qquad (10.5.7\mathrm{b})$$

由(10.5.5)生成新核心变量 $v^{k+1} = (y^{k+1}, \lambda^{k+1})$ 的校正公式可以写成

$$v^{k+1} = v^k - M(v^k - \tilde{v}^k), \quad \text{其中} \quad M = \begin{pmatrix} I_{n_2} & 0 \\ -\beta B & I_m \end{pmatrix}. \tag{10.5.8}$$

对此, 我们可以用第 5 章 5.1 节中统一框架验证收敛性条件. 设

$$H = \begin{pmatrix} sI_{n_2} & 0 \\ 0 & \dfrac{1}{\beta}I_m \end{pmatrix}.$$

即有 $HM = Q$. 另外,

$$\begin{aligned}
G &= Q^{\mathrm{T}} + Q - M^{\mathrm{T}}HM = Q^{\mathrm{T}} + Q - M^{\mathrm{T}}Q \\
&= \begin{pmatrix} 2sI_{n_2} & -B^{\mathrm{T}} \\ -B & \dfrac{2}{\beta}I_m \end{pmatrix} - \begin{pmatrix} I_{n_2} & -\beta B^{\mathrm{T}} \\ 0 & I_m \end{pmatrix}\begin{pmatrix} sI_{n_2} & 0 \\ -B & \dfrac{1}{\beta}I_m \end{pmatrix} \\
&= \begin{pmatrix} sI_{n_2} - \beta B^{\mathrm{T}}B & 0 \\ 0 & \dfrac{1}{\beta}I_m \end{pmatrix}.
\end{aligned}$$

根据条件(10.5.3), 上面的矩阵 G 正定. 因此, 我们有

$$\|v^{k+1} - v^*\|_H^2 \leqslant \|v^k - v^*\|_H^2 - \|v^k - \tilde{v}^k\|_G^2, \quad \forall\, v^* \in \mathcal{V}^*.$$

线性化方法(10.5.2)求解变分不等式(10.0.2)是收敛的. 然而, 条件(10.5.3)往往影响收敛速度. 第 11 章的 11.4 节, 我们把这个条件改进成[63]

$$s > \frac{3}{4}\beta\|B^{\mathrm{T}}B\|.$$

尽管有了一定的进步, 从实际计算的角度出发, 有必要介绍自适应的线性化 ADMM.

10.5.2 自适应的线性化 ADMM

对确定的 $\beta > 0$, 固定的 $s > \beta\|B^{\mathrm{T}}B\|$ 往往会迫使 v^{k+1} 离 v^k 很近. 这一节介绍的方法, 动态地选取 s_k, 使得 s_k 远小于 $\beta\|B^{\mathrm{T}}B\|$, 从而加快收敛速度.

假设预测过程中参数 β 已经选定, $\nu \in (0,1)$, 我们取

$$s_0 = \frac{1}{\nu}\beta\lambda_{\mathrm{average}}(B^{\mathrm{T}}B), \tag{10.5.9}$$

其中

$$\lambda_{\text{average}}(B^{\text{T}}B) = \frac{\text{Trace}(B^{\text{T}}B)}{n_2}$$

是矩阵 $B^{\text{T}}B$ 的平均特征值, 它远比 $\|B^{\text{T}}B\|$ 小. 自适应线性化 ADMM 和线性化 ADMM (10.5.2)基本上一样, 不同的只是将 y-子问题中固定的参数 $s > 0$ 改成单调不减的正数序列 $\{s_k\}$. 第 k-步迭代从给定的 $v^k = (y^k, \lambda^k)$ 开始,

$$\begin{cases} x^{k+1} \in \operatorname{argmin}\left\{ \theta_1(x) - x^{\text{T}}A^{\text{T}}\lambda^k + \dfrac{1}{2}\beta\|Ax + By^k - b\|^2 \,\middle|\, x \in \mathcal{X} \right\}, & (10.5.10\text{a}) \\[2mm] y^{k+1} = \operatorname{arg\,min}\left\{ \begin{aligned} &\theta_2(y) - y^{\text{T}}B^{\text{T}}[\lambda^k - \beta(Ax^{k+1} + By^k - b)] \\ &+ \dfrac{1}{2}s_k\|y - y^k\|^2 \end{aligned} \,\middle|\, y \in \mathcal{Y} \right\}, & (10.5.10\text{b}) \\[2mm] \lambda^{k+1} = \lambda^k - \beta(Ax^{k+1} + By^{k+1} - b), & (10.5.10\text{c}) \end{cases}$$

和把经典的线性化 ADMM(10.5.2)分拆成预测-校正一样, 把(10.5.10)分拆成预测-校正公式, 分别为

$$(\text{预测})\begin{cases} \tilde{x}^k \in \operatorname{argmin}\left\{ \theta_1(x) - x^{\text{T}}A^{\text{T}}\lambda^k + \dfrac{1}{2}\beta\|Ax + By^k - b\|^2 \,\middle|\, x \in \mathcal{X} \right\}, & (10.5.11\text{a}) \\[2mm] \tilde{\lambda}^k = \lambda^k - \beta(A\tilde{x}^k + By^k - b), & (10.5.11\text{b}) \\[2mm] \tilde{y}^k = \operatorname{arg\,min}\left\{ \theta_2(y) - y^{\text{T}}B^{\text{T}}\tilde{\lambda}^k + \dfrac{1}{2}s_k\|y - y^k\|^2 \,\middle|\, y \in \mathcal{Y} \right\} & (10.5.11\text{c}) \end{cases}$$

和

$$(\text{校正}) \qquad \begin{pmatrix} y^{k+1} \\ \lambda^{k+1} \end{pmatrix} = \begin{pmatrix} y^k \\ \lambda^k \end{pmatrix} - \begin{pmatrix} I_{n_2} & 0 \\ -\beta B & I_m \end{pmatrix} \begin{pmatrix} y^k - \tilde{y}^k \\ \lambda^k - \tilde{\lambda}^k \end{pmatrix}. \qquad (10.5.12)$$

我们要求能试探性地选用 s_k, 使其满足

$$\beta\|B(y^k - \tilde{y}^k)\|^2 \leqslant \nu\left(s_k\|y^k - \tilde{y}^k\|^2 + \frac{1}{\beta}\|\lambda^k - \tilde{\lambda}^k\|^2 \right), \quad \nu \in (0, 1). \quad (10.5.13)$$

由于当 $s_k \geqslant \dfrac{1}{\nu}\beta\|B^{\text{T}}B\|$ 时, 上式自然成立, 当(10.5.13)尚不满足的时候, 可以将 s_k 调大 1.5 倍, 重做(10.5.11c), 重复这个过程, 直至条件(10.5.13)满足. 事实上,

$$\|B(y^k - \tilde{y}^k)\|^2 \approx \lambda_{\text{average}}(B^{\text{T}}B)\|y^k - \tilde{y}^k\|^2 \overset{(10.5.9)}{=\!=\!=} \frac{1}{\beta}\nu s_0\|y^k - \tilde{y}^k\|^2.$$

因此, (10.5.13)的左端

$$\beta\|B(y^k - \tilde{y}^k)\|^2 \approx \nu s_0\|y^k - \tilde{y}^k\|^2. \tag{10.5.14}$$

当 $s_k \geqslant s_0$ 时, (10.5.13)一般会得到满足.

如同 10.5.1 节中分析的那样, 可以将预测-校正(10.5.11)~(10.5.16)的结果写成以下的引理.

引理 10.8 求解变分不等式(10.0.2)的预测-校正方法中, 对给定的 $v^k = (y^k, \lambda^k)$, 若由(10.5.11)生成预测点 $\tilde{w}^k = (\tilde{x}^k, \tilde{y}^k, \tilde{\lambda}^k)$, 那么预测点满足

$$\tilde{w}^k \in \Omega, \quad \theta(u) - \theta(\tilde{u}^k) + (w - \tilde{w}^k)^{\mathrm{T}} F(\tilde{w}^k) \geqslant (v - \tilde{v}^k)^{\mathrm{T}} Q_k(v^k - \tilde{v}^k), \quad \forall w \in \Omega, \tag{10.5.15a}$$

其中

$$Q_k = \begin{pmatrix} s_k I_{n_2} & 0 \\ -B & \frac{1}{\beta} I_m \end{pmatrix}. \tag{10.5.15b}$$

由(10.5.5)生成新核心变量 $v^{k+1} = (y^{k+1}, \lambda^{k+1})$ 的校正公式可以写成

$$v^{k+1} = v^k - M(v^k - \tilde{v}^k), \tag{10.5.16a}$$

其中

$$M = \begin{pmatrix} I_{n_2} & 0 \\ -\beta B & I_m \end{pmatrix}. \tag{10.5.16b}$$

对确定的 $\beta > 0$ 和选定的满足(10.5.13)的 s_k, (10.5.15b)中的矩阵 $Q_k^{\mathrm{T}} + Q_k$ 一般是并非正定的. 将(10.5.15a)中任意的 $w \in \Omega$ 取成 Ω^* 中的任一点 w^*, 就有

$$(\tilde{v}^k - v^*)^{\mathrm{T}} Q_k(v^k - \tilde{v}^k) \geqslant 0, \quad \forall v^* \in \mathcal{V}^*,$$

进而有

$$(v^k - v^*)^{\mathrm{T}} Q_k(v^k - \tilde{v}^k) \geqslant (v^k - \tilde{v}^k)^{\mathrm{T}} Q_k(v^k - \tilde{v}^k), \quad \forall v^* \in \mathcal{V}^*. \tag{10.5.17}$$

对此, 我们可以用第 5 章 5.1 节中统一框架验证收敛性条件. 设

$$H_k = \begin{pmatrix} s_k I_{n_2} & 0 \\ 0 & \frac{1}{\beta} I_m \end{pmatrix}.$$

即有 $H_k M = Q_k$. 我们考虑 H_k-模下的收缩算法, 利用校正公式(10.5.16a), $H_k M = Q_k$ 和(10.5.17), 有

$$\|v^k - v^*\|_{H_k}^2 - \|v^{k+1} - v^*\|_{H_k}^2$$

$$\begin{aligned}
&= \|v^k - v^*\|_{H_k}^2 - \|(v^k - v^*) - M(v^k - \tilde{v}^k)\|_{H_k}^2 \\
&= 2(v^k - v^*)^{\mathrm{T}} Q_k(v^k - \tilde{v}^k) - \|M(v^k - \tilde{v}^k)\|_{H_k}^2 \\
&\geqslant 2(v^k - \tilde{v}^k)^{\mathrm{T}} Q_k(v^k - \tilde{v}^k) - \|M(v^k - \tilde{v}^k)\|_{H_k}^2 \\
&= (v^k - \tilde{v}^k)^{\mathrm{T}} G_k(v^k - \tilde{v}^k),
\end{aligned} \tag{10.5.18}$$

其中

$$G_k = Q_k^{\mathrm{T}} + Q_k - M^{\mathrm{T}} H_k M.$$

我们并不要求 G_k 正定. 经过简单计算就有

$$\begin{aligned}
G_k &= Q_k^{\mathrm{T}} + Q_k - M^{\mathrm{T}} H_k M \ = \ Q_k^{\mathrm{T}} + Q_k - Q_k^{\mathrm{T}} M \\
&= \begin{pmatrix} 2s_k I_{n_2} & -B^{\mathrm{T}} \\ -B & \dfrac{2}{\beta} I_m \end{pmatrix} - \begin{pmatrix} I_{n_2} & -\beta B^{\mathrm{T}} \\ 0 & I_m \end{pmatrix} \begin{pmatrix} s_k I_{n_2} & 0 \\ -B & \dfrac{1}{\beta} I_m \end{pmatrix} \\
&= \begin{pmatrix} s_k I_{n_2} - \beta B^{\mathrm{T}} B & 0 \\ 0 & \dfrac{1}{\beta} I_m \end{pmatrix}.
\end{aligned}$$

因此,

$$(v^k - \tilde{v}^k)^{\mathrm{T}} G_k(v^k - \tilde{v}^k) = s_k\|y^k - \tilde{y}^k\|^2 + \frac{1}{\beta}\|\lambda_k - \tilde{\lambda}^k\|^2 - \beta\|B(y^k - \tilde{y}^k)\|^2. \tag{10.5.19}$$

在条件(10.5.13)满足的情况下, 从(10.5.18)和(10.5.19) 得到

$$\begin{aligned}
&\|v^k - v^*\|_{H_k}^2 - \|v^{k+1} - v^*\|_{H_k}^2 \\
&\geqslant (1-\nu)\left(s_k\|y^k - \tilde{y}^k\|^2 + \frac{1}{\beta}\|\lambda^k - \tilde{\lambda}^k\|^2\right) \\
&= (1-\nu)\|v^k - \tilde{v}^k\|_{H_k}^2.
\end{aligned} \tag{10.5.20}$$

我们有下面的定理.

定理 10.4　由(10.5.11)预测, (10.5.16)校正的求解变分不等式(10.0.2)的方法中, 如果产生预测点时条件(10.5.13)满足, 则算法产生的序列 $\{v^k = (y^k, \lambda^k)\}$ 满足

$$\|v^{k+1} - v^*\|_{H_k}^2 \leqslant \|v^k - v^*\|_{H_k}^2 - (1-\nu)\|v^k - \tilde{v}^k\|_{H_k}^2. \tag{10.5.21}$$

定理10.4是保证算法收敛的关键不等式.

注意到(10.5.13)中的 s_k 经过有限次扩大以后不再变动, 因此定理10.4中的矩阵 H_k (见(10.5.21)) 最终成了确定的正定矩阵, 由此可得到算法的全局收敛性.

实际计算中, 我们还是允许参数 s_k 过大时适当缩小. 以下是求解变分不等式问题(10.0.2)选定参数 $\beta > 0$ 的自适应预测-校正方法.

自适应线性化 ADMM 固定 β 的预测-校正方法.

给定 $\mu = 0.5$, $\nu = 0.9$, $s_0 = \dfrac{1}{\nu}\beta\lambda_{\text{average}}(B^{\mathrm{T}}B)$, $v^0 = (y^0, \lambda^0)$.

For $k = 0, 1, \cdots$, 假如停机准则尚未满足, **do**

1) $\tilde{x}^k \in \operatorname{argmin}\left\{\theta_1(x) - x^{\mathrm{T}}A^{\mathrm{T}}\lambda^k + \dfrac{1}{2}\beta\|Ax + By^k - b\|^2 \,\middle|\, x \in \mathcal{X}\right\}$,

$\quad \tilde{\lambda}^k = \lambda^k - \beta(A\tilde{x}^k + By^k - b)$.

2) $\tilde{y}^k = \operatorname{argmin}\left\{\theta_2(y) - y^{\mathrm{T}}B^{\mathrm{T}}\tilde{\lambda}^k + \dfrac{1}{2}s_k\|y - y^k\|^2 \,\middle|\, y \in \mathcal{Y}\right\}$,

$\quad t = \left(\beta\|B(y^k - \tilde{y}^k)\|^2\right) \,/\, \left[s_k\|y^k - \tilde{y}^k\|^2 + \dfrac{1}{\beta}\|\lambda^k - \tilde{\lambda}^k\|^2\right]$.

$\quad$ **while** $\quad t > \nu$

$\qquad s_k := s_k * t * 1.2$,

$\qquad \tilde{y}^k = \operatorname{argmin}\left\{\theta_2(y) - y^{\mathrm{T}}B^{\mathrm{T}}\tilde{\lambda}^k + \dfrac{1}{2}s_k\|y - y^k\|^2 \,\middle|\, y \in \mathcal{Y}\right\}$.

$\qquad t = \left(\beta\|B(y^k - \tilde{y}^k)\|^2\right) \,/\, \left[s_k\|y^k - \tilde{y}^k\|^2 + \dfrac{1}{\beta}\|\lambda^k - \tilde{\lambda}^k\|^2\right]$.

$\quad$ **end(while)**

3) $y^{k+1} = \tilde{y}^k$, $\quad \lambda^{k+1} = \tilde{\lambda}^k + \beta B(y^k - \tilde{y}^k)$.

4) **If** $\quad t \leqslant \mu \quad$ **then** $\quad s_k := s_k * \dfrac{2}{3}$, $\quad$ **end(if)**

5) 令 $s_{k+1} = s_k \quad$ 和 $\quad k := k + 1$, $\quad$ 开始新的一次迭代.

10.6 统一框架下计算步长的线性化 ADMM

用 9.4 节介绍的方法, 对给定的 $\beta > 0$, y-子问题的形式为

$$\min\left\{\theta_2(y) + \frac{1}{2}s\|y - a^k\|^2 \,\middle|\, y \in \mathcal{Y}\right\}.$$

对参数 s 要求 $s > \beta\|B^{\mathrm{T}}B\|$, 这往往会影响实际收敛效果. 这一节介绍的预测-校正方法, 对确定的 $\beta > 0$, 可以取任意的 $s > 0$.

预测 对给定的 $v^k = (y^k, \lambda^k)$, 用下面的方法生成预测点 $\tilde{w}^k = (\tilde{x}^k, \tilde{y}^k, \tilde{\lambda}^k)$:

$$\begin{cases} \tilde{x}^k \in \operatorname{arg\,min}\{\mathcal{L}_\beta^{[2]}(x, y^k, \lambda^k) \,|\, x \in \mathcal{X}\}, & (10.6.1a) \\[2mm] \tilde{y}^k = \operatorname{arg\,min}\left\{\theta_2(y) - y^{\mathrm{T}}B^{\mathrm{T}}\lambda^k + \dfrac{1}{2}s\|y - y^k\|^2 \,\middle|\, y \in \mathcal{Y}\right\}, & (10.6.1b) \\[2mm] \tilde{\lambda}^k = \lambda^k - \beta(A\tilde{x}^k + By^k - b). & (10.6.1c) \end{cases}$$

这里, (10.6.1a) 中需要极小的目标函数是增广 Lagrange 函数 $\mathcal{L}_\beta^{[2]}(x, y^k, \lambda^k)$, (10.6.1b) 中的目标函数中的二次项是 $\frac{s}{2}\|y - y^k\|^2$, 比 $\frac{\beta}{2}\|B(y - y^k)\|^2$ 形式简单. 注意到(10.6.1a)和(10.6.1b)是可以平行处理的. 首先, 我们有如下引理.

引理 10.9　求解变分不等式(10.0.2), 对给定的 $v^k = (y^k, \lambda^k)$, 由(10.6.1) 生成预测点 $\tilde{w}^k = (\tilde{x}^k, \tilde{y}^k, \tilde{\lambda}^k)$, 那么预测点满足

$$\theta(u) - \theta(\tilde{u}^k) + (w - \tilde{w}^k)^{\mathrm{T}} F(\tilde{w}^k) \geqslant (v - \tilde{v}^k)^{\mathrm{T}} Q(v^k - \tilde{v}^k), \quad \forall w \in \Omega, \quad (10.6.2a)$$

其中

$$Q = \begin{pmatrix} sI_{n_2} & B^{\mathrm{T}} \\ -B & \frac{1}{\beta}I_m \end{pmatrix}. \quad (10.6.2b)$$

证明　利用 $\tilde{\lambda}^k = \lambda^k - \beta(A\tilde{x}^k + By^k - b)$, 根据定理 1.1, x-子问题(10.6.1a)的最优性条件是

$$\tilde{x}^k \in \mathcal{X}, \quad \theta_1(x) - \theta_1(\tilde{x}^k) + (x - \tilde{x}^k)^{\mathrm{T}}(-A^{\mathrm{T}}\tilde{\lambda}^k) \geqslant 0, \quad \forall x \in \mathcal{X}. \quad (10.6.3)$$

同样, 根据定理 1.1, y-子问题,(10.6.1b)的最优性条件是

$$\tilde{y}^k \in \mathcal{Y}, \quad \theta_2(y) - \theta_2(\tilde{y}^k) + (y - \tilde{y}^k)^{\mathrm{T}}\left\{-B^{\mathrm{T}}\lambda^k + s(\tilde{y}^k - y^k)\right\} \geqslant 0, \forall y \in \mathcal{Y}.$$

因此, y-子问题 (10.6.1b) 的最优性条件可以写成

$$\tilde{y}^k \in \mathcal{Y}, \quad \theta_2(y) - \theta_2(\tilde{y}^k) + (y - \tilde{y}^k)^{\mathrm{T}}\Big\{-B^{\mathrm{T}}\tilde{\lambda}^k$$
$$+ s(\tilde{y}^k - y^k) + B^{\mathrm{T}}(\tilde{\lambda}^k - \lambda^k)\Big\} \geqslant 0, \quad \forall y \in \mathcal{Y}. \quad (10.6.4)$$

由乘子 λ 的校正公式(10.6.1c), 我们有

$$(A\tilde{x}^k + B\tilde{y}^k - b) - B(\tilde{y}^k - y^k) + \left(\frac{1}{\beta}\right)(\tilde{\lambda}^k - \lambda^k) = 0.$$

这也可以表示成

$$\tilde{\lambda}^k \in \Re^m, \quad (\lambda - \tilde{\lambda}^k)^{\mathrm{T}}\{(A\tilde{x}^k + B\tilde{y}^k - b)$$
$$- B(\tilde{y}^k - y^k) + \left(\frac{1}{\beta}\right)(\tilde{\lambda}^k - \lambda^k)\} \geqslant 0, \quad \forall \lambda \in \Re^m. \quad (10.6.5)$$

将(10.6.3), (10.6.4)和(10.6.5)结合在一起, 并利用(10.0.2) 的表达式, 就得到该引理的结论.　　　　　　　　　　　　　　　　　　　　　　　　　□

由预测(10.6.1)得到的 $\tilde{w}^k$ 满足(10.6.2), 其中的预测矩阵是一个正定的分块对角数量矩阵和一个反对称矩阵的和. 这时, $Q^{\mathrm{T}} + Q$ 是正定的分块对角数量矩阵.

1. 基于合格预测计算步长的校正

由(10.6.1)预测得到的 $\tilde{w}^k$ 满足(10.6.2). 预测(10.6.2b)中矩阵 Q 的具体形式给构造满足统一框架中条件的矩阵 H 和 M 提供了许多可能性. 例如, 取

$$H = \begin{pmatrix} sI_{n_2} & 0 \\ 0 & \frac{1}{\beta}I_m \end{pmatrix} \quad \text{和} \quad M = \begin{pmatrix} I_{n_2} & \frac{1}{s}B^{\mathrm{T}} \\ -\beta B & I_m \end{pmatrix}, \tag{10.6.6}$$

就有 $HM = Q$. 我们采用计算步长的校正方法 (5.1.7)

$$v^{k+1} = v^k - \gamma\alpha_k^* M(v^k - \tilde{v}^k) \tag{10.6.7}$$

生成新的迭代点 $v^{k+1} = (y^{k+1}, \lambda^{k+1})$. 根据 (5.1.8b),

$$\alpha_k^* = \frac{(v^k - \tilde{v}^k)^{\mathrm{T}}Q(v^k - \tilde{v}^k)}{(v^k - \tilde{v}^k)^{\mathrm{T}}M^{\mathrm{T}}Q(v^k - \tilde{v}^k)}.$$

因为

$$(v^k - \tilde{v}^k)^{\mathrm{T}}M^{\mathrm{T}}Q(v^k - \tilde{v}^k) = \|M(v^k - \tilde{v}^k)\|_H^2,$$

并且对这一节中的矩阵 Q(见(10.6.2b)) 和 H, 恰有

$$(v^k - \tilde{v}^k)^{\mathrm{T}}Q(v^k - \tilde{v}^k) = \|v^k - \tilde{v}^k\|_H^2,$$

所以

$$\alpha_k^* = \frac{\|v^k - \tilde{v}^k\|_H^2}{\|M(v^k - \tilde{v}^k)\|_H^2}. \tag{10.6.8}$$

由于

$$M^{\mathrm{T}}HM = Q^{\mathrm{T}}M = \begin{pmatrix} sI & -B^{\mathrm{T}} \\ B & \frac{1}{\beta}I \end{pmatrix} \begin{pmatrix} I & \frac{1}{s}B^{\mathrm{T}} \\ -\beta B & I \end{pmatrix}$$

$$= \begin{pmatrix} sI + \beta B^{\mathrm{T}}B & 0 \\ 0 & \frac{1}{\beta}I + \frac{1}{s}BB^{\mathrm{T}} \end{pmatrix},$$

我们有

$$\|M(v^k - \tilde{v}^k)\|_H^2 = \|y^k - \tilde{y}^k\|_{(sI+\beta B^{\mathrm{T}}B)}^2 + \|\lambda^k - \tilde{\lambda}^k\|_{(\frac{1}{\beta}I+\frac{1}{s}BB^{\mathrm{T}})}^2$$

$$= s\|y^k - \tilde{y}^k\|_{(I+\frac{\beta}{s}B^{\mathrm{T}}B)}^2 + \frac{1}{\beta}\|\lambda^k - \tilde{\lambda}^k\|_{(I+\frac{\beta}{s}BB^{\mathrm{T}})}^2$$

$$\leqslant \left(1 + \frac{\beta}{s}\|B^{\mathrm{T}}B\|\right)\|v^k - \tilde{v}^k\|_H^2.$$

所以, 对 (10.6.8) 中的 α_k^*, 有

$$\alpha_k^* \geqslant \frac{s}{s + \beta\|B^{\mathrm{T}}B\|}. \tag{10.6.9}$$

换句话说, 对所有的 k, α_k^* 是下有界的. 根据第 5 章中的定理 5.3, 并利用这里特殊的 $Q^{\mathrm{T}} + Q = 2H$, 直接得到下面的定理.

定理 10.5　求解变分不等式(10.0.2), 对给定的 $v^k = (y^k, \lambda^k)$, 如果由(10.6.1)生成预测点 $\tilde{w}^k = (\tilde{x}^k, \tilde{y}^k, \tilde{\lambda}^k)$, 并由(10.6.7)校正得到 v^{k+1}, 那么有收缩关系式

$$\|v^{k+1} - v^*\|_H^2 \leqslant \|v^k - v^*\|_H^2 - \frac{\gamma(2-\gamma)s}{s + \beta\|B^{\mathrm{T}}B\|}\|v^k - \tilde{v}^k\|_H^2. \tag{10.6.10}$$

2. 基于合格预测通过求解方程组的校正

注意到(10.6.2)中的 Q 是反对称的. 我们记

$$D = \frac{1}{2}(Q^{\mathrm{T}} + Q) = \begin{pmatrix} sI_{n_2} & 0 \\ 0 & \frac{1}{\beta}I_m \end{pmatrix}. \tag{10.6.11}$$

我们采用

$$v^{k+1} = v^k - \alpha M(v^k - \tilde{v}^k), \quad \alpha \in (0, 2) \tag{10.6.12a}$$

进行校正, 其中

$$M = Q^{-\mathrm{T}}D. \tag{10.6.12b}$$

根据第 5 章 5.5 节的分析有如下的定理.

定理10.6　求解变分不等式(10.0.2), 对给定的 $v^k = (y^k, \lambda^k)$, 如果由(10.6.1)生成预测点 $\tilde{w}^k = (\tilde{x}^k, \tilde{y}^k, \tilde{\lambda}^k)$, 并由(10.6.12)校正得到 v^{k+1}, 那么有收缩关系式

$$\|v^{k+1} - v^*\|_H^2 \leqslant \|v^k - v^*\|_H^2 - \alpha(2-\alpha)\|v^k - \tilde{v}^k\|_D^2, \tag{10.6.13}$$

其中

$$H = QD^{-1}Q^{\mathrm{T}}. \tag{10.6.14}$$

如何实现(10.6.12)这样的校正呢?　根据(10.6.12)

$$Q^{\mathrm{T}}(v^{k+1} - v^k) = \alpha D(\tilde{v}^k - v^k), \quad \alpha \in (0, 2), \tag{10.6.15}$$

这相当于

$$
\begin{cases}
s(y^{k+1} - y^k) - B^{\mathrm{T}}(\lambda^{k+1} - \lambda^k) = \alpha s(\tilde{y}^k - y^k), \\
B(y^{k+1} - y^k) + \dfrac{1}{\beta}(\lambda^{k+1} - \lambda^k) = \dfrac{\alpha}{\beta}(\tilde{\lambda}^k - \lambda^k).
\end{cases}
\tag{10.6.16}
$$

从联立方程组首先可以求得

$$
(\lambda^{k+1} - \lambda^k) = \alpha s \left(\frac{s}{\beta} I + BB^{\mathrm{T}} \right)^{-1} \left[\frac{1}{\beta}(\tilde{\lambda}^k - \lambda^k) - B(\tilde{y}^k - y^k) \right]
$$

和

$$
(y^{k+1} - y^k) = \alpha(\tilde{y}^k - y^k) + \frac{1}{s} B^{\mathrm{T}}(\lambda^{k+1} - \lambda^k).
$$

写在一起, 校正公式就是

$$
\begin{cases}
\lambda^{k+1} = \lambda^k - \alpha s \left(\dfrac{s}{\beta} I + BB^{\mathrm{T}} \right)^{-1} \left[\dfrac{1}{\beta}(\lambda^k - \tilde{\lambda}^k) - B(y^k - \tilde{y}^k) \right], \\
y^{k+1} = y^k - \alpha(y^k - \tilde{y}^k) - \dfrac{1}{s} B^{\mathrm{T}}(\lambda^k - \lambda^{k+1}).
\end{cases}
\tag{10.6.17}
$$

在(10.6.17)的计算中, 需要对矩阵 $\left(\dfrac{s}{\beta} I + BB^{\mathrm{T}} \right)$ 做一次 Cholesky 分解.

也可以从联立方程组(10.6.16)得到

$$
\begin{cases}
s(y^{k+1} - y^k) - B^{\mathrm{T}}(\lambda^{k+1} - \lambda^k) = \alpha s(\tilde{y}^k - y^k), \\
\beta B^{\mathrm{T}} B(y^{k+1} - y^k) + B^{\mathrm{T}}(\lambda^{k+1} - \lambda^k) = \alpha B^{\mathrm{T}}(\tilde{\lambda}^k - \lambda^k).
\end{cases}
$$

从而求得

$$
(y^{k+1} - y^k) = \alpha \left(sI + \beta B^{\mathrm{T}} B \right)^{-1} \left[s(\tilde{y}^k - y^k) + B^{\mathrm{T}}(\tilde{\lambda}^k - \lambda^k) \right]
$$

和

$$
(\lambda^{k+1} - \lambda^k) = \alpha(\tilde{\lambda}^k - \lambda^k) - \beta B(y^{k+1} - y^k).
$$

写在一起, 校正公式就是

$$
\begin{cases}
y^{k+1} = y^k + \alpha \left(sI + \beta B^{\mathrm{T}} B \right)^{-1} \left[s(y^k - \tilde{y}^k) + B^{\mathrm{T}}(\lambda^k - \tilde{\lambda}^k) \right], \\
\lambda^{k+1} = \lambda^k - \beta B(y^k - y^{k+1}) + \alpha(\lambda^k - \tilde{\lambda}^k).
\end{cases}
\tag{10.6.18}
$$

在(10.6.18)的计算中, 需要对矩阵 $\left(sI + \beta B^{\mathrm{T}} B \right)$ 做一次 Cholesky 分解.

10.7　利用统一框架设计的均困 PPA 算法

这一节介绍的预测-校正方法, 对确定的 $\beta > 0$, 可以取任意的 $s > 0$. 这一节我们在 x-子问题求解没有困难的假设下设计均困的 PPA 算法. 我们为求解(10.0.2)构造的预测公式 (5.1.1) 中的矩阵 $Q = H$ 为一对称正定矩阵.

Primal-Dual 预测　让预测点 $\tilde{w}^k \in \Omega$ 满足

$$\theta(u) - \theta(\tilde{u}^k) + (w - \tilde{w}^k)^{\mathrm{T}} F(\tilde{w}^k) \geqslant (w - \tilde{w}^k)^{\mathrm{T}} H(w^k - \tilde{w}^k), \ \forall w \in \Omega, \quad (10.7.1a)$$

其中

$$H = \begin{pmatrix} \beta A^{\mathrm{T}} A + \delta I_{n_1} & 0 & A^{\mathrm{T}} \\ 0 & s I_{n_2} & B^{\mathrm{T}} \\ A & B & \left(\dfrac{1}{\beta} + \delta\right) I_m + \dfrac{1}{s} BB^{\mathrm{T}} \end{pmatrix}, \quad \delta > 0. \quad (10.7.1b)$$

由于

$$H = \begin{pmatrix} \beta A^{\mathrm{T}} A + \delta I_{n_1} & 0 & A^{\mathrm{T}} \\ 0 & 0 & 0 \\ A & 0 & \dfrac{1}{\beta} I_m \end{pmatrix} + \begin{pmatrix} 0 & 0 & 0 \\ 0 & s I_{n_2} & B^{\mathrm{T}} \\ 0 & B & \delta I_m + \dfrac{1}{s} BB^{\mathrm{T}} \end{pmatrix},$$

对任意的 $\beta > 0$, $s > 0$, $\delta > 0$ 和 $w = (x, y, \lambda) \neq 0$,

$$w^{\mathrm{T}} H w = \left\| \sqrt{\beta} Ax + \sqrt{\dfrac{1}{\beta}} \lambda \right\|^2 + \delta \|x\|^2 + \left\| \sqrt{s} y + \sqrt{\dfrac{1}{s}} B^{\mathrm{T}} \lambda \right\|^2 + \delta \|\lambda\|^2 > 0,$$

矩阵 H 正定. 这样的方法中, $w = (x, y, \lambda)$ 是核心变量.

先看如何实现满足(10.7.1)的预测. 用(10.0.2)中 $F(w)$ 的表达式, 把(10.7.1)的具体形式写出来就是 $\tilde{w}^k = (\tilde{x}^k, \tilde{y}^k, \tilde{\lambda}^k) \in \Omega$, 使得

$$\begin{cases} \theta_1(x) - \theta_1(\tilde{x}^k) + (x - \tilde{x}^k)^{\mathrm{T}} \{ \underline{-A^{\mathrm{T}} \tilde{\lambda}^k} + (\beta A^{\mathrm{T}} A + \delta I_{n_1})(\tilde{x}^k - x^k) \\ \qquad\qquad\qquad\qquad + A^{\mathrm{T}}(\tilde{\lambda}^k - \lambda^k) \} \geqslant 0, \quad \forall x \in \mathcal{X}, \quad (10.7.2a) \\[4pt] \theta_2(y) - \theta_2(\tilde{y}^k) + (y - \tilde{y}^k)^{\mathrm{T}} \{ \underline{-B^{\mathrm{T}} \tilde{\lambda}^k} + s(\tilde{y}^k - y^k) \\ \qquad\qquad\qquad\qquad + B^{\mathrm{T}}(\tilde{\lambda}^k - \lambda^k) \} \geqslant 0, \quad \forall y \in \mathcal{Y}, \quad (10.7.2b) \\[4pt] \underline{(A\tilde{x}^k + B\tilde{y}^k - b)} + A(\tilde{x}^k - x^k) + B(\tilde{y}^k - y^k) \\ \qquad\qquad\qquad + \left(\left(\dfrac{1}{\beta} + \delta\right) I_m + \dfrac{1}{s} BB^{\mathrm{T}} \right)(\tilde{\lambda}^k - \lambda^k) = 0. \quad (10.7.2c) \end{cases}$$

上式中, 有下波纹线的凑在一起, 就是(10.7.1)中的 $F(\tilde{w}^k)$. 将(10.7.2)相同的项归并, 就有

$$
\begin{cases}
\theta_1(x) - \theta_1(\tilde{x}^k) + (x - \tilde{x}^k)^{\mathrm{T}}\{-A^{\mathrm{T}}\lambda^k \\
\qquad\qquad + (\beta A^{\mathrm{T}}A + \delta I_{n_1})(\tilde{x}^k - x^k)\} \geqslant 0, \quad \forall x \in \mathcal{X}, \\
\theta_2(y) - \theta_2(\tilde{y}^k) + (y - \tilde{y}^k)^{\mathrm{T}}\{-B^{\mathrm{T}}\lambda^k + s(\tilde{y}^k - y^k)\} \geqslant 0, \quad \forall y \in \mathcal{Y}, \\
[A(2\tilde{x}^k - x^k) + B(2\tilde{y}^k - y^k) - b] + \left(\left(\dfrac{1}{\beta} + \delta\right)I_m + \dfrac{1}{s}BB^{\mathrm{T}}\right)(\tilde{\lambda}^k - \lambda^k) = 0.
\end{cases}
$$

对上面的 $\tilde{w}^k = (\tilde{x}^k, \tilde{y}^k, \tilde{\lambda}^k) \in \Omega$, 按照 x, y, λ 的次序计算

$$
\begin{cases}
\tilde{x}^k = \arg\min\left\{\theta_1(x) - x^{\mathrm{T}}A^{\mathrm{T}}\lambda^k + \dfrac{1}{2}\beta\|A(x - x^k)\|^2 + \dfrac{1}{2}\delta\|x - x^k\|^2 \,\middle|\, x \in \mathcal{X}\right\}, \\
\tilde{y}^k = \arg\min\left\{\theta_2(y) - y^{\mathrm{T}}B^{\mathrm{T}}\lambda^k + \dfrac{1}{2}s\|y - y^k\|^2 \,\middle|\, y \in \mathcal{Y}\right\}, \\
\tilde{\lambda}^k = \arg\min\left\{\begin{array}{l}\dfrac{1}{2}(\lambda - \lambda^k)^{\mathrm{T}}\left(\left(\dfrac{1}{\beta} + \delta\right)I_m + \dfrac{1}{s}BB^{\mathrm{T}}\right)(\lambda - \lambda^k) \\ + \lambda^{\mathrm{T}}[A(2\tilde{x}^k - x^k) + B(2\tilde{y}^k - y^k) - b]\end{array}\,\middle|\, \lambda \in \Re^m\right\}.
\end{cases}
$$

就得到(10.7.1)这样的预测, 其中矩阵 H 是正定的. 预测执行的是 Primal-Dual 顺序.

Dual-Primal 预测 让预测点 $\tilde{w}^k \in \Omega$ 满足

$$\theta(u) - \theta(\tilde{u}^k) + (w - \tilde{w}^k)^{\mathrm{T}}F(\tilde{w}^k) \geqslant (w - \tilde{w}^k)^{\mathrm{T}}H(w^k - \tilde{w}^k), \quad \forall w \in \Omega, \quad (10.7.3\mathrm{a})$$

其中

$$
H = \begin{pmatrix} \beta A^{\mathrm{T}}A + \delta I_{n_1} & 0 & -A^{\mathrm{T}} \\ 0 & sI_{n_2} & -B^{\mathrm{T}} \\ -A & -B & \left(\dfrac{1}{\beta} + \delta\right)I_m + \dfrac{1}{s}BB^{\mathrm{T}} \end{pmatrix}, \quad \delta > 0. \quad (10.7.3\mathrm{b})
$$

由于

$$
H = \begin{pmatrix} \beta A^{\mathrm{T}}A + \delta I_{n_1} & 0 & -A^{\mathrm{T}} \\ 0 & 0 & 0 \\ -A & 0 & \dfrac{1}{\beta}I_m \end{pmatrix} + \begin{pmatrix} 0 & 0 & 0 \\ 0 & sI_{n_2} & -B^{\mathrm{T}} \\ 0 & -B & \delta I_m + \dfrac{1}{s}BB^{\mathrm{T}} \end{pmatrix},
$$

对任意的 $\beta > 0$, $s > 0$, $\delta > 0$ 和 $w = (x, y, \lambda) \neq 0$,

$$w^{\mathrm{T}} H w = \|\sqrt{\beta} A x - \sqrt{\frac{1}{\beta}} \lambda\|^2 + \delta\|x\|^2 + \|\sqrt{s} y - \sqrt{\frac{1}{s}} B^{\mathrm{T}} \lambda\|^2 + \delta\|\lambda\|^2 > 0,$$

矩阵 H 正定. 这样的方法中, $w = (x, y, \lambda)$ 是核心变量.

先看如何实现满足(10.7.3)的预测. 用(10.0.2)中 $F(w)$ 的表达式, 把(10.7.3)的具体形式写出来就是 $\tilde{w}^k = (\tilde{x}^k, \tilde{y}^k, \tilde{\lambda}^k) \in \Omega$, 使得

$$
\begin{cases}
\theta_1(x) - \theta_1(\tilde{x}^k) + (x - \tilde{x}^k)^{\mathrm{T}} \{ \underaccent{\sim}{-A^{\mathrm{T}} \tilde{\lambda}^k} + (\beta A^{\mathrm{T}} A + \delta I_{n_1})(\tilde{x}^k - x^k) \\
\qquad\qquad\qquad\qquad - A^{\mathrm{T}}(\tilde{\lambda}^k - \lambda^k) \} \geqslant 0, \quad \forall\, x \in \mathcal{X}, \quad (10.7.4\mathrm{a}) \\
\theta_2(y) - \theta_2(\tilde{y}^k) + (y - \tilde{y}^k)^{\mathrm{T}} \{ \underaccent{\sim}{-B^{\mathrm{T}} \tilde{\lambda}^k} + s(\tilde{y}^k - y^k) \\
\qquad\qquad\qquad\qquad - B^{\mathrm{T}}(\tilde{\lambda}^k - \lambda^k) \} \geqslant 0, \quad \forall\, y \in \mathcal{Y}, \quad (10.7.4\mathrm{b}) \\
(\underaccent{\sim}{A\tilde{x}^k + B\tilde{y}^k - b}) - A(\tilde{x}^k - x^k) - B(\tilde{y}^k - y^k) \\
\qquad\qquad + \left(\left(\frac{1}{\beta} + \delta\right) I_m + \frac{1}{s} B B^{\mathrm{T}} \right)(\tilde{\lambda}^k - \lambda^k) = 0. \quad (10.7.4\mathrm{c})
\end{cases}
$$

上式中, 有下波纹线的凑在一起, 就是(10.7.1)中的 $F(\tilde{w}^k)$. 将 (10.7.4) 相同的项归并, 就有 $\tilde{w}^k = (\tilde{x}^k, \tilde{y}^k, \tilde{\lambda}^k) \in \Omega$, 使得

$$
\begin{cases}
\theta_1(x) - \theta_1(\tilde{x}^k) + (x - \tilde{x}^k)^{\mathrm{T}} \{ -A^{\mathrm{T}}(2\tilde{\lambda}^k - \lambda^k) \\
\qquad\qquad\qquad\qquad + (\beta A^{\mathrm{T}} A + \delta I_{n_1})(\tilde{x}^k - x^k) \} \geqslant 0, \quad \forall\, x \in \mathcal{X}, \\
\theta_2(y) - \theta_2(\tilde{y}^k) + (y - \tilde{y}^k)^{\mathrm{T}} \{ -B^{\mathrm{T}}(2\tilde{\lambda}^k - \lambda^k) + s(\tilde{y}^k - y^k) \} \geqslant 0, \quad \forall\, y \in \mathcal{Y}, \\
(Ax^k + By^k - b) + \left(\left(\frac{1}{\beta} + \delta\right) I_m + \frac{1}{s} B B^{\mathrm{T}} \right)(\tilde{\lambda}^k - \lambda^k) = 0.
\end{cases}
$$

对上面的 $\tilde{w}^k = (\tilde{x}^k, \tilde{y}^k, \tilde{\lambda}^k) \in \Omega$, 按照 λ, x, y 的次序计算

$$
\begin{cases}
\tilde{\lambda}^k = \arg\min \left\{ \begin{aligned} &\frac{1}{2}(\lambda - \lambda^k)^{\mathrm{T}} \left(\left(\frac{1}{\beta} + \delta\right) I_m + \frac{1}{s} B B^{\mathrm{T}} \right)(\lambda - \lambda^k) \\ &\quad + \lambda^{\mathrm{T}}(Ax^k + By^k - b) \end{aligned} \,\middle|\, \lambda \in \Re^m \right\}. \\
\tilde{x}^k = \arg\min \left\{ \begin{aligned} &\theta_1(x) - x^{\mathrm{T}} A^{\mathrm{T}}(2\tilde{\lambda}^k - \lambda^k) \\ &+ \frac{1}{2}\beta\|A(x - x^k)\|^2 + \frac{1}{2}\delta\|x - x^k\|^2 \end{aligned} \,\middle|\, x \in \mathcal{X} \right\}. \\
\tilde{y}^k = \arg\min \left\{ \theta_2(y) - y^{\mathrm{T}} B^{\mathrm{T}}(2\tilde{\lambda}^k - \lambda^k) + \frac{1}{2}s\|y - y^k\|^2 \,\middle|\, y \in \mathcal{Y} \right\}.
\end{cases}
$$

就得到(10.7.3)这样的预测, 其中矩阵 H 是正定的. 预测执行的是Dual-Primal顺序.

因为这两种预测的预测矩阵都是正定的, 就可以用平凡松弛的校正 (5.1.2),

$$w^{k+1} = w^k - \alpha(w^k - \tilde{w}^k), \quad \alpha \in (0, 2)$$

得到新的迭代点 w^{k+1}. 根据统一框架, 算法就是收敛的.

从第 8 章到第 10 章讨论的问题, 在第 5 章介绍算法统一框架之前就做过讨论. 换句话说, 从第 8 章到第 10 章, 只是在算法统一框架指导下考虑了效率更高或者应用更广泛的算法.

第 11 章　三个可分离块凸优化问题的修正 ADMM 类方法

这一章考虑第 1 章 1.2 节中提及的三个可分离块的凸优化问题

$$\min\{\theta_1(x) + \theta_2(y) + \theta_3(z) | Ax + By + Cz = b,\ x \in \mathcal{X}, y \in \mathcal{Y}, z \in \mathcal{Z}\} \quad (11.0.1)$$

的求解方法. 问题的 Lagrange 函数是

$$L(x, y, z, \lambda) = \theta_1(x) + \theta_2(y) + \theta_3(z) - \lambda^{\mathrm{T}}(Ax + By + Cz - b).$$

Lagrange 函数的鞍点等同于变分不等式

$$w^* \in \Omega, \quad \theta(u) - \theta(u^*) + (w - w^*)^{\mathrm{T}} F(w^*) \geqslant 0, \quad \forall w \in \Omega \quad (11.0.2a)$$

的解点, 其中

$$w = \begin{pmatrix} x \\ y \\ z \\ \lambda \end{pmatrix}, \quad u = \begin{pmatrix} x \\ y \\ z \end{pmatrix}, \quad F(w) = \begin{pmatrix} -A^{\mathrm{T}}\lambda \\ -B^{\mathrm{T}}\lambda \\ -C^{\mathrm{T}}\lambda \\ Ax + By + Cz - b \end{pmatrix} \quad (11.0.2b)$$

和

$$\theta(u) = \theta_1(x) + \theta_2(y) + \theta_3(z), \qquad \Omega = \mathcal{X} \times \mathcal{Y} \times \mathcal{Z} \times \Re^m. \quad (11.0.2c)$$

在第 5 章介绍算法统一框架以前, 我们没有讨论这类问题的求解方法, 是因为直接推广的 ADMM 用来求解三个可分离块的问题是不能保证收敛的. 有了算法统一框架, 我们可以把那些不能保证收敛的方法的迭代输出当成预测点, 再设法校正, 得到收敛的方法.

11.1　直接推广的 ADMM 对三个可分离块问题不保证收敛

我们把问题(11.0.1)的增广 Lagrange 函数记为 (与两个算子的符号有区别)

$$\mathcal{L}_{\beta}^{[3]}(x, y, z, \lambda) = \theta_1(x) + \theta_2(y) + \theta_3(z) - \lambda^{\mathrm{T}}(Ax + By + Cz - b)$$

$$+ \frac{\beta}{2} \|Ax + By + Cz - b\|^2. \tag{11.1.1}$$

对三个可分离块的凸优化问题, 采用直接推广的乘子交替方向法, 第 k 步迭代是从给定的 $v^k = (y^k, z^k, \lambda^k)$ 出发, 通过

$$\begin{cases} x^{k+1} \in \arg\min \left\{ \mathcal{L}_\beta^{[3]}(x, y^k, z^k, \lambda^k) \mid x \in \mathcal{X} \right\}, \\ y^{k+1} \in \arg\min \left\{ \mathcal{L}_\beta^{[3]}(x^{k+1}, y, z^k, \lambda^k) \mid y \in \mathcal{Y} \right\}, \\ z^{k+1} \in \arg\min \left\{ \mathcal{L}_\beta^{[3]}(x^{k+1}, y^{k+1}, z, \lambda^k) \mid z \in \mathcal{Z} \right\}, \\ \lambda^{k+1} = \lambda^k - \beta(Ax^{k+1} + By^{k+1} + Cz^{k+1} - b) \end{cases} \tag{11.1.2}$$

求得新的迭代点 $w^{k+1} = (x^{k+1}, y^{k+1}, z^{k+1}, \lambda^{k+1})$. 当矩阵 A, B, C 中有两个互相列正交的时候, 用方法(11.1.2)求解问题(11.0.1)是收敛的[17], 因为这种三块的可分离问题, 实际上相当于两块的可分离问题. 我们以 $B^\mathrm{T} C = 0$ 为例来说明, 由于(11.1.2)中的 y 和 z 子问题分别是

$$y^{k+1} \in \arg\min \left\{ \theta_2(y) - y^\mathrm{T} B^\mathrm{T} \lambda^k + \frac{\beta}{2} \|Ax^{k+1} + By + Cz^k - b\|^2 \,\Big|\, y \in \mathcal{Y} \right\} \tag{11.1.3a}$$

和

$$z^{k+1} \in \arg\min \left\{ \theta_3(z) - z^\mathrm{T} C^\mathrm{T} \lambda^k + \frac{\beta}{2} \|Ax^{k+1} + By^{k+1} + Cz - b\|^2 \,\Big|\, z \in \mathcal{Z} \right\}. \tag{11.1.3b}$$

根据定理 1.1, y-子问题(11.1.3a)的最优性条件是 $y^{k+1} \in \mathcal{Y}$,

$$\theta_2(y) - \theta_2(y^{k+1})$$
$$+ (y - y^{k+1})^\mathrm{T} \{-B^\mathrm{T}\lambda^k + \beta B^\mathrm{T}(Ax^{k+1} + By^{k+1} + Cz^k - b)\} \geqslant 0, \quad \forall y \in \mathcal{Y}.$$

由于 $B^\mathrm{T} C = 0$, 上式可以改写成 $y^{k+1} \in \mathcal{Y}$,

$$\theta_2(y) - \theta_2(y^{k+1})$$
$$+ (y - y^{k+1})^\mathrm{T} \{-B^\mathrm{T}\lambda^k + \beta B^\mathrm{T}(Ax^{k+1} + By^{k+1} + Cz^{k+1} - b)\} \geqslant 0, \quad \forall y \in \mathcal{Y}, \tag{11.1.4a}$$

同样根据定理 1.1, z-子问题(11.1.3b)的最优性条件是 $z^{k+1} \in \mathcal{Z}$,

$$\theta_3(z) - \theta_3(z^{k+1})$$

$$+ (z - z^{k+1})^{\mathrm{T}}\{-C^{\mathrm{T}}\lambda^k + \beta C^{\mathrm{T}}(Ax^{k+1} + By^{k+1} + Cz^{k+1} - b)\} \geqslant 0, \quad \forall z \in \mathcal{Z}.$$
$$(11.1.4\text{b})$$

因为(11.1.4)恰好是优化问题

$$\begin{pmatrix} y^{k+1} \\ z^{k+1} \end{pmatrix} \in \arg\min \left\{ \begin{pmatrix} \theta_2(y) \\ +\theta_3(z) \end{pmatrix} - \begin{pmatrix} y^{\mathrm{T}}B^{\mathrm{T}} \\ z^{\mathrm{T}}C^{\mathrm{T}} \end{pmatrix}\lambda^k + \frac{\beta}{2}\|Ax^{k+1} + By + Cz - b\|^2 \middle| \begin{pmatrix} y \in \mathcal{Y} \\ z \in \mathcal{Z} \end{pmatrix} \right\}$$

的最优性条件. 因此, 在 $B^{\mathrm{T}}C = 0$ 的情况下, 直接推广的 ADMM(11.1.2)相当于

$$\begin{cases} x^{k+1} \in \arg\min \left\{ \mathcal{L}_\beta^{[3]}(x, y^k, z^k, \lambda^k) \mid x \in \mathcal{X} \right\}, \\ \begin{pmatrix} y^{k+1} \\ z^{k+1} \end{pmatrix} \in \arg\min \left\{ \mathcal{L}_\beta^{[3]}(x^{k+1}, y, z, \lambda^k) \mid y \in \mathcal{Y}, z \in \mathcal{Z} \right\}, \\ \lambda^{k+1} = \lambda^k - \beta(Ax^{k+1} + By^{k+1} + Cz^{k+1} - b). \end{cases} \quad (11.1.5)$$

这相当于把变量 y 和 z 捆在一起处理, 成了两块可分离问题的 ADMM.

直接推广的乘子交替方向法(11.1.2)求解三块以上的可分离问题, 有时计算效果也相当不错, 但理论上得不到证明.

1. 三块可分离问题不收敛的例子

如果要举个不收敛的例子, 最简单的途径是从齐次线性方程组着手. 对(11.0.1), 我们取 $\theta_1(x) = \theta_2(y) = \theta_3(z) = 0$, $\mathcal{X} = \mathcal{Y} = \mathcal{Z} = \Re$,

$$\mathcal{A} = [A, B, C] \in \Re^{3 \times 3} \quad \text{是个非奇异矩阵}, \quad b = 0 \in \Re^3.$$

问: 用直接推广的 ADMM (11.1.2) 迭代求解线性方程组 $\mathcal{A}u = 0$ 是否一定收敛?

对这样的具体问题, (11.0.1)就简化为求齐次线性方程组

$$(A, B, C)\begin{pmatrix} x \\ y \\ z \end{pmatrix} = 0 \quad (11.1.6)$$

的解, 其中 A, B, C 都是三维的列向量. 相应的变分不等式(11.0.2)也退化成齐次线性方程组

$$\begin{pmatrix} 0 & 0 & 0 & -A^{\mathrm{T}} \\ 0 & 0 & 0 & -B^{\mathrm{T}} \\ 0 & 0 & 0 & -C^{\mathrm{T}} \\ A & B & C & 0 \end{pmatrix}\begin{pmatrix} x \\ y \\ z \\ \lambda \end{pmatrix} = 0, \quad (11.1.7)$$

其中 λ 是三维向量. 用直接推广的 ADMM(11.1.2)求解这个特殊的三个可分离块的问题, 不失一般性, 取 $\beta = 1$, 第 k 次迭代从给定的 $v^k = (y^k, z^k, \lambda^k)$ 开始, (11.1.2)的具体迭代格式就是

$$
\begin{cases}
-A^{\mathrm{T}}\lambda^k + A^{\mathrm{T}}(Ax^{k+1} + By^k + Cz^k) = 0, \\
-B^{\mathrm{T}}\lambda^k + B^{\mathrm{T}}(Ax^{k+1} + By^{k+1} + Cz^k) = 0, \\
-C^{\mathrm{T}}\lambda^k + C^{\mathrm{T}}(Ax^{k+1} + By^{k+1} + Cz^{k+1}) = 0, \\
(Ax^{k+1} + By^{k+1} + Cz^{k+1}) + \lambda^{k+1} - \lambda^k = 0.
\end{cases}
\tag{11.1.8}
$$

把上式中的 w^{k+1} 和 v^k 分别写在方程的两边, 就是

$$
\begin{pmatrix}
A^{\mathrm{T}}A & 0 & 0 & 0 \\
B^{\mathrm{T}}A & B^{\mathrm{T}}B & 0 & 0 \\
C^{\mathrm{T}}A & C^{\mathrm{T}}B & C^{\mathrm{T}}C & 0 \\
A & B & C & I_3
\end{pmatrix}
\begin{pmatrix}
x^{k+1} \\
y^{k+1} \\
z^{k+1} \\
\lambda^{k+1}
\end{pmatrix}
=
\begin{pmatrix}
-A^{\mathrm{T}}B & -A^{\mathrm{T}}C & A^{\mathrm{T}} \\
0 & -B^{\mathrm{T}}C & B^{\mathrm{T}} \\
0 & 0 & C^{\mathrm{T}} \\
0 & 0 & I_3
\end{pmatrix}
\begin{pmatrix}
y^k \\
z^k \\
\lambda^k
\end{pmatrix}.
\tag{11.1.9}
$$

由(11.1.9)的第一个方程得到

$$
x^{k+1} = \frac{1}{A^{\mathrm{T}}A}\left(-A^{\mathrm{T}}B, -A^{\mathrm{T}}C, A^{\mathrm{T}}\right)
\begin{pmatrix}
y^k \\
z^k \\
\lambda^k
\end{pmatrix}.
$$

再代入(11.1.9)的其他方程得到

$$
\begin{pmatrix}
B^{\mathrm{T}}B & 0 & 0 \\
C^{\mathrm{T}}B & C^{\mathrm{T}}C & 0 \\
B & C & I_3
\end{pmatrix}
\begin{pmatrix}
y^{k+1} \\
z^{k+1} \\
\lambda^{k+1}
\end{pmatrix}
=
\begin{pmatrix}
-B^{\mathrm{T}}C & B^{\mathrm{T}} \\
0 & C^{\mathrm{T}} \\
0 & I_3
\end{pmatrix}
\begin{pmatrix}
z^k \\
\lambda^k
\end{pmatrix}
$$

$$
- \frac{1}{A^{\mathrm{T}}A}
\begin{pmatrix}
B^{\mathrm{T}}A \\
C^{\mathrm{T}}A \\
A
\end{pmatrix}
\left(-A^{\mathrm{T}}B, -A^{\mathrm{T}}C, A^{\mathrm{T}}\right)
\begin{pmatrix}
y^k \\
z^k \\
\lambda^k
\end{pmatrix}.
\tag{11.1.10}
$$

上述线性方程组可以写成

$$
Lv^{k+1} = Rv^k,
\tag{11.1.11}
$$

其中

$$
L = \begin{pmatrix}
B^{\mathrm{T}}B & 0 & 0 \\
C^{\mathrm{T}}B & C^{\mathrm{T}}C & 0 \\
B & C & I_3
\end{pmatrix},
$$

$$R = \begin{pmatrix} 0 & -B^{\mathrm{T}}C & B^{\mathrm{T}} \\ 0 & 0 & C^{\mathrm{T}} \\ 0 & 0 & I_3 \end{pmatrix} - \frac{1}{A^{\mathrm{T}}A} \begin{pmatrix} B^{\mathrm{T}}A \\ C^{\mathrm{T}}A \\ A \end{pmatrix} (-A^{\mathrm{T}}B, -A^{\mathrm{T}}C, A^{\mathrm{T}}).$$

迭代(11.1.11)就变成

$$v^{k+1} = Tv^k \qquad 其中 \qquad T = L^{-1}R. \tag{11.1.12}$$

给一组三维向量 A, B, C, 就能得到一个确定的 5×5 的矩阵 T. 只要矩阵 T 的模大于 1, 就说明直接推广的 ADMM 方法(11.1.2)用来求解三块可分离的问题不能保证收敛. 我们把线性方程组(11.1.6)具体形式取成

$$\begin{pmatrix} 1 & 1 & 1 \\ 1 & 1 & 2 \\ 1 & 2 & 2 \end{pmatrix} \begin{pmatrix} x \\ y \\ z \end{pmatrix} = \begin{pmatrix} 0 \\ 0 \\ 0 \end{pmatrix},$$

得到的相应的迭代矩阵 T 的特征值的绝对值的最大值为 1.02787, 这就证明了直接推广的 ADMM 并不收敛, 类似的例子可以举出很多. 或许读者会问, 假如目标函数强单调呢? 把前面例子中的目标函数从零改为 $\frac{1}{2}\epsilon(x^2 + y^2 + z^2)$, 当 $\epsilon > 0$ 足够小时, 相应的矩阵 T 变动很小, T 的特征值的绝对值还是大于 1. 从凸到强凸不存在一个跳跃, 所以理论上不会因为目标函数强凸而举不出不收敛的例子. 然而, 这些例子更多的是在理论方面有意义, 因为许多实际问题中的 $\mathcal{A} = [A, B, C]$ 不是这种形式.

2. 值得继续研究的三个可分离块问题和猜想

譬如说, 在三个可分离块的实际问题中, 线性约束矩阵

$\mathcal{A} = [A, B, C]$ 中, 往往至少有一个是单位矩阵. 即 $\mathcal{A} = [A, B, I]$.

用直接推广的 ADMM 处理这种更贴近实际的三个可分离块的问题, 既没有证明收敛, 也没有举出反例, 这仍然是一个有趣又特别有意义的问题, 举简单的例子来说吧:

- 乘子交替方向法 (4.2.1) 处理问题

$$\min\{\theta_1(x) + \theta_2(y) | Ax + By = b, \ x \in \mathcal{X}, y \in \mathcal{Y}\} \quad 是收敛的.$$

- 将上述问题的等式约束换成不等式约束, 问题就变成

$$\min\{\theta_1(x) + \theta_2(y) | Ax + By \leqslant b, \ x \in \mathcal{X}, y \in \mathcal{Y}\}.$$

- 再化成三个可分离块的等式约束问题, 就是

$$\min\{\theta_1(x) + \theta_2(y) + 0 \,|\, Ax + By + z = b, \, x \in \mathcal{X}, y \in \mathcal{Y}, z \geqslant 0\}.$$

- 直接推广的乘子交替方向法 (11.1.2) 处理上面这种问题, 我们猜想是收敛的, 但是至今没有证明收敛性, 仍然是一个遗留的挑战性问题.

在对直接推广的 ADMM(11.1.2) 证明不了收敛性的时候, 我们就着手对三个可分离块的问题提出一些修正算法. 修正方法的原则是尽量对 ADMM 少做改动, 保持它原来的好品性. 特别是对问题不加 (诸如目标函数强凸等) 任何额外条件, 对经典的 ADMM 中根据需要调比选取的大于零的参数 β, 仍然让它可以自由选取.

这一章的后面几节, 除了对已经发表的一些算法分别用统一框架去验证收敛性, 也介绍一些最近根据统一框架构造的方法.

11.2 部分平行分裂的 ADMM 预测-校正方法

这一节的方法源自 2009 年发表的论文 [44], 我们还是把 x 当成中间变量, 迭代从 $v^k = (y^k, z^k, \lambda^k)$ 到 $v^{k+1} = (y^{k+1}, z^{k+1}, \lambda^{k+1})$, 只是平行处理 y 和 z-子问题, 再更新 λ. 换句话说, 把

$$\begin{cases} x^{k+1} \in \arg\min\left\{\mathcal{L}_\beta^{[3]}(x, y^k, z^k, \lambda^k) \,\big|\, x \in \mathcal{X}\right\}, \\ y^{k+1} \in \arg\min\left\{\mathcal{L}_\beta^{[3]}(x^{k+1}, y, z^k, \lambda^k) \,\big|\, y \in \mathcal{Y}\right\}, \\ z^{k+1} \in \arg\min\left\{\mathcal{L}_\beta^{[3]}(x^{k+1}, y^k, z, \lambda^k) \,\big|\, z \in \mathcal{Z}\right\}, \\ \lambda^{k+1} = \lambda^k - \beta(Ax^{k+1} + By^{k+1} + Cz^{k+1} - b) \end{cases} \tag{11.2.1a}$$

生成的点 $(x^{k+1}, y^{k+1}, z^{k+1}, \lambda^{k+1})$ 当成预测点. 再把核心变量往回拉一点. 原因是 y, z-子问题平行处理, 包括据此更新的 λ, 都太自由, 需要校正. 校正公式是

$$v^{k+1} := v^k - \alpha(v^k - v^{k+1}), \quad \alpha \in (0, 2 - \sqrt{2}). \tag{11.2.1b}$$

譬如说, 我们可以取 $\alpha = 0.55$. 注意到(11.2.1b)右端的 $v^{k+1} = (y^{k+1}, z^{k+1}, \lambda^{k+1})$ 是由(11.2.1a)提供的.

我们用统一框架来验证这个部分平行分裂的预测-校正方法的收敛性. 先把由 (11.2.1a) 生成的 $(x^{k+1}, y^{k+1}, z^{k+1})$ 视为 $(\tilde{x}^k, \tilde{y}^k, \tilde{z}^k)$, 并定义

$$\tilde{\lambda}^k = \lambda^k - \beta(A\tilde{x}^k + By^k + Cz^k - b). \tag{11.2.2}$$

这样, 预测点 $(\tilde{x}^k, \tilde{y}^k, \tilde{z}^k, \tilde{\lambda}^k)$ 就可以看成由下式生成:

$$
\begin{cases}
\tilde{x}^k \in \arg\min \left\{ \mathcal{L}_\beta^{[3]}(x, y^k, z^k, \lambda^k) \mid x \in \mathcal{X} \right\}, & \text{(11.2.3a)} \\[2mm]
\tilde{y}^k \in \arg\min \left\{ \mathcal{L}_\beta^{[3]}(\tilde{x}^k, y, z^k, \lambda^k) \mid y \in \mathcal{Y} \right\}, & \text{(11.2.3b)} \\[2mm]
\tilde{z}^k \in \arg\min \left\{ \mathcal{L}_\beta^{[3]}(\tilde{x}^k, y^k, z, \lambda^k) \mid z \in \mathcal{Z} \right\}, & \text{(11.2.3c)} \\[2mm]
\tilde{\lambda}^k = \lambda^k - \beta(A\tilde{x}^k + By^k + Cz^k - b). & \text{(11.2.3d)}
\end{cases}
$$

引理 11.1　求解变分不等式(11.0.2), 用预测(11.2.3)得到的预测点满足

$$
\tilde{w}^k \in \Omega, \quad \theta(u) - \theta(\tilde{u}^k) + (w - \tilde{w}^k)^{\mathrm{T}} F(\tilde{w}^k) \geqslant (v - \tilde{v}^k)^{\mathrm{T}} Q(v^k - \tilde{v}^k), \quad \forall w \in \Omega,
$$
$$\tag{11.2.4a}$$

其中

$$
Q = \begin{pmatrix} \beta B^{\mathrm{T}} B & 0 & 0 \\ 0 & \beta C^{\mathrm{T}} C & 0 \\ -B & -C & \dfrac{1}{\beta} I \end{pmatrix}. \tag{11.2.4b}
$$

满足算法统一框架中 (5.1.1) 对矩阵 Q 的要求.

证明　利用增广 Lagrange 函数(11.1.1), 子问题(11.2.3a)相当于

$$
\tilde{x}^k \in \arg\min \left\{ \theta_1(x) - x^{\mathrm{T}} A^{\mathrm{T}} \lambda^k + \frac{1}{2}\beta \| Ax + By^k + Cz^k - b \|^2 \mid x \in \mathcal{X} \right\},
$$

根据定理 1.1, 它的最优性条件是 $\tilde{x}^k \in \mathcal{X}$,

$$
\theta_1(x) - \theta_1(\tilde{x}^k) + (x - \tilde{x}^k)^{\mathrm{T}} \{ -A^{\mathrm{T}} \lambda^k + \beta A^{\mathrm{T}}(A\tilde{x}^k + By^k + Cz^k - b) \} \geqslant 0, \quad \forall x \in \mathcal{X}.
$$

再根据(11.2.3d), 就有

$$
\tilde{x}^k \in \mathcal{X}, \quad \theta_1(x) - \theta_1(\tilde{x}^k) + (x - \tilde{x}^k)^{\mathrm{T}} \{ \underline{-A^{\mathrm{T}} \tilde{\lambda}^k} \} \geqslant 0, \quad \forall x \in \mathcal{X}. \tag{11.2.5a}
$$

子问题(11.2.3b)相当于

$$
\tilde{y}^k \in \arg\min \left\{ \theta_2(y) - y^{\mathrm{T}} B^{\mathrm{T}} \lambda^k + \frac{1}{2}\beta \| A\tilde{x}^k + By + Cz^k - b \|^2 \mid y \in \mathcal{Y} \right\},
$$

同样根据定理 1.1, 最优性条件是 $\tilde{y}^k \in \mathcal{Y}$,

$$
\theta_2(y) - \theta_2(\tilde{y}^k) + (y - \tilde{y}^k)^{\mathrm{T}} \{ -B^{\mathrm{T}} \lambda^k + \beta B^{\mathrm{T}}(A\tilde{x}^k + B\tilde{y}^k + Cz^k - b) \} \geqslant 0, \quad \forall y \in \mathcal{Y}.
$$

再根据(11.2.3d), 就有

$$\tilde{y}^k \in \mathcal{Y}, \quad \theta_2(y) - \theta_2(\tilde{y}^k) + (y - \tilde{y}^k)^T \{ \underline{-B^T \tilde{\lambda}^k}$$
$$+ \beta B^T B(\tilde{y}^k - y^k) \} \geqslant 0, \quad \forall y \in \mathcal{Y}. \tag{11.2.5b}$$

同理, 对子问题(11.2.3c)有

$$\tilde{z}^k \in \mathcal{Z}, \quad \theta_3(z) - \theta_3(\tilde{z}^k) + (z - \tilde{z}^k)^T \{ \underline{-C^T \tilde{\lambda}^k}$$
$$+ \beta C^T C(\tilde{z}^k - z^k) \} \geqslant 0, \quad \forall z \in \mathcal{Z}. \tag{11.2.5c}$$

注意到(11.2.3d)可以写成

$$(A\tilde{x}^k + B\tilde{y}^k + C\tilde{z}^k - b) - B(\tilde{y}^k - y^k) - C(\tilde{z}^k - z^k) + \frac{1}{\beta}(\tilde{\lambda}^k - \lambda^k) = 0. \tag{11.2.5d}$$

把(11.2.5)中的公式组合在一起, 注意到用波纹线划起来的部分在一起就是 $F(\tilde{w}^k)$ 预测就可以写成(11.2.4)的形式. 容易验证 $Q^T + Q$ 是本质上正定的. □

用(11.2.2)定义 $\tilde{\lambda}^k$, 是为了让 x-子问题的最优性条件可以写成(11.2.5a), 从而使得预测可以写成算法统一框架中的 (5.1.1) 型预测公式. 下面再看方法(11.2.1a)~(11.2.1b)在统一框架中的校正该怎么表示.

引理 11.2 利用了统一框架中(11.2.5)这样的预测公式, 方法(11.2.1a)~(11.2.1b)在算法统一框架中的 (5.1.2) 型校正公式是

$$v^{k+1} = v^k - \alpha M(v^k - \tilde{v}^k), \tag{11.2.6a}$$

其中

$$M = \begin{pmatrix} I & 0 & 0 \\ 0 & I & 0 \\ -\beta B & -\beta C & I \end{pmatrix}. \tag{11.2.6b}$$

证明 注意到(11.2.1a)中的 $(y^{k+1}, z^{k+1}, \lambda^{k+1})$ 和(11.2.3)中的 $(\tilde{y}^k, \tilde{z}^k, \tilde{\lambda}^k)$ 的关系是

$$y^{k+1} = \tilde{y}^k, \quad z^{k+1} = \tilde{z}^k \quad \text{和} \quad \lambda^{k+1} = \tilde{\lambda}^k + \beta B(y^k - \tilde{y}^k) + \beta C(z^k - \tilde{z}^k).$$

把(11.2.3)的输出作为预测点时, 校正公式(11.2.1b)就可以表示成

$$
\begin{pmatrix} y^{k+1} \\ z^{k+1} \\ \lambda^{k+1} \end{pmatrix} = \begin{pmatrix} y^k \\ z^k \\ \lambda^k \end{pmatrix} - \alpha \begin{pmatrix} I & 0 & 0 \\ 0 & I & 0 \\ -\beta B & -\beta C & I \end{pmatrix} \begin{pmatrix} y^k - \tilde{y}^k \\ z^k - \tilde{z}^k \\ \lambda^k - \tilde{\lambda}^k \end{pmatrix}.
$$

这就是 (11.2.6b). □

通过简单的验证, 就有下面的引理.

引理 11.3　求解变分不等式(11.0.2), 若由(11.2.4)预测和(11.2.6)校正, 那么有本质上正定的矩阵

$$
H = \begin{pmatrix} \beta B^{\mathrm{T}}B & 0 & 0 \\ 0 & \beta C^{\mathrm{T}}C & 0 \\ 0 & 0 & \dfrac{1}{\beta}I \end{pmatrix},
$$

和大于零的 $\alpha \in (0, 2 - \sqrt{2})$, 使得取固定步长的收敛性条件 (5.1.3) 满足.

证明　对相应的预测矩阵 Q 和校正矩阵 M, 容易验证 $HM = Q$, 条件 (5.1.3a) 满足. 若用固定步长的校正, 根据统一框架要找出一个 $\alpha > 0$, 使得

$$
G = (Q^{\mathrm{T}} + Q) - \alpha M^{\mathrm{T}}HM \succ 0
$$

满足 (见 (5.1.3b)). 由简单的矩阵运算得到

$$
G = (Q^{\mathrm{T}} + Q) - \alpha M^{\mathrm{T}}HM = (Q^{\mathrm{T}} + Q) - \alpha M^{\mathrm{T}}Q
$$

$$
= \begin{pmatrix} 2\beta B^{\mathrm{T}}B & 0 & -B^{\mathrm{T}} \\ 0 & 2\beta C^{\mathrm{T}}C & -C^{\mathrm{T}} \\ -B & -C & \dfrac{2}{\beta}I \end{pmatrix} - \alpha \begin{pmatrix} 2\beta B^{\mathrm{T}}B & \beta B^{\mathrm{T}}C & -B^{\mathrm{T}} \\ \beta C^{\mathrm{T}}B & 2\beta C^{\mathrm{T}}C & -C^{\mathrm{T}} \\ -B & -C & \dfrac{1}{\beta}I \end{pmatrix}
$$

$$
= \begin{pmatrix} \sqrt{\beta}B^{\mathrm{T}} & 0 & 0 \\ 0 & \sqrt{\beta}C^{\mathrm{T}} & 0 \\ 0 & 0 & \dfrac{1}{\sqrt{\beta}}I \end{pmatrix} \begin{pmatrix} 2(1-\alpha)I & -\alpha I & -(1-\alpha)I \\ -\alpha I & 2(1-\alpha)I & -(1-\alpha)I \\ -(1-\alpha)I & -(1-\alpha)I & (2-\alpha)I \end{pmatrix}
$$

$$
\begin{pmatrix} \sqrt{\beta}B & 0 & 0 \\ 0 & \sqrt{\beta}C & 0 \\ 0 & 0 & \dfrac{1}{\sqrt{\beta}}I \end{pmatrix}.
$$

要求 G 本质上正定等价于要求矩阵

$$G_0 = \begin{pmatrix} 2(1-\alpha) & -\alpha & -(1-\alpha) \\ -\alpha & 2(1-\alpha) & -(1-\alpha) \\ -(1-\alpha) & -(1-\alpha) & (2-\alpha) \end{pmatrix}$$

正定, 这要求其各级主子式都大于零. 由于其一、二级主子式分别为

$$2(1-\alpha) \quad \text{和} \quad \begin{vmatrix} 2(1-\alpha) & -\alpha \\ -\alpha & 2(1-\alpha) \end{vmatrix} = (2-\alpha)(2-3\alpha),$$

并且

$$\det(G_0) = (2-\alpha)\left((2+\sqrt{2})-\alpha\right)\left((2-\sqrt{2})-\alpha\right).$$

因此, 确保矩阵 G_0 正定的大于 0 的 $\alpha \in (0, 2-\sqrt{2})$. 所以, 这相当于统一框架中分别用 (5.1.1) 预测和用 (5.1.2) 校正, 并满足其收敛性条件 (5.1.3), 方法收敛. □

有了 $HM = Q$, 我们也可以用计算步长的方法将(11.2.6)中固定的步长 α 换成用 (5.1.7) 计算得到的 α_k. 此外, 我们也可以利用第 5 章 5.5 节中的做法. 由(11.2.3)生成的预测点满足(11.2.4), 其中的预测矩阵 Q 由(11.2.4b)给出. 这时

$$Q^{\mathrm{T}} + Q = \begin{pmatrix} 2\beta B^{\mathrm{T}}B & 0 & -B^{\mathrm{T}} \\ 0 & 2\beta C^{\mathrm{T}}C & -C^{\mathrm{T}} \\ -B & -C & \dfrac{2}{\beta}I \end{pmatrix}.$$

注意到开展预测(11.2.3)需要预先提供的只是 (By^k, Cz^k, λ^k). 我们可以任选满足

$$D \succ 0, \quad G \succ 0 \quad \text{和} \quad D + G = Q^{\mathrm{T}} + Q$$

的 D 和 G, 通过

$$Q^{\mathrm{T}}(v^{k+1} - v^k) = D(\tilde{v}^k - v^k) \tag{11.2.7}$$

求得 $(By^{k+1}, Cz^{k+1}, \lambda^{k+1})$, 就可以进行下一次迭代. 譬如说, 当取

$$D = \alpha(Q^{\mathrm{T}} + Q) = \alpha \begin{pmatrix} 2\beta B^{\mathrm{T}}B & 0 & -B^{\mathrm{T}} \\ 0 & 2\beta C^{\mathrm{T}}C & -C^{\mathrm{T}} \\ -B & -C & \dfrac{2}{\beta}I_m \end{pmatrix}, \quad \alpha \in (0,1)$$

的时候, (11.2.7)的具体形式是

$$
\begin{pmatrix}
\beta B^{\mathrm{T}}B & 0 & -B^{\mathrm{T}} \\
0 & \beta C^{\mathrm{T}}C & -C^{\mathrm{T}} \\
0 & 0 & \dfrac{1}{\beta}I
\end{pmatrix}
\begin{pmatrix}
y^{k+1} - y^k \\
z^{k+1} - z^k \\
\lambda^{k+1} - \lambda^k
\end{pmatrix}
$$

$$
= \alpha
\begin{pmatrix}
2\beta B^{\mathrm{T}}B & 0 & -B^{\mathrm{T}} \\
0 & 2\beta C^{\mathrm{T}}C & -C^{\mathrm{T}} \\
-B & -C & \dfrac{2}{\beta}I_m
\end{pmatrix}
\begin{pmatrix}
\tilde{y}^k - y^k \\
\tilde{z}^k - z^k \\
\tilde{\lambda}^k - \lambda^k
\end{pmatrix}. \tag{11.2.8}
$$

我们从

$$
\begin{pmatrix}
I_m & 0 & -\dfrac{1}{\beta}I_m \\
0 & I_m & -\dfrac{1}{\beta}I_m \\
0 & 0 & I_m
\end{pmatrix}
\begin{pmatrix}
By^{k+1} - By^k \\
Cz^{k+1} - Cz^k \\
\lambda^{k+1} - \lambda^k
\end{pmatrix}
$$

$$
= \alpha
\begin{pmatrix}
2I_m & 0 & -\dfrac{1}{\beta}I_m \\
0 & 2I_m & -\dfrac{1}{\beta}I_m \\
-\beta I_m & -\beta I_m & 2I_m
\end{pmatrix}
\begin{pmatrix}
B\tilde{y}^k - By^k \\
C\tilde{z}^k - Cz^k \\
\tilde{\lambda}^k - \lambda^k
\end{pmatrix} \tag{11.2.9}
$$

求得的 $(By^{k+1}, Cz^{k+1}, \lambda^{k+1})$ 满足(11.2.8), 因为(11.2.9)的两边左乘

$$
\begin{pmatrix}
\beta B^{\mathrm{T}} & 0 & 0 \\
0 & \beta C^{\mathrm{T}} & 0 \\
0 & 0 & \dfrac{1}{\beta}I_m
\end{pmatrix}
$$

就得到(11.2.8). 从(11.2.9)求得 $(By^{k+1}, Cz^{k+1}, \lambda^{k+1})$ 是非常容易的. 有了 (By^k, Cz^k, λ^k) 就可以实行预测(11.2.3), 所以有了 $(By^{k+1}, Cz^{k+1}, \lambda^{k+1})$ 就可以开始一次新的迭代.

11.3 带 Gauss 回代的 ADMM 类方法

带 Gauss 回代的 ADMM 方法[66] 是 2012 年发表的. 直接推广的乘子交替方向法(11.1.2)对三个可分离块的问题不能保证收敛, 原因是它们处理有关核心变量中 (自变量部分) 的 y 和 z-子问题有先后, 不公平. 采取补救的办法是将(11.1.2)提供的 $(y^{k+1}, z^{k+1}, \lambda^{k+1})$ 当成预测点, 再做找补, 调整, 这样处理的直观原理可以参见论文 [46]. 具体方案是: 当 $B^{\mathrm{T}}B$ 容易求逆时, 校正公式为

$$\begin{pmatrix} y^{k+1} \\ z^{k+1} \\ \lambda^{k+1} \end{pmatrix} := \begin{pmatrix} y^k \\ z^k \\ \lambda^k \end{pmatrix} - \nu \begin{pmatrix} I & -(B^{\mathrm{T}}B)^{-1}B^{\mathrm{T}}C & 0 \\ 0 & I & 0 \\ 0 & 0 & I \end{pmatrix} \begin{pmatrix} y^k - y^{k+1} \\ z^k - z^{k+1} \\ \lambda^k - \lambda^{k+1} \end{pmatrix}, \quad (11.3.1)$$

其中 $\nu \in (0,1)$, 右端的 $(y^{k+1}, z^{k+1}, \lambda^{k+1})$ 是由(11.1.2)提供的. 实际上, (11.3.1)中校正后的对偶变量也可以直接用(11.1.2)提供的 λ^{k+1}. 换句话说, 通过

$$\begin{pmatrix} y^{k+1} \\ z^{k+1} \\ \lambda^{k+1} \end{pmatrix} := \begin{pmatrix} y^k \\ z^k \\ \lambda^k \end{pmatrix} - \begin{pmatrix} \nu I & -\nu(B^{\mathrm{T}}B)^{-1}B^{\mathrm{T}}C & 0 \\ 0 & \nu I & 0 \\ 0 & 0 & I \end{pmatrix} \begin{pmatrix} y^k - y^{k+1} \\ z^k - z^{k+1} \\ \lambda^k - \lambda^{k+1} \end{pmatrix} \quad (11.3.2)$$

进行校正 (注意(11.3.1)和(11.3.2)的细微差别). 实施(11.1.2)只需提供 (By^k, Cz^k, λ^k), 为下一次迭代只需要准备 $(By^{k+1}, Cz^{k+1}, \lambda^{k+1})$, 因此我们只要做比 (11.3.2)更简单的校正:

$$\begin{cases} \begin{pmatrix} By^{k+1} \\ Cz^{k+1} \end{pmatrix} := \begin{pmatrix} By^k \\ Cz^k \end{pmatrix} - \nu \begin{pmatrix} I & -I \\ 0 & I \end{pmatrix} \begin{pmatrix} By^k - By^{k+1} \\ Cz^k - Cz^{k+1} \end{pmatrix}, \\ \lambda^{k+1} = \lambda^k - \beta(Ax^{k+1} + By^{k+1} + Cz^{k+1} - b), \end{cases} \quad (11.3.3)$$

其中右端的 $(x^{k+1}, y^{k+1}, z^{k+1})$ 是由(11.1.2)提供的.

现在我们用第 5 章 5.1 节的统一框架来验证直接推广(11.1.2)加校正(11.3.2)方法的收敛性. 首先, 我们定义

$$\begin{cases} \tilde{x}^k = x^{k+1}, \quad \tilde{y}^k = y^{k+1}, \quad \tilde{z}^k = z^{k+1}, \\ \tilde{\lambda}^k = \lambda^k - \beta(Ax^{k+1} + By^k + Cz^k - b). \end{cases} \quad (11.3.4)$$

其中 $x^{k+1}, y^{k+1}, z^{k+1}$ 是由(11.1.2)生成的. 换句话说, 预测点 $\tilde{w}^k = (\tilde{x}^k, \tilde{y}^k, \tilde{z}^k, \tilde{\lambda}^k)$

可以看作由下面的公式

$$
\begin{cases}
\tilde{x}^k \in \operatorname{argmin}\left\{\theta_1(x) - x^{\mathrm{T}}A^{\mathrm{T}}\lambda^k + \dfrac{1}{2}\beta\|Ax + By^k + Cz^k - b\|^2 \,\Big|\, x \in \mathcal{X}\right\}, \\[2mm]
\tilde{y}^k \in \operatorname{argmin}\left\{\theta_2(y) - y^{\mathrm{T}}B^{\mathrm{T}}\lambda^k + \dfrac{1}{2}\beta\|A\tilde{x}^k + By + Cz^k - b\|^2 \,\Big|\, y \in \mathcal{Y}\right\}, \\[2mm]
\tilde{z}^k \in \operatorname{argmin}\left\{\theta_3(z) - z^{\mathrm{T}}C^{\mathrm{T}}\lambda^k + \dfrac{1}{2}\beta\|A\tilde{x}^k + B\tilde{y}^k + Cz - b\|^2 \,\Big|\, z \in \mathcal{Z}\right\}, \\[2mm]
\tilde{\lambda}^k = \lambda^k - \beta(A\tilde{x}^k + By^k + Cz^k - b)
\end{cases}
$$

$$(11.3.5)$$

按串行顺序提供的.

引理 11.4　求解变分不等式(11.0.2), 用预测(11.3.5)得到的预测点满足

$$
\tilde{w}^k \in \Omega, \quad \theta(u) - \theta(\tilde{u}^k) + (w - \tilde{w}^k)^{\mathrm{T}}F(\tilde{w}^k) \geqslant (v - \tilde{v}^k)^{\mathrm{T}}Q(v^k - \tilde{v}^k), \quad \forall w \in \Omega,
$$

$$(11.3.6\text{a})$$

其中

$$
Q = \begin{pmatrix} \beta B^{\mathrm{T}}B & 0 & 0 \\ \beta C^{\mathrm{T}}B & \beta C^{\mathrm{T}}C & 0 \\ -B & -C & \dfrac{1}{\beta}I \end{pmatrix}.
$$

$$(11.3.6\text{b})$$

证明　利用定理 1.1, 如同 11.2 节中得到引理 11.1的分析, 就可以得到该引理的结论.　　　　　　　　　　　　　　　　　　　　　　　　　　　　□

引理 11.5　求解变分不等式(11.0.2), 将(11.1.2)提供的 $(y^{k+1}, z^{k+1}, \lambda^{k+1})$ 当成预测点, 再用(11.3.2)校正的方法, 可以解释成用(11.3.5)预测, 再用

$$
v^{k+1} = v^k - M(v^k - \tilde{v}^k)
$$

$$(11.3.7\text{a})$$

校正的方法, 其中

$$
M = \begin{pmatrix} \nu I & -\nu(B^{\mathrm{T}}B)^{-1}B^{\mathrm{T}}C & 0 \\ 0 & \nu I & 0 \\ -\beta B & -\beta C & I \end{pmatrix}.
$$

$$(11.3.7\text{b})$$

证明　只校正 y 和 z 的公式 (11.3.2), 利用(11.3.5)产生的预测点 (注意其中 λ^{k+1} 和 $\tilde{\lambda}^k$ 的关系) 就可以写成

$$
\begin{pmatrix} y^{k+1} \\ z^{k+1} \\ \lambda^{k+1} \end{pmatrix} = \begin{pmatrix} y^k \\ z^k \\ \lambda^k \end{pmatrix} - \begin{pmatrix} \nu I & -\nu(B^{\mathrm{T}}B)^{-1}B^{\mathrm{T}}C & 0 \\ 0 & \nu I & 0 \\ -\beta B & -\beta C & I \end{pmatrix} \begin{pmatrix} y^k - \tilde{y}^k \\ z^k - \tilde{z}^k \\ \lambda^k - \tilde{\lambda}^k \end{pmatrix}.
$$

这就是(11.3.7). □

这样, 我们已经把由直接推广的 ADMM(11.1.2)再加找补校正(11.3.2)合成的方法, 分拆成符合第 5 章 5.1 节中统一框架的预测和校正, 它们分别写成(11.3.6)和(11.3.7). 剩下的任务就是要验证收敛性条件 (5.1.3) 是否满足.

定理 11.1 求解变分不等式(11.0.2), 若预测和校正分别由(11.3.5)和(11.3.7)完成, 则有正定矩阵

$$
H = \begin{pmatrix}
\dfrac{1}{\nu}\beta B^{\mathrm{T}}B & \dfrac{1}{\nu}\beta B^{\mathrm{T}}C & 0 \\[2mm]
\dfrac{1}{\nu}\beta C^{\mathrm{T}}B & \dfrac{1}{\nu}\beta[C^{\mathrm{T}}C + C^{\mathrm{T}}B(B^{\mathrm{T}}B)^{-1}B^{\mathrm{T}}C] & 0 \\[2mm]
0 & 0 & \dfrac{1}{\beta}I
\end{pmatrix} \tag{11.3.8}
$$

使得收敛性条件 (5.1.3) 满足. 因此方法是收敛的.

证明 我们先证明范数矩阵 H 是本质上正定的. 记

$$
\mathcal{C} = \begin{pmatrix} I & -(B^{\mathrm{T}}B)^{-1}B^{\mathrm{T}}C \\ 0 & I \end{pmatrix}, \qquad \text{则} \qquad \mathcal{C}^{\mathrm{T}} = \begin{pmatrix} I & 0 \\ -C^{\mathrm{T}}B(B^{\mathrm{T}}B)^{-1} & I \end{pmatrix}.
$$

由于合同变换

$$
\mathcal{C}^{\mathrm{T}} \begin{pmatrix} B^{\mathrm{T}}B & B^{\mathrm{T}}C \\ C^{\mathrm{T}}B & C^{\mathrm{T}}C + C^{\mathrm{T}}B(B^{\mathrm{T}}B)^{-1}B^{\mathrm{T}}C \end{pmatrix} \mathcal{C} = \begin{pmatrix} B^{\mathrm{T}}B & 0 \\ 0 & C^{\mathrm{T}}C \end{pmatrix},
$$

根据高等代数中的惯性定理, 矩阵

$$
\begin{pmatrix} B^{\mathrm{T}}B & B^{\mathrm{T}}C \\ C^{\mathrm{T}}B & C^{\mathrm{T}}C + C^{\mathrm{T}}B(B^{\mathrm{T}}B)^{-1}B^{\mathrm{T}}C \end{pmatrix}
$$

是本质上正定的, 因此 H 也是本质上正定的. 对由(11.3.6b)给出的预测矩阵 Q 和由(11.3.7b)给出的校正矩阵 M, 容易验证 $HM = Q$. 此外,

$$
G = (Q^{\mathrm{T}} + Q) - M^{\mathrm{T}}HM = (Q^{\mathrm{T}} + Q) - M^{\mathrm{T}}Q
$$

$$
= \begin{pmatrix} 2\beta B^{\mathrm{T}}B & \beta B^{\mathrm{T}}C & -B^{\mathrm{T}} \\ \beta C^{\mathrm{T}}B & 2\beta C^{\mathrm{T}}C & -C^{\mathrm{T}} \\ -B & -C & \dfrac{2}{\beta}I \end{pmatrix} - \begin{pmatrix} (1+\nu)\beta B^{\mathrm{T}}B & \beta B^{\mathrm{T}}C & -B^{\mathrm{T}} \\ \beta C^{\mathrm{T}}B & (1+\nu)\beta C^{\mathrm{T}}C & -C^{\mathrm{T}} \\ -B & -C & \dfrac{1}{\beta}I \end{pmatrix}
$$

$$= \begin{pmatrix} (1-\nu)\beta B^{\mathrm{T}}B & 0 & 0 \\ 0 & (1-\nu)\beta C^{\mathrm{T}}C & 0 \\ 0 & 0 & \frac{1}{\beta}I \end{pmatrix}.$$

由于 $\nu \in (0,1)$, 矩阵 G 本质上正定. 收敛性条件 (5.1.3) 满足, 方法收敛.　　□

我们继续用第 5 章 5.1 节的统一框架来验证直接推广(11.1.2)加校正(11.3.3)方法的收敛性. 事实上, 将引理 11.4 的结论(11.3.6)中任意的 w 设为任意的 $w^* \in \Omega^*$, 就会得到

$$(\tilde{v}^k - v^*)^{\mathrm{T}}Q(v^k - \tilde{v}^k) \geqslant 0, \quad \forall v^* \in \mathcal{V}^*, \tag{11.3.9}$$

其中矩阵 Q 由(11.3.6b)给出. 设

$$P = \begin{pmatrix} \sqrt{\beta}B & & \\ & \sqrt{\beta}C & \\ & & \sqrt{\frac{1}{\beta}}I \end{pmatrix}, \qquad \xi = Pv \tag{11.3.10}$$

和

$$\Xi^* = \{\xi^* \mid \xi^* = Pv^*, \ v^* \in \mathcal{V}^*\},$$

则有

$$P^{\mathrm{T}}\mathcal{Q}P = Q, \quad \text{其中} \quad \mathcal{Q} = \begin{pmatrix} I & 0 & 0 \\ I & I & 0 \\ -I & -I & I \end{pmatrix}. \tag{11.3.11}$$

关系式(11.3.9)因此就可以改写成

$$(\tilde{\xi}^k - \xi^*)^{\mathrm{T}}\mathcal{Q}(\xi^k - \tilde{\xi}^k) \geqslant 0, \quad \forall \xi^* \in \Xi^*$$

和等价的

$$(\xi^k - \xi^*)^{\mathrm{T}}\mathcal{Q}(\xi^k - \tilde{\xi}^k) \geqslant (\xi^k - \tilde{\xi}^k)^{\mathrm{T}}\mathcal{Q}(\xi^k - \tilde{\xi}^k), \quad \forall \xi^* \in \Xi^*. \tag{11.3.12}$$

引理 11.6　在变换(11.3.10)下, 若采用校正

$$\xi^{k+1} = \xi^k - \mathcal{M}(\xi^k - \tilde{\xi}^k), \tag{11.3.13a}$$

其中

$$\mathcal{M} = \begin{pmatrix} \nu I & -\nu I & 0 \\ 0 & \nu I & 0 \\ -I & -I & I \end{pmatrix}, \tag{11.3.13b}$$

则有

$$\|\xi^{k+1} - \xi^*\|_{\mathcal{H}}^2 \leqslant \|\xi^k - \xi^*\|_{\mathcal{H}}^2 - \|\xi^k - \tilde{\xi}^k\|_{\mathcal{G}}^2, \quad \forall \xi^* \in \Xi^*, \tag{11.3.14a}$$

其中

$$\mathcal{H} = \begin{pmatrix} \frac{1}{\nu}I & \frac{1}{\nu}I & 0 \\ \frac{1}{\nu}I & \frac{2}{\nu}I & 0 \\ 0 & 0 & I \end{pmatrix}, \quad \mathcal{G} = \begin{pmatrix} (1-\nu)I & 0 & 0 \\ 0 & (1-\nu)I & 0 \\ 0 & 0 & I \end{pmatrix}. \tag{11.3.14b}$$

证明 容易验证 $\mathcal{H}\mathcal{M} = \mathcal{Q}$. 利用(11.3.12)和 $\mathcal{H}\mathcal{M} = \mathcal{Q}$, 得到

$$\begin{aligned}
&\|\xi^k - \xi^*\|_{\mathcal{H}}^2 - \|\xi^{k+1} - \xi^*\|_{\mathcal{H}}^2 \\
&= \|\xi^k - \xi^*\|_{\mathcal{H}}^2 - \|(\xi^k - \xi^*) - \mathcal{M}(\xi^k - \tilde{\xi}^k)\|_{\mathcal{H}}^2 \\
&= 2(\xi^k - \xi^*)^{\mathrm{T}}\mathcal{H}\mathcal{M}(\xi^k - \tilde{\xi}^k) - \|\mathcal{M}(\xi^k - \tilde{\xi}^k)\|_{\mathcal{H}}^2 \\
&\geqslant 2(\xi^k - \tilde{\xi}^k)^{\mathrm{T}}\mathcal{Q}(\xi^k - \tilde{\xi}^k) - \|\xi^k - \tilde{\xi}^k\|_{(\mathcal{M}^{\mathrm{T}}\mathcal{H}\mathcal{M})}^2 \\
&= (\xi^k - \tilde{\xi}^k)^{\mathrm{T}} \left(\mathcal{Q}^{\mathrm{T}} + \mathcal{Q} - \mathcal{M}^{\mathrm{T}}\mathcal{H}\mathcal{M}\right) (\xi^k - \tilde{\xi}^k). \tag{11.3.15}
\end{aligned}$$

因为

$$\begin{aligned}
\mathcal{Q}^{\mathrm{T}} + \mathcal{Q} - \mathcal{M}^{\mathrm{T}}\mathcal{H}\mathcal{M} &= \mathcal{Q}^{\mathrm{T}} + \mathcal{Q} - \mathcal{Q}^{\mathrm{T}}\mathcal{M} \\
&= \begin{pmatrix} 2I & I & -I \\ I & 2I & -I \\ -I & -I & 2I \end{pmatrix} - \begin{pmatrix} I & I & -I \\ 0 & I & -I \\ 0 & 0 & I \end{pmatrix} \begin{pmatrix} \nu I & -\nu I & 0 \\ 0 & \nu I & 0 \\ -I & -I & I \end{pmatrix} \\
&= \begin{pmatrix} (1-\nu)I & 0 & 0 \\ 0 & (1-\nu)I & 0 \\ 0 & 0 & I \end{pmatrix}.
\end{aligned}$$

利用矩阵 $\mathcal{G}$ 的定义, 由(11.3.15)直接得到引理之结论. □

引理 11.7 求解变分不等式(11.0.2), 采用(11.3.5)预测, (11.3.13)校正的方法相当于利用(11.1.2)提供的 $(x^{k+1}, y^{k+1}, z^{k+1}, \lambda^{k+1})$ 再做(11.3.3)校正的方法.

证明 根据变换(11.3.10), 校正(11.3.13)的具体形式是

$$\begin{pmatrix} \sqrt{\beta}By^{k+1} \\ \sqrt{\beta}Cz^{k+1} \\ \sqrt{\frac{1}{\beta}}\lambda^{k+1} \end{pmatrix} = \begin{pmatrix} \sqrt{\beta}By^k \\ \sqrt{\beta}Cz^k \\ \sqrt{\frac{1}{\beta}}\lambda^k \end{pmatrix} - \begin{pmatrix} \nu I & -\nu I & 0 \\ 0 & \nu I & 0 \\ -I & -I & I \end{pmatrix} \begin{pmatrix} \sqrt{\beta}B(y^k - \tilde{y}^k) \\ \sqrt{\beta}C(z^k - \tilde{z}^k) \\ \sqrt{\frac{1}{\beta}}(\lambda^k - \tilde{\lambda}^k) \end{pmatrix}.$$

它的等价关系式是

$$
\begin{pmatrix} By^{k+1} \\ Cz^{k+1} \\ \lambda^{k+1} \end{pmatrix} = \begin{pmatrix} By^k \\ Cz^k \\ \lambda^k \end{pmatrix} - \begin{pmatrix} \nu I & -\nu I & 0 \\ 0 & \nu I & 0 \\ -\beta I & -\beta I & I \end{pmatrix} \begin{pmatrix} B(y^k - \tilde{y}^k) \\ C(z^k - \tilde{z}^k) \\ \lambda^k - \tilde{\lambda}^k \end{pmatrix}.
$$

可以进一步写成

$$
\begin{cases}
\begin{pmatrix} By^{k+1} \\ Cz^{k+1} \end{pmatrix} = \begin{pmatrix} By^k \\ Cz^k \end{pmatrix} - \nu \begin{pmatrix} I & -I \\ 0 & I \end{pmatrix} \begin{pmatrix} By^k - B\tilde{y}^k \\ Cz^k - C\tilde{z}^k \end{pmatrix}, \\
\lambda^{k+1} = \lambda^k - [-\beta B(y^k - \tilde{y}^k) - \beta C(z^k - \tilde{z}^k) + (\lambda^k - \tilde{\lambda}^k)].
\end{cases} \tag{11.3.16}
$$

根据(11.3.4)中 $\tilde{w}^k$ 的定义,

$$
\begin{aligned}
\lambda^{k+1} &= \lambda^k - [\beta B(y^k - \tilde{y}^k) + \beta C(z^k - \tilde{z}^k) + (\lambda^k - \tilde{\lambda}^k)] \\
&= \tilde{\lambda}^k + \beta (B(y^k - \tilde{y}^k) + C(z^k - \tilde{z}^k)) \\
&= \lambda^k - \beta \left(A\tilde{x}^k + By^k + Cz^k - b \right) + \beta(B(y^k - \tilde{y}^k) + \beta C(z^k - \tilde{z}^k)) \\
&= \lambda^k - \beta \left(A\tilde{x}^k + B\tilde{y}^k + C\tilde{z}^k - b \right).
\end{aligned}
$$

因此, (11.3.16)就是

$$
\begin{cases}
\begin{pmatrix} By^{k+1} \\ Cz^{k+1} \end{pmatrix} = \begin{pmatrix} By^k \\ Cz^k \end{pmatrix} - \nu \begin{pmatrix} I & -I \\ 0 & I \end{pmatrix} \begin{pmatrix} By^k - B\tilde{y}^k \\ Cz^k - C\tilde{z}^k \end{pmatrix}, \\
\lambda^{k+1} = \lambda^k - \beta \left(A\tilde{x}^k + B\tilde{y}^k + C\tilde{z}^k - b \right).
\end{cases}
$$

这相当于利用(11.1.2)提供的 $(x^{k+1}, y^{k+1}, z^{k+1}, \lambda^{k+1})$, 再做(11.3.3)校正的方法. □

采用(11.3.5)预测, (11.3.13)校正的方法生成的序列具有性质(11.3.14). 根据变换(11.3.10), (11.3.14)相当于

$$
\left\| \begin{matrix} y^{k+1} - y^* \\ z^{k+1} - z^* \\ \lambda^{k+1} - \lambda^* \end{matrix} \right\|_H^2 \leqslant \left\| \begin{matrix} y^k - y^* \\ z^k - z^* \\ \lambda^k - \lambda^* \end{matrix} \right\|_H^2 - \left\| \begin{matrix} y^k - \tilde{y}^k \\ z^k - \tilde{z}^k \\ \lambda^k - \tilde{\lambda}^k \end{matrix} \right\|_G^2, \quad \forall v^* \in \mathcal{V}^*.
$$

其中范数矩阵

$$
H = P^{\mathrm{T}} \mathcal{H} P = \begin{pmatrix} \dfrac{1}{\nu}\beta B^{\mathrm{T}}B & \dfrac{1}{\nu}\beta B^{\mathrm{T}}C & 0 \\[2mm] \dfrac{1}{\nu}\beta C^{\mathrm{T}}B & \dfrac{2}{\nu}\beta C^{\mathrm{T}}C & 0 \\[2mm] 0 & 0 & \dfrac{1}{\beta}I \end{pmatrix},
$$

效益矩阵

$$G = P^{\mathrm{T}} \mathcal{G} P = \begin{pmatrix} (1-\nu)\beta B^{\mathrm{T}} B & 0 & 0 \\ 0 & (1-\nu)\beta C^{\mathrm{T}} C & 0 \\ 0 & 0 & \dfrac{1}{\beta} I \end{pmatrix}.$$

基于预测(11.3.5), 引理11.4的结论给我们提供了多种校正的方法. 利用 (11.3.10)的变换和第 5 章 5.5 节中的做法. 对(11.3.11)中变换了的矩阵 $\mathcal{Q}$, 我们有

$$\mathcal{Q}^{\mathrm{T}} + \mathcal{Q} = \begin{pmatrix} 2I & I & -I \\ I & 2I & -I \\ -I & -I & 2I \end{pmatrix} = \begin{pmatrix} I & I & -I \\ I & I & -I \\ -I & -I & I \end{pmatrix} + \begin{pmatrix} I & 0 & 0 \\ 0 & I & 0 \\ 0 & 0 & I \end{pmatrix}$$

是正定矩阵. 我们可以把它分拆成两个正定矩阵, 使得

$$\mathcal{D} \succ 0, \quad \mathcal{G} \succ 0, \quad \mathcal{D} + \mathcal{G} = \mathcal{Q}^{\mathrm{T}} + \mathcal{Q}.$$

例如

$$\begin{aligned} \mathcal{Q}^{\mathrm{T}} + \mathcal{Q} = & \left[\begin{pmatrix} I & I & -I \\ I & I & -I \\ -I & -I & I \end{pmatrix} + \nu \begin{pmatrix} I & 0 & 0 \\ 0 & I & 0 \\ 0 & 0 & I \end{pmatrix} \right] \\ & + \left[(1-\nu) \begin{pmatrix} I & 0 & 0 \\ 0 & I & 0 \\ 0 & 0 & I \end{pmatrix} \right], \quad \nu \in (0,1). \end{aligned} \qquad (11.3.17)$$

可以选择上式右端的任何一部分作为 $\mathcal{D}$, 然后再用(11.3.13)进行校正, 其中 $\mathcal{M} = \mathcal{Q}^{-\mathrm{T}} \mathcal{D}$. 对于(11.3.11)中的矩阵 $\mathcal{Q}$,

$$\mathcal{Q}^{-\mathrm{T}} = \begin{pmatrix} I & -I & 0 \\ 0 & I & I \\ 0 & 0 & I \end{pmatrix}.$$

校正(11.3.13)是容易实现的, 也因此得到了下一次迭代所需要的 $(By^{k+1}, Cz^{k+1}, \lambda^{k+1})$.

特别地, 如果我们把 $\mathcal{Q}^{\mathrm{T}} + \mathcal{Q}$ 分拆成

$$\mathcal{D} = \nu(\mathcal{Q}^{\mathrm{T}} + \mathcal{Q}) \quad \text{和} \quad \mathcal{G} = (1-\nu)(\mathcal{Q}^{\mathrm{T}} + \mathcal{Q}), \quad \nu \in (0,1), \qquad (11.3.18)$$

那么就有

$$\mathcal{M} = \mathcal{Q}^{-T}\mathcal{D} = \nu(\mathcal{I} + \mathcal{Q}^{-T}\mathcal{Q}).$$

由于

$$\mathcal{Q}^{-T}\mathcal{Q} = \begin{pmatrix} I & -I & 0 \\ 0 & I & I \\ 0 & 0 & I \end{pmatrix}\begin{pmatrix} I & 0 & 0 \\ I & I & 0 \\ -I & -I & I \end{pmatrix} = \begin{pmatrix} 0 & -I & 0 \\ 0 & 0 & I \\ -I & -I & I \end{pmatrix},$$

因此,

$$\mathcal{M} = \nu\begin{pmatrix} I & -I & 0 \\ 0 & I & I \\ -I & -I & 2I \end{pmatrix}.$$

范数矩阵 $\mathcal{H}$ 是由 $\mathcal{Q}\mathcal{D}^{-1}\mathcal{Q}^{T}$ 决定的正定矩阵, 如果把它写出来, 就是

$$\mathcal{H} = \frac{1}{4\nu}\begin{pmatrix} 3I & 2I & -I \\ 2I & 4I & -2I \\ -I & -2I & 3I \end{pmatrix},$$

并有 $\mathcal{H}\mathcal{M} = \mathcal{Q}$. 由于 $\mathcal{G} = \dfrac{1-\nu}{\nu}\mathcal{D}$(见(11.3.18)), 这时的(11.3.14a)就成了

$$\|\xi^{k+1} - \xi^*\|_{\mathcal{H}}^2 \leqslant \|\xi^k - \xi^*\|_{\mathcal{H}}^2 - \frac{1-\nu}{\nu}\|\xi^k - \tilde{\xi}^k\|_{\mathcal{D}}^2, \quad \forall \xi^* \in \Xi^*.$$

又因为 $\mathcal{M}^{T}\mathcal{H}\mathcal{M} = \mathcal{M}^{T}\mathcal{Q} = \mathcal{D}\mathcal{Q}^{-T}\mathcal{Q} = \mathcal{D}$, 利用(11.3.13), 从上式得到

$$\|\xi^{k+1} - \xi^*\|_{\mathcal{H}}^2 \leqslant \|\xi^k - \xi^*\|_{\mathcal{H}}^2 - \frac{1-\nu}{\nu}\|\xi^k - \xi^{k+1}\|_{\mathcal{H}}^2, \quad \forall \xi^* \in \Xi^*. \tag{11.3.19}$$

这相当于

$$\left\|\begin{matrix} y^{k+1} - y^* \\ z^{k+1} - z^* \\ \lambda^{k+1} - \lambda^* \end{matrix}\right\|_{H}^2 \leqslant \left\|\begin{matrix} y^k - y^* \\ z^k - z^* \\ \lambda^k - \lambda^* \end{matrix}\right\|_{H}^2 - \frac{1-\nu}{\nu}\left\|\begin{matrix} y^k - y^{k+1} \\ z^k - z^{k+1} \\ \lambda^k - \lambda^{k+1} \end{matrix}\right\|_{H}^2, \quad \forall v^* \in \mathcal{V}^*, \tag{11.3.20}$$

其中范数矩阵

$$H = \frac{1}{4\nu}\begin{pmatrix} 3\beta B^{T}B & 2\beta B^{T}C & -B \\ 2\beta C^{T}B & 4\beta C^{T}C & -2C \\ -B & -2C & \frac{3}{\beta}I \end{pmatrix}.$$

如果在(11.3.18)中取 $\nu = \frac{1}{2}$, 就有 $\mathcal{D} = \mathcal{G}$, (11.3.19)和(11.3.20)就分别成了

$$\|\xi^{k+1} - \xi^*\|_{\mathcal{H}}^2 \leqslant \|\xi^k - \xi^*\|_{\mathcal{H}}^2 - \|\xi^k - \xi^{k+1}\|_{\mathcal{H}}^2, \quad \forall \xi^* \in \Xi^*$$

和

$$\left\|\begin{matrix} y^{k+1} - y^* \\ z^{k+1} - z^* \\ \lambda^{k+1} - \lambda^* \end{matrix}\right\|_H^2 \leqslant \left\|\begin{matrix} y^k - y^* \\ z^k - z^* \\ \lambda^k - \lambda^* \end{matrix}\right\|_H^2 - \left\|\begin{matrix} y^k - y^{k+1} \\ z^k - z^{k+1} \\ \lambda^k - \lambda^{k+1} \end{matrix}\right\|_H^2, \quad \forall v^* \in \mathcal{V}^*.$$

以上两个不等式跟 PPA 算法的收缩不等式形式上完全相同, 因此我们称相应的算法为广义 PPA 算法, 并将在第 17 章进一步详细讨论.

11.4 线性化的带 Gauss 回代的 ADMM 类方法

这一节的线性化带 Gauss 回代的 ADMM 类方法中, 我们仍然总把 ADMM 方法中 x-子问题求解当作没有困难的. 所谓线性化, 实际上是用一个平凡的二次项去替代一个非平凡的二次项. 先考虑只有 z-子问题的非平凡二次项会给求解带来困难而需要线性化的情况.

1. 只有 z-子问题需要线性化的情况

k 次迭代从给定的 (By^k, z^k, λ^k) 开始, 将串行预测(11.3.5)改成

$$\begin{cases} \tilde{x}^k \in \operatorname{argmin}\left\{\theta_1(x) - x^{\mathrm{T}}A^{\mathrm{T}}\lambda^k + \dfrac{\beta}{2}\|Ax + By^k + Cz^k - b\|^2 \big| x \in \mathcal{X}\right\}, \\[2mm] \tilde{y}^k \in \operatorname{argmin}\left\{\theta_2(y) - y^{\mathrm{T}}B^{\mathrm{T}}\lambda^k + \dfrac{\beta}{2}\|A\tilde{x}^k + By + Cz^k - b\|^2 \big| y \in \mathcal{Y}\right\}, \\[2mm] \tilde{z}^k = \operatorname{argmin}\left\{\begin{matrix}\theta_3(z) - z^{\mathrm{T}}C^{\mathrm{T}}\lambda^k + \dfrac{\beta}{2}\|A\tilde{x}^k + B\tilde{y}^k + Cz - b\|^2 \\[1mm] + \dfrac{1}{2}\|z - z^k\|_S^2\end{matrix}\bigg| z \in \mathcal{Z}\right\}, \\[2mm] \tilde{\lambda}^k = \lambda^k - \beta(A\tilde{x}^k + By^k + Cz^k - b), \end{cases}$$

$$\tag{11.4.1}$$

其中

$$S = sI_{n_3} - \beta C^{\mathrm{T}}C \succ 0. \tag{11.4.2}$$

换句话说, 要求 $s > \beta\|C^{\mathrm{T}}C\|$. 注意到为开始 k 次迭代, 我们只要提供 (By^k, z^k, λ^k). 由矩阵 S 的结构, 预测(11.4.1)中的 z-子问题简化成

$$\tilde{z}^k = \operatorname{argmin}\left\{\theta_3(z) - (\lambda^k)^{\mathrm{T}}Cz + \dfrac{1}{2}\beta\|A\tilde{x}^k + B\tilde{y}^k + Cz - b\|^2 + \dfrac{1}{2}\|z - z^k\|_S^2 \big| z \in \mathcal{Z}\right\}$$

$$= \operatorname{argmin}\left\{\begin{array}{l}\theta_3(z) - z^{\mathrm{T}}C^{\mathrm{T}}\lambda^k + \dfrac{1}{2}\beta\|(A\tilde{x}^k + B\tilde{y}^k + Cz^k - b) + C(z - z^k)\|^2 \\ \qquad + \dfrac{1}{2}s\|z - z^k\|^2 - \dfrac{1}{2}\beta\|C(z - z^k)\|^2\end{array}\middle| z \in \mathcal{Z}\right\}$$

$$= \operatorname{argmin}\left\{\begin{array}{l}\theta_3(z) - z^{\mathrm{T}}C^{\mathrm{T}}[\lambda^k - \beta(A\tilde{x}^k + B\tilde{y}^k + Cz^k - b)] \\ \qquad + \dfrac{1}{2}s\|z - z^k\|^2\end{array}\middle| z \in \mathcal{Z}\right\}.$$

引理 11.8　用预测(11.4.1)得到的求解变分不等式(11.0.2)的预测点满足

$$\tilde{w}^k \in \Omega, \quad \theta(u) - \theta(\tilde{u}^k) + (w - \tilde{w}^k)^{\mathrm{T}}F(\tilde{w}^k) \geqslant (v - \tilde{v}^k)^{\mathrm{T}}Q(v^k - \tilde{v}^k), \quad \forall w \in \Omega, \tag{11.4.3a}$$

其中

$$Q = \begin{pmatrix} \beta B^{\mathrm{T}}B & 0 & 0 \\ \beta C^{\mathrm{T}}B & sI_{n_3} & 0 \\ -B & -C & \dfrac{1}{\beta}I \end{pmatrix}. \tag{11.4.3b}$$

证明　利用定理 1.1, 如同 11.2 节中得到引理 11.1的分析, 就可以得到该引理的结论.　　　　　　　　　　　　　　　　　　　　　　　　　　　　□

我们可以利用第 5 章 5.5 节中的做法. 由(11.4.1)生成的预测点满足(11.4.3), 其中的预测矩阵 Q 由(11.4.3b)给出. 这时

$$Q^{\mathrm{T}} + Q = \begin{pmatrix} 2\beta B^{\mathrm{T}}B & \beta B^{\mathrm{T}}C & -B^{\mathrm{T}} \\ \beta C^{\mathrm{T}}B & 2sI_{n_3} & -C^{\mathrm{T}} \\ -B & -C & \dfrac{2}{\beta}I \end{pmatrix}$$

$$= \begin{pmatrix} \beta B^{\mathrm{T}}B & \beta B^{\mathrm{T}}C & -B^{\mathrm{T}} \\ \beta C^{\mathrm{T}}B & \beta C^{\mathrm{T}}C & -C^{\mathrm{T}} \\ -B & -C & \dfrac{1}{\beta}I \end{pmatrix} + \begin{pmatrix} \beta B^{\mathrm{T}}B & 0 & 0 \\ 0 & 2sI_{n_3} - \beta C^{\mathrm{T}}C & 0 \\ 0 & 0 & \dfrac{1}{\beta}I \end{pmatrix} \tag{11.4.4}$$

是正定矩阵. 我们可以任选满足

$$D \succ 0, \quad G \succ 0, \quad \text{和} \quad D + G = Q^{\mathrm{T}} + Q$$

的 D 和 G, 通过

$$Q^{\mathrm{T}}(v^{k+1} - v^k) = D(\tilde{v}^k - v^k) \tag{11.4.5}$$

求得 $(y^{k+1}, z^{k+1}, \lambda^{k+1})$. 譬如说, 将 $Q^{\mathrm{T}} + Q$ 分解成

$$Q^{\mathrm{T}} + Q = \begin{pmatrix} \beta B^{\mathrm{T}}B & \beta B^{\mathrm{T}}C & -B^{\mathrm{T}} \\ \beta C^{\mathrm{T}}B & sI_{n_3} & -C^{\mathrm{T}} \\ -B & -C & \frac{1}{\beta}I \end{pmatrix} + \begin{pmatrix} \beta B^{\mathrm{T}}B & 0 & 0 \\ 0 & sI_{n_3} & 0 \\ 0 & 0 & \frac{1}{\beta}I \end{pmatrix}. \qquad (11.4.6)$$

由于 $sI_{n_3} > \beta C^{\mathrm{T}}C$, 上式右端两部分都正定. 若取(11.4.6)右端的第一部分为 D, 方程(11.4.5)的具体形式是

$$\begin{pmatrix} \beta B^{\mathrm{T}}B & \beta B^{\mathrm{T}}C & -B^{\mathrm{T}} \\ 0 & sI_{n_3} & -C^{\mathrm{T}} \\ 0 & 0 & \frac{1}{\beta}I \end{pmatrix} \begin{pmatrix} y^{k+1} - y^k \\ z^{k+1} - z^k \\ \lambda^{k+1} - \lambda^k \end{pmatrix} = \begin{pmatrix} \beta B^{\mathrm{T}}B & \beta B^{\mathrm{T}}C & -B^{\mathrm{T}} \\ \beta C^{\mathrm{T}}B & sI_{n_3} & -C^{\mathrm{T}} \\ -B & -C & \frac{1}{\beta}I \end{pmatrix} \begin{pmatrix} \tilde{y}^k - y^k \\ \tilde{z}^k - z^k \\ \tilde{\lambda}^k - \lambda^k \end{pmatrix}.$$

$$(11.4.7)$$

注意到方程

$$\begin{pmatrix} I & C & -\frac{1}{\beta}I_m \\ 0 & sI_{n_3} & -C^{\mathrm{T}} \\ 0 & 0 & I \end{pmatrix} \begin{pmatrix} B(y^{k+1} - y^k) \\ z^{k+1} - z^k \\ \lambda^{k+1} - \lambda^k \end{pmatrix} = \begin{pmatrix} I & C & -\frac{1}{\beta}I_m \\ \beta C^{\mathrm{T}} & sI_{n_3} & -C^{\mathrm{T}} \\ -\beta I & -\beta C & I \end{pmatrix} \begin{pmatrix} B(\tilde{y}^k - y^k) \\ \tilde{z}^k - z^k \\ \tilde{\lambda}^k - \lambda^k \end{pmatrix}$$

$$(11.4.8)$$

左乘矩阵

$$\begin{pmatrix} \beta B^{\mathrm{T}} & 0 & 0 \\ 0 & I & 0 \\ 0 & 0 & \frac{1}{\beta}I \end{pmatrix}$$

就会得到(11.4.7). 方程(11.4.8)中的 $(By^{k+1}, z^{k+1}, \lambda^{k+1})$ 可以用回代

$$\begin{cases} \lambda^{k+1} = \tilde{\lambda}^k - \beta B(\tilde{y}^k - y^k) - \beta C(\tilde{z}^k - z^k), \\ z^{k+1} = \tilde{z}^k + \frac{1}{s}C^{\mathrm{T}}(\lambda^{k+1} - \lambda^k) + \frac{1}{s}\beta C^{\mathrm{T}}B(\tilde{y}^k - y^k), \\ By^{k+1} = B\tilde{y}^k - C(z^{k+1} - \tilde{z}^k) + \frac{1}{\beta}(\lambda^{k+1} - \tilde{\lambda}^k) \end{cases}$$

的方式得到. 我们也可以取(11.4.6)右端的第二部分为 D 进行校正, 具体演算过程这里不再详述.

2. 当 y 和 z-子问题都要线性化的情形

如果 y 和 z-子问题都因为非平凡二次项会给求解带来困难, 那么 k 次迭代从给定的 $v^k = (y^k, z^k, \lambda^k)$ 开始, 将串行预测(11.3.5)改成

$$
\begin{cases}
\tilde{x}^k \in \arg\min \left\{ \theta_1(x) - x^{\mathrm{T}} A^{\mathrm{T}} \lambda^k + \dfrac{1}{2}\beta \|Ax + By^k + Cz^k - b\|^2 \,\middle|\, x \in \mathcal{X} \right\}, \\[2mm]
\tilde{y}^k = \arg\min \left\{ \begin{aligned} &\theta_2(y) - y^{\mathrm{T}} B^{\mathrm{T}} \lambda^k + \dfrac{1}{2}\beta \|A\tilde{x}^k + By + Cz^k - b\|^2 \\ &\qquad\qquad\qquad\qquad + \dfrac{1}{2}\|y - y^k\|_R^2 \end{aligned} \,\middle|\, y \in \mathcal{Y} \right\}, \\[2mm]
\tilde{z}^k = \arg\min \left\{ \begin{aligned} &\theta_3(z) - z^{\mathrm{T}} C^{\mathrm{T}} \lambda^k + \dfrac{1}{2}\beta \|A\tilde{x}^k + B\tilde{y}^k + Cz - b\|^2 \\ &\qquad\qquad\qquad\qquad + \dfrac{1}{2}\|z - z^k\|_S^2 \end{aligned} \,\middle|\, z \in \mathcal{Z} \right\}, \\[2mm]
\tilde{\lambda}^k = \lambda^k - \beta(A\tilde{x}^k + By^k + Cz^k - b),
\end{cases}
$$
$$(11.4.9)$$

其中

$$
R = rI_{n_2} - \beta B^{\mathrm{T}} B \succ 0, \qquad S = sI_{n_3} - \beta C^{\mathrm{T}} C \succ 0. \tag{11.4.10}
$$

换句话说, 要求 $r > \beta\|B^{\mathrm{T}}B\|$ 和 $s > \beta\|C^{\mathrm{T}}C\|$. 注意到为开始 k-次迭代, 我们只要提供 (By^k, Cz^k, λ^k). 由于矩阵 S 的结构, 预测(11.4.9)中的 z-子问题跟 (11.4.1) 完全相同, 而 y-子问题简化成

$$
\begin{aligned}
\tilde{y}^k &= \arg\min \left\{ \theta_2(y) - y^{\mathrm{T}} B^{\mathrm{T}} \lambda^k + \dfrac{1}{2}\beta \|A\tilde{x}^k + By + Cz^k - b\|^2 + \dfrac{1}{2}\|y - y^k\|_R^2 \,\middle|\, y \in \mathcal{Y} \right\} \\
&= \arg\min \left\{ \begin{aligned} &\theta_2(y) - y^{\mathrm{T}} B^{\mathrm{T}} \lambda^k + \dfrac{1}{2}\beta \|(A\tilde{x}^k + By^k + Cz^k - b) + B(y - y^k)\|^2 \\ &\qquad\qquad + \dfrac{1}{2}r\|y - y^k\|^2 - \dfrac{1}{2}\beta\|B(y - y^k)\|^2 \end{aligned} \,\middle|\, y \in \mathcal{Y} \right\} \\
&= \arg\min \left\{ \begin{aligned} &\theta_2(y) - y^{\mathrm{T}} B^{\mathrm{T}} [\lambda^k - \beta(A\tilde{x}^k + By^k + Cz^k - b)] \\ &\qquad\qquad\qquad + \dfrac{1}{2}r\|y - y^k\|^2 \end{aligned} \,\middle|\, y \in \mathcal{Y} \right\}.
\end{aligned}
$$

因此, 我们得到相应的引理.

引理 11.9　用预测(11.4.9)得到的求解变分不等式(11.0.2)的预测点满足

$$
\tilde{w}^k \in \Omega, \quad \theta(u) - \theta(\tilde{u}^k) + (w - \tilde{w}^k)^{\mathrm{T}} F(\tilde{w}^k) \geqslant (v - \tilde{v}^k)^{\mathrm{T}} Q(v^k - \tilde{v}^k), \quad \forall w \in \Omega,
$$
$$(11.4.11a)$$

其中

$$Q = \begin{pmatrix} rI_{n_2} & 0 & 0 \\ \beta C^{\mathrm{T}}B & sI_{n_3} & 0 \\ -B & -C & \frac{1}{\beta}I \end{pmatrix}. \tag{11.4.11b}$$

证明 利用定理 1.1, 如同 11.2 节中得到引理 11.1的分析, 就可以得到该引理的结论. □

我们也可以利用第 5 章 5.5 节中的做法. 由(11.4.9)生成的预测点满足(11.4.11), 其中的预测矩阵 Q 由(11.4.11b)给出. 这时

$$Q^{\mathrm{T}} + Q = \begin{pmatrix} 2rI_{n_2} & \beta B^{\mathrm{T}}C & -B^{\mathrm{T}} \\ \beta C^{\mathrm{T}}B & 2sI_{n_3} & -C^{\mathrm{T}} \\ -B & -C & \frac{2}{\beta}I \end{pmatrix}$$

是正定矩阵. 我们可以任选满足

$$D \succ 0, \quad G \succ 0, \quad \text{和} \quad D+G = Q^{\mathrm{T}}+Q$$

的 D 和 G, 通过

$$Q^{\mathrm{T}}(v^{k+1} - v^k) = D(\tilde{v}^k - v^k) \tag{11.4.12}$$

求得 $(y^{k+1}, z^{k+1}, \lambda^{k+1})$, 进行下一次迭代. 譬如说, 将 $Q^{\mathrm{T}} + Q$ 分解成

$$Q^{\mathrm{T}} + Q = \begin{pmatrix} rI_{n_2} & \beta B^{\mathrm{T}}C & -B^{\mathrm{T}} \\ \beta C^{\mathrm{T}}B & sI_{n_3} & -C^{\mathrm{T}} \\ -B & -C & \frac{1}{\beta}I \end{pmatrix} + \begin{pmatrix} rI_{n_2} & 0 & 0 \\ 0 & sI_{n_3} & 0 \\ 0 & 0 & \frac{1}{\beta}I \end{pmatrix}. \tag{11.4.13}$$

由于 $rI_{n_2} > \beta B^{\mathrm{T}}B$ 和 $sI_{n_3} > \beta C^{\mathrm{T}}C$, 上式右端两部分都正定. 若取

$$D = \begin{pmatrix} rI_{n_2} & \beta B^{\mathrm{T}}C & -B^{\mathrm{T}} \\ \beta C^{\mathrm{T}}B & sI_{n_3} & -C^{\mathrm{T}} \\ -B & -C & \frac{1}{\beta}I \end{pmatrix},$$

方程(11.4.12)的具体形式是

$$\begin{pmatrix} rI_{n_2} & \beta B^{\mathrm{T}}C & -B^{\mathrm{T}} \\ 0 & sI_{n_3} & -C^{\mathrm{T}} \\ 0 & 0 & \frac{1}{\beta}I \end{pmatrix} \begin{pmatrix} y^{k+1} - y^k \\ z^{k+1} - z^k \\ \lambda^{k+1} - \lambda^k \end{pmatrix} = \begin{pmatrix} rI_{n_2} & \beta B^{\mathrm{T}}C & -B^{\mathrm{T}} \\ \beta C^{\mathrm{T}}B & sI_{n_3} & -C^{\mathrm{T}} \\ -B & -C & \frac{1}{\beta}I \end{pmatrix} \begin{pmatrix} \tilde{y}^k - y^k \\ \tilde{z}^k - z^k \\ \tilde{\lambda}^k - \lambda^k \end{pmatrix}.$$

上述方程组的解 $v^{k+1} = (y^{k+1}, \dot{z}^{k+1}, \lambda^{k+1})$ 可以用回代的格式

$$
\begin{cases}
\lambda^{k+1} = \tilde{\lambda}^k - \beta B(\tilde{y}^k - y^k) - \beta C(\tilde{z}^k - z^k), \\[2mm]
z^{k+1} = \tilde{z}^k + \dfrac{1}{s}[C^{\mathrm{T}}(\lambda^{k+1} - \tilde{\lambda}^k) + \beta C^{\mathrm{T}} B(\tilde{y}^k - y^k)], \\[2mm]
y^{k+1} = \tilde{y}^k - \dfrac{1}{r}[\beta B^{\mathrm{T}} C(z^{k+1} - \tilde{z}^k) + B^{\mathrm{T}}(\lambda^{k+1} - \tilde{\lambda}^k)]
\end{cases}
$$

得到. 取 (11.4.13) 右端的第二部分为 D 进行校正的具体演算过程这里不再详述.

11.5 部分平行并加正则项的 ADMM 类方法

下面的方法发表在文献 [67], 它与 11.2 节中方法相同的是平行求解 y, z-子问题, 不同的是不要求做后处理, 而是给这两个子问题预先都加个正则项. 方法写起来就是

$$
\begin{cases}
x^{k+1} \in \arg\min \left\{ \mathcal{L}_\beta^{[3]}(x, y^k, z^k, \lambda^k) \mid x \in \mathcal{X} \right\}, \\[2mm]
y^{k+1} \in \arg\min \left\{ \mathcal{L}_\beta^{[3]}(x^{k+1}, y, z^k, \lambda^k) + \dfrac{\nu}{2}\beta\|B(y - y^k)\|^2 \big| y \in \mathcal{Y} \right\}, \\[2mm]
z^{k+1} \in \arg\min \left\{ \mathcal{L}_\beta^{[3]}(x^{k+1}, y^k, z, \lambda^k) + \dfrac{\nu}{2}\beta\|C(z - z^k)\|^2 \big| z \in \mathcal{Z} \right\}, \\[2mm]
\lambda^{k+1} = \lambda^k - \beta(Ax^{k+1} + By^{k+1} + Cz^{k+1} - b),
\end{cases}
\tag{11.5.1}
$$

其中 $\nu > 1$. 利用 $\mathcal{L}_\beta^{[3]}(x, y, z, \lambda)$ 的表达式并注意到改变目标函数值中的常数项并不改变优化问题的解集, 我们有

$$
y^{k+1} \in \arg\min \left\{ \mathcal{L}_\beta^{[3]}(x^{k+1}, y, z^k, \lambda^k) + \frac{\nu}{2}\beta\|B(y - y^k)\|^2 \big| y \in \mathcal{Y} \right\}
$$

$$
= \arg\min \left\{ \begin{array}{c} \theta_2(y) - y^{\mathrm{T}} B^{\mathrm{T}} \lambda^k + \dfrac{1}{2}\beta\|Ax^{k+1} + By + Cz^k - b\|^2 \\[2mm] + \dfrac{\nu}{2}\beta\|B(y - y^k)\|^2 \end{array} \bigg| y \in \mathcal{Y} \right\}
$$

$$
= \arg\min \left\{ \begin{array}{c} \theta_2(y) - y^{\mathrm{T}} B^{\mathrm{T}} \lambda^k + \dfrac{1}{2}\beta\|(Ax^{k+1} + By^k + Cz^k - b) + B(y - y^k)\|^2 \\[2mm] + \dfrac{\nu}{2}\beta\|B(y - y^k)\|^2 \end{array} \bigg| y \in \mathcal{Y} \right\}
$$

$$
= \arg\min \left\{ \begin{array}{c} \theta_2(y) - y^{\mathrm{T}} B^{\mathrm{T}}[\lambda^k - \beta(Ax^{k+1} + By^k + Cz^k - b)] \\[2mm] + \dfrac{1+\nu}{2}\beta\|B(y - y^k)\|^2 \end{array} \bigg| y \in \mathcal{Y} \right\}.
$$

如果令

$$
\lambda^{k+\frac{1}{2}} = \lambda^k - \beta(Ax^{k+1} + By^k + Cz^k - b),
$$

求解方法(11.5.1)相当于

$$
\begin{cases}
x^{k+1} \in \arg\min\left\{ \theta_1(x) + \dfrac{1}{2}\beta\|Ax + By^k + Cz^k - b - \dfrac{1}{\beta}\lambda^k\|^2 \mid x \in \mathcal{X} \right\}, \\[2mm]
\lambda^{k+\frac{1}{2}} = \lambda^k - \beta(Ax^{k+1} + By^k + Cz^k - b) \\[2mm]
y^{k+1} \in \arg\min\left\{ \theta_2(y) - y^{\mathrm{T}} B^{\mathrm{T}} \lambda^{k+\frac{1}{2}} + \dfrac{\mu}{2}\beta\|B(y - y^k)\|^2 \mid y \in \mathcal{Y} \right\}, \\[2mm]
z^{k+1} \in \arg\min\left\{ \theta_3(z) - z^{\mathrm{T}} C^{\mathrm{T}} \lambda^{k+\frac{1}{2}} + \dfrac{\mu}{2}\beta\|C(z - z^k)\|^2 \mid z \in \mathcal{Z} \right\}, \\[2mm]
\lambda^{k+1} = \lambda^k - \beta(Ax^{k+1} + By^{k+1} + Cz^{k+1} - b),
\end{cases}
$$
$$(11.5.2)$$

其中 $\mu = \nu + 1$. 对上面的方法, 我们还是要把它分拆成预测-校正两个部分, 用统一框架去证明收敛性.

把由(11.5.2) 生成的 $(x^{k+1}, y^{k+1}, z^{k+1}, \lambda^{k+\frac{1}{2}})$ 视为预测点 $(\tilde{x}^k, \tilde{y}^k, \tilde{z}^k, \tilde{\lambda}^k)$, 这个预测公式就成为

$$
\begin{cases}
\tilde{x}^k \in \arg\min\left\{ \theta_1(x) - x^{\mathrm{T}} A^{\mathrm{T}} \lambda^k + \dfrac{\beta}{2}\|Ax + By^k + Cz^k - b\|^2 \mid x \in \mathcal{X} \right\}, \\[2mm]
\tilde{y}^k \in \arg\min\left\{ \theta_2(y) - y^{\mathrm{T}} B^{\mathrm{T}} \tilde{\lambda}^k + \dfrac{\mu\beta}{2}\|B(y - y^k)\|^2 \mid y \in \mathcal{Y} \right\}, \\[2mm]
\tilde{z}^k \in \arg\min\left\{ \theta_3(z) - z^{\mathrm{T}} C^{\mathrm{T}} \tilde{\lambda}^k + \dfrac{\mu\beta}{2}\|C(z - z^k)\|^2 \mid z \in \mathcal{Z} \right\}, \\[2mm]
\tilde{\lambda}^k = \lambda^k - \beta(A\tilde{x}^k + By^k + Cz^k - b).
\end{cases}
$$
$$(11.5.3)$$

利用变分不等式(11.0.2)的形式, 预测就可以写成统一框架中的 (5.1.1) 的形式.

引理 11.10 用预测(11.5.3)得到的求解变分不等式(11.0.2)的预测点满足

$$
\tilde{w}^k \in \Omega, \quad \theta(u) - \theta(\tilde{u}^k) + (w - \tilde{w}^k)^{\mathrm{T}} F(\tilde{w}^k) \geqslant (v - \tilde{v}^k)^{\mathrm{T}} Q(v^k - \tilde{v}^k), \quad \forall w \in \Omega,
$$
$$(11.5.4\mathrm{a})$$

其中

$$
Q = \begin{pmatrix} \mu\beta B^{\mathrm{T}} B & 0 & 0 \\ 0 & \mu\beta C^{\mathrm{T}} C & 0 \\ -B & -C & \dfrac{1}{\beta} I \end{pmatrix}.
$$
$$(11.5.4\mathrm{b})$$

证明 利用定理 1.1, 如同 11.2 节中得到引理 11.1的分析, 就可以得到该引理的结论. □

利用(11.5.2)中的 λ^{k+1} 和(11.5.3)中 $\tilde{\lambda}^k$ 的关系, 我们有

$$
\begin{pmatrix} y^{k+1} \\ z^{k+1} \\ \lambda^{k+1} \end{pmatrix} = \begin{pmatrix} y^k \\ z^k \\ \lambda^k \end{pmatrix} - \begin{pmatrix} I & 0 & 0 \\ 0 & I & 0 \\ -\beta B & -\beta C & I \end{pmatrix} \begin{pmatrix} y^k - \tilde{y}^k \\ z^k - \tilde{z}^k \\ \lambda^k - \tilde{\lambda}^k \end{pmatrix}.
$$

因此, 可以把校正写成下面的引理.

引理 11.11　用(11.5.2)求解变分不等式(11.0.2). 若把方法分拆成预测-校正两部分并用(11.5.3)做预测, 那么校正公式就是

$$
v^{k+1} = v^k - M(v^k - \tilde{v}^k), \tag{11.5.5a}
$$

其中

$$
M = \begin{pmatrix} I & 0 & 0 \\ 0 & I & 0 \\ -\beta B & -\beta C & I \end{pmatrix}. \tag{11.5.5b}
$$

剩下的任务就是验证收敛性条件. 对于(11.5.4b)中的预测矩阵 Q 和(11.5.5b)中的校正矩阵 M, 设

$$
H = \begin{pmatrix} \mu\beta B^{\mathrm{T}}B & 0 & 0 \\ 0 & \mu\beta C^{\mathrm{T}}C & 0 \\ 0 & 0 & \dfrac{1}{\beta}I \end{pmatrix},
$$

则 H 正定并有 $HM = Q$. 这说明收敛性条件 (5.1.3a) 满足. 此外,

$$
G = (Q^{\mathrm{T}} + Q) - M^{\mathrm{T}}HM = (Q^{\mathrm{T}} + Q) - M^{\mathrm{T}}Q
$$

$$
= \begin{pmatrix} 2\mu\beta B^{\mathrm{T}}B & 0 & -B^{\mathrm{T}} \\ 0 & 2\mu\beta C^{\mathrm{T}}C & -C^{\mathrm{T}} \\ -B & -C & \dfrac{2}{\beta}I \end{pmatrix} - \begin{pmatrix} (1+\mu)\beta B^{\mathrm{T}}B & \beta B^{\mathrm{T}}C & -B^{\mathrm{T}} \\ \beta C^{\mathrm{T}}B & (1+\mu)\beta C^{\mathrm{T}}C & -C^{\mathrm{T}} \\ -B & -C & \dfrac{1}{\beta}I \end{pmatrix}
$$

$$
= \begin{pmatrix} (\mu-1)\beta B^{\mathrm{T}}B & -\beta B^{\mathrm{T}}C & 0 \\ -\beta C^{\mathrm{T}}B & (\mu-1)\beta C^{\mathrm{T}}C & 0 \\ 0 & 0 & \dfrac{1}{\beta}I \end{pmatrix}.
$$

当 $\mu > 2$, 矩阵 G 正定, 收敛性条件 (5.1.3b) 满足. 方法的收敛性条件满足.

定理 11.2 用 $\mu > 2$ 的方法(11.5.2)(或等价的 $\nu > 1$ 的方法(11.5.1)) 求解变分不等式(11.0.2), 方法是收敛的.

这类发表在文献 [67, 103] 的算法思想是: 让 y 和 z 各自独立, 又不准备校正, 那就预先加正则项让它们不致走得太远, 其直观原理可以参阅论文 [46]. 方法(11.5.2)被 UCLA 教授 Osher 的课题组成功用来求解图像降维问题 [22]. 我们在论文 [67] 中要求 $\mu > 2$, 他们在实际计算中取 $\mu = 2.01$. 在后面的第 12 章的 12.5 节中, 我们将花费较多的笔墨证明, (11.5.2)中的 $\mu > 1.5$ 就可以保证收敛.

11.6 利用统一框架设计的 PPA 算法

求解变分不等式(11.0.2)的 PPA 算法要求预测 (5.1.1) 中的矩阵 Q 本身是一个能写成 H 的对称正定矩阵. 这时, 我们把相应的矩阵 Q 记为 H. 这类方法中, 我们用平凡松弛的校正 (5.1.2) 给出 v^{k+1}. 实际运算中, 一般取 $\alpha \in [1.2, 1.8]$.

如果我们为求解(11.0.2)构造的预测公式中的 $\tilde{w}^k$ 满足

$$\tilde{w}^k \in \Omega, \quad \theta(u) - \theta(\tilde{u}^k) + (w - \tilde{w}^k)^{\mathrm{T}} F(\tilde{w}^k) \geqslant (v - \tilde{v}^k)^{\mathrm{T}} H(v^k - \tilde{v}^k), \quad \forall w \in \Omega,$$
$$(11.6.1\mathrm{a})$$

其中

$$H = \begin{pmatrix} \beta B^{\mathrm{T}} B + \delta I_m & 0 & -B^{\mathrm{T}} \\ 0 & \beta C^{\mathrm{T}} C + \delta I_m & -C^{\mathrm{T}} \\ -B & -C & \dfrac{2}{\beta} I_m \end{pmatrix}, \quad (11.6.1\mathrm{b})$$

其中 $\beta > 0$ 和 $\delta > 0$ 都是任意给定的大于零的常数. 由于

$$H = \begin{pmatrix} \beta B^{\mathrm{T}} B + \delta I_m & 0 & -B^{\mathrm{T}} \\ 0 & 0 & 0 \\ -B & 0 & \dfrac{1}{\beta} I_m \end{pmatrix} + \begin{pmatrix} 0 & 0 & 0 \\ 0 & \beta C^{\mathrm{T}} C + \delta I_m & -C^{\mathrm{T}} \\ 0 & -C & \dfrac{1}{\beta} I_m \end{pmatrix},$$

对任意的 $\beta > 0, \delta > 0$ 和 $v = (y, z, \lambda) \neq 0$,

$$v^{\mathrm{T}} H v = \left\| \sqrt{\beta} B y - \frac{1}{\sqrt{\beta}} \lambda \right\|^2 + \left\| \sqrt{\beta} C z - \frac{1}{\sqrt{\beta}} \lambda \right\|^2 + \delta(\|y\|^2 + \|z\|^2) > 0,$$

矩阵 H 是正定的. 我们用平凡松弛的校正 (5.1.2) 得到新的迭代点 v^{k+1}. 根据统一框架, 算法就是收敛的. 因此, 问题归结为如何实现满足(11.6.1)的预测. 用(11.0.2)中 $F(w)$ 的表达式, 把(11.6.1)的具体形式写出来就是 $\tilde{w}^k = (\tilde{x}^k, \tilde{y}^k, \tilde{\lambda}^k) \in$

Ω, 使得

$$
\begin{cases}
\theta_1(x) - \theta_1(\tilde{x}^k) + (x - \tilde{x}^k)^{\mathrm{T}}\{\underwave{-A^{\mathrm{T}}\tilde{\lambda}^k}\} \geqslant 0, \quad \forall x \in \mathcal{X}, & (11.6.2a) \\
\theta_2(y) - \theta_2(\tilde{y}^k) + (y - \tilde{y}^k)^{\mathrm{T}}\{\underwave{-B^{\mathrm{T}}\tilde{\lambda}^k} + \beta B^{\mathrm{T}}B(\tilde{y}^k - y^k) + \delta(\tilde{y}^k - y^k) & \\
\qquad\qquad\qquad\qquad - B^{\mathrm{T}}(\tilde{\lambda}^k - \lambda^k)\} \geqslant 0, \ \forall y \in \mathcal{Y}, & (11.6.2b) \\
\theta_3(z) - \theta_3(\tilde{z}^k) + (z - \tilde{z}^k)^{\mathrm{T}}\{\underwave{-C^{\mathrm{T}}\tilde{\lambda}^k} + \beta C^{\mathrm{T}}C(\tilde{z}^k - z^k) + \delta(\tilde{z}^k - z^k) & \\
\qquad\qquad\qquad\qquad - C^{\mathrm{T}}(\tilde{\lambda}^k - \lambda^k)\} \geqslant 0, \ \forall z \in \mathcal{Z}, & (11.6.2c) \\
\underwave{(A\tilde{x}^k + B\tilde{y}^k + C\tilde{z}^k - b)} & \\
\qquad\qquad - B(\tilde{y}^k - y^k) - C(\tilde{z}^k - z^k) + \dfrac{2}{\beta}(\tilde{\lambda}^k - \lambda^k) = 0. & (11.6.2d)
\end{cases}
$$

上式中, 有下波纹线的凑在一起, 就是(11.6.1)中的 $F(\tilde{w}^k)$. 把(11.6.2)的具体形式写出来就是 $\tilde{w}^k = (\tilde{x}^k, \tilde{y}^k, \tilde{\lambda}^k) \in \Omega$, 使得

$$
\begin{cases}
\theta_1(x) - \theta_1(\tilde{x}^k) + (x - \tilde{x}^k)^{\mathrm{T}}\{-A^{\mathrm{T}}\tilde{\lambda}^k\} \geqslant 0, \quad \forall x \in \mathcal{X}, & (11.6.3a) \\
\theta_2(y) - \theta_2(\tilde{y}^k) + (y - \tilde{y}^k)^{\mathrm{T}}\{-B^{\mathrm{T}}(2\tilde{\lambda}^k - \lambda^k) & \\
\qquad\qquad + \beta B^{\mathrm{T}}B(\tilde{y}^k - y^k) + \delta(\tilde{y}^k - y^k)\} \geqslant 0, \ \forall y \in \mathcal{Y}, & (11.6.3b) \\
\theta_3(z) - \theta_3(\tilde{z}^k) + (z - \tilde{z}^k)^{\mathrm{T}}\{-C^{\mathrm{T}}(2\tilde{\lambda}^k - \lambda^k) & \\
\qquad\qquad + \beta C^{\mathrm{T}}C(\tilde{z}^k - z^k) + \delta(\tilde{z}^k - z^k)\} \geqslant 0, \ \forall z \in \mathcal{Z}, & (11.6.3c) \\
(A\tilde{x}^k + By^k + Cz^k - b) + \dfrac{2}{\beta}(\tilde{\lambda}^k - \lambda^k) = 0. & (11.6.3d)
\end{cases}
$$

注意到(11.6.3d)就是

$$
\tilde{\lambda}^k = \lambda^k - \frac{1}{2}\beta(A\tilde{x}^k + By^k + Cz^k - b). \tag{11.6.4}
$$

这样, (11.6.3a)就是

$$
\tilde{x}^k \in \mathcal{X}, \quad \theta_1(x) - \theta_1(\tilde{x}^k)
$$
$$
+ (x - \tilde{x}^k)^{\mathrm{T}}\left\{-A^{\mathrm{T}}\lambda^k + \frac{1}{2}\beta A^{\mathrm{T}}(A\tilde{x}^k + By^k + Cz^k - b)\right\} \geqslant 0, \ \forall x \in \mathcal{X}.
$$

根据定理 1.1, 上面这个以 $\tilde{x}^k$ 为解的变分不等式可以通过

$$
\tilde{x}^k = \operatorname{argmin}\left\{\theta_1(x) - x^{\mathrm{T}}A^{\mathrm{T}}\lambda^k + \frac{1}{4}\beta\|Ax + By^k + Cz^k - b\|^2 \,\middle|\, x \in \mathcal{X}\right\} \tag{11.6.5}
$$

去实现. 换句话说, 通过(11.6.5)求得 $\tilde{x}^k$, 并以(11.6.4)定义 $\tilde{\lambda}^k$, 既满足了(11.6.3a),
又满足了(11.6.3d). 有了这样的 $\tilde{\lambda}^k$, 要得到满足(11.6.3b)的 $\tilde{y}^k$ 和满足(11.6.3c)的
$\tilde{z}^k$, 根据定理 1.1, 只要分别通过求解

$$\tilde{y}^k = \arg\min\left\{\begin{array}{c} \theta_2(y) - y^{\mathrm{T}}B^{\mathrm{T}}[2\tilde{\lambda}^k - \lambda^k]+ \\ \frac{1}{2}\beta\|B(y-y^k)\|^2 + \frac{1}{2}\delta\|y-y^k\|^2 \end{array}\,\middle|\, y \in \mathcal{Y}\right\}$$

和

$$\tilde{z}^k = \arg\min\left\{\begin{array}{c} \theta_3(z) - z^{\mathrm{T}}C^{\mathrm{T}}[2\tilde{\lambda}^k - \lambda^k]+ \\ \frac{1}{2}\beta\|C(z-z^k)\|^2 + \frac{1}{2}\delta\|z-z^k\|^2 \end{array}\,\middle|\, z \in \mathcal{Z}\right\}$$

就能实现. 综上所述, 按照 $x, \lambda, (y, z)$ 顺序计算:

$$
\begin{cases}
\tilde{x}^k \in \arg\min\{\theta_1(x) - x^{\mathrm{T}}A^{\mathrm{T}}\lambda^k + \frac{1}{4}\beta\|Ax + By^k + Cz^k - b\|^2 \mid x \in \mathcal{X}\}, & (11.6.6a) \\[2mm]
\tilde{\lambda}^k = \lambda^k - \frac{1}{2}\beta(A\tilde{x}^k + By^k + Cz^k - b), & (11.6.6b) \\[2mm]
\tilde{y}^k = \arg\min\left\{\theta_2(y) - y^{\mathrm{T}}B^{\mathrm{T}}[2\tilde{\lambda}^k - \lambda^k] + \begin{pmatrix} \frac{1}{2}\beta\|B(y-y^k)\|^2 \\ +\frac{1}{2}\delta\|y-y^k\|^2 \end{pmatrix}\,\middle|\, y \in \mathcal{Y}\right\}, & (11.6.6c) \\[3mm]
\tilde{z}^k = \arg\min\left\{\theta_3(z) - z^{\mathrm{T}}C^{\mathrm{T}}[2\tilde{\lambda}^k - \lambda^k] + \begin{pmatrix} \frac{1}{2}\beta\|C(z-z^k)\|^2 \\ +\frac{1}{2}\delta\|z-z^k\|^2 \end{pmatrix}\,\middle|\, z \in \mathcal{Z}\right\}, & (11.6.6d)
\end{cases}
$$

就得到满足条件(11.6.1)的预测点. 由于预测中的矩阵对称正定, 新的迭代点可以
利用预测点继续进行平凡的松弛校正得到.

第 12 章 线性化 ALM 和 ADMM 中的 不定正则化准则

我们首先诠释一下不定正则化方法的意义, 再给出两个在本章方法收敛性证明中都需要用到的引理. 这一章中用到的矩阵 D, H, G 都是对称正定矩阵, 而 D_0, H_0, G_0 都对称, 但不一定正定. 当 G_0 对称但不一定正定的时候, $\|v\|_{G_0}^2$ 表示二次型 $v^{\mathrm{T}} G_0 v$.

12.1 不定正则化方法的意义和两个引理

以增广 Lagrange 乘子法求解线性等式约束凸优化为例. 考虑问题

$$\min\{\theta(x) \mid Ax = b,\, x \in \mathcal{X}\}, \tag{12.1.1}$$

其中 $\theta: \Re^n \to \Re$ 是 $\mathcal{X} \subseteq \Re^n$ 上的凸函数, $A \in \Re^{m \times n}$, $b \in \Re^m$ 是相应的矩阵和向量. 假设问题(12.1.1)的解集非空. 问题(12.1.1)的增广 Lagrange 函数是定义在 $\mathcal{X} \times \Re^m$ 上的

$$\mathcal{L}_\beta(x, \lambda) = \theta(x) - \lambda^{\mathrm{T}}(Ax - b) + \frac{1}{2}\beta\|Ax - b\|^2. \tag{12.1.2}$$

求解这类问题的增广 Lagrange 乘子法[87,98] 的 k 步迭代是

$$(\text{ALM}) \quad \begin{cases} x^{k+1} \in \arg\min\left\{\mathcal{L}_\beta(x, \lambda^k) \mid x \in \mathcal{X}\right\}, & (12.1.3\text{a}) \\ \lambda^{k+1} = \lambda^k - \beta(Ax^{k+1} - b). & (12.1.3\text{b}) \end{cases}$$

子问题(12.1.3a)相当于

$$x^{k+1} = \arg\min\left\{\theta(x) - x^{\mathrm{T}}A^{\mathrm{T}}[\lambda^k - \beta(Ax^k - b)] + \frac{1}{2}\beta\|A(x - x^k)\|^2 \,\middle|\, x \in \mathcal{X}\right\}. \tag{12.1.4}$$

1. 不定正则化的意义

对任意相应结构的正定矩阵 $D \succ 0$, 正则化增广 Lagrange 乘子法的 k 次迭代为

$$(\text{正则化 ALM}) \begin{cases} x^{k+1} = \arg\min\left\{\mathcal{L}_\beta(x, \lambda^k) + \dfrac{1}{2}\|x - x^k\|_D^2 \,\bigg|\, x \in \mathcal{X}\right\}, & (12.1.5a) \\ \lambda^{k+1} = \lambda^k - \beta(Ax^{k+1} - b). & (12.1.5b) \end{cases}$$

当其中的正则化矩阵 D 选成

$$D = rI_n - \beta A^{\mathrm{T}}A, \qquad \text{其中} \quad r > \beta\|A^{\mathrm{T}}A\|, \qquad (12.1.6a)$$

子问题(12.1.5a)就会变成

$$x^{k+1} = \arg\min\left\{\theta(x) - x^{\mathrm{T}}A^{\mathrm{T}}[\lambda^k - \beta(Ax^k - b)] + \dfrac{r}{2}\|x - x^k\|^2 \,\bigg|\, x \in \mathcal{X}\right\}.$$
$$(12.1.6b)$$

这个子问题比(12.1.4)简单一些, 因为目标函数中的二次项已经从 $\frac{1}{2}\beta\|A(x - x^k)\|^2$ 变成 $\frac{1}{2}r\|x - x^k\|^2$. 这个 r 也叫线性化因子. 对任意的 $r > 0$, 子问题(12.1.6b)强凸, 有唯一解. (12.1.6a)中要求 $r > \beta\|A^{\mathrm{T}}A\|$, 是为了(12.1.5a)中另加的正则项 $\frac{1}{2}\|x - x^k\|_D^2$ 是正定的二次型. 显然, r 越大, 迫使新的迭代点 x^{k+1} 离原来的 x^k 越近.

我们所说的不定正则化增广拉格朗日乘子法 (indefinite proximal augmented Lagrangian method), 它的 k 步迭代是

$$(\text{不定正则化 ALM}) \begin{cases} x^{k+1} = \arg\min\left\{\mathcal{L}_\beta(x, \lambda^k) + \dfrac{1}{2}\|x - x^k\|_{D_0}^2 \,\bigg|\, x \in \mathcal{X}\right\}, & (12.1.7a) \\ \lambda^{k+1} = \lambda^k - \beta(Ax^{k+1} - b), & (12.1.7b) \end{cases}$$

其中

$$D_0 = \tau D - (1 - \tau)\beta A^{\mathrm{T}}A, \qquad \tau \in \left(\dfrac{3}{4}, 1\right], \qquad (12.1.8)$$

D 是任意的正定矩阵, 因此 D_0 是不定的对称矩阵. 特别地, 当矩阵 D 由(12.1.6a)这种形式给出的时候, D_0 就是

$$D_0 = \tau D - (1 - \tau)\beta A^{\mathrm{T}}A = \tau r I_n - \beta A^{\mathrm{T}}A. \qquad (12.1.9a)$$

相应的子问题(12.1.7a)就变成

$$x^{k+1} = \arg\min\left\{\theta(x) - x^{\mathrm{T}}A^{\mathrm{T}}[\lambda^k - \beta(Ax^k - b)] + \dfrac{\tau r}{2}\|x - x^k\|^2 \,\bigg|\, x \in \mathcal{X}\right\}.$$
$$(12.1.9b)$$

相对于(12.1.6b), (12.1.9b)中的线性化因子变小了, 能在一定程度上提高收敛速度. 这是我们研究一系列不定正则化方法的原因. 后面的每一节, 对不定矩阵 D_0, 我们都采用与(12.1.8)类似的定义.

2. 两个引理

我们总在单调变分不等式框架下考虑问题. 设我们需要求解的变分不等式为

$$w^* \in \Omega, \quad \theta(u) - \theta(u^*) + (w - w^*)^{\mathrm{T}} F(w^*) \geqslant 0, \quad \forall w \in \Omega. \tag{12.1.10}$$

下面是这一章 12.3 节和 12.4 节中的证明中共同需要用到的两个引理.

引理 12.1　为求解变分不等式(12.1.10), 分别采用

$$\tilde{w}^k \in \Omega, \quad \theta(u) - \theta(\tilde{u}^k) + (w - \tilde{w}^k)^{\mathrm{T}} F(\tilde{w}^k)$$
$$\geqslant (v - \tilde{v}^k)^{\mathrm{T}} Q(v^k - \tilde{v}^k), \quad \forall w \in \Omega \tag{12.1.11a}$$

预测和

$$v^{k+1} = v^k - M(v^k - \tilde{v}^k) \tag{12.1.11b}$$

校正. 对预测和校正中给定的矩阵 Q 和 M, 若有正定矩阵 H 满足

$$HM = Q, \tag{12.1.11c}$$

那么有

$$\|v^k - v^*\|_H^2 - \|v^{k+1} - v^*\|_H^2 \geqslant \|v^k - \tilde{v}^k\|_{G_0}^2, \quad \forall w^* \in \Omega^*, \tag{12.1.12}$$

其中

$$G_0 = Q^{\mathrm{T}} + Q - M^{\mathrm{T}} HM. \tag{12.1.13}$$

证明　利用 $Q = HM$ 和(12.1.11b)的 $M(v^k - \tilde{v}^k) = v^k - v^{k+1}$, 从(12.1.11a)得到

$$\theta(u) - \theta(\tilde{u}^k) + (w - \tilde{w}^k)^{\mathrm{T}} F(\tilde{w}^k) \geqslant (v - \tilde{v}^k)^{\mathrm{T}} H(v^k - v^{k+1}), \quad \forall w \in \Omega.$$

将上式中任意的 w 设为 $w^* \in \Omega^*$, 我们得到

$$(v^k - v^{k+1})^{\mathrm{T}} H(\tilde{v}^k - v^*) \geqslant \theta(\tilde{u}^k) - \theta(u^*) + (\tilde{w}^k - w^*)^{\mathrm{T}} F(\tilde{w}^k).$$

上式右端非负, 所以有

$$(v^k - v^{k+1})^{\mathrm{T}} H(\tilde{v}^k - v^*) \geqslant 0. \tag{12.1.14}$$

将恒等式

$$(a-b)^{\mathrm{T}}H(c-d) = \frac{1}{2}\left\{\|a-d\|_H^2 - \|b-d\|_H^2\right\} - \frac{1}{2}\left\{\|a-c\|_H^2 - \|b-c\|_H^2\right\}$$

用于(12.1.14)的左端, 令 $a=v^k$, $b=v^{k+1}$, $c=\tilde{v}^k$ 和 $d=v^*$, 我们得到

$$(v^k-v^{k+1})^{\mathrm{T}}H(\tilde{v}^k-v^*)$$
$$= \frac{1}{2}\{\|v^k-v^*\|_H^2 - \|v^{k+1}-v^*\|_H^2\} - \frac{1}{2}\{\|v^k-\tilde{v}^k\|_H^2 - \|v^{k+1}-\tilde{v}^k\|_H^2\}.$$

根据(12.1.14)就有

$$\|v^k-v^*\|_H^2 - \|v^{k+1}-v^*\|_H^2 \geqslant \|v^k-\tilde{v}^k\|_H^2 - \|v^{k+1}-\tilde{v}^k\|_H^2. \qquad (12.1.15)$$

再把上式的右端化简一下,

$$
\begin{aligned}
&\|v^k-\tilde{v}^k\|_H^2 - \|v^{k+1}-\tilde{v}^k\|_H^2 \\
=\ & \|v^k-\tilde{v}^k\|_H^2 - \|(v^k-\tilde{v}^k)-(v^k-v^{k+1})\|_H^2 \\
\stackrel{(12.1.11b)}{=\!=\!=}\ & \|v^k-\tilde{v}^k\|_H^2 - \|(v^k-\tilde{v}^k)-M(v^k-\tilde{v}^k)\|_H^2 \\
=\ & 2(v^k-\tilde{v}^k)^{\mathrm{T}}HM(v^k-\tilde{v}^k) - (v^k-\tilde{v}^k)^{\mathrm{T}}M^{\mathrm{T}}HM(v^k-\tilde{v}^k) \\
=\ & (v^k-\tilde{v}^k)^{\mathrm{T}}(Q^{\mathrm{T}}+Q-M^{\mathrm{T}}HM)(v^k-\tilde{v}^k) \\
\stackrel{(12.1.13)}{=\!=\!=}\ & \|v^k-\tilde{v}^k\|_{G_0}^2. \qquad (12.1.16)
\end{aligned}
$$

将(12.1.16)代入(12.1.15)就得到引理的结论. $\qquad\qquad\qquad\qquad\qquad\square$

注意到, 引理中的矩阵 G_0 仅仅对称, 不一定正定, 因此, $\|v^k-\tilde{v}^k\|_{G_0}^2$ 不一定非负.

引理 12.2 设 p 和 q 是维数相同的向量. 对任意的 $\tau \in \left[\dfrac{3}{4}, 1\right]$, 都有

$$q^{\mathrm{T}}p \geqslant -\left(\tau-\frac{1}{2}\right)\beta\|p\|^2 - \left(\frac{5}{2}-2\tau\right)\frac{1}{\beta}\|q\|^2. \qquad (12.1.17)$$

证明 由于 $\tau \in \left[\dfrac{3}{4}, 1\right]$, $\left(\tau-\dfrac{1}{2}\right) > 0$, 根据 Cauchy-Schwarz 不等式, 我们有

$$q^{\mathrm{T}}p \geqslant -\left(\tau-\frac{1}{2}\right)\beta\|p\|^2 - \frac{1}{4\left(\tau-\dfrac{1}{2}\right)}\frac{1}{\beta}\|q\|^2.$$

因此, 我们只要证明对任意的 $\tau \in \left[\dfrac{3}{4}, 1\right]$, 都有

$$\frac{1}{4\left(\tau - \dfrac{1}{2}\right)} \leqslant \frac{5}{2} - 2\tau. \tag{12.1.18}$$

构建函数

$$h(\tau) := 4\left(\tau - \frac{1}{2}\right)\left(\frac{5}{2} - 2\tau\right).$$

显然, $h(\tau)$ 是凹函数, 它只能在区间 $\left[\dfrac{3}{4}, 1\right]$ 的端点达到极小值. 由于

$$h\left(\frac{3}{4}\right) = h(1) = 1,$$

我们有

$$h(\tau) = 4\left(\tau - \frac{1}{2}\right)\left(\frac{5}{2} - 2\tau\right) \geqslant 1, \quad \forall\, \tau \in \left[\frac{3}{4}, 1\right].$$

由此直接得到(12.1.18).　　　　　　　　　　　　　　　　　　　　□

12.2　等式约束优化问题的不定正则化 ALM

这一节讨论求解凸优化问题(12.1.1)的不定正则化 ALM (12.1.7). 相对于后面几节的证明, 它的证明相对容易一些.

12.2.1　不定正则化方法 ALM 的变分不等式表示

我们已经熟知, 问题(12.1.1)有解时, 它的变分不等式形式是

$$w^* \in \Omega, \quad \theta(x) - \theta(x^*) + (w - w^*)^{\mathrm{T}} F(w^*) \geqslant 0, \quad \forall\, w \in \Omega, \tag{12.2.1a}$$

其中

$$w = \begin{pmatrix} x \\ \lambda \end{pmatrix}, \quad F(w) = \begin{pmatrix} -A^{\mathrm{T}}\lambda \\ Ax - b \end{pmatrix} \quad \text{和} \quad \Omega = \mathcal{X} \times \Re^m. \tag{12.2.1b}$$

先把迭代式 (12.1.7) 用变分不等式表示. 因为子问题(12.1.7a)中的目标函数是

$$\mathcal{L}_\beta(x, \lambda^k) + \frac{1}{2}\|x - x^k\|_{\mathcal{D}_0}^2$$

$$=\theta(x)-(\lambda^k)^{\mathrm{T}}(Ax-b)+\frac{1}{2}\beta\|Ax-b\|^2+\frac{1}{2}\|x-x^k\|_{D_0}^2,$$

根据定理 1.1, 它的最优性条件是

$$x^{k+1}\in\mathcal{X},\quad \theta(x)-\theta(x^{k+1})+(x-x^{k+1})^{\mathrm{T}}$$
$$\left\{-A^{\mathrm{T}}\lambda^k+\beta A^{\mathrm{T}}(Ax^{k+1}-b)+D_0(x^{k+1}-x^k)\right\}\geqslant 0,\quad \forall x\in\mathcal{X}.$$

利用(12.1.7b),

$$\lambda^{k+1}=\lambda^k-\beta(Ax^{k+1}-b),$$

子问题(12.1.7a)的最优性条件可以写成

$$x^{k+1}\in\mathcal{X},\quad \theta(x)-\theta(x^{k+1})+(x-x^{k+1})^{\mathrm{T}}$$
$$\left\{-A^{\mathrm{T}}\lambda^{k+1}+D_0(x^{k+1}-x^k)\right\}\geqslant 0,\ \forall x\in\mathcal{X}.$$
$$(12.2.2\mathrm{a})$$

乘子 λ 的更新公式(12.1.7b)的等价变分不等式形式是

$$\lambda^{k+1}\in\Re^m,\ (\lambda-\lambda^{k+1})^{\mathrm{T}}\left\{(Ax^{k+1}-b)+\frac{1}{\beta}(\lambda^{k+1}-\lambda^k)\right\}\geqslant 0,\ \forall\lambda\in\Re^m.$$
$$(12.2.2\mathrm{b})$$

引理 12.3 对给定的 $w^k=(x^k,\lambda^k)$, 设 $w^{k+1}=(x^{k+1},\lambda^{k+1})$ 是由不定正则化 ALM(12.1.7)产生的新迭代点, 那么

$$w^{k+1}\in\Omega,\ \theta(x)-\theta(x^{k+1})+(w-w^{k+1})^{\mathrm{T}}F(w^{k+1})$$
$$\geqslant (w-w^{k+1})^{\mathrm{T}}H_0(w^k-w^{k+1}),\quad \forall w\in\Omega,\qquad (12.2.3\mathrm{a})$$

其中

$$H_0=\begin{pmatrix} D_0 & 0 \\ 0 & \frac{1}{\beta}I_m \end{pmatrix}.\qquad (12.2.3\mathrm{b})$$

对由 (12.1.8) 定义的 D_0, 对称矩阵 H_0 不一定正定. 我们也可以把矩阵 H_0 写成下面等价的形式:

$$H_0=\begin{pmatrix} \tau D-(1-\tau)\beta A^{\mathrm{T}}A & 0 \\ 0 & \frac{1}{\beta}I_m \end{pmatrix}.\qquad (12.2.4)$$

引理 12.4　对给定的 $w^k = (x^k, \lambda^k)$，设 $w^{k+1} = (x^{k+1}, \lambda^{k+1})$ 是由不定正则化 ALM(12.1.7)产生的新迭代点，那么有 $w^{k+1} \in \Omega$ 和

$$\|w^{k+1} - w^*\|_{H_0}^2 \leqslant \|w^k - w^*\|_{H_0}^2 - \|w^k - w^{k+1}\|_{H_0}^2 \quad \forall w^* \in \Omega^*. \tag{12.2.5}$$

证明　将(12.2.3a)中任意的 w 设为 w^*，就有

$$(w^k - w^{k+1})^{\mathrm{T}} H_0(w^{k+1} - w^*)$$
$$\geqslant \theta(w^{k+1}) - \theta(w^*) + (w^{k+1} - w^*)^{\mathrm{T}} F(w^{k+1}), \quad \forall w \in \Omega.$$

上式右端非负，所以我们有

$$(w^k - w^{k+1})^{\mathrm{T}} H_0(w^{k+1} - w^*) \geqslant 0, \quad \forall w^* \in \Omega^* \tag{12.2.6}$$

对任何对称矩阵 H_0(不一定正定)，有恒等式

$$(a - b)^{\mathrm{T}} H_0 \, b = \frac{1}{2} \left(\|a\|_{H_0}^2 - \|b\|_{H_0}^2 \right) - \frac{1}{2} \|a - b\|_{H_0}^2.$$

对(12.2.6)的左端用上面的恒等式，在其中设

$$a = w^k - w^* \quad 和 \quad b = w^{k+1} - w^*,$$

就有

$$(w^k - w^{k+1})^{\mathrm{T}} H_0(w^{k+1} - w^*)$$
$$= \frac{1}{2} \left(\|w^k - w^*\|_{H_0}^2 - \|w^{k+1} - w^*\|_{H_0}^2 \right) - \frac{1}{2} \|w^k - w^{k+1}\|_{H_0}^2.$$

上式结合(12.2.6)就得到引理之结论.　　　　　　　　　　　　　　　□

12.2.2　不定正则化方法 ALM 的收敛性证明

利用引理 12.4，我们证明方法的收敛性.

引理 12.5　对由(12.2.4)给出的矩阵 H_0，有

$$\|w^k - w^{k+1}\|_{H_0}^2 \geqslant \tau \|x^k - x^{k+1}\|_{\mathcal{D}}^2 + \frac{1}{\beta} \|\lambda^k - \lambda^{k+1}\|^2$$
$$- 2(1 - \tau) \|Ax^k - b\|^2 - 2(1 - \tau) \|Ax^{k+1} - b\|^2. \tag{12.2.7}$$

证明　利用矩阵 H_0 的表达式(12.2.3b)，

$$\|w^k - w^{k+1}\|_{H_0}^2 = \tau \|x^k - x^{k+1}\|_{\mathcal{D}}^2 + \frac{1}{\beta} \|\lambda^k - \lambda^{k+1}\|^2$$

$$-(1-\tau)\beta\|A(x^k - x^{k+1})\|^2. \tag{12.2.8}$$

根据 $\|p - q\|^2 \leqslant 2\|p\|^2 + 2\|q\|^2$, 便有

$$\|A(x^k - x^{k+1})\|^2 \leqslant 2\|Ax^k - b\|^2 + 2\|Ax^{k+1} - b\|^2.$$

对 $\tau \in \left(\dfrac{3}{4}, 1\right]$, $(1-\tau) \geqslant 0$, 所以有

$$-(1-\tau)\beta\|A(x^k - x^{k+1})\|^2$$
$$\geqslant -2\beta(1-\tau)\|Ax^k - b\|^2 - 2(1-\tau)\beta\|Ax^{k+1} - b\|^2.$$

代入 (12.2.8), 便得引理之结论. □

引理 12.6 对给定的 $w^k = (x^k, \lambda^k)$, 设 $w^{k+1} = (x^{k+1}, \lambda^{k+1})$ 是由不定正则化 ALM(12.1.7) 产生的新迭代点, 那么有

$$\tau\|x^{k+1} - x^*\|_D^2 + (1-\tau)\beta\|Ax^{k+1} - b\|^2 + \frac{1}{\beta}\|\lambda^{k+1} - \lambda^*\|^2$$

$$\leqslant \tau\|x^k - x^*\|_D^2 + (1-\tau)\beta\|Ax^k - b\|^2 + \frac{1}{\beta}\|\lambda^k - \lambda^*\|^2$$

$$- \left(\tau\|x^k - x^{k+1}\|_D^2 + \frac{4\tau - 3}{\beta}\|\lambda^k - \lambda^{k+1}\|^2\right). \tag{12.2.9}$$

证明 首先, 利用矩阵 H_0 的表达式 (12.2.3b), 引理 12.4 的结论可以写成

$$\tau\|x^{k+1} - x^*\|_D^2 + \frac{1}{\beta}\|\lambda^{k+1} - \lambda^*\|^2 - (1-\tau)\beta\|A(x^{k+1} - x^*)\|^2$$

$$\leqslant \tau\|x^k - x^*\|_D^2 + \frac{1}{\beta}\|\lambda^k - \lambda^*\|^2 - (1-\tau)\beta\|A(x^k - x^*)\|^2 - \|w^k - w^{k+1}\|_{H_0}^2.$$

由于 $Ax^* = b$, 上式可以改写成

$$\tau\|x^{k+1} - x^*\|_D^2 - (1-\tau)\beta\|Ax^{k+1} - b\|^2 + \frac{1}{\beta}\|\lambda^{k+1} - \lambda^*\|^2$$

$$\leqslant \tau\|x^k - x^*\|_D^2 - (1-\tau)\beta\|Ax^k - b\|^2 + \frac{1}{\beta}\|\lambda^k - \lambda^*\|^2$$

$$- \|w^k - w^{k+1}\|_{H_0}^2. \tag{12.2.10}$$

将 (12.2.7) 代入 (12.2.10) 右端的最后一项, 就得到

$$\tau\|x^{k+1} - x^*\|_D^2 + \frac{1}{\beta}\|\lambda^{k+1} - \lambda^*\|^2 - (1-\tau)\beta\|Ax^{k+1} - b\|^2$$

$$\leqslant \tau\|x^k - x^*\|_D^2 + \frac{1}{\beta}\|\lambda^k - \lambda^*\|^2 - (1-\tau)\beta\|Ax^k - b\|^2$$

$$- \left(\tau\|x^k - x^{k+1}\|_D^2 + \frac{1}{\beta}\|\lambda^k - \lambda^{k+1}\|^2\right)$$

$$+ 2(1-\tau)\beta\|Ax^k - b\|^2 + 2(1-\tau)\beta\|Ax^{k+1} - b\|^2.$$

将 $2(1-\tau)\beta\|Ax^{k+1} - b\|^2$ 加到上面不等式的两端, 我们得到

$$\tau\|x^{k+1} - x^*\|_D^2 + (1-\tau)\beta\|Ax^{k+1} - b\|^2 + \frac{1}{\beta}\|\lambda^{k+1} - \lambda^*\|^2$$

$$\leqslant \left(\tau\|x^k - x^*\|_D^2 + (1-\tau)\beta\|Ax^k - b\|^2 + \frac{1}{\beta}\|\lambda^k - \lambda^*\|^2\right)$$

$$- \left(\tau\|x^k - x^{k+1}\|_D^2 + \frac{1}{\beta}\|\lambda^k - \lambda^{k+1}\|^2\right)$$

$$+ 4(1-\tau)\beta\|Ax^{k+1} - b\|^2. \tag{12.2.11}$$

再对上式右端的最后一项利用 $Ax^{k+1} - b = \frac{1}{\beta}(\lambda^k - \lambda^{k+1})$, 就有

$$\beta\|Ax^{k+1} - b\|^2 = \frac{1}{\beta}\|\lambda^k - \lambda^{k+1}\|^2.$$

代入(12.2.11)就得到引理的结论(12.2.9). □

定理 12.1　对给定的 $w^k = (x^k, \lambda^k)$, 设 $w^{k+1} = (x^{k+1}, \lambda^{k+1})$ 是由不定正则化 ALM(12.1.7)产生的新迭代点, 那么有

$$\|w^{k+1} - w^*\|_H^2 \leqslant \|w^k - w^*\|_H^2 - \|w^k - w^{k+1}\|_G^2, \quad \forall w^* \in \Omega^*, \tag{12.2.12}$$

其中

$$H = \begin{pmatrix} \tau D + (1-\tau)\beta A^{\mathrm{T}}A & 0 \\ 0 & \frac{1}{\beta}I_m \end{pmatrix}, \qquad G = \begin{pmatrix} \tau D & 0 \\ 0 & \frac{4\tau - 3}{\beta}I_m \end{pmatrix}. \tag{12.2.13}$$

证明　利用 $b = Ax^*$, 不等式(12.2.9)可以改写成

$$\tau\|x^{k+1} - x^*\|_D^2 + (1-\tau)\beta\|A(x^{k+1} - x^*)\|^2 + \frac{1}{\beta}\|\lambda^{k+1} - \lambda^*\|^2$$

$$\leqslant \tau\|x^k - x^*\|_D^2 + (1-\tau)\beta\|A(x^k - x^*)\|^2 + \frac{1}{\beta}\|\lambda^k - \lambda^*\|^2$$

$$- \left(\tau \|x^k - x^{k+1}\|_D^2 + \frac{4\tau - 3}{\beta} \|\lambda^k - \lambda^{k+1}\|^2 \right).$$

利用矩阵 H 和 G 的表达式(12.2.13), 上式恰好就是该定理的结论(12.2.12). □

定理 12.2 设 $\{w^k\}$ 是由不定正则化 ALM(12.1.7)产生的序列. 那么, 对任何的 $\tau \in \left(\frac{3}{4}, 1 \right]$, 序列 $\{w^k\}$ 收敛于变分不等式(12.2.1)的一个解点 w^∞.

证明 首先, 从(12.2.12)得到

$$\sum_{k=1}^{\infty} \|w^k - w^{k+1}\|_G^2 \leqslant \|w^0 - w^*\|_H^2, \quad \forall w^* \in \Omega^*.$$

由矩阵 G 的结构 (见(12.2.13)), 有

$$\lim_{k \to \infty} \|x^k - x^{k+1}\|_D = 0 \qquad \text{和} \qquad \lim_{k \to \infty} \|\lambda^k - \lambda^{k+1}\| = 0. \tag{12.2.14}$$

对任意确定的 $w^* \in \Omega^*$ 和 $k \geqslant 1$, 总有

$$\|w^{k+1} - w^*\|_H^2 \leqslant \|w^0 - w^*\|_H^2, \tag{12.2.15}$$

因此 $\{w^k\}$ 是一个有界序列. 设 $\{w^k\}$ 的某个子列 $\{w^{k_j}\}$ 收敛于 $\{w^k\}$ 的一个聚点 w^∞. 参看(12.2.3a), w^∞ 就是变分不等式(12.2.1)的一个解点. 由于 w^∞ 是变分不等式的解点, 根据(12.2.12)就有

$$\|w^{k+1} - w^\infty\|_H^2 \leqslant \|w^k - w^\infty\|_H^2 - \|w^k - w^{k+1}\|_G^2. \tag{12.2.16}$$

上式说明序列 $\{w^k\}$ 不可能收敛于两个不同的聚点. 换句话说, 序列 $\{w^k\}$ 收敛于变分不等式某个确定的解点 w^∞. □

跟这一节方法相关的论文发表在文献 [62], 那里可以找到这个方法在求解多块可分离凸优化问题 Jacobi 分裂上的应用.

12.3 不等式约束问题的不定正则化 ALM

我们讨论线性不等式约束问题

$$\min\{\theta(x) \mid Ax \geqslant b, x \in \mathcal{X}\}, \tag{12.3.1}$$

其中 $\theta : \Re^n \to \Re$ 是 $\mathcal{X} \subseteq \Re^n$ 上的凸函数, $A \in \Re^{m \times n}, b \in \Re^m$ 是相应的矩阵和向量. 假设问题(12.3.1)的解集非空. 问题(12.3.1)对应的变分不等式是

$$w^* \in \Omega, \quad \theta(x) - \theta(x^*) + (w - w^*)^{\mathrm{T}} F(w^*) \geqslant 0, \quad \forall w \in \Omega, \tag{12.3.2a}$$

其中

$$w = \begin{pmatrix} x \\ \lambda \end{pmatrix}, \quad F(w) = \begin{pmatrix} -A^{\mathrm T}\lambda \\ Ax - b \end{pmatrix} \quad \text{和} \quad \Omega = \mathcal{X} \times \Re_+^m. \tag{12.3.2b}$$

在第 9 章的 9.2 节, 我们介绍了求解凸优化问题(12.3.1)的方法(9.2.12), 将其中任意小的正数 δ 取成 0, 方法就变成

$$\begin{cases} \tilde\lambda^k = [\lambda^k - \beta(Ax^k - b)]_+, & \text{(12.3.3a)} \\[2mm] x^{k+1} \in \arg\min\left\{\theta(x) - x^{\mathrm T}A^{\mathrm T}\tilde\lambda^k + \dfrac{1}{2}\beta\|A(x - x^k)\|^2 \,\middle|\, x \in \mathcal{X}\right\}, & \text{(12.3.3b)} \\[2mm] \lambda^{k+1} = \tilde\lambda^k + \beta A(x^k - x^{k+1}). & \text{(12.3.3c)} \end{cases}$$

我们把上面的方法称为求解不等式约束凸优化问题(12.3.1)的增广 Lagrange 乘子法. 对任意相应结构的正定矩阵 $D \succ 0$, 下面的方法叫做正则化的 ALM 方法:

$$\begin{cases} \tilde\lambda^k = [\lambda^k - \beta(Ax^k - b)]_+, & \text{(12.3.4a)} \\[2mm] x^{k+1} = \arg\min\left\{\begin{array}{c} \theta(x) - x^{\mathrm T}A^{\mathrm T}\tilde\lambda^k + \dfrac{1}{2}\beta\|A(x - x^k)\|^2 \\[2mm] + \dfrac{1}{2}\|x - x^k\|_D^2 \end{array} \,\middle|\, x \in \mathcal{X}\right\}, & \text{(12.3.4b)} \\[2mm] \lambda^{k+1} = \tilde\lambda^k + \beta A(x^k - x^{k+1}). & \text{(12.3.4c)} \end{cases}$$

当其中的正则化矩阵 D 选成

$$D = rI_n - \beta A^{\mathrm T}A, \quad \text{并有} \quad r > \beta\|A^{\mathrm T}A\| \tag{12.3.5a}$$

时, 子问题(12.3.4b)就会变成

$$x^{k+1} = \arg\min\left\{\theta(x) - x^{\mathrm T}A^{\mathrm T}\tilde\lambda^k + \dfrac{r}{2}\|x - x^k\|^2 \,\middle|\, x \in \mathcal{X}\right\} \tag{12.3.5b}$$

我们所说的不定正则化增广 Lagrange 乘子法, 它的 k 步迭代是

$$
\begin{cases}
\tilde{\lambda}^k = [\lambda^k - \beta(Ax^k - b)]_+, & (12.3.6\mathrm{a}) \\[2mm]
x^{k+1} = \arg\min \left\{ \begin{array}{c} \theta(x) - x^{\mathrm{T}}A^{\mathrm{T}}\tilde{\lambda}^k + \dfrac{1}{2}\beta\|A(x-x^k)\|^2 \\[2mm] + \dfrac{1}{2}\|x-x^k\|_{D_0}^2 \end{array} \middle|\ x \in \mathcal{X} \right\}, & (12.3.6\mathrm{b}) \\[4mm]
\lambda^{k+1} = \tilde{\lambda}^k + \beta A(x^k - x^{k+1}), & (12.3.6\mathrm{c})
\end{cases}
$$

其中

$$
D_0 = \tau D - (1-\tau)\beta A^{\mathrm{T}}A, \qquad \tau \in \left(\frac{3}{4}, 1\right], \tag{12.3.7}
$$

并且 D 是任意的相应结构的正定矩阵. 特别地, 当矩阵 D 由(12.3.5a)给定的时候,

$$
D_0 = \tau D - (1-\tau)\beta A^{\mathrm{T}}A = \tau r \cdot I_n - \beta A^{\mathrm{T}}A. \tag{12.3.8a}
$$

子问题(12.3.6b)就变成

$$
x^{k+1} = \arg\min \left\{ \theta(x) - x^{\mathrm{T}}A^{\mathrm{T}}\tilde{\lambda}^k + \frac{\tau r}{2}\|x-x^k\|^2 \middle|\ x \in \mathcal{X} \right\}. \tag{12.3.8b}
$$

相对于(12.3.5b), (12.3.8b)中的线性化因子变小了. 后面, 我们都在假设(12.3.7)下讨论方法, 其中 D 是任意的相应结构的正定矩阵. 相关的论文见文献 [71].

12.3.1 不定正则化方法 ALM 的预测-校正格式

将不定正则化的方法(12.3.6)解释成一个预测-校正方法. 用 $\tilde{x}^k$ 表示(12.3.6b)的输出, 不定正则化增广 Lagrange 乘子法(12.3.6)就可以表示成用

$$
\begin{cases}
\tilde{\lambda}^k = [\lambda^k - \beta(Ax^k - b)]_+, & \\[2mm]
\tilde{x}^k = \arg\min \left\{ \begin{array}{c} \theta(x) - x^{\mathrm{T}}A^{\mathrm{T}}\tilde{\lambda}^k + \dfrac{\beta}{2}\|A(x-x^k)\|^2 \\[2mm] + \dfrac{1}{2}\|x-x^k\|_{D_0}^2 \end{array} \middle|\ x \in \mathcal{X} \right\} & (12.3.9\mathrm{a})
\end{cases}
$$

预测, 然后再用

$$
\begin{pmatrix} x^{k+1} \\ \lambda^{k+1} \end{pmatrix} = \begin{pmatrix} x^k \\ \lambda^k \end{pmatrix} - \begin{pmatrix} I_n & 0 \\ -\beta A & I_m \end{pmatrix} \begin{pmatrix} x^k - \tilde{x}^k \\ \lambda^k - \tilde{\lambda}^k \end{pmatrix} \tag{12.3.9b}
$$

进行校正.

引理 12.7   求解变分不等式(12.3.2), 由(12.3.9a)产生的预测点满足

$$\tilde{w}^k \in \Omega, \quad \theta(x) - \theta(\tilde{x}^k) + (w - \tilde{w}^k)^{\mathrm{T}} F(\tilde{w}^k)$$

$$\geqslant (w - \tilde{w}^k)^{\mathrm{T}} Q(w^k - \tilde{w}^k), \quad \forall\, w \in \Omega, \qquad (12.3.10a)$$

其中

$$Q = \begin{pmatrix} D_0 + \beta A^{\mathrm{T}} A & 0 \\ -A & \dfrac{1}{\beta} I_m \end{pmatrix}. \qquad (12.3.10b)$$

校正(12.3.9b)可以写成

$$w^{k+1} = w^k - M(w^k - \tilde{w}^k), \qquad (12.3.11a)$$

其中

$$M = \begin{pmatrix} I_n & 0 \\ -\beta A & I_m \end{pmatrix}. \qquad (12.3.11b)$$

证明   我们先把(12.3.9a)的变分不等式形式写出来. 由于

$$\tilde{\lambda}^k = \operatorname{argmin}\left\{ \frac{1}{2} \|\lambda - [\lambda^k - \beta(Ax^k - b)]\|^2 \,\Big|\, \lambda \geqslant 0 \right\},$$

它的最优性条件是

$$\tilde{\lambda}^k \in \Re_+^m, \quad (\lambda - \tilde{\lambda}^k)^{\mathrm{T}}\{\tilde{\lambda}^k - [\lambda^k - \beta(Ax^k - b)]\} \geqslant 0, \quad \forall\, \lambda \in \Re_+^m,$$

可以写成

$$\tilde{\lambda}^k \in \Re_+^m, \quad (\lambda - \tilde{\lambda}^k)^{\mathrm{T}}\left\{ \underline{(A\tilde{x}^k - b)} - A(\tilde{x}^k - x^k) + \frac{1}{\beta}(\tilde{\lambda}^k - \lambda^k) \right\} \geqslant 0, \quad \forall\, \lambda \in \Re_+^m.$$

$$(12.3.12a)$$

根据定理 1.1, (12.3.9a)中 x-子问题的最优化条件是下面的变分不等式:

$$\tilde{x}^k \in \mathcal{X}, \quad \theta(x) - \theta(\tilde{x}^k) + (x - \tilde{x}^k)^{\mathrm{T}}\{\underline{-A^{\mathrm{T}}\tilde{\lambda}^k} + \beta A^{\mathrm{T}} A(\tilde{x}^k - x^k)$$

$$+ D_0(\tilde{x}^k - x^k)\} \geqslant 0, \quad \forall\, x \in \mathcal{X}.$$

$$(12.3.12b)$$

将(12.3.12b)和(12.3.12a)放到一起, 利用变分不等式(12.3.2)的形式, 就得到(12.3.10). 校正(12.3.9b)可以写成(12.3.11)是显然的.   □

方法(12.3.6)就可以解释成以(12.3.10)预测, 再以(12.3.11)校正的预测-校正方法. 我们取

$$H = \begin{pmatrix} \tau D + \tau \beta A^{\mathrm{T}} A & 0 \\ 0 & \dfrac{1}{\beta} I_m \end{pmatrix}. \tag{12.3.13}$$

对(12.3.10)中的 Q 和(12.3.11)中的 M, 确有

$$HM = Q.$$

根据上面的分析, 作为引理12.1的直接推论, 我们有下面的引理.

引理 12.8   用不定正则化方法(12.3.9)求解变分不等式(12.3.2). 方法解释成分别由(12.3.10)和(12.3.11)提供预测点 $\tilde{w}^k$ 和校正点 w^{k+1} 以后, 那么有

$$\|w^k - w^*\|_H^2 - \|w^{k+1} - w^*\|_H^2 \geqslant \|w^k - \tilde{w}^k\|_{G_0}^2, \ \ \forall \, w^* \in \Omega^*, \tag{12.3.14}$$

其中

$$G_0 = Q^{\mathrm{T}} + Q - M^{\mathrm{T}} H M. \tag{12.3.15}$$

如果 G_0 正定, 引理12.8的结论就提供了方法收敛的关键不等式. 所以, 我们要对(12.3.15)中的矩阵 G_0 做剖析, 下面的引理说明 G_0 是对称不定矩阵.

引理 12.9   由(12.3.15) 定义的矩阵 G_0, 如果其中的 Q, M 和 H 分别由(12.3.10b), (12.3.11b)和(12.3.13)提供, 那么

$$G_0 = \begin{pmatrix} D_0 & 0 \\ 0 & \dfrac{1}{\beta} I_m \end{pmatrix} \tag{12.3.16}$$

是对称不定矩阵.

证明   因为 $D_0 = \tau D - (1 - \tau) \beta A^{\mathrm{T}} A$, 矩阵 Q 可以表示成

$$Q = \begin{pmatrix} \tau D + \tau \beta A^{\mathrm{T}} A & 0 \\ -A & \dfrac{1}{\beta} I_m \end{pmatrix}.$$

由于 $HM = Q$, $M^{\mathrm{T}} H M = M^{\mathrm{T}} Q$, 所以

$$M^{\mathrm{T}} H M = M^{\mathrm{T}} Q = \begin{pmatrix} I_n & -\beta A^{\mathrm{T}} \\ 0 & I_m \end{pmatrix} \begin{pmatrix} \tau D + \tau \beta A^{\mathrm{T}} A & 0 \\ -A & \dfrac{1}{\beta} I_m \end{pmatrix}$$

$$= \begin{pmatrix} \tau D + (1+\tau)\beta A^{\mathrm{T}}A & -A^{\mathrm{T}} \\ -A & \frac{1}{\beta}I_m \end{pmatrix}.$$

进而有

$$G_0 = (Q^{\mathrm{T}} + Q) - M^{\mathrm{T}}HM$$

$$= \begin{pmatrix} 2\tau D + 2\tau\beta A^{\mathrm{T}}A & -A^{\mathrm{T}} \\ -A & \frac{2}{\beta}I_m \end{pmatrix} - \begin{pmatrix} \tau D + (1+\tau)\beta A^{\mathrm{T}}A & -A^{\mathrm{T}} \\ -A & \frac{1}{\beta}I_m \end{pmatrix}$$

$$= \begin{pmatrix} \tau D - (1-\tau)\beta A^{\mathrm{T}}A & 0 \\ 0 & \frac{1}{\beta}I_m \end{pmatrix} \overset{(12.3.7)}{=} \begin{pmatrix} D_0 & 0 \\ 0 & \frac{1}{\beta}I_m \end{pmatrix}.$$

由于 D_0 (见(12.3.7)) 是对称不定矩阵, G_0 也是对称不定矩阵. □

12.3.2　不定正则化 ALM 的收敛性证明

如果 G_0 对称正定, 方法收敛性可以从引理 12.8 直接得到. 下面我们证明的路线是: 对于对称不定的 G_0, 我们把不定二次型 $\|w^k - \tilde{w}^k\|_{G_0}^2$ 化成

$$\|w^k - \tilde{w}^k\|_{G_0}^2 \geqslant \psi(x^k, x^{k+1}) - \psi(x^{k-1}, x^k) + \varphi(w^k, w^{k+1}), \qquad (12.3.17)$$

其中 $\psi(x^k, x^{k+1})$ 和 $\varphi(w^k, w^{k+1})$ 是分别由

$$\psi(x^k, x^{k+1}) = \frac{1}{2}\left\{ \tau\|x^k - x^{k+1}\|_D^2 + (1-\tau)\beta\|A(x^k - x^{k+1})\|^2 \right\} \qquad (12.3.18)$$

和

$$\varphi(w^k, w^{k+1}) = \tau\|x^k - x^{k+1}\|_D^2$$
$$+ 2\left(\tau - \frac{3}{4}\right)\left\{ \beta\|A(x^k - x^{k+1})\|^2 + \frac{1}{\beta}\|\lambda^k - \lambda^{k+1}\|^2 \right\} \qquad (12.3.19)$$

给出的非负函数. 进而跟引理 12.8 的结论在一起, 得到

$$\left\{ \|w^{k+1} - w^*\|_H^2 + \psi(x^k, x^{k+1}) \right\}$$
$$\leqslant \left\{ \|w^k - w^*\|_H^2 + \psi(x^{k-1}, x^k) \right\} - \varphi(w^k, w^{k+1}), \ \ \forall w \in \Omega. \quad (12.3.20)$$

有了上式, 就可以证明

$$\lim_{k \to \infty} \varphi(w^k, w^{k+1}) = 0 \qquad 和 \qquad \lim_{k \to \infty} \|w^k - w^{k+1}\| = 0.$$

证明方法的收敛性就只剩下几句套话要说了.

引理 12.10 用不定正则化方法(12.3.9)求解变分不等式(12.3.2). 如果方法解释成由(12.3.10)预测和(12.3.11)进行校正, 那么有

$$\|w^k - \tilde{w}^k\|_{G_0}^2 = \tau\|x^k - x^{k+1}\|_D^2 + \tau\beta\|A(x^k - x^{k+1})\|^2 + \frac{1}{\beta}\|\lambda^k - \lambda^{k+1}\|^2$$
$$+ 2(\lambda^k - \lambda^{k+1})^{\mathrm{T}} A(x^k - x^{k+1}). \tag{12.3.21}$$

证明 首先, 由(12.3.16)和(12.3.7), 我们有

$$\|w^k - \tilde{w}^k\|_{G_0}^2 \overset{(12.3.16)}{=} \|x^k - \tilde{x}^k\|_{D_0}^2 + \frac{1}{\beta}\|\lambda^k - \tilde{\lambda}^k\|^2$$

$$\overset{(12.3.7)}{=} \tau\|x^k - \tilde{x}^k\|_D^2 - (1-\tau)\beta\|A(x^k - \tilde{x}^k)\|^2 + \frac{1}{\beta}\|\lambda^k - \tilde{\lambda}^k\|^2. \tag{12.3.22}$$

根据(12.3.11), 我们有

$$\tilde{x}^k = x^{k+1} \quad \text{和} \quad \lambda^k - \tilde{\lambda}^k = (\lambda^k - \lambda^{k+1}) + \beta A(x^k - x^{k+1}). \tag{12.3.23}$$

将(12.3.23)代入(12.3.22)得到

$$\|w^k - \tilde{w}^k\|_{G_0}^2 = \tau\|x^k - x^{k+1}\|_D^2 - (1-\tau)\beta\|A(x^k - x^{k+1})\|^2$$
$$+ \frac{1}{\beta}\|(\lambda^k - \lambda^{k+1}) + \beta A(x^k - x^{k+1})\|^2$$
$$= \tau\|x^k - x^{k+1}\|_D^2 + \tau\beta\|A(x^k - x^{k+1})\|^2 + \frac{1}{\beta}\|\lambda^k - \lambda^{k+1}\|^2$$
$$+ 2(\lambda^k - \lambda^{k+1})^{\mathrm{T}} A(x^k - x^{k+1}).$$

就得到引理的结论 (12.3.21). □

(12.3.21)右端的交叉项 $(\lambda^k - \lambda^{k+1})^{\mathrm{T}} A(x^k - x^{k+1})$ 需要做两个不同的 "积化和差". 下面我们用两个引理来陈述.

引理 12.11 用不定正则化方法(12.3.9)求解变分不等式(12.3.2). 前后两次迭代点 w^k 和 w^{k+1} 之间有关系式

$$(\lambda^k - \lambda^{k+1})^{\mathrm{T}} A(x^k - x^{k+1})$$
$$\geqslant \psi(x^k, x^{k+1}) - \psi(x^{k-1}, x^k) - 2(1-\tau)\beta\|A(x^k - x^{k+1})\|^2, \tag{12.3.24}$$

其中 $\psi(x^k, x^{k+1})$ 由(12.3.18)给出.

证明 我们着手将(12.3.12b)中的预测记号 $\tilde{x}^k$ 和 $\tilde{\lambda}^k$ 化掉. 由于

$$\tilde{x}^k = x^{k+1} \quad \text{和} \quad \lambda^{k+1} = \tilde{\lambda}^k + \beta A(x^k - x^{k+1}).$$

不等式(12.3.12b) 中的 $-A^{\mathrm{T}}\tilde{\lambda}^k + \beta A^{\mathrm{T}}A(\tilde{x}^k - x^k) + D_0(\tilde{x}^k - x^k)$ 化成

$$-A^{\mathrm{T}}\tilde{\lambda}^k + \beta A^{\mathrm{T}}A(\tilde{x}^k - x^k) + D_0(\tilde{x}^k - x^k)$$
$$= -A^{\mathrm{T}}(\tilde{\lambda}^k + \beta A(x^k - x^{k+1})) + D_0(x^{k+1} - x^k)$$
$$= -A^{\mathrm{T}}\lambda^{k+1} + D_0(x^{k+1} - x^k).$$

因此, 不等式(12.3.12b)可以写成

$$\theta(x) - \theta(x^{k+1}) + (x - x^{k+1})^{\mathrm{T}}\{-A^{\mathrm{T}}\lambda^{k+1} + D_0(x^{k+1} - x^k)\} \geqslant 0, \ \forall\, x \in \mathcal{X}. \quad (12.3.25)$$

上式当 $k := k - 1$ 也成立, 所以有

$$\theta(x) - \theta(x^k) + (x - x^k)^{\mathrm{T}}\{-A^{\mathrm{T}}\lambda^k + D_0(x^k - x^{k-1})\} \geqslant 0, \ \forall\, x \in \mathcal{X}. \quad (12.3.26)$$

将 $x = x^k$ 和 $x = x^{k+1}$ 分别代入(12.3.25)和(12.3.26), 再将两式相加, 我们得到

$$(\lambda^k - \lambda^{k+1})^{\mathrm{T}}A(x^k - x^{k+1})$$
$$\geqslant \|x^k - x^{k+1}\|_{D_0}^2 + (x^k - x^{k+1})^{\mathrm{T}}D_0(x^k - x^{k-1}). \quad (12.3.27)$$

分别处理(12.3.27)右端的两项. 对第一项,

$$\|x^k - x^{k+1}\|_{D_0}^2 \overset{(12.3.7)}{=\!=\!=} \|x^k - x^{k+1}\|_{[\tau D - (1-\tau)\beta A^{\mathrm{T}}A]}^2$$
$$= \tau\|x^k - x^{k+1}\|_D^2 - (1-\tau)\beta\|A(x^k - x^{k+1})\|^2. \quad (12.3.28)$$

对(12.3.27)右端的第二项用 Cauchy-Schwarz 不等式, 同样有

$$(x^k - x^{k+1})^{\mathrm{T}}D_0(x^k - x^{k-1})$$
$$= (x^k - x^{k+1})^{\mathrm{T}}(\tau D - (1-\tau)\beta A^{\mathrm{T}}A)(x^k - x^{k-1})$$
$$= \tau(x^k - x^{k+1})^{\mathrm{T}}D(x^k - x^{k-1})$$
$$\quad - (1-\tau)\beta(A(x^k - x^{k+1}))^{\mathrm{T}}A(x^k - x^{k-1})$$
$$\geqslant -\frac{1}{2}\tau\left\{\|x^k - x^{k+1}\|_D^2 + \|x^{k-1} - x^k\|_D^2\right\}$$
$$\quad -\frac{1}{2}(1-\tau)\beta\left\{\|A(x^k - x^{k+1})\|^2 + \|A(x^{k-1} - x^k)\|^2\right\}. \quad (12.3.29)$$

将(12.3.28)和(12.3.29)相加, 得到

$$\|x^k - x^{k+1}\|_{D_0}^2 + (x^k - x^{k+1})^{\mathrm{T}}D_0(x^k - x^{k-1})$$
$$\geqslant \frac{1}{2}\tau\left\{\|x^k - x^{k+1}\|_D^2 - \|x^{k-1} - x^k\|_D^2\right\}$$

$$+\frac{1}{2}(1-\tau)\beta\left\{\|A(x^k - x^{k+1})\|^2 - \|A(x^{k-1} - x^k)\|^2\right\}$$

$$-2(1-\tau)\beta\|A(x^k - x^{k+1})\|^2.$$

再利用 $\psi(x^k, x^{k+1})$ 的记号 (见 (12.3.18)), 上式简化成

$$\|x^k - x^{k+1}\|_{D_0}^2 + (x^k - x^{k+1})^{\mathrm{T}}D_0(x^k - x^{k-1})$$

$$\geqslant \psi(x^k, x^{k+1}) - \psi(x^{k-1}, x^k) - 2(1-\tau)\beta\|A(x^k - x^{k+1})\|^2.$$

将上面的结果代入(12.3.27)的右端, 就得到引理的结论(12.3.24). □

引理 12.12 对任意的 $\tau \in \left[\dfrac{3}{4}, 1\right]$, 我们有

$$(\lambda^k - \lambda^{k+1})^{\mathrm{T}}A(x^k - x^{k+1})$$

$$\geqslant -\left(\tau - \frac{1}{2}\right)\beta\|A(x^k - x^{k+1})\|^2 - \left(\frac{5}{2} - 2\tau\right)\frac{1}{\beta}\|\lambda^k - \lambda^{k+1}\|^2. \quad (12.3.30)$$

证明 在引理12.2中, 令 $p = A(x^k - x^{k+1})$ 和 $q = (\lambda^k - \lambda^{k+1})$ 即得该引理之结论. □

基于(12.3.24) 和(12.3.30) 对交叉项 $(\lambda^k - \lambda^{k+1})^{\mathrm{T}}A(x^k - x^{k+1})$ 的 "积化和差" 结果, 我们有

$$2(\lambda^k - \lambda^{k+1})^{\mathrm{T}}A(x^k - x^{k+1})$$

$$\geqslant \psi(x^k, x^{k+1}) - \psi(x^{k-1}, x^k)$$

$$+ \left(\tau - \frac{3}{2}\right)\beta\|A(x^k - x^{k+1})\|^2 + \left(2\tau - \frac{5}{2}\right)\frac{1}{\beta}\|\lambda^k - \lambda^{k+1}\|^2, \quad (12.3.31)$$

然后, 我们直接得到下面的引理.

引理 12.13 用不定正则化方法(12.3.9)求解变分不等式(12.3.2).

$$\|w^k - \tilde{w}^k\|_{G_0}^2 \geqslant \psi(x^k, x^{k+1}) - \psi(x^{k-1}, x^k) + \varphi(w^k, w^{k+1}). \quad (12.3.32)$$

其中 $\psi(x^k, x^{k+1})$ 和 $\varphi(w^k, w^{k+1})$ 分别由 (12.3.18)和(12.3.19)给出.

证明 将(12.3.31)代入(12.3.21),

$$\|w^k - \tilde{w}^k\|_{G_0}^2 \geqslant \tau\|x^k - x^{k+1}\|_D^2 + \tau\beta\|A(x^k - x^{k+1})\|^2 + \frac{1}{\beta}\|\lambda^k - \lambda^{k+1}\|^2$$

$$+ \psi(x^k, x^{k+1}) - \psi(x^{k-1}, x^k)$$

$$+ \left(\tau - \frac{3}{2}\right) \beta \|A(x^k - x^{k+1})\|^2 + \left(2\tau - \frac{5}{2}\right) \frac{1}{\beta} \|\lambda^k - \lambda^{k+1}\|^2.$$

进一步整理就得

$$\|w^k - \tilde{w}^k\|_{G_0}^2 \geqslant \psi(x^k, x^{k+1}) - \psi(x^{k-1}, x^k) + \tau \|x^k - x^{k+1}\|_D^2$$
$$+ 2\left(\tau - \frac{3}{4}\right) \left\{ \beta \|A(x^k - x^{k+1})\|^2 + \frac{1}{\beta} \|\lambda^k - \lambda^{k+1}\|^2 \right\}.$$

利用 (12.3.19) 中定义的 $\varphi(w^k, w^{k+1})$ 的记号, 就得到引理的结论 (12.3.32). 　□

　　定理 12.3　设 $\{w^k\}$ 是用不定正则化方法 (12.3.9) 求解变分不等式 (12.3.2) 产生的序列. 那么有

$$\|w^{k+1} - w^*\|_H^2 + \psi(x^k, x^{k+1})$$
$$\leqslant \|w^k - w^*\|_H^2 + \psi(x^{k-1}, x^k) - \varphi(w^k, w^{k+1}). \tag{12.3.33}$$

其中 $\psi(x^k, x^{k+1})$ 和 $\varphi(w^k, w^{k+1})$ 分别由 (12.3.18) 和 (12.3.19) 给出.

　　证明　定理的结论可以直接从 (12.3.14) 和 (12.3.32) 得到　　　　　　　□

　　定理 12.4　用不定正则化方法 (12.3.9) 求解变分不等式 (12.3.2) 产生的序列 $\{w^k\}$ 收敛于变分不等式的某个解点 $w^\infty \in \Omega^*$.

　　证明　由 (12.3.33),

$$\varphi(w^k, w^{k+1}) \leqslant \{\|w^k - w^*\|_H^2 + \psi(x^{k-1}, x^k)\} - \{\|w^{k+1} - w^*\|_H^2 + \psi(x^k, x^{k+1})\}.$$

将上面的不等式对 $k = 1, 2, \cdots, \infty$ 累加得到

$$\sum_{k=1}^{\infty} \varphi(w^k, w^{k+1}) \leqslant \|w^1 - w^*\|_H^2 + \psi(x^0, x^1).$$

这说明

$$\lim_{k \to \infty} \varphi(w^k, w^{k+1})$$
$$= \lim_{k \to \infty} \tau \|x^k - x^{k+1}\|_D^2 + 2\left(\tau - \frac{3}{4}\right) \left\{ \beta \|A(x^k - x^{k+1})\|^2 + \frac{1}{\beta} \|\lambda^k - \lambda^{k+1}\|^2 \right\}$$
$$= 0.$$

因此也有 $\lim_{k \to \infty} \|x^k - x^{k+1}\|_D^2 = 0$, $\lim_{k \to \infty} \|\lambda^k - \lambda^{k+1}\|^2 = 0$ 和

$$\lim_{k \to \infty} \|w^k - w^{k+1}\| = 0. \tag{12.3.34}$$

对任何一个确定的解点 $w^* \in \Omega^*$, 根据(12.3.33), 对任何 $k \geqslant 1$ 的整数, 都有

$$\|w^{k+1} - w^*\|_H^2 \leqslant \|w^k - w^*\|_H^2 + \psi(x^{k-1}, x^k)$$
$$\leqslant \cdots \leqslant \|w^1 - w^*\|_H^2 + \psi(x^0, x^1), \qquad (12.3.35)$$

因此序列 $\{w^k\}$ 在一个有界闭集内. 根据校正公式(12.3.11), $\{\tilde{w}^k\}$ 也在一个有界闭集内. 设 $\{\tilde{w}^k\}$ 的一个子列 $\{\tilde{w}^{k_j}\}$ 收敛于 w^∞. 根据(12.3.10a), w^∞ 是(12.3.2)的一个解点.

$$\theta(x) - \theta(x^\infty) + (w - w^\infty)^{\mathrm{T}} F(w^\infty) \geqslant 0, \quad \forall\, w \in \Omega.$$

既然 w^∞ 是解点, 由(12.3.34)和(12.3.35), 我们有

$$\|w^{k+1} - w^\infty\|_H^2 \leqslant \|w^k - w^\infty\|_H^2 + \psi(x^{k-1}, x^k)$$

和

$$\lim_{k \to \infty} \psi(x^{k-1}, x^k) = \lim_{k \to \infty} \frac{1}{2} \left\{ \tau \|x^{k-1} - x^k\|_D^2 + (1-\tau)\beta \|A(x^{k-1} - x^k)\|^2 \right\} = 0.$$

这隐含了序列 $\{w^k\}$ 不可能有另外的聚点, 换句话说, $\{w^k\}$ 收敛于 w^∞. $\qquad \square$

12.4　不定正则的最优线性化 ADMM

现在讨论线性等式约束凸优化问题

$$\min\{\theta_1(x) + \theta_2(y) \mid Ax + By = b,\ x \in \mathcal{X}, y \in \mathcal{Y}\}, \qquad (12.4.1)$$

其中函数 $\theta_1(x), \theta_2(y)$, 矩阵 A, B, 向量 b 以及集合 $\mathcal{X}$ 和 $\mathcal{Y}$ 都在第 1 章的 1.2.3 节有过描述. 假设问题(12.4.1)的解集非空. 对应的变分不等式是

$$w^* \in \Omega, \quad \theta(u) - \theta(u^*) + (w - w^*)^{\mathrm{T}} F(w^*) \geqslant 0, \quad \forall\, w \in \Omega, \qquad (12.4.2a)$$

其中

$$w = \begin{pmatrix} x \\ y \\ \lambda \end{pmatrix}, \quad F(w) = \begin{pmatrix} -A^{\mathrm{T}}\lambda \\ -B^{\mathrm{T}}\lambda \\ Ax + By - b \end{pmatrix}, \quad \Omega = \mathcal{X} \times \mathcal{Y} \times \Re^m. \qquad (12.4.2b)$$

凸优化问题(12.4.1)的增广 Lagrange 函数是

$$\mathcal{L}_\beta^{[2]}(x, y, \lambda) = \theta_1(x) + \theta_2(y) - \lambda^{\mathrm{T}}(Ax + By - b) + \frac{\beta}{2}\|Ax + By - b\|^2, \qquad (12.4.3)$$

经典的 ADMM 迭代公式为

$$(\text{ADMM}) \begin{cases} x^{k+1} \in \arg\min\left\{ \mathcal{L}_\beta^{[2]}(x, y^k, \lambda^k) \mid x \in \mathcal{X} \right\}, & (12.4.4a) \\[2mm] y^{k+1} \in \arg\min\left\{ \mathcal{L}_\beta^{[2]}(x^{k+1}, y, \lambda^k) \mid y \in \mathcal{Y} \right\}, & (12.4.4b) \\[2mm] \lambda^{k+1} = \lambda^k - \beta(Ax^{k+1} + By^{k+1} - b). & (12.4.4c) \end{cases}$$

对任意的相应结构的正定矩阵 $D \succ 0$, 我们把

$$\begin{cases} x^{k+1} \in \arg\min\left\{ \mathcal{L}_\beta^{[2]}(x, y^k, \lambda^k) \mid x \in \mathcal{X} \right\}, & (12.4.5a) \\[2mm] y^{k+1} = \arg\min\left\{ \mathcal{L}_\beta^{[2]}(x^{k+1}, y, \lambda^k) + \dfrac{1}{2}\|y - y^k\|_D^2 \mid y \in \mathcal{Y} \right\}, & (12.4.5b) \\[2mm] \lambda^{k+1} = \lambda^k - \beta(Ax^{k+1} + By^{k+1} - b) & (12.4.5c) \end{cases}$$

称为正则化的 ADMM 方法. 特别当

$$D = rI - \beta B^{\mathrm{T}} B, \quad \text{其中} \quad r > \beta\|B^{\mathrm{T}} B\|, \tag{12.4.6a}$$

子问题(12.4.5b)就变成

$$y^{k+1} = \arg\min\left\{ \begin{array}{c} \theta_2(y) - y^{\mathrm{T}} B^{\mathrm{T}}[\lambda^k - \beta(Ax^{k+1} + By^k - b)] \\[2mm] + \dfrac{1}{2}r\|y - y^k\|^2 \end{array} \,\middle|\, y \in \mathcal{Y} \right\}. \tag{12.4.6b}$$

这就是所谓的线性化方法.

这一节介绍的不定正则化 ADMM 是把正则化方法中(12.4.5b)的正定矩阵 D 换成不定矩阵, 具体说来,

$$\begin{cases} x^{k+1} \in \arg\min\left\{ \mathcal{L}_\beta^{[2]}(x, y^k, \lambda^k) \mid x \in \mathcal{X} \right\}, & (12.4.7a) \\[2mm] y^{k+1} = \arg\min\left\{ \mathcal{L}_\beta^{[2]}(x^{k+1}, y, \lambda^k) + \dfrac{1}{2}\|y - y^k\|_{D_0}^2 \mid y \in \mathcal{Y} \right\}, & (12.4.7b) \\[2mm] \lambda^{k+1} = \lambda^k - \beta(Ax^{k+1} + By^{k+1} - b), & (12.4.7c) \end{cases}$$

其中

$$D_0 = \tau D - (1 - \tau)\beta B^{\mathrm{T}} B, \quad \tau \in \left(\dfrac{3}{4}, 1\right]. \tag{12.4.8a}$$

如果 D 取成(12.4.6a)的形式, 线性化子问题(12.4.6b)就改成了

$$y^{k+1} = \arg\min\left\{ \begin{array}{l} \theta_2(y) - y^{\mathrm{T}}B^{\mathrm{T}}[\lambda^k - \beta(Ax^{k+1} + By^k - b)] \\ \qquad + \dfrac{\tau r}{2}\|y - y^k\|^2 \end{array} \middle| y \in \mathcal{Y} \right\}.$$

(12.4.8b)

线性化因子缩小, 会在一定程度上提高收敛速度, 相关的文章见文献 [63]. 在那里, 我们还给出了例子, 说明当 $\tau < 0.75$ 时, 不能保证方法收敛. 因此, 0.75 是能否保证收敛的分水岭.

12.4.1 不定正则化方法 ADMM 的预测-校正格式

通过定义预测点

$$\tilde{x}^k = x^{k+1}, \quad \tilde{y}^k = y^{k+1}, \quad \tilde{\lambda}^k = \lambda^k - \beta(Ax^{k+1} + By^k - b), \tag{12.4.9}$$

可以把方法(12.4.7)分拆成由

$$\begin{cases} \tilde{x}^k \in \arg\min\left\{ \mathcal{L}_\beta^{[2]}(x, y^k, \lambda^k) \mid x \in \mathcal{X} \right\}, & (12.4.10\mathrm{a}) \\[2mm] \tilde{y}^k = \arg\min\left\{ \mathcal{L}_\beta^{[2]}(\tilde{x}^k, y, \lambda^k) + \dfrac{1}{2}\|y - y^k\|_{D_0}^2 \middle| y \in \mathcal{Y} \right\}, & (12.4.10\mathrm{b}) \\[2mm] \tilde{\lambda}^k = \lambda^k - \beta(A\tilde{x}^k + By^k - b) & (12.4.10\mathrm{c}) \end{cases}$$

进行预测, 然后再由

$$\begin{pmatrix} y^{k+1} \\ \lambda^{k+1} \end{pmatrix} = \begin{pmatrix} y^k \\ \lambda^k \end{pmatrix} - \begin{pmatrix} I_n & 0 \\ -\beta B & I_m \end{pmatrix} \begin{pmatrix} y^k - \tilde{y}^k \\ \lambda^k - \tilde{\lambda}^k \end{pmatrix} \tag{12.4.11}$$

校正的方法.

引理 12.14 求解变分不等式(12.4.2), 由(12.4.10)提供的预测点满足

$$\tilde{w}^k \in \Omega, \quad \theta(u) - \theta(\tilde{u}^k) + (w - \tilde{w}^k)^{\mathrm{T}}F(\tilde{w}^k) \geqslant (v - \tilde{v}^k)^{\mathrm{T}}Q(v^k - \tilde{v}^k), \quad \forall\, w \in \Omega,$$

(12.4.12a)

其中

$$Q = \begin{pmatrix} D_0 + \beta B^{\mathrm{T}}B & 0 \\ -B & \dfrac{1}{\beta}I_m \end{pmatrix}. \tag{12.4.12b}$$

校正 (12.4.11) 可以写成

$$v^{k+1} = v^k - M(v^k - \tilde{v}^k), \tag{12.4.13a}$$

其中

$$M = \begin{pmatrix} I_n & 0 \\ -\beta B & I_m \end{pmatrix}. \tag{12.4.13b}$$

证明　子问题(12.4.10a)和(12.4.10b)的最优性条件分别是

$$\tilde{x}^k \in \mathcal{X}, \quad \theta_1(x) - \theta_1(\tilde{x}^k) + (x - \tilde{x}^k)^{\mathrm{T}}$$
$$\cdot \{-A^{\mathrm{T}}\lambda^k + \beta A^{\mathrm{T}}(A\tilde{x}^k + By^k - b)\} \geqslant 0, \quad \forall x \in \mathcal{X} \tag{12.4.14a}$$

和

$$\tilde{y}^k \in \mathcal{Y}, \quad \theta_2(y) - \theta_2(\tilde{y}^k) + (y - \tilde{y}^k)^{\mathrm{T}}$$
$$\cdot \begin{pmatrix} -B^{\mathrm{T}}\lambda^k + \beta B^{\mathrm{T}}(A\tilde{x}^k + By^k - b) \\ +[\beta B^{\mathrm{T}}B + D_0](\tilde{y}^k - y^k) \end{pmatrix} \geqslant 0, \quad \forall y \in \mathcal{Y}. \tag{12.4.14b}$$

用(12.4.9)中定义的 $\tilde{\lambda}^k$, 变分不等式(12.4.14a)和(12.4.14b)分别写成

$$\tilde{x}^k \in \mathcal{X}, \quad \theta_1(x) - \theta_1(\tilde{x}^k) + (x - \tilde{x}^k)^{\mathrm{T}}(-A^{\mathrm{T}}\tilde{\lambda}^k) \geqslant 0, \quad \forall\, x \in \mathcal{X} \tag{12.4.15a}$$

和

$$\tilde{y}^k \in \mathcal{Y}, \quad \theta_2(y) - \theta_2(\tilde{y}^k) + (y - \tilde{y}^k)^{\mathrm{T}}$$
$$\cdot \left(-B^{\mathrm{T}}\tilde{\lambda}^k + (D_0 + \beta B^{\mathrm{T}}B)(\tilde{y}^k - y^k) \right) \geqslant 0, \quad \forall\, y \in \mathcal{Y}. \tag{12.4.15b}$$

注意到 $\tilde{\lambda}^k = \lambda^k - \beta(A\tilde{x}^k + By^k - b)$ 本身的变分不等式形式是

$$\tilde{\lambda}^k \in \Re^m, \quad (\lambda - \tilde{\lambda}^k)^{\mathrm{T}}\{(A\tilde{x}^k + B\tilde{y}^k - b)$$
$$- B(\tilde{y}^k - y^k) + \frac{1}{\beta}(\tilde{\lambda}^k - \lambda^k)\} \geqslant 0, \quad \forall \lambda \in \Re^m. \tag{12.4.15c}$$

将(12.4.15a), (12.4.15b)和(12.4.15c)放到一起, 参考变分不等式(12.4.2)的形式, 就证明了(12.4.12). 校正(12.4.11)可以写成(12.4.13)是显然的.　　　　□

不定正则化方法(12.4.7)已经解释成以(12.4.12)预测, 再以(12.4.13)校正的预测-校正方法. 我们取

$$H = \begin{pmatrix} \tau D + \tau\beta B^{\mathrm{T}}B & 0 \\ 0 & \frac{1}{\beta}I_m \end{pmatrix}. \tag{12.4.16}$$

对(12.4.12)中的 Q 和(12.4.13)中的 M, 确有

$$HM = Q.$$

根据上面的分析, 作为引理 12.1 的直接推论, 我们有以下引理.

引理 12.15 用不定正则化方法(12.4.7)求解变分不等式(12.4.2). 方法解释成分别由(12.4.12)和(12.4.13)提供预测点 $\tilde{w}^k$ 和校正点 w^{k+1} 以后, 那么有

$$\|v^k - v^*\|_H^2 - \|v^{k+1} - v^*\|_H^2 \geqslant \|v^k - \tilde{v}^k\|_{G_0}^2, \ \forall \, v^* \in \mathcal{V}^*, \tag{12.4.17a}$$

其中

$$G_0 = Q^{\mathrm{T}} + Q - M^{\mathrm{T}}HM. \tag{12.4.17b}$$

如果 G_0 正定, 引理 12.15 的结论就提供了方法收敛的关键不等式. 所以, 我们要对(12.4.17b)中的矩阵 G_0 做剖析, 下面的引理说明 G_0 是对称不定矩阵.

引理 12.16 由(12.4.17b)定义的矩阵 G_0, 如果其中的 Q, M 和 H 分别由(12.4.12b), (12.4.13b)和(12.4.16)提供, 那么

$$G_0 = \begin{pmatrix} D_0 & 0 \\ 0 & \dfrac{1}{\beta}I_m \end{pmatrix}. \tag{12.4.18}$$

证明 因为 $D_0 = \tau D - (1-\tau)\beta B^{\mathrm{T}}B$, 矩阵 Q 可以表示成

$$Q = \begin{pmatrix} \tau D + \tau\beta B^{\mathrm{T}}B & 0 \\ -B & \dfrac{1}{\beta}I_m \end{pmatrix}.$$

因为 $HM = Q, M^{\mathrm{T}}HM = M^{\mathrm{T}}Q$, 所以有

$$M^{\mathrm{T}}HM = M^{\mathrm{T}}Q = \begin{pmatrix} I_n & -\beta B^{\mathrm{T}} \\ 0 & I_m \end{pmatrix} \begin{pmatrix} \tau D + \tau\beta B^{\mathrm{T}}B & 0 \\ -B & \dfrac{1}{\beta}I_m \end{pmatrix}$$

$$= \begin{pmatrix} \tau D + (1+\tau)\beta B^{\mathrm{T}}B & -B^{\mathrm{T}} \\ -B & \dfrac{1}{\beta}I_m \end{pmatrix}.$$

进而有

$$G_0 = (Q^{\mathrm{T}} + Q) - M^{\mathrm{T}}HM$$

$$= \begin{pmatrix} 2\tau D + 2\tau \beta B^{\mathrm{T}} B & -B^{\mathrm{T}} \\ -B & \frac{2}{\beta} I_m \end{pmatrix} - \begin{pmatrix} \tau D + (1+\tau)\beta B^{\mathrm{T}} B & -B^{\mathrm{T}} \\ -B & \frac{1}{\beta} I_m \end{pmatrix}$$

$$= \begin{pmatrix} \tau D - (1-\tau)\beta B^{\mathrm{T}} B & 0 \\ 0 & \frac{1}{\beta} I_m \end{pmatrix} \overset{(12.4.8a)}{=} \begin{pmatrix} D_0 & 0 \\ 0 & \frac{1}{\beta} I_m \end{pmatrix}.$$

由于 D_0 (见(12.4.8a)) 是对称不定矩阵, G_0 也是对称不定矩阵. □

12.4.2 不定正则化 ADMM 的收敛性证明

如果 G_0 对称正定, 方法收敛性可以从引理 12.15 直接得到. 当 G_0 对称不定时, 跟本章 12.3.2 节一样, 我们把不定二次型 $\|v^k - \tilde{v}^k\|_{G_0}^2$ 化成

$$\|v^k - \tilde{v}^k\|_{G_0}^2 \geqslant \psi(y^k, y^{k+1}) - \psi(y^{k-1}, y^k) + \varphi(v^k, v^{k+1}), \tag{12.4.19}$$

其中 $\psi(y^k, y^{k+1})$ 和 $\varphi(v^k, v^{k+1})$ 是分别由

$$\psi(y^k, y^{k+1}) = \frac{1}{2} \left\{ \tau \|y^k - y^{k+1}\|_D^2 + (1-\tau)\beta \|B(y^k - y^{k+1})\|^2 \right\} \tag{12.4.20}$$

和

$$\varphi(v^k, v^{k+1}) = \tau \|y^k - y^{k+1}\|_D^2 \\ + 2\left(\tau - \frac{3}{4}\right) \left\{ \beta \|B(y^k - y^{k+1})\|^2 + \frac{1}{\beta} \|\lambda^k - \lambda^{k+1}\|^2 \right\} \tag{12.4.21}$$

给出的非负函数. 进而跟引理 12.15 的结论在一起, 得到

$$\left\{ \|v^{k+1} - v^*\|_H^2 + \psi(y^k, y^{k+1}) \right\} \\ \leqslant \left\{ \|v^k - v^*\|_H^2 + \psi(y^{k-1}, y^k) \right\} - \varphi(v^k, v^{k+1}), \quad \forall v^* \in \mathcal{V}^*. \tag{12.4.22}$$

有了上式, 就可以证明

$$\lim_{k \to \infty} \varphi(v^k, v^{k+1}) = 0 \quad \text{和} \quad \lim_{k \to \infty} \|v^k - v^{k+1}\| = 0.$$

这样就解决了收敛性证明的关键步骤.

引理 12.17 用不定正则化 ADMM(12.4.7)求解变分不等式(12.4.2). 方法解释成分别由(12.4.12)和(12.4.13)提供预测点 $\tilde{w}^k$ 和校正点 v^{k+1} 以后, 那么有

$$\|v^k - \tilde{v}^k\|_{G_0}^2 = \tau \|y^k - y^{k+1}\|_D^2 + \tau \beta \|B(y^k - y^{k+1})\|^2 + \frac{1}{\beta} \|\lambda^k - \lambda^{k+1}\|^2 \\ + 2(\lambda^k - \lambda^{k+1})^{\mathrm{T}} B(y^k - y^{k+1}). \tag{12.4.23}$$

证明 首先, 由(12.4.18), (12.4.8a), 以及 $\tilde{y}^k = y^{k+1}$, 我们有

$$\|v^k - \tilde{v}^k\|_{G_0}^2 \overset{(12.4.18)}{=} \|y^k - \tilde{y}^k\|_{D_0}^2 + \frac{1}{\beta}\|\lambda^k - \tilde{\lambda}^k\|^2$$

$$\overset{(12.4.8a)}{=} \tau\|y^k - \tilde{y}^k\|_D^2 - (1-\tau)\beta\|B(y^k - \tilde{y}^k)\|^2 + \frac{1}{\beta}\|\lambda^k - \tilde{\lambda}^k\|^2$$

$$= \tau\|y^k - y^{k+1}\|_D^2 - (1-\tau)\beta\|B(y^k - y^{k+1})\|^2$$

$$+ \frac{1}{\beta}\|\lambda^k - \tilde{\lambda}^k\|^2. \tag{12.4.24}$$

根据(12.4.13), $\tilde{x}^k = x^{k+1}$ 和 $\tilde{y}^k = y^{k+1}$, 我们有

$$\lambda^k - \tilde{\lambda}^k = \beta(Ax^{k+1} + By^k - b)$$

和

$$Ax^{k+1} + By^{k+1} - b = \frac{1}{\beta}(\lambda^k - \lambda^{k+1}).$$

用上面的关系式处理(12.4.24)右端的最后一项 $\frac{1}{\beta}\|\lambda^k - \tilde{\lambda}^k\|^2$, 就有

$$\frac{1}{\beta}\|\lambda^k - \tilde{\lambda}^k\|^2 = \beta\|(Ax^{k+1} + By^{k+1} - b) + B(y^k - y^{k+1})\|^2$$

$$= \beta\|\frac{1}{\beta}(\lambda^k - \lambda^{k+1}) + B(y^k - y^{k+1})\|^2$$

$$= \frac{1}{\beta}\|\lambda^k - \lambda^{k+1}\|^2 + 2(\lambda^k - \lambda^{k+1})^{\mathrm{T}}B(y^k - y^{k+1})$$

$$+ \beta\|B(y^k - y^{k+1})\|^2. \tag{12.4.25}$$

将(12.4.25)代入(12.4.24), 就得引理之结论. □

对(12.4.23)右端的交叉项 $(\lambda^k - \lambda^{k+1})^{\mathrm{T}}B(y^k - y^{k+1})$, 如同 12.3.2节中那样, 需要做两个不同的 "积化和差".

引理 12.18 用不定则化 ADMM(12.4.7)求解变分不等式(12.4.2). 方法解释成分别由(12.4.12)和(12.4.13)提供预测点 $\tilde{w}^k$ 和校正点 v^{k+1} 以后, 那么有

$$(\lambda^k - \lambda^{k+1})^{\mathrm{T}}B(y^k - y^{k+1})$$

$$\geqslant \psi(y^k, y^{k+1}) - \psi(y^{k-1}, y^k) - 2(1-\tau)\beta\|B(y^k - y^{k+1})\|^2, \tag{12.4.26}$$

其中 $\psi(y^k, y^{k+1})$ 由(12.4.20)给出.

证明　由于 $\lambda^{k+1} = \lambda^k - \beta(Ax^{k+1} + By^{k+1} - b)$, (12.4.14b) 可以写成

$$\theta_2(y) - \theta_2(y^{k+1}) + (y-y^{k+1})^{\mathrm{T}}\{-B^{\mathrm{T}}\lambda^{k+1} + D_0(y^{k+1}-y^k)\} \geqslant 0, \quad \forall\, y \in \mathcal{Y}. \quad (12.4.27)$$

上式当 $k := k-1$ 时也成立, 所以有

$$\theta_2(y) - \theta_2(y^k) + (y-y^k)^{\mathrm{T}}\{-B^{\mathrm{T}}\lambda^k + D_0(y^k-y^{k-1})\} \geqslant 0, \quad \forall\, y \in \mathcal{Y}. \quad (12.4.28)$$

将 $y = y^k$ 和 $y = y^{k+1}$ 分别代入(12.4.27)和(12.4.28), 再将两式相加, 我们得到

$$(\lambda^k - \lambda^{k+1})^{\mathrm{T}}B(y^k - y^{k+1})$$
$$\geqslant \|y^k - y^{k+1}\|_{D_0}^2 + (y^k - y^{k+1})^{\mathrm{T}}D_0(y^k - y^{k-1}). \quad (12.4.29)$$

分别处理(12.4.29)右端的两项. 对第一项,

$$\|y^k - y^{k+1}\|_{D_0}^2 \overset{(12.4.8a)}{=} \|y^k - y^{k+1}\|_{[\tau D - (1-\tau)\beta B^{\mathrm{T}}B]}^2$$
$$= \tau\|y^k - y^{k+1}\|_D^2 - (1-\tau)\beta\|B(y^k - y^{k+1})\|^2. \quad (12.4.30)$$

对(12.4.29)右端的第二项用 Cauchy-Schwarz 不等式, 我们同样有

$$(y^k - y^{k+1})^{\mathrm{T}}D_0(y^k - y^{k-1})$$
$$= (y^k - y^{k+1})^{\mathrm{T}}(\tau D - (1-\tau)\beta B^{\mathrm{T}}B)(y^k - y^{k-1})$$
$$= \tau(y^k - y^{k+1})^{\mathrm{T}}D(y^k - y^{k-1})$$
$$\quad - (1-\tau)\beta(B(y^k - y^{k+1}))^{\mathrm{T}}B(y^k - y^{k-1})$$
$$\geqslant -\frac{1}{2}\tau\left\{\|y^k - y^{k+1}\|_D^2 + \|y^{k-1} - y^k\|_D^2\right\}$$
$$\quad -\frac{1}{2}(1-\tau)\beta\left\{\|B(y^k - y^{k+1})\|^2 + \|B(y^{k-1} - y^k)\|^2\right\}. \quad (12.4.31)$$

将(12.4.30)和(12.4.31)相加, 得到

$$\|y^k - y^{k+1}\|_{D_0}^2 + (y^k - y^{k+1})^{\mathrm{T}}D_0(y^k - y^{k-1})$$
$$\geqslant \frac{\tau}{2}\left\{\|y^k - y^{k+1}\|_D^2 - \|y^{k-1} - y^k\|_D^2\right\}$$
$$\quad + \frac{1}{2}(1-\tau)\beta\left\{\|B(y^k - y^{k+1})\|^2 - \|B(y^{k-1} - y^k)\|^2\right\}$$
$$\quad - 2(1-\tau)\beta\|B(y^k - y^{k+1})\|^2.$$

再利用 $\psi(y^k, y^{k+1})$ 的记号 (见 (12.4.20)), 就有

$$\|y^k - y^{k+1}\|_{D_0}^2 + (y^k - y^{k+1})^{\mathrm{T}}D_0(y^k - y^{k-1})$$

$$\geqslant \psi(y^k, y^{k+1}) - \psi(y^{k-1}, y^k) - 2(1-\tau)\beta\|B(y^k - y^{k+1})\|^2.$$

将上面的结果代入(12.4.29)的右端就得到引理的结论(12.4.26). □

引理 12.19 对任意的 $\tau \in \left[\dfrac{3}{4}, 1\right]$, 我们有

$$(\lambda^k - \lambda^{k+1})^{\mathrm{T}} B(y^k - y^{k+1})$$

$$\geqslant -(\tau - \frac{1}{2})\beta\|B(y^k - y^{k+1})\|^2 - \left(\frac{5}{2} - 2\tau\right)\frac{1}{\beta}\|\lambda^k - \lambda^{k+1}\|^2. \quad (12.4.32)$$

证明 在引理 12.2 中, 令 $p = B(y^k - y^{k+1})$ 和 $q = (\lambda^k - \lambda^{k+1})$ 即得该引理之结论. □

基于 (12.4.26) 和 (12.4.32) 对交叉项 $(\lambda^k - \lambda^{k+1})^{\mathrm{T}} B(y^k - y^{k+1})$ 的 "积化和差" 结果, 我们有

$$2(\lambda^k - \lambda^{k+1})^{\mathrm{T}} B(y^k - y^{k+1})$$

$$\geqslant \psi(y^k, y^{k+1}) - \psi(y^{k-1}, y^k)$$

$$+ \left(\tau - \frac{3}{2}\right)\beta\|B(y^k - y^{k+1})\|^2 + \left(2\tau - \frac{5}{2}\right)\frac{1}{\beta}\|\lambda^k - \lambda^{k+1}\|^2, (12.4.33)$$

然后, 我们直接得到下面的引理.

引理 12.20 用不定正则化 ADMM(12.4.7)求解变分不等式(12.4.2). 对不等式(12.4.17a)中的 $\|v^k - \tilde{v}^k\|_{G_0}^2$, 我们有

$$(v^k - \tilde{v}^k)^{\mathrm{T}} G_0(v^k - \tilde{v}^k) \geqslant \psi(y^k, y^{k+1}) - \psi(y^{k-1}, y^k) + \varphi(v^k, v^{k+1}). \quad (12.4.34)$$

其中 $\psi(y^k, y^{k+1})$ 和 $\varphi(v^k, v^{k+1})$ 分别由(12.4.20)和(12.4.21)给出.

证明 将(12.4.33)代入(12.4.23), 我们得到

$$(v^k - \tilde{v}^k)^{\mathrm{T}} G(v^k - \tilde{v}^k)$$

$$\geqslant \tau\|y^k - y^{k+1}\|_D^2 + \tau\beta\|B(y^k - y^{k+1})\|^2 + \frac{1}{\beta}\|\lambda^k - \lambda^{k+1}\|^2$$

$$+ \psi(y^k, y^{k+1}) - \psi(y^{k-1}, y^k)$$

$$+ \left(\tau - \frac{3}{2}\right)\beta\|B(y^k - y^{k+1})\|^2 + \left(2\tau - \frac{5}{2}\right)\frac{1}{\beta}\|\lambda^k - \lambda^{k+1}\|^2.$$

进一步合理组合,

$$(v^k - \tilde{v}^k)^{\mathrm{T}} G_0(v^k - \tilde{v}^k)$$

$$\geqslant \psi(y^k, y^{k+1}) - \psi(y^{k-1}, y^k) + \tau \|y^k - y^{k+1}\|_D^2$$

$$+ \left(2\tau - \frac{3}{2}\right)\beta\|B(y^k - y^{k+1})\|^2 + 2\left(\tau - \frac{3}{4}\right)\frac{1}{\beta}\|\lambda^k - \lambda^{k+1}\|^2$$

$$= \psi(y^k, y^{k+1}) - \psi(y^{k-1}, y^k) + \tau\|y^k - y^{k+1}\|_D^2$$

$$+ 2\left(\tau - \frac{3}{4}\right)\left(\beta\|B(y^k - y^{k+1})\|^2 + \frac{1}{\beta}\|\lambda^k - \lambda^{k+1}\|^2\right). \qquad \square$$

定理12.5　设 $\{v^k\}$ 是用不定正则化 ADMM(12.4.7) 求解变分不等式(12.4.2) 产生的序列. 那么有

$$\|v^{k+1} - v^*\|_H^2 + \psi(y^k, y^{k+1})$$
$$\leqslant \|v^k - v^*\|_H^2 + \psi(y^{k-1}, y^k) - \varphi(v^k, v^{k+1}). \qquad (12.4.35)$$

其中 $\psi(y^k, y^{k+1})$ 和 $\varphi(v^k, v^{k+1})$ 分别由(12.4.20)和(12.4.21)给出. 因此方法是收敛的.

　　证明　结论(12.4.35)可以直接从(12.4.17a)和(12.4.34)得到. 方法的收敛性证明就像 12.3 节中从定理12.3到定理12.4完全一样. $\qquad \square$

12.5　不定正则化 ADMM 类方法求解三个可分离块问题

　　对三个可分离块的线性约束凸优化问题

$$\min\{\theta_1(x) + \theta_2(y) + \theta_3(z) \mid Ax + By + Cz = b, \ x \in \mathcal{X}, y \in \mathcal{Y}, z \in \mathcal{Z}\}, \quad (12.5.1)$$

也可以用相同的技术加快有关方法的收敛速度[82]. 问题(12.5.1)的增广 Lagrange 函数是

$$\mathcal{L}_\beta^{[3]}(x, y, z, \lambda) = \theta_1(x) + \theta_2(y) + \theta_3(z) - \lambda^{\mathrm{T}}(Ax + By + Cz - b)$$

$$+ \frac{\beta}{2}\|Ax + By + Cz - b\|^2.$$

由于直接推广的乘子交替方向法不能保证收敛, 第 11 章 11.5 节中给出的一个修正方法是: 将 y, z-子问题平行处理, 并且给它们都加个正则项

$$
\begin{cases}
x^{k+1} \in \arg\min \left\{ \mathcal{L}_\beta^{[3]}(x, y^k, z^k, \lambda^k) \mid x \in \mathcal{X} \right\}, \\[2mm]
y^{k+1} \in \arg\min \left\{ \mathcal{L}_\beta^{[3]}(x^{k+1}, y, z^k, \lambda^k) + \frac{\nu}{2}\beta\|B(y-y^k)\|^2 \,\middle|\, y \in \mathcal{Y} \right\}, \\[2mm]
z^{k+1} \in \arg\min \left\{ \mathcal{L}_\beta^{[3]}(x^{k+1}, y^k, z, \lambda^k) + \frac{\nu}{2}\beta\|C(z-z^k)\|^2 \,\middle|\, z \in \mathcal{Z} \right\}, \\[2mm]
\lambda^{k+1} = \lambda^k - \beta(Ax^{k+1} + By^{k+1} + Cz^{k+1} - b).
\end{cases}
\tag{12.5.2}
$$

方法 (12.5.2) 就等价于

$$
\begin{cases}
x^{k+1} \in \arg\min \left\{ \theta_1(x) + \frac{\beta}{2}\|Ax + By^k + Cz^k - b - \frac{1}{\beta}\lambda^k\|^2 \,\middle|\, x \in \mathcal{X} \right\}, \\[2mm]
\lambda^{k+\frac{1}{2}} = \lambda^k - \beta(Ax^{k+1} + By^k + Cz^k - b), \\[2mm]
y^{k+1} \in \arg\min \left\{ \theta_2(y) - (\lambda^{k+\frac{1}{2}})^{\mathrm{T}} By + \frac{\mu\beta}{2}\|B(y-y^k)\|^2 \,\middle|\, y \in \mathcal{Y} \right\}, \\[2mm]
z^{k+1} \in \arg\min \left\{ \theta_3(z) - (\lambda^{k+\frac{1}{2}})^{\mathrm{T}} Cz + \frac{\mu\beta}{2}\|C(z-z^k)\|^2 \,\middle|\, z \in \mathcal{Z} \right\}, \\[2mm]
\lambda^{k+1} = \lambda^k - \beta(Ax^{k+1} + By^{k+1} + Cz^{k+1} - b).
\end{cases}
\tag{12.5.3}
$$

其中 $\mu = \nu + 1$. 第 11 章 11.5节中用统一框架证明了方法的收敛性. 为了保证方法收敛, 在文献 [67] 中, 我们要求(12.5.3)中的参数 $\mu > 2$. 然而, 大的 μ 相当于对新的 (y^{k+1}, z^{k+1}) 要求离原来的 (y^k, z^k) 相当近, 这会影响收敛速度. UCLA 教授 Osher 的课题组用我们的方法(12.5.3)解决问题[22], 将我们建议的 $\mu > 2$ 取成 $\mu = 2.01$, 说明取大的 μ 会影响收敛速度. 这一节, 我们将用本章 12.4 节中的结论, 推出方法(12.5.3)中只要 $\mu > 1.5$ 仍然保证收敛.

1. 不定正则化 ADMM 的启示

如果把 (y, z) 看成一个变量, 采用不定正则化的 ADMM 求解, 参照(12.4.7), 它的迭代格式是

$$
\begin{cases}
x^{k+1} \in \arg\min \left\{ \mathcal{L}^{[3]}(x, y^k, z^k, \lambda^k) \mid x \in \mathcal{X} \right\}, & (12.5.4a) \\[3mm]
\begin{pmatrix} y^{k+1} \\ z^{k+1} \end{pmatrix} \in \arg\min \left\{ \mathcal{L}^{[3]}(x^{k+1}, y, z, \lambda^k) + \frac{1}{2}\left\| \begin{pmatrix} y - y^k \\ z - z^k \end{pmatrix} \right\|_{\mathcal{D}_0}^2 \,\middle|\, \begin{matrix} (y, z) \in \\ \mathcal{Y} \times \mathcal{Z} \end{matrix} \right\}, & (12.5.4b) \\[3mm]
\lambda^{k+1} = \lambda^k - (Ax^{k+1} + By^{k+1} + Cz^{k+1} - b). & (12.5.4c)
\end{cases}
$$

根据(12.4.8a), 只要

$$\mathcal{D}_0 = \tau\mathcal{D} - (1-\tau)\beta \begin{pmatrix} B^{\mathrm{T}}B & B^{\mathrm{T}}C \\ C^{\mathrm{T}}B & C^{\mathrm{T}}C \end{pmatrix}, \quad \tau \in \left(\frac{3}{4}, 1\right], \tag{12.5.5}$$

其中 $\mathcal{D}$ 是任何正定矩阵, 方法(12.5.4)就保证收敛. 就像(12.4.7)中 y-子问题的最优性条件是(12.4.14b)一样, 不定正则化方法(12.5.4)中 (y,z)-子问题(12.5.4b)的最优性条件是

$$\begin{pmatrix} y^{k+1} \\ z^{k+1} \end{pmatrix} \in \begin{pmatrix} \mathcal{Y} \\ \mathcal{Z} \end{pmatrix},$$

$$\begin{pmatrix} \theta_2(y) - \theta_2(y^{k+1}) \\ \theta_3(z) - \theta_3(z^{k+1}) \end{pmatrix}$$

$$+ \begin{pmatrix} y - y^{k+1} \\ z - z^{k+1} \end{pmatrix}^{\mathrm{T}} \left\{ \begin{pmatrix} -B^{\mathrm{T}} \\ -C^{\mathrm{T}} \end{pmatrix} [\lambda^k - \beta(Ax^{k+1} + By^k + Cz^k - b)] \right.$$

$$\left. + \left[\beta \begin{pmatrix} B^{\mathrm{T}}B & B^{\mathrm{T}}C \\ C^{\mathrm{T}}B & C^{\mathrm{T}}C \end{pmatrix} + \mathcal{D}_0 \right] \begin{pmatrix} y^{k+1} - y^k \\ z^{k+1} - z^k \end{pmatrix} \right\} \geqslant 0,$$

$$\forall\, (y,z) \in \mathcal{Y} \times \mathcal{Z}. \tag{12.5.6}$$

下面我们看选什么样的 $\mathcal{D}_0$, 才能让最优性条件(12.5.6)代表的优化问题可分离. 或者说, 让关系式(12.5.6)中有下波纹线部分的矩阵

$$\beta \begin{pmatrix} B^{\mathrm{T}}B & B^{\mathrm{T}}C \\ C^{\mathrm{T}}B & C^{\mathrm{T}}C \end{pmatrix} + \mathcal{D}_0 \tag{12.5.7}$$

成为分块对角矩阵.

2. 不定正则化矩阵与子问题分离求解

由 (12.5.5), (12.5.7)中的矩阵可以写成

$$\beta \begin{pmatrix} B^{\mathrm{T}}B & B^{\mathrm{T}}C \\ C^{\mathrm{T}}B & C^{\mathrm{T}}C \end{pmatrix} + \mathcal{D}_0 = \tau\mathcal{D} + \tau\beta \begin{pmatrix} B^{\mathrm{T}}B & B^{\mathrm{T}}C \\ C^{\mathrm{T}}B & C^{\mathrm{T}}C \end{pmatrix}, \tag{12.5.8}$$

其中 $\mathcal{D}$ 是可供选择的任何正定矩阵. 我们取

$$\mathcal{D} = \frac{1}{\tau} \begin{pmatrix} 2\delta B^{\mathrm{T}}B & 0 \\ 0 & 2\delta C^{\mathrm{T}}C \end{pmatrix} + \beta \begin{pmatrix} B^{\mathrm{T}}B & -B^{\mathrm{T}}C \\ -C^{\mathrm{T}}B & C^{\mathrm{T}}C \end{pmatrix}, \quad \delta > 0. \tag{12.5.9}$$

这样的正定矩阵, 代入(12.5.8)就有

$$\beta \begin{pmatrix} B^{\mathrm{T}}B & B^{\mathrm{T}}C \\ C^{\mathrm{T}}B & C^{\mathrm{T}}C \end{pmatrix} + \mathcal{D}_0 = \begin{pmatrix} 2(\tau+\delta)\beta B^{\mathrm{T}}B & 0 \\ 0 & 2(\tau+\delta)\beta C^{\mathrm{T}}C \end{pmatrix}. \quad (12.5.10)$$

此时, (12.5.7)成为分块对角矩阵. 换句话说(12.5.4b)就变成

$$\begin{pmatrix} y^{k+1} \\ z^{k+1} \end{pmatrix} \in \begin{pmatrix} \mathcal{Y} \\ \mathcal{Z} \end{pmatrix},$$

$$\begin{pmatrix} \theta_2(y) - \theta_2(y^{k+1}) \\ \theta_3(z) - \theta_3(z^{k+1}) \end{pmatrix}$$

$$+ \begin{pmatrix} y - y^{k+1} \\ z - z^{k+1} \end{pmatrix}^{\mathrm{T}} \left\{ \begin{pmatrix} -B^{\mathrm{T}} \\ -C^{\mathrm{T}} \end{pmatrix} [\lambda^k - \beta(Ax^{k+1} + By^k + Cz^k - b)] \right.$$

$$\left. + \begin{bmatrix} 2(\tau+\delta)\beta B^{\mathrm{T}}B & 0 \\ 0 & 2(\tau+\delta)\beta C^{\mathrm{T}}C \end{bmatrix} \begin{pmatrix} y^{k+1} - y^k \\ z^{k+1} - z^k \end{pmatrix} \right\} \geqslant 0,$$

$$\forall\, (y, z) \in \mathcal{Y} \times \mathcal{Z}. \quad (12.5.11)$$

它的形式可分离成

$$y^{k+1} \in \mathcal{Y}, \; \theta_2(y) - \theta_2(y^{k+1})$$
$$+ (y - y^{k+1})^{\mathrm{T}} \left\{ -B^{\mathrm{T}}[\lambda^k - \beta(Ax^{k+1} + By^k + Cz^k - b)] \right.$$
$$\left. + 2(\tau+\delta)\beta B^{\mathrm{T}}B(y^{k+1} - y^k) \right\} \geqslant 0, \quad \forall\, y \in \mathcal{Y}, \quad (12.5.12a)$$

和

$$z^{k+1} \in \mathcal{Z}, \; \theta_3(z) - \theta_3(z^{k+1})$$
$$+ (z - z^{k+1})^{\mathrm{T}} \left\{ -C^{\mathrm{T}}[\lambda^k - \beta(Ax^{k+1} + By^k + Cz^k - b)] \right.$$
$$\left. + 2(\tau+\delta)\beta C^{\mathrm{T}}C(z^{k+1} - z^k) \right\} \geqslant 0, \quad \forall\, z \in \mathcal{Z}. \quad (12.5.12b)$$

也就是说, 子问题(12.5.4b)就变成可以平行计算的

$$\begin{cases} y^{k+1} \in \arg\min \left\{ \begin{array}{c} \theta_2(y) - y^{\mathrm{T}}B^{\mathrm{T}}[\lambda^k - \beta(Ax^{k+1} + By^k + Cz^k - b)] \\ + (\tau+\delta)\beta\|B(y - y^k)\|^2 \end{array} \middle| y \in \mathcal{Y} \right\}, \\ z^{k+1} \in \arg\min \left\{ \begin{array}{c} \theta_3(z) - z^{\mathrm{T}}C^{\mathrm{T}}[\lambda^k - \beta(Ax^{k+1} + By^k + Cz^k - b)] \\ + (\tau+\delta)\beta\|C(z - z^k)\|^2 \end{array} \middle| z \in \mathcal{Z} \right\}. \end{cases}$$

这等同于算法(12.5.4)可以通过

$$
\begin{cases}
x^{k+1} \in \arg\min \left\{ \theta_1(x) - x^{\mathrm{T}} A^{\mathrm{T}} \lambda^k + \dfrac{\beta}{2} \|Ax + By^k + Cz^k - b\|^2 \,\middle|\, x \in \mathcal{X} \right\}, \\[2mm]
\lambda^{k+\frac{1}{2}} = \lambda^k - \beta(Ax^{k+1} + By^k + Cz^k - b), \\[2mm]
y^{k+1} \in \arg\min \{ \theta_2(y) - y^{\mathrm{T}} B^{\mathrm{T}} \lambda^{k+\frac{1}{2}} + (\tau + \delta)\beta \|B(y - y^k)\|^2 \mid y \in \mathcal{Y} \}, \\[2mm]
z^{k+1} \in \arg\min \{ \theta_3(z) - z^{\mathrm{T}} C^{\mathrm{T}} \lambda^{k+\frac{1}{2}} + (\tau + \delta)\beta \|C(z - z^k)\|^2 \mid z \in \mathcal{Z} \}, \\[2mm]
\lambda^{k+1} = \lambda^k - (Ax^{k+1} + By^{k+1} + Cz^{k+1} - b)
\end{cases}
$$

去实现, 其中 $\tau \in \left(\dfrac{3}{4}, 1 \right]$, $\delta > 0$ 是任意小的正数. 算法总是收敛的.

　　显然, 上面的方法相当于(12.5.3)中只要求 $\mu > 1.5$. 相当于(12.5.2)中只要求 $\nu > 0.5$. 这些因子减小, 会提高相应算法的收敛速度. 有关方法可见文献 [82], 那里也给出例子, 说明参数进一步缩小就不能保证方法收敛. 这一节把相应的方法跟 12.4 节中讨论的不定正则化 ADMM 关联起来, 证明的篇幅就缩短了许多.

第 13 章　多个可分离块凸优化问题的 ADMM 类方法

这一章和后面紧接着的一章讨论等式约束的 p-块可分离凸优化问题

$$\min\left\{\sum_{i=1}^{p}\theta_i(x_i)\ \middle|\ \sum_{i=1}^{p}A_ix_i=b,\ x_i\in\mathcal{X}_i\right\} \tag{13.0.1}$$

的求解方法. 这里的 $\theta_i, A_i, \mathcal{X}_i$ 的定义如同前面章节中对凸优化问题要求的那样. 我们总假设定义在 $\Omega=\prod_{i=1}^{p}\mathcal{X}_i\times\Re^m$ 上的 Lagrange 函数

$$L^{(p)}(x_1,\cdots,x_p,\lambda)=\sum_{i=1}^{p}\theta_i(x_i)-\lambda^{\mathrm{T}}\left(\sum_{i=1}^{p}A_ix_i-b\right) \tag{13.0.2}$$

有鞍点. 如同第 1 章分析的那样, Lagrange 函数(13.0.2)鞍点对应的变分不等式是

$$\mathrm{VI}(\Omega,F,\theta)\quad w^*\in\Omega,\quad \theta(x)-\theta(x^*)+(w-w^*)^{\mathrm{T}}F(w^*)\geqslant 0,\quad \forall\,w\in\Omega, \tag{13.0.3a}$$

其中

$$w=\begin{pmatrix}x_1\\ \vdots\\ x_p\end{pmatrix},\quad \theta(x)=\sum_{i=1}^{p}\theta_i(x_i),\quad F(w)=\begin{pmatrix}-A_1^{\mathrm{T}}\lambda\\ \vdots\\ -A_p^{\mathrm{T}}\lambda\\ \sum_{i=1}^{p}A_ix_i-b\end{pmatrix}. \tag{13.0.3b}$$

凸优化问题(13.0.1)的增广 Lagrange 函数是

$$\mathcal{L}_{\beta}^{[p]}(x_1,\cdots,x_p,\lambda)=\sum_{i=1}^{p}\theta_i(x_i)-\lambda^{\mathrm{T}}\left(\sum_{i=1}^{p}A_ix_i-b\right)+\frac{\beta}{2}\left\|\sum_{i=1}^{p}A_ix_i-b\right\|^2. \tag{13.0.4}$$

这一章中介绍的方法, 是第 11 章 11.3~11.5 节中所介绍方法的自然推广. 这里处理 p 个可分离块问题, 所谓 ADMM 类方法, 是把 x_1 当中间变量, 核心变量为 $v=(x_2,\cdots,x_p,\lambda)$. 求解这些问题, 我们使用第 5 章中统一框架的算法.

在合格的预测 (5.1.1) 给出以后, 可以分别采用固定步长和计算步长的校正. 为了行文简单, 这里我们只讨论固定步长的校正. 不失一般性, 对需要非平凡校正的方法, 我们采用单位步长的校正. 这样, 第 k 步的预测-校正迭代公式有下面的标准形式.

求解变分不等式(13.0.3)的预测-校正方法的第 k 步.

预测 从给定的 $v^k = (x_2^k, \cdots, x_p^k, \lambda^k)$ 开始, 得到 $\tilde{w}^k \in \Omega$, 满足

$$\theta(x) - \theta(\tilde{x}^k) + (w - \tilde{w}^k)^{\mathrm{T}} F(\tilde{w}^k) \geqslant (v - \tilde{v}^k)^{\mathrm{T}} Q(v^k - \tilde{v}^k), \ \ \forall w \in \Omega, \quad (13.0.5)$$

其中 $Q^{\mathrm{T}} + Q$ 是本质上正定的.

校正 由

$$v^{k+1} = v^k - M(v^k - \tilde{v}^k) \quad (13.0.6)$$

给出新的核心变量 v^{k+1}.

设计算法的基础是给出合格的预测, 也就是说, 当矩阵 $A_2, \cdots, A_p$ 列满秩时, 矩阵 $Q^{\mathrm{T}} + Q$ 是在通常意义上正定的. 即使在 "列满秩" 条件并不满足的时候, 所有的理论分析都可以在列满秩的假设下进行.

收敛性条件 对(13.0.5)中给出的矩阵 Q 和(13.0.6)中的校正矩阵 M,

$$存在正定矩阵 H \succ 0 \quad 使得 \quad HM = Q. \quad (13.0.7a)$$

此外, 矩阵

$$G = Q^{\mathrm{T}} + Q - M^{\mathrm{T}} H M \succ 0. \quad (13.0.7b)$$

第 5 章的 5.5 节中已经说明, 在预测(13.0.5)给出的预测矩阵 Q 满足 $Q^{\mathrm{T}} + Q \succ 0$ 的前提下, 利用 (13.0.6) 进行校正, 校正矩阵 M 满足收敛条件(13.0.7)的等价策略是

选择两个正定矩阵 D 和 G, 使得

$$D \succ 0, \quad G \succ 0, \quad 并且 \quad D + G = Q^{\mathrm{T}} + Q. \quad (13.0.8a)$$

然后把

$$M = Q^{-\mathrm{T}} D \quad (13.0.8b)$$

作为(13.0.6)中的校正矩阵.

对(13.0.8)中选定的 D 和 M, 校正(13.0.6)也可以通过求解方程组

$$Q^{\mathrm{T}}(v^{k+1} - v^k) = D(\tilde{v}^k - v^k) \tag{13.0.9}$$

来完成. 采用(13.0.8)选取矩阵 D 和 M, 根据第 5 章 5.5 节定理 5.9 中指出的那样, 也可以用计算步长的公式 (5.5.13) 进行校正. 因篇幅关系, 我们对计算步长的校正不展开讨论.

13.1　带 Gauss 回代的 ADMM 类方法

这一节是第 11 章 11.3 节方法的推广. 预测的原始变量 $\tilde{x}^k$ 和对偶变量 $\tilde{\lambda}^k$ 分别由

$$
\begin{cases}
\tilde{x}_1^k \in \arg\min \left\{ \mathcal{L}_\beta^{[p]}(x_1, x_2^k, x_3^k, \cdots, x_p^k, \lambda^k) \mid x_1 \in \mathcal{X}_1 \right\}, \\[2mm]
\tilde{x}_2^k \in \arg\min \left\{ \mathcal{L}_\beta^{[p]}(\tilde{x}_1^k, x_2, x_3^k, \cdots, x_p^k, \lambda^k) \mid x_2 \in \mathcal{X}_2 \right\}, \\[2mm]
\qquad \vdots \\[2mm]
\tilde{x}_i^k \in \arg\min \left\{ \mathcal{L}_\beta^{[p]}(\tilde{x}_1^k, \cdots, \tilde{x}_{i-1}^k, x_i, x_{i+1}^k, \cdots, x_p^k, \lambda^k) \mid x_i \in \mathcal{X}_i \right\}, \\[2mm]
\qquad \vdots \\[2mm]
\tilde{x}_p^k \in \arg\min \left\{ \mathcal{L}_\beta^{[p]}(\tilde{x}_1^k, \cdots, \tilde{x}_{p-1}^k, x_p, \lambda^k) \mid x_p \in \mathcal{X}_p \right\}
\end{cases}
\tag{13.1.1a}
$$

和

$$\tilde{\lambda}^k = \lambda^k - \beta \left(A_1 \tilde{x}_1^k + \sum_{j=2}^p A_j x_j^k - b \right) \tag{13.1.1b}$$

给出.

引理 13.1　对给定的 v^k, 设 $\tilde{w}^k$ 是由(13.1.1)生成的预测点. 那么, 我们有

$$\tilde{w}^k \in \Omega, \ \theta(x) - \theta(\tilde{x}^k) + (w - \tilde{w}^k)^{\mathrm{T}} F(\tilde{w}^k) \geqslant (v - \tilde{v}^k)^{\mathrm{T}} Q(v^k - \tilde{v}^k), \ \forall\, w \in \Omega, \tag{13.1.2a}$$

其中

$$Q = \begin{pmatrix} \beta A_2^{\mathrm{T}} A_2 & 0 & \cdots & \cdots & 0 \\ \beta A_3^{\mathrm{T}} A_2 & \beta A_3^{\mathrm{T}} A_3 & \ddots & & \vdots \\ \vdots & \ddots & \ddots & \ddots & \vdots \\ \beta A_p^{\mathrm{T}} A_2 & \cdots & \beta A_p^{\mathrm{T}} A_{p-1} & \beta A_p^{\mathrm{T}} A_p & 0 \\ -A_2 & \cdots & -A_{p-1} & -A_p & \dfrac{1}{\beta} I_m \end{pmatrix}. \tag{13.1.2b}$$

证明　利用增广 Lagrange 函数的表达式(13.0.4), 预测 (13.1.1a)中的 $\tilde{x}_i^k$ 由

$$\tilde{x}_i^k \in \operatorname{argmin} \left\{ \left. \begin{array}{l} \theta_i(x_i) - x_i^{\mathrm{T}} A_i^{\mathrm{T}} \lambda^k + \\ \dfrac{\beta}{2} \left\| \sum_{j=1}^{i-1} A_j \tilde{x}_j^k + A_i x_i + \sum_{j=i+1}^{p} A_j x_j^k - b \right\|^2 \end{array} \right| x_i \in \mathcal{X}_i \right\} \tag{13.1.3}$$

给出. 根据定理 1.1, x_1-子问题的最优性条件是

$$\tilde{x}_1^k \in \mathcal{X}_1, \quad \theta_1(x_1) - \theta_1(\tilde{x}_1^k) + (x_1 - \tilde{x}_1^k)^{\mathrm{T}} \bigg\{ - A_1^{\mathrm{T}} \lambda^k$$
$$+ \beta A_1^{\mathrm{T}} \bigg[A_1 \tilde{x}_1^k + \sum_{j=2}^{p} A_j x_j^k - b \bigg] \bigg\} \geqslant 0, \quad \forall x_1 \in \mathcal{X}_1.$$

利用 $\tilde{\lambda}^k$ (见 (13.1.1b)), 上面的不等式就可以写成

$$\tilde{x}_1^k \in \mathcal{X}_1, \quad \theta_1(x_1) - \theta_1(\tilde{x}_1^k) + (x_1 - \tilde{x}_1^k)^{\mathrm{T}} \left\{ \underline{-A_1^{\mathrm{T}} \tilde{\lambda}^k} \right\} \geqslant 0, \quad \forall x_1 \in \mathcal{X}_1. \tag{13.1.4a}$$

同样的道理, 对 $i = 2, \cdots, p$, (13.1.1a)中 x_i-子问题的最优性条件是

$$\tilde{x}_i^k \in \mathcal{X}_i, \quad \theta_i(x_i) - \theta_i(\tilde{x}_i^k) + (x_i - \tilde{x}_i^k)^{\mathrm{T}} \bigg\{ - A_i^{\mathrm{T}} \lambda^k$$
$$+ \beta A_i^{\mathrm{T}} \bigg[A_1 \tilde{x}_1^k + \sum_{j=2}^{i} A_j \tilde{x}_j^k + \sum_{j=i+1}^{p} A_j x_j^k - b \bigg] \bigg\} \geqslant 0, \quad \forall x_i \in \mathcal{X}_i.$$

利用 $\tilde{\lambda}^k$ 的表达式就可以写成

$$\tilde{x}_i^k \in \mathcal{X}_i, \quad \theta_i(x_i) - \theta_i(\tilde{x}_i^k) + (x_i - \tilde{x}_i^k)^{\mathrm{T}} \left\{ \underline{-A_i^{\mathrm{T}} \tilde{\lambda}^k} \right.$$

$$+\beta A_i^{\mathrm{T}}\left[\sum_{j=2}^{i} A_j(\tilde{x}_j^k - x_j^k)\right]\Bigg\} \geqslant 0, \quad \forall\, x_i \in \mathcal{X}_i. \quad (13.1.4\mathrm{b})$$

此外, 对偶变量 λ 的预测(13.1.1b)本身可以写成

$$\tilde{\lambda} \in \Re^m, \quad (\lambda - \tilde{\lambda}^k)^{\mathrm{T}}\left\{\left(\underline{\sum_{j=1}^{p} A_j\tilde{x}_j^k - b}\right)\right.$$

$$\left. - \sum_{j=2}^{p} A_j(\tilde{x}_j^k - x_j^k) + \frac{1}{\beta}(\tilde{\lambda}^k - \lambda^k)\right\} \geqslant 0, \quad \forall\,\lambda \in \Re^m.$$

$$(13.1.4\mathrm{c})$$

把(13.1.4a), (13.1.4b)和(13.1.4c)加在一起, 利用变分不等式(13.0.3)中的记号, 注意到加下波纹线的部分是 $F(\tilde{w}^k)$. □

由于

$$Q^{\mathrm{T}} + Q = \begin{pmatrix} 2\beta A_2^{\mathrm{T}}A_2 & \beta A_2^{\mathrm{T}}A_3 & \cdots & \beta A_2^{\mathrm{T}}A_p & -A_2^{\mathrm{T}} \\ \beta A_3^{\mathrm{T}}A_2 & 2\beta A_3^{\mathrm{T}}A_3 & \ddots & \vdots & \vdots \\ \vdots & \ddots & \ddots & \beta A_{p-1}^{\mathrm{T}}A_p & -A_{p-1}^{\mathrm{T}} \\ \beta A_p^{\mathrm{T}}A_2 & \cdots & \beta A_p^{\mathrm{T}}A_{p-1} & 2\beta A_p^{\mathrm{T}}A_p & -A_p^{\mathrm{T}} \\ -A_2 & \cdots & -A_{p-1} & -A_p & \frac{2}{\beta}I_m \end{pmatrix},$$

通过定义 $p \times p$ 和 $p \times 1$ 分块矩阵

$$P = \begin{pmatrix} \sqrt{\beta}A_2 & 0 & \cdots & \cdots & 0 \\ 0 & \sqrt{\beta}A_3 & \ddots & & \vdots \\ \vdots & \ddots & \ddots & \ddots & \vdots \\ \vdots & & \ddots & \sqrt{\beta}A_p & 0 \\ 0 & \cdots & \cdots & 0 & \frac{1}{\sqrt{\beta}}I_m \end{pmatrix} \quad \text{和} \quad \mathcal{E} = \begin{pmatrix} I_m \\ I_m \\ \vdots \\ I_m \\ -I_m \end{pmatrix}, \quad (13.1.5)$$

我们有

$$P^{\mathrm{T}}\mathcal{E} = \begin{pmatrix} \sqrt{\beta}A_2^{\mathrm{T}} \\ \sqrt{\beta}A_3^{\mathrm{T}} \\ \vdots \\ \sqrt{\beta}A_p^{\mathrm{T}} \\ -\dfrac{1}{\sqrt{\beta}}I_m \end{pmatrix} \quad \text{和} \quad \mathcal{E}^{\mathrm{T}}P = \left(\sqrt{\beta}A_2, \sqrt{\beta}A_3, \cdots, \sqrt{\beta}A_p, -\dfrac{1}{\sqrt{\beta}}I_m \right).$$

$$(13.1.6)$$

此外, 还有

$$P^{\mathrm{T}}P = \begin{pmatrix} \beta A_2^{\mathrm{T}}A_2 & 0 & \cdots & 0 & 0 \\ 0 & \beta A_3^{\mathrm{T}}A_3 & \ddots & \vdots & \vdots \\ \vdots & \ddots & \ddots & 0 & 0 \\ 0 & \cdots & 0 & \beta A_p^{\mathrm{T}}A_p & 0 \\ 0 & \cdots & 0 & 0 & \dfrac{1}{\beta}I_m \end{pmatrix}$$

和

$$(P^{\mathrm{T}}\mathcal{E})(\mathcal{E}^{\mathrm{T}}P) = \begin{pmatrix} \beta A_2^{\mathrm{T}}A_2 & \beta A_2^{\mathrm{T}}A_3 & \cdots & \beta A_2^{\mathrm{T}}A_p & -A_2^{\mathrm{T}} \\ \beta A_3^{\mathrm{T}}A_2 & \beta A_3^{\mathrm{T}}A_3 & \ddots & \vdots & \vdots \\ \vdots & \ddots & \ddots & \beta A_{p-1}^{\mathrm{T}}A_p & -A_{p-1}^{\mathrm{T}} \\ \beta A_p^{\mathrm{T}}A_2 & \cdots & \beta A_p^{\mathrm{T}}A_{p-1} & \beta A_p^{\mathrm{T}}A_p & -A_p^{\mathrm{T}} \\ -A_2 & \cdots & -A_{p-1} & -A_p & \dfrac{1}{\beta}I_m \end{pmatrix}.$$

因此

$$Q^{\mathrm{T}} + Q = P^{\mathrm{T}}P + (P^{\mathrm{T}}\mathcal{E})(\mathcal{E}^{\mathrm{T}}P).$$

当 A_i, $i = 2, \cdots, p$ 列满秩的时候, 矩阵 $Q^{\mathrm{T}} + Q$ 是正定的, 满足了本质上正定的要求.

1. 校正方法的第一种选择

我们把 $Q^{\mathrm{T}} + Q$ 分拆成

$$Q^{\mathrm{T}} + Q = \nu P^{\mathrm{T}} P + [(1-\nu)P^{\mathrm{T}} P + (P^{\mathrm{T}} \mathcal{E})(\mathcal{E}^{\mathrm{T}} P)]. \tag{13.1.7}$$

取(13.1.7)右端的第一部分为 D, 即

$$D = \nu P^{\mathrm{T}} P, \qquad G = [(1-\nu)P^{\mathrm{T}} P + (P^{\mathrm{T}} \mathcal{E})(\mathcal{E}^{\mathrm{T}} P)]$$

都是本质上正定的.

对选定的 D, 执行校正(13.0.9). 为此, 我们进一步定义

$$L = \begin{pmatrix} I_m & 0 & \cdots & 0 & 0 \\ I_m & I_m & \ddots & \vdots & \vdots \\ \vdots & \ddots & \ddots & 0 & 0 \\ I_m & \cdots & I_m & I_m & 0 \\ -I_m & \cdots & -I_m & -I_m & I_m \end{pmatrix}. \tag{13.1.8}$$

由于

$$Q^{\mathrm{T}} = P^{\mathrm{T}} L^{\mathrm{T}} P \qquad 和 \qquad D = \nu P^{\mathrm{T}} P.$$

如果实现了

$$L^{\mathrm{T}} P(v^{k+1} - v^k) = \nu P(\tilde{v}^k - v^k). \tag{13.1.9}$$

就有

$$P^{\mathrm{T}} L^{\mathrm{T}} P(v^{k+1} - v^k) = \nu P^{\mathrm{T}} P(\tilde{v}^k - v^k). \tag{13.1.10}$$

方程(13.1.10)就是校正 $Q^{\mathrm{T}}(v^{k+1} - v^k) = D(\tilde{v}^k - v^k)$. 事实上, 从(13.1.3)中可以看出, 执行第 k 步迭代的预测并不是需要 v^k, 而只是需要 $(A_2 x_2^k, \cdots, A_p x_p^k, \lambda^k)$, 或者说, $P v^k$. 因此, 为下一次迭代的预测, 我们也只需要预先提供 $P v^{k+1}$. 这很容易从(13.1.9)通过 Gauss 回代得到. 对(13.1.8)中的矩阵 L, 我们有

$$L^{-\mathrm{T}} = \begin{pmatrix} I_m & -I_m & 0 & \cdots & 0 \\ 0 & I_m & \ddots & \ddots & \vdots \\ \vdots & \ddots & \ddots & -I_m & 0 \\ 0 & \cdots & 0 & I_m & I_m \\ 0 & \cdots & 0 & 0 & I_m \end{pmatrix}. \tag{13.1.11}$$

因此

$$Pv^{k+1} = Pv^k - \nu L^{-\mathrm{T}}(Pv^k - P\tilde{v}^k).$$

这个方法最初的版本发表在文献 [66].

2. 校正方法的第二种选择

我们把(13.1.2b)中的矩阵 Q 写成

$$Q = \begin{pmatrix} \beta Q_0 & 0 \\ -\mathcal{A} & \dfrac{1}{\beta} I_m \end{pmatrix}. \tag{13.1.12}$$

因此, 我们有

$$Q_0 = \begin{pmatrix} A_2^{\mathrm{T}} A_2 & 0 & \cdots & 0 \\ A_3^{\mathrm{T}} A_2 & A_3^{\mathrm{T}} A_3 & \ddots & \vdots \\ \vdots & \ddots & \ddots & 0 \\ A_p^{\mathrm{T}} A_2 & \cdots & A_p^{\mathrm{T}} A_{p-1} & A_p^{\mathrm{T}} A_p \end{pmatrix}$$

和

$$\mathcal{A} = (A_2, A_3, \cdots, A_p).$$

此外, 我们定义

$$D_0 = \mathrm{diag}(A_2^{\mathrm{T}} A_2, A_3^{\mathrm{T}} A_3, \cdots, A_p^{\mathrm{T}} A_p).$$

利用这些记号, 我们有

$$Q_0^{\mathrm{T}} + Q_0 = D_0 + \mathcal{A}^{\mathrm{T}} \mathcal{A}$$

和

$$Q^{\mathrm{T}} + Q = \begin{pmatrix} \beta(D_0 + \mathcal{A}^{\mathrm{T}} \mathcal{A}) & -\mathcal{A}^{\mathrm{T}} \\ -\mathcal{A} & \dfrac{2}{\beta} I_m \end{pmatrix}.$$

我们用

$$v^{k+1} = v^k - M(v^k - \tilde{v}^k) \tag{13.1.13a}$$

做校正, 其中

$$M = \begin{pmatrix} \nu Q_0^{-\mathrm{T}} D_0 & 0 \\ -\beta \mathcal{A} & I_m \end{pmatrix}, \quad \nu \in (0, 1) \tag{13.1.13b}$$

是一个依赖于 ν 的矩阵. 对正定矩阵

$$H = \begin{pmatrix} \dfrac{1}{\nu}\beta Q_0 D_0^{-1} Q_0^{\mathrm{T}} & 0 \\ 0 & \dfrac{1}{\beta}I_m \end{pmatrix}, \tag{13.1.14}$$

恰有 $HM = Q$. 此外, 因为

$$M^{\mathrm{T}}HM = Q^{\mathrm{T}}M = \begin{pmatrix} \beta Q_0^{\mathrm{T}} & -\mathcal{A}^{\mathrm{T}} \\ 0 & \dfrac{1}{\beta}I_m \end{pmatrix} \begin{pmatrix} \nu Q_0^{-\mathrm{T}}D_0 & 0 \\ -\beta\mathcal{A} & I_m \end{pmatrix}$$

$$= \begin{pmatrix} \beta(\nu D_0 + \mathcal{A}^{\mathrm{T}}\mathcal{A}) & -\mathcal{A}^{\mathrm{T}} \\ -\mathcal{A} & \dfrac{1}{\beta}I_m \end{pmatrix},$$

我们有

$$G = Q^{\mathrm{T}} + Q - M^{\mathrm{T}}HM$$

$$= \begin{pmatrix} \beta(D_0 + \mathcal{A}^{\mathrm{T}}\mathcal{A}) & -\mathcal{A}^{\mathrm{T}} \\ -\mathcal{A} & \dfrac{2}{\beta}I_m \end{pmatrix} - \begin{pmatrix} \nu\beta D_0 + \beta\mathcal{A}^{\mathrm{T}}\mathcal{A} & -\mathcal{A}^{\mathrm{T}} \\ -\mathcal{A} & \dfrac{1}{\beta}I_m \end{pmatrix}$$

$$= \begin{pmatrix} (1-\nu)\beta D_0 & 0 \\ 0 & \dfrac{1}{\beta}I_m \end{pmatrix}. \tag{13.1.15}$$

对任何的 $\nu \in (0,1)$, 在 Q 非奇异的假设下, 矩阵 G 是正定的, 收敛性条件(13.0.7)满足.

对(13.1.13)中选定的 M 和单位步长 执行校正(13.0.6).

• 在校正(13.1.13)中, 因为 (参见(13.1.13b))

$$M = \begin{pmatrix} \nu Q_0^{-\mathrm{T}}D_0 & 0 \\ -\beta\mathcal{A} & I_m \end{pmatrix} \quad \text{和} \quad \mathcal{A} = (A_2, A_3, \cdots, A_p),$$

结合(13.1.1b), 我们有

$$\lambda^{k+1} = \lambda^k - \beta \left(\sum_{j=1}^{p} A_j \tilde{x}_j^k - b \right).$$

• 核心变量 v 的 x 部分的校正是

$$Q_0^{\mathrm{T}} \begin{pmatrix} x_2^{k+1} - x_2^k \\ x_3^{k+1} - x_3^k \\ \vdots \\ x_p^{k+1} - x_p^k \end{pmatrix} = \nu D_0 \begin{pmatrix} \tilde{x}_2^k - x_2^k \\ \tilde{x}_3^k - x_3^k \\ \vdots \\ \tilde{x}_p^k - x_p^k \end{pmatrix}. \tag{13.1.16}$$

Q_0^{T} 是一个分块上三角矩阵.

实际上, 我们为 k 次迭代需要准备的是 $(A_2 x_2^k, A_3 x_3^k, \cdots, A_p x_p^k, \lambda^k)$ (见 (13.0.4) 和(13.1.3)). 因此, 为下一次迭代我们也只需要提供 $(A_2 x_2^{k+1}, A_3 x_3^{k+1}, \cdots, A_p x_p^{k+1}, \lambda^{k+1})$. 由于(13.1.16)的左右两端分别为

$$Q_0^{\mathrm{T}} \begin{pmatrix} x_2^{k+1} - x_2^k \\ x_3^{k+1} - x_3^k \\ \vdots \\ x_p^{k+1} - x_p^k \end{pmatrix} = \begin{pmatrix} A_2^{\mathrm{T}} & 0 & \cdots & 0 \\ 0 & A_3^{\mathrm{T}} & \ddots & \vdots \\ \vdots & \ddots & \ddots & 0 \\ 0 & \cdots & 0 & A_p^{\mathrm{T}} \end{pmatrix} \begin{pmatrix} I & I & \cdots & I \\ 0 & I & \cdots & I \\ \vdots & \ddots & \ddots & \vdots \\ 0 & \cdots & 0 & I \end{pmatrix} \begin{pmatrix} A_2(x_2^{k+1} - x_2^k) \\ A_3(x_3^{k+1} - x_3^k) \\ \vdots \\ A_p(x_p^{k+1} - x_p^k) \end{pmatrix}$$

和

$$D_0 \begin{pmatrix} \tilde{x}_2^k - x_2^k \\ \tilde{x}_3^k - x_3^k \\ \vdots \\ \tilde{x}_p^k - x_p^k \end{pmatrix} = \begin{pmatrix} A_2^{\mathrm{T}} & 0 & \cdots & 0 \\ 0 & A_3^{\mathrm{T}} & \ddots & \vdots \\ \vdots & \ddots & \ddots & 0 \\ 0 & \cdots & 0 & A_p^{\mathrm{T}} \end{pmatrix} \begin{pmatrix} A_2(\tilde{x}_2^k - x_2^k) \\ A_3(\tilde{x}_3^k - x_3^k) \\ \vdots \\ A_p(\tilde{x}_p^k - x_p^k) \end{pmatrix},$$

我们通过

$$\begin{pmatrix} I & I & \cdots & I \\ 0 & I & \cdots & I \\ \vdots & \ddots & \ddots & \vdots \\ 0 & \cdots & 0 & I \end{pmatrix} \begin{pmatrix} A_2(x_2^{k+1} - x_2^k) \\ A_3(x_3^{k+1} - x_3^k) \\ \vdots \\ A_p(x_p^{k+1} - x_p^k) \end{pmatrix} = \nu \begin{pmatrix} A_2(\tilde{x}_2^k - x_2^k) \\ A_3(\tilde{x}_3^k - x_3^k) \\ \vdots \\ A_p(\tilde{x}_p^k - x_p^k) \end{pmatrix} \tag{13.1.17}$$

求得的 $(A_2 x_2^{k+1}, A_3 x_3^{k+1}, \cdots, A_p x_p^{k+1})$ 满足方程(13.1.16). 而(13.1.17)校正部分的显式表达式是

$$\begin{pmatrix} A_2 x_2^{k+1} \\ A_3 x_3^{k+1} \\ \vdots \\ A_p x_p^{k+1} \end{pmatrix} = \begin{pmatrix} A_2 x_2^k \\ A_3 x_3^k \\ \vdots \\ A_p x_p^k \end{pmatrix} - \nu \begin{pmatrix} I & -I & & \\ & \ddots & \ddots & \\ & & \ddots & -I \\ & & & I \end{pmatrix} \begin{pmatrix} A_2(x_2^k - \tilde{x}_2^k) \\ A_3(x_3^k - \tilde{x}_3^k) \\ \vdots \\ A_p(x_p^k - \tilde{x}_p^k) \end{pmatrix}.$$

综上所述, 算法也可以写成:

从给定的 $(A_2 x_2^k, \cdots, A_p x_p^k, \lambda^k)$ 开始,

$$
\begin{cases}
\text{对 } i = 1, \cdots, p \text{ 做向前预测:} \\[2mm]
\tilde{x}_i^k \in \mathrm{argmin}
\left\{
\begin{aligned}
& \theta_i(x_i) - x_i^{\mathrm{T}} A_i^{\mathrm{T}} \lambda^k + \\
& \frac{\beta}{2} \left\| \sum_{j=1}^{i-1} A_j \tilde{x}_j^k + A_i x_i + \sum_{j=i+1}^{p} A_j x_j^k - b \right\|^2
\end{aligned}
\ \middle|\ x_i \in \mathcal{X}_i
\right\}. \\[4mm]
\text{计算 } \lambda^{k+1} \text{ 和 } x_p^{k+1}: \\[2mm]
\lambda^{k+1} = \lambda^k - \beta \left(\sum_{i=1}^{p} A_i \tilde{x}_i^k - b \right), \\[2mm]
A_p x_p^{k+1} = (1-\nu) A_p x_p^k + \nu A_p \tilde{x}_p^k, \\[2mm]
\text{对 } i = p-1, \cdots, 3, 2 \text{ 做向后回代:} \\[2mm]
A_i x_i^{k+1} = (1-\nu) A_i x_i^k + \nu A_i \tilde{x}_i^k + \nu [A_{i+1} x_{i+1}^k - A_{i+1} \tilde{x}_{i+1}^k].
\end{cases}
$$

根据第 5 章关于统一框架的结论, 我们有下面的收敛定理:

定理 13.1 求解变分不等式(13.0.3), 由(13.1.1)预测, 然后采用本节两种不同校正得到新的迭代点, 方法都是收敛的.

13.2 线性化的带 Gauss 回代的 ADMM 类方法

这一节的方法是把第 11 章 11.4 节的处理三块问题的方法推广到求解问题(13.0.1). 假设(13.1.1a)中前 l 个 x-子问题求解没有困难, 而从第 $l+1$ 到 p 个 x-子问题因为目标函数中有非平凡的二次项需要用 "线性化" 方法处理. 具体说来, 一系列的 x_i-子问题的预测要通过

$$
\begin{cases}
\tilde{x}_1^k \in \arg\min \left\{ \mathcal{L}_\beta^{[p]}(x_1, x_2^k, x_3^k, \cdots, x_p^k, \lambda^k) \mid x_1 \in \mathcal{X}_1 \right\}, \\
\qquad\qquad \vdots \\
\tilde{x}_l^k \in \arg\min \left\{ \mathcal{L}_\beta^{[p]}(\tilde{x}_1^k, \cdots, \tilde{x}_{l-1}^k, x_l, x_{l+1}^k, \cdots, x_p^k, \lambda^k) \mid x_l \in \mathcal{X}_l \right\}, \\
\tilde{x}_{l+1}^k = \arg\min \left\{
\begin{aligned}
& \mathcal{L}_\beta^{[p]}(\tilde{x}_1^k, \cdots, \tilde{x}_l^k, x_{l+1}, x_{l+2}^k, \cdots, x_p^k, \lambda^k) \\
& \quad + \frac{1}{2} \| x_{l+1} - x_{l+1}^k \|_{R_{l+1}}^2
\end{aligned}
\ \middle|\ x_{l+1} \in \mathcal{X}_{l+1}
\right\}, \\
\qquad\qquad \vdots \\
\tilde{x}_p^k = \arg\min \left\{ \mathcal{L}_\beta^{[p]}(\tilde{x}_1^k, \cdots, \tilde{x}_{p-1}^k, x_p, \lambda^k) + \frac{1}{2} \| x_p - x_p^k \|_{R_p}^2 \mid x_p \in \mathcal{X}_p \right\}
\end{cases}
\tag{13.2.1a}
$$

来完成, 其中

$$R_{l+1} = r_{l+1}I_{n_{l+1}} - \beta A_{l+1}^{\mathrm{T}}A_{l+1}, \qquad \cdots, \qquad R_p = r_p I_{n_p} - \beta A_p^{\mathrm{T}}A_p$$

是正定矩阵. 换句话说,

$$r_{l+1} > \beta\|A_{l+1}^{\mathrm{T}}A_{l+1}\|, \qquad \cdots, \qquad r_p > \beta\|A_p^{\mathrm{T}}A_p\|.$$

做完 x-子问题的预测后, 我们令

$$\tilde{\lambda}^k = \lambda^k - \beta\left(A_1\tilde{x}_1^k + \sum_{j=2}^p A_j x_j^k - b\right). \tag{13.2.1b}$$

引理 13.2　对给定的 v^k, 设 $\tilde{w}^k$ 是由(13.2.1)生成的预测点. 那么, 我们有

$$\tilde{w}^k \in \Omega, \ \theta(x) - \theta(\tilde{x}^k) + (w - \tilde{w}^k)^{\mathrm{T}}F(\tilde{w}^k) \geqslant (v - \tilde{v}^k)^{\mathrm{T}}Q(v^k - \tilde{v}^k), \quad \forall w \in \Omega, \tag{13.2.2a}$$

其中

$$Q = \begin{pmatrix} \beta A_2^{\mathrm{T}}A_2 & 0 & 0 & \cdots & \cdots & \cdots & \cdots & 0 \\ \vdots & \ddots & \ddots & & & & & \vdots \\ \beta A_l^{\mathrm{T}}A_2 & \cdots & \beta A_l^{\mathrm{T}}A_l & 0 & 0 & \cdots & \cdots & 0 \\ \beta A_{l+1}^{\mathrm{T}}A_2 & \cdots & \beta A_{l+1}^{\mathrm{T}}A_l & r_{l+1}I_{n_{l+1}} & 0 & \cdots & \cdots & 0 \\ \beta A_{l+2}^{\mathrm{T}}A_2 & \cdots & \beta A_{l+2}^{\mathrm{T}}A_l & \beta A_{l+2}^{\mathrm{T}}A_{l+1} & r_{l+2}I_{n_{l+2}} & 0 & \cdots & 0 \\ \vdots & \vdots & \vdots & \ddots & \ddots & \ddots & \vdots \\ \beta A_p^{\mathrm{T}}A_2 & \cdots & \beta A_p^{\mathrm{T}}A_l & \beta A_p^{\mathrm{T}}A_{l+1} & \cdots & \beta A_p^{\mathrm{T}}A_{p-1} & r_p I_{n_p} & 0 \\ -A_2 & \cdots & -A_l & -A_{l+1} & \cdots & -A_{p-1} & -A_p & \frac{1}{\beta}I_m \end{pmatrix}. \tag{13.2.2b}$$

证明　第 k 步预测可以从给定的 $(A_2x_2^k, \cdots, A_lx_l^k, x_{l+1}^k, \cdots, x_p^k, \lambda)$ 开始. 根据定理 1.1, 利用(13.2.1b)中 $\tilde{\lambda}^k$ 的表达式, x_1-子问题的最优性条件就可以写成

$$\tilde{x}_1^k \in \mathcal{X}_1, \ \theta_1(x_1) - \theta_1(\tilde{x}_1^k) + (x_1 - \tilde{x}_1^k)^{\mathrm{T}}\left\{\underset{\sim}{-A_1^{\mathrm{T}}\tilde{\lambda}^k}\right\} \geqslant 0, \quad \forall x_1 \in \mathcal{X}_1. \tag{13.2.3a}$$

同理, 对 $i \in \{2, \cdots, l\}$, x_i-子问题的最优性条件写成

$$
\tilde{x}_i^k \in \mathcal{X}_i, \quad \theta_i(x_i) - \theta_i(\tilde{x}_i^k) + (x_i - \tilde{x}_i^k)^{\mathrm{T}} \left\{ \underbrace{-A_i^{\mathrm{T}} \tilde{\lambda}^k} \right.
$$

$$
\left. + \beta A_i^{\mathrm{T}} \left[\sum_{j=2}^{i} A_j (\tilde{x}_j^k - x_j^k) \right] \right\} \geqslant 0, \quad \forall x_i \in \mathcal{X}_i. \quad (13.2.3\mathrm{b})
$$

对 $t \in \{l+1, \cdots, p\}$, 由于矩阵 $R_t = r_t I_t - \beta A_t^{\mathrm{T}} A_t$, x_t-子问题, 改变目标函数中的常数项得到

$$
\tilde{x}_t^k = \arg\min \left\{ \begin{array}{l} \theta_t(x_t) - x_t^{\mathrm{T}} A_t^{\mathrm{T}} \lambda^k \\ + \dfrac{\beta}{2} \left\| \displaystyle\sum_{j=1}^{t-1} A_j \tilde{x}_j^k + A_t x_t + \sum_{j=t+1}^{p} A_j x_j^k - b \right\|^2 \\ - \dfrac{\beta}{2} \|A_t(x_t - x_t^k)\|^2 + \dfrac{r_t}{2} \|x_t - x_t^k\|^2 \end{array} \middle| x_t \in \mathcal{X}_t \right\}
$$

$$
= \arg\min \left\{ \begin{array}{l} \theta_t(x_t) - x_t^{\mathrm{T}} A_t^{\mathrm{T}} \left[\lambda^k - \beta \left(\displaystyle\sum_{j=1}^{t-1} A_j \tilde{x}_j^k + \sum_{j=t}^{p} A_j x_j^k - b \right) \right] \\ + \dfrac{r_t}{2} \|x_t - x_t^k\|^2 \end{array} \middle| x_t \in \mathcal{X}_t \right\}.
$$

其目标函数是严格正定的, 最优性条件可以写成

$$
\tilde{x}_t^k \in \mathcal{X}_t, \quad \theta_t(x_t) - \theta_t(\tilde{x}_t^k) + (x_t - \tilde{x}_t^k)^{\mathrm{T}} \left\{ \underbrace{-A_t^{\mathrm{T}} \tilde{\lambda}^k} \right.
$$

$$
\left. + \beta A_t^{\mathrm{T}} \left[\sum_{j=2}^{t-1} A_j (\tilde{x}_j^k - x_j^k) \right] + r_t (\tilde{x}_t^k - x_t^k) \right\} \geqslant 0, \quad \forall x_i \in \mathcal{X}_i.
$$

$$
(13.2.3\mathrm{c})
$$

此外, (13.2.1b)本身可以写成

$$
\tilde{\lambda} \in \Re^m, \quad (\lambda - \tilde{\lambda}^k)^{\mathrm{T}} \left\{ \underbrace{\left(\sum_{j=1}^{p} A_j \tilde{x}_j^k - b \right)} \right.
$$

$$
\left. - \sum_{j=2}^{p} A_j (\tilde{x}_j^k - x_j^k) + \frac{1}{\beta} (\tilde{\lambda}^k - \lambda^k) \right\} \geqslant 0, \quad \forall \lambda \in \Re^m.
$$

$$
(13.2.3\mathrm{d})
$$

把(13.2.3)中的四条结论放在一起, 注意到有下波纹线的部分组合起来就是 $F(\tilde{w}^k)$, 结论(13.2.2)成立. $\qquad\square$

注意到

$$
Q^{\mathrm{T}}+Q = \begin{pmatrix} \sqrt{\beta}A_2^{\mathrm{T}} \\ \vdots \\ \sqrt{\beta}A_l^{\mathrm{T}} \\ \sqrt{\beta}A_{l+1}^{\mathrm{T}} \\ \vdots \\ \sqrt{\beta}A_p^{\mathrm{T}} \\ -\sqrt{\dfrac{1}{\beta}}I_m \end{pmatrix} \left(\sqrt{\beta}A_2,\cdots,\sqrt{\beta}A_l,\sqrt{\beta}A_{l+1},\cdots,\sqrt{\beta}A_p,-\sqrt{\dfrac{1}{\beta}}I_m\right)
$$

$$
+ \begin{pmatrix} \beta A_2^{\mathrm{T}}A_2 \\ & \ddots \\ & & \beta A_l^{\mathrm{T}}A_l \\ & & & 2r_{l+1}I_{n_{l+1}}-\beta A_{l+1}^{\mathrm{T}}A_{l+1} \\ & & & & \ddots \\ & & & & & 2r_p I_{n_p}-\beta A_p^{\mathrm{T}}A_p \\ & & & & & & \frac{1}{\beta}I_m \end{pmatrix}.
$$

对所有的 $t\in\{l+1,\cdots,p\}$, 矩阵 $2r_t I_{n_t}-\beta A_t^{\mathrm{T}}A_t = r_t I_{n_t}+R_t \succ r_t I_{n_t}$, 矩阵 $Q^{\mathrm{T}}+Q$ 是本质上正定的. 可以取不同的 D 和 G, 使得

$$
D\succ 0,\quad G\succ 0,\quad D+G=Q^{\mathrm{T}}+Q.
$$

求得 $(A_2 x_2^{k+1},\cdots,A_l x_l^{k+1},x_{l+1}^{k+1},\cdots,x_p^{k+1},\lambda^{k+1})$, 使其满足

$$
Q^{\mathrm{T}}(v^{k+1}-v^k)=D(\tilde{v}^k-v^k).
$$

从而完成一次迭代. 譬如说, 类似第 11 章 11.4 节中, 可以取

$$
D=(Q^{\mathrm{T}}+Q)-G,
$$

其中

$$
G=\mathrm{diag}\left(\beta A_2^{\mathrm{T}}A_2,\cdots,\beta A_l^{\mathrm{T}}A_l,r_{l+1}I_{n_{l+1}},\cdots,r_p I_{n_p},\frac{1}{\beta}I_m\right).
$$

13.3 子问题平行正则化的 ADMM 类方法

这一节是第 11 章 11.5 节方法的推广. 第 k 次迭代从给定的 $v^k = (x_2^k, \cdots, x_p^k, \lambda^k)$ 出发, 通过

$$
\begin{cases}
x_1^{k+1} \in \arg\min \left\{ \mathcal{L}_\beta^{[p]}(x_1, x_2^k, x_3^k, \cdots, x_p^k, \lambda^k) \mid x_1 \in \mathcal{X}_1 \right\}, \\
\text{对 } i = 2, \cdots, p \text{ 平行做:} \\
x_i^{k+1} \in \arg\min_{x_i \in \mathcal{X}_i} \left\{ \begin{matrix} \mathcal{L}_\beta^{[p]}(x_1^{k+1}, x_2^k \cdots, x_{i-1}^k, x_i, x_{i+1}^k, \cdots, x_p^k, \lambda^k) \\ + \dfrac{\nu\beta}{2}\|A_i(x_i - x_i^k)\|^2 \end{matrix} \right\}, \\
\lambda^{k+1} = \lambda^k - \beta \left(\displaystyle\sum_{i=1}^p A_i x_i^{k+1} - b \right)
\end{cases}
\tag{13.3.1}
$$

直接求得 $v^{k+1} = (x_2^{k+1}, \cdots, x_p^{k+1}, \lambda^{k+1})$. 我们注意到: 对 $i = 2, \cdots, p$, x_i-子问题求解是平行实现的. 为了保证收敛, 它们的目标函数都加上了正则项 $\dfrac{\nu\beta}{2}\|A_i(x_i - x_i^k)\|^2$. 事实上, 我们最初发表的方法[67] 是下面这个形式:

$$
\begin{cases}
x_1^{k+1} \in \arg\min \left\{ \mathcal{L}_\beta^{[p]}(x_1, x_2^k, x_3^k, \cdots, x_p^k, \lambda^k) \mid x_1 \in \mathcal{X}_1 \right\}, \\
\lambda^{k+\frac{1}{2}} = \lambda^k - \beta \left(A_1 x_1^{k+1} + \displaystyle\sum_{i=2}^p A_i x_i^k - b \right), \\
\text{对 } i = 2, \cdots, p \text{ 平行做:} \\
x_i^{k+1} \in \arg\min \left\{ \begin{matrix} \theta_i(x_i) - (\lambda^{k+\frac{1}{2}})^{\mathrm{T}} A_i x_i \\ + \dfrac{\mu\beta}{2}\|A_i(x_i - x_i^k)\|^2 \end{matrix} \;\middle|\; x_i \in \mathcal{X}_i \right\}, \\
\lambda^{k+1} = \lambda^k - \beta \left(\displaystyle\sum_{i=1}^p A_i x_i^{k+1} - b \right).
\end{cases}
\tag{13.3.2}
$$

引理 13.3 当 $\mu = \nu + 1$ 时, 算法(13.3.1)和算法(13.3.2)是等价的.

证明 我们只要对 $i = 2, \cdots, p$, 验证两个方法 x_i-子问题的最优性条件相同. 利用增广 Lagrange 函数(13.0.4)的表达式, 从(13.3.1)得到

$$
x_i^{k+1} \in \mathcal{X}_i, \;\; \theta_i(x_i) - \theta_i(x_i^{k+1}) + (x_i - x_i^{k+1})^{\mathrm{T}}
$$

$$
\left\{ -A_i^{\mathrm{T}}\lambda^k + \beta A_i^{\mathrm{T}} \left[\left(A_1 x_1^{k+1} + \sum_{j=2}^p A_j x_j^k - b \right) + A_i(x_i^{k+1} - x_i^k) \right] \right.
$$

$$+ \nu \beta A_i^{\mathrm{T}} A_i (x_i^{k+1} - x_i^k) \Big\} \; \geqslant \; 0, \quad \forall x_i \in \mathcal{X}_i.$$

利用(13.3.2)中的

$$\lambda^{k+\frac{1}{2}} = \lambda^k - \beta \left(A_1 x_1^{k+1} + \sum_{j=2}^{p} A_j x_j^k - b \right),$$

可以写成

$$x_i^{k+1} \in \mathcal{X}_i, \; \theta_i(x_i) - \theta_i(x_i^{k+1})$$
$$+ (x_i - x_i^{k+1})^{\mathrm{T}} \Big\{ - A_i^{\mathrm{T}} \lambda^{k+\frac{1}{2}} + \beta A_i^{\mathrm{T}} A_i (x_i^{k+1} - x_i^k)$$
$$+ \nu \beta A_i^{\mathrm{T}} A_i (x_i^{k+1} - x_i^k) \Big\} \; \geqslant \; 0, \; \forall x_i \in \mathcal{X}_i.$$

最后得到

$$x_i^{k+1} \in \mathcal{X}_i, \; \theta_i(x_i) - \theta_i(x_i^{k+1})$$
$$+ (x_i - x_i^{k+1})^{\mathrm{T}} \Big\{ - A_i^{\mathrm{T}} \lambda^{k+\frac{1}{2}}$$
$$+ (1+\nu) \beta A_i^{\mathrm{T}} A_i (x_i^{k+1} - x_i^k) \Big\} \geqslant 0, \; \forall x_i \in \mathcal{X}_i.$$
$$(13.3.3)$$

当 $\mu = 1 + \nu$, (13.3.3)恰好是(13.3.2)中 x_i-子问题的最优性条件.　　　□

　　下面, 我们在 $\mu > p - 1$ 的假设下讨论算法(13.3.2)的收敛性. 为使用统一框架, 我们必须把方法故意分拆成预测、校正两部分. 通过

$$\tilde{x}_i^k = x_i^{k+1}, \quad i = 1, \cdots, p \qquad \text{和} \qquad \tilde{\lambda}^k = \lambda^{k+\frac{1}{2}} \qquad (13.3.4)$$

定义预测点, 其中 $x_i^{k+1}, i = 1, \cdots, p$ 和 $\lambda^{k+\frac{1}{2}}$ 是算法(13.3.2)中产生的.

　　引理 13.4　对给定的 v^k, 设 w^{k+1} 是由(13.3.2)生成并且 $\tilde{w}^k$ 由(13.3.4)所定义. 那么, 我们有

$$\tilde{w}^k \in \Omega, \; \theta(x) - \theta(\tilde{x}^k) + (w - \tilde{w}^k)^{\mathrm{T}} F(\tilde{w}^k) \geqslant (v - \tilde{v}^k)^{\mathrm{T}} Q(v^k - \tilde{v}^k), \; \forall \, w \in \Omega,$$
$$(13.3.5a)$$

其中

$$Q = \begin{pmatrix} \mu \beta A_2^{\mathrm{T}} A_2 & 0 & \cdots & 0 & 0 \\ 0 & \ddots & \ddots & \vdots & \vdots \\ \vdots & \ddots & \ddots & 0 & 0 \\ 0 & \cdots & 0 & \mu \beta A_p^{\mathrm{T}} A_p & 0 \\ -A_2 & \cdots & -A_{p-1} & -A_p & \frac{1}{\beta} I_m \end{pmatrix}. \qquad (13.3.5b)$$

证明 根据 w^{k+1} 在(13.3.2)中的生成方式和 由(13.3.4)定义的 $\tilde{w}^k$. 利用增广 Lagrange 函数的表达式(13.0.4), 方法(13.3.2)中的 x_1^{k+1} 由

$$x_1^{k+1} \in \operatorname{argmin}\left\{\theta_1(x_1) - x_1^{\mathrm{T}} A_1^{\mathrm{T}} \lambda^k + \frac{\beta}{2}\left\|A_1 x_1 + \sum_{j=2}^{p} A_j x_j^k - b\right\|^2 \middle| x_1 \in \mathcal{X}_1\right\}$$

$$\text{(13.3.6)}$$

给出. 根据定理 1.1, x_1-子问题的最优性条件是

$$x_1^{k+1} \in \mathcal{X}_1, \ \theta_1(x_1) - \theta_1(x_1^{k+1}) + (x_1 - x_1^{k+1})^{\mathrm{T}}\Big\{ -A_1^{\mathrm{T}} \lambda^k$$
$$+ \beta A_1^{\mathrm{T}}\left[A_1 x_1^{k+1} + \sum_{j=2}^{p} A_j x_j^k - b\right]\Big\} \geqslant 0, \ \forall x_1 \in \mathcal{X}_1.$$

利用 $\tilde{x}_1^k = x_1^{k+1}$, $\tilde{\lambda}^k = \lambda^{k+\frac{1}{2}} = \lambda^k - \beta\left(A_1 x_1^{k+1} + \sum_{i=2}^{p} A_i x_i^k - b\right)$, 上面的不等式就可以写成

$$\tilde{x}_1^k \in \mathcal{X}_1, \ \theta_1(x_1) - \theta_1(\tilde{x}_1^k) + (x_1 - \tilde{x}_1^k)^{\mathrm{T}}\left\{\underline{-A_1^{\mathrm{T}} \tilde{\lambda}^k}\right\} \geqslant 0, \quad \forall x_1 \in \mathcal{X}_1. \quad \text{(13.3.7)}$$

对 $i = 2, \cdots, p$, 应用定理 1.1, 利用 $\tilde{x}_i^k = x_i^{k+1}$, $\tilde{\lambda}^k = \lambda^{k+\frac{1}{2}}$, x_i-子问题的最优性条件可以写成 $\tilde{x}_i^k \in \mathcal{X}_i$,

$$\theta_i(x_i) - \theta_i(\tilde{x}_i^k) + (x_i - \tilde{x}_i^k)^{\mathrm{T}}\left(\underline{-A_i^{\mathrm{T}} \tilde{\lambda}^k} + \mu\beta A_i^{\mathrm{T}} A_i(\tilde{x}_i^k - x_i^k)\right) \geqslant 0, \ \forall x_i \in \mathcal{X}_i.$$

$$\text{(13.3.8)}$$

因为 $\tilde{\lambda}^k = \lambda^{k+\frac{1}{2}}$, 我们有

$$\tilde{\lambda}^k = \lambda^k - \beta\left(A_1 \tilde{x}_1^k + \sum_{j=2}^{p} A_j x_j^k - b\right)$$

和

$$\left(\sum_{i=1}^{p} A_i \tilde{x}_i^k - b\right) - \sum_{j=2}^{p} A_j(\tilde{x}_j^k - x_j^k) + \frac{1}{\beta}(\tilde{\lambda}^k - \lambda^k) = 0.$$

上式可以写成

$$\tilde{\lambda}^k \in \Re^m, \ (\lambda - \tilde{\lambda}^k)^{\mathrm{T}}\left\{\left(\underline{\sum_{i=1}^{p} A_i \tilde{x}_i^k - b}\right)\right.$$

$$-\sum_{j=2}^{p} A_j(\tilde{x}_j^k - x_j^k) + \frac{1}{\beta}(\tilde{\lambda}^k - \lambda^k)\Bigg\} \geqslant 0, \ \ \forall \lambda \in \Re^m.$$

$$(13.3.9)$$

将(13.3.7), (13.3.8)和(13.3.9)放在一起, 利用变分不等式(13.0.3)中的记号, 注意到加下划线的部分是 $F(\tilde{w}^k)$. $\qquad\qquad\qquad\qquad\qquad\qquad\qquad\qquad\qquad$ □

在 $\mu > p - 1$ 的假设下, 上面引理中的预测矩阵 Q 是本质上正定的. 这符合(13.0.5)的预测形式, 只是矩阵 Q 并不对称.

引理 13.5 对给定的 v^k, 设 w^{k+1} 是由(13.3.2)生成并且 $\tilde{w}^k$ 由(13.3.4)所定义. 那么, 我们有

$$v^{k+1} = v^k - M(v^k - \tilde{v}^k).$$

$$(13.3.10a)$$

其中

$$M = \begin{pmatrix} I_{n_2} & 0 & \cdots & 0 & 0 \\ 0 & \ddots & \ddots & \vdots & \vdots \\ \vdots & \ddots & \ddots & 0 & 0 \\ 0 & \cdots & 0 & I_{n_p} & 0 \\ -\beta A_2 & \cdots & -\beta A_{p-1} & -\beta A_p & I_m \end{pmatrix}.$$

$$(13.3.10b)$$

证明 利用(13.3.2)中 w^{k+1} 的生成方式和(13.3.4)中 $\tilde{w}^k$ 的定义就能直接得到. $\qquad\qquad\qquad\qquad\qquad\qquad\qquad\qquad\qquad\qquad\qquad\qquad\qquad$ □

对于预测矩阵 Q 和校正矩阵 M 都确定的方法, 剩下的任务就是用(13.0.7)来验证收敛性条件. 我们记

$$D_0 = \text{diag}(A_2^{\mathrm{T}} A_2, A_3^{\mathrm{T}} A_3, \cdots, A_p^{\mathrm{T}} A_p)$$

和

$$\mathcal{A} = (A_2, A_3, \cdots, A_p).$$

那么, 预测(13.3.5b)中的矩阵 Q 和校正(13.3.10b)中的矩阵 M 可以分别写成

$$Q = \begin{pmatrix} \mu\beta D_0 & 0 \\ -\mathcal{A} & \frac{1}{\beta} I_m \end{pmatrix}$$

和

$$M = \begin{pmatrix} I_n & 0 \\ -\beta\mathcal{A} & I_m \end{pmatrix}$$

这样紧凑的形式.

定理 13.2 求解变分不等式(13.0.3), 当 $\mu > p-1$ 时, 方法(13.3.2)是收敛的.

证明 我们已经把方法(13.3.2)分拆成由(13.3.5)预测, 然后采用(13.3.10)校正的方法. 对矩阵

$$
H = \begin{pmatrix} \mu\beta D_0 & 0 \\ 0 & \dfrac{1}{\beta}I_m \end{pmatrix},
$$

我们有

$$
HM = \begin{pmatrix} \mu\beta D_0 & 0 \\ 0 & \dfrac{1}{\beta}I_m \end{pmatrix} \begin{pmatrix} I_n & 0 \\ -\beta\mathcal{A} & I_m \end{pmatrix} = \begin{pmatrix} \mu\beta D_0 & 0 \\ -\mathcal{A} & \dfrac{1}{\beta}I_m \end{pmatrix} = Q.
$$

此外, 由于

$$
Q^{\mathrm{T}}M = \begin{pmatrix} \mu\beta D_0 & -\mathcal{A}^{\mathrm{T}} \\ 0 & \dfrac{1}{\beta}I_m \end{pmatrix} \begin{pmatrix} I_n & 0 \\ -\beta\mathcal{A} & I_m \end{pmatrix} = \begin{pmatrix} \mu\beta D_0 + \beta\mathcal{A}^{\mathrm{T}}\mathcal{A} & -\mathcal{A}^{\mathrm{T}} \\ -\mathcal{A} & \dfrac{1}{\beta}I_m \end{pmatrix}.
$$

因此,

$$
G = Q^{\mathrm{T}} + Q - M^{\mathrm{T}}HM \ = \ Q^{\mathrm{T}} + Q - Q^{\mathrm{T}}M
$$

$$
= \begin{pmatrix} 2\mu\beta D_0 & -\mathcal{A}^{\mathrm{T}} \\ -\mathcal{A} & \dfrac{2}{\beta}I_m \end{pmatrix} - \begin{pmatrix} \mu\beta D_0 + \beta\mathcal{A}^{\mathrm{T}}\mathcal{A} & -\mathcal{A}^{\mathrm{T}} \\ -\mathcal{A} & \dfrac{1}{\beta}I_m \end{pmatrix}
$$

$$
= \begin{pmatrix} \mu\beta D_0 - \beta\mathcal{A}^{\mathrm{T}}\mathcal{A} & 0 \\ 0 & \dfrac{1}{\beta}I_m \end{pmatrix} := \begin{pmatrix} G_0 & 0 \\ 0 & \dfrac{1}{\beta}I_m \end{pmatrix}.
$$

由于

$$
G \succ 0 \quad \Longleftrightarrow \quad G_0 = \mu\beta D_0 - \beta\mathcal{A}^{\mathrm{T}}\mathcal{A} \succ 0
$$

因此, 我们只需要验证矩阵 G_0 的正定性. 因为

$$
D_0 = \mathrm{diag}(A_2^{\mathrm{T}}A_2, A_3^{\mathrm{T}}A_3, \cdots, A_p^{\mathrm{T}}A_p)
$$

和
$$\mathcal{A} = (A_2, A_3, \cdots, A_p),$$

通过简单计算得到

$$G_0 = \mu\beta D_0 - \beta\mathcal{A}^{\mathrm{T}}\mathcal{A}$$

$$= \beta \begin{pmatrix} (\mu-1)A_2^{\mathrm{T}}A_2 & -A_2^{\mathrm{T}}A_3 & \cdots & -A_2^{\mathrm{T}}A_p \\ -A_3^{\mathrm{T}}A_2 & (\mu-1)A_3^{\mathrm{T}}A_3 & \ddots & \vdots \\ \vdots & \ddots & \ddots & -A_{p-1}^{\mathrm{T}}A_p \\ -A_p^{\mathrm{T}}A_2 & \cdots & -A_p^{\mathrm{T}}A_{p-1} & (\mu-1)A_p^{\mathrm{T}}A_p \end{pmatrix}$$

$$= \beta \begin{pmatrix} A_2^{\mathrm{T}} & & & \\ & A_3^{\mathrm{T}} & & \\ & & \ddots & \\ & & & A_p^{\mathrm{T}} \end{pmatrix} G_0(\mu) \begin{pmatrix} A_2 & & & \\ & A_3 & & \\ & & \ddots & \\ & & & A_p \end{pmatrix},$$

其中 $G_0(\mu)$ 是 $(p-1) \times (p-1)$ 的分块矩阵

$$G_0(\mu) = \mu \begin{pmatrix} I & & & \\ & \ddots & & \\ & & \ddots & \\ & & & I \end{pmatrix} - \begin{pmatrix} I & I & \cdots & I \\ I & I & \cdots & I \\ \vdots & \vdots & & \vdots \\ I & I & \cdots & I \end{pmatrix}$$

显然, 当且仅当 $\mu > p - 1$ 时矩阵 $G_0(\mu)$ 正定. 这就证明了当 $\mu > p - 1$ 时, 矩阵 H 和 G 满足收敛性条件 (5.1.3), 方法(13.3.2)是收敛的.　　　　□

　　事实上, 利用第 12 章 12.4~12.5 节同样的方法, 可以证明当 $\mu > \dfrac{3}{4}(p-1)$ 时, 方法(13.3.2)同样是保收敛的.

13.4 利用统一框架设计的 PPA 算法

这一节将第 11 章 11.6 节的方法推广到 p 块可分离问题的求解上. 对变分不等式(13.0.3), 我们直接设计预测矩阵对称正定的预测公式

$$\tilde{w}^k \in \Omega, \quad \theta(x) - \theta(\tilde{x}^k) + (w - \tilde{w}^k)^{\mathrm{T}} F(\tilde{w}^k) \geqslant (v - \tilde{v}^k)^{\mathrm{T}} H(v^k - \tilde{v}^k), \quad \forall w \in \Omega,$$

(13.4.1a)

其中

$$H = \begin{pmatrix} \beta A_2^{\mathrm{T}} A_2 + \delta I_{n_2} & 0 & \cdots & 0 & -A_2^{\mathrm{T}} \\ 0 & \beta A_3^{\mathrm{T}} A_3 + \delta I_{n_3} & \ddots & \vdots & -A_3^{\mathrm{T}} \\ \vdots & \ddots & \ddots & 0 & \vdots \\ 0 & \cdots & 0 & \beta A_p^{\mathrm{T}} A_p + \delta I_{n_p} & -A_p^{\mathrm{T}} \\ -A_2 & -A_3 & \cdots & -A_p & \dfrac{p-1}{\beta} I_m \end{pmatrix},$$

(13.4.1b)

其中 $\beta > 0$ 和 $\delta > 0$ 都是任意给定的大于零的常数. 由于

$$H = \sum_{i=2}^{p} H_i, \qquad H_i = \begin{pmatrix} 0 & & & 0 \\ & \beta A_i^{\mathrm{T}} A_i + \delta I_{n_i} & \cdots & -A_i^{\mathrm{T}} \\ & \vdots & \ddots & \vdots \\ 0 & -A_i & \cdots & \dfrac{1}{\beta} I_m \end{pmatrix}$$

对任意的 $v = (x_2, \cdots, x_p, \lambda) \neq 0$, 有

$$v^{\mathrm{T}} H v = \sum_{i=2}^{p} \left(\left\| \sqrt{\beta} A_i x_i - \frac{1}{\sqrt{\beta}} \lambda \right\|^2 + \delta \|x_i\|^2 \right) > 0.$$

然后用平凡松弛的校正 (5.1.2) 得到新的迭代点 v^{k+1}. 根据统一框架, 算法就是收敛的. 因此, 问题归结为如何实现满足(13.4.1)的预测. 用变分不等式(13.0.3)中

$F(w)$ 的表达式, 把(13.4.1)的具体形式写出来就是 $\tilde{w}^k = (\tilde{x}_1^k, \cdots, \tilde{x}_p^k, \tilde{\lambda}^k) \in \Omega$, 使得

$$
\left\{
\begin{array}{l}
\theta_1(x_1) - \theta_1(\tilde{x}_1^k) + (x_1 - \tilde{x}_1^k)^{\mathrm{T}}\{\underset{\sim\sim}{-A_1^{\mathrm{T}}\tilde{\lambda}^k}\} \geqslant 0, \quad \forall\, x_1 \in \mathcal{X}_1, \qquad (13.4.2\mathrm{a}) \\[2mm]
\left\{
\begin{array}{l}
\theta_2(x_2) - \theta_2(\tilde{x}_2^k) + (x_2 - \tilde{x}_2^k)^{\mathrm{T}}\{\underset{\sim\sim}{-A_2^{\mathrm{T}}\tilde{\lambda}^k} + \beta A_2^{\mathrm{T}}A_2(\tilde{x}_2^k - x_2^k) \\[1mm]
\qquad\qquad +\delta(\tilde{x}_2^k - x_2^k) - A_2^{\mathrm{T}}(\tilde{\lambda}^k - \lambda^k)\} \geqslant 0, \ \ \forall\, x_2 \in \mathcal{X}_2, \\[2mm]
\qquad\qquad\qquad\qquad\qquad \vdots \\[2mm]
\theta_p(x_p) - \theta_p(\tilde{x}_p^k) + (x_p - \tilde{x}_p^k)^{\mathrm{T}}\{\underset{\sim\sim}{-A_p^{\mathrm{T}}\tilde{\lambda}^k} + \beta A_p^{\mathrm{T}}A_p(\tilde{x}_p^k - x_p^k) \\[1mm]
\qquad\qquad +\delta(\tilde{x}_p^k - x_p^k) - A_p^{\mathrm{T}}(\tilde{\lambda}^k - \lambda^k)\} \geqslant 0, \ \ \forall\, x_p \in \mathcal{X}_p, \\
\end{array}
\right. \qquad (13.4.2\mathrm{b}) \\[4mm]
\left(\underset{i=1}{\overset{p}{\sum}} A_i\tilde{x}_i^k - b\right) - \underset{j=2}{\overset{p}{\sum}} A_j(\tilde{x}_j^k - x_j^k) + \dfrac{p-1}{\beta}(\tilde{\lambda}^k - \lambda^k) = 0. \qquad (13.4.2\mathrm{c})
\end{array}
\right.
$$

上式中, 有波纹线的凑在一起, 就是(13.4.1)中的 $F(\tilde{w}^k)$. 把(13.4.2)的具体形式写出来就是 $\tilde{w}^k = (\tilde{x}_1^k, \cdots, \tilde{x}_p^k, \tilde{\lambda}^k) \in \Omega$, 使得

$$
\left\{
\begin{array}{l}
\theta_1(x_1) - \theta_1(\tilde{x}_1^k) + (x_1 - \tilde{x}_1^k)^{\mathrm{T}}\{-A_1^{\mathrm{T}}\tilde{\lambda}^k\} \geqslant 0, \quad \forall\, x_1 \in \mathcal{X}_1, \qquad (13.4.3\mathrm{a}) \\[2mm]
\left\{
\begin{array}{l}
\theta_2(x_2) - \theta_2(\tilde{x}_2^k) + (x_2 - \tilde{x}_2^k)^{\mathrm{T}}\{-A_2^{\mathrm{T}}(2\tilde{\lambda}^k - \lambda^k) \\[1mm]
\qquad +\beta A_2^{\mathrm{T}}A_2(\tilde{x}_2^k - x_2^k) + \delta(\tilde{x}_2^k - x_2^k)\} \geqslant 0, \ \ \forall\, x_2 \in \mathcal{X}_2, \\[2mm]
\qquad\qquad\qquad\qquad\qquad \vdots \\[2mm]
\theta_p(x_p) - \theta_p(\tilde{x}_p^k) + (x_p - \tilde{x}_p^k)^{\mathrm{T}}\{-A_p^{\mathrm{T}}(2\tilde{\lambda}^k - \lambda^k) \\[1mm]
\qquad +\beta A_p^{\mathrm{T}}A_p(\tilde{x}_p^k - x_p^k) + \delta(\tilde{x}_p^k - x_p^k)\} \geqslant 0, \ \ \forall\, x_p \in \mathcal{X}_p, \\
\end{array}
\right. \qquad (13.4.3\mathrm{b}) \\[4mm]
\left(A_1\tilde{x}_1^k + \underset{i=2}{\overset{p}{\sum}} A_i x_i^k - b\right) + \dfrac{p-1}{\beta}(\tilde{\lambda}^k - \lambda^k) = 0. \qquad (13.4.3\mathrm{c})
\end{array}
\right.
$$

所以, 问题归结为如何求得 $\tilde{w}^k$ 满足(13.4.3). 注意到(13.4.3c)中的 $\tilde{\lambda}^k$

$$
\tilde{\lambda}^k = \lambda^k - \frac{1}{p-1}\beta\left(A_1\tilde{x}_1^k + \sum_{i=2}^{p} A_i x_i^k - b\right). \qquad (13.4.4)
$$

要让(13.4.3a)成立, 就要有

$$\tilde{x}_1^k \in \mathcal{X}_1, \quad \theta_1(x_1) - \theta_1(\tilde{x}_1^k) + (x_1 - \tilde{x}_1^k)^{\mathrm{T}}\Bigg\{ - A_1^{\mathrm{T}}\lambda^k$$

$$+ \frac{1}{p-1}\beta A_1^{\mathrm{T}}\left[A_1\tilde{x}_1^k + \sum_{i=2}^{p} A_i x_i^k - b \right] \Bigg\} \geqslant 0, \quad \forall x_1 \in \mathcal{X}_1.$$

根据定理 1.1, 上式是优化问题

$$\tilde{x}_1^k \in \operatorname*{argmin}\left\{ \theta_1(x_1) - x_1^{\mathrm{T}}A_1^{\mathrm{T}}\lambda^k + \frac{1}{2(p-1)}\beta\|A_1 x_1 + \sum_{i=2}^{p} A_i x_i^k - b\|^2 \,\middle|\, x_1 \in \mathcal{X}_1 \right\}$$

(13.4.5)

的最优性条件. 因此, 通过(13.4.5) 得到 $\tilde{x}_1^k$, 并由(13.4.4)定义 $\tilde{\lambda}^k$, (13.4.3a)和 (13.4.3c)都得到了满足. 有了 $\tilde{\lambda}^k$, 要得到满足(13.4.3b)的 $\tilde{x}_i^k$, $i = 2, \cdots, p$, 根据定理 1.1, 只要通过平行求解

$$\tilde{x}_i^k \in \operatorname*{argmin}\left\{ \theta_i(x_i) - x_i^{\mathrm{T}}A_i^{\mathrm{T}}[2\tilde{\lambda}^k - \lambda^k] + \left(\begin{array}{c} \frac{1}{2}\beta\|A_i(x_i - x_i^k)\|^2 \\ + \frac{1}{2}\delta\|x_i - x_i^k\|^2 \end{array} \right) \,\middle|\, x_i \in \mathcal{X}_i \right\}$$

就能得到. 综上所述, 按照 $x_1, \lambda, (x_2, \cdots, x_p)$ 的顺序计算:

$$\begin{cases} \tilde{x}_1^k \in \operatorname*{argmin}\left\{ \theta_1(x_1) - x_1^{\mathrm{T}}A_1^{\mathrm{T}}\lambda^k + \dfrac{1}{2(p-1)}\beta\|A_1 x_1 + \sum\limits_{i=2}^{p} A_i x_i^k - b\|^2 \,|\, x_1 \in \mathcal{X}_1 \right\}, \\[2mm] \tilde{\lambda}^k = \lambda^k - \dfrac{1}{p-1}\beta\left(A_1\tilde{x}_1^k + \sum\limits_{i=2}^{p} A_i x_i^k - b \right), \\[2mm] \tilde{x}_i^k = \operatorname*{arg\,min}\left\{ \theta_i(x_i) - x_i^{\mathrm{T}}A_i^{\mathrm{T}}[2\tilde{\lambda}^k - \lambda^k] + \left(\begin{array}{c} \frac{1}{2}\beta\|A_i(x_i - x_i^k)\|^2 \\ + \frac{1}{2}\delta\|x_i - x_i^k\|^2 \end{array} \right) \,\middle|\, x_i \in \mathcal{X}_i \right\}, \\[2mm] \qquad\qquad i = 2, \cdots, p. \end{cases}$$

就得到满足条件(13.4.1)的预测点 $\tilde{w}^k$. 由于预测中的矩阵对称正定, 新的核心变量的迭代点可以通过平凡的松弛校正

$$v^{k+1} = v^k - \alpha(v^k - \tilde{v}^k), \quad \alpha \in (0, 2)$$

得到. 这里 $v = (x_2, \cdots, x_p, \lambda)$.

第 14 章　平行预测的求解多块问题的方法

这一章还是考虑前一章的多块问题(13.0.1), 它的 Lagrange 函数和增广 Lagrange 函数分别是(13.0.2)和(13.0.4). 我们还是用统一框架中的预测-校正方法去求解, 只是实施预测时对 x_i-子问题都平行处理. 实行这样的平行处理, 核心变量就是 $v = w$, 相应地记

$$\mathcal{A} = (A_1, A_2, \cdots, A_p), \tag{14.0.1}$$

变分不等式形式是 (13.0.3), 即

$$\mathrm{VI}(\Omega, F, \theta) \quad w^* \in \Omega, \quad \theta(x) - \theta(x^*) + (w - w^*)^{\mathrm{T}} F(w^*) \geqslant 0, \quad \forall\, w \in \Omega, \tag{14.0.2a}$$

其中

$$w = \begin{pmatrix} x \\ \lambda \end{pmatrix}, \quad \theta(x) = \sum_{i=1}^{p} \theta_i(x_i), \quad F(w) = \begin{pmatrix} -\mathcal{A}^{\mathrm{T}} \lambda \\ \mathcal{A}x - b \end{pmatrix}. \tag{14.0.2b}$$

求解这些问题, 我们使用第 5 章中统一框架中的预测-校正算法, 方法的第 k 步由预测-校正两部分组成.

预测　从给定的 $w^k = (x_1^k, \cdots, x_p^k, \lambda^k)$ 开始, 得到预测点 $\tilde{w}^k$ 满足

$$\tilde{w}^k \in \Omega, \quad \theta(x) - \theta(\tilde{x}^k) + (w - \tilde{w}^k)^{\mathrm{T}} F(\tilde{w}^k) \geqslant (w - \tilde{w}^k)^{\mathrm{T}} Q(w^k - \tilde{w}^k), \quad \forall\, w \in \Omega \tag{14.0.3}$$

其中 $Q^{\mathrm{T}} + Q$ 是本质上正定的.

校正　新的核心变量 w^{k+1} 由

$$w^{k+1} = w^k - \alpha_k M(w^k - \tilde{w}^k) \tag{14.0.4}$$

给出, 矩阵 M 和步长 α_k 要满足条件(14.0.5).

根据第 5 章中的 (5.1.8), 相应的收敛性条件是: 对(14.0.3)中的矩阵 Q 和(14.0.4)中的矩阵 M, 有正定矩阵 H, 使得

$$HM = Q. \tag{14.0.5a}$$

并且, 校正公式中步长

$$\alpha_k = \gamma \alpha_k^*, \quad \alpha_k^* = \frac{(w^k - \tilde{w}^k)^{\mathrm{T}} Q(w^k - \tilde{w}^k)}{(w^k - \tilde{w}^k)^{\mathrm{T}} M^{\mathrm{T}} Q(w^k - \tilde{w}^k)}, \quad \gamma \in (0, 2). \tag{14.0.5b}$$

根据第 5 章的定理 5.3, 方法产生的迭代序列 $\{\tilde{w}^k\}$, $\{w^k\}$ 满足

$$\|w^{k+1} - w^*\|_H^2 \leqslant \|w^k - w^*\|_H^2 - \frac{\gamma(2-\gamma)}{2} \alpha_k^* \|w^k - \tilde{w}^k\|_{(Q^{\mathrm{T}}+Q)}^2, \quad \forall\, w^* \in \Omega^*.$$

在这一章, 对应于(14.0.1)中的 $\mathcal{A}$, 我们记

$$\mathrm{diag}(\mathcal{A}^{\mathrm{T}}\mathcal{A}) = \mathrm{diag}(A_1^{\mathrm{T}} A_1, A_2^{\mathrm{T}} A_2, \cdots, A_p^{\mathrm{T}} A_p). \tag{14.0.6}$$

必须指出, 只要预测是合格的, 就可以采用固定步长校正或者计算步长的校正. 但是从计算效果来看, 就像文献 [53] 中揭示的那样, 后者的效率往往比前者高得多.

14.1 平行预测不加正则项的方法

这一节的方法发表在文献 [53]. 方法的 k 步迭代从给定的 $w^k = (x_1^k, \cdots, x_p^k, \lambda^k)$ 出发, 先按照下面的方式产生 $w^{k+\frac{1}{2}}$:

$$\begin{cases} \begin{cases} x_1^{k+\frac{1}{2}} \in \arg\min \left\{ \mathcal{L}_\beta^{[p]}(x_1, x_2^k, \cdots, x_p^k, \lambda^k) \,\middle|\, x_1 \in \mathcal{X}_1 \right\}, \\ \quad\vdots \\ x_i^{k+\frac{1}{2}} \in \arg\min \left\{ \mathcal{L}_\beta^{[p]}(x_1^k, \cdots, x_{i-1}^k, x_i, x_{i+1}^k, \cdots, x_p^k, \lambda^k) \,\middle|\, x_i \in \mathcal{X}_i \right\}, \\ \quad\vdots \\ x_p^{k+\frac{1}{2}} \in \arg\min \left\{ \mathcal{L}_\beta^{[p]}(x_1^k, \cdots, x_{p-1}^k, x_p, \lambda^k) \,\middle|\, x_p \in \mathcal{X}_p \right\}, \end{cases} \tag{14.1.1a} \\ \\ \lambda^{k+\frac{1}{2}} = \lambda^k - \beta \left(\sum_{i=1}^p A_i x_i^{k+\frac{1}{2}} - b \right), \tag{14.1.1b} \end{cases}$$

其中 $\mathcal{L}_\beta^{[p]}(x_1, x_2, \cdots, x_p, \lambda)$ 在(13.0.4)已经给出. 然后用

$$w^{k+1} = w^k - \alpha_k(w^k - w^{k+\frac{1}{2}}) \tag{14.1.2}$$

产生 w^{k+1}, 我们把方法(14.1.1)~(14.1.2)称为Jacobian 分裂的增广 Lagrange 乘子法[53]. 在这一章, 我们用第 5 章介绍的统一框架来演绎和解释.

14.1.1　方法转换成统一框架下的模式

我们用(14.1.1a)生成的 $x^{k+\frac{1}{2}}$, 通过

$$
\begin{cases}
\tilde{x}_i^k = x_i^{k+\frac{1}{2}}, \quad i = 1, \cdots, p, & (14.1.3a) \\
\tilde{\lambda}^k = \lambda^k - \beta\left(\sum_{i=1}^p A_i x_i^{k+\frac{1}{2}} - b\right) + 2\beta\left(\sum_{i=1}^p A_i(x_i^{k+\frac{1}{2}} - x_i^k)\right) & (14.1.3b)
\end{cases}
$$

定义预测点 $(\tilde{x}^k, \tilde{\lambda}^k)$. 显然, 这里的 $\tilde{\lambda}^k$ 不同于(14.1.1b)中的 $\lambda^{k+\frac{1}{2}}$.

这样生成预测点的公式可以写成

$$
\begin{cases}
\begin{cases}
\tilde{x}_1^k \in \arg\min\left\{\mathcal{L}_\beta^{[p]}(x_1, x_2^k, \cdots, x_p^k, \lambda^k) \,\middle|\, x_1 \in \mathcal{X}_1\right\}, \\
\quad\vdots \\
\tilde{x}_i^k \in \arg\min\left\{\mathcal{L}_\beta^{[p]}(x_1^k, \cdots, x_{i-1}^k, x_i, x_{i+1}^k, \cdots, x_p^k, \lambda^k) \,\middle|\, x_i \in \mathcal{X}_i\right\}, \quad (14.1.4a) \\
\quad\vdots \\
\tilde{x}_p^k \in \arg\min\left\{\mathcal{L}_\beta^{[p]}(x_1^k, \cdots, x_{p-1}^k, x_p, \lambda^k) \,\middle|\, x_p \in \mathcal{X}_p\right\}, \\
\end{cases} \\
\tilde{\lambda}^k = \lambda^k - \beta\left(\sum_{i=1}^p A_i\tilde{x}_i^k - b\right) + 2\beta\left(\sum_{i=1}^p A_i(\tilde{x}_i^k - x_i^k)\right). \quad (14.1.4b)
\end{cases}
$$

引理 14.1　对变分不等式(14.0.2), 由(14.1.4)产生的预测点 $\tilde{w}^k = (\tilde{x}^k, \tilde{\lambda}^k)$ 满足

$$
\tilde{w}^k \in \Omega, \quad \theta(x) - \theta(\tilde{x}^k) + (w - \tilde{w}^k)^{\mathrm{T}} F(\tilde{w}^k) \geqslant (w - \tilde{w}^k)^{\mathrm{T}} Q(w^k - \tilde{w}^k), \quad \forall\, w \in \Omega,
$$
$$(14.1.5a)$$

其中

$$
Q = \begin{pmatrix} \beta\mathcal{A}^{\mathrm{T}}\mathcal{A} + \beta\mathrm{diag}(\mathcal{A}^{\mathrm{T}}\mathcal{A}) & 0 \\ -2\mathcal{A} & \dfrac{1}{\beta}I_m \end{pmatrix}, \quad (14.1.5b)
$$

矩阵 $\mathcal{A}$ 由(14.0.1)给出.

证明　在预测的 x_i-子问题(14.1.4a)中,

$$
\tilde{x}_i^k \in \arg\min\left\{\mathcal{L}_\beta^{[p]}(x_1^k, \cdots, x_{i-1}^k, x_i, x_{i+1}^k, \cdots, x_p^k, \lambda^k) \,\middle|\, x_i \in \mathcal{X}_i\right\}.
$$

由于改变目标函数的常数项对问题的解不产生影响, 利用 $\mathcal{L}_{\beta}^{[p]}(x_1, x_2, \cdots, x_p, \lambda)$ 的表达式 (见(13.0.4)), 我们有

$$\tilde{x}_i^k \in \arg\min\left\{\theta_i(x_i) - x_i^{\mathrm{T}} A_i^{\mathrm{T}} \lambda^k + \frac{\beta}{2}\|A_i(x_i - x_i^k) + (\mathcal{A}x^k - b)\|^2 \,\middle|\, x_i \in \mathcal{X}_i\right\}.$$
$$(14.1.6)$$

根据定理 1.1, 上述子问题的最优性条件是 $\tilde{x}_i^k \in \mathcal{X}_i$,

$$\theta_i(x_i) - \theta_i(\tilde{x}_i^k) + (x_i - \tilde{x}_i^k)^{\mathrm{T}}\left\{-A_i^{\mathrm{T}}\lambda^k\right.$$
$$\left. + \beta A_i^{\mathrm{T}}\left[A_i(\tilde{x}_i^k - x_i^k) + (\mathcal{A}x^k - b)\right]\right\} \geqslant 0, \quad \forall\, x_i \in \mathcal{X}_i. \quad (14.1.7)$$

根据(14.1.4b), 我们有

$$\tilde{\lambda}^k = \lambda^k - \beta(\mathcal{A}\tilde{x}^k - b) + 2\beta\mathcal{A}(\tilde{x}^k - x^k), \qquad (14.1.8)$$

因此

$$\lambda^k = \tilde{\lambda}^k + \beta(\mathcal{A}\tilde{x}^k - b) - 2\beta\mathcal{A}(\tilde{x}^k - x^k)$$
$$= \tilde{\lambda}^k + \beta(\mathcal{A}x^k - b) - \beta\mathcal{A}(\tilde{x}^k - x^k).$$

将其代入(14.1.7), 我们得到 $\tilde{x}_i^k \in \mathcal{X}_i$,

$$\theta_i(x_i) - \theta_i(\tilde{x}_i^k) + (x_i - \tilde{x}_i^k)^{\mathrm{T}}\left\{-A_i^{\mathrm{T}}\tilde{\lambda}^k + \beta A_i^{\mathrm{T}}\mathcal{A}(\tilde{x}^k - x^k)\right.$$
$$\left. + \beta A_i^{\mathrm{T}}A_i(\tilde{x}_i^k - x_i^k)\right\} \geqslant 0, \,\forall\, x_i \in \mathcal{X}_i. \quad (14.1.9)$$

将不等式(14.1.9)从 $i = 1$ 到 $i = p$ 加起来, 并利用(14.0.1)给出的记号

$$\mathcal{A}^{\mathrm{T}}\mathcal{A} = \begin{pmatrix} A_1^{\mathrm{T}}\mathcal{A} \\ A_2^{\mathrm{T}}\mathcal{A} \\ \vdots \\ A_p^{\mathrm{T}}\mathcal{A} \end{pmatrix} \quad \text{和} \quad \mathrm{diag}(\mathcal{A}^{\mathrm{T}}\mathcal{A}) = \begin{pmatrix} A_1^{\mathrm{T}}A_1 & 0 & \cdots & 0 \\ 0 & A_2^{\mathrm{T}}A_2 & \ddots & \vdots \\ \vdots & \ddots & \ddots & 0 \\ 0 & \cdots & 0 & A_p^{\mathrm{T}}A_p \end{pmatrix},$$

就得到

$$\tilde{x}^k \in \mathcal{X}, \quad \theta(x) - \theta(\tilde{x}^k) + (x - \tilde{x}^k)^{\mathrm{T}}\left\{-\mathcal{A}^{\mathrm{T}}\tilde{\lambda}^k + \beta\mathcal{A}^{\mathrm{T}}\mathcal{A}(\tilde{x}^k - x^k)\right.$$
$$\left. + \beta\mathrm{diag}(\mathcal{A}^{\mathrm{T}}\mathcal{A})(\tilde{x}^k - x^k)\right]\right\} \geqslant 0, \quad \forall\, x \in \mathcal{X}.$$
$$(14.1.10)$$

注意到(14.1.8)可以写成

$$(\mathcal{A}\tilde{x}^k - b) - 2\mathcal{A}(\tilde{x}^k - x^k) + \frac{1}{\beta}(\tilde{\lambda}^k - \lambda^k) = 0,$$

因此有 $\tilde{\lambda}^k \in \Re^m$,

$$(\lambda - \tilde{\lambda}^k)^{\mathrm{T}} \left\{ (\mathcal{A}\tilde{x}^k - b) - 2\mathcal{A}(\tilde{x}^k - x^k) + \frac{1}{\beta}(\tilde{\lambda}^k - \lambda^k) \right\} \geqslant 0, \ \ \forall \lambda \in \Re^m. \quad (14.1.11)$$

将(14.1.10)和(14.1.11)放在一起并利用变分不等式(14.0.2)的记号, 就直接得到引理的结论. □

由于

$$Q^{\mathrm{T}} + Q = 2 \begin{pmatrix} \beta\mathcal{A}^{\mathrm{T}}\mathcal{A} + \beta\mathrm{diag}(\mathcal{A}^{\mathrm{T}}\mathcal{A}) & -\mathcal{A}^{\mathrm{T}} \\ -\mathcal{A} & \frac{1}{\beta}I_m \end{pmatrix}$$

$$= 2 \left\{ \begin{pmatrix} \sqrt{\beta}\mathcal{A}^{\mathrm{T}} \\ -\frac{1}{\sqrt{\beta}}I_m \end{pmatrix} \left(\sqrt{\beta}\mathcal{A}, -\frac{1}{\sqrt{\beta}}I_m \right) + \begin{pmatrix} \beta\mathrm{diag}(\mathcal{A}^{\mathrm{T}}\mathcal{A}) & 0 \\ 0 & 0 \end{pmatrix} \right\},$$

我们有

$$\frac{1}{2}w^{\mathrm{T}}(Q^{\mathrm{T}}+Q)w = \beta\left(\left\| \mathcal{A}x - \frac{1}{\beta}\lambda \right\|^2 + \sum_{i=1}^{p} \|A_i x_i\|^2 \right).$$

所以, 矩阵 $Q^{\mathrm{T}} + Q$ 是本质上正定的.

引理 14.2 对给定的 $w^k = (x^k, \lambda^k)$, 由(14.1.1)提供的 $w^{k+\frac{1}{2}} = (x^{k+\frac{1}{2}}, \lambda^{k+\frac{1}{2}})$ 和由(14.1.4)提供的预测 $\tilde{w}^k = (\tilde{x}^k, \tilde{\lambda}^k)$ 之间有关系式

$$\begin{pmatrix} x^k - x^{k+\frac{1}{2}} \\ \lambda^k - \lambda^{k+\frac{1}{2}} \end{pmatrix} = \begin{pmatrix} I_n & 0 \\ -2\beta\mathcal{A} & I_m \end{pmatrix} \begin{pmatrix} x^k - \tilde{x}^k \\ \lambda^k - \tilde{\lambda}^k \end{pmatrix}. \quad (14.1.12)$$

证明 要证明(14.1.12), 相当于证明方程组

$$\begin{cases} x^k - x^{k+\frac{1}{2}} = x^k - \tilde{x}^k, & (14.1.13\mathrm{a}) \\ \lambda^k - \lambda^{k+\frac{1}{2}} = \lambda^k - \tilde{\lambda}^k - 2\beta\mathcal{A}(x^k - \tilde{x}^k) & (14.1.13\mathrm{b}) \end{cases}$$

成立. 由(14.1.3a)得知(14.1.13a)成立. 利用 $x^{k+\frac{1}{2}} = \tilde{x}^k$, 从(14.1.1b)得到(14.1.13b)的左端

$$\lambda^k - \lambda^{k+\frac{1}{2}} = \beta(\mathcal{A}\tilde{x}^k - b). \quad (14.1.14)$$

另一方面, 从(14.1.4b), 我们有

$$\lambda^k - \tilde{\lambda}^k = \beta(\mathcal{A}\tilde{x}^k - b) + 2\beta\mathcal{A}(x^k - \tilde{x}^k).$$

因此, 方程(14.1.13b)的右端

$$(\lambda^k - \tilde{\lambda}^k) - 2\beta\mathcal{A}(x^k - \tilde{x}^k) = \beta(\mathcal{A}\tilde{x}^k - b). \tag{14.1.15}$$

由(14.1.14)和(14.1.15), 方程(14.1.13b)成立. □

上面两个引理告知我们, 由(14.1.1)~(14.1.2)给出的方法, 可以看成以(14.1.4)预测, 再用

$$w^{k+1} = w^k - \alpha_k M(w^k - \tilde{w}^k) \tag{14.1.16a}$$

校正的方法, 其中

$$M = \begin{pmatrix} I_n & 0 \\ -2\beta\mathcal{A} & I_m \end{pmatrix}. \tag{14.1.16b}$$

引理 14.3 对引理14.1中的预测矩阵 Q 和(14.1.16)中的校正矩阵 M, 有正定矩阵

$$H = \begin{pmatrix} \beta(\mathcal{A}^T\mathcal{A} + \mathrm{diag}(\mathcal{A}^T\mathcal{A})) & 0 \\ 0 & \frac{1}{\beta}I_m \end{pmatrix}, \tag{14.1.17}$$

使得

$$HM = Q.$$

证明 对这里定义的矩阵 H 和(14.1.16)中的校正矩阵 M, 我们有

$$HM = \begin{pmatrix} \beta(\mathcal{A}^T\mathcal{A} + \mathrm{diag}(\mathcal{A}^T\mathcal{A})) & 0 \\ 0 & \frac{1}{\beta}I_m \end{pmatrix} \begin{pmatrix} I_n & 0 \\ -2\beta\mathcal{A} & I_m \end{pmatrix}$$

$$= \begin{pmatrix} \beta\mathcal{A}^T\mathcal{A} + \beta\mathrm{diag}(\mathcal{A}^T\mathcal{A}) & 0 \\ -2\mathcal{A} & \frac{1}{\beta}I \end{pmatrix} = Q.$$

引理得证. □

有了上面的引理, 我们就可以按照第 5 章 5.1 节中计算步长的方法进行校正. 引理14.2说明, 方法(14.1.1)~(14.1.2)中的步长 α_k 可以通过(14.0.5b)来计算.

读者或许能从这一节中的

$$Q^{\mathrm{T}} + Q = \begin{pmatrix} 2\beta\mathrm{diag}(\mathcal{A}^{\mathrm{T}}\mathcal{A}) + 2\beta\mathcal{A}^{\mathrm{T}}\mathcal{A} & -2\mathcal{A}^{\mathrm{T}} \\ -2\mathcal{A} & \dfrac{2}{\beta}I_m \end{pmatrix}$$

和

$$M^{\mathrm{T}}HM = Q^{\mathrm{T}}M = \begin{pmatrix} \beta\mathrm{diag}(\mathcal{A}^{\mathrm{T}}\mathcal{A}) + 5\beta\mathcal{A}^{\mathrm{T}}\mathcal{A} & -2\mathcal{A}^{\mathrm{T}} \\ -2\mathcal{A} & \dfrac{1}{\beta}I_m \end{pmatrix}$$

的结构中看出, 如果取固定步长校正, 至少需要 $Q^{\mathrm{T}} + Q - \alpha M^{\mathrm{T}}HM$ 的左上块

$$2\left(\mathrm{diag}(\mathcal{A}^{\mathrm{T}}\mathcal{A}) + \mathcal{A}^{\mathrm{T}}\mathcal{A}\right) - \alpha\left(\mathrm{diag}(\mathcal{A}^{\mathrm{T}}\mathcal{A}) + 5\mathcal{A}^{\mathrm{T}}\mathcal{A}\right) \succeq 0.$$

这可以拿 $p \times p$ 矩阵

$$\begin{pmatrix} 4 & 2 & \cdots & 2 \\ 2 & \ddots & \ddots & \vdots \\ \vdots & \ddots & \ddots & 2 \\ 2 & \cdots & 2 & 4 \end{pmatrix} - \alpha \begin{pmatrix} 6 & 5 & \cdots & 5 \\ 5 & \ddots & \ddots & \vdots \\ \vdots & \ddots & \ddots & 5 \\ 5 & \cdots & 5 & 6 \end{pmatrix} \succ 0$$

做类比. 随着 p 的增大, 这个大于零的 α 会很小.

14.1.2   基于同一预测的其他校正方法

上一节是把方法(14.1.1)~(14.1.2)翻译成预测(14.1.5)和校正(14.1.16), 然后以(14.0.5b)来计算步长. 对于(14.1.4)生成的预测点, 由于它满足(14.1.5), 其中矩阵 $Q^{\mathrm{T}} + Q$ 是本质上正定的. 基于这个预测, 可以选择不同于(14.1.16)的校正. 譬如说, 可以采用 5.5 节建议的

$$Q^{\mathrm{T}}(w^{k+1} - w^k) = D(\tilde{w}^k - w^k)$$

校正求得 w^{k+1}, 其中 D 满足 $0 \prec D \prec Q^{\mathrm{T}} + Q$. 特别地, 可以取

$$D = \alpha(Q^{\mathrm{T}} + Q), \quad \alpha \in (0,1).$$

由于 $M^{\mathrm{T}}HM = D$, 这时 $Q^{\mathrm{T}} + Q$ 和 $M^{\mathrm{T}}HM$ 结构上完全匹配. 对于

$$P = \begin{pmatrix} \sqrt{\beta}A_2 & 0 & \cdots & \cdots & 0 \\ 0 & \sqrt{\beta}A_3 & \ddots & & \vdots \\ \vdots & \ddots & \ddots & \ddots & \vdots \\ \vdots & & \ddots & \sqrt{\beta}A_p & 0 \\ 0 & \cdots & \cdots & 0 & \frac{1}{\sqrt{\beta}}I_m \end{pmatrix},$$

根据(14.1.5b)有

$$Q^{\mathrm{T}} = P^{\mathrm{T}} \begin{pmatrix} 2I_m & I_m & \cdots & I_m & -2I_m \\ I_m & \ddots & \ddots & \vdots & \vdots \\ \vdots & \ddots & \ddots & I_m & \vdots \\ I_m & \cdots & I_m & 2I_m & -2I_m \\ 0 & \cdots & \cdots & 0 & I_m \end{pmatrix} P$$

和

$$D = \alpha(Q^{\mathrm{T}} + Q) = 2\alpha P^{\mathrm{T}} \begin{pmatrix} 2I_m & I_m & \cdots & I_m & -I_m \\ I_m & \ddots & \ddots & \vdots & \vdots \\ \vdots & \ddots & \ddots & I_m & \vdots \\ I_m & \cdots & I_m & 2I_m & -I_m \\ -I_m & \cdots & \cdots & -I_m & I_m \end{pmatrix} P.$$

我们通过

$$\begin{pmatrix} 2I_m & I_m & \cdots & I_m & -2I_m \\ I_m & \ddots & \ddots & \vdots & \vdots \\ \vdots & \ddots & \ddots & I_m & \vdots \\ I_m & \cdots & I_m & 2I_m & -2I_m \\ 0 & \cdots & \cdots & 0 & I_m \end{pmatrix} P(w^{k+1} - w^k)$$

$$= 2\alpha \begin{pmatrix} 2I_m & I_m & \cdots & I_m & -I_m \\ I_m & \ddots & \ddots & \vdots & \vdots \\ \vdots & \ddots & \ddots & I_m & \vdots \\ I_m & \cdots & I_m & 2I_m & -I_m \\ -I_m & \cdots & \cdots & -I_m & I_m \end{pmatrix} P(\tilde{w}^k - w^k) \tag{14.1.18}$$

求得 Pw^{k+1}. 有了 Pw^{k+1} 就有了 $(A_1 x_1^{k+1}, \cdots, A_p x_p^{k+1}, \lambda^{k+1})$, 可以开展下一步新的迭代. 方程(14.1.18)左端的矩阵求逆是容易的, 这里不做详述.

14.2　平行预测加正则项的方法

在上一节方法的基础上, 这一节的方法在 x-子问题的目标函数加一个正则项. 具体说来, k 步迭代从给定的 $w^k = (x_1^k, \cdots, x_p^k, \lambda^k)$ 出发, 按照下面的方式产生 $w^{k+\frac{1}{2}}$:

$$\begin{cases} \begin{cases} x_1^{k+\frac{1}{2}} \in \arg\min \left\{ \begin{array}{l} \mathcal{L}_\beta^{[p]}(x_1, x_2^k, \cdots, x_p^k, \lambda^k) \\ + \dfrac{\tau\beta}{2} \|A_1(x_1 - x_1^k)\|^2 \end{array} \middle| \ x_1 \in \mathcal{X}_1 \right\}, \\ \qquad\vdots \\ x_i^{k+\frac{1}{2}} \in \arg\min \left\{ \begin{array}{l} \mathcal{L}_\beta^{[p]}(x_1^k, \cdots, x_{i-1}^k, x_i, x_{i+1}^k, \cdots, x_p^k, \lambda^k) \\ + \dfrac{\tau\beta}{2} \|A_i(x_i - x_i^k)\|^2 \end{array} \middle| \ x_i \in \mathcal{X}_i \right\}, \\ \qquad\vdots \\ x_p^{k+\frac{1}{2}} \in \arg\min \left\{ \begin{array}{l} \mathcal{L}_\beta^{[p]}(x_1^k, \cdots, x_{p-1}^k, x_p, \lambda^k) \\ + \dfrac{\tau\beta}{2} \|A_p(x_p - x_p^k)\|^2 \end{array} \middle| \ x_p \in \mathcal{X}_p \right\}, \end{cases} \\ \lambda^{k+\frac{1}{2}} = \lambda^k - \beta \left(\sum_{i=1}^p A_i x_i^{k+\frac{1}{2}} - b \right), \end{cases}$$

$$\text{(14.2.1a)}$$
$$\text{(14.2.1b)}$$

其中 $\mathcal{L}_\beta^{[p]}(x_1, x_2, \cdots, x_p, \lambda)$ 在(13.0.4)已经给出. 然后用

$$w^{k+1} = w^k - \alpha_k(w^k - w^{k+\frac{1}{2}}) \tag{14.2.2}$$

产生 w^{k+1}, 我们把方法(14.2.1)~(14.2.2)称为加正则项的 Jacobian 分裂增广 Lagrange 乘子法. 这一节要回答下面的问题:

(1) 对(14.2.1)中给定的 $\tau > 0$, 怎样在(14.2.2)中选取 α_k?

(2) 如果在(14.2.2)中选取固定的 $\alpha_k \equiv 1$, (14.2.1)中的 $\tau > 0$ 要怎样选?
后面, 我们用第 5 章介绍的统一框架分别回答这两个问题.

14.2.1 采用统一框架中计算步长的校正方法

我们用(14.2.1a)生成的 $x^{k+\frac{1}{2}}$, 通过

$$
\begin{cases}
\tilde{x}_i^k = x_i^{k+\frac{1}{2}}, \quad i = 1, \cdots, p,, & (14.2.3a) \\
\tilde{\lambda}^k = \lambda^k - \beta \left(\sum_{i=1}^{p} A_i x_i^{k+\frac{1}{2}} - b \right) + 2\beta \left(\sum_{i=1}^{p} A_i \left(x_i^{k+\frac{1}{2}} - x_i^k \right) \right) & (14.2.3b)
\end{cases}
$$

定义预测点 $(\tilde{x}^k, \tilde{\lambda}^k)$. 显然, 这里的 $\tilde{\lambda}^k$ 不同于(14.2.1b)中的 $\lambda^{k+\frac{1}{2}}$.

这样定义的预测公式可以写成:

$$
\begin{cases}
\begin{cases}
\tilde{x}_1^k \in \arg\min \left\{ \begin{array}{l} \mathcal{L}_\beta^{[p]}(x_1, x_2^k, \cdots, x_p^k, \lambda^k) \\ + \dfrac{\tau\beta}{2} \|A_1(x_1 - x_1^k)\|^2 \end{array} \middle| \, x_1 \in \mathcal{X}_1 \right\}, \\
\qquad\qquad\qquad\qquad \vdots \\
\tilde{x}_i^k \in \arg\min \left\{ \begin{array}{l} \mathcal{L}_\beta^{[p]}(x_1^k, \cdots, x_{i-1}^k, x_i, x_{i+1}^k, \cdots, x_p^k, \lambda^k) \\ + \dfrac{\tau\beta}{2} \|A_i(x_i - x_i^k)\|^2 \end{array} \middle| \, x_i \in \mathcal{X}_i \right\}, \\
\qquad\qquad\qquad\qquad \vdots \\
\tilde{x}_p^k \in \arg\min \left\{ \begin{array}{l} \mathcal{L}_\beta^{[p]}(x_1^k, \cdots, x_{p-1}^k, x_p, \lambda^k) \\ + \dfrac{\tau\beta}{2} \|A_p(x_p - x_p^k)\|^2 \end{array} \middle| \, x_p \in \mathcal{X}_p \right\}, \\
\end{cases} \quad (14.2.4a) \\
\tilde{\lambda}^k = \lambda^k - \beta \left(\sum_{i=1}^{p} A_i \tilde{x}_i^k - b \right) + 2\beta \left(\sum_{i=1}^{p} A_i (\tilde{x}_i^k - x_i^k) \right). \quad (14.2.4b)
\end{cases}
$$

类似于引理 14.1, 我们有如下的引理.

引理 14.4 求解变分不等式(14.0.2)由(14.2.4)产生的预测点 $\tilde{w}^k = (\tilde{x}^k, \tilde{\lambda}^k)$
满足

$$
\tilde{w}^k \in \Omega, \ \theta(x) - \theta(\tilde{x}^k) + (w - \tilde{w}^k)^{\mathrm{T}} F(\tilde{w}^k) \geqslant (w - \tilde{w}^k)^{\mathrm{T}} Q(w^k - \tilde{w}^k), \ \forall w \in \Omega,
\tag{14.2.5}
$$

其中

$$
Q = \begin{pmatrix} \beta \mathcal{A}^{\mathrm{T}} \mathcal{A} + (\tau+1)\beta \operatorname{diag}(\mathcal{A}^{\mathrm{T}} \mathcal{A}) & 0 \\ -2\mathcal{A} & \dfrac{1}{\beta} I_m \end{pmatrix},
\tag{14.2.6}
$$

矩阵 $\mathcal{A}$ 由(14.0.1)给出.

证明　跟(14.1.4a)比, 预测(14.2.4a)的目标函数中增加了 $\dfrac{\tau\beta}{2}\|A_i(x_i - x_i^k)\|^2$.
由于(14.2.4b)中定义的 $\tilde{\lambda}^k$ 和(14.1.4b)中相同, 对应于(14.1.9), 我们有

$$\tilde{x}_i^k \in \mathcal{X}_i, \quad \theta_i(x_i) - \theta_i(\tilde{x}_i^k) + (x_i - \tilde{x}_i^k)^{\mathrm{T}}\big\{-A_i^{\mathrm{T}}\tilde{\lambda}^k + \beta A_i^{\mathrm{T}}\mathcal{A}(\tilde{x}^k - x^k)$$
$$+ (\tau + 1)\beta A_i^{\mathrm{T}}A_i(\tilde{x}_i^k - x_i^k)\big\} \geqslant 0, \quad \forall x_i \in \mathcal{X}_i. \quad (14.2.7)$$

将不等式(14.2.7)从 $i = 1$ 到 $i = p$ 加起来, 并利用记号

$$\mathcal{A}^{\mathrm{T}}\mathcal{A} = \begin{pmatrix} A_1^{\mathrm{T}}\mathcal{A} \\ A_2^{\mathrm{T}}\mathcal{A} \\ \vdots \\ A_p^{\mathrm{T}}\mathcal{A} \end{pmatrix} \quad \text{和} \quad \mathrm{diag}(\mathcal{A}^{\mathrm{T}}\mathcal{A}) = \begin{pmatrix} A_1^{\mathrm{T}}A_1 & 0 & \cdots & 0 \\ 0 & A_2^{\mathrm{T}}A_2 & \ddots & \vdots \\ \vdots & \ddots & \ddots & 0 \\ 0 & \cdots & 0 & A_p^{\mathrm{T}}A_p \end{pmatrix},$$

就得到

$$\tilde{x}^k \in \mathcal{X}, \quad \theta(x) - \theta(\tilde{x}^k) + (x - \tilde{x}^k)^{\mathrm{T}}\big\{-\mathcal{A}^{\mathrm{T}}\tilde{\lambda}^k + \beta\mathcal{A}^{\mathrm{T}}\mathcal{A}(\tilde{x}^k - x^k)$$
$$+ (\tau + 1)\beta\mathrm{diag}(\mathcal{A}^{\mathrm{T}}\mathcal{A})(\tilde{x}^k - x^k)]\big\} \geqslant 0, \quad \forall x \in \mathcal{X}.$$
$$(14.2.8)$$

跟引理14.1证明中的(14.1.11)一样, 我们有 $\tilde{\lambda}^k \in \Re^m$,

$$(\lambda - \tilde{\lambda}^k)^{\mathrm{T}}\left\{(\mathcal{A}\tilde{x}^k - b) - 2\mathcal{A}(\tilde{x}^k - x^k) + \frac{1}{\beta}(\tilde{\lambda}^k - \lambda^k)\right\} \geqslant 0, \quad \forall \lambda \in \Re^m. \quad (14.2.9)$$

将(14.2.8)和(14.2.9)放在一起并利用变分不等式(14.0.2)的记号, 就直接得到引理
的结论.　□
　　由于

$$Q^{\mathrm{T}} + Q = 2\begin{pmatrix} \beta\mathcal{A}^{\mathrm{T}}\mathcal{A} + (\tau + 1)\beta\mathrm{diag}(\mathcal{A}^{\mathrm{T}}\mathcal{A}) & -\mathcal{A}^{\mathrm{T}} \\ -\mathcal{A} & \frac{1}{\beta}I_m \end{pmatrix},$$

矩阵 $Q^{\mathrm{T}} + Q$ 是本质上正定的.
　　跟引理14.2一样, 我们也有下面的结论, 可以帮助(14.2.2)确定步长.

引理 14.5 对给定的 $w^k = (x^k, \lambda^k)$, 由(14.2.1)提供的 $w^{k+\frac{1}{2}} = (x^{k+\frac{1}{2}}, \lambda^{k+\frac{1}{2}})$ 和由(14.2.4)提供的预测 $\tilde{w}^k = (\tilde{x}^k, \tilde{\lambda}^k)$ 之间有关系式

$$
\begin{pmatrix} x^k - x^{k+\frac{1}{2}} \\ \lambda^k - \lambda^{k+\frac{1}{2}} \end{pmatrix} = \begin{pmatrix} I_n & 0 \\ -2\beta\mathcal{A} & I_m \end{pmatrix} \begin{pmatrix} x^k - \tilde{x}^k \\ \lambda^k - \tilde{\lambda}^k \end{pmatrix}. \tag{14.2.10}
$$

引理 14.6 对引理14.4中的预测矩阵 Q, 采用校正矩阵

$$
M = \begin{pmatrix} I_n & 0 \\ -2\beta\mathcal{A} & I_m \end{pmatrix}, \tag{14.2.11}
$$

就有正定矩阵

$$
H = \begin{pmatrix} \beta(\mathcal{A}^{\mathrm{T}}\mathcal{A} + (\tau+1)\mathrm{diag}(\mathcal{A}^{\mathrm{T}}\mathcal{A})) & 0 \\ 0 & \frac{1}{\beta}I_m \end{pmatrix}, \tag{14.2.12}
$$

使得

$$
HM = Q.
$$

证明 引理的结论可以直接由矩阵 H 和 M 相乘得到. $\qquad\square$

有了

$$
Q^{\mathrm{T}} + Q \succ 0, \qquad H \succ 0 \qquad \text{和} \qquad HM = Q,
$$

我们就可以按照第 5 章 5.1 节中计算步长的方法进行校正. 方法(14.2.1)~(14.2.2) 中的步长 α_k 可以通过(14.0.5b)来计算.

14.2.2 采用统一框架中单位步长的校正方法

如果把(14.2.1)生成的 $x^{k+\frac{1}{2}}$ 直接定义成 x^{k+1}, 再由

$$
\lambda^{k+1} = \lambda^k - \beta\left(\sum_{i=1}^{p} A_i x_i^{k+1} - b\right) \tag{14.2.13}
$$

更新 λ^{k+1}, 在什么样的条件下方法才能收敛? 这样定义的方法可以写成:

$$
\begin{cases}
\begin{cases}
x_1^{k+1} \in \arg\min \left\{ \begin{array}{c} \mathcal{L}_\beta^{[p]}(x_1, x_2^k, \cdots, x_p^k, \lambda^k) \\ + \dfrac{\tau\beta}{2}\|A_1(x_1 - x_1^k)\|^2 \end{array} \middle| x_1 \in \mathcal{X}_1 \right\}, \\[4mm]
\quad\vdots \\[2mm]
x_i^{k+1} \in \arg\min \left\{ \begin{array}{c} \mathcal{L}_\beta^{[p]}(x_1^k, \cdots, x_{i-1}^k, x_i, x_{i+1}^k, \cdots, x_p^k, \lambda^k) \\ + \dfrac{\tau\beta}{2}\|A_i(x_i - x_i^k)\|^2 \end{array} \middle| x_i \in \mathcal{X}_i \right\}, \\[4mm]
\quad\vdots \\[2mm]
x_p^{k+1} \in \arg\min \left\{ \begin{array}{c} \mathcal{L}_\beta^{[p]}(x_1^k, \cdots, x_{p-1}^k, x_p, \lambda^k) \\ + \dfrac{\tau\beta}{2}\|A_p(x_p - x_p^k)\|^2 \end{array} \middle| x_p \in \mathcal{X}_p \right\},
\end{cases} \quad (14.2.14\text{a}) \\[6mm]
\lambda^{k+1} = \lambda^k - \beta\left(\sum_{i=1}^p A_i x_i^{k+1} - b \right). \qquad\qquad\qquad (14.2.14\text{b})
\end{cases}
$$

引理 14.7　*如果将*(14.2.14a)*产生的* x_i^{k+1} *记为* $\tilde{x}_i^k$, *并记*

$$
\tilde{\lambda}^k = \lambda^k - \beta(\mathcal{A}x^k - b). \qquad\qquad (14.2.15)
$$

则有

$$
\tilde{w}^k \in \Omega, \quad \theta(x) - \theta(\tilde{x}^k) + (w - \tilde{w}^k)^{\mathrm{T}}F(\tilde{w}^k) \geqslant (w - \tilde{w}^k)^{\mathrm{T}}Q(w^k - \tilde{w}^k), \quad \forall\, w \in \Omega,
$$
$$
\qquad\qquad\qquad\qquad\qquad\qquad\qquad\qquad\qquad\qquad\qquad (14.2.16)
$$

其中

$$
Q = \begin{pmatrix} (\tau+1)\beta\,\mathrm{diag}(\mathcal{A}^{\mathrm{T}}\mathcal{A}) & 0 \\ -\mathcal{A} & \dfrac{1}{\beta}I_m \end{pmatrix}, \qquad (14.2.17)
$$

矩阵 $\mathcal{A}$ *由*(14.0.1)*给出*.

证明　将(14.2.14a)产生的 x_i^{k+1} 记为 $\tilde{x}_i^k$, 就有

$$
\tilde{x}_i^k \in \arg\min \left\{ \mathcal{L}_\beta^{[p]}(x_1^k, \cdots, x_{i-1}^k, x_i, x_{i+1}^k, \cdots, x_p^k, \lambda^k) + \frac{\tau\beta}{2}\|A_i(x_i - x_i^k)\|^2 \middle| x_i \in \mathcal{X}_i \right\}.
$$

由于改变目标函数的常数项对问题的解不产生影响, 由(14.2.14a)得到

$$
\tilde{x}_i^k \in \arg\min \left\{ \theta_i(x_i) - x_i^{\mathrm{T}}A_i^{\mathrm{T}}\lambda^k + \left(\begin{array}{c} \dfrac{\beta}{2}\|A_i(x_i - x_i^k) + (\mathcal{A}x^k - b)\|^2 \\ + \dfrac{\tau\beta}{2}\|A_i(x_i - x_i^k)\|^2 \end{array} \right) \middle| x_i \in \mathcal{X}_i \right\}.
$$

根据定理 1.1, 上述子问题的最优性条件是

$$\tilde{x}_i^k \in \mathcal{X}_i, \quad \theta_i(x_i) - \theta_i(\tilde{x}_i^k) + (x_i - \tilde{x}_i^k)^{\mathrm{T}} \left\{ -A_i^{\mathrm{T}} \lambda^k + \beta A_i^{\mathrm{T}} \left[A_i(\tilde{x}_i^k - x_i^k) + (\mathcal{A}x^k - b) \right] \right.$$
$$\left. + \tau \beta A_i^{\mathrm{T}} A_i(\tilde{x}_i^k - x_i^k) \right\} \geqslant 0, \quad \forall x_i \in \mathcal{X}_i.$$

利用 (14.2.15), 这可以写成 $\tilde{x}_i^k \in \mathcal{X}_i$,

$$\theta_i(x_i) - \theta_i(\tilde{x}_i^k) + (x_i - \tilde{x}_i^k)^{\mathrm{T}} \left\{ -A_i^{\mathrm{T}} \tilde{\lambda}^k + \beta(\tau + 1) A_i^{\mathrm{T}} A_i(\tilde{x}_i^k - x_i^k) \right\} \geqslant 0, \quad \forall x_i \in \mathcal{X}_i.$$

利用记号 $\mathrm{diag}(\mathcal{A}^{\mathrm{T}}\mathcal{A})$, 就是 $\tilde{x}^k \in \mathcal{X}$,

$$\theta(x) - \theta(\tilde{x}^k) + (x - \tilde{x}^k)^{\mathrm{T}} \left\{ \underline{-\mathcal{A}^{\mathrm{T}} \tilde{\lambda}^k} + \beta(\tau + 1) \mathrm{diag}(\mathcal{A}^{\mathrm{T}}\mathcal{A})(\tilde{x}^k - x^k) \right\} \geqslant 0, \quad \forall x \in \mathcal{X}.$$
$$(14.2.18)$$

(14.2.15) 本身

$$(\mathcal{A}\tilde{x}^k - b) - \mathcal{A}(\tilde{x}^k - x^k) + \frac{1}{\beta}(\tilde{\lambda}^k - \lambda^k) = 0.$$

也可以写成

$$\tilde{\lambda}^k \in \Re^m, \quad (\lambda^k - \tilde{\lambda}^k)^{\mathrm{T}} \left\{ \underline{(\mathcal{A}\tilde{x}^k - b)} - \mathcal{A}(\tilde{x}^k - x^k) + \frac{1}{\beta}(\tilde{\lambda}^k - \lambda^k) \right\} \geqslant 0, \quad \forall \lambda \in \Re^m.$$
$$(14.2.19)$$

注意到子变分不等式 (14.2.18) 和 (14.2.19) 中带下波纹线的部分就是 $F(\tilde{w}^k)$, 将其组合在一起, 就得到引理之结论. $\qquad\square$

引理 14.8 对于由引理 14.7 提供的 $\tilde{w}^k = (\tilde{x}^k, \tilde{\lambda}^k)$, 那么由 (14.2.14) 得到的 $w^{k+1} = (x^{k+1}, \lambda^{k+1})$ 可以表示成

$$w^{k+1} = w^k - M(w^k - \tilde{w}^k), \quad (14.2.20)$$

其中

$$M = \begin{pmatrix} I_n & 0 \\ -\beta\mathcal{A} & I_m \end{pmatrix}. \quad (14.2.21)$$

证明 上述校正公式就是

$$\begin{cases} x^{k+1} = x^k - (x^k - \tilde{x}^k), \\ \lambda^{k+1} = \lambda^k - \left(-\beta\mathcal{A}(x^k - \tilde{x}^k) + (\lambda^k - \tilde{\lambda}^k) \right). \end{cases}$$

简化得

$$\begin{cases} x^{k+1} = \tilde{x}^k, \\ \lambda^{k+1} = \tilde{\lambda}^k + \beta\mathcal{A}(x^k - \tilde{x}^k). \end{cases}$$

利用(14.2.15), 就是

$$\begin{cases} x^{k+1} = \tilde{x}^k, \\ \lambda^{k+1} = \lambda^k - \beta(\mathcal{A}\tilde{x}^k - b) \end{cases}$$

这就是由(14.2.14)得到的 $w^{k+1} = (x^{k+1}, \lambda^{k+1})$. □

对(14.2.17)中的 Q 和(14.2.21)中的 M, 令

$$H = \begin{pmatrix} (\tau+1)\beta\mathrm{diag}(\mathcal{A}^{\mathrm{T}}\mathcal{A}) & 0 \\ 0 & \dfrac{1}{\beta}I_m \end{pmatrix},$$

就有 $HM = Q$. 下面我们需要讨论的是(14.2.14)中的 τ 要满足什么条件, 才能使矩阵

$$Q^{\mathrm{T}} + Q - M^{\mathrm{T}}HM = Q^{\mathrm{T}} + Q - Q^{\mathrm{T}}M \succ 0.$$

由于

$$Q^{\mathrm{T}} + Q - Q^{\mathrm{T}}M = \begin{pmatrix} 2(\tau+1)\beta\mathrm{diag}(\mathcal{A}^{\mathrm{T}}\mathcal{A}) & -\mathcal{A}^{\mathrm{T}} \\ -\mathcal{A} & \dfrac{2}{\beta}I_m \end{pmatrix}$$

$$-\begin{pmatrix} (\tau+1)\beta\mathrm{diag}(\mathcal{A}^{\mathrm{T}}\mathcal{A}) & -\mathcal{A}^{\mathrm{T}} \\ 0 & \dfrac{1}{\beta}I_m \end{pmatrix} \begin{pmatrix} I_n & 0 \\ -\beta\mathcal{A} & I_m \end{pmatrix}$$

$$= \begin{pmatrix} \beta[(\tau+1)\mathrm{diag}(\mathcal{A}^{\mathrm{T}}\mathcal{A}) - \mathcal{A}^{\mathrm{T}}\mathcal{A}] & 0 \\ 0 & \dfrac{1}{\beta}I_m \end{pmatrix}.$$

利用 $P = \mathrm{diag}\left(\sqrt{\beta}A_1, \cdots, \sqrt{\beta}A_p, \dfrac{1}{\sqrt{\beta}}I_m\right)$, 对(14.2.6) 我们有

$$Q^{\mathrm{T}} + Q - M^{\mathrm{T}}HM = P^{\mathrm{T}} \begin{pmatrix} \tau I_m & -I_m & \cdots & -I_m & 0 \\ -I_m & \ddots & \ddots & \vdots & \vdots \\ \vdots & \ddots & \ddots & I_m & \vdots \\ -I_m & \cdots & -I_m & \tau I_m & 0 \\ 0 & \cdots & \cdots & 0 & I_m \end{pmatrix} P.$$

注意到

$$
\begin{pmatrix}
\tau I_m & -I_m & \cdots & -I_m & 0 \\
-I_m & \ddots & \ddots & \vdots & \vdots \\
\vdots & \ddots & \ddots & I_m & \vdots \\
-I_m & \cdots & -I_m & \tau I_m & 0 \\
0 & \cdots & \cdots & 0 & I_m
\end{pmatrix}
=
\begin{pmatrix}
\tau & -1 & \cdots & -1 & 0 \\
-1 & \ddots & \ddots & \vdots & \vdots \\
\vdots & \ddots & \ddots & -1 & \vdots \\
-1 & \cdots & -1 & \tau & 0 \\
0 & \cdots & \cdots & 0 & 1
\end{pmatrix}
\otimes I_m.
$$

其中 $\otimes$ 表示 Kronecker 积. 由于 $p \times p$ 矩阵

$$
\begin{pmatrix}
\tau & -1 & \cdots & -1 \\
-1 & \ddots & \ddots & \vdots \\
\vdots & \ddots & \ddots & -1 \\
-1 & \cdots & -1 & \tau
\end{pmatrix}
=
\begin{pmatrix}
\tau+1 & 0 & \cdots & 0 \\
0 & \ddots & \ddots & \vdots \\
\vdots & \ddots & \ddots & 0 \\
0 & \cdots & 0 & \tau+1
\end{pmatrix}
-
\begin{pmatrix}
1 & 1 & \cdots & 1 \\
1 & \ddots & \ddots & \vdots \\
\vdots & \ddots & \ddots & 1 \\
1 & \cdots & 1 & 1
\end{pmatrix}
$$

当且仅当 $\tau + 1 > p$ 正定, 方法(14.2.14)当 $\tau > p - 1$ 时收敛.

14.3 Jacobi 预测的 PPA 算法

Jacobi 预测求解变分不等式(14.0.2)的 PPA 算法, 要求预测满足

$$
\tilde{w}^k \in \Omega, \quad \theta(x) - \theta(\tilde{x}^k) + (w - \tilde{w}^k)^{\mathrm{T}} \{ F(\tilde{w}^k) + H(\tilde{w}^k - w^k) \} \geqslant 0, \quad \forall\, w \in \Omega, \quad (14.3.1a)
$$

其中 H 是本质上正定的矩阵. 新的迭代点 w^{k+1} 由平凡的松弛校正

$$
w^{k+1} = w^k - \alpha(w^k - \tilde{w}^k) \tag{14.3.1b}
$$

给出, 我们只要考虑如何设计(14.3.1a)中的矩阵 H 和如何实现这个预测.

1. Primal-Dual 顺序的 PPA 算法

把(14.3.1a)中的矩阵 H 设计成

$$H = \begin{pmatrix} \beta A_1^{\mathrm{T}} A_1 & 0 & \cdots & 0 & A_1^{\mathrm{T}} \\ 0 & \ddots & \ddots & \vdots & \vdots \\ \vdots & \ddots & \ddots & 0 & \vdots \\ 0 & \cdots & 0 & \beta A_p^{\mathrm{T}} A_p & A_p^{\mathrm{T}} \\ A_1 & \cdots & \cdots & A_p & \left(\dfrac{p}{\beta} + \delta\right) I_m \end{pmatrix}, \tag{14.3.2}$$

矩阵 H 是本质上正定的. 注意到

$$H = \sum_{i=1}^{p} H_i + \begin{pmatrix} 0 & 0 \\ 0 & \delta I_m \end{pmatrix},$$

其中

$$H_i = \begin{pmatrix} \beta A_i^{\mathrm{T}} A_i & & A_i^{\mathrm{T}} \\ & & \\ A_i & & \dfrac{1}{\beta} I_m \end{pmatrix} = \begin{pmatrix} \vdots \\ \sqrt{\beta} A_i \\ \vdots \\ \sqrt{\dfrac{1}{\beta}} I_m \end{pmatrix} \begin{pmatrix} \cdots & \sqrt{\beta} A_i & \cdots & \sqrt{\dfrac{1}{\beta}} I_m \end{pmatrix}.$$

对任意的 $(A_1 x_1, \cdots, A_p x_p, \lambda) \neq 0$, 我们有

$$w^{\mathrm{T}} H w = \sum_{i=1}^{p} \left\| \sqrt{\beta} A_i x_i + \sqrt{\dfrac{1}{\beta}} \lambda \right\|^2 + \delta \|\lambda\|^2 > 0.$$

因此 H 是本质上正定的.

用 (14.0.2) 中 $F(w)$ 的表达式, 把矩阵 H 用由 (14.3.2) 设定的预测 (14.3.1a) 的具体形式写出来就是 $\tilde{w}^k = (\tilde{x}_1^k, \cdots, \tilde{x}_p^k, \tilde{\lambda}^k) \in \Omega$, 使得

$$\begin{cases} \theta_i(x_i) - \theta_i(\tilde{x}_i^k) + (x_i - \tilde{x}_i^k)^{\mathrm{T}} \{ -A_i^{\mathrm{T}} \tilde{\lambda}^k + \beta A_i^{\mathrm{T}} A_i (\tilde{x}_i^k - x_i^k) \\ \qquad\qquad + A_i^{\mathrm{T}} (\tilde{\lambda}^k - \lambda^k) \} \geqslant 0, \forall x_i \in \mathcal{X}_i, i = 1, \cdots, p, \tag{14.3.3a} \\ \left(\sum_{i=1}^{p} A_i \tilde{x}_i^k - b \right) + \sum_{i=1}^{p} A_i (\tilde{x}_i^k - x_i^k) + \left(\dfrac{p}{\beta} + \delta \right) (\tilde{\lambda}^k - \lambda^k) = 0. \tag{14.3.3b} \end{cases}$$

上式中, 有下波纹线的凑在一起, 就是(14.0.2)中的 $F(\tilde{w}^k)$. 把(14.3.3)的具体形式写出来就是

$$
\begin{cases}
\theta_i(x_i) - \theta_i(\tilde{x}_i^k) + (x_i - \tilde{x}_i^k)^{\mathrm{T}}\{-A_i^{\mathrm{T}}\lambda^k + \beta A_i^{\mathrm{T}}A_i(\tilde{x}_i^k - x_i^k)\} \geqslant 0 \\
\qquad\qquad\qquad\qquad \forall\, x_i \in \mathcal{X}_i, i = 1, \cdots, p, \qquad\qquad (14.3.4a) \\
\left(\displaystyle\sum_{i=1}^{p} A_i\tilde{x}_i^k - b\right) + \displaystyle\sum_{i=1}^{p} A_i(\tilde{x}_i^k - x_i^k) + \left(\frac{p}{\beta} + \delta\right)(\tilde{\lambda}^k - \lambda^k) = 0. \quad (14.3.4b)
\end{cases}
$$

根据定理 1.1, 求得符合最优性条件(14.3.4a)的 $\tilde{x}_i^k$, $i = 1, \cdots, p$. 然后就可以通过(14.3.4b)求得 $\tilde{\lambda}^k$. 综上所述, 由

$$
\begin{cases}
\tilde{x}_i^k = \operatorname{argmin}\left\{\theta_i(x_i) - x_i^{\mathrm{T}}A_i^{\mathrm{T}}\lambda^k + \frac{1}{2}\beta\|A_i(x_i - x_i^k)\|^2 \,\Big|\, x_i \in \mathcal{X}_i\right\}, \\
\qquad\qquad\qquad\qquad\qquad\qquad\qquad\qquad i = 1, \cdots, p, \quad (14.3.5a) \\
\tilde{\lambda}^k = \lambda^k - \dfrac{\beta}{p + \delta\beta}\left[\left(\displaystyle\sum_{i=1}^{p} A_i\tilde{x}_i^k - b\right) + \displaystyle\sum_{i=1}^{p} A_i(\tilde{x}_i^k - x_i^k)\right] \qquad (14.3.5b)
\end{cases}
$$

就得到预测变分不等式 (14.3.1a), 其预测矩阵 H 是由(14.3.2)给出的正定矩阵. 新的迭代点可以利用预测点继续进行平凡的松弛校正 (14.3.1b) 得到.

2. Dual-Primal 顺序的 PPA 算法

把(14.3.1a)中的矩阵 H 设计成

$$
H = \begin{pmatrix}
\beta A_1^{\mathrm{T}}A_1 & 0 & \cdots & 0 & -A_1^{\mathrm{T}} \\
0 & \ddots & \ddots & \vdots & \vdots \\
\vdots & \ddots & \ddots & 0 & \vdots \\
0 & \cdots & 0 & \beta A_p^{\mathrm{T}}A_p & -A_p^{\mathrm{T}} \\
-A_1 & \cdots & \cdots & -A_p & \left(\dfrac{p}{\beta} + \delta\right)I_m
\end{pmatrix}, \qquad (14.3.6)
$$

矩阵 H 是本质上正定的.

用(14.0.2)中 $F(w)$ 的表达式, 把矩阵 H 用由(14.3.6)设定的预测(14.3.1a)的具体形式写出来就是 $\tilde{w}^k = (\tilde{x}^k, \tilde{y}^k, \tilde{\lambda}^k) \in \Omega$, 使得

$$
\begin{cases}
\theta_i(x_i) - \theta_i(\tilde{x}_i^k) + (x_i - \tilde{x}_i^k)^{\mathrm{T}} \{ \underset{\sim}{-A_i^{\mathrm{T}} \tilde{\lambda}^k} + \beta A_i^{\mathrm{T}} A_i(\tilde{x}_i^k - x_i^k) \\
\qquad\qquad - A_i^{\mathrm{T}}(\tilde{\lambda}^k - \lambda^k) \} \geqslant 0, \ \forall x_i \in \mathcal{X}_i, i = 1, \cdots, p, & (14.3.7\text{a}) \\
\left(\underset{\sim}{\sum_{i=1}^{p} A_i \tilde{x}_i^k - b} \right) - \sum_{i=1}^{p} A_i(\tilde{x}_i^k - x_i^k) + \left(\dfrac{p}{\beta} + \delta \right) (\tilde{\lambda}^k - \lambda^k) = 0. & (14.3.7\text{b})
\end{cases}
$$

上式中, 有下波纹线的凑在一起, 就是(14.0.2)中的 $F(\tilde{w}^k)$. 把(14.3.7)的具体形式写出来就是 $\tilde{w}^k = (\tilde{x}_1^k, \cdots, \tilde{x}_p^k, \tilde{\lambda}^k) \in \Omega$, 使得

$$
\begin{cases}
\theta_i(x_i) - \theta_i(\tilde{x}_i^k) + (x_i - \tilde{x}_i^k)^{\mathrm{T}} \{ -A_i^{\mathrm{T}}(2\tilde{\lambda}^k - \lambda^k) \\
\qquad\qquad + \beta A_i^{\mathrm{T}} A_i(\tilde{x}_i^k - x_i^k) \} \geqslant 0, \ \forall x_i \in \mathcal{X}_i, i = 1, \cdots, p, & (14.3.8\text{a}) \\
\left(\sum_{i=1}^{p} A_i x_i^k - b \right) + \left(\dfrac{p}{\beta} + \delta \right) (\tilde{\lambda}^k - \lambda^k) = 0. & (14.3.8\text{b})
\end{cases}
$$

我们可以通过(14.3.8b)先得到 $\tilde{\lambda}^k$, 然后根据定理 1.1, 对 $i = 1, \cdots, p$ 求得到满足最优性条件(14.3.8a)的 $\tilde{x}_i^k$. 综上所述, 由

$$
\begin{cases}
\tilde{\lambda}^k = \lambda^k - \dfrac{\beta}{p + \delta\beta} \left(\sum_{i=1}^{p} A_i x_i^k - b \right), & (14.3.9\text{a}) \\
\tilde{x}_i^k = \arg\min \left\{ \theta_i(x_i) - x_i^{\mathrm{T}} A_i^{\mathrm{T}}(2\tilde{\lambda}^k - \lambda^k) \right. \\
\qquad\qquad \left. + \dfrac{1}{2}\beta\|A_i(x_i - x_i^k)\|^2 \,\middle|\, x_i \in \mathcal{X}_i \right\}, i = 1, \cdots, p & (14.3.9\text{b})
\end{cases}
$$

就得到预测变分不等式 (14.3.1a), 其预测矩阵 H 是由(14.3.6)给出的正定矩阵. 新的迭代点可以利用预测点继续进行平凡的松弛校正 (14.3.1b) 得到.

14.4　均困平衡的 PPA 算法

Jacobi 预测求解变分不等式(14.0.2)的均困平衡 PPA 算法, 其预测-校正的格式也是(14.3.1). 只是在设计(14.3.1a)中的矩阵 H 的过程中, 用了均困的策略. 降低了 x-子问题的难度, 对偶变量的预测则需要通过求解一个线性方程组实现.

1. Primal-Dual 顺序的 PPA 算法

把(14.3.1a)中的矩阵 H 设计成

$$
H = \begin{pmatrix}
r_1 I_{n_1} & 0 & \cdots & 0 & A_1^{\mathrm{T}} \\
0 & \ddots & \ddots & \vdots & \vdots \\
\vdots & \ddots & \ddots & 0 & \vdots \\
0 & \cdots & 0 & r_p I_{n_p} & A_p^{\mathrm{T}} \\
A_1 & \cdots & \cdots & A_p & \sum_{i=1}^{p} \frac{1}{r_i} A_i A_i^{\mathrm{T}} + \delta I_m
\end{pmatrix}, \qquad (14.4.1)
$$

矩阵 H 是正定的. 因为

$$
H = \sum_{i=1}^{p} H_i + \begin{pmatrix} 0 & 0 \\ 0 & \delta I_m \end{pmatrix},
$$

其中

$$
H_i = \begin{pmatrix} r_i I_{n_i} & A_i^{\mathrm{T}} \\ & \\ A_i & \frac{1}{r_i} A_i A_i^{\mathrm{T}} \end{pmatrix} = \begin{pmatrix} \vdots \\ \sqrt{r_i} I_{n_i} \\ \vdots \\ \sqrt{\frac{1}{r_i}} A_i \end{pmatrix} \begin{pmatrix} \cdots & \sqrt{r_i} I_{n_i} & \cdots & \sqrt{\frac{1}{r_i}} A_i^{\mathrm{T}} \end{pmatrix}.
$$

对任意的 $w = (x_1, \cdots, x_p, \lambda) \neq 0$, 我们有

$$
w^{\mathrm{T}} H w = \sum_{i=1}^{p} \left\| \sqrt{r_i} x_i + \sqrt{\frac{1}{r_i}} A_i^{\mathrm{T}} \lambda \right\|^2 + \delta \|\lambda\|^2 > 0.
$$

因此 H 是正定的.

用(14.0.2)中 $F(w)$ 的表达式, 把矩阵 H 用由(14.4.1)设定的预测(14.3.1a)的

具体形式写出来就是 $\tilde{w}^k = (\tilde{x}_1^k, \cdots, \tilde{x}_p^k, \tilde{\lambda}^k) \in \Omega$, 使得

$$
\begin{cases}
\theta_i(x_i) - \theta_i(\tilde{x}_i^k) + (x_i - \tilde{x}_i^k)^{\mathrm{T}} \{ \underline{-A_i^{\mathrm{T}} \tilde{\lambda}^k} + r_i(\tilde{x}_i^k - x_i^k) \\
\qquad\qquad + A_i^{\mathrm{T}}(\tilde{\lambda}^k - \lambda^k) \} \geqslant 0, \ \ \forall x_i \in \mathcal{X}_i, i = 1, \cdots, p, & (14.4.2\mathrm{a}) \\
\underline{\left(\sum\limits_{i=1}^{p} A_i \tilde{x}_i^k - b \right)} + \sum\limits_{i=1}^{p} A_i(\tilde{x}_i^k - x_i^k) + H_0(\tilde{\lambda}^k - \lambda^k) = 0, & (14.4.2\mathrm{b})
\end{cases}
$$

其中

$$
H_0 = \sum_{i=1}^{p} \frac{1}{r_i} A_i A_i^{\mathrm{T}} + \delta I_m.
$$

最优性条件(14.4.2)中, 有下波纹线的凑在一起, 就是(14.0.2)中的 $F(\tilde{w}^k)$. 把 (14.4.2)的具体形式写出来就是

$$
\begin{cases}
\theta_i(x_i) - \theta_i(\tilde{x}_i^k) + (x_i - \tilde{x}_i^k)^{\mathrm{T}} \{ -A_i^{\mathrm{T}} \lambda^k + r_i(\tilde{x}_i^k - x_i^k) \} \geqslant 0, \\
\qquad\qquad\qquad\qquad \forall x_i \in \mathcal{X}_i, i = 1, \cdots, p, & (14.4.3\mathrm{a}) \\
\left(\sum\limits_{i=1}^{p} A_i \tilde{x}_i^k - b \right) + \sum\limits_{i=1}^{p} A_i(\tilde{x}_i^k - x_i^k) + H_0(\tilde{\lambda}^k - \lambda^k) = 0. & (14.4.3\mathrm{b})
\end{cases}
$$

根据定理 1.1, 可以根据(14.4.3a)先解出 $\tilde{x}_i^k$, $i = 1, \cdots, p$. 然后 $\tilde{\lambda}^k$ 就可以通过解线性方程组(14.4.3b)得到. 综上所述, 由

$$
\begin{cases}
\tilde{x}_i^k = \operatorname{argmin}\{\theta_i(x_i) - x_i^{\mathrm{T}} A_i^{\mathrm{T}} \lambda^k + \dfrac{1}{2} r_i \| x_i - x_i^k \|^2 \ \Big| \ x_i \in \mathcal{X}_i \}, \\
\qquad\qquad\qquad\qquad i = 1, \cdots, p, & (14.4.4\mathrm{a}) \\
\tilde{\lambda}^k = \lambda^k - H_0^{-1} \left[\left(\sum\limits_{i=1}^{p} A_i \tilde{x}_i^k - b \right) + \sum\limits_{i=1}^{p} A_i(\tilde{x}_i^k - x_i^k) \right] & (14.4.4\mathrm{b})
\end{cases}
$$

就得到预测变分不等式 (4.3.1a), 其预测矩阵 H 是由(14.4.1)给出的正定矩阵. 新的迭代点可以利用预测点继续进行平凡的松弛校正 (14.3.1b) 得到. 这里说的 Primal-Dual 顺序, 是指(14.4.4)中先做原始的 x-子问题, 再做对偶的 λ-子问题.

2. Dual-Primal 顺序的 PPA 算法

把(14.3.1a)中的矩阵 H 设计成

$$H = \begin{pmatrix} r_1 I_{n_1} & 0 & \cdots & 0 & -A_1^{\mathrm{T}} \\ 0 & \ddots & \ddots & \vdots & \vdots \\ \vdots & \ddots & \ddots & 0 & \vdots \\ 0 & \cdots & 0 & r_p I_{n_p} & -A_p^{\mathrm{T}} \\ -A_1 & \cdots & \cdots & -A_p & \sum_{i=1}^{p} \frac{1}{r_i} A_i A_i^{\mathrm{T}} + \delta I_m \end{pmatrix}, \qquad (14.4.5)$$

矩阵 H 是正定的.

用(14.0.2)中 $F(w)$ 的表达式, 把矩阵 H 用由(14.4.5)设定的预测(14.3.1a)的具体形式写出来就是 $\tilde{w}^k = (\tilde{x}_1^k, \cdots, \tilde{x}_p^k, \tilde{\lambda}^k) \in \Omega$, 使得

$$\begin{cases} \theta_i(x_i) - \theta_i(\tilde{x}_i^k) + (x_i - \tilde{x}_i^k)^{\mathrm{T}} \{ \underbrace{-A_i^{\mathrm{T}} \tilde{\lambda}^k} + r_i(\tilde{x}_i^k - x_i^k) \\ \qquad - A_i^{\mathrm{T}}(\tilde{\lambda}^k - \lambda^k) \} \geqslant 0, \ \ \forall x_i \in \mathcal{X}_i, \ i = 1, \cdots, p, & (14.4.6a) \\ \underbrace{\left(\sum_{i=1}^{p} A_i \tilde{x}_i^k - b \right)} - \sum_{i=1}^{p} A_i(\tilde{x}_i^k - x_i^k) + H_0(\tilde{\lambda}^k - \lambda^k) = 0, & (14.4.6b) \end{cases}$$

其中

$$H_0 = \sum_{i=1}^{p} \frac{1}{r_i} A_i A_i^{\mathrm{T}} + \delta I_m.$$

最优性条件(14.4.6)中, 有下波纹线的凑在一起, 就是(14.0.2)中的 $F(\tilde{w}^k)$. 把 (14.4.6)的具体形式写出来就是

$$\begin{cases} \theta_i(x_i) - \theta_i(\tilde{x}_i^k) + (x_i - \tilde{x}_i^k)^{\mathrm{T}} \{ -A_i^{\mathrm{T}}(2\tilde{\lambda}^k - \lambda^k) & (14.4.7a) \\ \qquad\qquad + r_i(\tilde{x}_i^k - x_i^k) \} \geqslant 0, \ \ \forall x_i \in \mathcal{X}_i, \ i = 1, \cdots, p, \\ \left(\sum_{i=1}^{p} A_i x_i^k - b \right) + H_0(\tilde{\lambda}^k - \lambda^k) = 0. & (14.4.7b) \end{cases}$$

可以先根据(14.4.7b), 通过解线性方程组求得 $\tilde{\lambda}^k$. 然后根据定理 1.1, 解出符

合最优性条件(14.4.7a)的 $\tilde{x}_i^k$, $i = 1, \cdots, p$. 综上所述, 由

$$
\begin{cases}
\tilde{\lambda}^k = \lambda^k - H_0^{-1} \left[\left(\sum_{i=1}^p A_i x_i^k - b \right) \right], & (14.4.8a) \\[2mm]
\tilde{x}_i^k = \operatorname{argmin} \left\{ \theta_i(x_i) - x_i^{\mathrm{T}} A_i^{\mathrm{T}} (2\tilde{\lambda}^k - \lambda^k) \right. \\[2mm]
\qquad\qquad \left. + \frac{1}{2} r_i \|x_i - x_i^k\|^2 \,\middle|\, x_i \in \mathcal{X}_i \right\}, i = 1, \cdots, p & (14.4.8b)
\end{cases}
$$

就得到预测变分不等式 (14.3.1a), 其预测矩阵 H 是由(14.4.5)给出的正定矩阵. 新的迭代点可以利用预测点继续进行平凡的松弛校正 (14.3.1b) 得到. 这里说的 Dual-Primal 顺序, 是指(14.4.8)中先做对偶的 λ-子问题, 再做原始的 x-子问题.

凡是 PPA 算法, 都可以进一步松弛延拓. 用

$$
w^{k+1} = w^k - \alpha(w^k - \tilde{w}^k), \quad \alpha \in (0, 2)
$$

产生新的迭代点 w^{k+1}, 我们一般取 $\alpha \in [1.2, 1.8]$.

第 15 章　求解多块可分离问题的广义秩一预测-校正方法

从这一章开始我们考虑的线性约束的多块可分离凸优化问题的数学形式是

$$\min\Big\{\sum_{i=1}^{p}\theta_i(x_i) \mid \sum_{i=1}^{p}A_ix_i = b \ (\geqslant b),\ x_i \in \mathcal{X}_i\Big\}, \tag{15.0.1}$$

其中 $\theta_i : \Re^{n_i} \to \Re$, $i = 1, \cdots, p$ 是 (不一定光滑的) 凸函数, $\mathcal{X}_i \subseteq \Re^{n_i}$, $i = 1, \cdots, p$ 是闭凸集合, $A_i \in \Re^{m \times n_i}$, $i = 1, \cdots, p$ 是给定的矩阵, $b \in \Re^m$ 是给定的向量. 记 $\sum_{i=1}^{p} n_i = n$. 这里所说的线性约束, 包括等式约束和不等式约束. 我们总假设问题(15.0.1)有解.

设 $\lambda \in \Lambda$ 是线性约束 $\sum_{i=1}^{p} A_i x_i = b \ (\geqslant b)$ 的 Lagrange 乘子,

$$\Lambda = \begin{cases} \Re^m, & \text{若 } \sum_{i=1}^{p} A_i x_i = b, \\ \Re^m_+, & \text{若 } \sum_{i=1}^{p} A_i x_i \geqslant b. \end{cases}$$

相应的 Lagrange 函数就是

$$L(x_1, \cdots, x_p, \lambda) = \sum_{i=1}^{p}\theta_i(x_i) - \lambda^{\mathrm{T}}\left(\sum_{i=1}^{p}A_ix_i - b\right). \tag{15.0.2}$$

问题 (15.0.1) 的最优性条件可以写成如下的变分不等式:

$$w^* \in \Omega, \quad \theta(x) - \theta(x^*) + (w - w^*)^{\mathrm{T}}F(w^*) \geqslant 0, \quad \forall w \in \Omega, \tag{15.0.3a}$$

其中

$$w = \begin{pmatrix} x_1 \\ \vdots \\ x_p \\ \lambda \end{pmatrix}, \quad x = \begin{pmatrix} x_1 \\ \vdots \\ x_p \end{pmatrix}, \quad \theta(x) = \sum_{i=1}^{p} \theta_i(x_i), \quad F(w) = \begin{pmatrix} -A_1^{\mathrm{T}} \lambda \\ \vdots \\ -A_p^{\mathrm{T}} \lambda \\ \sum_{i=1}^{p} A_i x_i - b \end{pmatrix}$$

$$\text{(15.0.3b)}$$

和

$$\Omega = \prod_{i=1}^{p} \mathcal{X}_i \times \Lambda.$$

我们用 Ω^* 表示变分不等式(15.0.3)的解集. 注意到(15.0.3b)中的 $F(w)$, 总有

$$(w - \tilde{w})^{\mathrm{T}} \left(F(w) - F(\tilde{w}) \right) \equiv 0, \quad \forall w, \tilde{w}. \tag{15.0.4}$$

这一章以文献 [73] 中提出的方法为例, 总结并提供一个求解变分不等式(15.0.3)的一般框架.

15.1　变分不等式变量代换下的预测-校正框架

假设求解变分不等式(15.0.3)的某个方法的第 k 步迭代从给定的 $(A_1 x_1^k, \cdots, A_p x_p^k, \lambda^k)$ 出发, 生成的预测点 $\tilde{w}^k$ 满足

$$\theta(x) - \theta(\tilde{x}^k) + (w - \tilde{w}^k)^{\mathrm{T}} F(\tilde{w}^k) \geqslant (w - \tilde{w}^k)^{\mathrm{T}} Q(w^k - \tilde{w}^k), \quad \forall w \in \Omega, \tag{15.1.1}$$

其中 $Q^{\mathrm{T}} + Q$ 是本质上正定的. 所谓本质上正定, 是指外加 $A_1, \cdots, A_p$ 列满秩的条件时, $Q^{\mathrm{T}} + Q$ 是通常意义上的正定.

在上述假设基础上, 我们定义

$$P = \begin{pmatrix} \sqrt{\beta} A_1 & 0 & \cdots & \cdots & 0 \\ 0 & \sqrt{\beta} A_2 & \ddots & & \vdots \\ \vdots & \ddots & \ddots & \ddots & \vdots \\ \vdots & & \ddots & \sqrt{\beta} A_p & 0 \\ 0 & \cdots & \cdots & 0 & \dfrac{1}{\sqrt{\beta}} I_m \end{pmatrix} \tag{15.1.2a}$$

和

$$\xi = Pw, \qquad \Xi^* = \{\xi^* \mid \xi^* = Pw^*, \ w^* \in \Omega^*\}. \tag{15.1.2b}$$

如果能有

$$Q = P^{\mathrm{T}} \mathcal{Q} P, \tag{15.1.3}$$

这样就把预测公式(15.1.1)转换成如下的形式:

> **预测** 设求解变分不等式(15.0.3)某个方法的第 k 步迭代从给定的 $(A_1 x_1^k, \cdots,$ $A_p x_p^k, \lambda^k)$ 出发, 生成的预测点 $\tilde{w}^k$ 满足
>
> $$\tilde{w}^k \in \Omega, \ \theta(x) - \theta(\tilde{x}^k) + (w - \tilde{w}^k)^{\mathrm{T}} F(\tilde{w}^k) \geqslant (\xi - \tilde{\xi}^k)^{\mathrm{T}} \mathcal{Q}(\xi^k - \tilde{\xi}^k), \ \forall \, w \in \Omega,$$
> $$\tag{15.1.4a}$$
> 其中 $\xi = Pw$, 并且
> $$\mathcal{Q}^{\mathrm{T}} + \mathcal{Q} \succ 0. \tag{15.1.4b}$$

这里除了需要注意(15.1.1)中的 Q 和(15.1.4)中的 $\mathcal{Q}$ 之间的区别, 还要注意到 $Q = P^{\mathrm{T}} \mathcal{Q} P$. 我们把(15.1.4)中的矩阵 $\mathcal{Q}$ 叫做 预测矩阵. 对满足条件(15.1.4b)的 $\mathcal{Q}$, 我们总可以选正定矩阵 $\mathcal{D}$ 和 $\mathcal{G}$, 使得

$$\mathcal{D} \succ 0, \quad \mathcal{G} \succ 0, \qquad \mathcal{D} + \mathcal{G} = \mathcal{Q}^{\mathrm{T}} + \mathcal{Q}. \tag{15.1.5}$$

引理 15.1 假设 $\mathcal{Q}^{\mathrm{T}} + \mathcal{Q} \succ 0$, 并且矩阵 $\mathcal{D}$ 和 $\mathcal{G}$ 满足条件(15.1.5). 令

$$\mathcal{M} = \mathcal{Q}^{-\mathrm{T}} \mathcal{D} \quad 和 \quad \mathcal{H} = \mathcal{Q} \mathcal{D}^{-1} \mathcal{Q}^{\mathrm{T}}, \tag{15.1.6}$$

则矩阵 $\mathcal{H}$ 正定, 并且有

$$\mathcal{H} \mathcal{M} = \mathcal{Q}, \qquad \mathcal{M}^{\mathrm{T}} \mathcal{H} \mathcal{M} = \mathcal{D}. \tag{15.1.7}$$

证明 由(15.1.6)$\mathcal{H}$ 正定和 $\mathcal{H} \mathcal{M} = \mathcal{Q}$ 是显然的. (15.1.7)的第二部分结论通过

$$\mathcal{M}^{\mathrm{T}} \mathcal{H} \mathcal{M} = (\mathcal{D} \mathcal{Q}^{-1})(\mathcal{Q} \mathcal{D}^{-1} \mathcal{Q}^{\mathrm{T}})(\mathcal{Q}^{-\mathrm{T}} \mathcal{D}) = \mathcal{D},$$

也非常容易验证. $\qquad\qquad\square$

引理 15.1在预测矩阵 $\mathcal{Q}$ 的基础上, 将正定矩阵 $\mathcal{Q}^{\mathrm{T}} + \mathcal{Q}$ 分拆成两个正定矩阵 $\mathcal{D}$ 和 $\mathcal{G}$, 据此定义了 校正矩阵 $\mathcal{M} = \mathcal{Q}^{-\mathrm{T}} \mathcal{D}$.

> **校正** 求解变分不等式(15.0.3)某个方法的第 k 步迭代在预测(15.1.4)的基础上用
>
> $$\xi^{k+1} = \xi^k - \mathcal{M}(\xi^k - \tilde{\xi}^k) \tag{15.1.8}$$
>
> 校正, 其中矩阵 $\mathcal{M}$ 由(15.1.6)给出.

定理 15.1　设预测点 $\tilde{\xi}^k$ 满足条件(15.1.4). 那么, 由校正(15.1.8)产生的新的迭代点 ξ^{k+1} 满足

$$\|\xi^{k+1} - \xi^*\|_{\mathcal{H}}^2 \leqslant \|\xi^k - \xi^*\|_{\mathcal{H}}^2 - \|\xi^k - \tilde{\xi}^k\|_{\mathcal{G}}^2, \quad \forall \xi^* \in \Xi^*, \tag{15.1.9}$$

其中矩阵 $\mathcal{H}$ 由(15.1.6)给出, 矩阵 $\mathcal{G}$ 满足条件(15.1.5).

证明　将(15.1.4a)中属于 Ω 的任意的 w 设为某个 $w^* \in \Omega^*$, 我们有

$$(\tilde{\xi}^k - \xi^*)^{\mathrm{T}} \mathcal{Q}(\xi^k - \tilde{\xi}^k) \geqslant \theta(\tilde{x}^k) - \theta(x^*) + (\tilde{w}^k - w^*)^{\mathrm{T}} F(\tilde{w}^k).$$

由于 $(\tilde{w}^k - w^*)^{\mathrm{T}} F(\tilde{w}^k) = (\tilde{w}^k - w^*)^{\mathrm{T}} F(w^*)$, 上式右端非负, 因此

$$(\tilde{\xi}^k - \xi^*)^{\mathrm{T}} \mathcal{Q}(\xi^k - \tilde{\xi}^k) \geqslant 0, \quad \forall \xi \in \Xi^*. \tag{15.1.10}$$

利用 $\mathcal{Q} = \mathcal{H}\mathcal{M}$ 和(15.1.8), 得到

$$(\tilde{\xi}^k - \xi^*)^{\mathrm{T}} \mathcal{H}(\xi^k - \xi^{k+1}) \geqslant 0, \quad \forall \xi \in \Xi^*.$$

我们也因此有了

$$(\xi^k - \xi^{k+1})^{\mathrm{T}} \mathcal{H}(\tilde{\xi}^k - \xi^*) \geqslant 0. \quad \forall \xi^* \in \Xi^*. \tag{15.1.11}$$

将恒等式

$$(a-b)^{\mathrm{T}} \mathcal{H}(c-d) = \frac{1}{2}\left\{\|a-d\|_{\mathcal{H}}^2 - \|b-d\|_{\mathcal{H}}^2\right\} - \frac{1}{2}\left\{\|a-c\|_{\mathcal{H}}^2 - \|b-c\|_{\mathcal{H}}^2\right\}$$

用于(15.1.11)的左端, 令 $a = \xi^k$, $b = \xi^{k+1}$, $c = \tilde{\xi}^k$ 和 $d = \xi^*$, 我们得到

$$(\xi^k - \xi^{k+1})^{\mathrm{T}} \mathcal{H}(\tilde{\xi}^k - \xi^*)$$
$$= \frac{1}{2}\{\|\xi^k - \xi^*\|_{\mathcal{H}}^2 - \|\xi^{k+1} - \xi^*\|_{\mathcal{H}}^2\} - \frac{1}{2}\{\|\xi^k - \tilde{\xi}^k\|_{\mathcal{H}}^2 - \|\xi^{k+1} - \tilde{\xi}^k\|_{\mathcal{H}}^2\}.$$

根据(15.1.11)就有

$$\|\xi^k - \xi^*\|_{\mathcal{H}}^2 - \|\xi^{k+1} - \xi^*\|_{\mathcal{H}}^2 \geqslant \|\xi^k - \tilde{\xi}^k\|_{\mathcal{H}}^2 - \|\xi^{k+1} - \tilde{\xi}^k\|_{\mathcal{H}}^2. \tag{15.1.12}$$

再把上式的右端化简一下,

$$\|\xi^k - \tilde{\xi}^k\|_{\mathcal{H}}^2 - \|\xi^{k+1} - \tilde{\xi}^k\|_{\mathcal{H}}^2$$
$$= \|\xi^k - \tilde{\xi}^k\|_{\mathcal{H}}^2 - \|(\xi^k - \tilde{\xi}^k) - (\xi^k - \xi^{k+1})\|_{\mathcal{H}}^2$$
$$\overset{(15.1.8)}{=} \|\xi^k - \tilde{\xi}^k\|_{\mathcal{H}}^2 - \|(\xi^k - \tilde{\xi}^k) - \mathcal{M}(\xi^k - \tilde{\xi}^k)\|_{\mathcal{H}}^2$$

$$
\begin{aligned}
&= 2(\xi^k - \tilde{\xi}^k)^{\mathrm{T}} \mathcal{H} \mathcal{M} (\xi^k - \tilde{\xi}^k) - (\xi^k - \tilde{\xi}^k)^{\mathrm{T}} \mathcal{M}^{\mathrm{T}} \mathcal{H} \mathcal{M} (\xi^k - \tilde{\xi}^k) \\
&\stackrel{(15.1.7)}{=} (\xi^k - \tilde{\xi}^k)^{\mathrm{T}} (\mathcal{Q}^{\mathrm{T}} + \mathcal{Q} - \mathcal{M}^{\mathrm{T}} \mathcal{H} \mathcal{M}) (\xi^k - \tilde{\xi}^k) \\
&= \|\xi^k - \tilde{\xi}^k\|_{\mathcal{G}}^2.
\end{aligned}
\tag{15.1.13}
$$

最后一个等式是因为(15.1.7)和(15.1.5). 定理的结论得证. $\qquad\square$

根据(15.1.9), 我们把 $\mathcal{H}$ 和 $\mathcal{G}$ 分别叫做范数矩阵和效益矩阵. 方法产生的迭代序列 $\{\|\xi^k - \xi^{k+1}\|_{\mathcal{H}}\}$ 同样具有单调不增的性质, 我们把它放到第 16 章中给出证明.

定理 15.2 设每步迭代中, 对给定的 $(A_1 x_1^k, A_2 x_2^k, \cdots, A_p x_p^k, \lambda^k)$, $\tilde{w}^k$ 是由 (15.1.1)(或者(15.1.4)) 生成, 向量 ξ 和 w 之间的关系由(15.1.2)确定, ξ^{k+1} 由 (15.1.8)给出. 如果条件(15.1.4b)满足, 那么序列 $\{\xi^k\}$ 收敛于某个 $\xi^\infty \in \Xi^*$.

证明 首先, 由(15.1.9)得到, 序列 $\{\xi^k\}$ 是有界的. 对 $k = 0, 1, \cdots, \infty$, 将不等式(15.1.9)累加, 我们得到

$$
\sum_{k=0}^{\infty} \|\xi^k - \tilde{\xi}^k\|_{\mathcal{G}}^2 \leqslant \|\xi^0 - \xi^*\|_{\mathcal{H}}^2,
$$

这表示

$$
\lim_{k \to \infty} \|\xi^k - \tilde{\xi}^k\|^2 = 0.
\tag{15.1.14}
$$

因此, 序列 $\{\tilde{\xi}^k\}$ 也是有界的. 设 $\{\tilde{\xi}^k\}$ 的子列 $\{\tilde{\xi}^{k_j}\}$ 收敛于 ξ^∞. 根据(15.1.4a), 我们有

$$
\tilde{w}^{k_j} \in \Omega, \quad \theta(x) - \theta(\tilde{x}^{k_j}) + (w - \tilde{w}^{k_j})^{\mathrm{T}} F(\tilde{w}^{k_j}) \geqslant (\xi - \tilde{\xi}^{k_j})^{\mathrm{T}} \mathcal{Q}(\xi^{k_j} - \tilde{\xi}^{k_j}), \quad \forall w \in \Omega.
$$

由凸函数 $\theta(x)$ 的连续性得到

$$
w^\infty \in \Omega, \quad \theta(x) - \theta(x^\infty) + (w - w^\infty)^{\mathrm{T}} F(w^\infty) \geqslant 0, \quad \forall w \in \Omega.
$$

上式表示 w^∞ 是变分不等式(15.0.3)的解并且 $\xi^\infty = Pw^\infty \in \Xi^*$. 这也就是说

$$
\lim_{j \to \infty} \tilde{\xi}^{k_j} = \xi^\infty, \qquad \xi^\infty = Pw^\infty \in \Xi^*.
$$

最后, 由(15.1.9), 对这个 $\xi^\infty \in \Xi^*$, 也有

$$
\|\xi^{k+1} - \xi^\infty\|_{\mathcal{H}}^2 \leqslant \|\xi^k - \xi^\infty\|_{\mathcal{H}}^2,
$$

序列 $\{\xi^k\}$ 不可能有多于一个的聚点, $\{\xi^k\}$ 收敛于 ξ^∞. $\qquad\square$

我们可以把统一框架的思路归纳一下: 只要预测满足(15.1.4), 就可以根据 (15.1.5)给出矩阵 $\mathcal{G}$ 和 $\mathcal{D}$, 然后由(15.1.6)给出校正矩阵 $\mathcal{M}$ 并用(15.1.8)校正, 我 们就有定理 15.1 和定理 15.2 中的结论.

因此, 为求解由凸优化问题(15.0.1)转换得来的变分不等式(15.0.3), 我们首先 要去构造(15.1.4)这样的预测, 然后去选定满足条件(15.1.5)的矩阵 $\mathcal{G}$(因此也有了 相应的 $\mathcal{D}$), 据此构造相应的方法.

15.2　多块可分离问题的串行预测

我们所说的 Gauss 型预测, 是在预测过程中充分利用前面已经求解得到的子 问题的信息, 一步步向前推进. 以文献 [73] 中介绍的预测为例, 分 Primal-Dual 和 Dual-Primal 不同的顺序. 为了简化矩阵记号, 我们定义 $p \times p$ 分块矩阵

$$\mathcal{L} = \begin{pmatrix} I_m & 0 & \cdots & 0 \\ I_m & I_m & \ddots & \vdots \\ \vdots & \ddots & \ddots & 0 \\ I_m & \cdots & I_m & I_m \end{pmatrix}, \quad \mathcal{I} = \begin{pmatrix} I_m & 0 & \cdots & 0 \\ 0 & I_m & \ddots & \vdots \\ \vdots & \ddots & \ddots & 0 \\ 0 & \cdots & 0 & I_m \end{pmatrix} \tag{15.2.1a}$$

和 $p \times 1$ 分块矩阵

$$\mathcal{E} = \begin{pmatrix} I_m \\ I_m \\ \vdots \\ I_m \end{pmatrix}. \tag{15.2.1b}$$

利用上面的定义, 我们有

$$\mathcal{L}^{\mathrm{T}} + \mathcal{L} = \mathcal{I} + \mathcal{E}\mathcal{E}^{\mathrm{T}}, \tag{15.2.2}$$

其中 $\mathcal{I}$ 由(15.2.1a)定义, 是 $p \times p$ 块的单位矩阵. $\mathcal{E}\mathcal{E}^{\mathrm{T}}$ 是一个 $p \times p$ 块的分块矩 阵, 每一块都是 I_m.

1. Primal-Dual 顺序的串行预测

Primal-Dual 串行预测从给定的 $(A_1 x_1^k, A_2 x_2^k, \cdots, A_p x_p^k, \lambda^k)$ 出发, 通过

$$
\left\{
\begin{aligned}
& \tilde{x}_1^k \in \arg\min\left\{ \theta_1(x_1) - x_1^{\mathrm{T}} A_1^{\mathrm{T}} \lambda^k + \frac{\beta}{2}\|A_1(x_1 - x_1^k)\|^2 \;\middle|\; x_1 \in \mathcal{X}_1 \right\}, \\
& \qquad\vdots \\
& \tilde{x}_i^k \in \arg\min\left\{
\begin{aligned}
& \theta_i(x_i) - x_i^{\mathrm{T}} A_i^{\mathrm{T}} \lambda^k + \\
& \frac{\beta}{2}\left\| \sum_{j=1}^{i-1} A_j(\tilde{x}_j^k - x_j^k) + A_i(x_i - x_i^k) \right\|^2
\end{aligned}
\;\middle|\; x_i \in \mathcal{X}_i
\right\}, \\
& \qquad\vdots \\
& \tilde{x}_p^k \in \arg\min\left\{
\begin{aligned}
& \theta_p(x_p) - x_p^{\mathrm{T}} A_p^{\mathrm{T}} \lambda^k + \\
& \frac{\beta}{2}\left\| \sum_{j=1}^{p-1} A_j(\tilde{x}_j^k - x_j^k) + A_p(x_p - x_p^k) \right\|^2
\end{aligned}
\;\middle|\; x_p \in \mathcal{X}_p
\right\}, \\
& \tilde{\lambda}^k = \arg\max\left\{ -\lambda^{\mathrm{T}}\left(\sum_{j=1}^{p} A_j \tilde{x}_j^k - b \right) - \frac{1}{2\beta}\|\lambda - \lambda^k\|^2 \;\middle|\; \lambda \in \Lambda \right\}
\end{aligned}
\right.
$$

$$(15.2.3)$$

求得 $\tilde{w}^k$, 执行的是先 $x_1, \cdots, x_p$, 后 λ 这样的原始-对偶顺序. 文献 [73] 的第 7 节中介绍的方法用的就是这种预测.

引理 15.2 为求解变分不等式(15.0.3), 由 Primal-Dual 串行预测(15.2.3)生成的 $\tilde{w}^k$ 满足

$$\theta(x) - \theta(\tilde{x}^k) + (w - \tilde{w}^k)^{\mathrm{T}} F(\tilde{w}^k) \geqslant (w - \tilde{w}^k)^{\mathrm{T}} Q_{PD}(w^k - \tilde{w}^k), \quad \forall w \in \Omega, \quad (15.2.4\text{a})$$

其中

$$
Q_{PD} = \begin{pmatrix}
\beta A_1^{\mathrm{T}} A_1 & 0 & \cdots & & 0 & A_1^{\mathrm{T}} \\
\beta A_2^{\mathrm{T}} A_1 & \beta A_2^{\mathrm{T}} A_2 & \ddots & & \vdots & A_2^{\mathrm{T}} \\
\vdots & \ddots & \ddots & & 0 & \vdots \\
\beta A_p^{\mathrm{T}} A_1 & \cdots & \beta A_p^{\mathrm{T}} A_{p-1} & \beta A_p^{\mathrm{T}} A_p & A_p^{\mathrm{T}} \\
0 & \cdots & 0 & 0 & \frac{1}{\beta} I_m
\end{pmatrix}, \quad (15.2.4\text{b})
$$

$\theta(x)$ 和 $F(w)$ 都在(15.0.3b)中有定义.

证明 根据定理 1.1, (15.2.3)中 x_i-子问题 $(i = 1, \cdots, p)$ 的最优性条件是 $\tilde{x}_i^k \in \mathcal{X}_i$,

$$\theta_i(x_i) - \theta_i(\tilde{x}_i^k) + (x_i - \tilde{x}_i^k)^{\mathrm{T}}\left\{ -A_i^{\mathrm{T}} \lambda^k + A_i^{\mathrm{T}} \beta \left[\sum_{j=1}^{i} A_j(\tilde{x}_j^k - x_j^k) \right] \right\} \geqslant 0, \quad \forall x_i \in \mathcal{X}_i.$$

这可以写成等价的

$$\tilde{x}_i^k \in \mathcal{X}_i, \ \theta_i(x_i) - \theta_i(\tilde{x}_i^k) + (x_i - \tilde{x}_i^k)^{\mathrm{T}}\{\underline{-A_i^{\mathrm{T}}\tilde{\lambda}^k}\}$$

$$\geqslant (x_i - \tilde{x}_i^k)^{\mathrm{T}}\left\{A_i^{\mathrm{T}}\beta\left[\sum_{j=1}^{i} A_j(x_j^k - \tilde{x}_j^k)\right] + A_i^{\mathrm{T}}(\lambda^k - \tilde{\lambda}^k)\right\}, \quad \forall x_i \in \mathcal{X}_i.$$

$$(15.2.5a)$$

同样, (15.2.3)中 λ-子问题的最优性条件

$$\tilde{\lambda}^k \in \Lambda, \quad (\lambda - \tilde{\lambda}^k)^{\mathrm{T}}\left\{\left(\sum_{j=1}^{p} A_j\tilde{x}_j^k - b\right) + \frac{1}{\beta}(\tilde{\lambda}^k - \lambda^k)\right\} \geqslant 0, \quad \forall \lambda \in \Lambda$$

可以写成

$$\tilde{\lambda}^k \in \Lambda, \ (\lambda - \tilde{\lambda}^k)^{\mathrm{T}}\left\{\underline{\sum_{j=1}^{p} A_j\tilde{x}_j^k - b}\right\} \geqslant (\lambda - \tilde{\lambda}^k)^{\mathrm{T}}\frac{1}{\beta}(\lambda^k - \tilde{\lambda}^k)\} \geqslant 0, \ \forall \lambda \in \Lambda.$$

$$(15.2.5b)$$

把(15.2.5a)和(15.2.5b)放在一起, 利用变分不等式(15.0.3)的记号, 注意到有下波纹线的部分是 $F(\tilde{w}^k)$, 就得到(15.2.4). □

通过(15.1.2)那样的转换, 我们可以从引理 15.2 得到如下的结论.

引理 15.3　由 Primal-Dual 串行预测(15.2.3)得到的 $\tilde{w}^k$, 经过变换(15.1.2)以后就有

$$\theta(x) - \theta(\tilde{x}^k) + (w - \tilde{w}^k)^{\mathrm{T}}F(\tilde{w}^k) \geqslant (\xi - \tilde{\xi}^k)^{\mathrm{T}}\mathcal{Q}_{PD}(\xi^k - \tilde{\xi}^k), \quad \forall w \in \Omega, \quad (15.2.6a)$$

其中

$$\mathcal{Q}_{PD} = \begin{pmatrix} I_m & 0 & \cdots & 0 & I_m \\ I_m & I_m & \ddots & \vdots & I_m \\ \vdots & \ddots & \ddots & 0 & \vdots \\ I_m & \cdots & I_m & I_m & I_m \\ 0 & \cdots & 0 & 0 & I_m \end{pmatrix}. \quad (15.2.6b)$$

进而得到

$$(\tilde{\xi}^k - \xi^*)^{\mathrm{T}}\mathcal{Q}_{PD}(\xi^k - \tilde{\xi}^k) \geqslant 0, \quad \forall \xi^* \in \Xi^*. \quad (15.2.7)$$

证明 利用变换(15.1.2), 有

$$Q_{PD} = P^{\mathrm{T}} \mathcal{Q}_{PD} P. \tag{15.2.8}$$

引理 15.2 的结论(15.2.4)可以写成(15.2.6). 将(15.2.6a)中任意的 $w \in \Omega$ 设为 w^*, 就有

$$(\tilde{\xi}^k - \xi^*)^{\mathrm{T}} \mathcal{Q}_{PD} (\xi^k - \tilde{\xi}^k) \geqslant \theta(\tilde{x}^k) - \theta(x^*) + (\tilde{w}^k - w^*)^{\mathrm{T}} F(\tilde{w}^k).$$

利用 $(\tilde{w}^k - w^*)^{\mathrm{T}} F(\tilde{w}^k) = (\tilde{w}^k - w^*)^{\mathrm{T}} F(w^*)$(见(15.0.4)) 和

$$\theta(\tilde{x}^k) - \theta(x^*) + (\tilde{w}^k - w^*)^{\mathrm{T}} F(w^*) \geqslant 0,$$

就得到引理的结论(15.2.7). □

注意到, 利用(15.2.1)中的记号, (15.2.6b)中的矩阵 $\mathcal{Q}_{PD}$ 可以记成

$$\mathcal{Q}_{PD} = \begin{pmatrix} \mathcal{L} & \mathcal{E} \\ 0 & I_m \end{pmatrix}. \tag{15.2.9}$$

根据(15.2.2),

$$\mathcal{Q}_{PD}^{\mathrm{T}} + \mathcal{Q}_{PD} = \begin{pmatrix} \mathcal{L}^{\mathrm{T}} + \mathcal{L} & \mathcal{E} \\ \mathcal{E}^{\mathrm{T}} & 2I_m \end{pmatrix} = \begin{pmatrix} \mathcal{I} & 0 \\ 0 & I_m \end{pmatrix} + \begin{pmatrix} \mathcal{E} \\ I_m \end{pmatrix} \begin{pmatrix} \mathcal{E}^{\mathrm{T}} & I_m \end{pmatrix} \tag{15.2.10}$$

是正定矩阵. 对于校正矩阵 $\mathcal{M}$(见(15.1.6))中的因子 $\mathcal{Q}^{-\mathrm{T}}$, 根据(15.2.9)有

$$\mathcal{Q}_{PD}^{-\mathrm{T}} = \begin{pmatrix} \mathcal{L}^{-\mathrm{T}} & 0 \\ -\mathcal{E}^{\mathrm{T}} \mathcal{L}^{-\mathrm{T}} & I_m \end{pmatrix}, \tag{15.2.11}$$

其中

$$\mathcal{L}^{-\mathrm{T}} = \begin{pmatrix} I_m & -I_m & 0 & 0 \\ 0 & I_m & \ddots & 0 \\ \vdots & \ddots & \ddots & -I_m \\ 0 & \cdots & 0 & I_m \end{pmatrix}, \quad \text{所以} \quad \mathcal{E}^{\mathrm{T}} \mathcal{L}^{-\mathrm{T}} = \begin{pmatrix} I_m & 0 & \cdots & 0 \end{pmatrix}. \tag{15.2.12}$$

因此, (15.2.11)中 $\mathcal{Q}_{PD}^{-\mathrm{T}}$ 的具体形式是

$$
\mathcal{Q}_{PD}^{-\mathrm{T}} = \begin{pmatrix} I_m & -I_m & 0 & \cdots & 0 \\ 0 & I_m & \ddots & \ddots & \vdots \\ \vdots & \ddots & \ddots & -I_m & 0 \\ 0 & \cdots & 0 & I_m & 0 \\ -I_m & 0 & \cdots & 0 & I_m \end{pmatrix}. \tag{15.2.13}
$$

2. Dual-Primal 顺序的串行预测

Dual-Primal 预测从给定的 $(A_1 x_1^k, A_2 x_2^k, \cdots, A_p x_p^k, \lambda^k)$ 出发, 通过

$$
\begin{cases}
\tilde{\lambda}^k = \arg\max \left\{ -\lambda^{\mathrm{T}} \left(\sum_{j=1}^{p} A_j x_j^k - b \right) - \dfrac{1}{2\beta} \|\lambda - \lambda^k\|^2 \ \middle| \ \lambda \in \Lambda \right\}, \\[2mm]
\tilde{x}_1^k \in \arg\min \left\{ \theta_1(x_1) - x_1^{\mathrm{T}} A_1^{\mathrm{T}} \tilde{\lambda}^k + \dfrac{\beta}{2} \|A_1(x_1 - x_1^k)\|^2 \ \middle| \ x_1 \in \mathcal{X}_1 \right\}, \\[2mm]
\quad \vdots \\[2mm]
\tilde{x}_i^k \in \arg\min \left\{ \begin{array}{l} \theta_i(x_i) - x_i^{\mathrm{T}} A_i^{\mathrm{T}} \tilde{\lambda}^k + \\[1mm] \dfrac{\beta}{2} \left\| \displaystyle\sum_{j=1}^{i-1} A_j(\tilde{x}_j^k - x_j^k) + A_i(x_i - x_i^k) \right\|^2 \end{array} \ \middle| \ x_i \in \mathcal{X}_i \right\}, \\[2mm]
\quad \vdots \\[2mm]
\tilde{x}_p^k \in \arg\min \left\{ \begin{array}{l} \theta_p(x_p) - x_p^{\mathrm{T}} A_p^{\mathrm{T}} \tilde{\lambda}^k + \\[1mm] \dfrac{\beta}{2} \left\| \displaystyle\sum_{j=1}^{p-1} A_j(\tilde{x}_j^k - x_j^k) + A_p(x_p - x_p^k) \right\|^2 \end{array} \ \middle| \ x_p \in \mathcal{X}_p \right\}
\end{cases} \tag{15.2.14}
$$

求得 $\tilde{w}^k$, 执行的是先 λ, 后 $x_1, \cdots, x_p$ 这样的对偶-原始顺序. 我们在文献 [73] 的第 8 节中介绍的方法用的就是这种预测.

　　引理 15.4　为求解变分不等式(15.0.3), 由 Dual-Primal 串行预测(15.2.14)生成的 $\tilde{w}^k$ 满足

$$
\theta(x) - \theta(\tilde{w}^k) + (w - \tilde{w}^k)^{\mathrm{T}} F(\tilde{w}^k) \geqslant (w - \tilde{w}^k)^{\mathrm{T}} Q_{DP}(w^k - \tilde{w}^k), \ \ \forall \, w \in \Omega, \tag{15.2.15a}
$$

其中

$$
Q_{DP} = \begin{pmatrix}
\beta A_1^\mathrm{T} A_1 & 0 & \cdots & 0 & 0 \\
\beta A_2^\mathrm{T} A_1 & \beta A_2^\mathrm{T} A_2 & \ddots & \vdots & 0 \\
\vdots & \ddots & \ddots & 0 & \vdots \\
\beta A_p^\mathrm{T} A_1 & \cdots & \beta A_p^\mathrm{T} A_{p-1} & \beta A_p^\mathrm{T} A_p & 0 \\
-A_1 & \cdots & -A_{p-1} & -A_p & \frac{1}{\beta} I_m
\end{pmatrix},
\tag{15.2.15b}
$$

$\theta(x)$ 和 $F(w)$ 都在(15.0.3b)中有定义.

证明 根据定理 1.1, (15.2.14)中 x_i-子问题 $(i = 1, \cdots, p)$ 的最优性条件是 $\tilde{x}_i^k \in \mathcal{X}_i$,

$$
\theta_i(x_i) - \theta_i(\tilde{x}_i^k) + (x_i - \tilde{x}_i^k)^\mathrm{T} \left\{ -A_i^\mathrm{T} \tilde{\lambda}^k + A_i^\mathrm{T} \beta \left[\sum_{j=1}^{i} A_j(\tilde{x}_j^k - x_j^k) \right] \right\} \geqslant 0, \quad \forall x_i \in \mathcal{X}_i.
$$

这可以写成

$$
\tilde{x}_i^k \in \mathcal{X}_i, \ \theta_i(x_i) - \theta_i(\tilde{x}_i^k) + (x_i - \tilde{x}_i^k)^\mathrm{T} \{ -A_i^\mathrm{T} \tilde{\lambda}^k \}
$$
$$
\geqslant (x_i - \tilde{x}_i^k)^\mathrm{T} \left\{ A_i^\mathrm{T} \beta \left[\sum_{j=1}^{i} A_j(x_j^k - \tilde{x}_j^k) \right] \right\}, \quad \forall x_i \in \mathcal{X}_i.
\tag{15.2.16a}
$$

(15.2.14)中 λ-子问题的最优性条件

$$
\tilde{\lambda}^k \in \Lambda, \quad (\lambda - \tilde{\lambda}^k)^\mathrm{T} \left\{ \left(\sum_{j=1}^{p} A_j x_j^k - b \right) + \frac{1}{\beta}(\tilde{\lambda}^k - \lambda^k) \right\} \geqslant 0, \quad \forall \lambda \in \Lambda.
$$

可以写成

$$
\tilde{\lambda}^k \in \Lambda, \ (\lambda - \tilde{\lambda}^k)^\mathrm{T} \left\{ \left(\sum_{j=1}^{p} A_j \tilde{x}_j^k - b \right) \right\}
$$
$$
\geqslant (\lambda - \tilde{\lambda}^k)^\mathrm{T} \left\{ -\sum_{i=1}^{p} A_i(x_i^k - \tilde{x}_i^k) + \frac{1}{\beta}(\lambda^k - \tilde{\lambda}^k) \right\} \geqslant 0, \ \forall \lambda \in \Lambda.
\tag{15.2.16b}
$$

把(15.2.16a)和(15.2.16b)放在一起，利用变分不等式(15.0.3)的记号，就得到
(15.2.15).　　　　□

通过(15.1.2)那样的转换，我们可以从引理 15.4 得到如下的结论.

引理 15.5　由 Dual-Primal 串行预测(15.2.14)得到的 $\tilde{w}^k$，经过变换(15.1.2)就有

$$\theta(x) - \theta(\tilde{x}^k) + (w - \tilde{w}^k)^{\mathrm{T}} F(\tilde{w}^k) \geqslant (\xi - \tilde{\xi}^k)^{\mathrm{T}} \mathcal{Q}_{DP}(\xi^k - \tilde{\xi}^k), \quad \forall\, w \in \Omega, \quad (15.2.17a)$$

其中

$$\mathcal{Q}_{DP} = \begin{pmatrix} I_m & 0 & \cdots & 0 & 0 \\ I_m & I_m & \ddots & \vdots & 0 \\ \vdots & \ddots & \ddots & 0 & \vdots \\ I_m & \cdots & I_m & I_m & 0 \\ -I_m & \cdots & -I_m & -I_m & I_m \end{pmatrix}. \quad (15.2.17b)$$

进而有

$$(\tilde{\xi}^k - \xi^*)^{\mathrm{T}} \mathcal{Q}_{DP}(\xi^k - \tilde{\xi}^k) \geqslant 0, \quad \forall\, \xi^* \in \Xi^*. \quad (15.2.18)$$

证明　注意到

$$Q_{DP} = P^{\mathrm{T}} \mathcal{Q}_{DP} P, \quad (15.2.19)$$

余下的和引理 15.3 的证明完全相同.　　　　□

注意到，利用(15.2.1)中的记号，(15.2.17b)中的矩阵 $\mathcal{Q}_{DP}$ 可以记成

$$\mathcal{Q}_{DP} = \begin{pmatrix} \mathcal{L} & 0 \\ -\mathcal{E}^{\mathrm{T}} & I_m \end{pmatrix}. \quad (15.2.20)$$

根据(15.2.2)，

$$\mathcal{Q}_{DP}^{\mathrm{T}} + \mathcal{Q}_{DP} = \begin{pmatrix} \mathcal{L}^{\mathrm{T}} + \mathcal{L} & -\mathcal{E} \\ -\mathcal{E}^{\mathrm{T}} & 2I_m \end{pmatrix} = \begin{pmatrix} \mathcal{I} & 0 \\ 0 & I_m \end{pmatrix} + \begin{pmatrix} \mathcal{E} \\ -I_m \end{pmatrix} \begin{pmatrix} \mathcal{E}^{\mathrm{T}} & -I_m \end{pmatrix} \quad (15.2.21)$$

是正定矩阵. 对于校正矩阵 $\mathcal{M}$(见(15.1.6))中的因子 $\mathcal{Q}^{-\mathrm{T}}$，根据(15.2.20)有

$$\mathcal{Q}_{DP}^{-\mathrm{T}} = \begin{pmatrix} \mathcal{L}^{-\mathrm{T}} & \mathcal{L}^{-\mathrm{T}}\mathcal{E} \\ 0 & I_m \end{pmatrix}, \quad (15.2.22)$$

其中

$$\mathcal{L}^{-\mathrm{T}}\mathcal{E} = \begin{pmatrix} I_m & -I_m & 0 & 0 \\ 0 & I_m & \ddots & 0 \\ \vdots & \ddots & \ddots & -I_m \\ 0 & \cdots & 0 & I_m \end{pmatrix} \begin{pmatrix} I_m \\ I_m \\ \vdots \\ I_m \end{pmatrix} = \begin{pmatrix} 0 \\ \vdots \\ 0 \\ I_m \end{pmatrix}. \tag{15.2.23}$$

因此, (15.2.22)中 $\mathcal{Q}_{DP}^{-\mathrm{T}}$ 的具体形式是

$$\mathcal{Q}_{DP}^{-\mathrm{T}} = \begin{pmatrix} I_m & -I_m & 0 & \cdots & 0 \\ 0 & I_m & \ddots & \ddots & \vdots \\ \vdots & \ddots & \ddots & -I_m & 0 \\ 0 & \cdots & 0 & I_m & I_m \\ 0 & 0 & \cdots & 0 & I_m \end{pmatrix}. \tag{15.2.24}$$

对确定的满足 $\mathcal{Q}^{\mathrm{T}} + \mathcal{Q} \succ 0$ 的矩阵 $\mathcal{Q}$, 无论从选定的矩阵 $\mathcal{D}$ 还是 $\mathcal{G}$ 出发, 只要条件(15.1.5)满足, 我们就可以根据本章 15.1节的原则, 根据确定的预测去构造收敛的校正方法. 满足条件(15.1.5)的正定矩阵 $\mathcal{D}$ 和 $\mathcal{G}$ 是无穷无尽的, 我们选一些形式简单的 $\mathcal{D}$ (或 $\mathcal{G}$), 构造校正方法.

15.3 基于 Primal-Dual 预测构造校正矩阵

对由 Primal-Dual 串行预测得到的预测矩阵 $\mathcal{Q}_{PD}$ (见(15.2.9)), 如同(15.1.5), 分别做两种典型的分解.

1. 分解后取形式比较简单的矩阵为 $\mathcal{D}$

对 $\mathcal{Q}_{PD}^{\mathrm{T}} + \mathcal{Q}_{PD}$ 做如下分解:

$$\begin{aligned} \mathcal{Q}_{PD}^{\mathrm{T}} + \mathcal{Q}_{PD} &= \begin{pmatrix} \mathcal{I} + \mathcal{E}\mathcal{E}^{\mathrm{T}} & \mathcal{E} \\ \mathcal{E}^{\mathrm{T}} & 2I_m \end{pmatrix} \\ &= \begin{pmatrix} \nu\mathcal{I} & 0 \\ 0 & I_m \end{pmatrix} + \begin{pmatrix} (1-\nu)\mathcal{I} + \mathcal{E}\mathcal{E}^{\mathrm{T}} & \mathcal{E} \\ \mathcal{E}^{\mathrm{T}} & I_m \end{pmatrix}, \end{aligned} \tag{15.3.1}$$

其中 $\nu \in (0,1)$. 因为矩阵

$$\begin{pmatrix} (1-\nu)\mathcal{I} + \mathcal{E}\mathcal{E}^{\mathrm{T}} & \mathcal{E} \\ \mathcal{E}^{\mathrm{T}} & I_m \end{pmatrix} = \begin{pmatrix} \mathcal{E} \\ I_m \end{pmatrix} \begin{pmatrix} \mathcal{E}^{\mathrm{T}} & I_m \end{pmatrix} + \begin{pmatrix} (1-\nu)\mathcal{I} & 0 \\ 0 & 0 \end{pmatrix}$$

正定, (15.3.1)右端两部分都是正定矩阵. 将(15.3.1)右端的第一部分取成 $\mathcal{D}$, 即

$$\mathcal{D} = \begin{pmatrix} \nu\mathcal{I} & 0 \\ 0 & I_m \end{pmatrix}, \quad \nu \in (0,1). \tag{15.3.2}$$

这时(15.3.1)右端的第二部分即为 $\mathcal{G}$, 条件(15.1.5)满足, $\mathcal{D}$ 的形式相对简单. 由
(15.1.6), 校正公式(15.1.8)中的矩阵 $\mathcal{M}$ 是

$$\mathcal{M}_{PD} = \mathcal{Q}_{PD}^{-\mathrm{T}}\mathcal{D} = \begin{pmatrix} \mathcal{L}^{-\mathrm{T}} & 0 \\ -\mathcal{E}^{\mathrm{T}}\mathcal{L}^{-\mathrm{T}} & I_m \end{pmatrix} \begin{pmatrix} \nu\mathcal{I} & 0 \\ 0 & I_m \end{pmatrix}$$

$$= \begin{pmatrix} \nu I_m & -\nu I_m & 0 & \cdots & 0 \\ 0 & \nu I_m & \ddots & \ddots & \vdots \\ \vdots & \ddots & \ddots & -\nu I_m & 0 \\ 0 & \cdots & 0 & \nu I_m & 0 \\ -\nu I_m & 0 & \cdots & 0 & I_m \end{pmatrix}. \tag{15.3.3}$$

注意到这里的 $\mathcal{Q}_{PD}$ 与 $\mathcal{M}_{PD}$ 跟文献 [73] 的第 7 节中给出的完全相同, 因此是同一
个算法. 利用(15.1.2a), 若校正公式(15.1.8)中的 $\mathcal{M}$ 由(15.3.3)给出, 等价的表达
式就是

$$\begin{pmatrix} A_1 x_1^{k+1} \\ A_2 x_2^{k+1} \\ \vdots \\ A_p x_p^{k+1} \\ \lambda^{k+1} \end{pmatrix} = \begin{pmatrix} A_1 x_1^k \\ A_2 x_2^k \\ \vdots \\ A_p x_p^k \\ \lambda^k \end{pmatrix} - \begin{pmatrix} \nu I_m & -\nu I_m & 0 & \cdots & 0 \\ 0 & \nu I_m & \ddots & \ddots & \vdots \\ \vdots & \ddots & \ddots & -\nu I_m & 0 \\ 0 & \cdots & 0 & \nu I_m & 0 \\ -\nu\beta I_m & 0 & \cdots & 0 & I_m \end{pmatrix} \begin{pmatrix} A_1 x_1^k - A_1 \tilde{x}_1^k \\ A_2 x_2^k - A_2 \tilde{x}_2^k \\ \vdots \\ A_p x_p^k - A_p \tilde{x}_p^k \\ \lambda^k - \tilde{\lambda}^k \end{pmatrix}.$$

$$\tag{15.3.4}$$

根据定理 15.2, 我们有下面的收敛定理.

定理 15.3 求解变分不等式(15.0.3), 由(15.2.3)预测和(15.3.4)校正的方法产生的序列 $\{(A_1 x_1^k, \cdots, A_p x_p^k, \lambda^k)\}$ 收敛于某个 $(A_1 x_1^*, \cdots, A_p x_p^*, \lambda^*)$.

2. 分解后取形式比较简单的矩阵为 $\mathcal{G}$

对 $\mathcal{Q}_{PD}^{\mathrm{T}} + \mathcal{Q}_{PD}$ 做另一种分解

$$\mathcal{Q}_{PD}^{\mathrm{T}} + \mathcal{Q}_{PD} = \begin{pmatrix} \nu\mathcal{I} + \mathcal{E}\mathcal{E}^{\mathrm{T}} & \mathcal{E} \\ \mathcal{E}^{\mathrm{T}} & I_m \end{pmatrix} + \begin{pmatrix} (1-\nu)\mathcal{I} & 0 \\ 0 & I_m \end{pmatrix}, \tag{15.3.5}$$

其中 $\nu \in (0,1)$. 由于

$$\begin{pmatrix} \nu\mathcal{I} + \mathcal{E}\mathcal{E}^{\mathrm{T}} & \mathcal{E} \\ \mathcal{E}^{\mathrm{T}} & I_m \end{pmatrix} = \begin{pmatrix} \mathcal{E} \\ I_m \end{pmatrix} (\mathcal{E}^{\mathrm{T}}, \ I_m) + \begin{pmatrix} \nu\mathcal{I} & 0 \\ 0 & 0 \end{pmatrix},$$

等式(15.3.5)右端的两部分都是正定矩阵. 我们取(15.3.5)右端的第一部分为 $\mathcal{D}$, 即

$$\mathcal{D} = \begin{pmatrix} \nu\mathcal{I} + \mathcal{E}\mathcal{E}^{\mathrm{T}} & \mathcal{E} \\ \mathcal{E}^{\mathrm{T}} & I_m \end{pmatrix}. \tag{15.3.6}$$

这时条件(15.1.5)满足, 矩阵 $\mathcal{G}$ 的形式比较简单. 由(15.1.6), 校正公式(15.1.8)中的矩阵 $\mathcal{M}$ 是

$$\begin{aligned} \mathcal{M}_{PD} = \mathcal{Q}_{PD}^{-\mathrm{T}}\mathcal{D} &= \begin{pmatrix} \mathcal{L}^{-\mathrm{T}} & 0 \\ -\mathcal{E}^{\mathrm{T}}\mathcal{L}^{-\mathrm{T}} & I_m \end{pmatrix} \left[\begin{pmatrix} \nu\mathcal{I} & 0 \\ 0 & I_m \end{pmatrix} + \begin{pmatrix} \mathcal{E}\mathcal{E}^{\mathrm{T}} & \mathcal{E} \\ \mathcal{E}^{\mathrm{T}} & 0 \end{pmatrix} \right] \\ &= \begin{pmatrix} \nu\mathcal{L}^{-\mathrm{T}} & 0 \\ -\nu\mathcal{E}^{\mathrm{T}}\mathcal{L}^{-\mathrm{T}} & I_m \end{pmatrix} + \begin{pmatrix} \mathcal{L}^{-\mathrm{T}}\mathcal{E}\mathcal{E}^{\mathrm{T}} & \mathcal{L}^{-\mathrm{T}}\mathcal{E} \\ -\mathcal{E}^{\mathrm{T}}\mathcal{L}^{-\mathrm{T}}\mathcal{E}\mathcal{E}^{\mathrm{T}} + \mathcal{E}^{\mathrm{T}} & -\mathcal{E}^{\mathrm{T}}\mathcal{L}^{-\mathrm{T}}\mathcal{E} \end{pmatrix}. \end{aligned}$$

利用 (见(15.2.23) 和 (15.2.1b))

$$\mathcal{L}^{-\mathrm{T}}\mathcal{E} = \begin{pmatrix} 0 \\ \vdots \\ 0 \\ I_m \end{pmatrix} \quad \text{和} \quad \mathcal{E}^{\mathrm{T}} = \begin{pmatrix} I_m & I_m & \cdots & I_m \end{pmatrix}.$$

有

$$\mathcal{E}^{\mathrm{T}}\mathcal{L}^{-\mathrm{T}}\mathcal{E} = I_m \quad \text{和} \quad -\mathcal{E}^{\mathrm{T}}\mathcal{L}^{-\mathrm{T}}\mathcal{E}\mathcal{E}^{\mathrm{T}} = -\mathcal{E}^{\mathrm{T}},$$

所以

$$
\begin{pmatrix}
\mathcal{L}^{-\mathrm{T}}\mathcal{E}\mathcal{E}^{\mathrm{T}} & \mathcal{L}^{-\mathrm{T}}\mathcal{E} \\
-\mathcal{E}^{\mathrm{T}}\mathcal{L}^{-\mathrm{T}}\mathcal{E}\mathcal{E}^{\mathrm{T}} + \mathcal{E}^{\mathrm{T}} & -\mathcal{E}^{\mathrm{T}}\mathcal{L}^{-\mathrm{T}}\mathcal{E}
\end{pmatrix}
=
\begin{pmatrix}
0 & \cdots & 0 & 0 & 0 \\
\vdots & & \vdots & \vdots & \vdots \\
0 & \cdots & 0 & 0 & 0 \\
I_m & \cdots & I_m & I_m & I_m \\
0 & \cdots & 0 & 0 & -I_m
\end{pmatrix}.
$$

因此, $\mathcal{M}_{PD}$ 有简单表达式

$$
\mathcal{M}_{PD} =
\begin{pmatrix}
\nu I_m & -\nu I_m & 0 & \cdots & 0 \\
0 & \ddots & \ddots & \ddots & \vdots \\
0 & 0 & \nu I_m & -\nu I_m & 0 \\
I_m & \cdots & I_m & (1+\nu)I_m & I_m \\
-\nu I_m & 0 & \cdots & 0 & 0
\end{pmatrix}.
\tag{15.3.7}
$$

利用(15.1.2a), 若校正公式(15.1.8)中的 $\mathcal{M}$ 由(15.3.7)给出, 等价的表达式就是

$$
\begin{pmatrix}
A_1 x_1^{k+1} \\
A_2 x_2^{k+1} \\
\vdots \\
A_p x_p^{k+1} \\
\lambda^{k+1}
\end{pmatrix}
=
\begin{pmatrix}
A_1 x_1^{k} \\
A_2 x_2^{k} \\
\vdots \\
A_p x_p^{k} \\
\lambda^{k}
\end{pmatrix}
-
\begin{pmatrix}
\nu I_m & -\nu I_m & 0 & \cdots & 0 \\
0 & \nu I_m & \ddots & \ddots & \vdots \\
0 & 0 & \ddots & -\nu I_m & 0 \\
I_m & \cdots & I_m & (1+\nu)I_m & \dfrac{1}{\beta} I_m \\
-\nu \beta I_m & 0 & \cdots & 0 & 0
\end{pmatrix}
\begin{pmatrix}
A_1 x_1^{k} - A_1 \tilde{x}_1^{k} \\
A_2 x_2^{k} - A_2 \tilde{x}_2^{k} \\
\vdots \\
A_p x_p^{k} - A_p \tilde{x}_p^{k} \\
\lambda^{k} - \tilde{\lambda}^{k}
\end{pmatrix}.
\tag{15.3.8}
$$

根据定理 15.2, 我们有下面的收敛定理.

定理 15.4　求解变分不等式(15.0.3), 由(15.2.3)预测和(15.3.8)校正的方法产生的序列 $\{(A_1 x_1^k, \cdots, A_p x_p^k, \lambda^k)\}$ 收敛于某个 $(A_1 x_1^*, \cdots, A_p x_p^*, \lambda^*)$.

15.4　基于 Dual-Primal 预测构造校正矩阵

对由 Dual-Primal 串行预测得到的预测矩阵 $\mathcal{Q}_{DP}$ (见(15.2.20)), 如同(15.1.5), 分别做两种典型的分解.

1. 分解后取形式比较简单的矩阵为 $\mathcal{D}$

对 $\mathcal{Q}_{DP}^{\mathrm{T}} + \mathcal{Q}_{DP}$ 做如下分解:

$$
\begin{aligned}
\mathcal{Q}_{DP}^{\mathrm{T}} + \mathcal{Q}_{DP} &= \begin{pmatrix} \mathcal{I} + \mathcal{E}\mathcal{E}^{\mathrm{T}} & -\mathcal{E} \\ -\mathcal{E}^{\mathrm{T}} & 2I_m \end{pmatrix} \\
&= \begin{pmatrix} \nu\mathcal{I} & 0 \\ 0 & I_m \end{pmatrix} + \begin{pmatrix} (1-\nu)\mathcal{I} + \mathcal{E}\mathcal{E}^{\mathrm{T}} & -\mathcal{E} \\ -\mathcal{E}^{\mathrm{T}} & I_m \end{pmatrix},
\end{aligned} \tag{15.4.1}
$$

其中 $\nu \in (0,1)$. 因为

$$
\begin{pmatrix} (1-\nu)\mathcal{I} + \mathcal{E}\mathcal{E} & -\mathcal{E} \\ -\mathcal{E}^{\mathrm{T}} & I_m \end{pmatrix} = \begin{pmatrix} \mathcal{E} \\ -I_m \end{pmatrix} (\mathcal{E}^{\mathrm{T}}, -I_m) + \begin{pmatrix} (1-\nu)\mathcal{I} & 0 \\ 0 & 0 \end{pmatrix}
$$

正定, (15.4.1)右端两部分都是正定矩阵. 将(15.4.1)右端的第一部分取成 $\mathcal{D}$, 即

$$
\mathcal{D} = \begin{pmatrix} \nu\mathcal{I} & 0 \\ 0 & I_m \end{pmatrix}, \quad \nu \in (0,1). \tag{15.4.2}
$$

这时(15.4.1)右端的第二部分即为 $\mathcal{G}$, 条件(15.1.5)满足, $\mathcal{D}$ 的形式相对简单. 由 (15.1.6), 校正公式(15.1.8)中的矩阵 $\mathcal{M}$ 是

$$
\begin{aligned}
\mathcal{M}_{DP} = \mathcal{Q}_{DP}^{-\mathrm{T}}\mathcal{D} &= \begin{pmatrix} \mathcal{L}^{-\mathrm{T}} & \mathcal{L}^{-\mathrm{T}}\mathcal{E} \\ 0 & I_m \end{pmatrix} \begin{pmatrix} \nu\mathcal{I} & 0 \\ 0 & I_m \end{pmatrix} \\
&= \begin{pmatrix} \nu I_m & -\nu I_m & 0 & \cdots & 0 \\ 0 & \nu I_m & \ddots & \ddots & \vdots \\ \vdots & \ddots & \ddots & -\nu I_m & 0 \\ 0 & \cdots & 0 & \nu I_m & I_m \\ 0 & 0 & \cdots & 0 & I_m \end{pmatrix}.
\end{aligned} \tag{15.4.3}
$$

利用(15.1.2a), 若校正公式(15.1.8)中的 $\mathcal{M}$ 由(15.4.3)给出, 等价的表达式就是

$$
\begin{pmatrix} A_1 x_1^{k+1} \\ A_2 x_2^{k+1} \\ \vdots \\ A_p x_p^{k+1} \\ \lambda^{k+1} \end{pmatrix} = \begin{pmatrix} A_1 x_1^k \\ A_2 x_2^k \\ \vdots \\ A_p x_p^k \\ \lambda^k \end{pmatrix} - \begin{pmatrix} \nu I_m & -\nu I_m & 0 & \cdots & 0 \\ 0 & \nu I_m & \ddots & \ddots & \vdots \\ \vdots & \ddots & \ddots & -\nu I_m & 0 \\ 0 & \cdots & 0 & \nu I_m & \dfrac{1}{\beta} I_m \\ 0 & \cdots & 0 & 0 & I_m \end{pmatrix} \begin{pmatrix} A_1 x_1^k - A_1 \tilde{x}_1^k \\ A_2 x_2^k - A_2 \tilde{x}_2^k \\ \vdots \\ A_p x_p^k - A_p \tilde{x}_p^k \\ \lambda^k - \tilde{\lambda}^k \end{pmatrix} . \quad (15.4.4)
$$

根据定理 15.2, 我们有下面的收敛定理.

定理 15.5　求解变分不等式 (15.0.3), 由 (15.2.14) 预测和 (15.4.4) 校正的方法产生的序列 $\{(A_1 x_1^k, \cdots, A_p x_p^k, \lambda^k)\}$ 收敛于某个 $(A_1 x_1^*, \cdots, A_p x_p^*, \lambda^*)$.

2. 分解后取形式比较简单的矩阵为 $\mathcal{G}$

对 $\mathcal{Q}_{DP}^{\mathrm{T}} + \mathcal{Q}_{DP}$ 做另一种分解:

$$
\mathcal{Q}_{DP}^{\mathrm{T}} + \mathcal{Q}_{DP} = \begin{pmatrix} \nu \mathcal{I} + \mathcal{E}\mathcal{E}^{\mathrm{T}} & -\mathcal{E} \\ -\mathcal{E}^{\mathrm{T}} & I_m \end{pmatrix} + \begin{pmatrix} (1-\nu)\mathcal{I} & 0 \\ 0 & I_m \end{pmatrix}, \quad (15.4.5)
$$

其中 $\nu \in (0,1)$. 由于

$$
\begin{pmatrix} \nu \mathcal{I} + \mathcal{E}\mathcal{E}^{\mathrm{T}} & -\mathcal{E} \\ -\mathcal{E}^{\mathrm{T}} & I_m \end{pmatrix} = \begin{pmatrix} \mathcal{E} \\ -I_m \end{pmatrix} \left(\mathcal{E}^{\mathrm{T}}, \; -I_m \right) + \begin{pmatrix} \nu \mathcal{I} & 0 \\ 0 & 0 \end{pmatrix},
$$

(15.4.5) 右端的两部分都是正定矩阵. 我们取 (15.4.5) 右端的第一部分为 $\mathcal{D}$, 第二部分为 $\mathcal{G}$, 这时条件 (15.1.5) 满足, 矩阵 $\mathcal{G}$ 的形式比较简单. 由 (15.1.6), 校正公式 (15.1.8) 中的矩阵 $\mathcal{M}$ 是

$$
\begin{aligned}
\mathcal{M}_{DP} = \mathcal{Q}_{DP}^{-\mathrm{T}} \mathcal{D} &= \begin{pmatrix} \mathcal{L}^{-\mathrm{T}} & \mathcal{L}^{-\mathrm{T}}\mathcal{E} \\ 0 & I_m \end{pmatrix} \begin{pmatrix} \nu \mathcal{I} + \mathcal{E}\mathcal{E}^{\mathrm{T}} & -\mathcal{E} \\ -\mathcal{E}^{\mathrm{T}} & I_m \end{pmatrix} \\
&= \begin{pmatrix} \nu \mathcal{L}^{-\mathrm{T}} & 0 \\ -\mathcal{E}^{\mathrm{T}} & I_m \end{pmatrix} = \begin{pmatrix} \nu I_m & -\nu I_m & 0 & \cdots & 0 \\ 0 & \nu I_m & \ddots & \ddots & \vdots \\ \vdots & \ddots & \ddots & -\nu I_m & 0 \\ 0 & \cdots & 0 & \nu I_m & 0 \\ -I_m & \cdots & -I_m & -I_m & I_m \end{pmatrix} . \quad (15.4.6)
\end{aligned}
$$

注意到这里的 $\mathcal{Q}_{DP}$ 与 $\mathcal{M}_{DP}$ 跟文献 [73] 的第 8 节中给出的完全相同, 因此是同一个算法. 利用(15.1.2a), 若校正公式(15.1.8)中的 $\mathcal{M}$ 由(15.4.6)给出, 等价的表达式就是

$$
\begin{pmatrix}
A_1 x_1^{k+1} \\
A_2 x_2^{k+1} \\
\vdots \\
A_p x_p^{k+1} \\
\lambda^{k+1}
\end{pmatrix}
=
\begin{pmatrix}
A_1 x_1^k \\
A_2 x_2^k \\
\vdots \\
A_p x_p^k \\
\lambda^k
\end{pmatrix}
-
\begin{pmatrix}
\nu I_m & -\nu I_m & 0 & \cdots & 0 \\
0 & \nu I_m & \ddots & \ddots & \vdots \\
\vdots & \ddots & \ddots & -\nu I_m & 0 \\
0 & \cdots & 0 & \nu I_m & 0 \\
-\beta I_m & -\beta I_m & \cdots & -\beta I_m & I_m
\end{pmatrix}
\begin{pmatrix}
A_1 x_1^k - A_1 \tilde{x}_1^k \\
A_2 x_2^k - A_2 \tilde{x}_2^k \\
\vdots \\
A_p x_p^k - A_p \tilde{x}_p^k \\
\lambda^k - \tilde{\lambda}^k
\end{pmatrix} .
$$

$$(15.4.7)$$

根据定理 15.2, 我们有下面的收敛定理.

定理 15.6 求解变分不等式(15.0.3), 由(15.2.14)预测和(15.4.7)校正的方法产生的序列 $\{(A_1 x_1^k, \cdots, A_p x_p^k, \lambda^k)\}$ 收敛于某个 $(A_1 x_1^*, \cdots, A_p x_p^*, \lambda^*)$.

15.5 统一框架中的串行预测和广义秩一校正

这一章求解多块可分离线性约束的凸优化问题的方法, 仍然是变分不等式框架下的预测-校正方法. 采用 Primal-Dual 和 Dual-Primal 的 Gauss 型预测, 分别得到预测矩阵

$$
\begin{pmatrix}
\beta A_1^{\mathrm{T}} A_1 & 0 & \cdots & 0 & A_1^{\mathrm{T}} \\
\beta A_2^{\mathrm{T}} A_1 & \beta A_2^{\mathrm{T}} A_2 & \ddots & \vdots & A_2^{\mathrm{T}} \\
\vdots & \ddots & \ddots & 0 & \vdots \\
\beta A_p^{\mathrm{T}} A_1 & \cdots & \beta A_p^{\mathrm{T}} A_{p-1} & \beta A_p^{\mathrm{T}} A_p & A_p^{\mathrm{T}} \\
0 & 0 & \cdots & 0 & \frac{1}{\beta} I_m
\end{pmatrix}
\ \text{和} \
\begin{pmatrix}
\beta A_1^{\mathrm{T}} A_1 & 0 & \cdots & 0 & 0 \\
\beta A_2^{\mathrm{T}} A_1 & \beta A_2^{\mathrm{T}} A_2 & \ddots & \vdots & 0 \\
\vdots & \ddots & \ddots & 0 & \vdots \\
\beta A_p^{\mathrm{T}} A_1 & \cdots & \beta A_p^{\mathrm{T}} A_{p-1} & \beta A_p^{\mathrm{T}} A_p & 0 \\
-A_1 & \cdots & -A_{p-1} & -A_p & \frac{1}{\beta} I_m
\end{pmatrix} .
$$

利用(15.1.2)做了替换以后, 得到特殊结构的预测矩阵 $\mathcal{Q}$, 它们分别是

$$
\mathcal{Q}_{PD} =
\begin{pmatrix}
I_m & 0 & \cdots & 0 & I_m \\
I_m & I_m & \ddots & \vdots & I_m \\
\vdots & \ddots & \ddots & 0 & \vdots \\
I_m & \cdots & I_m & I_m & I_m \\
0 & 0 & \cdots & 0 & I_m
\end{pmatrix} ,
\quad
\mathcal{Q}_{DP} =
\begin{pmatrix}
I_m & 0 & \cdots & 0 & 0 \\
I_m & I_m & \ddots & \vdots & 0 \\
\vdots & \ddots & \ddots & 0 & \vdots \\
I_m & \cdots & I_m & I_m & 0 \\
-I_m & \cdots & -I_m & -I_m & I_m
\end{pmatrix} .
$$

而 $\mathcal{Q}^{\mathrm{T}} + \mathcal{Q}$ 的形式分别为

$$
\begin{pmatrix} \mathcal{I} + \mathcal{E}\mathcal{E}^{\mathrm{T}} & \mathcal{E} \\ \mathcal{E}^{\mathrm{T}} & 2I_m \end{pmatrix}
\quad \text{和} \quad
\begin{pmatrix} \mathcal{I} + \mathcal{E}\mathcal{E}^{\mathrm{T}} & -\mathcal{E} \\ -\mathcal{E}^{\mathrm{T}} & 2I_m \end{pmatrix}.
$$

其逆矩阵 $\mathcal{Q}^{-\mathrm{T}}$ 的形式分别是

$$
\mathcal{Q}_{PD}^{-\mathrm{T}} = \begin{pmatrix} I_m & -I_m & 0 & \cdots & 0 \\ 0 & I_m & \ddots & \ddots & \vdots \\ \vdots & \ddots & \ddots & -I_m & 0 \\ 0 & \cdots & 0 & I_m & 0 \\ -I_m & 0 & \cdots & 0 & I_m \end{pmatrix}, \quad
\mathcal{Q}_{DP}^{-\mathrm{T}} = \begin{pmatrix} I_m & -I_m & 0 & \cdots & 0 \\ 0 & I_m & \ddots & \ddots & \vdots \\ \vdots & \ddots & \ddots & -I_m & 0 \\ 0 & \cdots & 0 & I_m & I_m \\ 0 & 0 & \cdots & 0 & I_m \end{pmatrix}.
$$

选取满足条件

$$
\mathcal{D} + \mathcal{G} = \mathcal{Q}^{\mathrm{T}} + \mathcal{Q}
$$

的正定矩阵 $\mathcal{D}$ 和 $\mathcal{G}$, 策略是很多的. 然后, 令

$$
M = \mathcal{Q}^{-\mathrm{T}}\mathcal{D} \quad \text{和} \quad \xi^{k+1} = \xi^k - \mathcal{M}(\xi^k - \tilde{\xi}^k),
$$

则有

$$
\|\xi^{k+1} - \xi^*\|_{\mathcal{H}}^2 \leqslant \|\xi^k - \xi^*\|_{\mathcal{H}}^2 - \|\xi^k - \tilde{\xi}^k\|_{\mathcal{G}}^2, \quad \forall \xi^* \in \Xi^*,
$$

其中 $\mathcal{H} = \mathcal{Q}\mathcal{D}^{-1}\mathcal{Q}^{\mathrm{T}}$. 由于 $\mathcal{Q}^{-\mathrm{T}}$ 的结构相当简单, 校正是容易实现的.

这一章讨论的方法, 由串行预测生成的矩阵 $\mathcal{Q}_{PD}$ 和 $\mathcal{Q}_{DP}$, 都是一个容易求逆的矩阵和一个广义秩一矩阵的和. 譬如说,

$$
\mathcal{Q}_{PD}^{\mathrm{T}} = \mathcal{Q}_{0PD}^{\mathrm{T}} \otimes I_m, \quad \text{其中 } \otimes \text{ 表示 Kronecker 积.} \tag{15.5.1}
$$

把 $\mathcal{Q}_{0PD}^{\mathrm{T}}$ 中的 1 改成 I_m, 就得到了 $\mathcal{Q}_{PD}^{\mathrm{T}}$. 注意到

$$
\mathcal{Q}_{0PD}^{\mathrm{T}} = Q_{1PD}^{\mathrm{T}} + Q_{2PD}^{\mathrm{T}},
$$

其中

$$
Q_{1PD}^{\mathrm{T}} = \begin{pmatrix} 1 & 1 & \cdots & 1 & 0 \\ 0 & 1 & \ddots & \vdots & \vdots \\ \vdots & \ddots & \ddots & 1 & \vdots \\ 0 & \cdots & 0 & 1 & 0 \\ 0 & 0 & \cdots & 0 & 1 \end{pmatrix}, \quad
Q_{2PD}^{\mathrm{T}} = \begin{pmatrix} 0 & \cdots & \cdots & 0 & 0 \\ \vdots & & & \vdots & \vdots \\ \vdots & & & \vdots & \vdots \\ 0 & \cdots & \cdots & 0 & 0 \\ 1 & \cdots & \cdots & 1 & 0 \end{pmatrix}.
$$

由于 Q_{1PD} 容易求逆, Q_{2PD} 是秩一矩阵,

$$Q_{1PD}^{-T} = \begin{pmatrix} 1 & -1 & 0 & \cdots & 0 \\ 0 & 1 & \ddots & \ddots & \vdots \\ \vdots & \ddots & \ddots & -1 & 0 \\ 0 & \cdots & 0 & 1 & 0 \\ 0 & \cdots & 0 & 0 & 1 \end{pmatrix}, \qquad Q_{2PD}^{T} = \begin{pmatrix} 0 \\ \vdots \\ \vdots \\ 0 \\ 1 \end{pmatrix} \begin{pmatrix} 1 & \cdots & \cdots & 1 & 0 \end{pmatrix}.$$

利用线性代数中的秩一校正求逆公式

$$(A + uv^{T})^{-1} = A^{-1} - \frac{1}{1 + v^{T}A^{-1}u} A^{-1}uv^{T}A^{-1},$$

设 $A = Q_{1PD}^{T}$, $uv^{T} = Q_{2PD}^{T}$, 容易得到

$$\mathcal{Q}_{0PD}^{-T} = \begin{pmatrix} 1 & -1 & 0 & \cdots & 0 \\ 0 & 1 & \ddots & \ddots & \vdots \\ \vdots & \ddots & \ddots & -1 & 0 \\ 0 & \cdots & 0 & 1 & 0 \\ -1 & 0 & \cdots & 0 & 1 \end{pmatrix}.$$

由(15.5.1)和

$$\mathcal{Q}_{PD}^{-T} = \mathcal{Q}_{0PD}^{-T} \otimes I_m,$$

我们得到

$$\mathcal{Q}_{PD}^{-T} = \begin{pmatrix} I_m & -I_m & 0 & \cdots & 0 \\ 0 & I_m & \ddots & \ddots & \vdots \\ \vdots & \ddots & \ddots & -I_m & 0 \\ 0 & \cdots & 0 & I_m & 0 \\ -I_m & 0 & \cdots & 0 & I_m \end{pmatrix}.$$

这些就是我们把这一章的方法说成广义秩一预测-校正方法的原因.

第 16 章 求解多块可分离问题的广义秩二 预测-校正方法

我们仍然考虑线性约束的多块可分离凸优化问题(15.0.1). 其相应的变分不等式为(15.0.3), 在前一章中已经做了介绍, 采用第 15 章 15.1节中的统一框架中的方法求解变分不等式. 这些方法的第 k 步迭代从给定的 $(A_1 x_1^k, \cdots, A_p x_p^k, \lambda^k)$ 出发, 生成的预测点 $\tilde{w}^k$ 满足

$$\tilde{w}^k \in \Omega, \quad \theta(x) - \theta(\tilde{x}^k) + (w - \tilde{w}^k)^{\mathrm{T}} F(\tilde{w}^k) \geqslant (w - \tilde{w}^k)^{\mathrm{T}} Q(w^k - \tilde{w}^k), \ \forall\, w \in \Omega,$$
$$(16.0.1)$$

其中 $Q^{\mathrm{T}} + Q$ 是本质上正定的. 前一章的方法采用的是串行预测, 经过变换以后的矩阵 Q 是一个容易求逆的矩阵和一个广义秩一矩阵的和. 这一章介绍的方法, Q 是一个容易求逆的矩阵和一个广义秩二矩阵的和, 校正同样非常容易实现.

16.1 用统一框架指导设计方法

利用第 15 章定义的变换(15.1.2), 可以把预测(16.0.1)改写成

$$\tilde{w}^k \in \Omega, \ \theta(x) - \theta(\tilde{x}^k) + (w - \tilde{w}^k)^{\mathrm{T}} F(\tilde{w}^k) \geqslant (\xi - \tilde{\xi}^k)^{\mathrm{T}} \mathcal{Q}(\xi^k - \tilde{\xi}^k), \ \forall\, w \in \Omega, \ (16.1.1)$$

其中

$$\mathcal{Q} = P^{\mathrm{T}} Q P, \qquad \text{并且} \qquad \mathcal{Q}^{\mathrm{T}} + \mathcal{Q} \succ 0. \tag{16.1.2}$$

由(16.1.1)得到

$$(\tilde{\xi}^k - \xi^*)^{\mathrm{T}} \mathcal{Q}(\xi^k - \tilde{\xi}^k) \geqslant 0, \quad \forall\, \xi \in \Xi^*. \tag{16.1.3}$$

接着, 我们就可以选择正定矩阵 $\mathcal{D}$ 和 $\mathcal{G}$, 使得

$$\mathcal{D} \succ 0, \quad \mathcal{G} \succ 0, \quad \mathcal{D} + \mathcal{G} = \mathcal{Q}^{\mathrm{T}} + \mathcal{Q}. \tag{16.1.4}$$

最后, 用

$$\xi^{k+1} = \xi^k - \mathcal{Q}^{-\mathrm{T}} \mathcal{D}(\xi^k - \tilde{\xi}^k) \tag{16.1.5}$$

得到 ξ^{k+1}. 生成的序列 $\{\xi^k\}$ 满足定理 15.1. 这一章讨论用统一框架构造算法, 根据(16.1.1)定制的方法, 实际上就是预先设定矩阵 $\mathcal{Q}$, 使得

(1) $\mathcal{Q}$ 是一个容易求逆的矩阵和一个广义秩二矩阵的和, $\mathcal{Q}^{\mathrm{T}} + \mathcal{Q} \succ 0$.

(2) 对 $Q = P^{\mathrm{T}}\mathcal{Q}P$ 的预测矩阵 Q, 相应的预测(16.0.1)可以实施.

(3) $\mathcal{Q}^{-\mathrm{T}}$ 的表达式简单, 使得校正(16.1.5)容易实现.

16.2 根据统一框架设计串型预测

求解多块可分离凸优化问题(15.0.1), 预测按 Gauss 型串行逐渐向前推进, 如果将矩阵 $\mathcal{Q}$ 写成 2×2 的分块形式, 其左上角是由(15.2.1)给出的下三角矩阵 $\mathcal{L}$.

16.2.1 Primal-Dual 预测后再校正的方法

设计一个可以执行 Primal-Dual 预测的矩阵

$$\mathcal{Q} = \begin{pmatrix} \mathcal{L} & \mathcal{E} \\ \tau\mathcal{E}^{\mathrm{T}} & \frac{1}{2}[1 + (1+\tau)^2]I_m \end{pmatrix}, \quad \tau \in [-1, 1], \qquad (16.2.1)$$

其中的 $\mathcal{L}$ 和 $\mathcal{E}$ 由(15.2.1)给出. 注意到(15.2.6b)中的 $\mathcal{Q}_{PD}$ 是这里 $\tau = 0$ 的一个特例. 由于

$$\begin{aligned}
\mathcal{Q}^{\mathrm{T}} + \mathcal{Q} &= \begin{pmatrix} \mathcal{I} + \mathcal{E}\mathcal{E}^{\mathrm{T}} & (1+\tau)\mathcal{E} \\ (1+\tau)\mathcal{E}^{\mathrm{T}} & [1 + (1+\tau)^2]I_m \end{pmatrix} \\
&= \begin{pmatrix} \mathcal{I} & 0 \\ 0 & I_m \end{pmatrix} + \begin{pmatrix} \mathcal{E} \\ (1+\tau)I_m \end{pmatrix} \left(\mathcal{E}^{\mathrm{T}}, \ (1+\tau)I_m \right), \qquad (16.2.2)
\end{aligned}$$

$\mathcal{Q}^{\mathrm{T}} + \mathcal{Q}$ 是单位矩阵与一个半正定矩阵的和, 所以是正定的. 我们讨论(16.2.1)中取 $\tau = 1$ 的算法. 这时

$$\mathcal{Q} = \begin{pmatrix} \mathcal{L} & \mathcal{E} \\ \mathcal{E}^{\mathrm{T}} & \frac{5}{2}I_m \end{pmatrix}. \qquad (16.2.3)$$

注意到如果将(16.2.3)中 $\mathcal{Q}$ 矩阵左上角的 $\mathcal{L}$ 换成 $\mathcal{I}$, $\mathcal{Q}$ 就成了对称矩阵, 但对 $p \geqslant 3$, 这样的矩阵就不再是正定的. 利用变换(15.1.2)中的记号, 对应于(16.2.3)中的 $\mathcal{Q}$, 相应的 $Q = P^{\mathrm{T}}\mathcal{Q}P$, 所以

$$Q = \begin{pmatrix} \beta A_1^{\mathrm{T}} A_1 & 0 & \cdots & 0 & A_1^{\mathrm{T}} \\ \beta A_2^{\mathrm{T}} A_1 & \beta A_2^{\mathrm{T}} A_2 & \ddots & \vdots & A_2^{\mathrm{T}} \\ \vdots & & \ddots & 0 & \vdots \\ \beta A_p^{\mathrm{T}} A_1 & \beta A_p^{\mathrm{T}} A_2 & \cdots & \beta A_p^{\mathrm{T}} A_p & A_p^{\mathrm{T}} \\ A_1 & A_2 & \cdots & A_p & \dfrac{5}{2\beta} I_m \end{pmatrix}. \tag{16.2.4}$$

要实现预测

$$\theta(x) - \theta(\tilde{x}^k) + (w - \tilde{w}^k)^{\mathrm{T}} F(\tilde{w}^k) \geqslant (w - \tilde{w}^k)^{\mathrm{T}} Q(w^k - \tilde{w}^k), \quad \forall w \in \Omega, \tag{16.2.5}$$

其中矩阵 Q 由(16.2.4)给出. 根据变分不等式(15.0.3)的形式, 预测(16.2.5)的原始和对偶部分可以分别通过

$$\begin{cases} \tilde{x}_1^k \in \arg\min\left\{ \theta_1(x_1) - x_1^{\mathrm{T}} A_1^{\mathrm{T}} \lambda^k + \dfrac{1}{2}\beta\|A_1(x_1 - x_1^k)\|^2 \ \middle|\ x_1 \in \mathcal{X}_1 \right\}, \\ \qquad\qquad\qquad\qquad\qquad \vdots \\ \tilde{x}_i^k \in \arg\min\left\{ \begin{matrix} \theta_i(x_i) - x_i^{\mathrm{T}} A_i^{\mathrm{T}} \lambda^k + \\ \dfrac{1}{2}\beta\|\sum\limits_{j=1}^{i-1} A_j(\tilde{x}_j^k - x_j^k) + A_i(x_i - x_i^k)\|^2 \end{matrix} \ \middle|\ x_i \in \mathcal{X}_i \right\}, \\ \qquad\qquad\qquad\qquad\qquad \vdots \\ \tilde{x}_p^k \in \arg\min\left\{ \begin{matrix} \theta_p(x_p) - x_p^{\mathrm{T}} A_p^{\mathrm{T}} \lambda^k + \\ \dfrac{1}{2}\beta\|\sum\limits_{j=1}^{p-1} A_j(\tilde{x}_j^k - x_j^k) + A_p(x_p - x_p^k)\|^2 \end{matrix} \ \middle|\ x_p \in \mathcal{X}_p \right\} \end{cases} \tag{16.2.6a}$$

和

$$\tilde{\lambda}^k = P_\Lambda\left\{ \lambda^k - \dfrac{2}{5}\beta\left[\left(\sum_{i=1}^{p} A_i \tilde{x}_i^k - b \right) + \sum_{i=1}^{p} A_i(\tilde{x}_i^k - x_i^k) \right] \right\} \tag{16.2.6b}$$

完成. 根据定理 1.1, (16.2.6a)中 x_i-子问题的最优性条件是

$$\theta_i(x_i) - \theta_i(\tilde{x}_i^k) + (x_i - \tilde{x}_i^k)^{\mathrm{T}}\left\{ -A_i^{\mathrm{T}}\lambda^k + A_i^{\mathrm{T}}\beta\left[\sum_{j=1}^{i} A_j(\tilde{x}_j^k - x_j^k) \right] \right\} \geqslant 0, \quad \forall x_i \in \mathcal{X}_i.$$

这可以写成

$$\tilde{x}_i^k \in \mathcal{X}_i, \ \theta_i(x_i) - \theta_i(\tilde{x}_i^k) + (x_i - \tilde{x}_i^k)^{\mathrm{T}} \left\{ -A_i^{\mathrm{T}} \tilde{\lambda}^k \right\}$$

$$\geqslant (x_i - \tilde{x}_i^k)^{\mathrm{T}} \left\{ A_i^{\mathrm{T}} \beta \left[\sum_{j=1}^{i} A_j (x_j^k - \tilde{x}_j^k) \right] + A_i^{\mathrm{T}} (\lambda^k - \tilde{\lambda}^k) \right\}, \ \forall x_i \in \mathcal{X}_i.$$

$$(16.2.7\mathrm{a})$$

对偶预测(16.2.6b)的最优性条件是 $\tilde{\lambda}^k \in \Lambda$,

$$(\lambda - \tilde{\lambda}^k)^{\mathrm{T}} \left\{ \tilde{\lambda}^k - \left[\lambda^k - \frac{2}{5} \beta \left[\left(\sum_{i=1}^{p} A_i \tilde{x}_i^k - b \right) + \sum_{i=1}^{p} A_i (\tilde{x}_i^k - x_i^k) \right] \right] \right\} \geqslant 0, \ \forall \lambda \in \Lambda.$$

这可以改写成等价的 $\tilde{\lambda}^k \in \Lambda$,

$$(\lambda - \tilde{\lambda}^k)^{\mathrm{T}} \left\{ \left[\left(\sum_{i=1}^{p} A_i \tilde{x}_i^k - b \right) + \sum_{i=1}^{p} A_i (\tilde{x}_i^k - x_i^k) \right] + \frac{5}{2\beta} (\tilde{\lambda}^k - \lambda^k) \right\} \geqslant 0, \ \forall \lambda \in \Lambda.$$

并进一步有

$$\tilde{\lambda}^k \in \Lambda, \ (\lambda - \tilde{\lambda}^k)^{\mathrm{T}} \left\{ \sum_{i=1}^{p} A_i \tilde{x}_i^k - b \right\}$$

$$\geqslant (\lambda - \tilde{\lambda}^k)^{\mathrm{T}} \left\{ \sum_{i=1}^{p} A_i (x_i^k - \tilde{x}_i^k) + \frac{5}{2\beta} (\lambda^k - \tilde{\lambda}^k) \right\}, \ \forall \lambda \in \Lambda.$$

$$(16.2.7\mathrm{b})$$

把(16.2.7a)和(16.2.7b)放在一起, 就是预测(16.2.5), 其中的矩阵 Q 由(16.2.4)给出. 得到了满足(16.2.5)的 $\tilde{w}^k$, 也得到了相应的 $\tilde{\xi}^k = P\tilde{w}^k$.

还需要关心的是, 对(16.2.3)中的 $\mathcal{Q}$, $\mathcal{Q}^{-\mathrm{T}}$ 的形式是否简单. 对这里的 $\mathcal{Q}$, 为了防止混淆, 我们记其为 $\mathcal{Q}_{PD}$, 有

$$\mathcal{Q}_{PD}^{\mathrm{T}} = \mathcal{Q}_1^{\mathrm{T}} + \mathcal{Q}_2^{\mathrm{T}},$$

其中

$$\mathcal{Q}_1^{\mathrm{T}} = \begin{pmatrix} \mathcal{L}^{\mathrm{T}} & 0 \\ 0 & \frac{5}{2} I_m \end{pmatrix}, \quad \mathcal{Q}_2^{\mathrm{T}} = \begin{pmatrix} 0 & \mathcal{E} \\ \mathcal{E}^{\mathrm{T}} & 0 \end{pmatrix}.$$

$\mathcal{Q}_1$ 是个容易求逆的矩阵, 而

$$\mathcal{Q}_2^{\mathrm{T}} = \begin{pmatrix} I_m & 0 \\ \vdots & \vdots \\ I_m & 0 \\ 0 & I_m \end{pmatrix} \begin{pmatrix} 0 & \cdots & 0 & I_m \\ I_m & \cdots & I_m & 0 \end{pmatrix} = \begin{pmatrix} \mathcal{E} & 0 \\ 0 & I_m \end{pmatrix} \begin{pmatrix} 0 & I_m \\ \mathcal{E}^{\mathrm{T}} & 0 \end{pmatrix}$$

是个广义秩二矩阵. 利用线性代数中的求逆公式

$$(A + UV)^{-1} = A^{-1} - A^{-1}U(I + VA^{-1}U)^{-1}VA^{-1},$$

经过演算可得

$$\mathcal{Q}_{PD}^{-\mathrm{T}} = \begin{pmatrix} \mathcal{L}^{-\mathrm{T}} & 0 \\ 0 & \frac{2}{5}I_m \end{pmatrix} + \frac{2}{3} \begin{pmatrix} \mathcal{L}^{-\mathrm{T}}\mathcal{E}\mathcal{E}^{\mathrm{T}}\mathcal{L}^{-\mathrm{T}} & -\mathcal{L}^{-\mathrm{T}}\mathcal{E} \\ -\mathcal{E}^{\mathrm{T}}\mathcal{L}^{-\mathrm{T}} & \frac{2}{5}I_m \end{pmatrix}.$$

上式也可以写成

$$\mathcal{Q}_{PD}^{-\mathrm{T}} = \begin{pmatrix} \mathcal{L}^{-\mathrm{T}} & 0 \\ 0 & 0 \end{pmatrix} + \frac{2}{3} \begin{pmatrix} \mathcal{L}^{-\mathrm{T}}\mathcal{E}\mathcal{E}^{\mathrm{T}}\mathcal{L}^{-\mathrm{T}} & -\mathcal{L}^{-\mathrm{T}}\mathcal{E} \\ -\mathcal{E}^{\mathrm{T}}\mathcal{L}^{-\mathrm{T}} & I_m \end{pmatrix}. \tag{16.2.8}$$

由于

$$\mathcal{L}^{-\mathrm{T}}\mathcal{E} = \begin{pmatrix} I_m & -I_m & 0 & 0 \\ 0 & I_m & \ddots & 0 \\ \vdots & \ddots & \ddots & -I_m \\ 0 & \cdots & 0 & I_m \end{pmatrix} \begin{pmatrix} I_m \\ I_m \\ \vdots \\ I_m \end{pmatrix} = \begin{pmatrix} 0 \\ \vdots \\ 0 \\ I_m \end{pmatrix}$$

和

$$\mathcal{E}^{\mathrm{T}}\mathcal{L}^{-\mathrm{T}} = (I_m, I_m, \cdots, I_m) \begin{pmatrix} I_m & -I_m & 0 & 0 \\ 0 & I_m & \ddots & 0 \\ \vdots & \ddots & \ddots & -I_m \\ 0 & \cdots & 0 & I_m \end{pmatrix} = (I_m, 0, \cdots, 0),$$

我们有

$$
\begin{pmatrix} \mathcal{L}^{-T}\mathcal{E}\mathcal{E}^T\mathcal{L}^{-T} & -\mathcal{L}^{-T}\mathcal{E} \\ -\mathcal{E}^T\mathcal{L}^{-T} & I_m \end{pmatrix} = \begin{pmatrix} 0 & 0 & \cdots & 0 & 0 \\ \vdots & \vdots & & \vdots & \vdots \\ 0 & 0 & \cdots & 0 & 0 \\ I_m & 0 & \cdots & 0 & -I_m \\ -I_m & 0 & \cdots & 0 & I_m \end{pmatrix}.
$$

所以, (16.2.8)中的 $\mathcal{Q}_{PD}^{-T}$ 形式是相当简单的. 写开来就是

$$
\mathcal{Q}_{PD}^{-T} = \begin{pmatrix} I_m & -I_m & 0 & \cdots & 0 \\ 0 & I_m & \ddots & \ddots & \vdots \\ \vdots & \ddots & \ddots & -I_m & 0 \\ 0 & \cdots & 0 & I_m & 0 \\ 0 & \cdots & 0 & 0 & 0 \end{pmatrix} + \frac{2}{3} \begin{pmatrix} 0 & 0 & \cdots & 0 & 0 \\ \vdots & \vdots & & \vdots & \vdots \\ 0 & 0 & \cdots & 0 & 0 \\ I_m & 0 & \cdots & 0 & -I_m \\ -I_m & 0 & \cdots & 0 & I_m \end{pmatrix},
$$

校正容易实现. 当 $\tau = 1$ 时, 由(16.2.2)知道

$$
\mathcal{Q}_{PD}^T + \mathcal{Q}_{PD} = \begin{pmatrix} \mathcal{I} + \mathcal{E}\mathcal{E}^T & 2\mathcal{E} \\ 2\mathcal{E}^T & 5I_m \end{pmatrix} = \begin{pmatrix} \mathcal{I} & 0 \\ 0 & I_m \end{pmatrix} + \begin{pmatrix} \mathcal{E} \\ 2I_m \end{pmatrix} \begin{pmatrix} \mathcal{E}^T, & 2I_m \end{pmatrix}.
$$

符合条件(16.1.4)的矩阵 $\mathcal{D}$ 有许多选法. 例如, 若取

$$
\mathcal{D} = \begin{pmatrix} \nu\mathcal{I} & 0 \\ 0 & I_m \end{pmatrix}, \quad \nu \in (0, 1),
$$

条件(16.1.4)满足. 由

$$
\xi^{k+1} = \xi^k - \mathcal{Q}_{PD}^{-T}\mathcal{D}(\xi^k - \tilde{\xi}^k)
$$

生成的序列 $\{\xi^k\}$ 满足定理 15.1. 与之等价的校正公式是

$$
\begin{pmatrix} A_1 x_1^{k+1} \\ A_2 x_2^{k+1} \\ \vdots \\ A_p x_p^{k+1} \\ \lambda^{k+1} \end{pmatrix} = \begin{pmatrix} A_1 x_1^k \\ A_2 x_2^k \\ \vdots \\ A_p x_p^k \\ \lambda^k \end{pmatrix} - \begin{pmatrix} \nu I_m & -\nu I_m & 0 & \cdots & 0 \\ 0 & \nu I_m & \ddots & \ddots & \vdots \\ \vdots & \ddots & \ddots & -\nu I_m & 0 \\ 0 & \cdots & 0 & \nu I_m & 0 \\ 0 & 0 & \cdots & 0 & 0 \end{pmatrix} \begin{pmatrix} A_1 x_1^k - A_1 \tilde{x}_1^k \\ A_2 x_2^k - A_2 \tilde{x}_2^k \\ \vdots \\ A_p x_p^k - A_p \tilde{x}_p^k \\ \lambda^k - \tilde{\lambda}^k \end{pmatrix}
$$

$$
-\frac{2}{3}
\begin{pmatrix}
0 & 0 & \cdots & 0 & 0 \\
\vdots & \vdots & & \vdots & \vdots \\
0 & 0 & \cdots & 0 & 0 \\
\nu I_m & 0 & \cdots & 0 & -\dfrac{1}{\beta}I_m \\
-\nu\beta I_m & 0 & \cdots & 0 & I_m
\end{pmatrix}
\begin{pmatrix}
A_1 x_1^k - A_1 \tilde{x}_1^k \\
A_2 x_2^k - A_2 \tilde{x}_2^k \\
\vdots \\
A_p x_p^k - A_p \tilde{x}_p^k \\
\lambda^k - \tilde{\lambda}^k
\end{pmatrix}.
\quad (16.2.9)
$$

这样, 我们就生成了新的迭代点 $(A_1 x_1^{k+1}, \cdots, A_p x_p^{k+1}, \lambda^{k+1})$, 完成了方法的一次迭代. 根据第 15 章中的定理 15.2, 我们有下面的收敛定理.

定理 16.1　求解变分不等式(15.0.3), 由(16.2.6)预测和(16.2.9)校正的方法产生的序列 $\{(A_1 x_1^k, \cdots, A_p x_p^k, \lambda^k)\}$ 收敛于某个 $(A_1 x_1^*, \cdots, A_p x_p^*, \lambda^*)$.

16.2.2　Dual-Primal 预测后再校正的方法

同样, 可以设计一个 Dual-Primal 的预测矩阵

$$
\mathcal{Q} =
\begin{pmatrix}
\mathcal{L} & -\tau \mathcal{E} \\
-\mathcal{E}^{\mathrm{T}} & \dfrac{1}{2}[1 + (1+\tau)^2]I_m
\end{pmatrix},
\quad \tau \in [-1, 1],
\quad (16.2.10)
$$

其中的 $\mathcal{L}, \mathcal{E}$ 由(15.2.1)给出. 注意到(15.2.17b)中的 $\mathcal{Q}_{DP}$ 是这里 $\tau = 0$ 的一个特例. 由于

$$
\begin{aligned}
\mathcal{Q}^{\mathrm{T}} + \mathcal{Q} &=
\begin{pmatrix}
\mathcal{I} + \mathcal{E}\mathcal{E}^{\mathrm{T}} & -(1+\tau)\mathcal{E} \\
-(1+\tau)\mathcal{E}^{\mathrm{T}} & [1 + (1+\tau)^2]I_m
\end{pmatrix} \\
&=
\begin{pmatrix}
\mathcal{I} & 0 \\
0 & I_m
\end{pmatrix} +
\begin{pmatrix}
\mathcal{E} \\
-(1+\tau)I_m
\end{pmatrix}
\left(\mathcal{E}^{\mathrm{T}}, \ -(1+\tau)I_m\right).
\quad (16.2.11)
\end{aligned}
$$

$\mathcal{Q}^{\mathrm{T}} + \mathcal{Q}$ 是单位矩阵与一个半正定矩阵的和, 所以是正定的. 我们讨论(16.2.10)中取 $\tau = 1$ 的算法. 这时

$$
\mathcal{Q}^{\mathrm{T}} =
\begin{pmatrix}
\mathcal{L}^{\mathrm{T}} & -\mathcal{E} \\
-\mathcal{E}^{\mathrm{T}} & \dfrac{5}{2}I_m
\end{pmatrix}.
\quad (16.2.12)
$$

如果将(16.2.12)中的 $\mathcal{Q}$ 矩阵左上角的 $\mathcal{L}$ 换成 $\mathcal{I}$, $\mathcal{Q}$ 就成了对称矩阵, 同样, $p \geqslant 3$, 这样的矩阵就不再是正定的. 利用(15.1.2)中的记号, 对应于(16.2.12)中的 $\mathcal{Q}$, 相

应的 $Q = P^{\mathrm{T}} \mathcal{Q} P$, 所以

$$Q = \begin{pmatrix} \beta A_1^{\mathrm{T}} A_1 & 0 & \cdots & 0 & -A_1^{\mathrm{T}} \\ \beta A_2^{\mathrm{T}} A_1 & \beta A_2^{\mathrm{T}} A_2 & \ddots & \vdots & -A_2^{\mathrm{T}} \\ \vdots & & \ddots & 0 & \vdots \\ \beta A_p^{\mathrm{T}} A_1 & \beta A_p^{\mathrm{T}} A_2 & \cdots & \beta A_p^{\mathrm{T}} A_p & -A_p^{\mathrm{T}} \\ -A_1 & -A_2 & \cdots & -A_p & \dfrac{5}{2\beta} I_m \end{pmatrix}, \tag{16.2.13}$$

要实现预测

$$\theta(x) - \theta(\tilde{x}^k) + (w - \tilde{w}^k)^{\mathrm{T}} F(\tilde{w}^k) \geqslant (w - \tilde{w}^k)^{\mathrm{T}} Q(w^k - \tilde{w}^k), \quad \forall w \in \Omega, \tag{16.2.14}$$

其中矩阵 Q 由(16.2.13)给出. 如同这一章 16.2.1 节中的分析, 根据(15.0.3)的形式, (16.2.14)的最后一行是

$$\tilde{\lambda}^k \in \Lambda, \quad (\lambda - \tilde{\lambda}^k)^{\mathrm{T}} \left(\sum_{i=1}^{p} A_i \tilde{x}_i^k - b \right)$$

$$\geqslant (\lambda - \tilde{\lambda}^k)^{\mathrm{T}} \left\{ -\sum_{i=1}^{p} A_i(x_i^k - \tilde{x}_i^k) + \frac{5}{2\beta} (\lambda^k - \tilde{\lambda}^k) \right\}, \quad \forall \lambda \in \Lambda.$$

也就是

$$\tilde{\lambda}^k \in \Lambda, \quad (\lambda - \tilde{\lambda}^k)^{\mathrm{T}} \left\{ \left(\sum_{i=1}^{p} A_i x_i^k - b \right) + \frac{5}{2\beta} (\tilde{\lambda}^k - \lambda^k) \right\} \geqslant 0, \quad \forall \lambda \in \Lambda.$$

上面的 $\tilde{\lambda}^k$ 可以通过

$$\tilde{\lambda}^k = P_\Lambda \left[\lambda^k - \frac{2}{5} \beta \left(\sum_{i=1}^{p} A_i x_i^k - b \right) \right] \tag{16.2.15a}$$

得到. 有了对偶变量的预测, 串行迭代的 x_i-子问题需要满足的最优性条件是

$$\tilde{x}_i^k \in \mathcal{X}_i, \quad \theta_i(x_i) - \theta_i(\tilde{x}_i^k) + (x_i - \tilde{x}_i^k)^{\mathrm{T}} \left\{ -A_i^{\mathrm{T}} \tilde{\lambda}^k + A_i^{\mathrm{T}} \beta \left[\sum_{j=1}^{i} A_j(\tilde{x}_j^k - x_j^k) \right] \right.$$

$$\left. - A_i^{\mathrm{T}}(\tilde{\lambda}^k - \lambda^k) \right\} \geqslant 0, \quad \forall x_i \in \mathcal{X}_i,$$

其中第一个 $-A_i^{\mathrm{T}}\tilde{\lambda}^k$ 对应的是 $F(\tilde{w}^k)$ 中相应的那部分. 上式归并以后得到

$$
\tilde{x}_i^k \in \mathcal{X}_i, \ \ \theta_i(x_i)-\theta_i(\tilde{x}_i^k)+(x_i-\tilde{x}_i^k)^{\mathrm{T}}\bigg\{ -A_i^{\mathrm{T}}(2\tilde{\lambda}^k-\lambda^k)
$$
$$
+A_i^{\mathrm{T}}\beta\bigg[\sum_{j=1}^{i}A_j(\tilde{x}_j^k-x_j^k)\bigg]\bigg\} \geqslant 0, \ \forall x_i \in \mathcal{X}_i.
$$

根据定理 1.1, 它是优化问题

$$
\tilde{x}_i^k \in \arg\min
$$
$$
\bigg\{ \theta_i(x_i)-x_i^{\mathrm{T}}A_i^{\mathrm{T}}(2\tilde{\lambda}^k-\lambda^k)+\frac{\beta}{2}\bigg\|\sum_{j=1}^{i-1}A_j(\tilde{x}_j^k-x_j^k)+A_i(x_i-x_i^k)\bigg\|^2 \bigg| x_i \in \mathcal{X}_i \bigg\}
$$

的最优性条件. 因此, 原始变量 x 的预测是

$$
\begin{cases}
\tilde{x}_1^k \in \arg\min \bigg\{ \begin{matrix}\theta_1(x_1)-x_1^{\mathrm{T}}A_1^{\mathrm{T}}(2\tilde{\lambda}^k-\lambda^k)\\ +\frac{\beta}{2}\|A_1(x_1-x_1^k)\|^2\end{matrix} \bigg| x_1 \in \mathcal{X}_1 \bigg\}, \\
\qquad \vdots \\
\tilde{x}_i^k \in \arg\min \bigg\{ \begin{matrix}\theta_i(x_i)-x_i^{\mathrm{T}}A_i^{\mathrm{T}}(2\tilde{\lambda}^k-\lambda^k)\\ +\frac{\beta}{2}\bigg\|\sum_{j=1}^{i-1}A_j(\tilde{x}_j^k-x_j^k)+A_i(x_i-x_i^k)\bigg\|^2\end{matrix} \bigg| x_i \in \mathcal{X}_i \bigg\}, \\
\qquad \vdots \\
\tilde{x}_p^k \in \arg\min \bigg\{ \begin{matrix}\theta_p(x_p)-x_p^{\mathrm{T}}A_p^{\mathrm{T}}(2\tilde{\lambda}^k-\lambda^k)\\ +\frac{\beta}{2}\bigg\|\sum_{j=1}^{p-1}A_j(\tilde{x}_j^k-x_j^k)+A_p(x_p-x_p^k)\bigg\|^2\end{matrix} \bigg| x_p \in \mathcal{X}_p \bigg\}.
\end{cases}
$$
$$(16.2.15b)$$

这样, 我们就得到了满足 (16.2.14) 的 $\tilde{w}^k$, 也得到了相应的 $\tilde{\xi}^k=P\tilde{w}^k$. 同样需要关心的是, 对(16.2.12)中的 $\mathcal{Q}$, $\mathcal{Q}^{-\mathrm{T}}$ 的形式是否简单. 对这里的 $\mathcal{Q}$, 为了防止混淆, 我们记其为 $\mathcal{Q}_{DP}$, 有

$$
\mathcal{Q}_{DP}^{\mathrm{T}}=\mathcal{Q}_1^{\mathrm{T}}+\mathcal{Q}_2^{\mathrm{T}},
$$

其中

$$\mathcal{Q}_1^{\mathrm{T}} = \begin{pmatrix} \mathcal{L}^{\mathrm{T}} & 0 \\ 0 & \frac{5}{2}I_m \end{pmatrix}, \qquad \mathcal{Q}_2 = \begin{pmatrix} 0 & -\mathcal{E} \\ -\mathcal{E}^{\mathrm{T}} & 0 \end{pmatrix}.$$

$\mathcal{Q}_1^{\mathrm{T}}$ 是个容易求逆的矩阵, 而

$$\mathcal{Q}_2^{\mathrm{T}} = \begin{pmatrix} I_m & 0 \\ \vdots & \vdots \\ I_m & 0 \\ 0 & -I_m \end{pmatrix} \begin{pmatrix} 0 & \cdots & 0 & -I_m \\ I_m & \cdots & I_m & 0 \end{pmatrix} = \begin{pmatrix} \mathcal{E} & 0 \\ 0 & -I_m \end{pmatrix} \begin{pmatrix} 0 & -I_m \\ \mathcal{E}^{\mathrm{T}} & 0 \end{pmatrix}$$

是个广义秩二矩阵. 利用 $\mathcal{Q}_1^{\mathrm{T}}$ 求 $\mathcal{Q}^{\mathrm{T}}$ 是个秩二校正的过程. 经过简单演算可得

$$\mathcal{Q}_{DP}^{-\mathrm{T}} = \begin{pmatrix} \mathcal{L}^{-\mathrm{T}} & 0 \\ 0 & 0 \end{pmatrix} + \frac{2}{3} \begin{pmatrix} \mathcal{L}^{-\mathrm{T}}\mathcal{E}\mathcal{E}^{\mathrm{T}}\mathcal{L}^{-\mathrm{T}} & \mathcal{L}^{-\mathrm{T}}\mathcal{E} \\ \mathcal{E}^{\mathrm{T}}\mathcal{L}^{-\mathrm{T}} & I_m \end{pmatrix}. \tag{16.2.16}$$

读者将上式和(16.2.8)做比较, 就能得到(16.2.16)中的 $\mathcal{Q}^{-T}$ 的具体形式

$$\mathcal{Q}_{DP}^{-\mathrm{T}} = \begin{pmatrix} I_m & -I_m & 0 & \cdots & 0 \\ 0 & I_m & \ddots & \ddots & \vdots \\ \vdots & \ddots & \ddots & -I_m & 0 \\ 0 & \cdots & 0 & I_m & 0 \\ 0 & \cdots & 0 & 0 & 0 \end{pmatrix} + \frac{2}{3} \begin{pmatrix} 0 & 0 & \cdots & 0 & 0 \\ \vdots & \vdots & & \vdots & \vdots \\ 0 & 0 & \cdots & 0 & 0 \\ I_m & 0 & \cdots & 0 & I_m \\ I_m & 0 & \cdots & 0 & I_m \end{pmatrix},$$

校正容易实现. 当 $\tau = 1$ 时, 由(16.2.12)知道

$$\mathcal{Q}_{DP}^{\mathrm{T}} + \mathcal{Q}_{DP} = \begin{pmatrix} \mathcal{I} + \mathcal{E}\mathcal{E}^{\mathrm{T}} & -2\mathcal{E} \\ -2\mathcal{E}^{\mathrm{T}} & 5I_m \end{pmatrix} = \begin{pmatrix} \mathcal{I} & 0 \\ 0 & I_m \end{pmatrix} + \begin{pmatrix} \mathcal{E} \\ -2I_m \end{pmatrix} \left(\mathcal{E}^{\mathrm{T}} - 2I_m \right).$$

同样, 若取

$$\mathcal{D} = \begin{pmatrix} \nu\mathcal{I} & 0 \\ 0 & I_m \end{pmatrix}, \quad \nu \in (0, 1),$$

条件(16.1.4)满足. 由

$$\xi^{k+1} = \xi^k - \mathcal{Q}_{DP}^{-\mathrm{T}}\mathcal{D}(\xi^k - \tilde{\xi}^k)$$

生成的序列 $\{\xi^k\}$ 满足定理 15.1. 与之等价的校正公式是

$$
\begin{pmatrix} A_1 x_1^{k+1} \\ A_2 x_2^{k+1} \\ \vdots \\ A_p x_p^{k+1} \\ \lambda^{k+1} \end{pmatrix} = \begin{pmatrix} A_1 x_1^k \\ A_2 x_2^k \\ \vdots \\ A_p x_p^k \\ \lambda^k \end{pmatrix} - \begin{pmatrix} \nu I_m & -\nu I_m & 0 & \cdots & 0 \\ 0 & \nu I_m & \ddots & \ddots & \vdots \\ \vdots & \ddots & \ddots & -\nu I_m & 0 \\ 0 & \cdots & 0 & \nu I_m & 0 \\ 0 & 0 & \cdots & 0 & 0 \end{pmatrix} \begin{pmatrix} A_1 x_1^k - A_1 \tilde{x}_1^k \\ A_2 x_2^k - A_2 \tilde{x}_2^k \\ \vdots \\ A_p x_p^k - A_p \tilde{x}_p^k \\ \lambda^k - \tilde{\lambda}^k \end{pmatrix}
$$

$$
- \frac{2}{3} \begin{pmatrix} 0 & 0 & \cdots & 0 & 0 \\ \vdots & \vdots & & \vdots & \vdots \\ 0 & 0 & \cdots & 0 & 0 \\ \nu I_m & 0 & \cdots & 0 & \frac{1}{\beta} I_m \\ \nu \beta I_m & 0 & \cdots & 0 & I_m \end{pmatrix} \begin{pmatrix} A_1 x_1^k - A_1 \tilde{x}_1^k \\ A_2 x_2^k - A_2 \tilde{x}_2^k \\ \vdots \\ A_p x_p^k - A_p \tilde{x}_p^k \\ \lambda^k - \tilde{\lambda}^k \end{pmatrix}. \tag{16.2.17}
$$

这样, 我们就生成了新的迭代点 $(A_1 x_1^{k+1}, \cdots, A_p x_p^{k+1}, \lambda^{k+1})$. 完成了方法的一次迭代. 根据第 15 章中的定理 15.2, 我们有下面的收敛定理.

定理 16.2　求解变分不等式(15.0.3), 由(16.2.15)预测和(16.2.17)校正的方法产生的序列 $\{(A_1 x_1^k, \cdots, A_p x_p^k, \lambda^k)\}$ 收敛于某个 $(A_1 x_1^*, \cdots, A_p x_p^*, \lambda^*)$.

16.3　根据统一框架设计平行预测的方法

求解多块可分离凸优化问题(15.0.1), 对原始变量采用平行预测, 如果将矩阵 $\mathcal{Q}$ 写成 2×2 的分块形式, 其左上角是由(15.2.1)给出的单位矩阵 $\mathcal{I}$.

如果设计一个可以执行 Primal-Dual 预测的矩阵

$$
\mathcal{Q} = \begin{pmatrix} \mathcal{I} & \mathcal{E} \\ \tau \mathcal{E}^{\mathrm{T}} & \left[1 + \frac{1}{2} p(1+\tau)^2\right] I_m \end{pmatrix}, \quad \tau \in [-1, 1], \tag{16.3.1}
$$

其中的 $\mathcal{I}, \mathcal{E}$ 由(15.2.1)给出. 由于

$$
\begin{aligned}
\mathcal{Q}^{\mathrm{T}} + \mathcal{Q} &= \begin{pmatrix} 2\mathcal{I} & (1+\tau)\mathcal{E} \\ (1+\tau)\mathcal{E}^{\mathrm{T}} & [2 + p(1+\tau)^2]I_m \end{pmatrix} \\
&= \begin{pmatrix} \mathcal{I} & 0 \\ 0 & I_m \end{pmatrix} + \begin{pmatrix} \mathcal{I} & (1+\tau)\mathcal{E} \\ (1+\tau)\mathcal{E}^{\mathrm{T}} & [1 + p(1+\tau)^2]I_m \end{pmatrix}.
\end{aligned} \tag{16.3.2}
$$

由于 $\mathcal{I}$ 是 p 块 I_m 组成的单位矩阵, $\mathcal{E}^{\mathrm{T}}\mathcal{E} = pI_m$, (16.3.2)右端的第二部分

$$\begin{pmatrix} \mathcal{I} & (1+\tau)\mathcal{E} \\ (1+\tau)\mathcal{E}^{\mathrm{T}} & [1+p(1+\tau)^2]I_m \end{pmatrix} = \begin{pmatrix} \mathcal{I} & 0 \\ (1+\tau)\mathcal{E}^{\mathrm{T}} & I \end{pmatrix} \begin{pmatrix} \mathcal{I} & (1+\tau)\mathcal{E} \\ 0 & I_m \end{pmatrix},$$

所以 $\mathcal{Q}^{\mathrm{T}} + \mathcal{Q}$ 是正定的. 我们讨论 $\tau = -1$ 的算法. 这时

$$\mathcal{Q} = \begin{pmatrix} \mathcal{I} & \mathcal{E} \\ -\mathcal{E}^{\mathrm{T}} & I_m \end{pmatrix}, \tag{16.3.3}$$

$\mathcal{Q}$ 是一个单位矩阵和一个反对称矩阵之和. $\mathcal{Q}^{\mathrm{T}} + \mathcal{Q} = 2\begin{pmatrix} \mathcal{I} & 0 \\ 0 & I_m \end{pmatrix}$. 利用变换(15.1.2)中的记号, 对应于(16.3.3)中的 $\mathcal{Q}$, 相应地, $Q = P^{\mathrm{T}}\mathcal{Q}P$,

$$Q = \begin{pmatrix} \beta A_1^{\mathrm{T}}A_1 & 0 & \cdots & 0 & A_1^{\mathrm{T}} \\ 0 & \beta A_2^{\mathrm{T}}A_2 & \ddots & \vdots & A_2^{\mathrm{T}} \\ \vdots & & \ddots & 0 & \vdots \\ 0 & \cdots & \cdots & \beta A_p^{\mathrm{T}}A_p & A_p^{\mathrm{T}} \\ -A_1 & -A_2 & \cdots & -A_p & \frac{1}{\beta}I_m \end{pmatrix}. \tag{16.3.4}$$

要实现预测

$$\theta(x) - \theta(\tilde{x}^k) + (w - \tilde{w}^k)^{\mathrm{T}}F(\tilde{w}^k) \geqslant (w - \tilde{w}^k)^{\mathrm{T}}Q(w^k - \tilde{w}^k), \quad \forall\, w \in \Omega, \tag{16.3.5}$$

其中矩阵 Q 由(16.3.4)给出. 根据变分不等式(15.0.3)的形式, 可以先做

$$\begin{cases} \tilde{x}_1^k \in \arg\min\left\{\theta_1(x_1) - x_1^{\mathrm{T}}A_1^{\mathrm{T}}\lambda^k + \dfrac{1}{2}\beta\|A_1(x_1 - x_1^k)\|^2 \,\Big|\, x_1 \in \mathcal{X}_1\right\}, \\ \tilde{x}_2^k \in \arg\min\left\{\theta_2(x_2) - x_2^{\mathrm{T}}A_2^{\mathrm{T}}\lambda^k + \dfrac{1}{2}\beta\|A_2(x_2 - x_2^k)\|^2 \,\Big|\, x_2 \in \mathcal{X}_2\right\}, \\ \qquad\qquad\qquad\qquad\qquad \vdots \\ \tilde{x}_p^k \in \arg\min\left\{\theta_p(x_p) - x_p^{\mathrm{T}}A_p^{\mathrm{T}}\lambda^k + \dfrac{1}{2}\beta\|A_p(x_p - x_p^k)\|^2 \,\Big|\, x_p \in \mathcal{X}_p\right\}. \end{cases} \tag{16.3.6a}$$

对偶变量的预测点 $\tilde{\lambda}^k$ 需要满足的是

$$\tilde{\lambda}^k \in \Lambda, \quad (\lambda - \tilde{\lambda}^k)^{\mathrm{T}} \left\{ \left(\sum_{i=1}^{p} A_i \tilde{x}_i^k - b \right) \right.$$

$$\left. - \sum_{i=1}^{p} A_i (\tilde{x}_i^k - x_i^k) + \frac{1}{\beta} (\tilde{\lambda}^k - \lambda^k) \right\} \geqslant 0, \quad \forall \lambda \in \Lambda.$$

上面的 $\tilde{\lambda}^k$ 可以通过

$$\tilde{\lambda}^k = P_\Lambda \left[\lambda^k - \beta \left(\sum_{i=1}^{p} A_i x_i^k - b \right) \right] \tag{16.3.6b}$$

得到. 这样, 我们就得到了满足(16.3.5)的 $\tilde{w}^k$ 和相应的 $\tilde{\xi}^k = P \tilde{w}^k$. 利用变换(15.1.2)得到(16.1.1).

还需要关心的是, 对(16.3.3)中的 $\mathcal{Q}$, $\mathcal{Q}^{-\mathrm{T}}$ 的形式是否简单. 因为

$$\mathcal{Q}^{\mathrm{T}} = \mathcal{Q}_1^{\mathrm{T}} + \mathcal{Q}_2^{\mathrm{T}},$$

其中

$$\mathcal{Q}_1^{\mathrm{T}} = \begin{pmatrix} \mathcal{I} & 0 \\ 0 & I_m \end{pmatrix}, \qquad \mathcal{Q}_2^{\mathrm{T}} = \begin{pmatrix} 0 & -\mathcal{E} \\ \mathcal{E}^{\mathrm{T}} & 0 \end{pmatrix}.$$

$\mathcal{Q}_1$ 是个单位矩阵, 而

$$\mathcal{Q}_2 = \begin{pmatrix} 0 & \cdots & 0 & I_m \\ \vdots & & \vdots & \vdots \\ 0 & \cdots & 0 & I_m \\ -I_m & \cdots & -I_m & 0 \end{pmatrix} = \begin{pmatrix} I_m & 0 \\ \vdots & \vdots \\ I_m & 0 \\ 0 & -I_m \end{pmatrix} \begin{pmatrix} 0 & \cdots & 0 & I_m \\ I_m & \cdots & I_m & 0 \end{pmatrix}$$

$$= \left[\begin{pmatrix} 1 & 0 \\ \vdots & \vdots \\ 1 & 0 \\ 0 & -1 \end{pmatrix} \begin{pmatrix} 0 & \cdots & 0 & 1 \\ 1 & \cdots & 1 & 0 \end{pmatrix} \right] \otimes I_m,$$

是个广义秩二矩阵.

引理 16.1 对(16.3.3)中定义的矩阵 $\mathcal{Q}$, 我们有

$$
\mathcal{Q}^{-\mathrm{T}} = \begin{pmatrix} I_m & 0 & \cdots & 0 & 0 \\ 0 & \ddots & \ddots & \vdots & \vdots \\ \vdots & \ddots & \ddots & 0 & 0 \\ 0 & \cdots & 0 & I_m & 0 \\ 0 & 0 & \cdots & 0 & I_m \end{pmatrix} - \frac{1}{p+1} \begin{pmatrix} I_m & I_m & \cdots & I_m & -I_m \\ I_m & I_m & \cdots & I_m & -I_m \\ \vdots & \vdots & \ddots & \vdots & \vdots \\ I_m & I_m & \cdots & I_m & -I_m \\ I_m & I_m & \cdots & I_m & pI_m \end{pmatrix}. \quad (16.3.7)
$$

证明 注意到 $\mathcal{Q}$ 是一个单位矩阵与斜对称 (skew-symmetric) 矩阵的和, 并且有

$$
\mathcal{Q}^{\mathrm{T}} = \mathcal{Q}_0^{\mathrm{T}} \otimes I_m,
$$

其中

$$
\mathcal{Q}_0^{\mathrm{T}} = \begin{pmatrix} 1 & & & & -1 \\ & 1 & & & -1 \\ & & \ddots & & \vdots \\ & & & 1 & -1 \\ 1 & 1 & \cdots & 1 & 1 \end{pmatrix}_{(p+1)\times(p+1)} = \begin{pmatrix} I_p & -e_p \\ e_p^{\mathrm{T}} & 1 \end{pmatrix},
$$

$e_p \in \Re^p$ 是 p-维全 1 向量, $\otimes$ 表示 Kronecker 积. 注意到 $\mathcal{Q}_0$ 是单位矩阵与一个秩二矩阵的和.

$$
\mathcal{Q}_0^{\mathrm{T}} = \begin{pmatrix} I_p & -e_p \\ e_p^{\mathrm{T}} & 1 \end{pmatrix} = \begin{pmatrix} I_p & \\ & 1 \end{pmatrix} + \begin{pmatrix} e_p & 0 \\ 0 & 1 \end{pmatrix}_{((p+1)\times 2)} \begin{pmatrix} 0 & -1 \\ e_p^{\mathrm{T}} & 0 \end{pmatrix}_{(2\times(p+1))}.
$$

设

$$
U = \begin{pmatrix} e_p & 0 \\ 0 & 1 \end{pmatrix} \quad 和 \quad V = \begin{pmatrix} 0 & e_p \\ -1 & 0 \end{pmatrix},
$$

用线性代数中的 Sherman-Morrison-Woodbury 公式,

$$
\begin{aligned}
\mathcal{Q}_0^{-\mathrm{T}} &= (I_{p+1} + UV^{\mathrm{T}})^{-1} \\
&= I_{p+1} - U(I_2 + V^{\mathrm{T}}U)^{-1}V^{\mathrm{T}} \\
&= I_{p+1} - \begin{pmatrix} e_p & 0 \\ 0 & 1 \end{pmatrix} \begin{pmatrix} 1 & -1 \\ p & 1 \end{pmatrix}^{-1} \begin{pmatrix} 0 & -1 \\ e_p^{\mathrm{T}} & 0 \end{pmatrix} \\
&= \begin{pmatrix} I_p & \\ & 1 \end{pmatrix} - \frac{1}{p+1} \begin{pmatrix} e_p e_p^{\mathrm{T}} & -e_p \\ e_p^{\mathrm{T}} & p \end{pmatrix}. \quad (16.3.8)
\end{aligned}
$$

利用 Kronecker 积的基本性质, 我们有

$$\mathcal{Q}^{-\mathrm{T}} = (\mathcal{Q}_0 \otimes I_m)^{-\mathrm{T}} = \mathcal{Q}_0^{-\mathrm{T}} \otimes I_m^{-\mathrm{T}} = \mathcal{Q}_0^{-\mathrm{T}} \otimes I_m,$$

这与(16.3.7)中表示的一致.　　　　　　　　　　　　　　　　　□

在广义 PPA 算法中, 我们取 $\mathcal{D} = \begin{pmatrix} \mathcal{I} & 0 \\ 0 & I_m \end{pmatrix}$, 就得到

$$\mathcal{H} = \mathcal{Q}\mathcal{D}^{-1}\mathcal{Q}^{\mathrm{T}} = \mathcal{Q}\mathcal{Q}^{\mathrm{T}} = \begin{pmatrix} 2I_m & I_m & \cdots & I_m & 0 \\ I_m & \ddots & \ddots & \vdots & \vdots \\ \vdots & \ddots & \ddots & I_m & \vdots \\ I_m & \cdots & I_m & 2I_m & 0 \\ 0 & 0 & \cdots & 0 & (p+1)I_m \end{pmatrix}. \tag{16.3.9}$$

经过演算可得

$$\mathcal{Q}^{-\mathrm{T}} = \begin{pmatrix} \mathcal{I} & 0 \\ 0 & I_m \end{pmatrix} - \frac{1}{p+1} \begin{pmatrix} \mathcal{E}\mathcal{E}^{\mathrm{T}} & \mathcal{E} \\ -\mathcal{E}^{\mathrm{T}} & pI_m \end{pmatrix}. \tag{16.3.10}$$

所以, (16.3.10)中的 $\mathcal{Q}^{-\mathrm{T}}$ 形式是相当简单的. 写开来就是

$$\mathcal{Q}^{-\mathrm{T}} = \begin{pmatrix} I_m & 0 & \cdots & 0 \\ 0 & \ddots & \ddots & \vdots \\ \vdots & \ddots & I_m & 0 \\ 0 & \cdots & 0 & I_m \end{pmatrix} - \frac{1}{p+1} \begin{pmatrix} I_m & \cdots & I_m & I_m \\ \vdots & & \vdots & \vdots \\ I_m & \cdots & I_m & I_m \\ -I_m & \cdots & -I_m & pI_m \end{pmatrix}$$

校正容易实现. 校正

$$\xi^{k+1} = \xi^k - \mathcal{Q}^{-\mathrm{T}}(\xi^k - \tilde{\xi}^k) \tag{16.3.11}$$

的具体格式是

$$\begin{pmatrix} \sqrt{\beta}A_1 x_1^{k+1} \\ \vdots \\ \sqrt{\beta}A_p x_p^{k+1} \\ \sqrt{\dfrac{1}{\beta}}\lambda^{k+1} \end{pmatrix} = \begin{pmatrix} \sqrt{\beta}A_1 x_1^{k} \\ \vdots \\ \sqrt{\beta}A_p x_p^{k} \\ \sqrt{\dfrac{1}{\beta}}\lambda^{k} \end{pmatrix} - \begin{pmatrix} \sqrt{\beta}(A_1 x_1^k - A_1 \tilde{x}_1^k) \\ \vdots \\ \sqrt{\beta}(A_p x_p^k - A_p \tilde{x}_p^k) \\ \sqrt{\dfrac{1}{\beta}}(\lambda^k - \tilde{\lambda}^k) \end{pmatrix}$$

$$+\frac{1}{p+1}\begin{pmatrix} I_m & \cdots & I_m & I_m \\ \vdots & & \vdots & \vdots \\ I_m & \cdots & I_m & I_m \\ -I_m & \cdots & -I_m & pI_m \end{pmatrix}\begin{pmatrix} \sqrt{\beta}(A_1x_1^k - A_1\tilde{x}_1^k) \\ \vdots \\ \sqrt{\beta}(A_px_p^k - A_p\tilde{x}_p^k) \\ \sqrt{\frac{1}{\beta}}(\lambda^k - \tilde{\lambda}^k) \end{pmatrix}.$$

利用 $\mathcal{A} = (A_1, \cdots, A_p)$, $x = (x_1, \cdots, x_p)$, 可以写成

$$\begin{pmatrix} \sqrt{\beta}A_1x_1^{k+1} \\ \vdots \\ \sqrt{\beta}A_px_p^{k+1} \\ \sqrt{\frac{1}{\beta}}\lambda^{k+1} \end{pmatrix} = \begin{pmatrix} \sqrt{\beta}A_1x_1^k \\ \vdots \\ \sqrt{\beta}A_px_p^k \\ \sqrt{\frac{1}{\beta}}\lambda^k \end{pmatrix} - \begin{pmatrix} \sqrt{\beta}(A_1x_1^k - A_1\tilde{x}_1^k) \\ \vdots \\ \sqrt{\beta}(A_px_p^k - A_p\tilde{x}_p^k) \\ \sqrt{\frac{1}{\beta}}(\lambda^k - \tilde{\lambda}^k) \end{pmatrix}$$

$$+\frac{1}{p+1}\begin{pmatrix} \sqrt{\beta}\mathcal{A}(x^k - \tilde{x}^k) + \sqrt{\frac{1}{\beta}}(\lambda^k - \tilde{\lambda}^k) \\ \vdots \\ \sqrt{\beta}\mathcal{A}(x^k - \tilde{x}^k) + \sqrt{\frac{1}{\beta}}(\lambda^k - \tilde{\lambda}^k) \\ -\sqrt{\beta}\mathcal{A}(x^k - \tilde{x}^k) + \sqrt{\frac{1}{\beta}}p(\lambda^k - \tilde{\lambda}^k) \end{pmatrix},$$

因此校正公式可以简化成

$$\begin{pmatrix} A_1x_1^{k+1} \\ \vdots \\ A_px_p^{k+1} \\ \lambda^{k+1} \end{pmatrix} = \begin{pmatrix} A_1x_1^k \\ \vdots \\ A_px_p^k \\ \lambda^k \end{pmatrix} - \begin{pmatrix} A_1x_1^k - A_1\tilde{x}_1^k \\ \vdots \\ A_px_p^k - A_p\tilde{x}_p^k \\ \lambda^k - \tilde{\lambda}^k \end{pmatrix}$$

$$+\frac{1}{p+1}\begin{pmatrix} \mathcal{A}(x^k - \tilde{x}^k) + \frac{1}{\beta}(\lambda^k - \tilde{\lambda}^k) \\ \vdots \\ \mathcal{A}(x^k - \tilde{x}^k) + \frac{1}{\beta}(\lambda^k - \tilde{\lambda}^k) \\ -\beta\mathcal{A}(x^k - \tilde{x}^k) + p(\lambda^k - \tilde{\lambda}^k) \end{pmatrix}. \tag{16.3.12}$$

这就是我们在论文 [60] 中取 $\alpha = 1$ 的方法. 根据第 15 章中的定理15.2, 我们有下面的收敛定理.

定理 16.3 求解变分不等式(15.0.3), 由(16.3.6)预测和(16.3.12)校正的方法产生的序列 $\{(A_1x_1^k, \cdots, A_px_p^k, \lambda^k)\}$ 收敛于某个 $(A_1x_1^*, \cdots, A_px_p^*, \lambda^*)$.

第 17 章　预测-校正的广义 PPA 算法

我们在第 1 章就介绍了变分不等式和邻近点算法的概念. 第 5 章的 5.5 节讨论了基于合格预测构造单位步长校正方法的策略, 证明了迭代序列满足收缩不等式 (见 (5.5.4))

$$\|v^{k+1} - v^*\|_H^2 \leqslant \|v^k - v^*\|_H^2 - \|v^k - \tilde{v}^k\|_G^2, \quad \forall v^* \in \mathcal{V}^*, \tag{17.0.1}$$

其中 H 和 G 分别被称为范数矩阵和效益矩阵. 当 $G = M^{\mathrm{T}} H M$ 时, 上式就变成

$$\|v^{k+1} - v^*\|_H^2 \leqslant \|v^k - v^*\|_H^2 - \|M(v^k - \tilde{v}^k)\|_H^2, \quad \forall v^* \in \mathcal{V}^*.$$

再利用校正公式 (5.5.2), 就有

$$\|v^{k+1} - v^*\|_H^2 \leqslant \|v^k - v^*\|_H^2 - \|v^k - v^{k+1}\|_H^2, \quad \forall v^* \in \mathcal{V}^*. \tag{17.0.2}$$

这犹如定理 1.3 中关于 PPA 算法的结论. 此外, 统一框架中的采用固定步长的算法, 迭代序列都有性质 (见定理 5.5)

$$\|v^k - v^{k+1}\|_H^2 \leqslant \|v^{k-1} - v^k\|_H^2. \tag{17.0.3}$$

我们把迭代序列满足收缩不等式(17.0.2)和(17.0.3)的预测-校正方法称为广义 PPA 算法.

17.1　变分不等式经典算法的两个主要性质

前面我们介绍的凸优化的分裂收缩算法基本上都是在变分不等式的邻近点算法 (PPA 算法) 和可分离凸优化的交替方向法 (ADMM) 的基础上发展起来的. 我们回顾一下这些算法的主要共有性质.

1. 变分不等式 PPA 算法的主要性质

在第 1 章中, 我们对变分不等式问题

$$w^* \in \Omega, \quad \theta(u) - \theta(u^*) + (w - w^*)^{\mathrm{T}} F(w^*) \geqslant 0, \quad \forall w \in \Omega \tag{17.1.1}$$

定义了 PPA 算法 (见定义 1.4). 设 H 为对称正定矩阵, H-模下的 PPA 算法的第 k 步从已知的 w^k 出发, 求得的新迭代点 w^{k+1} 使得

$$w^{k+1} \in \Omega, \quad \theta(u) - \theta(u^{k+1}) + (w - w^{k+1})^{\mathrm{T}} F(w^{k+1})$$

$$\geqslant (w - w^{k+1})^{\mathrm{T}} H(w^k - w^{k+1}), \ \forall w \in \Omega. \tag{17.1.2}$$

w^{k+1} 是变分不等式问题(17.1.1)的解的充分必要条件是(17.1.2)中的 $w^k = w^{k+1}$. PPA 算法产生的迭代序列 $\{w^k\}$ 满足 (见定理 1.3)

$$\|w^{k+1} - w^*\|_H^2 \leqslant \|w^k - w^*\|_H^2 - \|w^k - w^{k+1}\|_H^2, \quad \forall w^* \in \Omega^*, \tag{17.1.3}$$

并有 (见定理 1.5)

$$\|w^k - w^{k+1}\|_H^2 \leqslant \|w^{k-1} - w^k\|_H^2. \tag{17.1.4}$$

不等式(17.1.3)和(17.1.4)是 PPA 算法的两条重要而又漂亮的性质.

2. ADMM 算法的主要性质

第 4 章把两块可分离凸优化问题

$$\min\{\theta_1(x) + \theta_2(y) | Ax + By = b, x \in \mathcal{X}, y \in \mathcal{Y}\} \tag{17.1.5}$$

转换成变分不等式(17.1.1), 其中

$$w = \begin{pmatrix} x \\ y \\ \lambda \end{pmatrix}, \quad u = \begin{pmatrix} x \\ y \end{pmatrix}, \quad \theta(u) = \theta_1(x) + \theta_2(y),$$

$$F(w) = \begin{pmatrix} -A^{\mathrm{T}}\lambda \\ -B^{\mathrm{T}}\lambda \\ Ax + By - b \end{pmatrix}, \quad \Omega = \mathcal{X} \times \mathcal{Y} \times \Re^m.$$

ADMM 的第 k 次迭代从给定的 $v^k = (y^k, \lambda^k)$ 开始, 通过

$$\begin{cases} x^{k+1} \in \arg\min \left\{ \theta_1(x) - x^{\mathrm{T}} A^{\mathrm{T}} \lambda^k + \dfrac{1}{2}\beta \|Ax + By^k - b\|^2 \ \middle| \ x \in \mathcal{X} \right\}, \\ y^{k+1} \in \arg\min \left\{ \theta_2(y) - y^{\mathrm{T}} B^{\mathrm{T}} \lambda^k + \dfrac{1}{2}\beta \|Ax^{k+1} + By - b\|^2 \ \middle| \ y \in \mathcal{Y} \right\}, \\ \lambda^{k+1} = \lambda^k - \beta(Ax^{k+1} + By^{k+1} - b) \end{cases}$$

$$\tag{17.1.6}$$

求得 $w^{k+1} = (x^{k+1}, y^{k+1}, \lambda^{k+1})$. 这个方法中的核心变量是 $v = (y, \lambda)$. 第 4 章的定理 4.1 证明了收缩性质

$$\|v^{k+1} - v^*\|_H^2 \leqslant \|v^k - v^*\|_H^2 - \|v^k - v^{k+1}\|_H^2, \quad \forall v^* \in \mathcal{V}^*, \tag{17.1.7}$$

其中

$$H = \begin{pmatrix} \beta B^{\mathrm{T}} B & 0 \\ 0 & \dfrac{1}{\beta} I_m \end{pmatrix}.$$

除此之外, 在文献 [80] 中我们证明了 ADMM 的迭代序列 $\{v^k\}$ 具备性质

$$\|v^{k+1} - v^{k+2}\|_H^2 \leqslant \|v^k - v^{k+1}\|_H^2. \tag{17.1.8}$$

第 10 章的 10.1 节中将交替方向法(17.1.6)解释成预测-校正算法统一框架中一个取固定校正步长的算法. 第 5 章的 5.4.2 节对由固定步长校正的算法产生的序列, 证明了它们都具备性质(17.1.8)(见定理 5.5). 与不等式(17.1.3)和(17.1.4)一样, 不等式(17.1.7)和(17.1.8)均展示了 ADMM 很好的性质. 在一些 ADMM 的快速研究[30] 中, 都用到了(17.1.8)这条性质.

17.2　预测-校正的广义 PPA 算法

在第 5 章的 5.5 节中, 我们对求解变分不等式(17.1.1)采用单位步长的预测-校正方法给出了等价的条件. 在定理 5.8 中指出: 求解变分不等式(17.1.1)采用单位步长校正的时候, 如果预测公式

$$\tilde{w}^k \in \Omega, \ \theta(u) - \theta(\tilde{u}^k) + (w - \tilde{w}^k)^{\mathrm{T}} F(\tilde{w}^k) \geqslant (v - \tilde{v}^k)^{\mathrm{T}} Q(v^k - \tilde{v}^k), \ \forall w \in \Omega \tag{17.2.1}$$

中的预测矩阵 Q 满足 $Q^{\mathrm{T}} + Q \succ 0$, 若将 $Q^{\mathrm{T}} + Q$ 分拆成

$$D \succ 0, \quad G \succ 0 \quad \text{和} \quad D + G = Q^{\mathrm{T}} + Q, \tag{17.2.2}$$

再令

$$M = Q^{-\mathrm{T}} D \quad \text{和} \quad H = QD^{-1}Q^{\mathrm{T}}. \tag{17.2.3}$$

则由单位步长校正

$$v^{k+1} = v^k - M(v^k - \tilde{v}^k) \tag{17.2.4}$$

产生的新的迭代序列 $\{v^k\}$ 满足

$$\|v^{k+1} - v^*\|_H^2 \leqslant \|v^k - v^*\|_H^2 - \|v^k - \tilde{v}^k\|_G^2, \quad \forall v^* \in \mathcal{V}^*. \tag{17.2.5}$$

如果我们采用一对特殊的 D 和 G, 使得

$$D = G = \frac{1}{2}(Q^{\mathrm{T}} + Q),$$

那么, (17.2.5)就变成了

$$\|v^{k+1} - v^*\|_H^2 \leqslant \|v^k - v^*\|_H^2 - \|v^k - \tilde{v}^k\|_D^2, \quad \forall v^* \in \mathcal{V}^*. \tag{17.2.6}$$

对选定的 D, 根据(17.2.3), 总有

$$M^{\mathrm{T}} H M = D,$$

因此, (17.2.6)就成了

$$\|v^{k+1} - v^*\|_H^2 \leqslant \|v^k - v^*\|_H^2 - \|M(v^k - \tilde{v}^k)\|_H^2, \quad \forall v^* \in \mathcal{V}^*.$$

再利用 $M(v^k - \tilde{v}^k) = v^k - v^{k+1}$(见(17.2.4)), 上式就变成了

$$\|v^{k+1} - v^*\|_H^2 \leqslant \|v^k - v^*\|_H^2 - \|v^k - v^{k+1}\|_H^2, \quad \forall v^* \in \mathcal{V}^*. \tag{17.2.7}$$

此外, 第 5 章关于统一框架中所有固定步长的方法都证明了 (见 5.4.9)

$$\|v^{k+1} - v^{k+2}\|_H^2 \leqslant \|v^k - v^{k+1}\|_H^2. \tag{17.2.8}$$

我们把上述分析结果写成下面的定理.

定理 17.1 用预测-校正方法求解变分不等式(17.1.1), 设预测(17.2.1)中的预测矩阵 Q 满足 $Q^{\mathrm{T}} + Q \succ 0$. 若令

$$D = \frac{1}{2}(Q^{\mathrm{T}} + Q) \quad 和 \quad M = Q^{-\mathrm{T}} D,$$

则由单位步长校正公式

$$v^{k+1} = v^k - Q^{-\mathrm{T}} D(v^k - \tilde{v}^k) \tag{17.2.9}$$

产生的新的迭代点具有性质(17.2.7)和(17.2.8), 其中

$$H = Q \left[\frac{1}{2}(Q^{\mathrm{T}} + Q) \right]^{-1} Q^{\mathrm{T}}.$$

求解变分不等式(17.1.1), 我们把迭代序列具有性质(17.2.7)和(17.2.8)的方法, 称为广义 PPA 算法. 在实际计算中, 我们并不要求显式写出 H 的表达式.

17.3　变量替换下的广义 PPA 算法

这一节仍然考虑带线性约束的多块可分离凸优化问题(15.0.1), 其最优性条件对应的变分不等式为(15.0.3). 求解该变分不等式的某些方法的第 k-步迭代从给定的 $(A_1 x_1^k, \cdots, A_p x_p^k, \lambda^k)$ 出发, 生成的预测点 $\tilde{w}^k$ 满足

$$\theta(x) - \theta(\tilde{x}^k) + (w - \tilde{w}^k)^{\mathrm{T}} F(\tilde{w}^k) \geqslant (w - \tilde{w}^k)^{\mathrm{T}} Q(w^k - \tilde{w}^k), \quad \forall\, w \in \Omega. \quad (17.3.1)$$

作为一个合格的预测, 其中的矩阵 $Q^{\mathrm{T}} + Q$ 往往只是本质上正定的. 利用变换(15.1.2), 我们可以把预测(17.3.1)改写成 $\tilde{w}^k \in \Omega$,

$$\theta(x) - \theta(\tilde{x}^k) + (w - \tilde{w}^k)^{\mathrm{T}} F(\tilde{w}^k) \geqslant (\xi - \tilde{\xi}^k)^{\mathrm{T}} \mathcal{Q}(\xi^k - \tilde{\xi}^k), \quad \forall\, w \in \Omega, \quad (17.3.2)$$

其中 $\mathcal{Q} = P^{\mathrm{T}} Q P$,

$$\mathcal{Q}^{\mathrm{T}} + \mathcal{Q} \succ 0 \quad\quad\quad\quad (17.3.3)$$

是正定矩阵. 在 $\mathcal{Q}$ 非对称但满足(17.3.3)的时候, 必须采用必要的校正. 我们总可以选取两个矩阵 $\mathcal{D}$ 和 $\mathcal{G}$, 使得

$$\mathcal{D} \succ 0, \quad \mathcal{G} \succ 0 \quad 和 \quad \mathcal{D} + \mathcal{G} = \mathcal{Q}^{\mathrm{T}} + \mathcal{Q}. \quad\quad (17.3.4)$$

根据第 15 章 15.1 节的分析, 我们有如下的定理.

定理 17.2　设预测点 $\tilde{\xi}^k$ 满足条件(17.3.2), 其中 $\mathcal{Q}^{\mathrm{T}} + \mathcal{Q}$ 是正定矩阵, 两个正定矩阵 $\mathcal{D}$ 和 $\mathcal{G}$, 满足条件(17.3.4). 那么, 令

$$\mathcal{M} = \mathcal{Q}^{-\mathrm{T}} \mathcal{D}, \quad\quad\quad\quad (17.3.5)$$

利用校正

$$\xi^{k+1} = \xi^k - \mathcal{M}(\xi^k - \tilde{\xi}^k) \quad\quad\quad\quad (17.3.6)$$

产生的 ξ^{k+1} 满足

$$\|\xi^{k+1} - \xi^*\|_{\mathcal{H}}^2 \leqslant \|\xi^k - \xi^*\|_{\mathcal{H}}^2 - \|\xi^k - \tilde{\xi}^k\|_{\mathcal{G}}^2, \quad \forall\, \xi^* \in \Xi^*, \quad (17.3.7)$$

其中矩阵 $\mathcal{H} = \mathcal{Q}\mathcal{D}^{-1}\mathcal{Q}^{\mathrm{T}}$.

如果选

$$\mathcal{D} = \mathcal{G} = \frac{1}{2}(\mathcal{Q}^{\mathrm{T}} + \mathcal{Q}), \quad\quad\quad\quad (17.3.8)$$

那么, (17.3.7)就变成了

$$\|\xi^{k+1} - \xi^*\|_{\mathcal{H}}^2 \leqslant \|\xi^k - \xi^*\|_{\mathcal{H}}^2 - \|\xi^k - \tilde{\xi}^k\|_{\mathcal{D}}^2, \quad \forall\, \xi^* \in \Xi^*.$$

对选定的 $\mathcal{D}$, 根据 $\mathcal{D} = \mathcal{M}^{\mathrm{T}}\mathcal{H}\mathcal{M}$, 并利用(17.3.6), 上式就变成了

$$\|\xi^{k+1} - \xi^*\|_{\mathcal{H}}^2 \leqslant \|\xi^k - \xi^*\|_{\mathcal{H}}^2 - \|\xi^k - \xi^{k+1}\|_{\mathcal{H}}^2, \quad \forall \xi^* \in \Xi^*. \tag{17.3.9}$$

下面我们证明收敛性的另一条重要性质: 序列 $\{\|\xi^k - \xi^{k+1}\|_{\mathcal{H}}\}$ 是单调不增的.

定理 17.3 如果预测点 $\tilde{\xi}^k$ 满足条件(17.3.2), 那么, 由校正(17.3.6)产生的新的迭代点 ξ^{k+1} 满足

$$\|\xi^{k+1} - \xi^{k+2}\|_{\mathcal{H}}^2 \leqslant \|\xi^k - \xi^{k+1}\|_{\mathcal{H}}^2. \tag{17.3.10}$$

证明 首先, 我们证明迭代序列满足

$$(\xi^k - \xi^{k+1})^{\mathrm{T}}\mathcal{H}[(\xi^k - \xi^{k+1}) - (\xi^{k+1} - \xi^{k+2})] \geqslant \frac{1}{2}\|(\xi^k - \tilde{\xi}^k) - (\xi^{k+1} - \tilde{\xi}^{k+1})\|_{\mathcal{Q}^{\mathrm{T}}+\mathcal{Q}}^2.$$
$$\tag{17.3.11}$$

将预测(17.3.2)中的 k 改为 $k+1$, 我们有

$$\theta(x) - \theta(\tilde{x}^{k+1}) + (w - \tilde{w}^{k+1})^{\mathrm{T}}F(\tilde{w}^{k+1}) \geqslant (\xi - \tilde{\xi}^{k+1})^{\mathrm{T}}\mathcal{Q}(\xi^{k+1} - \tilde{\xi}^{k+1}), \ \forall\, w \in \Omega,$$

将上式中任意的 w 设为 $\tilde{w}^k$, 得到

$$\theta(\tilde{x}^k) - \theta(\tilde{x}^{k+1}) + (\tilde{w}^k - \tilde{w}^{k+1})^{\mathrm{T}}F(\tilde{w}^{k+1}) \geqslant (\tilde{\xi}^k - \tilde{\xi}^{k+1})^{\mathrm{T}}\mathcal{Q}(\xi^{k+1} - \tilde{\xi}^{k+1}). \tag{17.3.12}$$

将预测(17.3.2)中任意的 w 设为 $\tilde{w}^{k+1}$, 就有

$$\theta(\tilde{x}^{k+1}) - \theta(\tilde{x}^k) + (\tilde{w}^{k+1} - \tilde{w}^k)^{\mathrm{T}}F(\tilde{w}^k) \geqslant (\tilde{\xi}^{k+1} - \tilde{\xi}^k)^{\mathrm{T}}\mathcal{Q}(\xi^k - \tilde{\xi}^k). \tag{17.3.13}$$

将(17.3.12)和(17.3.13)加在一起并利用 (1.2.27), 得到

$$(\tilde{\xi}^k - \tilde{\xi}^{k+1})^{\mathrm{T}}\mathcal{Q}\{(\xi^k - \tilde{\xi}^k) - (\xi^{k+1} - \tilde{\xi}^{k+1})\} \geqslant 0.$$

对上式两边加上

$$\{(\xi^k - \tilde{\xi}^k) - (\xi^{k+1} - \tilde{\xi}^{k+1})\}^{\mathrm{T}}\mathcal{Q}\{(\xi^k - \tilde{\xi}^k) - (\xi^{k+1} - \tilde{\xi}^{k+1})\}$$

并利用 $\xi^{\mathrm{T}}\mathcal{Q}\xi = \frac{1}{2}\xi^{\mathrm{T}}(\mathcal{Q}^{\mathrm{T}} + \mathcal{Q})\xi$, 我们得到

$$(\xi^k - \xi^{k+1})^{\mathrm{T}}\mathcal{Q}\{(\xi^k - \tilde{\xi}^k) - (\xi^{k+1} - \tilde{\xi}^{k+1})\} \geqslant \frac{1}{2}\|(\xi^k - \tilde{\xi}^k) - (\xi^{k+1} - \tilde{\xi}^{k+1})\|_{\mathcal{Q}^{\mathrm{T}}+\mathcal{Q}}^2.$$

在上式左端利用 $\mathcal{Q} = \mathcal{H}\mathcal{M}$ 和校正公式(17.3.6), 就得到(17.3.11).

下面, 我们在恒等式

$$\|a\|_{\mathcal{H}}^2 - \|b\|_{\mathcal{H}}^2 = 2a^{\mathrm{T}}\mathcal{H}(a-b) - \|a-b\|_{\mathcal{H}}^2$$

中置 $a = (\xi^k - \xi^{k+1})$ 和 $b = (\xi^{k+1} - \xi^{k+2})$, 得到

$$\|\xi^k - \xi^{k+1}\|_{\mathcal{H}}^2 - \|\xi^{k+1} - \xi^{k+2}\|_{\mathcal{H}}^2$$
$$= 2(\xi^k - \xi^{k+1})^{\mathrm{T}}\mathcal{H}\{(\xi^k - \xi^{k+1}) - (\xi^{k+1} - \xi^{k+2})\}$$
$$- \|(\xi^k - \xi^{k+1}) - (\xi^{k+1} - \xi^{k+2})\|_{\mathcal{H}}^2.$$

利用(17.3.11)替换上面等式右端的第一项, 得到

$$\|\xi^k - \xi^{k+1}\|_{\mathcal{H}}^2 - \|\xi^{k+1} - \xi^{k+2}\|_{\mathcal{H}}^2$$
$$\geqslant \|(\xi^k - \tilde{\xi}^k) - (\xi^{k+1} - \tilde{\xi}^{k+1})\|_{(\mathcal{Q}^{\mathrm{T}}+\mathcal{Q})}^2 - \|(\xi^k - \xi^{k+1}) - (\xi^{k+1} - \xi^{k+2})\|_{\mathcal{H}}^2.$$
$$(17.3.14)$$

用校正公式(17.3.6)处理上式右端得到

$$\|(\xi^k - \tilde{\xi}^k) - (\xi^{k+1} - \tilde{\xi}^{k+1})\|_{(\mathcal{Q}^{\mathrm{T}}+\mathcal{Q})}^2 - \|(\xi^k - \xi^{k+1}) - (\xi^{k+1} - \xi^{k+2})\|_{\mathcal{H}}^2$$
$$= \|(\xi^k - \tilde{\xi}^k) - (\xi^{k+1} - \tilde{\xi}^{k+1})\|_{(\mathcal{Q}^{\mathrm{T}}+\mathcal{Q}-\mathcal{M}^{\mathrm{T}}\mathcal{H}\mathcal{M})}^2.$$

由于 $(\mathcal{Q}^{\mathrm{T}} + \mathcal{Q}) - \mathcal{M}^{\mathrm{T}}\mathcal{H}\mathcal{M} = \mathcal{G} \succeq 0$, (17.3.14)右端非负, 定理结论得证. 　□

不等式(17.3.9)和(17.3.10)说明, 变量替换下的广义 PPA 算法同样具备和 PPA 算法相同的性质(17.1.3)和(17.1.4).

在广义 PPA 算法中, 校正矩阵 $\mathcal{M}$ 是由(17.3.2)中的预测矩阵 $\mathcal{Q}$ 唯一确定的. 如果(17.3.2)中的 $\mathcal{Q}$ 是对称的, 根据相关的定义, 校正矩阵为

$$M = \frac{1}{2}(I + Q^{-\mathrm{T}}Q) \quad \text{或} \quad \mathcal{M} = \frac{1}{2}\left(\mathcal{I} + \mathcal{Q}^{-\mathrm{T}}\mathcal{Q}\right), \tag{17.3.15}$$

就是单位矩阵. 我们将校正矩阵并非单位矩阵, 迭代序列又具备(17.1.3)~(17.1.4)这类性质的算法, 称为广义 PPA 算法. 后面两节, 对多块可分离的凸优化问题, 我们分别讨论基于秩一预测和秩二预测的广义 PPA 算法.

17.4　基于秩一预测的广义 PPA 算法

先讨论基于第 15 章介绍的秩一预测的广义 PPA 算法. 秩一预测产生的 $\mathcal{Q}$ 矩阵是一个容易求逆的矩阵与一个广义秩一矩阵的和. 我们对这样的预测, 给出广义邻近点算法的校正公式.

17.4.1　Primal-Dual 预测的广义 PPA 算法

设预测是由第 15 章 15.2 节中的 Primal-Dual 预测(15.2.3)给出的, 我们得到形如(17.3.2)的变分不等式, 其中

$$\mathcal{Q}_{PD} = \begin{pmatrix} I_m & 0 & \cdots & 0 & I_m \\ I_m & I_m & \ddots & \vdots & I_m \\ \vdots & & \ddots & 0 & \vdots \\ I_m & I_m & \cdots & I_m & I_m \\ 0 & 0 & \cdots & 0 & I_m \end{pmatrix}. \tag{17.4.1}$$

利用(15.2.1)给出的 $\mathcal{L}, \mathcal{E}$ 可得

$$\mathcal{Q}_{PD} = \begin{pmatrix} \mathcal{L} & \mathcal{E} \\ 0 & I_m \end{pmatrix}. \tag{17.4.2}$$

由于

$$\mathcal{M}_{PD} = \frac{1}{2}\left(\mathcal{I}_{p+1} + \mathcal{Q}_{PD}^{-\mathrm{T}}\mathcal{Q}_{PD}\right).$$

我们先来考察一下 $\mathcal{Q}_{PD}^{-\mathrm{T}}\mathcal{Q}_{PD}$. 注意到

$$\mathcal{Q}_{PD}^{\mathrm{T}} = \begin{pmatrix} \mathcal{L}^{\mathrm{T}} & 0 \\ \mathcal{E}^{\mathrm{T}} & I_m \end{pmatrix} \quad \text{和} \quad \mathcal{Q}_{PD}^{-\mathrm{T}} = \begin{pmatrix} \mathcal{L}^{-\mathrm{T}} & 0 \\ -\mathcal{E}^{\mathrm{T}}\mathcal{L}^{-\mathrm{T}} & I_m \end{pmatrix}.$$

所以

$$\begin{aligned} \mathcal{Q}_{PD}^{-\mathrm{T}}\mathcal{Q}_{PD} &= \begin{pmatrix} \mathcal{L}^{-\mathrm{T}} & 0 \\ -\mathcal{E}^{\mathrm{T}}\mathcal{L}^{-\mathrm{T}} & I_m \end{pmatrix}\begin{pmatrix} \mathcal{L} & \mathcal{E} \\ 0 & I_m \end{pmatrix} \\ &= \begin{pmatrix} \mathcal{L}^{-\mathrm{T}}\mathcal{L} & \mathcal{L}^{-\mathrm{T}}\mathcal{E} \\ -\mathcal{E}^{\mathrm{T}}\mathcal{L}^{-\mathrm{T}}\mathcal{L} & I_m - \mathcal{E}^{\mathrm{T}}\mathcal{L}^{-\mathrm{T}}\mathcal{E} \end{pmatrix}. \end{aligned} \tag{17.4.3}$$

分别计算 $\mathcal{Q}_{PD}^{-\mathrm{T}}\mathcal{Q}_{PD}$ 的四块. 因为

$$\mathcal{L}^{-\mathrm{T}} = \begin{pmatrix} I_m & -I_m & 0 & 0 \\ 0 & I_m & \ddots & 0 \\ \vdots & \ddots & \ddots & -I_m \\ 0 & \cdots & 0 & I_m \end{pmatrix},$$

矩阵 $\mathcal{Q}_{PD}^{-\mathrm{T}}\mathcal{Q}_{PD}$ 的左上角块,

$$
\mathcal{L}^{-\mathrm{T}}\mathcal{L} = \begin{pmatrix} I_m & -I_m & 0 & 0 \\ 0 & I_m & \ddots & 0 \\ \vdots & \ddots & \ddots & -I_m \\ 0 & \cdots & 0 & I_m \end{pmatrix} \begin{pmatrix} I_m & 0 & \cdots & 0 \\ I_m & I_m & \ddots & \vdots \\ \vdots & & \ddots & 0 \\ I_m & I_m & \cdots & I_m \end{pmatrix}
$$

$$
= \begin{pmatrix} 0 & -I_m & 0 & 0 \\ \vdots & \ddots & \ddots & 0 \\ 0 & \cdots & 0 & -I_m \\ I_m & \cdots & I_m & I_m \end{pmatrix}. \tag{17.4.4}
$$

矩阵 $\mathcal{Q}_{PD}^{-\mathrm{T}}\mathcal{Q}_{PD}$ 的右上角块,

$$
\mathcal{L}^{-\mathrm{T}}\mathcal{E} = \begin{pmatrix} I_m & -I_m & 0 & 0 \\ 0 & I_m & \ddots & 0 \\ \vdots & \ddots & \ddots & -I_m \\ 0 & \cdots & 0 & I_m \end{pmatrix} \begin{pmatrix} I_m \\ I_m \\ \vdots \\ I_m \end{pmatrix} = \begin{pmatrix} 0 \\ \vdots \\ 0 \\ I_m \end{pmatrix}. \tag{17.4.5}
$$

矩阵 $\mathcal{Q}_{PD}^{-\mathrm{T}}\mathcal{Q}_{PD}$ 的左下角块, 利用(17.4.4), 得到

$$
-\mathcal{E}^{\mathrm{T}}\mathcal{L}^{-\mathrm{T}}\mathcal{L} = -\begin{pmatrix} I_m & I_m & \cdots & I_m \end{pmatrix} \begin{pmatrix} 0 & -I_m & 0 & 0 \\ \vdots & \ddots & \ddots & 0 \\ 0 & \cdots & 0 & -I_m \\ I_m & I_m & \cdots & I_m \end{pmatrix}
$$

$$
= \begin{pmatrix} -I_m & 0 & \cdots & 0 \end{pmatrix}. \tag{17.4.6}
$$

矩阵 $\mathcal{Q}_{PD}^{-\mathrm{T}}\mathcal{Q}_{PD}$ 的右下角块,

$$
I_m - \mathcal{E}^{\mathrm{T}}\mathcal{L}^{-\mathrm{T}}\mathcal{E} = I_m - \begin{pmatrix} I_m & 0 & \cdots & 0 \end{pmatrix} \begin{pmatrix} I_m \\ I_m \\ \vdots \\ I_m \end{pmatrix} = 0. \tag{17.4.7}
$$

将上述四个分块矩阵合并在一起即得

$$\mathcal{Q}_{PD}^{-\mathrm{T}} \mathcal{Q}_{PD} = \begin{pmatrix} 0 & -I_m & 0 & \cdots & 0 \\ 0 & \ddots & \ddots & \ddots & \vdots \\ 0 & 0 & 0 & -I_m & 0 \\ I_m & \cdots & I_m & I_m & I_m \\ -I_m & \cdots & 0 & 0 & 0 \end{pmatrix}. \tag{17.4.8}$$

最后得到

$$\mathcal{M}_{PD} = \frac{1}{2} \left(\mathcal{I}_{p+1} + \mathcal{Q}_{PD}^{-\mathrm{T}} \mathcal{Q}_{PD} \right) = \frac{1}{2} \begin{pmatrix} I_m & -I_m & 0 & \cdots & 0 \\ 0 & \ddots & \ddots & \ddots & \vdots \\ 0 & 0 & I_m & -I_m & 0 \\ I_m & \cdots & I_m & 2I_m & I_m \\ -I_m & 0 & \cdots & 0 & I_m \end{pmatrix}. \tag{17.4.9}$$

利用变换(15.1.2), 采用(17.4.9)中的矩阵 $\mathcal{M}_{PD}$ 的校正(17.3.6)可以写成等价的

$$\begin{pmatrix} A_1 x_1^{k+1} \\ A_2 x_2^{k+1} \\ \vdots \\ A_p x_p^{k+1} \\ \lambda^{k+1} \end{pmatrix} = \begin{pmatrix} A_1 x_1^k \\ A_2 x_2^k \\ \vdots \\ A_p x_p^k \\ \lambda^k \end{pmatrix} - \frac{1}{2} \begin{pmatrix} I_m & -I_m & 0 & \cdots & 0 \\ 0 & \ddots & \ddots & \ddots & \vdots \\ 0 & 0 & I_m & -I_m & 0 \\ I_m & \cdots & I_m & 2I_m & \frac{1}{\beta}I_m \\ -\beta I_m & 0 & \cdots & 0 & I_m \end{pmatrix} \begin{pmatrix} A_1 x_1^k - A_1 \tilde{x}_1^k \\ A_2 x_2^k - A_2 \tilde{x}_2^k \\ \vdots \\ A_p x_p^k - A_p \tilde{x}_p^k \\ \lambda^k - \tilde{\lambda}^k \end{pmatrix}$$

$$\tag{17.4.10}$$

定理 17.4 将第 15 章中的 Primal-Dual 预测(15.2.3), 与校正(17.4.10)结合形成的方法, 是求解变分不等式(15.0.3)的一个广义 PPA 算法, 其迭代序列 $\{(A_1 x_1^k, \cdots, A_p x_p^k, \lambda^k)\}$ 收敛于某个 $(A_1 x_1^*, \cdots, A_p x_p^*, \lambda^*)$.

17.4.2 Dual-Primal 预测的广义 PPA 算法

设预测是由第 15 章 15.2 节中的 Dual-Primal 预测(15.2.14)给出的. 我们得到形如(17.3.2)的变分不等式, 其中

$$\mathcal{Q}_{DP} = \begin{pmatrix} I_m & 0 & \cdots & 0 & 0 \\ I_m & I_m & \ddots & \vdots & 0 \\ \vdots & & \ddots & 0 & \vdots \\ I_m & I_m & \cdots & I_m & 0 \\ -I_m & -I_m & \cdots & -I_m & I_m \end{pmatrix}. \tag{17.4.11}$$

利用(15.2.1)给出的 $\mathcal{L}, \mathcal{E}$ 可得

$$\mathcal{Q}_{DP} = \begin{pmatrix} \mathcal{L} & 0 \\ -\mathcal{E}^{\mathrm{T}} & I_m \end{pmatrix}. \tag{17.4.12}$$

由于

$$\mathcal{M}_{DP} = \frac{1}{2}\left(\mathcal{I} + \mathcal{Q}_{DP}^{-\mathrm{T}}\mathcal{Q}_{DP}\right).$$

我们先来考察一下 $\mathcal{Q}_{DP}^{-\mathrm{T}}\mathcal{Q}_{DP}$. 注意到

$$\mathcal{Q}_{DP}^{\mathrm{T}} = \begin{pmatrix} \mathcal{L}^{\mathrm{T}} & -\mathcal{E} \\ 0 & I_m \end{pmatrix} \quad \text{和} \quad \mathcal{Q}_{DP}^{-\mathrm{T}} = \begin{pmatrix} \mathcal{L}^{-\mathrm{T}} & \mathcal{L}^{-\mathrm{T}}\mathcal{E} \\ 0 & I_m \end{pmatrix}.$$

则有

$$\mathcal{Q}_{DP}^{-\mathrm{T}}\mathcal{Q}_{DP} = \begin{pmatrix} \mathcal{L}^{-\mathrm{T}} & \mathcal{L}^{-\mathrm{T}}\mathcal{E} \\ 0 & I_m \end{pmatrix} \begin{pmatrix} \mathcal{L} & 0 \\ -\mathcal{E}^{\mathrm{T}} & I_m \end{pmatrix}$$

$$= \begin{pmatrix} \mathcal{L}^{-\mathrm{T}}\mathcal{L} - \mathcal{L}^{-\mathrm{T}}\mathcal{E}\mathcal{E}^{\mathrm{T}} & \mathcal{L}^{-\mathrm{T}}\mathcal{E} \\ -\mathcal{E}^{\mathrm{T}} & I_m \end{pmatrix}. \tag{17.4.13}$$

分别计算分块矩阵 $\mathcal{Q}_{DP}^{-\mathrm{T}}\mathcal{Q}_{DP}$ 中的四块. 从(17.4.4)和(17.4.5)我们已经有了

$$\mathcal{L}^{-\mathrm{T}}\mathcal{L} = \begin{pmatrix} 0 & -I_m & 0 & 0 \\ \vdots & \ddots & \ddots & 0 \\ 0 & \cdots & 0 & -I_m \\ I_m & \cdots & I_m & I_m \end{pmatrix} \quad \text{和} \quad \mathcal{L}^{-\mathrm{T}}\mathcal{E} = \begin{pmatrix} 0 \\ \vdots \\ 0 \\ I_m \end{pmatrix},$$

因此 $\mathcal{Q}_{DP}^{-\mathrm{T}}\mathcal{Q}_{DP}$ 的左上角部分

$$\mathcal{L}^{-\mathrm{T}}\mathcal{L} - \mathcal{L}^{-\mathrm{T}}\mathcal{E}\mathcal{E}^{\mathrm{T}} = \mathcal{L}^{-\mathrm{T}}\mathcal{L} - \begin{pmatrix} 0 \\ \vdots \\ 0 \\ I_m \end{pmatrix} \begin{pmatrix} I_m & I_m & \cdots & I_m \end{pmatrix}$$

$$= \begin{pmatrix} 0 & -I_m & 0 & 0 \\ \vdots & \ddots & \ddots & 0 \\ 0 & \cdots & 0 & -I_m \\ 0 & \cdots & 0 & 0 \end{pmatrix}.$$

矩阵 $\mathcal{Q}_{DP}^{-\mathrm{T}}\mathcal{Q}_{DP}$ 的右上角部分, $\mathcal{L}^{-\mathrm{T}}\mathcal{E}$ 在(17.4.5)中已经有了交代. 所以

$$
\mathcal{Q}_{DP}^{-\mathrm{T}}\mathcal{Q}_{DP} = \begin{pmatrix} \mathcal{L}^{-\mathrm{T}}\mathcal{L} - \mathcal{L}^{-\mathrm{T}}\mathcal{E}\mathcal{E}^{\mathrm{T}} & \mathcal{L}^{-\mathrm{T}}\mathcal{E} \\ -\mathcal{E}^{\mathrm{T}} & I_m \end{pmatrix}
$$
$$
= \begin{pmatrix} 0 & -I_m & 0 & \cdots & 0 \\ \vdots & \ddots & \ddots & \ddots & \vdots \\ 0 & \cdots & 0 & -I_m & 0 \\ 0 & \cdots & 0 & 0 & I_m \\ -I_m & \cdots & \cdots & -I_m & I_m \end{pmatrix}. \tag{17.4.14}
$$

最后, 我们得到

$$
\mathcal{M}_{DP} = \frac{1}{2}\left(\mathcal{I} + \mathcal{Q}_{DP}^{-\mathrm{T}}\mathcal{Q}_{DP}\right) = \frac{1}{2} \begin{pmatrix} I_m & -I_m & 0 & \cdots & 0 \\ 0 & \ddots & \ddots & & \vdots \\ \vdots & \ddots & \ddots & -I_m & 0 \\ 0 & \cdots & 0 & I_m & I_m \\ I_m & \cdots & I_m & I_m & 2I_m \end{pmatrix}. \tag{17.4.15}
$$

利用变换(15.1.2), 采用(17.4.15)中的矩阵 $\mathcal{M}_{DP}$ 的校正(17.3.6)可以写成等价的

$$
\begin{pmatrix} A_1 x_1^{k+1} \\ A_2 x_2^{k+1} \\ \vdots \\ A_p x_p^{k+1} \\ \lambda^{k+1} \end{pmatrix} = \begin{pmatrix} A_1 x_1^k \\ A_2 x_2^k \\ \vdots \\ A_p x_p^k \\ \lambda^k \end{pmatrix} - \frac{1}{2} \begin{pmatrix} I_m & -I_m & 0 & \cdots & 0 \\ 0 & \ddots & \ddots & \ddots & \vdots \\ \vdots & \ddots & \ddots & -I_m & 0 \\ 0 & \cdots & 0 & I_m & \frac{1}{\beta}I_m \\ -\beta I_m & -\beta I_m & \cdots & -\beta I_m & 2I_m \end{pmatrix} \begin{pmatrix} A_1 x_1^k - A_1 \tilde{x}_1^k \\ A_2 x_2^k - A_2 \tilde{x}_2^k \\ \vdots \\ A_p x_p^k - A_p \tilde{x}_p^k \\ \lambda^k - \tilde{\lambda}^k \end{pmatrix}
$$
$$
\tag{17.4.16}
$$

定理 17.5 将第 15 章中的 Dual-Primal 预测(15.2.14), 与校正(17.4.16)结合形成的方法, 是求解变分不等式(15.0.3)的一个广义 PPA 算法, 其迭代序列 $\{(A_1 x_1^k, \cdots, A_p x_p^k, \lambda^k)\}$ 收敛于某个 $(A_1 x_1^*, \cdots, A_p x_p^*, \lambda^*)$.

17.5 基于秩二预测的广义 PPA 算法

先讨论基于第 16 章介绍的秩二预测的广义 PPA 算法. 秩二预测产生的 $\mathcal{Q}$ 矩阵是一个容易求逆的矩阵与一个广义秩二矩阵的和. 对基于这种预测的广义邻近点算法, 我们只给出相应的校正矩阵 $\mathcal{M}$.

17.5.1　Primal-Dual 预测的广义 PPA 算法

设预测是由第 16 章 16.2.1 节中的 Primal-Dual 预测(16.2.6)给出的, 我们得到形如(17.3.2)的变分不等式, 其中的 $\mathcal{Q}$ 我们记为 $\mathcal{Q}_{PD}$.

$$
\mathcal{Q}_{PD} = \begin{pmatrix} I_m & 0 & \cdots & 0 & I_m \\ I_m & I_m & \ddots & \vdots & I_m \\ \vdots & & \ddots & 0 & \vdots \\ I_m & I_m & \cdots & I_m & I_m \\ I_m & I_m & \cdots & I_m & \frac{5}{2}I_m \end{pmatrix} = \begin{pmatrix} \mathcal{L} & \mathcal{E} \\ \mathcal{E}^{\mathrm{T}} & \frac{5}{2}I_m \end{pmatrix}. \tag{17.5.1}
$$

由于

$$
\mathcal{M}_{PD} = \frac{1}{2}\mathcal{Q}_{PD}^{-\mathrm{T}}(\mathcal{Q}_{PD}^{\mathrm{T}} + \mathcal{Q}_{PD}),
$$

首先给出 $\mathcal{Q}_{PD}^{-\mathrm{T}}$ 的形式. 由(16.2.8),

$$
\mathcal{Q}_{PD}^{-\mathrm{T}} = \frac{2}{3}\begin{pmatrix} \mathcal{L}^{-\mathrm{T}}\mathcal{E}\mathcal{E}^{\mathrm{T}}\mathcal{L}^{-\mathrm{T}} & -\mathcal{L}^{-\mathrm{T}}\mathcal{E} \\ -\mathcal{E}^{\mathrm{T}}\mathcal{L}^{-\mathrm{T}} & I_m \end{pmatrix} + \begin{pmatrix} \mathcal{L}^{-\mathrm{T}} & 0 \\ 0 & 0 \end{pmatrix}.
$$

得到

$$
\mathcal{Q}_{PD}^{-\mathrm{T}}\mathcal{Q}_{PD} = \left\{ \frac{2}{3}\begin{pmatrix} \mathcal{L}^{-\mathrm{T}}\mathcal{E}\mathcal{E}^{\mathrm{T}}\mathcal{L}^{-\mathrm{T}} & -\mathcal{L}^{-\mathrm{T}}\mathcal{E} \\ -\mathcal{E}^{\mathrm{T}}\mathcal{L}^{-\mathrm{T}} & I_m \end{pmatrix} + \begin{pmatrix} \mathcal{L}^{-\mathrm{T}} & 0 \\ 0 & 0 \end{pmatrix} \right\} \begin{pmatrix} \mathcal{L} & \mathcal{E} \\ \mathcal{E}^{\mathrm{T}} & \frac{5}{2}I_m \end{pmatrix}
$$

$$
= \frac{2}{3}\begin{pmatrix} \mathcal{L}^{-\mathrm{T}}\mathcal{E}\mathcal{E}^{\mathrm{T}}\mathcal{L}^{-\mathrm{T}}\mathcal{L} - \mathcal{L}^{-\mathrm{T}}\mathcal{E}\mathcal{E}^{\mathrm{T}} & \mathcal{L}^{-\mathrm{T}}\mathcal{E}\mathcal{E}^{\mathrm{T}}\mathcal{L}^{-\mathrm{T}}\mathcal{E} - \frac{5}{2}\mathcal{L}^{-\mathrm{T}}\mathcal{E} \\ -\mathcal{E}^{\mathrm{T}}\mathcal{L}^{-\mathrm{T}}\mathcal{L} + \mathcal{E}^{\mathrm{T}} & -\mathcal{E}^{\mathrm{T}}\mathcal{L}^{-\mathrm{T}}\mathcal{E} + \frac{5}{2}I_m \end{pmatrix}
$$

$$
+ \begin{pmatrix} \mathcal{L}^{-\mathrm{T}}\mathcal{L} & \mathcal{L}^{-\mathrm{T}}\mathcal{E} \\ 0 & 0 \end{pmatrix}.
$$

因此校正矩阵

$$
\mathcal{M}_{PD} = \frac{1}{2}\mathcal{Q}_{PD}^{-\mathrm{T}}(\mathcal{Q}_{PD}^{\mathrm{T}} + \mathcal{Q}_{PD}) = \frac{1}{3}\mathcal{B}_{PD} + \frac{1}{2}\mathcal{C}_{PD}, \tag{17.5.2}
$$

其中

$$
\mathcal{B}_{PD} = \begin{pmatrix} \mathcal{L}^{-\mathrm{T}}\mathcal{E}\mathcal{E}^{\mathrm{T}}\mathcal{L}^{-\mathrm{T}}\mathcal{L} - \mathcal{L}^{-\mathrm{T}}\mathcal{E}\mathcal{E}^{\mathrm{T}} & \mathcal{L}^{-\mathrm{T}}\mathcal{E}\mathcal{E}^{\mathrm{T}}\mathcal{L}^{-\mathrm{T}}\mathcal{E} - \frac{5}{2}\mathcal{L}^{-\mathrm{T}}\mathcal{E} \\ -\mathcal{E}^{\mathrm{T}}\mathcal{L}^{-\mathrm{T}}\mathcal{L} + \mathcal{E}^{\mathrm{T}} & -\mathcal{E}^{\mathrm{T}}\mathcal{L}^{-\mathrm{T}}\mathcal{E} + \frac{5}{2}I_m \end{pmatrix} \tag{17.5.3}
$$

和

$$\mathcal{C}_{PD} = \begin{pmatrix} \mathcal{I} + \mathcal{L}^{-T}\mathcal{L} & \mathcal{L}^{-T}\mathcal{E} \\ 0 & I_m \end{pmatrix}. \tag{17.5.4}$$

我们先计算矩阵 $\mathcal{B}_{PD}$ 的四块. 利用 (参见 16.2.1节)

$$\mathcal{L}^{-T}\mathcal{E} = \begin{pmatrix} 0 \\ \vdots \\ 0 \\ I_m \end{pmatrix}, \quad \mathcal{E}^{T}\mathcal{L}^{-T} = (I_m, 0, \cdots, 0) \quad \text{和} \quad \mathcal{L} = \begin{pmatrix} I_m & 0 & \cdots & 0 \\ I_m & I_m & \ddots & \vdots \\ \vdots & & \ddots & 0 \\ I_m & I_m & \cdots & I_m \end{pmatrix},$$

得到

$$\mathcal{L}^{-T}\mathcal{E}\mathcal{E}^{T}\mathcal{L}^{-T}\mathcal{L} = \begin{pmatrix} 0 & 0 & \cdots & 0 \\ \vdots & \vdots & & \vdots \\ 0 & 0 & \cdots & 0 \\ I_m & 0 & \cdots & 0 \end{pmatrix} \begin{pmatrix} I_m & 0 & \cdots & 0 \\ I_m & I_m & \ddots & \vdots \\ \vdots & & \ddots & 0 \\ I_m & I_m & \cdots & I_m \end{pmatrix} = \begin{pmatrix} 0 & 0 & \cdots & 0 \\ \vdots & \vdots & & \vdots \\ 0 & 0 & \cdots & 0 \\ I_m & 0 & \cdots & 0 \end{pmatrix}$$

和

$$\mathcal{L}^{-T}\mathcal{E}\mathcal{E}^{T} = \begin{pmatrix} 0 & 0 & \cdots & 0 \\ \vdots & \vdots & & \vdots \\ 0 & 0 & \cdots & 0 \\ I_m & I_m & \cdots & I_m \end{pmatrix}.$$

因此矩阵 $\mathcal{B}_{PD}$ 的 (1,1) 块

$$\mathcal{L}^{-T}\mathcal{E}\mathcal{E}^{T}\mathcal{L}^{-T}\mathcal{L} - \mathcal{L}^{-T}\mathcal{E}\mathcal{E}^{T} = \begin{pmatrix} 0 & 0 & \cdots & 0 \\ \vdots & \vdots & & \vdots \\ 0 & 0 & \cdots & 0 \\ 0 & -I_m & \cdots & -I_m \end{pmatrix}.$$

矩阵 $\mathcal{B}_{PD}$ 的 (1,2) 块

$$\mathcal{L}^{-T}\mathcal{E}\mathcal{E}^{T}\mathcal{L}^{-T}\mathcal{E} - \frac{5}{2}\mathcal{L}^{-T}\mathcal{E} = \begin{pmatrix} 0 \\ \vdots \\ 0 \\ I_m \end{pmatrix} - \frac{5}{2}\begin{pmatrix} 0 \\ \vdots \\ 0 \\ I_m \end{pmatrix} = -\frac{3}{2}\begin{pmatrix} 0 \\ \vdots \\ 0 \\ I_m \end{pmatrix}.$$

矩阵 $\mathcal{B}_{PD}$ 的 (2,1) 块

$$\mathcal{E}^{\mathrm{T}} - \mathcal{E}^{\mathrm{T}}\mathcal{L}^{-\mathrm{T}}\mathcal{L} = \mathcal{E}^{\mathrm{T}} - (I_m, 0, \cdots, 0) \begin{pmatrix} I_m & 0 & \cdots & 0 \\ I_m & I_m & \ddots & \vdots \\ \vdots & & \ddots & 0 \\ I_m & I_m & \cdots & I_m \end{pmatrix}$$

$$= (0, I_m, \cdots, I_m).$$

矩阵 $\mathcal{B}_{PD}$ 的 (2,2) 块

$$\frac{5}{2}I_m - \mathcal{E}^{\mathrm{T}}\mathcal{L}^{-\mathrm{T}}\mathcal{E} = \frac{3}{2}I_m.$$

所以

$$\mathcal{B}_{PD} = \begin{pmatrix} 0 & 0 & \cdots & 0 & 0 \\ \vdots & \vdots & & \vdots & \vdots \\ 0 & 0 & \cdots & 0 & 0 \\ 0 & -I_m & \cdots & -I_m & -\dfrac{3}{2}I_m \\ 0 & I_m & \cdots & I_m & \dfrac{3}{2}I_m \end{pmatrix}. \tag{17.5.5}$$

利用

$$\mathcal{L}^{-\mathrm{T}}\mathcal{L} = \begin{pmatrix} 0 & -I_m & 0 & 0 \\ \vdots & \ddots & \ddots & 0 \\ 0 & \cdots & 0 & -I_m \\ I_m & \cdots & I_m & I_m \end{pmatrix} \quad \text{和} \quad \mathcal{L}^{-\mathrm{T}}\mathcal{E} = \begin{pmatrix} 0 \\ \vdots \\ 0 \\ I_m \end{pmatrix},$$

得到

$$\mathcal{C}_{PD} = \begin{pmatrix} \mathcal{I} + \mathcal{L}^{-\mathrm{T}}\mathcal{L} & \mathcal{L}^{-\mathrm{T}}\mathcal{E} \\ 0 & I_m \end{pmatrix} = \begin{pmatrix} I_m & -I_m & 0 & 0 & 0 \\ 0 & \ddots & \ddots & 0 & \vdots \\ 0 & 0 & I_m & -I_m & 0 \\ I_m & \cdots & I_m & 2I_m & I_m \\ 0 & \cdots & \cdots & 0 & I_m \end{pmatrix}. \tag{17.5.6}$$

有了(17.5.5)和(17.5.6), 校正矩阵

$$\mathcal{M}_{PD} = \frac{1}{3}\mathcal{B}_{PD} + \frac{1}{2}\mathcal{C}_{PD}$$

$$
= \frac{1}{3} \begin{pmatrix} 0 & 0 & \cdots & 0 & 0 \\ \vdots & \vdots & & \vdots & \vdots \\ 0 & 0 & \cdots & 0 & 0 \\ 0 & -I_m & \cdots & -I_m & -\frac{3}{2}I_m \\ 0 & I_m & \cdots & I_m & \frac{3}{2}I_m \end{pmatrix} + \frac{1}{2} \begin{pmatrix} I_m & -I_m & 0 & 0 & 0 \\ 0 & \ddots & \ddots & 0 & \vdots \\ 0 & 0 & I_m & -I_m & 0 \\ I_m & \cdots & I_m & 2I_m & I_m \\ 0 & \cdots & \cdots & 0 & I_m \end{pmatrix}
$$

的形式是非常简单的.

17.5.2　Dual-Primal 预测的广义 PPA 算法

设预测是由第 16 章 16.2.2 节中的 Dual-Primal 预测(16.2.15)给出的, 我们得到形如(17.3.2)的变分不等式, 其中的 $\mathcal{Q}$ 我们记为 $\mathcal{Q}_{DP}$.

$$
\mathcal{Q}_{DP} = \begin{pmatrix} I_m & 0 & \cdots & 0 & -I_m \\ I_m & I_m & \ddots & \vdots & -I_m \\ \vdots & & \ddots & 0 & \vdots \\ I_m & I_m & \cdots & I_m & -I_m \\ -I_m & -I_m & \cdots & -I_m & \frac{5}{2}I_m \end{pmatrix} = \begin{pmatrix} \mathcal{L} & -\mathcal{E} \\ -\mathcal{E}^{\mathrm{T}} & \frac{5}{2}I_m \end{pmatrix}. \tag{17.5.7}
$$

由于

$$
\mathcal{M}_{DP} = \frac{1}{2}\mathcal{Q}_{DP}^{-\mathrm{T}}(\mathcal{Q}_{DP}^{\mathrm{T}} + \mathcal{Q}_{DP}),
$$

首先给出 $\mathcal{Q}_{DP}^{-\mathrm{T}}$ 的形式. 由(16.2.16),

$$
\mathcal{Q}_{DP}^{-\mathrm{T}} = \begin{pmatrix} \mathcal{L}^{-\mathrm{T}} & 0 \\ 0 & 0 \end{pmatrix} + \frac{2}{3} \begin{pmatrix} \mathcal{L}^{-\mathrm{T}}\mathcal{E}\mathcal{E}^{\mathrm{T}}\mathcal{L}^{-\mathrm{T}} & \mathcal{L}^{-\mathrm{T}}\mathcal{E} \\ \mathcal{E}^{\mathrm{T}}\mathcal{L}^{-\mathrm{T}} & I_m \end{pmatrix}.
$$

得到

$$
\mathcal{Q}_{DP}^{-\mathrm{T}}\mathcal{Q}_{DP} = \left\{ \frac{2}{3} \begin{pmatrix} \mathcal{L}^{-\mathrm{T}}\mathcal{E}\mathcal{E}^{\mathrm{T}}\mathcal{L}^{-\mathrm{T}} & \mathcal{L}^{-\mathrm{T}}\mathcal{E} \\ \mathcal{E}^{\mathrm{T}}\mathcal{L}^{-\mathrm{T}} & I_m \end{pmatrix} + \begin{pmatrix} \mathcal{L}^{-\mathrm{T}} & 0 \\ 0 & 0 \end{pmatrix} \right\} \begin{pmatrix} \mathcal{L} & -\mathcal{E} \\ -\mathcal{E}^{\mathrm{T}} & \frac{5}{2}I_m \end{pmatrix}
$$

$$
= \frac{2}{3} \begin{pmatrix} \mathcal{L}^{-\mathrm{T}}\mathcal{E}\mathcal{E}^{\mathrm{T}}\mathcal{L}^{-\mathrm{T}}\mathcal{L} - \mathcal{L}^{-\mathrm{T}}\mathcal{E}\mathcal{E}^{\mathrm{T}} & -\mathcal{L}^{-\mathrm{T}}\mathcal{E}\mathcal{E}^{\mathrm{T}}\mathcal{L}^{-\mathrm{T}}\mathcal{E} + \frac{5}{2}\mathcal{L}^{-\mathrm{T}}\mathcal{E} \\ \mathcal{E}^{\mathrm{T}}\mathcal{L}^{-\mathrm{T}}\mathcal{L} - \mathcal{E}^{\mathrm{T}} & -\mathcal{E}^{\mathrm{T}}\mathcal{L}^{-\mathrm{T}}\mathcal{E} + \frac{5}{2}I_m \end{pmatrix}
$$

$$+ \begin{pmatrix} \mathcal{L}^{-T}\mathcal{L} & -\mathcal{L}^{-T}\mathcal{E} \\ 0 & 0 \end{pmatrix}.$$

因此校正矩阵

$$\mathcal{M}_{DP} = \frac{1}{2}\mathcal{Q}_{DP}^{-T}(\mathcal{Q}_{DP}^{T} + \mathcal{Q}_{DP}) = \frac{1}{3}\mathcal{B}_{DP} + \frac{1}{2}\mathcal{C}_{DP}, \qquad (17.5.8)$$

其中

$$\mathcal{B}_{DP} = \begin{pmatrix} \mathcal{L}^{-T}\mathcal{E}\mathcal{E}^{T}\mathcal{L}^{-T}\mathcal{L} - \mathcal{L}^{-T}\mathcal{E}\mathcal{E}^{T} & -\mathcal{L}^{-T}\mathcal{E}\mathcal{E}^{T}\mathcal{L}^{-T}\mathcal{E} + \dfrac{5}{2}\mathcal{L}^{-T}\mathcal{E} \\ \mathcal{E}^{T}\mathcal{L}^{-T}\mathcal{L} - \mathcal{E}^{T} & -\mathcal{E}^{T}\mathcal{L}^{-T}\mathcal{E} + \dfrac{5}{2}I_m \end{pmatrix} \qquad (17.5.9)$$

和

$$\mathcal{C}_{DP} = \begin{pmatrix} \mathcal{I} + \mathcal{L}^{-T}\mathcal{L} & -\mathcal{L}^{-T}\mathcal{E} \\ 0 & I_m \end{pmatrix}. \qquad (17.5.10)$$

将(17.5.9)跟(17.5.3)比较, 利用(17.5.5), 有

$$\mathcal{B}_{DP} = \begin{pmatrix} 0 & 0 & \cdots & 0 & 0 \\ \vdots & \vdots & & \vdots & \vdots \\ 0 & 0 & \cdots & 0 & 0 \\ 0 & -I_m & \cdots & -I_m & \dfrac{3}{2}I_m \\ 0 & -I_m & \cdots & -I_m & \dfrac{3}{2}I_m \end{pmatrix}. \qquad (17.5.11)$$

将(17.5.10)跟(17.5.4)比较, 利用(17.5.6), 有

$$\mathcal{C}_{DP} = \begin{pmatrix} \mathcal{I} + \mathcal{L}^{-T}\mathcal{L} & -\mathcal{L}^{-T}\mathcal{E} \\ 0 & I_m \end{pmatrix} = \begin{pmatrix} I_m & -I_m & 0 & 0 & 0 \\ 0 & \ddots & \ddots & 0 & \vdots \\ 0 & 0 & I_m & -I_m & 0 \\ I_m & \cdots & I_m & 2I_m & -I_m \\ 0 & \cdots & \cdots & 0 & I_m \end{pmatrix}. \qquad (17.5.12)$$

有了(17.5.11)和(17.5.12), 同样, 校正矩阵

$$\mathcal{M}_{DP} = \frac{1}{3}\mathcal{B}_{DP} + \frac{1}{2}\mathcal{C}_{DP}$$

$$= \frac{1}{3} \begin{pmatrix} 0 & 0 & \cdots & 0 & 0 \\ \vdots & \vdots & & \vdots & \vdots \\ 0 & 0 & \cdots & 0 & 0 \\ 0 & -I_m & \cdots & -I_m & \frac{3}{2}I_m \\ 0 & -I_m & \cdots & -I_m & \frac{3}{2}I_m \end{pmatrix} + \frac{1}{2} \begin{pmatrix} I_m & -I_m & 0 & 0 & 0 \\ 0 & \ddots & \ddots & 0 & \vdots \\ 0 & 0 & I_m & -I_m & 0 \\ I_m & \cdots & I_m & 2I_m & -I_m \\ 0 & \cdots & \cdots & 0 & I_m \end{pmatrix}$$

的形式是非常简单的.

17.6 平行秩二预测的广义 PPA 算法

回顾第 16 章 16.3 节中介绍的平行预测的秩二校正方法, 其中实现预测公式(17.3.1)的预测矩阵 Q(参见(16.3.4)) 为

$$Q = \begin{pmatrix} \beta A_1^{\mathrm{T}} A_1 & 0 & \cdots & 0 & A_1^{\mathrm{T}} \\ 0 & \beta A_2^{\mathrm{T}} A_2 & \ddots & \vdots & A_2^{\mathrm{T}} \\ \vdots & & \ddots & 0 & \vdots \\ 0 & \cdots & \cdots & \beta A_p^{\mathrm{T}} A_p & A_p^{\mathrm{T}} \\ -A_1 & -A_2 & \cdots & -A_p & \frac{1}{\beta} I_m \end{pmatrix}. \tag{17.6.1}$$

如前所述, 公式(17.3.1)经变换(15.1.2)可以改写为形如(17.3.2)的预测公式, 其中矩阵 $\mathcal{Q}$ 是

$$\mathcal{Q} = \begin{pmatrix} I_m & 0 & \cdots & 0 & I_m \\ 0 & I_m & \ddots & \vdots & I_m \\ \vdots & & \ddots & 0 & \vdots \\ 0 & \cdots & \cdots & I_m & I_m \\ -I_m & -I_m & \cdots & -I_m & I_m \end{pmatrix}. \tag{17.6.2}$$

由于

$$\mathcal{Q} = \begin{pmatrix} \mathcal{I} & 0 \\ 0 & I_m \end{pmatrix} + \begin{pmatrix} 0 & \mathcal{E} \\ -\mathcal{E}^{\mathrm{T}} & 0 \end{pmatrix},$$

采用广义 PPA 算法, 取

$$\mathcal{D} = \frac{1}{2}(\mathcal{Q}^{\mathrm{T}} + \mathcal{Q}) = \begin{pmatrix} \mathcal{I} & 0 \\ 0 & I_m \end{pmatrix},$$

迭代公式就是

$$\xi^{k+1} = \xi^k - \mathcal{Q}^{-\mathrm{T}}(\xi^k - \tilde{\xi}^k).$$

在第 16 章 16.3 节中, 我们已经给出

$$\mathcal{Q}^{-\mathrm{T}} = \begin{pmatrix} I_m & 0 & \cdots & 0 \\ 0 & \ddots & \ddots & \vdots \\ \vdots & \ddots & I_m & 0 \\ 0 & \cdots & 0 & I_m \end{pmatrix} - \frac{1}{p+1} \begin{pmatrix} I_m & \cdots & I_m & I_m \\ \vdots & & \vdots & \vdots \\ I_m & \cdots & I_m & I_m \\ -I_m & \cdots & -I_m & pI_m \end{pmatrix}.$$

这里的广义 PPA 算法实际上就是文献 [60] 中 $\alpha = 1$ 的算法. 也是第 16 章 16.3节中的方法.

　　这一章的内容进一步说明：变分不等式和邻近点算法是研究凸优化分裂收缩算法的两大法宝.

参 考 文 献

[1] Beck A. First-Order Methods in Convex Optimization. Philadelphia, PA: Society for Industrial and Applied Methematics, 2017.

[2] Beck A, Teboulle M. A fast iterative shrinkage-thresholding algorithm for linear inverse problems. SIAM J. Imaging Science, 2009, 3: 183-202.

[3] Becker S. The Chen-Teboulle algorithm is the proximal point algorithm, Manuscript, Nov. 2011, arXiv:1908.03633 [math.OC].

[4] Bertsekas D P. Constrained Optimization and Lagrange Multiplier Methods New York: Academic Press, 1982.

[5] Bertsekas D P, Tsitsiklis J N. Parallel and Distributed Computation, Numerical Methods. Englewood Cliffs, NJ: Prentice-Hall, 1989.

[6] Blum E, Oettli W. Mathematische Optimierung, Econometrics and Operations Research XX. New York: Springer Verlag, 1975.

[7] Boyd S, Parikh N, Chu E, et al. Distributed optimization and statistical learning via the alternating direction method of multipliers. Foundations and Trends in Machine Learning, 2010, 3: 1-122.

[8] Boyd S, Vandenberghe L. Convex Optimization. Combridge: Combridge University Press, 2004.

[9] Cai J F, Candès E J, Shen Z W. A singular value thresholding algorithm for matrix completion. SIAM J. Optim., 2010, 20: 1956-1982.

[10] Cai X J, Gu G Y, He B S. On the $O(1/t)$ convergence rate of the projection and contraction methods for variational inequalities with Lipschitz continuous monotone operators. Comput. Optim. Appl., 2014, 57: 339-363.

[11] Cai X J, Gu G Y, He B S, et al. A proximal point algorithm revisit on the alternating direction method of multipliers. Science China Mathematics, 2013, 56: 2179-2186.

[12] Candés E J, Recht B. Exact matrix completion via convex optimization. Funda. Comput. Math., 2009, 9: 917-972.

[13] Candés E J, Tao T. The power of convex relaxation: near-optimial matrix completion. IEEE Transactions on Information Theory, 2010, 56: 2053-2080.

[14] Chambolle A, Pock T. A first-order primal-dual algorithm for convex problems with applications to imaging. J. Math. Imaging Vison, 2011, 40: 120-145.

[15] Chambolle A, Pock T. On the ergodic convergence rates of a first-order primal-dual algorithm. Math. Progr., Series A, 2016, 159: 253-287.

[16] Chen C H, Fu X L, He B S, Yuan X M. On the iteration complexity of some projection methods for monotone linear variational inequalities. JOTA, 2017, 172: 914-928.

[17] Chen C H, He B S, Ye Y Y, Yuan X M. The direct extension of ADMM for multi-block convex minimization problems is not necessarily convergent. Math. Progr., Series A, 2016, 155: 57-79.

[18] Chen C H, He B S, Yuan X M. Matrix completion via an alternating direction method. IMA Journal of Numerical Analysis, 2012, 32: 227-245.

[19] Chen D, Zhang Y. A hybrid multi-objective scheme applied to redundant robot manipulators. IEEE Transactions on Automation Science and Engineering, 2017, 14: 1337–1350.

[20] Dai Y H, Yuan Y. Alternate minimization gradient method. IMA J. Numerical Analysis, 2003, 23: 377-393.

[21] Douglas J, Rachford H H. On the numerical solution of heat conduction problems in two and three space variables. Transactions of the American Mathematical Society, 1956, 82: 421–439.

[22] Esser E, Möller M, Osher S, et al. A convex model for non negative matrix factorization and dimensionality reduction on physical space. IEEE Trans. Imag. Process., 2102, 21: 3239-3252.

[23] Facchinei F, Pang J S. Finite-Dimensional Variational Inequalities and Complementarity Problems: Vol. I and II. New York: Springer Verlag, 2003.

[24] Fletcher R. Practical Methods of Optimization. 2nd ed, New York: John Wiley & Sons, 1987.

[25] Fang E X, He B S, Liu H, et al. Generalized alternating direction method of multipliers: new theoretical insights and applications. Math. Progr. Computation, 2015, 7: 149-187.

[26] Gabay D. Applications of the method of multipliers to variational inequalities// Fortin M, Glowinski R, ed. Augmented Lagrange Methods: Applications to the Solution of Boundary-Valued Problems. Amsterdam, The Netherlands: North Holland Publishing Company, 1983: 299–331.

[27] Glowinski R. Numerical Methods for Nonlinear Variational Problems. New York, Berlin, Heidelberg, Tokyo: Springer-Verlag, 1984.

[28] Glowinski R. On alternating direction methods of multipliers: a historical perspective// Modeling, Simulation and Optimization for Science and Technology. Fitzgibbon W, Kuznetsov Y A, Neittaanmäki P, et al, ed, New York: Springer, 2014: 59-82.

[29] Glowinski R, Marroco A. Approximation par éléments finis d'ordre un etla résolution par pénalisation-dualité d'une classe de problémesde Dirichlet non linéaires. RAIRO Anal. Numer., 1975, R2: 41-76.

[30] Goldstein T, O'Donoghue B, Setzer S, et al. Fast alternating direction optimization methods. SIAM J. Imaging Science, 2014, 7(3): 1588-1623.

[31] Golub G H, Van Loan C F. Matrix Computations. 4th ed. Baltimore: Johns Hopkins University Press, 2013.

[32] Golub G, Van Matt U, Quadratically constrained least squares and quadratic problems. Numer. Math., 1991, 59: 561-580.

[33] Gu G Y, He B S, Yang J F. Inexact alternating-direction-based contraction methods for separable linearly constrained convex optimization. JOTA, 2014, 163: 105-129.

[34] Gu G Y, He B S, Yuan X M. Customized proximal point algorithms for linearly constrained convex minimization and saddle-point problems: a unified approach. Comput. Optim. Appl., 2014, 59: 135-161.

[35] Güler O. On the convergence of the proximal point algorithm for convex minimization. SIAM J. Control Optim., 1991, 29: 403-419.

[36] Guo D, Zhang Y. Simulation and experimental verification of weighted velocity and acceleration minimization for robotic redundancy resolution. IEEE Transactions on Automation Science and Engineering, 2014, 11: 1203–1217.

[37] Hale E T, Yin W T, Zhang Y. Fixed-point continuation applied to compressed sensing: implementation and numerical experiments. JCM, 2010, 28: 170-194.

[38] Hallac D, Wong C, Diamond S, et al. SnapVX: a network-based convex optimization solver. Journal of Machine Learning Research, 2017, 18: 1-5.

[39] He B S. A projection and contraction method for a class of linear complementarity problems and its application in convex quadratic programming. Appl. Mathe. Optim., 1992, 25: 247–262.

[40] He B S. A new method for a class of linear variational inequalities. Math. Progr., 1994: 66: 137-144.

[41] He B S. Solving a class of linear projection equations. Numer. Math., 1994, 68: 71-80.

[42] 何炳生. 论求解变分不等式的一些投影收缩算法. 计算数学, 1996, 18: 54–60.

[43] He B S. A class of projection and contraction methods for monotone variational inequalities. Appl. Mathe. Optim., 1997, 35: 69-76.

[44] He B S. Parallel splitting augmented Lagrangian methods for monotone structured variational inequalities. Comput. Optim. Appl, 2009, 42: 195–212.

[45] He B S. PPA-like contraction methods for convex optimization: a framework using variational inequality approach. J. Oper. Res. Soc. China, 2015, 3: 391-420.

[46] 何炳生. 修正乘子交替方向法求解三个可分离算子的凸优化. 运筹学学报, 2015, 19(3): 57–70.

[47] 何炳生. 从变分不等式的统一收缩算法到凸优化的分裂收缩算法. 高等学校计算数学学报, 2016, 38: 74–96.

[48] 何炳生. 我和乘子交替方向法 20 年. 运筹学学报, 2018, 22: 1–31.

[49] 何炳生. 凸优化和单调变分不等式收缩算法的统一框架. 中国科学：数学, 2018, 48: 255–272, doi: 10.1360/N012017-00034.

[50] He B S. Study on the splitting methods for separable convex optimization in a unified algorithmic framework. Analysis in Theory and Applications, 2020, 36: 262-282.

[51] 何炳生, 崔睿赟, 李敏, 等. 凸二次规划梯度类算法中步长对收敛速度的影响. 中国科技论文在线优秀论文集, 2009, 2(1): 1-10.

[52] He B S, Fu X L, Jiang Z K. Proximal point algorithm using a linear proximal term. JOTA, 2009, 141: 299-319.

[53] He B S, Hou L S, Yuan X M. On full Jacobian decomposition of the augmented Lagrangian method for separable convex programming. SIAM J. Optim., 2015, 25: 2274-2312.

[54] He B S, Liao L Z. Improvements of some projection methods for monotone nonlinear variational inequalities. JOTA, 2002, 112: 111-128.

[55] He B S, Liao L Z, Han D, et al. A new inexact alternating directions method for monotone variational inequalities. Math. Program., 2002, 92: 103-118.

[56] He B S, Liao L Z, Wang X. Proximal-like contraction methods for monotone variational inequalities in a unified framework I: effective quadruplet and primary methods. Comput. Optim. Appl., 2012, 51: 649-679.

[57] He B S, Liao L Z, Wang X. Proximal-like contraction methods for monotone variational inequalities in a unified framework II: general methods and numerical experiments. Comput. Optim. Appl., 2012, 51: 681-708.

[58] He B S, Liu H, Wang Z R, Yuan X M. A strictly contractive Peaceman-Rachford splitting method for convex programming. SIAM J. Optim., 2014, 24: 1011-1040.

[59] He B S, Ma F, Xu S J, Yuan X M. A generalized primal-dual algorithm with improved convergence condition for saddle point problems. SIAM J. Imaging Sciences, 2022, 15: 1157–1183.

[60] He B S, Ma F, Xu S J, Yuan X M. A rank-two relaxed parallel splitting version of the augmented Lagrangian method with step size in (0, 2) for separable convex programming. Mathematics of Computation, 2023, 92: 1633-1663.

[61] He B S, Ma F, Yuan X M. Convergence study on the symmetric version of ADMM with larger step sizes. SIAM. J. Imaging Science 2016, 9: 1467-1501.

[62] He B S, Ma F, Yuan X M. Optimal proximal augmented Lagrangian method and its application to full Jacobian splitting for multi-block separable convex minimization problems. IMA J. Numerical Analysis. 2020, 40: 1188-1216.

[63] He B S, Ma F, Yuan X M. Optimally linearizing the alternating direction method of multipliers for convex programming. Comput. Optim. Appl., 2020, 75: 361-388.

[64] 何炳生, 邵虎, 徐明华. 大桥流量分配调控中的隐式互补问题//教育部科技发展中心, 编. 中国科技论文在线优秀论文集, 第三辑, 1-10, 北京: 外语教学与研究出版社, 2006.

[65] He B S, Shen Y. On the convergence rate of customized proximal point algorithm for convex optimization and saddle-point problem (in Chinese). Sic Sin Math. 2012, 42: 515-525, doi: 10.1360/012011-1049.

[66] He B S, Tao M, Yuan X M. Alternating direction method with Gaussian back substitution for separable convex programming, SIAM J. Optim., 2012, 22: 313-340.

[67] He B S, Tao M, Yuan X M. A splitting method for separable convex programming, IMA J. Numerical Analysis, 2015, 31: 394-426.

[68] He B S, Tao M, Yuan X M. Convergence rate analysis for the alternating direction method of multipliers with a substitution procedure for separable convex programming. Mathematics of Operations Research, 2017, 42: 662-691.

[69] He B S, Xu M H. A general framework of contraction methods for monotone variational inequalities. Pacific J. Optim., 2008, 4: 195-212.

[70] He B S, Xu M H, Yuan X M. Solving large-scale least squares covariance matrix problems by alternating direction methods. SIAM J. Matrix Anal. Appl., 2011, 32: 136-152.

[71] He B S, Xu S J, Yuan J. Indefinite linearized augmented Lagrangian method for convex programming with linear inequality constraints, arXiv 2105.02425 [math.OC]. Vietnam J. Mathematics, to appear, .doi: 10.1007/s10013-024-00712-z.

[72] He B S, Xu S J, Yuan X M. On convergence of the Arrow-Hurwicz method for saddle point problems. J. Math. Imaging Vis., 2022, 64: 662-671.

[73] He B S, Xu S J, Yuan X M. Extensions of ADMM for separable convex optimization problems with linear equality or inequality constraints. Handbook of Numerical Analysis, 2023, 24: 511-557.

[74] 何炳生, 徐薇, 杨海, 等. 经济平衡中的一类保护资源和保障供给问题//教育部科技发展中心, 编. 中国科技论文在线优秀论文集, 第三辑, 11-19, 北京：外语教学与研究出版社, 2006.

[75] He B S, Yang H. Some convergence properties of a method of multipliers for linearly constrained monotone variational inequalities. Operations Research Letters 1998, 23: 151–161.

[76] He B S, Yang H, Wang S L. Alternating direction method with self-adaptive penalty parameters for monotone variational inequalities. JOTA, 2000, 23: 349-368.

[77] He B S, You Y F, Yuan X M. On the convergence of primal-dual hybrid gradient algorithm. SIAM. J. Imaging Science, 2014, 7: 2526-2537.

[78] He B S, Yuan X M. On the $O(1/t)$ convergence rate of the Douglas-Rachford alternating direction method. SIAM J. Numerical Analysis, 2012, 50: 700-709.

[79] He B S, Yuan X M. Convergence analysis of primal-dual algorithms for a saddle-point problem: from contraction perspective. SIAM J. Imaging Science, 2012, 5: 119-149.

[80] He B S, Yuan X M. On non-ergodic convergence rate of Douglas-Rachford alternating direction method of multipliers. Numer Math., 130 (2015) 567-577.

[81] He B S, Yuan X M. On the convergence rate of Douglas-Rachford operator splitting Method. Math. Program. A, 2015, 153: 715-722.

[82] He B S, Yuan X M. On the optimal proximal parameter of an ADMM-like splitting method for separable convex programming. Mathematical Methods in Image Processing and Inverse Problems, 139-163. Springer Proc. Math. Stat., 360: Springer, Singapore, 2021.

[83] He B S, Yuan X M. Balanced augmented lagrangian method for convex programming. 2021, arXiv: 2108.08554 [math.OC].

[84] He B S, Yuan X M. On construction of splitting contraction algorithms in a prediction-correction framework for separable convex optimization. 2022, arXiv: 2204.11522 [math.OC].

[85] He B S, Yuan X M, Zhang J J Z. Comparison of two kinds of prediction-correction methods for monotone variational inequalities. Comput. Optim. Appl., 2004, 27: 247-267.

[86] He B S, Yuan X M, Zhang W X. A customized proximal point algorithm for convex minimization with linear constraints. Comput. Optim. Appl., 2013, 56: 559-572.

[87] Hestenes M R. Multiplier and gradient methods. JOTA, 1969, 4: 303-320.

[88] 华罗庚. 优选学. 北京: 科学出版社, 1981.

[89] Korpelevich G M. The extragradient method for finding saddle points and other problems. Ekonomika i Matematicheskie Metody, 1976, 12: 747-756.

[90] Lin Z C, Li H, Fang C. Alternating Direction Method of Multipliers for Machine Learning. Singapore: Springer Nature Singpore, 2022.

[91] Luenberger D G. Linear and Nonlinear Programming. 2nd ed, Boston: Addison Wesley, 1984.

[92] Ma F, Bi Y M, Gao B. A prediction-correction-based primal-dual hybrid gradient method for linearly constrained convex minimization. Numerical Algorithms, 2019, 82: 641-662.

[93] Martinet B. Regularisation, d'inéquations variationnelles par approximations successives. Rev. Francaise d'Inform. Recherche Oper., 1970, 4: 154-159.

[94] Nemirovski A. Prox-method with rate of convergence $O(1/t)$ for variational inequalities with Lipschitz continuous monotone operators and smooth convex-concave saddle point problems. SIAM J. Optim., 2004, 15: 229-251.

[95] Nesterov Y E. A method for solving the convex programming problem with convergence rate $O(1/k^2)$. Dokl. Akad. Nauk SSSR, 1983: 269, 543-547.

[96] Netflix. Netflix Prize [2023-10-5] Available at http://www.netflixprize.com/. 2006.

[97] Nocedal J, Wright S J. Numerical Optimization. New York: Springer Verlag, 1999.

[98] Powell M J D. A method for nonlinear constraints in minimization problems// Fletcher R, ed. Optimization. New York, NY: Academic Press, 1969.

[99] Rockafellar R T. Monotone operators and the proximal point algorithm. SIAM J. Cont. Optim., 1976, 14: 877-898.

[100] Rudin L, Osher S, Fatemi E. Nonlinear total variation based noise removal algorithms. Phys. D, 1992, 60: 227-238.

[101] Stoer J, Witzgall C. Convexity and Optimization in Finite Dimensions I. Grundlehren der mathematischen Wissenschafften (GL Vol. 163). Springer-Verlag, 1970.

[102] Stoer J, Bulirsch R. Introduction to Numerical Analysis. 2nd ed. Text in Applied Mathematics 12, New York: Springer-Verlag, 1991.

[103] Tao M, Yuan X M. Recovering low-rank and sparse components of matrices from incomplete and noisy observations. SIAM J. Optim., 2011, 21: 57-81.

[104] Tseng P. On accelerated proximal gradient methods for convex-concave optimization. Department of Mathematics, University of Washington, Seattle, WA 98195, USA, 2008.

[105] Wang Y L, Yang J F, Yin W T. A new alternating minimization algorithm for total variation image reconstruction. SIAM J. Imaging Sci., 2008, 1: 248-272.

[106] Xiao L, Zhang Y N. Acceleration-level repetitive motion planning and its experimental verification on six-link planar robot manipulator. Transactions on Control System Technology, 2013, 21: 906–914.

[107] Xu M H. Proximal alternating directions method for structured variational inequalities. JOTA, 2007, 134: 107-117.

[108] Xu S J. A dual-primal balanced augmented Lagrangian method for lineraly constrained convex programming. J. Appl. Math. and Computing 2023, 69: 1015-1035.

[109] Xue G L, Ye Y Y. An efficient algorithm for minimizing a sum of Euclidean norms with applications. SIAM Optim., 1997, 7: 1017-1039.

[110] Yang J F, Yuan X M. Linearized augmented Lagrangian and alternating direction methods for nuclear norm minimization. Mathematics of Computation, 2013, 82: 301-329

[111] You Y F, Fu X L, He B S. Lagrangian-PPA based contraction methods for linearly constrained convex optimization. Pac. J. Optim., 2014, 10: 199-213.

[112] Zhang X Q, Burger M, Osher S. A unified primal-dual algorithm framework based on Bregman iteration. J. Sci. Comput., 2010, 46: 20-46.

[113] Zhang Y N, Fu S B, Zhang Z J, et al. On the LVI-based numerical method (E47 algorithm) for solving quadratic programming problems. IEEE International Conference on Automation and Logistics, 2011.

[114] Zhang Y N, Jin L. Robot Manipulator Redundancy Resolution. Hoboken: Wiley, 2017.

[115] Zheng H, Liu F, Du X L. Complementarity problem arising from static growth of multiple cracks and MLS-based numerical manifold method. Computer Methods in Applied Mechanics and Engineering, 2015, 295: 150-171.

[116] Zheng H, Zhang P, Du X L. Dual form of discontinuous deformation analysis. Computer Methods in Applied Mechanics and Engineering, 2016, 305: 196-216.

[117] Zhu M, Chan T F. An efficient primal-dual hybrid gradient algorithm for total variation image restoration. CAM Reports 08-34, UCLA, 2008.

[118] Zhu T, Yu Z G. A simple proof for some important properties of the projection mapping. Math. Inequal. Appl., 2004, 7: 453-456.

[119] 何炳生. 凸优化的分裂收缩算法–变分不等式为工具的统一框架//maths. nju.edu.cn/~hebma 中《My Talk》的报告 3.

[120] 何炳生. 凸优化和单调变分不等式的收缩算法//maths.nju.edu.cn/~hebma 中的系列讲义.

后　记

　　我的研究方向是最优化方法, 或者叫做数学规划中的数值方法, 它属于计算数学与运筹学的交叉学科, 是最接地气的应用数学. 这本著作以本人的科研成果为主要内容, 变分不等式和邻近点算法是我们用到的两大主要概念. 历史的原因, 1966 年我读完高三回乡务农, 其间 "推广优选法统筹法小分队" 在家乡县城的一个普及报告, 是我第一次接触优化. 1977 年恢复高考, 我被南京大学数学系录取, 有幸于 1980 年在南京大学礼堂聆听了华罗庚先生关于优选法和普及数学应用的报告. 南京大学何旭初先生在国内优化界的学术地位, 对我报考研究生时选择最优化作为专业方向产生了很大的影响. 和当年不少老三届 77 级学数学的一样, 我特别想学一些能马上派上用场的数学. 博士毕业前后, 我对互补问题 (变分不等式的一种特殊情形) 有了一定的了解, 由于比较容易说明它们的应用背景, 我的主要研究兴趣就逐步放到了最优化方法的一个分支——变分不等式的求解上面.

　　我们用单调变分不等式的观点看待线性约束的凸优化问题, 得到了越来越多的呼应和认可. 覃含章博士在知乎上介绍运筹学入门书籍, 在推荐 Facchinei 和 Pang 的名为《有限维变分不等式和互补问题》的著作 [23] 时说到: "事实上, 每个凸优化问题都有其变分不等式的等价形式. 用变分不等式的观点看优化, 就如同天然自带了一阶导数的信息, 在分析上有诸多妙处. 因此即使你不看这本书 (指文献 [23]), 我也建议了解一下这种观点, 可能有奇效." 他还指出, 这本书如果太艰深, 也推荐何炳生挂在主页上的讲义 [120]. 覃博士认为我们在 ADMM 上做出了几个在世界上有些影响力的结果, 就是因为掌握了变分不等式的工具.

　　当年 "推广优选法统筹法小分队" 的报告, 让我认识到实际生活中的最优化问题里的函数只是一种对应关系, 一般没有显式表达式. 求解这些问题, 是要对给定的自变量, 观测相应的函数值 (信息), 使用 "只用函数值的方法". 由于实际问题中函数值的获取往往是代价不菲的 (或许需要一次花费昂贵的试验), 求解过程中就必须尽可能少用函数值. 华罗庚教授推广和普及的优选法 [88], 就是求解一维单峰函数极值问题的只用函数值且少用函数值的方法. 或许是受优选法解决实际问题的影响, 也或许是本人 "而立" 之前十年多的务农经历所形成的一些先入为主的看法在起作用, 我对只用函数值的方法比较重视.

　　牢记把方法交给群众, 是从 20 世纪 60 年代开始的近二十年间, 华罗庚先生从事数学普及工作的指导思想. 随着全民族文化水平的提高, 提供工程师们容易理解和掌握的方法, 仍然可以作为部分优化学者的工作目标.

　　本书主要介绍了我们在凸优化分裂收缩算法方面的工作, 它是在经典单调变分不等式投影收缩算法的基础上发展起来的. 为了把内容梳理一下, 我们简单回顾一下求解经典单调变分不等式的投影收缩算法.

变分不等式的投影收缩算法

　　因为对 (如同第 6 章介绍的) 一些变分不等式感兴趣, 我们致力于经典单调变分不等式投影收缩算法的研究. 设 $\Omega \subset \Re^n$ 是一个非空闭凸集, $\boldsymbol{F}$ 是从 $\Re^n$ 到自身的一个映射. 变分不等式的数学形式是

$$u^* \in \Omega, \quad (u - u^*)^{\mathrm{T}} \boldsymbol{F}(u^*) \geqslant 0, \quad \forall\, u \in \Omega. \tag{P.1.1}$$

说变分不等式(P.1.1)单调, 是指其中的算子 F 满足 $(u - v)^{\mathrm{T}}(\boldsymbol{F}(u) - \boldsymbol{F}(v)) \geqslant 0$. 在求解变分不等式(P.1.1)的投影收缩算法中, 对给定的当前点 u^k 和参数 $\beta_k > 0$, 我们利用投影

$$\tilde{u}^k = P_\Omega[u^k - \beta_k \boldsymbol{F}(u^k)] \tag{P.1.2}$$

生成一个预测点 $\tilde{u}^k$, 其中要求参数 β_k 的选取满足

$$\beta_k \| \boldsymbol{F}(u^k) - \boldsymbol{F}(\tilde{u}^k) \| \leqslant \nu \| u^k - \tilde{u}^k \|, \quad \nu \in (0, 1). \tag{P.1.3}$$

由(P.1.2)得到我们需要的预测公式

　[预测]　$\tilde{u}^k \in \Omega, \ (u - \tilde{u}^k)^{\mathrm{T}} \beta_k \boldsymbol{F}(\tilde{u}^k) \geqslant (u - \tilde{u}^k)^{\mathrm{T}} d(u^k, \tilde{u}^k), \quad \forall\, u \in \Omega,$　(P.1.4)

其中

$$d(u^k, \tilde{u}^k) = (u^k - \tilde{u}^k) - \beta_k [\boldsymbol{F}(u^k) - \boldsymbol{F}(\tilde{u}^k)]. \tag{P.1.5}$$

由假设 (P.1.3)和 $d(u^k, \tilde{u}^k)$ 的定义(P.1.5), 容易推得

$$(u^k - \tilde{u}^k)^{\mathrm{T}} d(u^k, \tilde{u}^k) \geqslant (1 - \nu) \| u^k - \tilde{u}^k \|^2. \tag{P.1.6}$$

当 $u^k \neq \tilde{u}^k$ 时, u^k 不是(P.1.1)的解, 由(P.1.5)定义的 $d(u^k, \tilde{u}^k)$ 是未知函数 $\frac{1}{2} \| u - u^* \|^2$ 在 u^k 处欧氏模下的一个上升方向. 可以用

$$[校正] \qquad u^{k+1} = u^k - \alpha_k d(u^k, \tilde{u}^k) \tag{P.1.7}$$

产生离 $u^* \in \Omega^*$ 更近的迭代点, 其中步长 α_k 由

$$\alpha_k = \gamma \alpha_k^*, \quad \alpha_k^* = \frac{(u^k - \tilde{u}^k)^{\mathrm{T}} d(u^k, \tilde{u}^k)}{\| d(u^k, \tilde{u}^k) \|^2}, \quad \gamma \in (0, 2) \tag{P.1.8}$$

确定. 采用(P.1.2)预测, (P.1.7)校正产生的序列 $\{u^k\}$ 满足

$$\|u^{k+1} - u^*\|^2 \leqslant \|u^k - u^*\|^2 - \frac{1}{2}\gamma(2-\gamma)(1-\nu)\|u^k - \tilde{u}^k\|^2, \quad \forall u^* \in \Omega^*. \quad \text{(P.1.9)}$$

上式是证明算法收敛的关键不等式. 由同一预测得到的分处不等式(P.1.4)两端的

$$\beta_k \boldsymbol{F}(\tilde{u}^k) \qquad \text{和} \qquad d(u^k, \tilde{u}^k)$$

称为一对孪生方向. 采用方向 $\beta_k \boldsymbol{F}(\tilde{u}^k)$, 相同步长 α_k 的校正方法

$$\text{[投影校正]} \quad u^{k+1} = P_\Omega[u^k - \alpha_k\beta_k\boldsymbol{F}(\tilde{u}^k)] \qquad \text{(P.1.10)}$$

和(P.1.7)称为一对姊妹方法. 它们产生的迭代序列 $\{u^k\}$ 具有同样满足不等式(P.1.9)这样的收敛性质. 求解经典的单调变分不等式(P.1.1), 投影收缩算法是只用函数值的方法, 我们在少用函数值方面做了努力.

凸优化的分裂收缩算法

对线性约束的凸优化问题, 在目标函数不一定可微的情况下, 我们将其归结为单调 (混合) 变分不等式

$$w^* \in \Omega, \quad \theta(u) - \theta(u^*) + (w - w^*)^{\mathrm{T}} F(w^*) \geqslant 0, \quad \forall w \in \Omega. \qquad \text{(P.2.1)}$$

这里的 F 跟经典的单调变分不等式(P.1.1)中的单调算子 $\boldsymbol{F}$ 不同, $F(w)$ 是矩阵为反对称的仿射算子 (因而具有 $(w - \tilde{w})^{\mathrm{T}}(F(w) - F(\tilde{w})) \equiv 0$ 这样的单调性质).

对 PDHG 和 ADMM 在变分不等式框架下做了研究之后 (见第 3 章和第 4 章), 受投影收缩算法的启发, 我们对求解(P.2.1)给出了一个预测-校正的算法统一框架. 这个预测不是像(P.1.2)那样通过投影实现的, 而是利用变分不等式(P.2.1)的可分离结构, 通过求解一些小型的优化问题完成的.

[预测] 凸优化分裂收缩算法的第 k 步迭代的预测是从给定的核心变量 v^k 开始, 求得预测点 $\tilde{w}^k$, 使得

$$\tilde{w}^k \in \Omega, \quad \theta(u) - \theta(\tilde{u}^k) + (w - \tilde{w}^k)^{\mathrm{T}} F(\tilde{w}^k) \geqslant (v - \tilde{v}^k)^{\mathrm{T}} Q(v^k - \tilde{v}^k), \quad \forall w \in \Omega \tag{P.2.2}$$

成立, 其中矩阵 $Q^{\mathrm{T}} + Q$ 是本质上正定的. 而投影预测的要求是条件(P.1.3)满足. 有了合格的预测(P.2.2), 然后进行校正.

[校正] 凸优化的分裂收缩算法第 k 步迭代的校正是根据预测得到的 $\tilde{v}^k$, 通过

$$v^{k+1} = v^k - M(v^k - \tilde{v}^k) \tag{P.2.3}$$

给出核心变量 v 的新迭代点 v^{k+1}. 这个校正跟投影收缩算法的校正有什么不同呢? 在投影收缩算法中, $d(u^k, \tilde{u}^k)$ 和 $\beta_k \mathbb{F}(\tilde{u}^k)$ 是预测提供的欧氏范数下距离函数的上升方向, 通过(P.1.8)选取步长, 用(P.1.7)或者(P.1.10)实现校正. 凸优化的分裂收缩算法第 k-步迭代的校正(P.2.3)中, $M(v^k - \tilde{v}^k)$ 是未知函数 $\frac{1}{2}\|v - v^*\|_H^2$ 在 v^k 处 H-模下的上升方向, 取单位步长的时候, 就要求

$$[\text{收敛性条件}] \quad \begin{cases} \exists \text{ 正定矩阵 } H \succ 0 \text{ 使得 } HM = Q, & \text{(P.2.4a)} \\ G = Q^{\mathrm{T}} + Q - M^{\mathrm{T}}HM \succ 0. & \text{(P.2.4b)} \end{cases}$$

这样产生的迭代序列 $\{v^k\}$ 就满足

$$\|v^{k+1} - v^*\|_H^2 \leqslant \|v^k - v^*\|_H^2 - \|v^k - \tilde{v}^k\|_G^2, \quad \forall v^* \in \mathcal{V}^*. \qquad \text{(P.2.5)}$$

对于确定的预测矩阵, 如何求得满足条件(P.2.4)的矩阵 H 和 M, 实行校正(P.2.3)? 我们曾经以 "凑" 的方式来找到一对 H 和 M, 使其满足收敛条件 (P.2.4). 后来发现, 可以通过选择

$$D \succ 0, \quad G \succ 0, \quad \text{使得} \quad D + G = Q^{\mathrm{T}} + Q, \qquad \text{(P.2.6)}$$

然后令

$$\begin{cases} M^{\mathrm{T}}HM = D, \\ HM = Q \end{cases}$$

就能实现. 而对于确定的 Q 和 D, 上述矩阵方程组的解就是

$$\begin{cases} M = Q^{-\mathrm{T}}D, \\ H = QD^{-1}Q^{\mathrm{T}}. \end{cases}$$

在实际操作中, 我们并不要求计算范数矩阵 H, 校正(P.2.3)可以通过

$$Q^{\mathrm{T}}(v^{k+1} - v^k) = D(\tilde{v}^k - v^k) \qquad \text{(P.2.7)}$$

实现. 由于 Q 矩阵往往具备某种下三角结构, 校正(P.2.7)犹如消去法求解线性方程组中的 Gauss 回代.

线性约束凸优化的分裂收缩算法 (包括 ADMM) 都可看作源自增广 Lagrange 乘子法, 这类方法解决了一些用 ALM 求解无从下手的问题, 也保留了 ALM 算法的一些优美的性质. 从另一方面看, 这些方法都是由 ALM 松弛或者修正得来的, 我们不能指望它比 ALM 效率还高. 只是对一些具体的结构型问题, 采用 ALM 求解无法实现而已.

感谢一路关心和帮助过我的人们

从 2010 年开始, 我就在个人主页上介绍自己的工作. 将自己写的一些讲义, 以及自认为比较重要或系统的报告材料挂在自己的主页上. 听过我报告的, 会注意到我在做报告的首页 PPT 上往往会强调:

中学的数理基础, 必要的社会实践, 普通的大学数学, 一般的优化原理.

这里的一层意思是要告诉听众, 听懂我的报告或者读懂我的著作论文所需要的基础知识, 大学生一般都具备了. 另一层意思是, 刚好表示感谢我学习和成长道路上四个阶段给过我帮助的人们: 十二年完整的中小学教学给我打下了良好的基础; 十年多的务农期间, 朋友的帮助、师长的鼓励让我没有选择放弃; 恢复高考, 我上了大学, 老师的教诲让我没有因为数学是年轻人的学问而气馁; 考上研究生后, 何旭初先生的推荐和德国导师 Stoer 教授因势利导的指导, 是我学成之后能独立地做些研究的关键.

最后, 要感谢我的老伴, 她明白事理, 支持我的工作. 在我的大学本科和研究生阶段, 她在乡下种地, 教育年幼的子女, 并主动担负起家庭生计. 进城以后, 家务全由她操持, 使我有比他人多得多的时间, 全身心地投入自己的专业研究.

我的研究长期得到国家自然科学基金委员会、教育部博士点基金委员会和江苏省自然科学基金委员会的资助, 在此谨致诚挚的谢意!

何炳生

2023 年 12 月

《计算与应用数学丛书》已出版书目